Chapter 03 海报广告（1）——汽车宣传海报设计

作品展示

Mercedes-Benz
高贵品质 卓然呈现
BRABUS
BRABUS
随着你流畅的线条，驰向前方，驰向深处。
去寻找新的动力和新的未知数，充实我的生命，更新我的灵魂。
服务咨询热线：800-123-4567
网站：www.brabuschina.com
HID气体放电灯
流线设计变速杆
COMAND 系统
无污染排气系统

设计流程

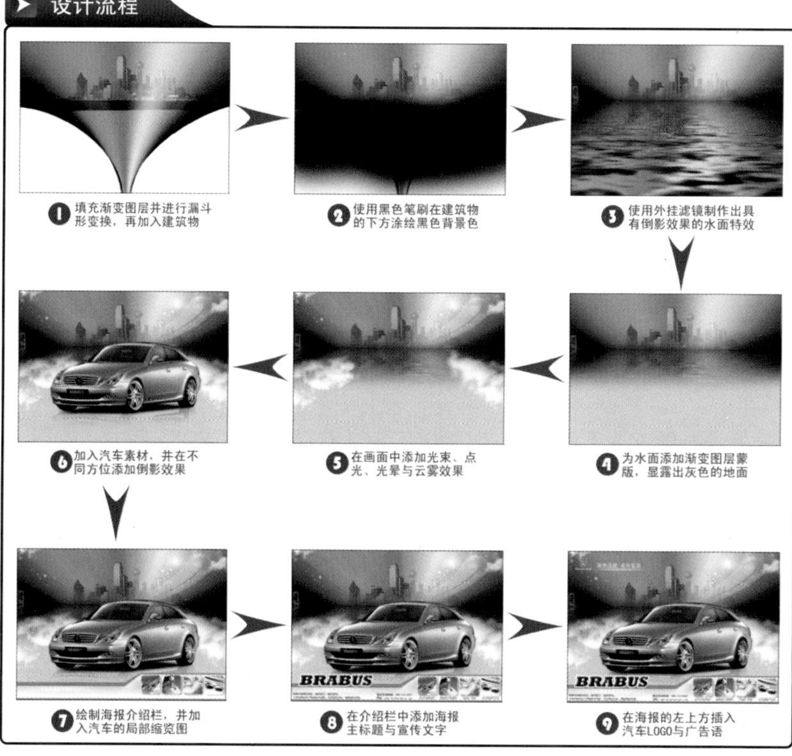

配色方案

#CBCBCB	#5A5D66	#0A94AC	#00598D	#888F48	#FBC050	#DB4E02

设计概述

❶ 尺寸：1024像素×724像素，300dpi

❷ 用纸：PP合成纸，适用于高级套色印刷

❸ 风格类型：唯美、时尚、抽象

❹ 创意点：

- 黑夜中散发的七彩径向光线配合自然的光束，产生强烈的视觉冲击
- 通过光点、光晕、云雾与水面，营造梦幻效果

❺ 作品位置：

- 实例文件\Ch03\creation\汽车宣传海报.psd
- 实例文件\Ch03\creation\汽车宣传海报.jpg

Chapter 03 海报广告（2）——演唱会海报设计

作品展示

设计流程

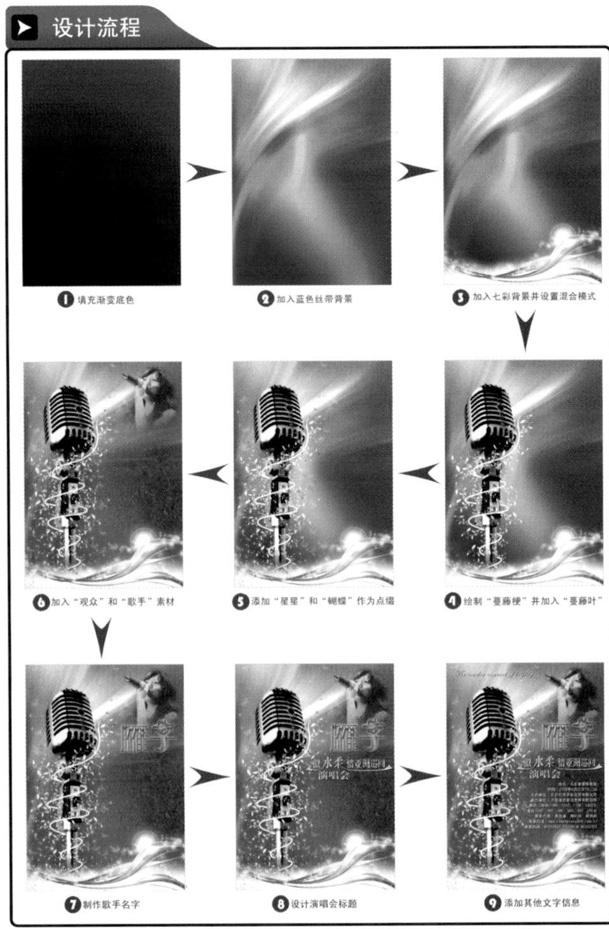

配色方案

#EDDDFE	#6C88EE	#1D56C3	#8E3AC1	#D226C1

设计概述

❶ 尺寸：竖向，297cm×420cm，72dpi（实际像素应为300dpi）

❷ 用纸：PP合成纸，适用于高级套色印刷

❸ 风格类型：唯美、轻柔、炫丽

❹ 创意点：

- 浪漫柔情的丝束背景，产生强烈的视觉冲击
- 以蔓藤缠绕麦克风为主体，再以星星和蝴蝶为点缀，烘托出唯美的现场气氛
- 变形后的丝带状标题，添加水晶文字效果，衬托出演唱会的主题

❺ 作品位置：

- 实例文件\Ch03\creation\演唱会海报.psd
- 实例文件\Ch03\creation\演唱会海报.jpg

创意延伸

Chapter 04 DM广告——房地产折页设计

作品展示

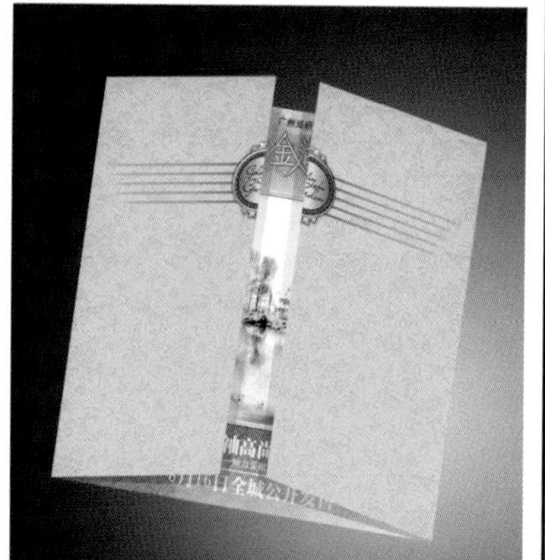

设计流程

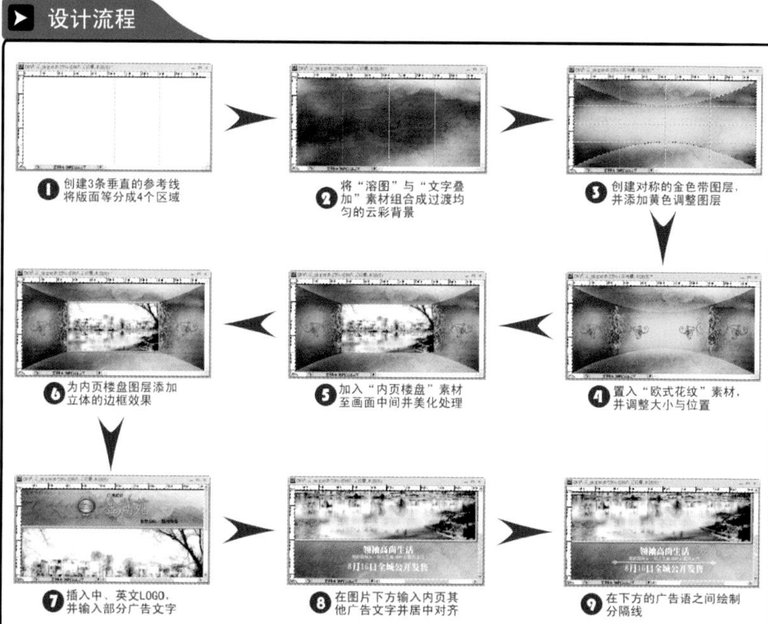

设计概述

❶ 尺寸：2172像素×1024像素，300dpi

❷ 用纸：PP合成纸，适用于高级套色印刷

❸ 风格类型：古典、高贵、唯美

❹ 创意点：

- 以英文手写素材配合古典花纹，呈现浓郁的西欧风情
- 金黄的和谐配色尽现尊贵地位
- 折叠后两边的徽章LOGO重合在一起
- 外页横空出世的别墅楼盘效果

❺ 作品位置：

- 实例文件\Ch04\creation\DM广告——DM内页.psd
- 实例文件\Ch04\creation\DM广告——DM内页.jpg
- 实例文件\Ch04\creation\DM广告——DM外页.psd
- 实例文件\Ch04\creation\DM广告——DM外页.jpg

配色方案

#DCBF15 #FFCC33 #FF9933 #808000 #CC3300

Chapter 05 POP广告（1）——POP手机广告设计

作品展示

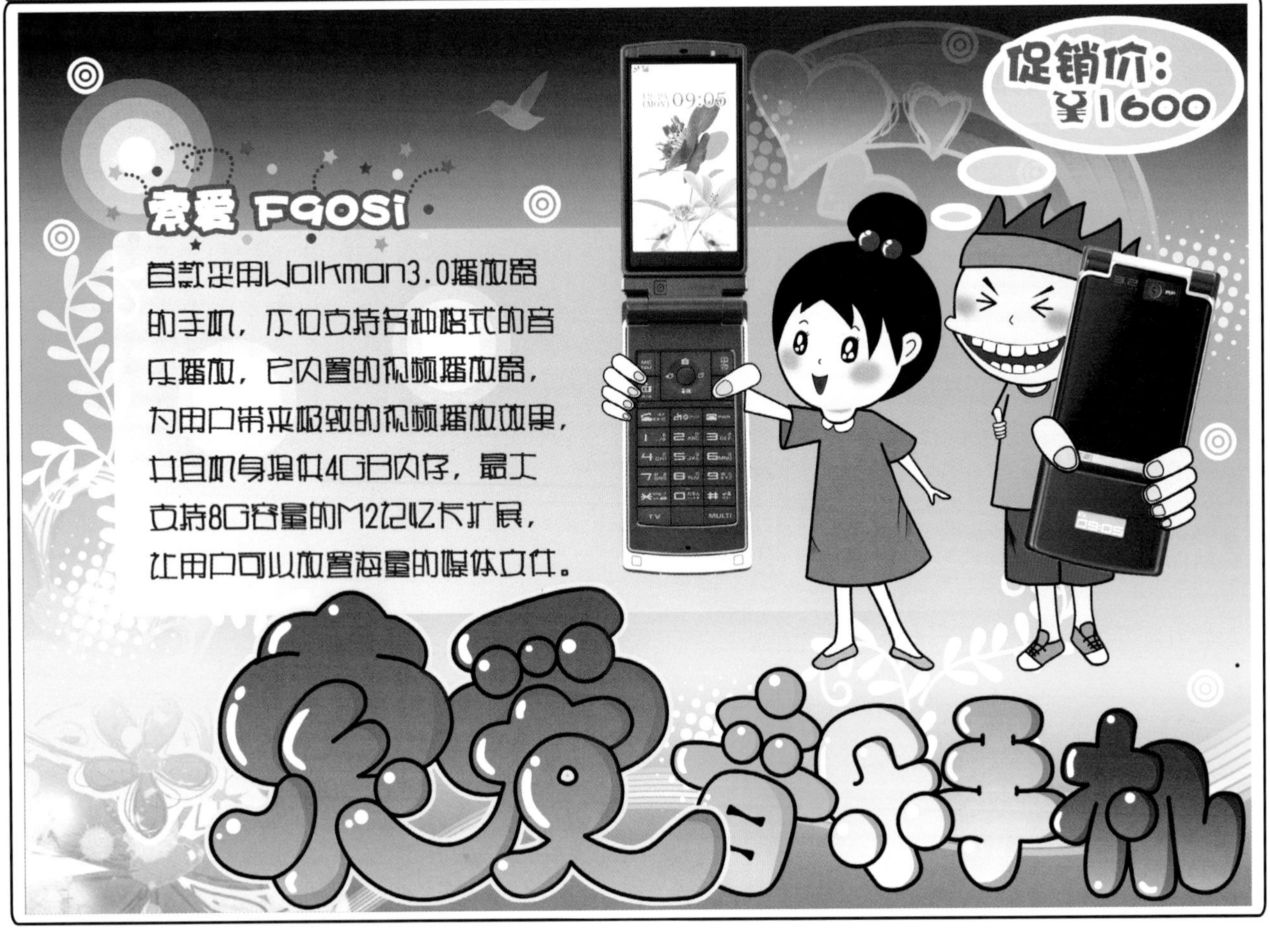

设计流程

❶ 打开POP人物底稿，根据线条勾画出人物轮廓

❷ 根据创建的轮廓路径，为人物的各部分上色

❸ 打开POP文字底稿，根据线条勾画出文字的轮廓

❹ 为文字轮廓上色后添加阴影与高光区域

❺ 创建POP广告的彩虹背景，再添加花丛与彩虹素材图像

❻ 绘制与加入其他POP广告素材，再绘制半透明的文字底板

❼ 加入POP人物与文字素材图像并调整大小与位置

❽ 输入POP广告的商品标题与介绍文字，接着绘制装饰图案

❾ 在POP人物的右上方添加图说框，并添加促销文字内容

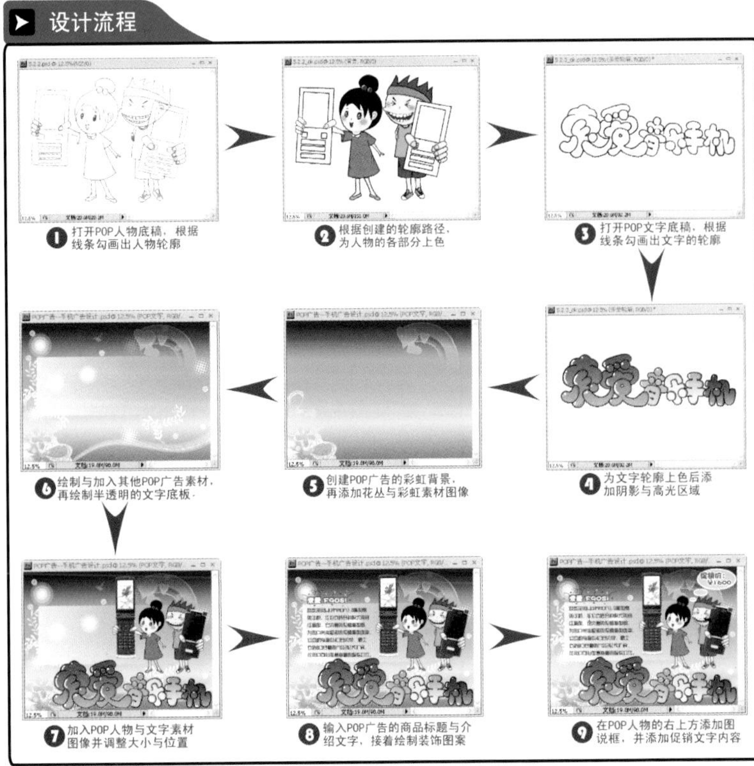

配色方案

#FFFF00　#66CC66　#00CCCC　#FF6699　#800080

设计概述

❶ 尺寸：1092mm×787mm，72dpi（实际像素为300dpi）

❷ 用纸：PP合成纸，适用于高级套色印刷

❸ 风格类型：时尚、卡通

❹ 创意点：

- 运用卡通风格与缤纷色彩，吸引年轻一代消费人群
- 使用夸张的卡通人物突显广告的商品
- 饱满的泡沫文字，使整个作品活跃起来
- 大量的图形素材，使画面丰富多彩

❺ 作品位置：

- 实例文件\Ch05\creation\POP手机广告.psd
- 实例文件\Ch05\creation\POP手机广告.jpg

Chapter 05 POP广告（2）——易拉宝饮料广告设计

作品展示

成品展示

设计流程

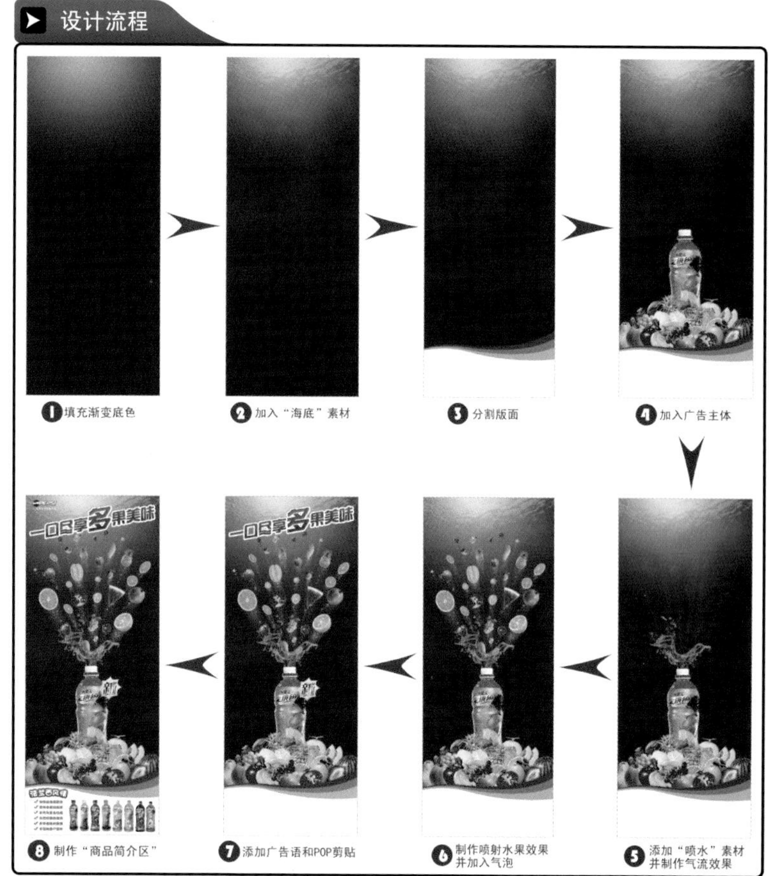

配色方案

#58BBD8	#00829A	#004D55	#138200	#FFD300	#FE1825

设计概述

❶ 尺寸：竖向，80cm×200cm，72dpi

❷ 用纸：胶版纸，主要供平版（胶印）印刷机或其他印刷机印刷较高级彩色印刷品时使用

❸ 风格类型：商业、活跃、动感

❹ 创意点：

- 水底中，多种鲜果从瓶口喷射而出
- 猛烈的气流和气泡效果
- 活泼的广告标题
- 艳丽夺目的POP剪贴

❺ 作品位置：

- 实例文件\Ch05\creation\易拉宝饮料广告.psd
- 实例文件\Ch05\creation\易拉宝饮料广告.jpg

创意延伸

Chapter 06 杂志广告（1）——化妆品广告设计

作品展示

设计流程

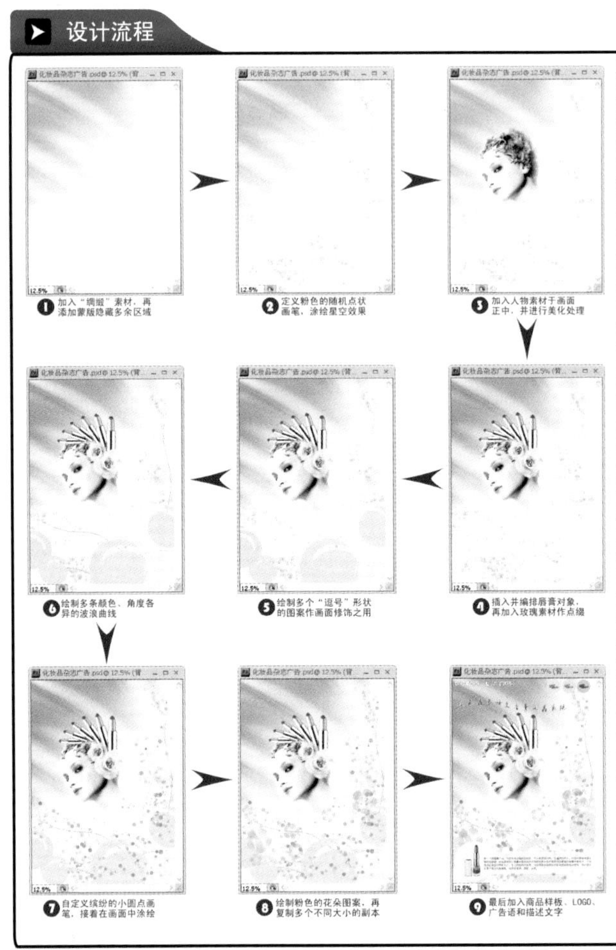

配色方案

#FFF2F2 #FEE4EF #FFCADA #E6ADCD #FF9E9B

设计概述

❶ 尺寸：185mm×260mm，300dpi

❷ 用纸：中涂纸或高白度轻涂纸，适用于高质量的月刊和专业杂志

❸ 风格类型：柔美、梦幻、浪漫

❹ 创意点：

- 运用淡红主色调营造女性柔美感
- 将广告商品夸张并巧妙地作为头饰置于显眼之处
- 通过大量装饰图形与图案打造梦幻的艺术特效

❺ 作品位置：

- 实例文件\Ch06\creation\化妆品杂志广告.psd
- 实例文件\Ch06\creation\化妆品杂志广告.jpg

创意延伸

Chapter 06 杂志广告（2）——数码相机广告设计

作品展示

设计流程

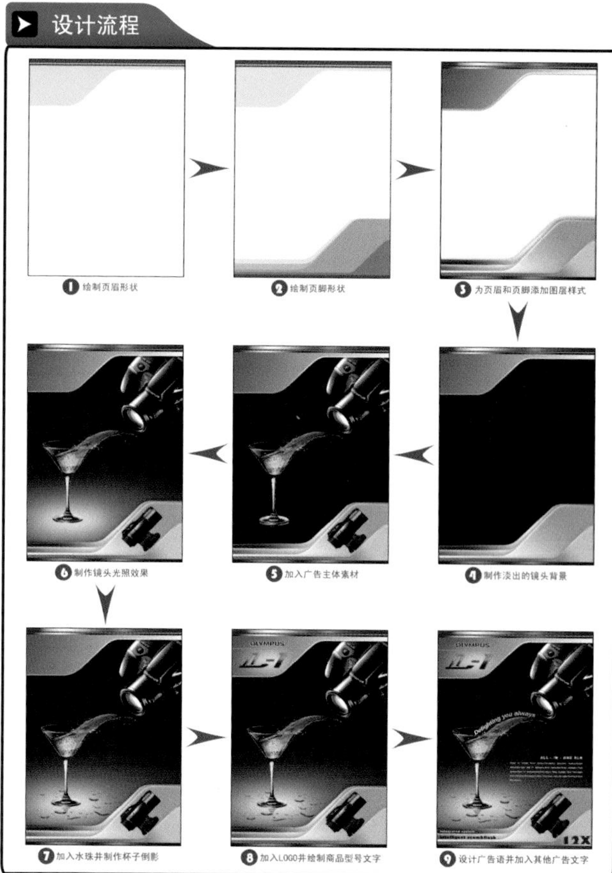

配色方案

#F1F1F2	#CBC7CD	#525252	#232321	#0C0C0C

设计概述

❶ 尺寸：竖向，185mm×260mm ，300dpi

❷ 用纸：中涂纸或高白度轻涂纸，适用于高质量的月刊和专业杂志

❸ 风格类型：高贵、优雅、大方

❹ 创意点：

- S形且相互平行的页眉页脚寓意相机快门
- 冷色调的浮雕金属效果彰显了相机材料的质感
- 杯中的水呈现“蓝”、“绿”、“红”3种颜色，代表了RGB三原色
- 杯中的液体感受到相机的吸引，生动地向镜头的方向倾泻

❺ 作品位置：

- 实例文件\Ch06\creation\数码相机杂志广告.psd
- 实例文件\Ch06\creation\数码相机杂志广告.jpg

创意延伸

Chapter 07 包装广告——食品包装设计

作品展示

成品展示

配色方案

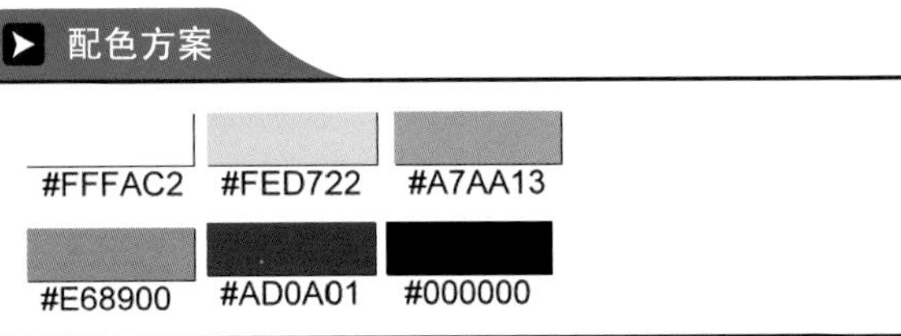

设计流程

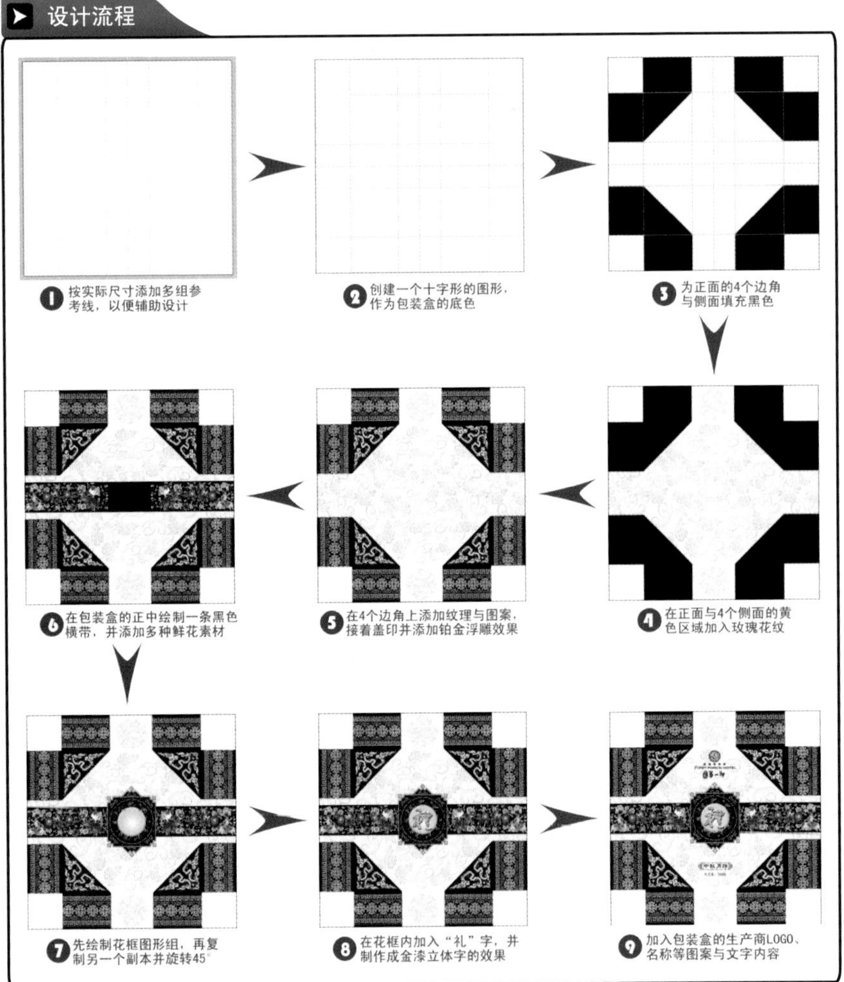

设计概述

❶ 尺寸：260mm×260mm×65mm，150dpi

❷ 用纸：157g进口铜版纸五色印刷，亚膜，印面纸裱2mm密度板

❸ 风格类型：中国风、华丽、典雅

❹ 创意点：

- 以4个边角镶嵌与鲜花彩带营造礼品效果
- 大量中国风的花纹与图案组合，营造出中秋节日气氛
- 边角上的花纹呈浮雕铂金效果，彰显典雅华丽

❺ 作品位置：

- 实例文件\Ch07\creation\食品包装设计.psd
- 实例文件\Ch07\creation\食品包装设计.jpg
- 实例文件\Ch07\creation\食品包装设计_立体效果.jpg

Chapter 08 书籍装帧——画册封面设计

作品展示

设计流程

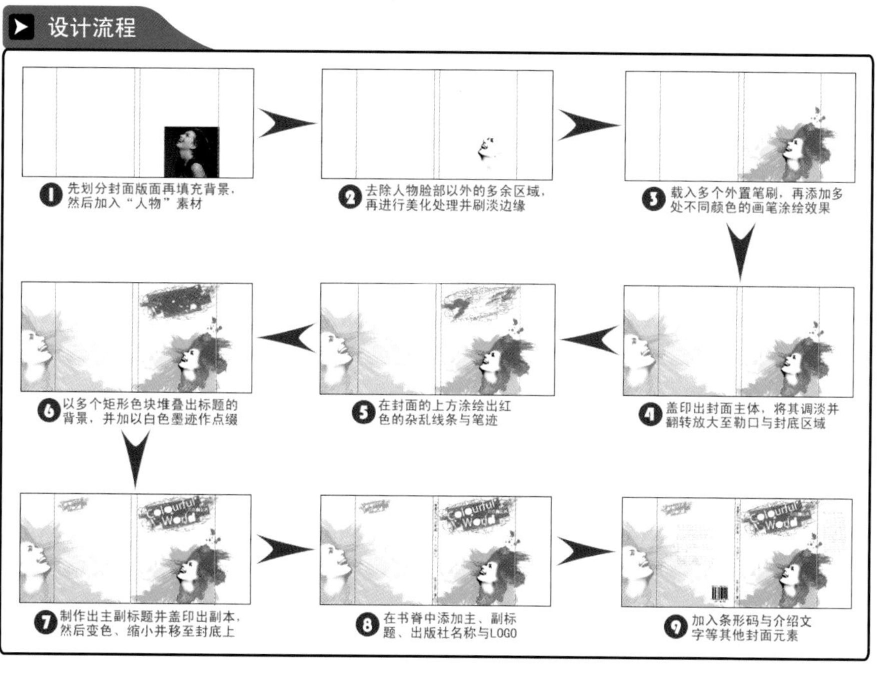

成品展示

配色方案

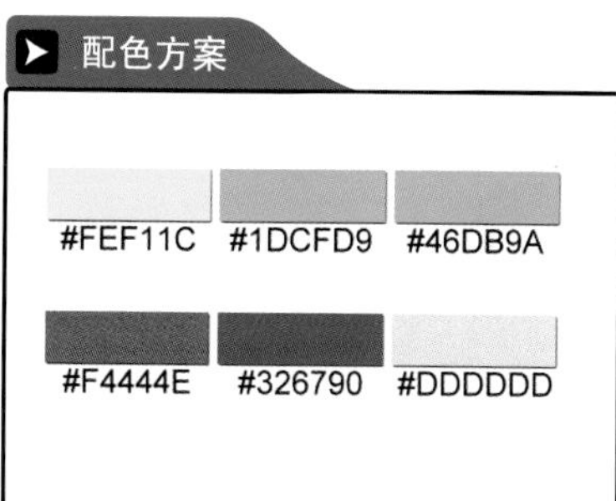

设计概述

❶ 尺寸：610mm×285mm，72pdi（实际像素应为300dpi）

❷ 用纸：胶版纸，主要供平版（胶印）印刷机或其他印刷机印刷较高级彩色印刷品时使用

❸ 风格类型：自然、即兴、艺术

❹ 创意点：

- 运用缤纷的颜色彰显书籍主题
- 以多处色彩艳丽的画笔墨迹组合出封面主体人物的头发
- 使用不规则的线条与色块配合特殊的文字效果，充分表现艺术氛围

❺ 作品位置：

- 实例文件\Ch08\creation\画册封面设计.psd
- 实例文件\Ch08\creation\画册封面设计.jpg
- 实例文件\Ch08\creation\画册封面设计_立体效果.jpg

Chapter 09 交通广告——饮料车身广告设计

作品展示

左侧车身广告

右侧车身广告

设计流程

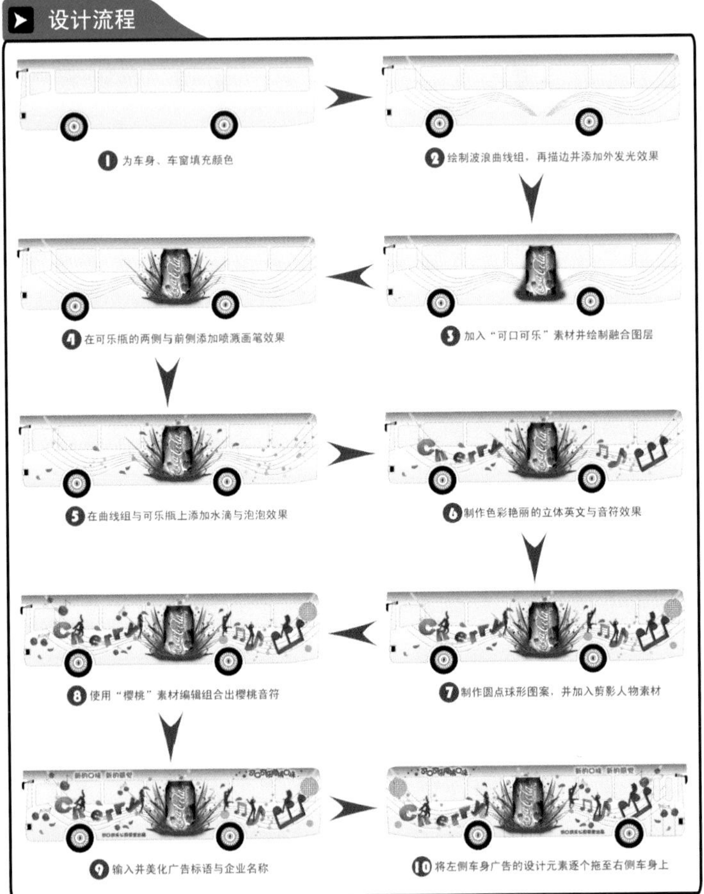

配色方案

#FFFFC9	#F8F359	#FF6F86	#E23145	#C97FBA	#AE117C

设计概述

❶ 尺寸：车身为960cm×245cm；车前为240cm×254cm；车后为240cm×247cm

❷ 用纸：通过喷绘机直接打印在PVC车身贴上

❸ 风格类型：时尚、活力

❹ 创意点：

- 通过可乐瓶喷溅出音乐、舞蹈元素作为主要创意点，夸张地表达品尝该产品后身心愉悦的感觉
- 将音乐与文字制作成七彩缤纷的立体效果
- 人物在五线谱上翩翩起舞
- 将樱桃素材编辑成音符形状

❺ 作品位置：

- 实例文件\Ch09\creation\车身广告_左.psd
- 实例文件\Ch09\creation\车身广告_左.jpg
- 实例文件\Ch09\creation\车身广告_右.psd
- 实例文件\Ch09\creation\车身广告_右.jpg
- 实例文件\Ch09\creation\车前与车后广告.psd
- 实例文件\Ch09\creation\车前与车后广告.jpg

作品展示

车前广告

车后广告

设计流程

1 为车前与挡风玻璃填充颜色

2 绘制车前灯与车牌

3 填充车后颜色

4 绘制曲线组并加入泡泡效果

5 加入可口可乐与樱桃音符素材

6 添加车后广告文字

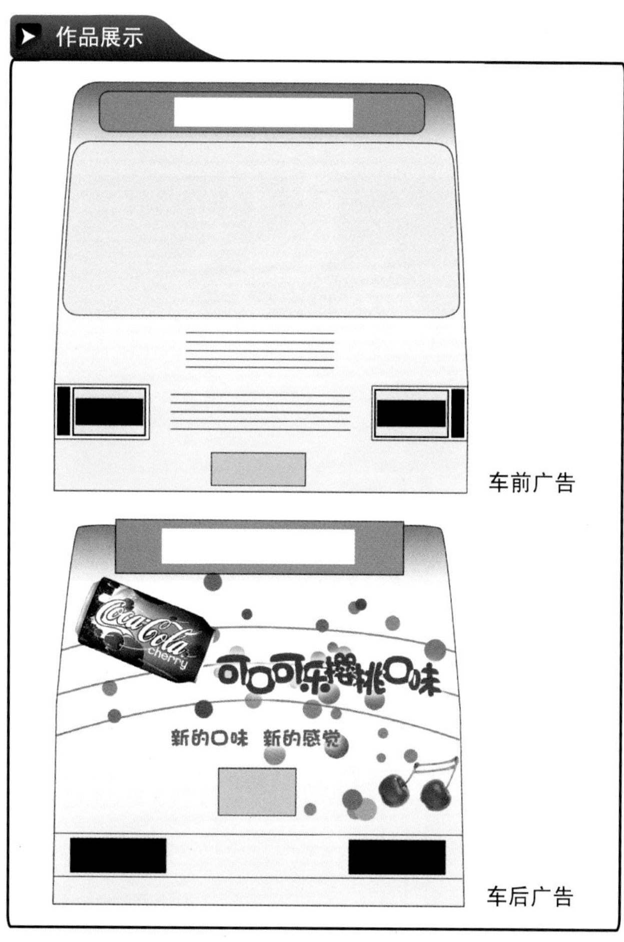

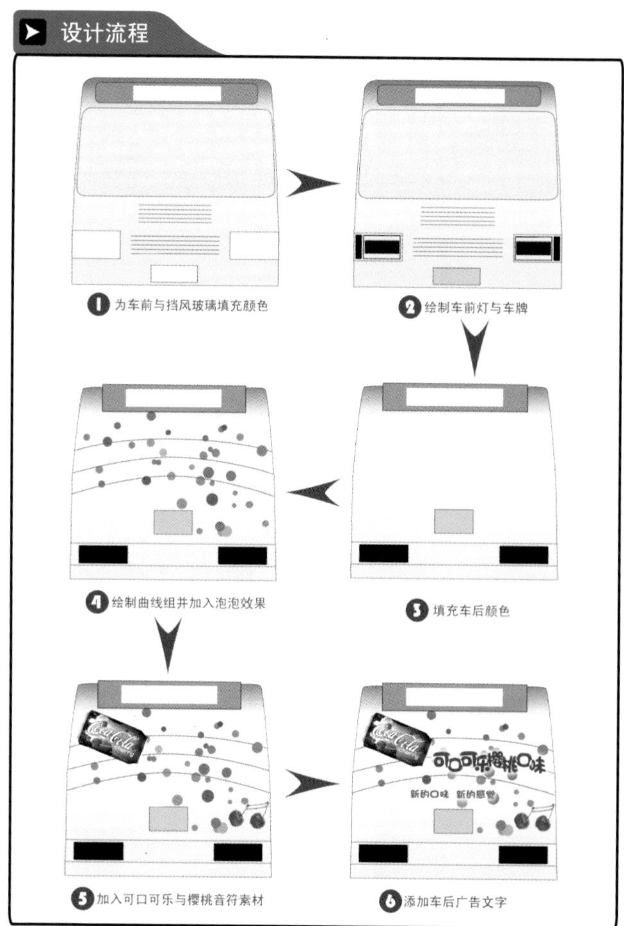

创意延伸

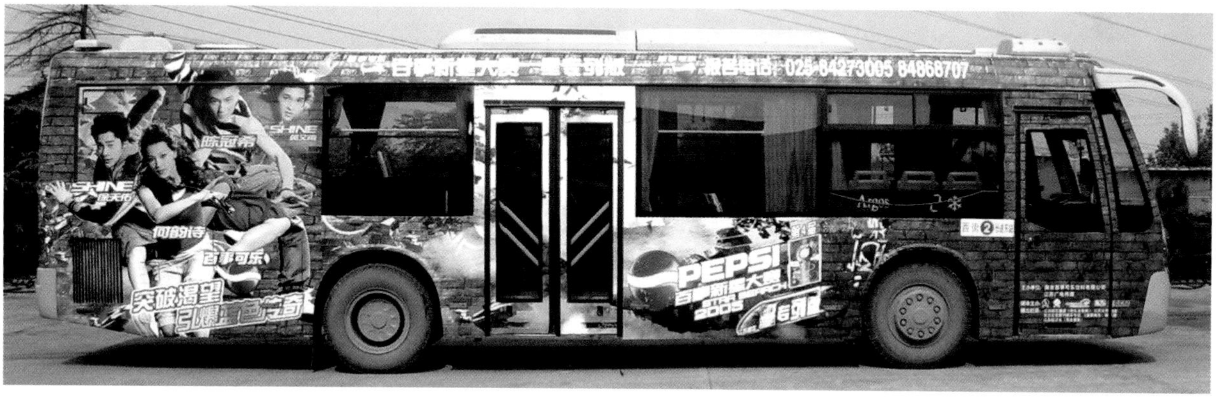

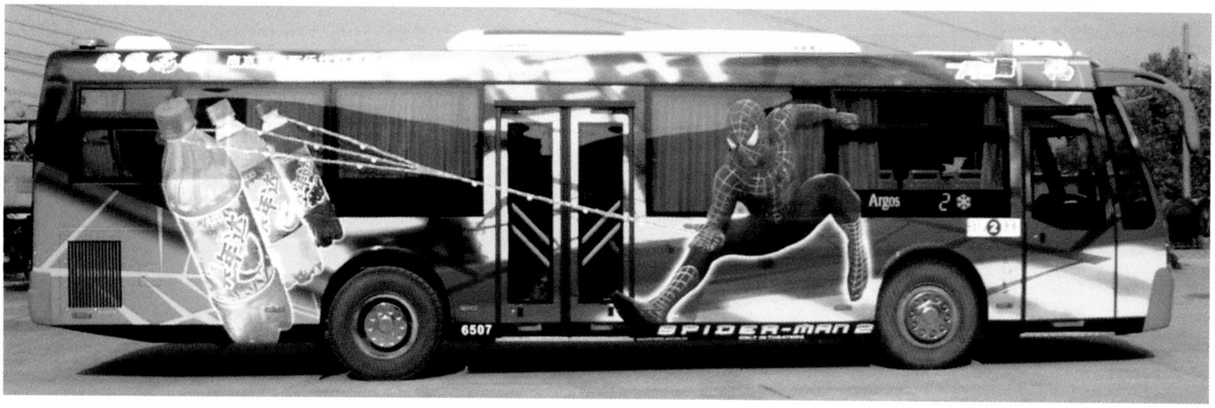

Chapter 10 路牌广告（1）——游乐园广告设计

作品展示

设计流程

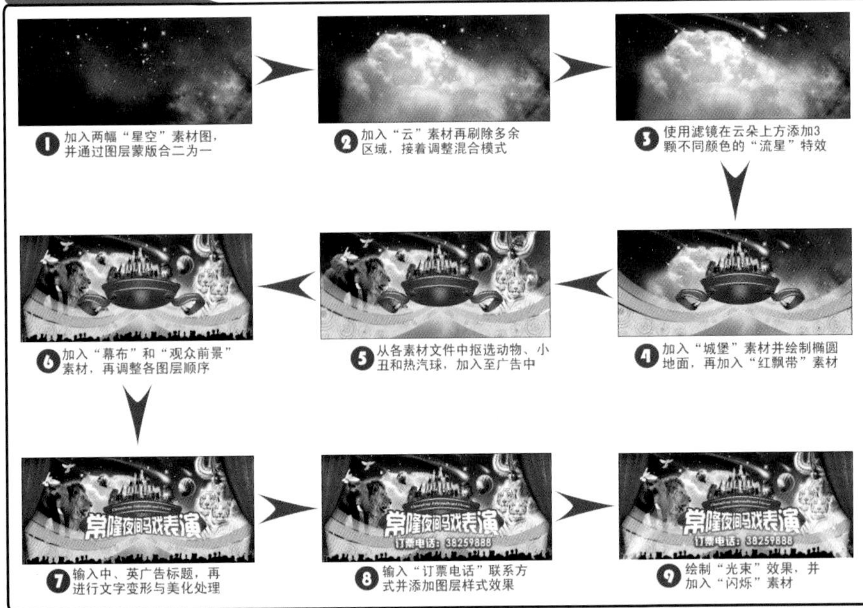

成品展示

配色方案

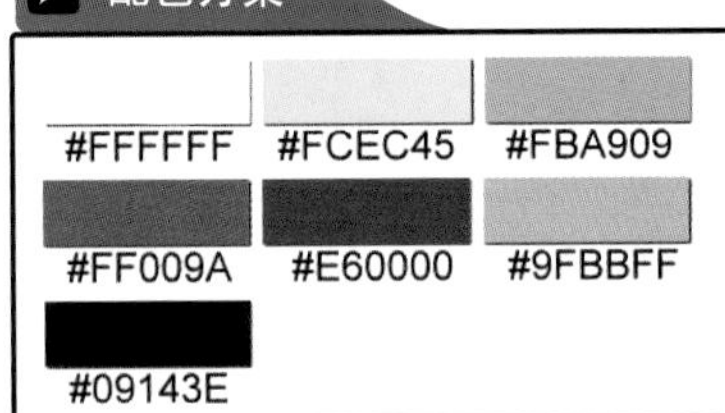

设计概述

❶ 尺寸：350mm×150mm（这是按实际路牌广告等比例缩小后的尺寸），300dpi

❷ 用纸：户外灯布，输出分辨率可达720dpi，并具有抗紫外线、防风雨等特点，在户外能够持久使用

❸ 风格类型：欢乐、奇幻、祥和

❹ 创意点：

- 通过璀璨的星空与灯光效果，突出“夜间马戏”的广告主题
- 3颗色彩艳丽的“流星”，对整个版面起到“画龙点睛”之效
- 以“舞台”、“观众”与“灯光”的组合，营造出一个仿真的广告版面
- 在繁杂的各广告元素之下，广告文字的色彩、边框与形状设计让人耳目一新

❺ 作品位置：

- 实例文件\Ch10\creation\主题游乐园路牌广告.psd
- 实例文件\Ch10\creation\主题游乐园路牌广告.jpg
- 实例文件\Ch10\creation\主题游乐园路牌广告_立体效果a.jpg
- 实例文件\Ch10\creation\主题游乐园路牌广告_立体效果b.jpg

Chapter 10 路牌广告（2）——运动鞋广告设计

作品展示

设计流程

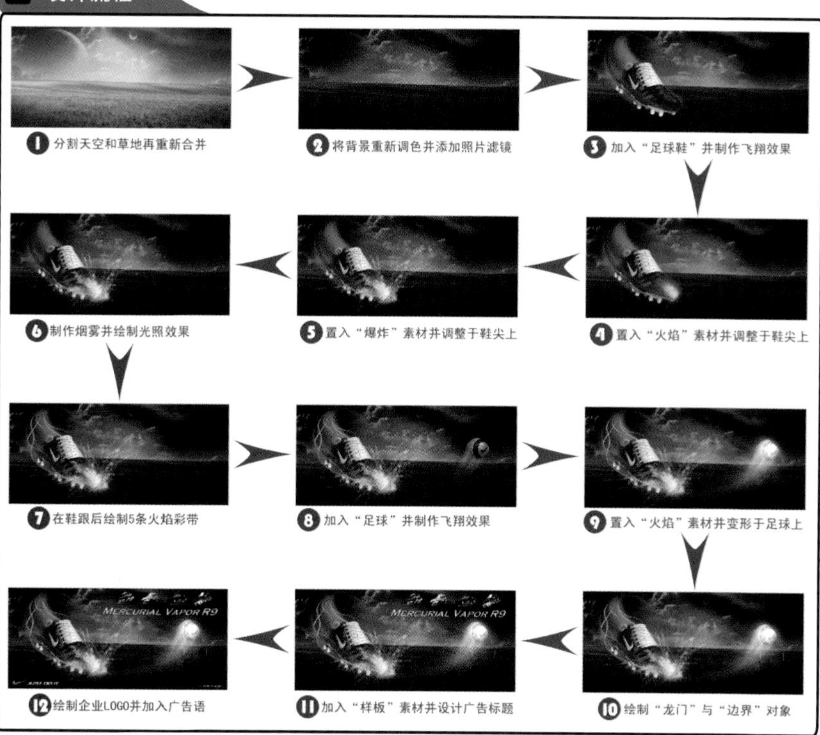

成品展示

配色方案

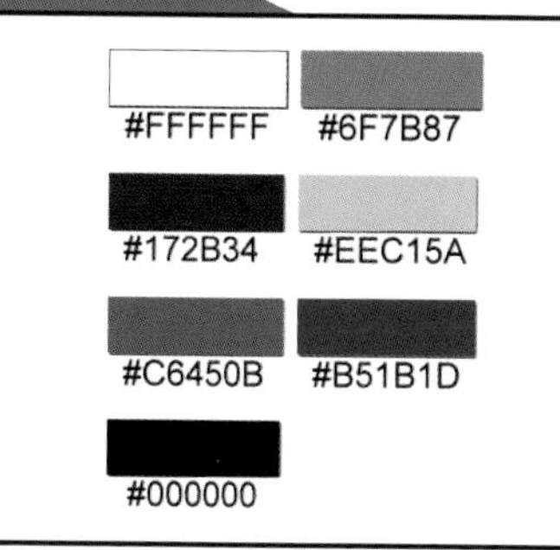

设计概述

❶ 尺寸：33cm×15cm（等比例缩小后的尺寸），150dpi

❷ 用纸：户外灯布，输出分辨率可达720dpi，并具有抗紫外线、防风雨等特点，在户外能够持久使用

❸ 风格类型：刚强、粗犷、梦幻、唯美

❹ 创意点：

- 模拟外星陨石飞撞足球，寓意商品具备较强的对抗能力
- 模拟夜色场景，以较暗的背景突出广告主题
- 被踢飞的"火球"动感十足
- 金属般的标题与LOGO刚强有力

❺ 作品位置：

- 实例文件\Ch10\creation\运动鞋路牌广告.psd
- 实例文件\Ch10\creation\运动鞋路牌广告.jpg
- 实例文件\Ch10\creation\运动鞋路牌广告_立体效果.jpg

超长10小时大型多媒体教学光盘使用说明

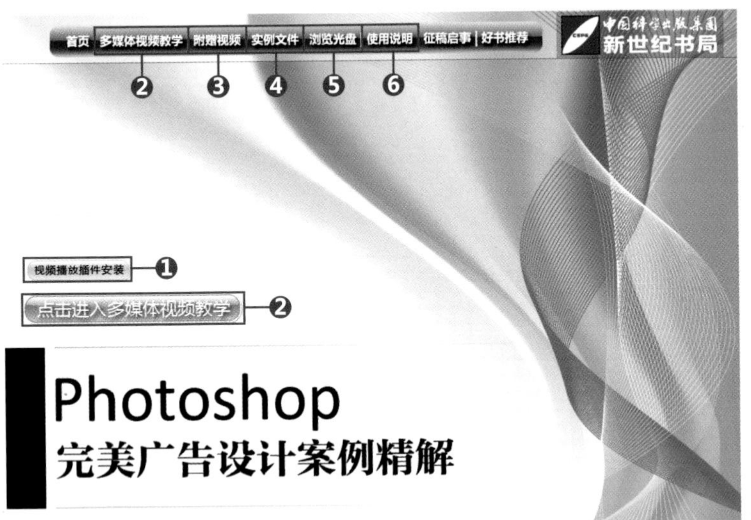

多媒体光盘主界面

1 单击可安装TSCC视频解码驱动程序
2 单击可进入多媒体视频教学界面
3 单击可打开附赠视频教学界面
4 单击可打开书中实例的最终效果源文件和素材文件
5 单击可浏览光盘文件
6 单击可查看光盘使用说明

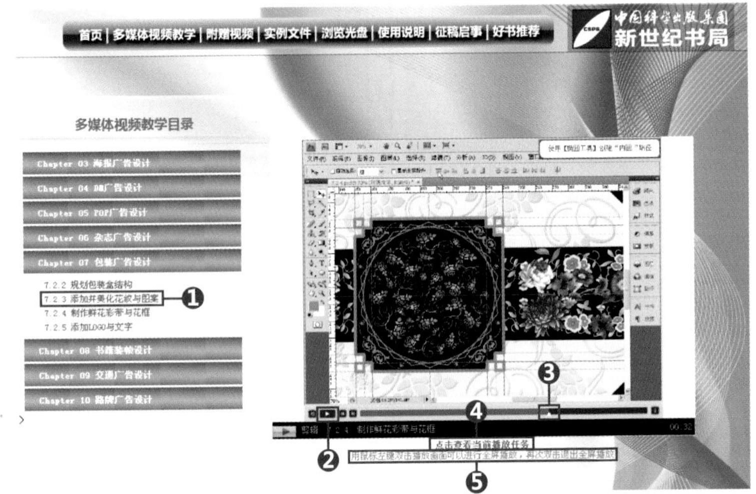

本书视频播放界面

1 单击可打开相应视频
2 单击可播放/暂停播放视频
3 拖动滑块可调整播放进度
4 单击可查看当前视频文件的光盘路径和文件名
5 双击播放画面可以进行全屏播放，再次双击便可退出全屏播放

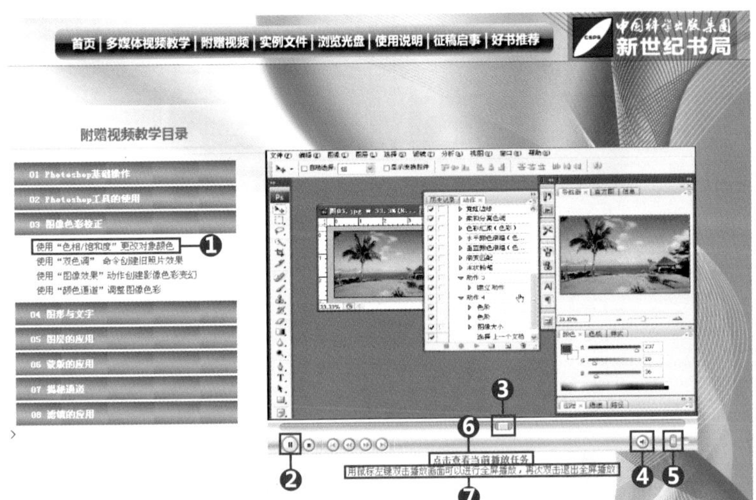

附赠视频播放界面

1 单击可打开相应视频
2 单击可播放/暂停播放视频
3 拖动滑块可调整播放进度
4 单击可关闭/打开声音
5 拖动滑块可调整声音大小
6 单击可查看当前视频文件的光盘路径和文件名
7 双击播放画面可以进行全屏播放，再次双击便可退出全屏播放

Photoshop完美广告设计案例精解

黄活瑜 / 编著

内容简介

本书全面讲解了Photoshop与平面广告设计有关的各项技术，在注重最终效果的基础上，充分表现广告的视觉冲击力。

全书共10章，第1章是平面广告设计必备知识，第2章是Photoshop CS4应用基础，第3～10章精选了海报广告、DM广告、POP广告、杂志广告、包装广告、书籍装帧、车身广告、路牌广告8种使用频率较高的广告类型，采用"了解广告基础知识→实际操作→经验总结→创意延伸→设计欣赏"的渐进教学方式，全面、细致地剖析了平面广告的设计流程和Photoshop软件操作技法。

另外，随书光盘中不仅包含书中全部实例的PSD源文件与所用素材，同时还提供了多媒体语音教学视频，以帮助读者更快、更好地学习Photoshop平面广告设计。

本书内容丰富、案例实用、体例新颖、结构科学，设计过程讲解通俗易懂，适合广大Photoshop初中级读者，以及从事广告设计、平面创意设计、插画设计、网页设计的人员自学，也可作为相关培训机构的教材。

图书在版编目（CIP）数据

Photoshop完美广告设计案例精解/黄活瑜编著.
—北京：科学出版社，2010.6
ISBN 978-7-03-027688-9

I. ①P… II. ①黄… III. ①广告—计算机辅助设计—图形软件，Photoshop CS4 IV. ①J524.3-39

中国版本图书馆CIP数据核字（2010）第094113号

责任编辑：魏　胜　徐晓娟/责任校对：杨慧芳
责任印刷：新世纪书局　　/封面设计：彭琳君

科学出版社出版
北京东黄城根北街16号
邮政编码：100717
http://www.sciencep.com

中国科学出版集团新世纪书局策划
北京彩和坊印刷有限公司印刷
中国科学出版集团新世纪书局发行　各地新华书店经销

*

2010年7月 第 一 版　　开本：大16开
2010年7月第一次印刷　　印张：24
印数：1—4 000　　字数：584 000

定价：79.00元（含1DVD价格）

前 言

本书写作初衷

在竞争异常激烈的今天，要使商品在竞争中取胜，使企业的新产品克服信息传播途径的阻碍为消费者所知晓，使之具有影响力并成为品牌，往往需要依靠广告的宣传。商业广告肩负着促进销售、指导消费、推动生产发展与传播先进文化的重大使命。

另一方面，在全面信息化的今天，电脑绘图已经逐渐成为平面广告的主流形式，不能掌握平面设计软件的应用将无法立足于广告界。而Photoshop无疑是平面设计软件的佼佼者，它广泛应用于图像设计、绘制图形、图像编修与网页制作等多个领域，在平面广告设计方面可谓独领风骚，深得广告设计师们的厚爱。

将上述两点有机结合正是本书的策划目的。如今，有些设计者灵感不绝，但不懂如何借助软件发挥创意；又或者本身具备一定的电脑绘图技能，但欠缺一定的设计理念与艺术嗅觉。为此，本书有针对性地将Photoshop操作技能与平面广告设计理念完美结合，先介绍平面广告必备知识与Photoshop CS4应用基础，接着通过12个广告案例进行综合实战。

本书结构和内容

本书采用新颖的教学模式，第3~10章的热门案例，依据“基础知识”→“实际操作”→“学习扩展”的结构进行教学。在每个广告案例开始前，先介绍该广告项目的特点、种类、设计原则与注意事项等基础知识；接着针对案例作品提供设计理念、设计流程、制作功能等设计概述；在进行详细操作分析后，奉上经验总结、创意延伸与作品欣赏等学习扩展栏目，以便读者温故知新。本书结构如下图所示。

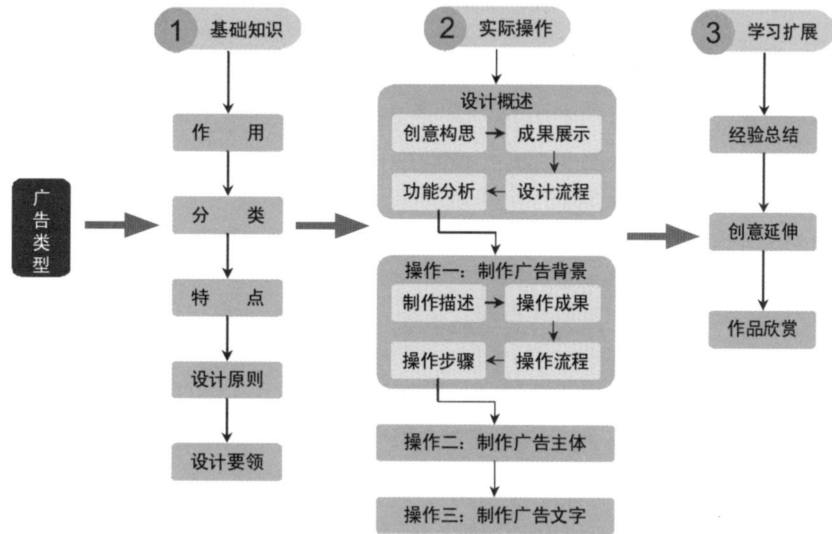

本书共分为10章，每章具体的内容安排如下。

- 第1章：先介绍广告的定义、要素、作用与任务，接着介绍广告的种类，最后详细分析了平面广告的构成要素、版面编排与输出等行业知识。
- 第2章：先对Photoshop CS4的应用领域进行概述，接着详述其操作界面、使用方法与文件管理技巧，最后介绍了位图、矢量图与色彩模式等专业知识。
- 第3章：先介绍海报广告的特点、种类、设计原则与要领等基础知识，然后通过“汽车宣传海报”和“演唱会宣传海报”两个案例介绍海报广告的设计方法。
- 第4章：先介绍DM广告的作用、特点、分类、使用时机与设计注意事项等基础知识，然后通过“房地产DM折页”案例介绍DM广告的设计方法。

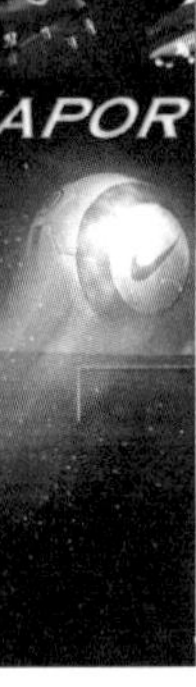

- 第5章：先介绍POP广告的概念与功能、种类、设计要求等基础知识，然后通过“POP手机广告”和“易拉宝饮料广告”案例介绍POP广告的设计方法。
- 第6章：先介绍杂志广告种类、创意时机以及与报纸广告的区别等基础知识，然后通过“化妆品杂志广告”和“数码相机杂志广告”两个案例介绍杂志广告的设计方法。
- 第7章：先介绍包装设计的功能与作用、分类、设计原则等基础知识，然后通过“食品包装”案例介绍包装设计的方法。
- 第8章：先介绍书籍装帧的广告功能、设计原则、设计形式与设计要求等基础知识，然后通过“画册封面”案例介绍书籍装帧的设计方法。
- 第9章：先介绍交通广告的要领与作用、分类、特征、广告优势、表现形式、常见车型与尺寸等基础知识，然后通过“车身饮料广告”案例介绍交通广告的设计方法。
- 第10章：先介绍路牌广告的性能、特征、设置与制作等基础知识，然后通过“主题游乐园广告”和“运动鞋路牌广告”两个案例介绍路牌广告的设计方法。

本书特色

本书由资深平面广告设计专家精心规划与编写，其中出现了不少新颖的栏目与结构编排，具体特色归纳如下。

- 结构新颖：本书各案例均由3部分组成，第一部分从行业广告类别的作用、特点、特征、设计原则与注意事项等方面着手，为用户提供全面权威的行业咨询；第二部分先对案例的设计思路、制作流程与软件技术进行介绍，接着图文并茂、一步步传授实战设计过程；第三部分先对案例的要点与操作技巧进行总结，接着提供更多的创意延伸，最后展示一些同类型的优秀作品并加以点评，在巩固知识之余举一反三地激发广告创意。
- 设计流程图：以九宫图的形式精选9幅重点成果图，通过箭头的导引与步骤文字的诠释，将繁复的案例作品逐步分解，不但理清了设计思路，更提高了学习效率与质量。
- 表格战略：本书所有案例均科学地划分为3~5个小节，在第一小节中均提供了设计流程表，罗列了制作目的和制作过程。通过表格配合成果图的形式，大大增强了学习目的性。另外，在操作过程中，相似的操作与属性设置均使用表格的形式进行归纳，避免了学习中重复操作的枯燥。
- 大量知识补充：通过“专家提醒”、“小小秘籍”与“当心陷阱”3种形式的补充说明，从软件功能、操作技巧、设计理念、注意事项等多个渠道进行知识补充。
- 光盘内容丰富：随书光盘提供了全书的练习文件和素材，读者可以使用这些文件并跟随光盘中的教学视频进行学习。

本书适合读者群体

本书适合从事广告设计、平面创意设计、网页设计、插画设计、工业设计等领域的人员和Photoshop爱好者学习，也可作为相关培训机构的教材。

本书由黄活瑜编写，参与本书设计工作和光盘制作的还有刘颖妍、王钒、黄俊杰、吴颂志、黎文锋、梁颖思、梁锦明、林业星、黎彩英、刘嘉、李剑明等，在此一并表示感谢。

由于本书编写时间仓促，不妥之处在所难免，欢迎广大读者批评指正。如果对图书有任何建议或意见，欢迎与本书策划编辑联系（ws.david@163.com）。

编　者

2010年5月

Chapter 01 平面广告设计必备知识 025

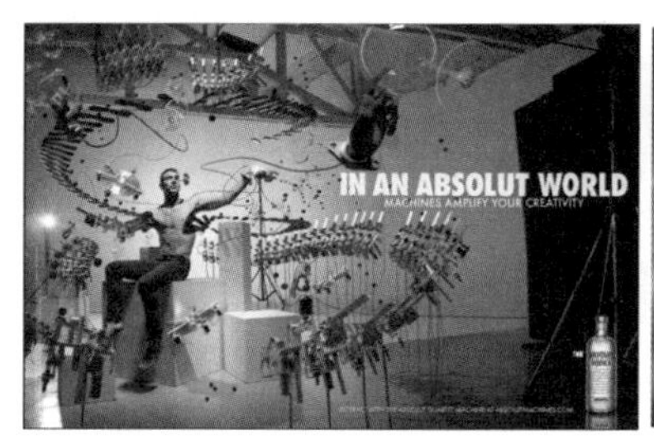

Chapter 02 Photoshop CS4 应用基础 045

Chapter 03 海报广告设计 063

雁子
似水柔 情亚洲巡回
演唱会

似水柔 情亚洲巡回
演唱会
雁子

金湖苑
领袖高尚生活
8月16日全城公开发售

金湖苑

Chapter 06 杂志广告设计 204

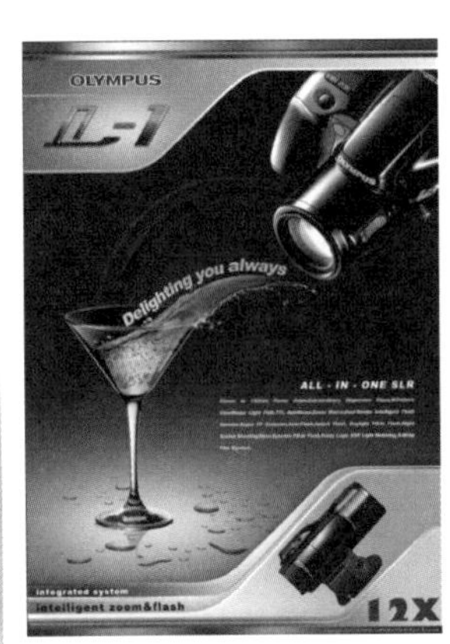
OLYMPUS
Delighting you always
ALL - IN - ONE SLR
integrated system
intelligent zoom&flash
12X

OLYMPUS
integrated system
intelligent zoom&flash
12X

Colourful World

Colourful World
彩色的世界

新的口味 新的感觉
Cherry
可口可乐公司荣誉出品

Changlong International Circus
常隆夜间马戏表演
订票电话：38259888

Changlong International Circus
常隆夜间
马戏表演

MERCURIAL VAPOR R9
JUST DO IT

MERCURIAL

Chapter 01

Photoshop完美广告设计案例精解

平面广告设计必备知识

本章重点知识：

广告概述
广告的种类
平面广告设计的构成要素
广告设计的版面编排
广告输出的基础知识

1.1 广告概述

现如今，相信没有人会对“广告”一词感到陌生，一片“无处不广告”的景象使人们与广告的联系日益密切起来，但很少有人可以全面概括出广告的含义，所以在学习平面广告设计基础知识前，我们先来了解广告的定义、要素、作用及其任务等知识。

1.1.1 广告的定义

何为广告？通常有“广告就是广而告之”的通俗说法，其实这并不能作为广告的定义。关于广告的定义，不同地域有着不尽相同的解释，国际广告协会认为：“广告是由特定的赞助者，以付费及非个人化的方式，公开介绍所提供的生产、服务或主张”；而《辞海》中则解释为：“向公众介绍商品，报道服务内容或文娱节目等的一种宣传方式。一般通过通刊、电台、电视台、招贴、电影、幻灯、橱窗布置、商品陈列等形式来进行。”其实，宏观广告的定义可分为广义和狭义两种。

- 广义广告：广义广告的主要特点是宣传的内容和对象都比较广泛，包括经济性广告和非盈利性广告。除了包括推销商品和劳务，获取利益的盈利性广告外，还包括为了达到某种宣传目的非盈利性广告，比如公益广告，行政性广告，团体和个人的声明、启事等。
- 狭义广告：狭义广告专指经济性广告，即盈利性广告、商业广告，如报刊、电台和电视台的广告节目，以及招贴、幻灯、橱窗布置和商品陈列等。可以这么定义：狭义广告是指商品经营者或者服务提供者承担费用，通过公共媒介对其商品或劳务进行宣传，借以向消费者有计划地传递信息，影响人们对所广告的商品或劳务的态度，进而诱发其行动，而使广告主得到利益的活动。本书所指的广告主要是指盈利的平面商业广告。

1.1.2 广告设计的要素

一个完整的广告包括以下几个基本要素。

- 广告主：指经营商品或服务的提供者，可以是政府机构、厂商企业、社会团体、科研单位或学校，也可以是其他经济组织或个人等，而且没有国别限制。
- 广告对象：也可以称为目标对象或诉求对象。可以根据商品的特点、企业营销的重点来确定目标对象，以实现广告诉求对象的明确性。
- 广告内容：即广告所传播的信息，它包括商品、劳务、观念等信息。内容明确、具体、求实是广告传播信息的必要条件。
- 广告媒介：即广告传播所依靠的对象，包括报纸、杂志、电视和户外广告等非人际传播的媒介。各种媒介都有着各自的特点，应按照广告整体策划来选择媒介。
- 广告目的：指广告活动的出发点。广告整体策划中每一段广告活动都具有明确的目的，以便顺利实现广告整体策划的目标。
- 广告费用：前面介绍了狭义广告是一种盈利性广告，广告主必须支付一定的费用，才能使广告整体策划顺利实施。

1.1.3 广告的作用与任务

广告的主要作用就是有偿地传播信息，包括商品、服务、思想观念信息等，同时必须为广告主带来利益，即先将广告向外传播，再将传播的效果反馈给广告主，也就是指广告以其所传播的内容对所传播的对象和社会环境所产生的作用和影响，简单而言就是指广告可以达到什么目的。

目前，广告事业肩负着以下使命。

- 促进销售：广告的任务首先是产品对象的推销服务。为了使广大消费者接受某产品，必须就产品的性能、用途、成分、质量、特点、注意事项等向消费者进行介绍，引诱其购买消费的意向与行为。
- 指导消费：通过对商品的传播，帮助消费者了解商品，使消费者能根据自己的实际需求去选择与购买商品，这就是正确地指导消费。
- 参与市场竞争：要想使商品在市场中取胜，就必须打破“优胜劣汰”的市场竞争规律。所以企业的新产品在克服信息传播途径的阻碍后为消费者所知晓，并具有影响力、成为品牌，这就需要依靠广告的宣传。

- 推动生产发展：生产决定消费，而消费又推动生产。企业一旦通过广告扩大销售范围，就必须扩大生产规模；规模大了，很自然就促进了新技术的采用、成本的降低与质量的提高。广告促进了销售，而销售又刺激了生产，所以生产与消费是辩证统一的。
- 传播先进文化：很多广告是通过文艺的形式来传播信息的，所以它也是一种文化现象。为了促进市场经济的发展，人们要求广告成为传播先进文化的载体，积极宣扬健康向上的思想，同时杜绝腐朽没落及与历史发展潮流背道而驰的情感。

1.2 广告的种类

由于广告涉及的社会层面较广，因此可以按照广告的性质、覆盖的层面、广告主或者按企业广告的策略分类。但在多数情况下，广告是按媒体来分类的，大致可分为印刷媒体类、电子媒体类、数字互动媒体类与户外媒体类4种。下面针对本书内容介绍印刷媒体和户外媒体两大类型。

1.2.1 印刷类广告

印刷类广告包括印刷品广告和印刷绘制广告。印刷品广告有报纸广告、杂志广告、图书广告、招贴广告、传单广告、产品目录、组织介绍等，而印刷绘制广告有墙壁广告、工具广告、包装广告、挂历广告等。下面挑选几种具有代表性的印刷类广告进行介绍。

1 报纸广告

报纸广告与杂志、广播、电视一同被称为四大最佳广告媒体，而最传统的报纸广告几乎是伴随报纸的创刊而诞生的，是数量最多、普通性最广、影响力最大的媒体。报纸是当下人们了解时事与接收信息的主要媒体之一，其广告比广播、电视等媒体造价低廉，制作简单。随着时代的进步，其内容也越来越丰富、版式更加灵活、印刷更加精美。正因为报纸广告的内容形式渐渐多元化，拉近了其与读者的距离。如图1.1所示即为国外的报纸广告。

Sports

Bracket bruisers

Patriots run with role of underdog

UCLA relies on defense these days

More mid-majors deserve to be in NCAA Tournament

Nash just misses hat trick in Jackets' fourth win in row

Thomas adds age, effort to Crew's midfielder crop

The Arts

50 150 63 60 11 8

Big top with a big heart

Circus spreads joy through performances, philanthropy

'Boys' should walk like men at tonight's Tony awards

The Arts

Teen wizard battles evil, clumsy feet

Passion for DANCE

Three competitive couples take their ballroom steps seriously

INTERMISSION

图1.1 报纸广告

报纸广告具有时效性强、影响面广、成本较低、信誉度高、适应性强五大优点，但同时又存在表现力差与针对性稍弱两个缺点。

2 杂志广告

顾名思义，杂志广告就是刊登在杂志刊物上的广告，如图1.2所示。杂志可分为专业性杂志、行业性杂志、消费者杂志等。杂志广告相对于报纸广告而言，可以说是处于一种对已有信息进行补充和完整化的地位。

由于杂志刊物的针对性比较强，有固定的读者群，是各类专业商品广告的良好媒介。一般刊登在封二、封三、封四和中间双面的杂志广告会使用彩色印刷，纸质也较好，因此表现力较强，是报纸广告难以比拟的。杂志广告还可以用较多的篇幅来传递关于商品的详尽信息，既利于消费者理解和记忆，也有更高的保存价值，所以具有时效长、表现手法多样等优点。其缺点是发行量少、印刷成本高、影响范围较窄，而且杂志出版周期长，经济信息不易及时传递，时效性较弱。

图1.2 杂志广告

3 POP广告

POP是英文Point Of Purchase advertising的缩写，意为"购买点广告"，如图1.3所示。其概念有广义的和狭义的两种：广义的POP广告指凡是在商业空间、购买场所、零售商店的周围、内部以及在商品陈设的地方所设置的广告物，如：商店的牌匾，店面的装修和橱窗，店外悬挂的充气广告、条幅，商店内部的装饰、陈设、招贴广告、服务指示，店内发放的广告刊物，进行的广告表演，以及广播、录像电子广告牌广告等。狭义的POP广告，仅指在购买场所和零售店内部设置的展销专柜以及在商品周围悬挂、摆放与陈设的可以促进商品销售的广告媒体。

图1.3 POP广告

POP广告的优点在于易实现、成本低廉、表现力强、灵活性高，其显著的优点为国内外广告界所公认，缺点是覆盖面较窄。

4 DM广告

DM是英文Direct Mail advertising的缩写，意为"直接邮寄广告"，业界又称之为直邮广告或邮寄广告，其作用主要是通过邮寄的方式直接送交传播对象的广告形式。DM的实现形式主要包括明信片、信函、宣传册、传单、目录等。

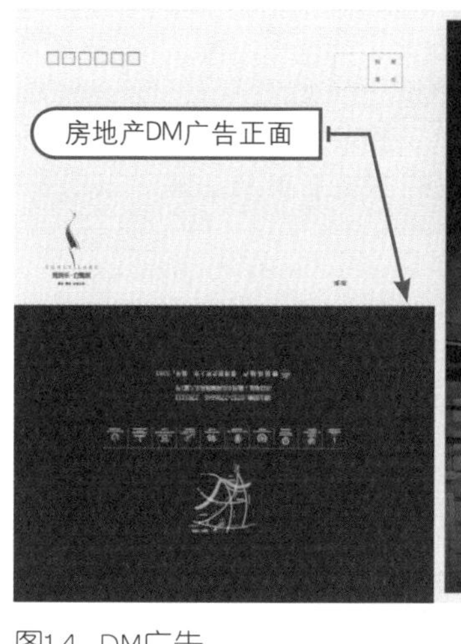

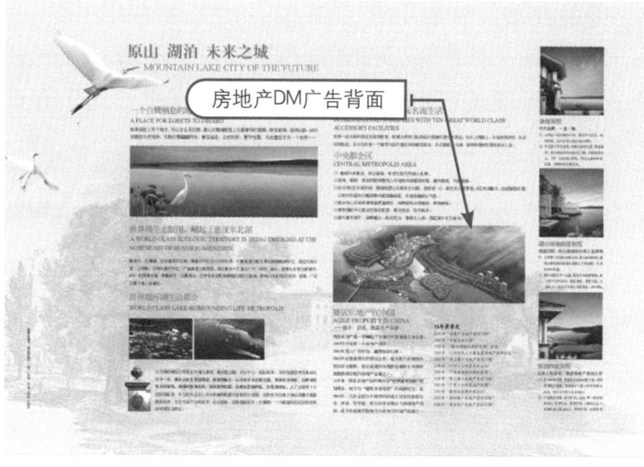

图1.4　DM广告

DM广告的优点是目标明确、机动性大、能与其他促销活动配合进行，缺点是成本较高。

1.2.2　户外广告

户外广告一般泛指位于室外露天或者公共场所的广告。它历史悠久，在广告界举足轻重，一直沿用于今，是四大媒体以外另一种重要的广告载体。它的优点是作用周期较长、地点与传播载体的选择范围广、视觉冲击力较大、制作成本较低，缺点主要是传播信息量有限，效果易受环境和气候等自然因素影响，稳定性不高。

户外广告的种类很多，常见的有交通广告、路牌广告与招贴广告等，下面逐一进行介绍。

1 交通广告

交通广告是指应用于汽车、火车、地铁、轮船、飞机等交通工具及其相关场所的广告。交通广告的创意灵活，不仅可以直接在交通工具本身制作实现广告，比如在车内、车外、地铁与火车的车厢、船舱、机舱等，如图1.5所示，也可以在车站、月台、候车厅与候机厅等场所制作广告，如图1.6所示。

交通广告的优点是阅览率较高，制作成本低。

图1.5　公交车站广告

图1.6　公交车的车身广告

2 路牌广告

路牌广告是指张贴或直接描绘在固定路牌上的广告，一般用喷绘或直接张贴于路牌上，如图1.7所示，是户外广告的主要表现形式之一，通过用于传播与当地密切相关的信息，比如路线指引、楼盘信息与行车注意事项等。路牌广告可以长期发布同一信息，而且广告尺寸较大、色彩鲜艳，通常安装于邻近交通要道或者闹市人流密集场所。

路牌广告的优点是发布时间长、吸引力强，缺点是制作成本高。

3 招贴广告

招贴广告又称为“海报”，通常出现于户外的马路、闹市、广场、戏院等场所，是一种以招贴形式张贴的户外广告，其尺寸多为全开、对开或者四开，如图1.8所示。由于招贴幅度较大，所以比报纸、杂志广告更能吸引过往行人的注意，是宣传事件与商品的常用广告形式。

图1.7 路牌广告

商业海报

ANOTHER WAY TO DEFEND AGAINST THE MESS OF A DRINK BOX:
A TWIST CAP.
Sunny Delight

图1.8 招贴广告

1.3 平面广告设计的构成要素

平面广告设计主要是向广大消费者传达一种信息与理念，其次还应在视觉上给人一种美的享受，所以在设计过程中，除了要注重表面视觉上的美观外，更应该考虑信息的传达。目前，平面设计作品主要由标题、正文、广告语、插图、商标、公司名称、轮廓、色彩等几个基本要素构成。不管是哪种类型的广告作品，都是由这些要素通过巧妙地安排、配置、组合而成的。

1.3.1 图形与图像

在现代平面广告作品中，图形图像占据重要位置，是不可缺少的设计元素。随着社会的进步，在科学技术高速发展的信息时代，人们的传达方式和传播媒介也随之有了改变，图形成为了快速、直接的信息语言，它比文字更具有视觉冲击力和说服力，并能给人足够的想象空间。从复杂的实物图形转变为简单明了的抽象图形，图形成为现代平面广告设计中的重要角色。

一个好的平面广告，其视觉形象首先要吸引人、感动人，能够引起目标受众的注意，进而才能向受众有效地传递出相应的产品信息。因此，出色的平面广告设计不仅要有独特的创意，还要寻找恰当的图形元素、独特的形式语言，进行合理的图形表现来综合完成，二者缺一不可。所以有人说：“一幅好的图形胜过一百句话”，这正是“视觉语言”的魅力所在。

根据平面广告的主题、商品、取材、表现手法与受众等因素的不同，产生了各种各样的图形风格，下面简单介绍几种常见类型。

1 摄影型

以摄影作品的形式直接、客观地表现主题，以目睹照片如见实物的强烈说服力获取受众的信任。对于选取的照片素材，并非直接搬用原始的效果，而是通过设计师根据作品风格的需求，发挥创意，对照片进行再加工。在保留照片原有生动性的前提下去体现主题，取得良好的视觉传达效果，如图1.9与图1.10所示。

图1.9　北京残奥会官方海报

图1.10　英国汽车服务广告招贴

2 细腻型

细腻型是指图形的构成具有细致、严谨的特点，通常用于表达自由与极富想象力的意念，不仅可以表现生活中的实在形象，也可以反映抽象的虚构形象。它比摄影型更具新奇的效果，所以更具有视觉吸引力，如图1.11与图1.12所示。

图1.11　全球环境中心呼吁节约能源的公益性广告

图1.12　国际戏剧学院节广告

3 动漫型

通常，卡通漫画可分为幽默性和滑稽性两种。幽默性可逗人一笑，滑稽性可使人难以忘怀，都能发挥很好的宣传效果，如图1.13所示。

图1.13　soyjoy糖果广告

4 原创型

原创型是指设计师或者艺术家通过绘画、书法、剪纸、素描或其他艺术表现手段，按照广告主题的精神创作的图形或者图案。别看构图简陋的寥寥数笔，这通常是意味深长的铺垫，可以把广告的主题和思想感情传播于受众。同时，它具有一种摄影与电脑绘制所无法比拟的艺术魅力，如图1.14与图1.15所示。

图1.14 whyart网站平面广告（纽约）

图1.15 2008年奥运招贴广告

1.3.2 标志

标志可以理解为是某种事物的特征标记。在广告视觉传达设计中，标志（商标）是消费者借以识别商品的主要标志，是宣传对象质量和企业信誉的象征，具有“画龙点睛”的作用。它通过简单、易记的物象、图形或者文字符号等形式呈现。

在平面设计中，商标不是广告版面的装饰物，而是重要的构成要素。由于其造型简明，在极短的时间内就可被记住，所以它在激烈的市场竞争中起着促进销售、打开市场与占领市场的重要作用。商标一旦注册即可受到法律保护。在设计过程中，要尽量突出商标，以供消费者识别、选购商品。

1 标志的种类

标志按用途可以分为会议标志、城市标志、纪念标志与商业标志等。商业标志又可以分为代表公司企业形象的企业标志，以及代表企业产品的品牌标志。我们最常见的就是产品标志，它与人们的生活息息相关。标志按照造型结构划分，大致可分为具象型、抽象型与图字型3种，如图1.16～图1.18所示。

图1.16 具象型标志

图1.17 抽象型标志

图1.18 图字型标志

2 标志的特点

- 功用性：标志的本质作用不是在于其观赏性，而且功用性。之所以使用艺术创建等手段对标志进行处理，其目的是使观赏者记住，并产生深刻的印象。
- 识别性：标志的最大特点就是独一无二、与众不同，否则将视为侵权，将受到法律干涉。它必须具有独特的面貌，以展示目标自身的特性，从而区分事物间的不同意义，使人过目不忘，这是标志的主要功能。
- 显著性：标志的另一重要特点就是吸引目光，一般可以通过强烈的色彩对比、精简的构图来引起人们的注意。
- 多样性：标志种类繁多、用途广泛，无论从其应用形式、构成形式、表现手段来看，都有着极其丰富的多样性。
- 艺术性：只有深远的寓意而不具备某种程度艺术性的标志也不算成功。它必须要求实用，同时又符合美学原则，可以传达美感，才能给受众以强烈与深刻的印象。

- 准确性：标志所表达的精神意愿必须一针见血，准确到位，让人一目了然，快速领会，避免产生误解。
- 持久性：标志一般都具有长期使用价值，不轻易改动，具有一定的持久性。

3 标志的设计原则

- 简明易认，一目了然。
- 内容准确，形象直观。
- 独树一帜，不能雷同。
- 美观大方，寓意深刻。

1.3.3 文字

在一幅平面广告作品中，文字是不可缺少的视觉要素。通过图形与文字的搭配来体现广告的主题，深入对消费者进行说服。广告中的文字包括标题、正文、广告语等。

1 标题

标题主要用于表达广告主题，比如一幅创意独特的广告作品，消费者如果一时未能明白过来，只要一看标题就会恍然大悟，所以它在平面设计中起到画龙点睛的作用。其表现手法通常以生动精僻的文字短句和一些形象夸张的方式来唤起消费者的购买欲望，不仅要引起受众的注意，还要赢得其消费意向。

标题应该选择简洁明了、易记、概括力强的短语，可以是不完整的句子，也可以只用一两个字的来表达，但它是广告文字最重要的部分。在设计上，标题一般采用基本字体，或者略加倾斜扭曲等变化，而不宜太花哨，要力求醒目、易读，符合广告的表现意图。另外，在标题文字的形式要有一定的象征意义。标题在整个版面上应该处于最醒目的位置，应注意配合插图造型的需要，运用视觉引导，使读者的视线从标题自然地向插图、正文转移。

2 正文

正文又称为内文或说明文，结合标题来进一步说明、阐述广告的内容与介绍商品。正文一般由开头、中心段与结尾3部分组成，要求通俗易懂、内容真实、文笔流畅、概括力强，常常利用专家的证明、名人的推荐、名店的选择来抬高档次，以销售成绩和获奖情况来树立企业的信誉度。

正文一般采用较小的字体，常使用宋体、单线体、楷书等，一般都安排在插图的左右或下方，以便于阅读。

3 广告语

广告语又称随文或者附文，是配合广告标题、正文，为加强商品形象而运用的短句，一般放在正文之后，处于广告的终点位置。广告语可以是企业的名称、地址、电话、购买手续、经销部门等，是消费者购买的指南，所以它应顺口易读、富有韵味、具有想象力、指向明确、有一定的口号性和警告性。

1.3.4 色彩

现在，人们都生活在一个五彩缤纷的世界中，人们的生活时时刻刻都与色彩产生一定的联系。在一幅平面广告作品中，色彩的作用可谓举足轻重，它可以起到引导消费者购买某种商品的作用。广告色彩的功能是向消费者传递某一种商品信息，因此广告的色彩与消费者的生理和心理反应密切相关，它能让观众产生不同的生理反应和心理联想，树立牢固的商品形象，产生悦目的亲切感，激起消费者的购买欲望。

另外，广告色彩对于环境与人们的感情活动都具有深刻的影响。它通过对不同商品独特的表现，使消费者易于识别并产生亲近感。在某些层次上，它几乎成为了商品的“代言”，某些大企业都在精心指定某种颜色作为自身品牌的形象颜色，如“可口可乐”饮料采用红色，如图1.19所示。广告色彩的应用要以消费者能理解并乐于接受为前提，除此之外，设计师还必须观察、总结生活中的色彩语言，避免使用一些消费者禁忌的色彩组合。

图1.19 可口可乐的常用颜色

1 色彩在广告中的作用

色彩丰富的广告作品比单色广告更具有吸引力，鲜明的色彩能够起到让人瞬间记住的作用。

彩色广告比黑白画面更加突显宣传品的真实性，通过商品的质感、颜色等元素，真实地展现物品的原始面貌，并引发购买欲。

广告的色彩对于企业或者公司有着品牌的象征作用，使公众一看就知道是哪个公司的哪一种商品，使消费者更易辨识。

2 色彩三要素

色彩的三要素包括色相、明度与饱和度，下面分别介绍。

▶ 色相

色相就是指色彩的"相貌"，简单地说就是除了黑、白、灰色以外的所有颜色，如红、橙、黄、绿、青、蓝、紫等。色相是色彩的首要特征，是区别各种不同色彩最准确的标准，它由原色和中间色组成。凡是彩色都有色相的属性。

起初的基本色相为红、橙、黄、绿、蓝、紫，后来由瑞士色彩学家约翰内斯·伊顿先生设计了十二色相圆环，通过在各色中间加插中间色，让我们清楚地认识到十二色相的形成，就变成了12种色相，即红、红橙、橙、黄橙、黄、黄绿、绿、蓝绿、蓝、蓝紫、紫、红紫，如图1.20所示。

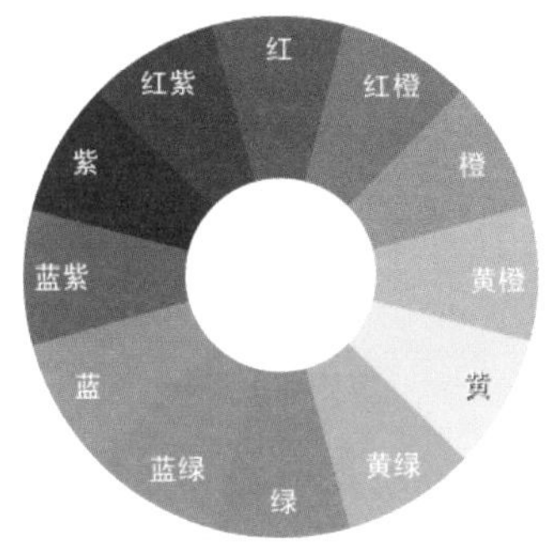

图1.20 十二色相环

专家提醒

12种色相的彩调变化在光谱色感上是均匀的，如果进一步分析十二色相的中间色，就可以得到24种色相。

▶ 明度

明度是指颜色的明暗度。在所有颜色中，白色的明度最高，黑色的明度最低，这种由白到灰到黑的色阶称为明度。明度有高低之分，明亮的称高明度，比如黄色；其次为中明度，如红色或绿色；较暗的称低明度，如紫色和青色。如图1.21所示为不同明度的图像效果。

图1.21 不同明度的图像对比

物体的表面反射程序会直接影响它的明度，被光线照的物体反射越多，吸收就越少，显示越亮，反之亦然。也就是说，当物体百分之百反射光线时就呈白色；而百分之百吸收光线时就呈黑色。

专家提醒

一般来说，人们可以很容易判断白色，但对于物体而言，则很难找到完全反射光线的，所以人们常常把最近乎理想的白硫化镁结晶表面作为纯白色的标准。

▶ 饱和度

饱和度又叫彩度或纯度，是指色彩鲜浊的程度。在光谱中，各种颜色的彩度是由不同程度的强弱所产生的，比如黄色，有土黄、正黄、柠檬黄等不同的彩度。在设计中通常用高低来描述饱和度，饱和度越高，色彩越纯，效果显得越鲜艳；饱和度越低，色彩越涩，就显得越混浊。其中，纯色是饱和度最高的一级。如图1.22所示为不同饱和度的图像效果。

图1.22 不同饱和度的图像对比

3 色彩搭配的原则

- 特色鲜明：具备独树一格的风格，以彰显个性。
- 搭配合理：务求营造一种和谐、愉快的感觉，切忌采用纯度极高的单一色彩，这样会造成视觉疲劳。背景与主题字的颜色必须形成对比，尤其不能用相近色，应用互补色。当文字与背景的颜色必须相近时，也可采用为文字添加描边、外发光或者投影等方案，将两者区分开来。
- 讲究艺术性：根据广告的主题创作出具有艺术特色的色彩，既要大胆创新，又要符合广告主的要求。
- 注意色彩数量：一幅成功的作品不需要过多的颜色种类，多则乱，要尽量表现得简洁、大方。

4 10种基本配色设计

在广告设计中，通常会使用多种颜色进行搭配，从而形成一种风格效果。在平面设计的范畴内，具有以下10种基本配色设计。

- 无色设计（achromatic）：不用彩色，只用黑、白、灰色。
- 类比设计（analogous）：在十二色相环上任意选择3种连续的色彩，或者任一明色和暗色。
- 冲突设计（clash）：使用一种颜色和它补色左边或右边的色彩进行配合。
- 互补设计（complement）：使用色相环上彼此相反的颜色，即相反色相颜色搭配。
- 单色设计（monochromatic）：通过将一种颜色和该颜色的任意明暗色进行搭配。
- 中性设计（neutral）：在两种颜色之间加入一种补色，或使用黑白色使色彩消失或中性化。
- 分裂补色设计（split complement）：将一种颜色和它补色的任一种颜色组合起来。
- 原色设计（primary）：使用RGB原色进行搭配。
- 二次色设计（secondary）：把二次色绿、紫、橙色结合起来。
- 三次色三色设计（tertiary）：三次色三色设计是红橙、黄绿、蓝紫色或是蓝绿、黄橙、红紫色两个组合中的一个，并且在色相环上，每种颜色彼此都有相等的距离。

如图1.23所示为10种基本配色设计的示例图。

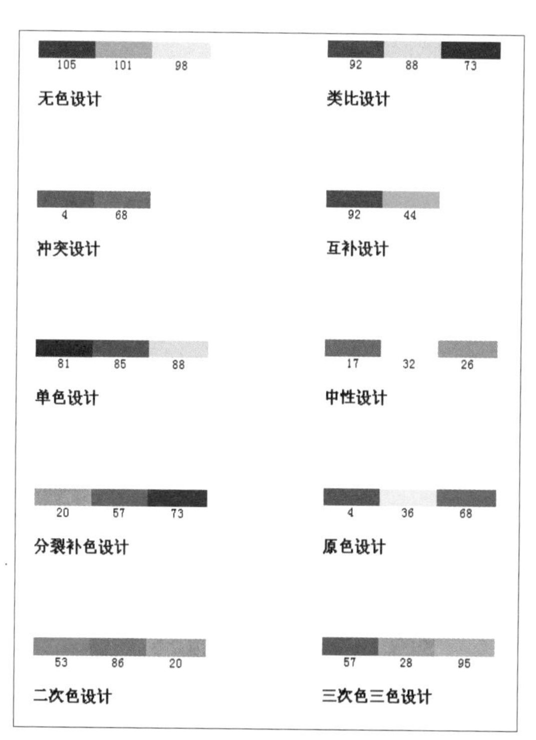

图1.23 10种基本的配色设计

5 色彩与情感

色彩本身不具有情感，但通过人们对某些事物的感受会产生联系，也就是俗称的“红肥绿瘦”。当然，这些可以说是人的个性感受，但同时也存在一些共性，比如红色让人感觉热情如火，黑色即沉实冷酷等。下面通过表1.1来简单介绍各种颜色与情感的映射关系。

表1.1　颜色与情感的映射关系

色　彩	联　想	映射的情感
红	火、血、太阳、战争	喜庆、冲动、愤怒、热情、活力、危险、祝福……
橙	秋天、火、橘子、太阳	轻快、欢欣、热烈、温馨、时尚、温暖、幸福、正义……
黄	柠檬、向日葵、阳光、日出	快乐、希望、智慧、轻快、光明、富贵、欺骗……
绿	草、树、瓜果、蔬菜	和睦、宁静、健康、安全、青春、环保、悠闲、成长……
蓝	天空、大海、泳池	柔顺、淡雅、浪漫、理想、优美、灵魂……
紫	葡萄、梦境	优雅、高贵、细腻、宗教、幽灵……
黑	夜晚、墨、炭、丧服	寂静、悲哀、压抑、神秘、恐怖、不详……
白	云、雪、盐、砂糖	明快、纯真、干净、光明、神圣、安静……
灰	阴天、水泥、老朽	中庸、平凡、温和、谦让、中立、高雅、失意、沉默……

1.4 广告设计的版面编排

在绘画领域中，构图总是决定作品水平的重要因素，而一幅优秀的广告作品也不例外。选择贴近主题的构图形式是设计前的首要问题，它决定了版面的结构形态，从而产生不同的效果。本节将介绍广告设计中版面编排的要求、原则与类型，使大家对版面的构建有一定的认识。

1.4.1 广告版面的编排要求

在平面广告设计中，版面编排可以使所有组成元素和谐地同处于一个版面之上，相互衬托，把广告所要传达的信息有力地输送给受众。为了引起受众的注意，达到销售商品或者建立知名度的目的，要求广告版面的编排必须满足以下几点要求。

- 强调画面的统一高度。
- 增强主题的视觉冲击力。
- 注意商品的表现方法。
- 提高文字的清晰度和可读性。
- 创造鲜明而独特的设计格调。

为达到上述要点，我们在设计版面过程中必须遵循某些编排原则，并选取一定的格式类型，后两节将原版面的编排原则与类型进行深入介绍。

1.4.2 广告版面的编排原则

在布局广告版面时，很多设计师往往会自我陶醉于个人风格以及与主题不相符的图形和字体中，所以造成了设计平庸或失败。因此，在构思版面前必须先明确客户的需求——咨询是每个设计都要养成的习惯。平面广告只能以有限篇幅的内容与大众接触，这就要求版面表现必须单纯、简洁，在内容上突出主题，形式上各得其所、统一有序，务求给人以美的感觉。要达到上述要求，就必须遵循一系列的“形式美”原则，比如变化统一、平衡均齐、条理反复、响应对称、对比调和、比例权衡与节奏韵律等。下面对各种广告版面的编排原则逐一进行介绍。

1 秩序

秩序产生美感，整个世界都被赋予了秩序，它存在于宇宙万物之中。而所谓的“形式美”产生的前提就是秩序，因此，可以说有秩序的就是美，无秩序的就是丑。广告的版面编排也是这样，必须把各种设计元素合理调配，使之有主次，整齐美观。如图1.24所示是秩序性版面设计的效果。

2 整体

版面编排的目的就在于把各种松散的设计要素聚集于一个整体之中，使其各司其职。整体与局部首先是相对应的关系，但整体的统一性并不否定局部的多样化，而只要求局部服从并服务于整体。多个局部构成了整体，局部又有主要与次要之分，次要局部必须服从于主要局部，以突出主题。在设计过程中，可以先把各个局部抽出精心安排，再把各个局部合理编排成一个整体。如图1.25所示整体版面设计的效果。

3 对称

在自然界中，对称的现象有很多，它是日常生活中的常用名词。在版面编排中，对称容易让人产生完整、庄严、稳定、古朴以及有秩序的感觉。设计中的对称不仅是镜像对称那么简单，它包括“反射”、“移动”、“回转”与“扩大”4种基本形式。比如人体就是比较优美反射对称的典型，而花瓣就是回转对称的例子。如图1.26所示是对称版面设计的效果。

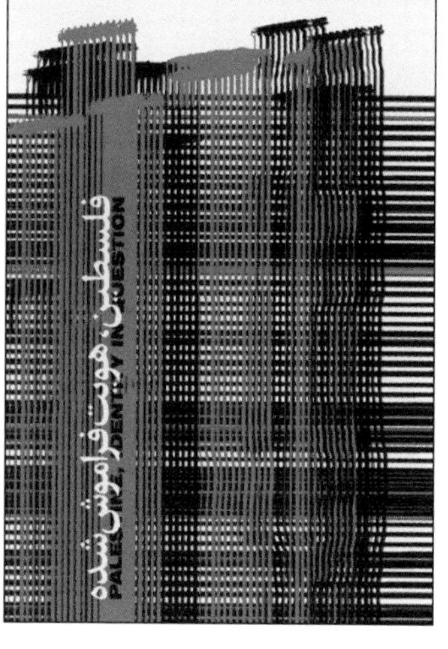

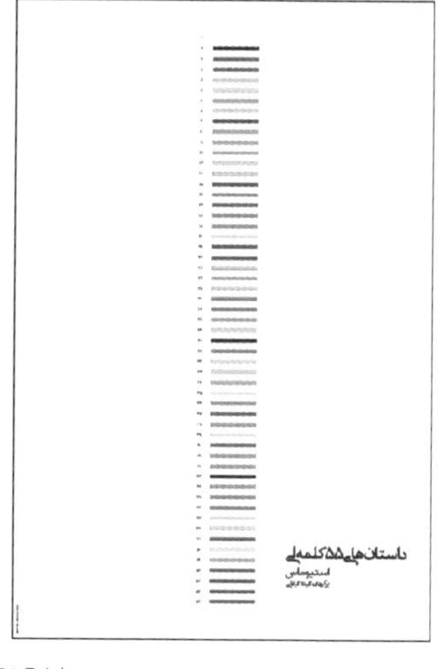

图1.24 IGDS成员Maziar Zand海报设计

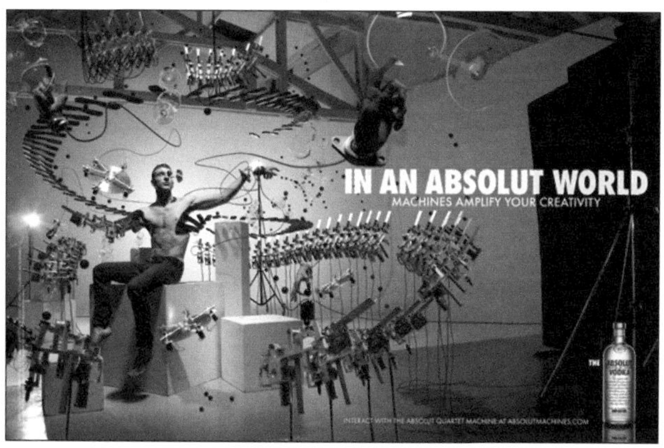

图1.25 absolut伏特加平面广告

图1.26 AT&T Wireless的国际漫游广告

4 平衡

在现实中，“平衡”是指两个实物之间的重量关系，两者通过一个支点的支撑达到力的对称状态，比如天秤。在版面编排中，平衡并非指重量与力的关系，而是在视觉上对形象的大小、材质、轻重所做出的判断，也就是主观上的“对等”关系。在实际设计中，可以通过色彩的深浅调节或者文字的编排，甚至是以局部的调整来营造成平衡的感觉。总之，要在不平衡中寻求平衡。如图1.27所示为平衡版面设计的效果。

5 韵律

韵律是一种抽象的艺术表现形式，而版面设计中的韵律是指秩序与协调的美。在实际设计中，可以通过大众视觉的移动及运动感去营造韵律的感觉，可以通过规律性的“反复”与“突变”来实现，比如使用疏密、起伏、明暗、粗细与长短等有规律而又有变化的交替来进行，又如自然现象中的一年四季、昼夜交替与层叠繁复的山林都是韵律的表现。如图1.28所示是韵律版面设计的效果。

图1.27 BP Superwash广告

图1.28 Futaba14赫兹无线电控制器：天鹅

6 对比

在版面中融入对比是一种艺术表现的常用手段，其目的在于突出广告的主题，使画面鲜明瞩目，从而提高大众的注意力，使其得到感染。但是，在运用对比编排原则时必须注意调和，过多的对比会造成杂乱，所以要通过调和来维持版面的秩序。对比主要分为主次对比、大小对比、明暗对比、疏密对比与粗细对比等几种。如图1.29所示是融入对比的版面设计效果。

7 调和

调和是指当作品的各种元素产生多样性时，通过协调的方式对它们进行和谐统一的视觉处理，所以调和对于单一的线条或者纯色是毫无意义的。比如对比两种相差甚远的颜色而言，就要考虑是否需要进行调和了。但是过分的调和会导致两个及以上的设计要素过于雷同，从而造成单调的问题。所以调和通常用于各部分之间既有共性又有差异性的不同设计要素之中。如图1.30所示是调和版面设计的效果。

图1.29 Hazel Karkaria广告设计

图1.30 NHS Smokefree - 隐形杀手

8 比例

比例又可称为“比率”，是局部与局部或者局部与整体之间的数量关系。要使图形、文字、商标等设计要素均能在版面上获得良好的比例关系，版面编排必定取得不错的效果。在划分比例时，先要考虑各要素的重要性，重点之处或者需要强调的地方所占的比例固然要大一些，反之亦然。另外，在使用比例时必须注意两点：首先是版面的长宽比例；然后是比例的反常问题。如图1.31所示为划分比例关系后的版面设计效果。

图1.31 世界一流的体育场馆平面广告

专家提醒

版面的长宽比例：指版面宽度与长度的比例，最佳比值为1∶1.618，又称为黄金分割。为了便于计算，人们通常使用一些比较接近的比值，如2∶3、3∶5、8∶13、13∶21等。

比例的反常：因为人体或者其他动物形象的比例是固定的，我们不能违反这种正常的比例关系，否则就会发生变形，但是设计师可以根据广告的特殊目的违反常规，采用反常的比例，比如把人的头部变大等，以引起大众的注意。

1.4.3 广告版面的编排类型

广告版面的编排方法很多，这些编排方法是通过广告内容、版面布局等多种因素共同作用、相互影响而产生的综合效果。下面选择一些常用的编排类型以供大家参考。

1 直立型

这是最常见最简单而规则的广告版面编排类型，给人以安定感，是一种稳定的编排方式，观赏者会自上而下地移动视线。直立型示例如图1.32所示。

2 水平型

这是一种安定而平静的编排形式，观赏者的视线会左右移动，同样的对象横放将会产生不一样的视觉效果，如图1.33所示。

图1.32 美年达饮料广告

图1.33 Bafco Office Furniture平面广告

3 倾斜型

这是一种富于动感的编排方式，将插图与文字倾斜摆放，使视线沿倾斜角度上下移动，营造一种不稳定的动感效果，从而引起大众的注意，如图1.34所示。

4 平行型

水平型包括垂直平行，如图1.35所示；倾斜平等，如图1.36所示；水平平行，如图1.37所示。水平平行比垂直平行更有安定感，而倾斜平行则更具动感。

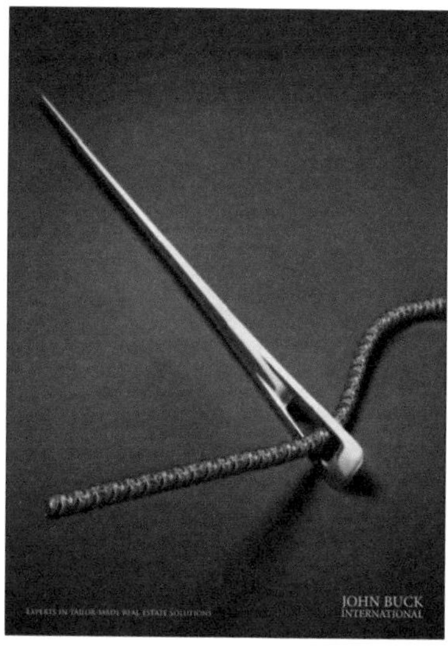

图1.34 量身定做房地产解决方案

图1.35 Ramón Rubial基金会创意广告

图1.36 错误的工作岗位

图1.37 国际特赦组织广告招贴：国旗

5 对角线型

以版面的对角来编排突出的重点对象，以最大比例突出广告的形象或者标题，如图1.38所示。

图1.38 Energizer 手电筒广告

6 交叉型

将设计要素以垂直或水平线互相进行交叉处理，通过不同的交叉形态，使视觉中心汇集于交叉点上，如图1.39所示。

7 放射型

通过放射效果使大众的视觉产生向心感和扩张感，使多种要素集中于一个视觉中心点。通常把广告主体放于视觉的中心上，如图1.40所示。

图1.39 Ministry of Manpower平面广告

图1.40 Havaianas人字拖鞋广告

8 圆周型

以圆形或者圆环图形构成版面的中心，然后把其他设计要素安排于圆周图形的周边，使视线沿圆周回转于画面，从而长久地吸引大众的注意力，如图1.41所示。

图1.41 雷诺丽欧校园广告

9 三角型

三角型布局在广告版面编排中随处可见。在视觉构图中，正三角产生稳定感，倒三角和倾斜三角则会产生活泼、多变的感觉，如图1.42所示。

10 S字型

使图文等设计要素按正S或者反S形排列，产生韵律节奏美，如图1.43所示。

图1.42 Aspirin药品广告

图1.43 Don Toallin 吸水纸广告

11 分散型

将各个要素进行不规则的排放，形成随意、轻松的视觉效果。设计时要注意统一气氛，进行色彩或图形的相似处理，避免杂乱无章，同时又要突出主体，符合视觉流程规律。视点虽然分散，但整个版面仍能颜色统一、完整，如图1.44所示。

图1.44 Olympikus广告

12 棋盘型

将版面全部或部分分割成若干等量的方块形态，互相明显区别，进行棋盘式设计。这种编排适用于介绍一系列产品或使用该产品后不同人们的反应等，如图1.45所示。在进行这种设计时，要注意不同区域的动感和韵律感，在色彩、图形大小上进行调整与区别。

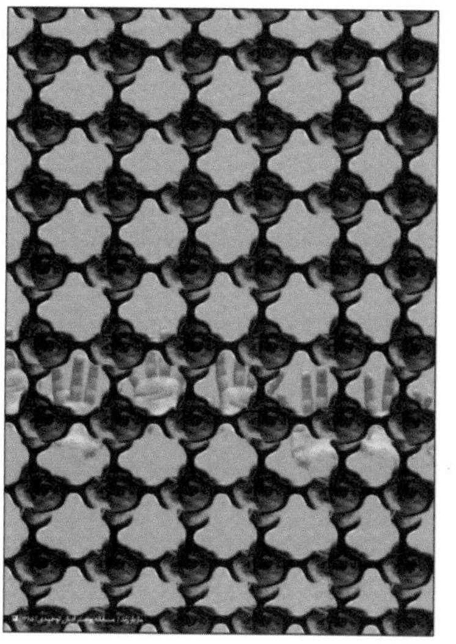

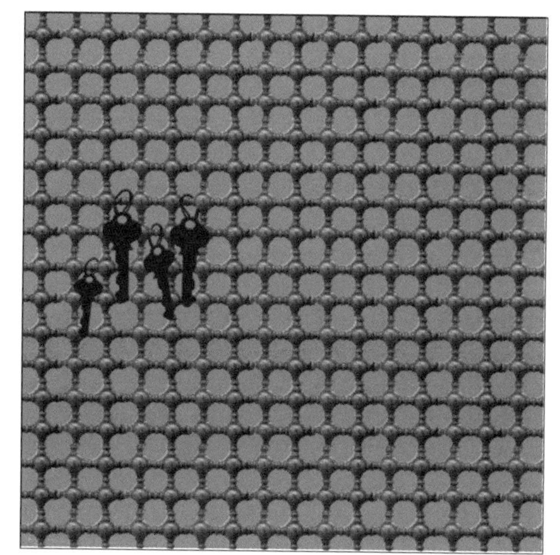

图1.45 IGDS成员Maziar Zand 海报设计

1.5 广告输出的基础知识

本节将针对分辨率、印刷网线、裁剪边缘与出血重点介绍广告输出的基础知识。

1.5.1 分辨率与印刷网线数的关系

在印刷广告作品前，必须先弄明白图像的分辨率、尺寸与印刷网线数之间的关系，其实分辨率对于图像输出的结果具有决定作用，下面分别进行介绍。

所谓的分辨率是指单位长度内所包含的点数或像素数目，通常用每英寸中的像素（dpi）来表示。比如，一个每英寸有300个点的图像，其分辨率即为300dpi。在Photoshop中，分辨率是指每英寸中所包含的像素数目（pixels per inch，ppi），如图1.46所示。不管是dpi还是ppi，其所指的分辨率是相同的，只是单位名称不同而已。

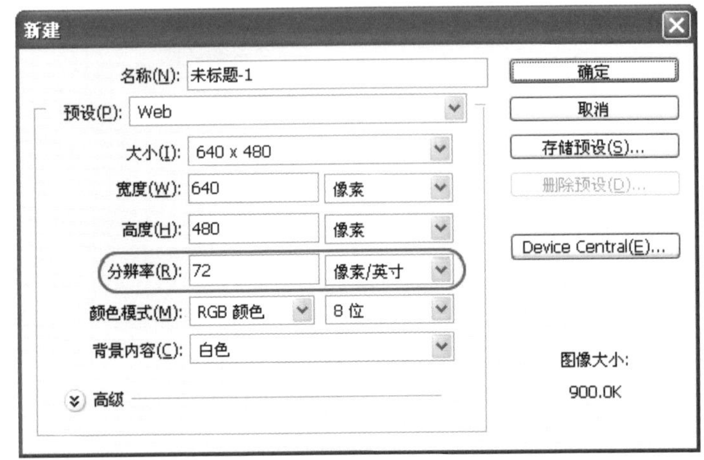

图1.46 新建文件时所设置的分辨率

分辨率的高低影响着图像的品质。比如，两张同样大小的图像，其分辨率不同，所呈现的图像质量就会有所差异。分辨率越高，质量越细腻，分辨率越低，质量越粗糙，如图1.47所示。

印刷输出的道理也一样：分辨率低的文件无法产生优秀的印刷品质，就会产生如相机对焦不准而造成的模糊效果。

图1.47 相同尺寸不同分辨率的图像品质

是否将图像的分辨率设置得越高越好？当然不是。因为太高的分辨率会给输出设备造成负担，如文件打开时间过长、运算速度过慢、文件容量过大等。所以，图像最佳分辨率的设置要视图像文件的用途而定。

- 应用于多媒体或网络传输上：如果图像仅仅应用于多媒体网络的传输上，那么分辨率为72dpi的文件已经足够了。
- 以打印的方式输出：如果要将图像以打印的方式输出，那么图像的分辨率与打印机或输出设备的分辨率相同即可。太高的分辨率难以与输出设备的分辨率配合，就无法得到最佳的输出品质。
- 应用在印刷上：如果要把图像应用在印刷上，那就要取决于印刷网线数（lines per inch，lip），也就是指一英寸所包含的网线数目。标准的网线数有65、85、100、133、150、175、200lpi等。

印刷网线数与使用的纸张有密切联系，高网线数的印刷适用于平滑细致的纸张；而粗糙的纸张即不用太高的印刷网线数，比如印刷报纸所用的新闻纸，其网线数用85lpi即可；而目前市面上见到的书刊或广告印刷品，多使用铜版或雪铜纸等较平滑的纸张，其印刷网线数一般为150lpi或175lpi。

至于邮票和较为讲究的艺术图案或摄影作品集，其印刷网线数则为200lpi甚至300lpi。

在彩色印刷上，一般认为图像分辨率值为印刷网线数的2倍；以175lpi为例，即文件的图像分辨率至少需要300dpi～350dpi，方可呈现较高的彩色印刷品质。若印刷网线数只有100lpi，那图像分辨率只要200dpi就足够了。

在黑白印刷上，目前所使用的换算方式为：图像分辨率是印刷网线数的1.5倍，但这并非是一个定值，而要视情况进行调整。

1.5.2 裁剪边缘与出血

"裁剪边缘"与"出血"皆为印刷排版上的专有名词。在我们看到印刷成品之前，一般需要经过如图1.48所示的一系列流程与手续，其中在"印前准备"中有两项很重要的步骤就是"折纸"与"裁剪"。

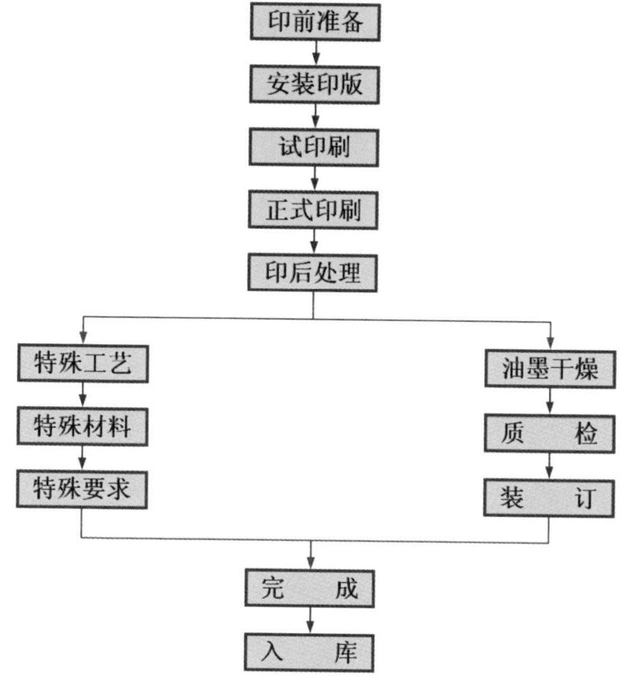

图1.48 印刷流程图

1 "折纸"与"裁剪"

之所以要介绍"折纸"与"裁剪"，是因为它们与后面介绍的"裁剪边缘"与"出血"有密切的关系。如果将一张纸对折、对折再对折后（对折3次），再将其打开，可以看到原来的1张纸分隔为8块区域（页），如图1.49所示。若要在这8块区域（页）的正反面上印刷，即形成1份16页的书册，这在印刷上就称为1台（若对折4次，则1台为32页）。

如果将纸重新折回，就会发现因为纸的厚度造成边缘参差不齐的现象，而且页与页之间的上边缘（或下边缘）仍是相连的，无法摊开阅读，此时就要靠"裁剪"来分开页面并裁齐页边缘，这样才可以形成书册的内页。

2 "裁剪边缘"与"出血"

当了解了在裁剪时会将页面的边缘切除后，相信大家也应该猜到"裁剪边缘"与"出血"的用意了。没错，裁剪边缘或出血的范围即是要预留裁剪的容错范围。再精密的裁刀也会有误差，只是误差值不同而已。有时我们在翻书时会发现，有些页之间相互连着，这就是裁剪不准造成的。一般的出血值都预留3mm，若超过3mm，就有点"过界"了。另外，出血是针对印刷品是否使用底图或底色而言的，若希望底图或底色的边缘与纸张的边缘相同而不留下白边，就称为"出血"。

3 图像放置处与"出血"的关系

若不希望版面上的图像或色块与纸张边缘间留有空间，则放置图像或色块时必须让其超出实际边缘，位于出血的范围中。如图1.50所示，灰色代表图像或色块放置的位置，虚线分隔出来的区域为印刷品实际尺寸，虚线以外的部分即为出血范围。图A为正确的放置方式，图B的放置方式则可能会因裁剪不准而使印刷品留有白边。

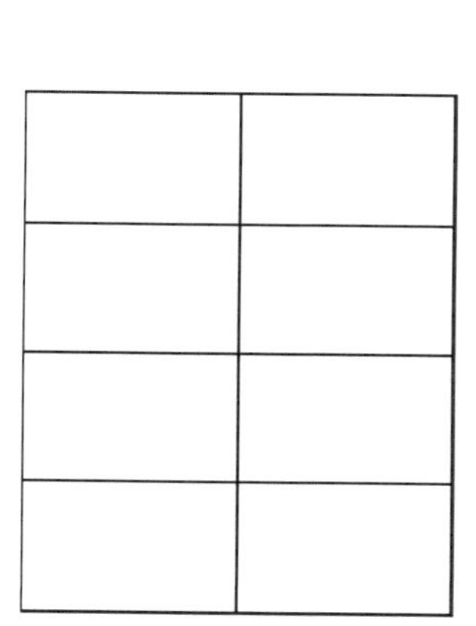
图1.49 一张纸对折3次后产生的区域

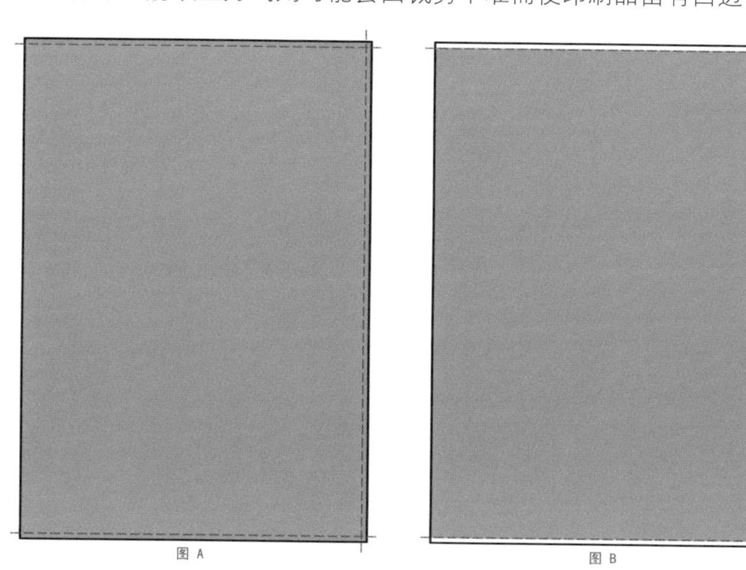

图1.50 图像的出血放置图

4 留“裁剪边缘”或“出血”的位置

除了书本内页、杂志内页要裁剪之外，凡经过印刷的出版品，如书本封面、杂志封面、海报、DM、信纸、目录、名片等，皆须经过裁剪的过程才可以得到整齐的尺寸，因此在设计时需视裁剪情形加入裁剪边缘或出血范围。至于裁剪边缘或出血的部分位于何处，是不是4边都要留，则要视出版品装订的性质而定。比如：穿线胶装、骑马钉装订的杂志或书本内页，仅要留3边的裁剪边缘或出血（左页留左侧的裁剪边缘或出血，右页留右侧的裁剪边缘或出血）；仅有胶装的杂志或书本内页，因需将胶装那一边磨平，所以仍需留4边的裁剪边缘或出血；海报不需要装订，则要留4边的裁剪边缘或出血。

所以，假设预定一张海报的尺寸为A3（397mm×420mm），顶端、底部、左侧、右侧皆留3mm的裁剪边缘或出血，则在操作的软件中实际指定的尺寸应为303mm×426mm。

读书笔记

Chapter 02

Photoshop完美广告设计案例精解

Photoshop CS4应用基础

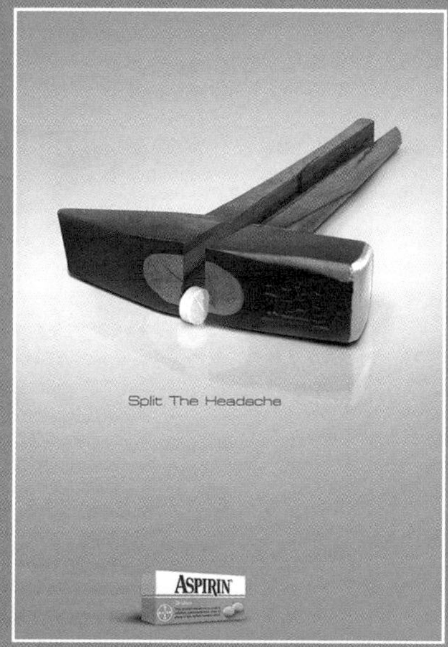

本章重点知识：

- Photoshop CS4概述
- Photoshop CS4 操作界面
- Photoshop CS4文件管理
- Photoshop CS4的基础操作
- Photoshop CS4设计必知概念

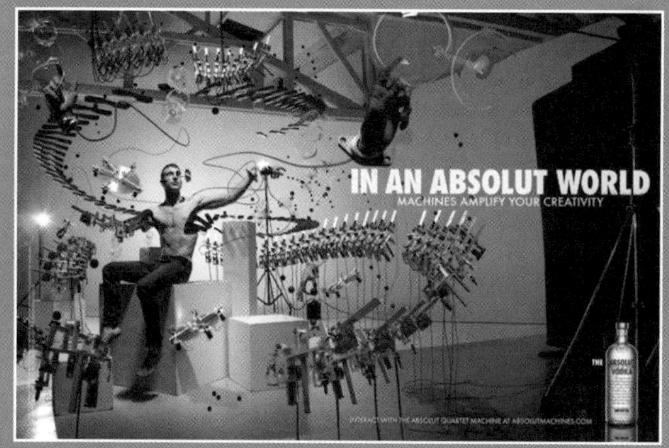

2.1 Photoshop CS4概述

在信息技术极速发展的今天，追求完美与效率的电脑绘图占据了作品实现形式的主导地位，而Photoshop正是当下设计行业最权威的电脑设计软件之一。所以，为了便于读者学习本书后续的主要内容，本章先对Photoshop CS4进行概述，接着介绍其操作界面与文件管理方法，最后简单介绍相关的设计必知概念。在学习广告案例设计前，我们先来认识Photoshop CS4这柄神奇的设计利剑。

Adobe Photoshop CS4是Adobe Design Premium CS4设计套装中的一员猛将，它在广告设计界的地位举足轻重，甚至有某些设计师夸称"只有你想不到，没有Photoshop做不到"，不管是移花接木还是颠倒日夜，它都可以轻易办到，这无疑加速了从想象到图像的过程。通过高级复合的自动图层对齐和混合技术，以及大量梦幻滤镜特效和非破损的编辑工具组，再加上精简的操作界面，不仅可以美化专业级标准的摄影作品，还能打造炫丽夺目的优秀平面作品。本节以使用类别划分，概述Photoshop CS4的四大亮点。

2.1.1 图像设计

图像设计可以说是Photoshop最为强大的功能之一。Photoshop CS4提供了调整图像色彩模式及设置各种与色彩相关的选项，并可对图像进行区域选取、裁剪、切片、修复、仿制、擦除、模糊、锐化、涂抹、减淡、加深、变形、羽化等操作。除此之外，利用Photoshop CS4还可为图像添加文字、语音注释及各种滤镜特效，使设计作品更专业、更美观。如图2.1所示即为使用Photoshop CS4设计的平面海报作品。

图2.1 使用Photoshop CS4设计的平面海报作品

2.1.2 图形绘制

Photoshop CS4提供了多种绘图工具，通过对绘图工具选项栏的大小、颜色、形状及样式进行设定，可绘制出各种规则或不规则图形。绘制完图形后，还可使用填充工具对其进行纯色、渐变、图案等多种类型的填充。当然，用户也可通过在Photoshop CS4中自定义形状来快速绘制出各种自定义图形。如图2.2所示即为使用Photoshop CS4绘制的POP作品。

图2.2 使用Photoshop CS4绘制的POP作品

2.1.3 图像编修与美化

随着数码相机的普及，个人处理数码照片的需求越来越大，而Photoshop正是编修数码照片的好帮手。例如，使用红眼工具可快速去除拍照时产生的红眼现象；使用修复画笔工具可消除人物皮肤上的各种瑕疵；而使用【曲线】命令则可改善相片的光线效果。当然，为数码照片套用滤镜特效，可制作出专业的影楼拍摄效果。如图2.3所示即为一幅摄影作品在使用Photoshop CS4编修前后的对比效果。

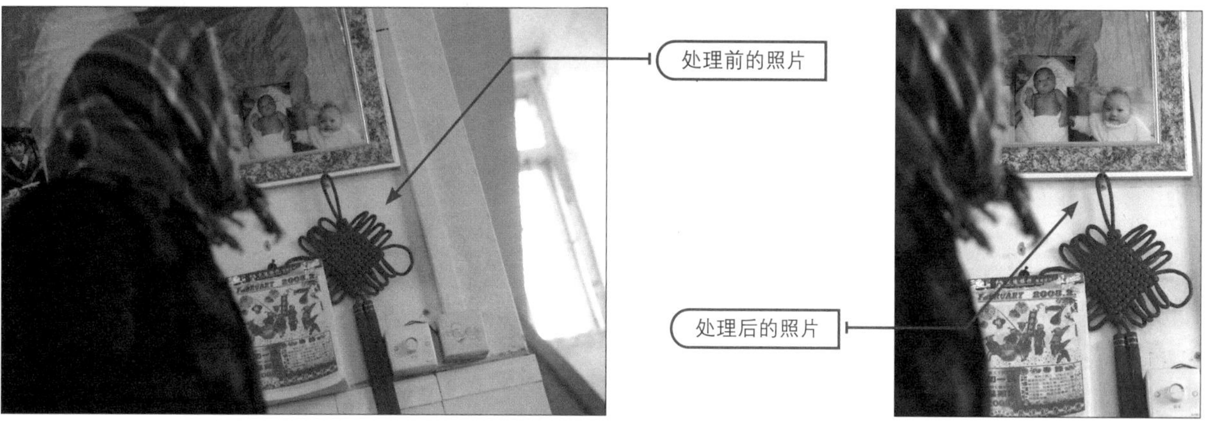

图2.3 使用Photoshop CS4进行摄影后期处理的对比效果

2.1.4 网页图像制作

Photoshop CS4不仅在图像编修处理方面有着出色的表现，在网页图像制作方面也有着过人之处。例如，使用Photoshop可制作出各种网页图像、按钮、网页横幅及各种网页图像切片，并将制作好的图像存储为JPEG、GIF、PNG等网页常用格式，如有需要，还可创建各种网页链接等。如图2.4所示即为使用Photoshop CS4设计的网站主页。

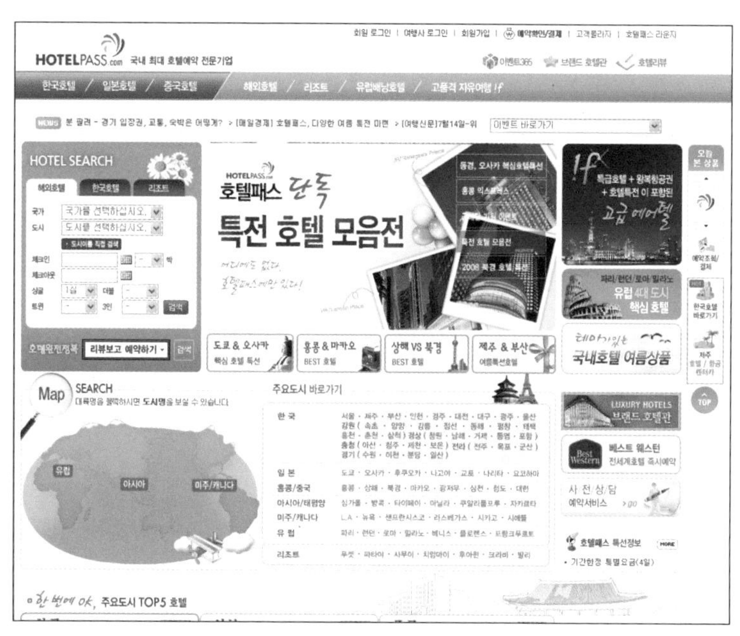

图2.4 使用Photoshop CS4设计的网站主页

2.2 Photoshop CS4 操作界面

启动Photoshop CS4应用软件后，即可进入其全新的操作界面。本节将以“基本功能”工作区为例，先详细介绍Photoshop CS4的界面组成，然后介绍切换自定义界面的方法。

2.2.1 默认工作区（基本功能）

首次打开Photoshop CS4程序即可显示默认的“基本功能”工作区，如图2.5所示。该工作区主要包括文档窗口、辅助工具栏、面板标题栏、菜单栏、选项栏、工具箱、“折叠为图标”按钮、垂直停放的面板组与状态栏等几部分。下面分别对工作区中的主要组成部分进行介绍。

图2.5 Photoshop CS4"基本功能"工作区

1 菜单栏

Photoshop CS4菜单栏位于操作界面正上方，它包含了图像处理的大部分操作命令，主要由【文件】、【编辑】、【图像】、【图层】、【选择】、【滤镜】、【分析】、【3D】、【视图】、【窗口】、【帮助】11个菜单项组成，单击任意一个菜单项，即可展开级联子菜单，如图2.6所示。若菜单栏中某些菜单命令显示为灰色，则表示该命令在当前状态下不可用。

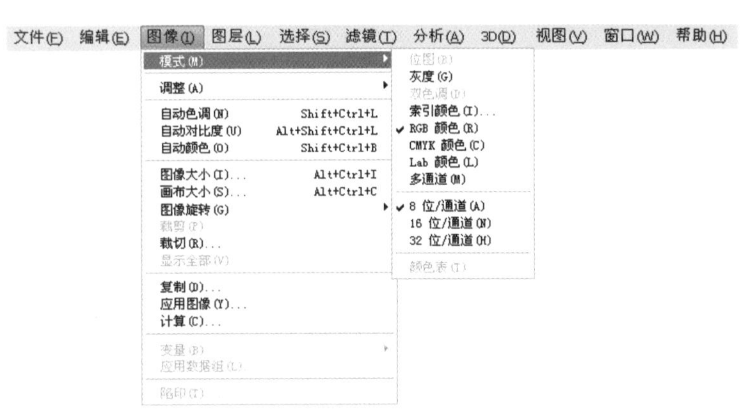

图2.6 Photoshop CS4菜单项下的级联子菜单

下面就分别对各个菜单项的主要功能进行简单介绍。

- 【文件】菜单：包含了对文件进行常用操作的命令，如新建、打开、存储、导入、导出文件，以及对文件进行页面设置及打印页面等命令。
- 【编辑】菜单：包含了对文件进行编辑及软件相关配置的命令，如还原、剪切、拷贝、粘贴、查找和替换文本等标准编辑命令，以及对颜色进行设置、调整键盘快捷键和自定首选项等命令。
- 【图像】菜单：包含了对图像进行各种操作的命令，如更改图像显示模式、调整图像颜色、更改图像及画布大小、应用图像和裁切图像等命令。
- 【图层】菜单：包含了对图层进行相关操作的命令，如新建、复制、删除、隐藏与显示、排列、对齐、合并图层，以及调整图层的颜色属性和更改图层样式等命令。
- 【选择】菜单：包含了对图形对象进行选择及进行相关编辑的命令，如对图形对象和图层进行选取、修改选择区域、将选区存储为通道以及载入选区等命令。
- 【滤镜】菜单：包含了对图像进行各种艺术效果处理的命令，如对图像进行风格化、画笔描边、模糊、扭曲、锐化、像素化以及渲染等命令。
- 【分析】菜单：Photoshop CS4新增功能，包含了用于技术图像分析和编辑的强大工具，如标尺工具、计数工具等。
- 【3D】菜单：Photoshop CS4新增功能，包含了从3D文件新建图层、3D绘画模式、合并及导出3D图层等命令。
- 【视图】菜单：包含了对屏幕显示进行控制的命令，如放大和缩小图像显示比例、更改屏幕显示模式以及为工作区添加标尺、网格、参考线等辅助工具。

- 【窗口】菜单：包含了对软件操作界面中各种面板窗口的显示与否，以及自定工作区显示样式等命令。
- 【帮助】菜单：包含了有关Photoshop CS4各种帮助文档及在线技术支持等命令。

专家提醒

按住Alt键的同时再按下菜单栏中各主菜单名称后面带有下划线的字母键，即可快速展开该菜单项。

2 辅助工具栏

辅助工具栏将一些较为常用的功能以按钮的形式排列于一行，这是Photoshop CS4的一大特色，更有利于辅助用户进行图像编辑与设计。当程序窗口最大化显示时，辅助工具栏将与菜单栏同处一栏；如果缩小程序窗口，辅助工具栏将会以独自一栏的形式处于程序窗口的最上方，如图2.7所示。

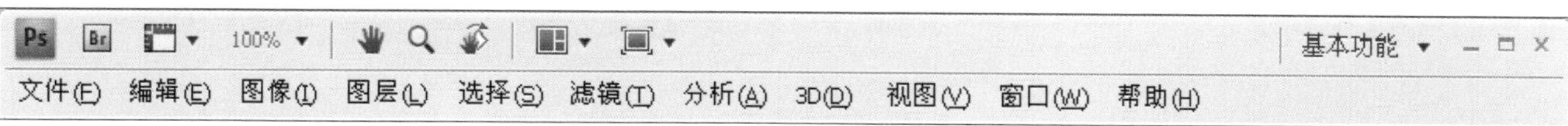

图2.7 缩小程序窗口后的辅助工具栏

下面分别介绍辅助工具栏各个按钮的作用。

- 程序LOGO Ps：单击此图标可以打开如图2.8所示的快捷菜单，以便调整程序窗口的大小或关闭文档。
- 启动Bridge：单击此按钮即可打开如图2.9所示的【Adobe Bridge】程序窗口，它具有快速预览和组织文件的功能，还可以显示图形、图像的附加信息、排列顺序等属性。

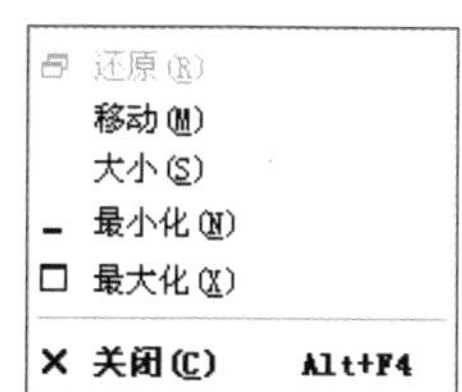

图2.8 快捷菜单

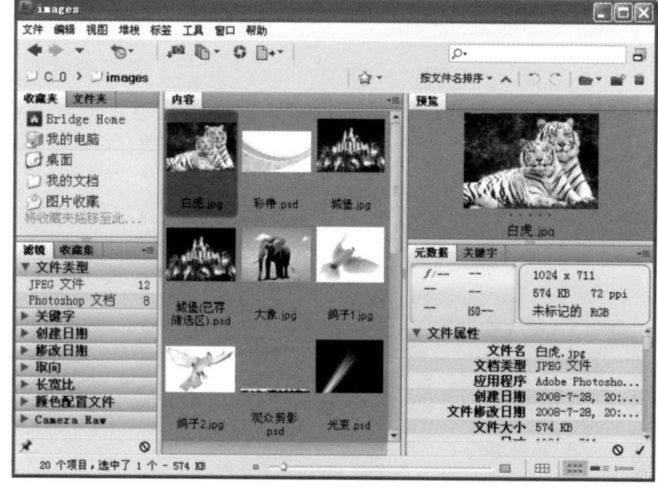

图2.9 【Adobe Bridge】程序窗口

- 查看额外内容：单击此按钮可以打开如图2.10所示的下拉列表，以便用户显示或隐藏“参考线”、“网格”和“标尺”等辅助工具。
- 缩放级别 100%：用户可以直接在【缩放级别】文本框中输入显示比例，然后按Enter键；也可以单击按钮打开如图2.11所示的下拉列表，选择合适的预设显示比例选项。
- 抓手工具：当文档窗口无法显示全部图像内容时，可以使用此工具在画布中进行拖动，从而达到平移显示区域的目的。
- 缩放工具：使用此工具在画面中单击鼠标左键与右键，可以达到放大与缩小显示比例的目的。
- 放置视图工具：使用此工具在3D文件显示的画布中拖动，可以从多方位显示3D画面。
- 排列文档：当Photoshop CS4程序中同时打开多个文档时，可以通过单击此按钮打开如图2.12所示的下拉列表，选择一种文档排列方式，将文档以选项卡的形式排列在文档编辑区中。此外，还能根据文档的像素、屏幕大小等条件来显示文档内容。
- 屏幕模式：单击此按钮可以打开如图2.13所示的下拉列表，从中可以选择一种屏幕显示模式。

3 选项栏

Photoshop CS4选项栏位于菜单栏正下方，在工具箱中选择不同的工具，选项栏会显示不同的选项，以便对当前使用工具进行相关的属性设置，如图2.14所示。

图2.10 【查看额外内容】下拉列表

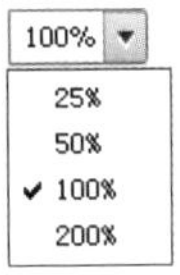

图2.11 【缩放级别】下拉列表

图2.12 【排列文档】下拉列表

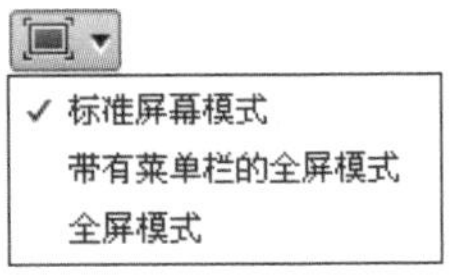

图2.13 【屏幕模式】下拉列表

图2.14 在工具箱中选择移动工具时的选项栏

4 工具箱

默认情况下，Photoshop CS4工具箱位于操作界面最左侧，它是使用者对图像进行编辑和设计时最常用到的一个面板，可以说是图像编辑所需工具的聚集地。另外，在某些工具按钮中还隐藏着与之功能相似的工具按钮，使用者只需单击并按住该按钮片刻，即可将隐藏的工具按钮显示出来，如图2.15所示。

在一般状态下，工具箱会以单行的方式排列工具图标，但在设计过程中常常要调整图像的显示比例，因而导致部分工具按钮无法显示，此时只要移动鼠标至该面板的左上方，单击按钮即可以两栏的方式折叠显示工具图标，以便迎合设计需求。另外，想要恢复默认状态，只要再次单击按钮即可，如图2.16所示。

专家提醒

Photoshop CS4工具箱中的每一个工具都有其对应的快捷键，用户只需在英文输入法状态下按下相应的工具快捷键，即可快速选中指定的工具。

5 "折叠为图标"按钮

此按钮根据工作区的类型匹配了多个较为常用的面板，比如在【基本功能】工作区中包括了【颜色】、【色板】、【样式】、【调整】、【蒙版】、【图层】、【通道】、【路径】8个常用面板。在一般状态下，该处的所有面板均呈展开状态，如图2.17所示。如果想呈现出更多的编辑空间，可以单击面板组右上角的【折叠为图标】按钮，即可将其折叠成图标。用户可以单击不同面板按钮来打开相应的面板，比如单击【图层】按钮即可展开如图2.18所示的【图层】面板。单击该面板上方的【展开面板】按钮，即可重新展开上述8个面板。

6 面板组

在Photoshop中，面板组是指同时整合两个面板以上的组合面板，如图2.19所示，它可以帮助用户监视并进行修改工作。默认情况下将显示某些面板，不过用户可以通过从【窗口】菜单中选择不同的命令，并将其添加到指定的面板组中，如图2.20所示。

7 状态栏

Photoshop CS4状态栏位于操作界面图像窗口最底部，用于显示当前的工作信息。状态栏共由3部分组成，最左侧的文本框用于调整图像的显示比例；最右侧的区域用于显示当前的操作状态以及使用工具的提示信息；而中间区域则用于显示当前图像的文件信息。单击该区域右侧的黑色小三角按钮，可弹出如图2.21所示的菜单，以便选择所需显示的文件信息。

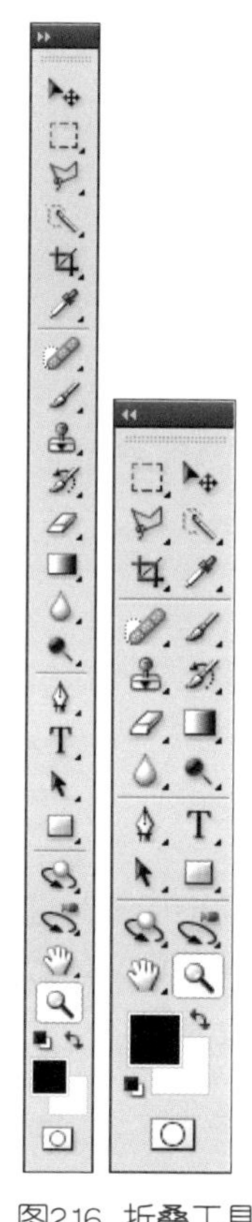

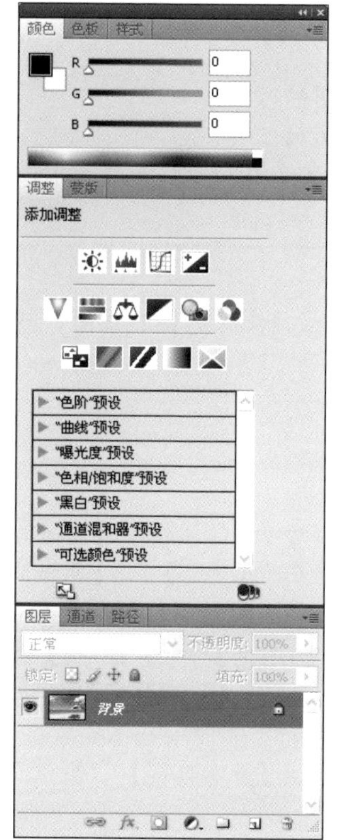

图2.15　展开隐藏的工具组　图2.16　折叠工具面板　图2.17　展开状态下的面板　图2.18　单击图标展开的【图层】面板

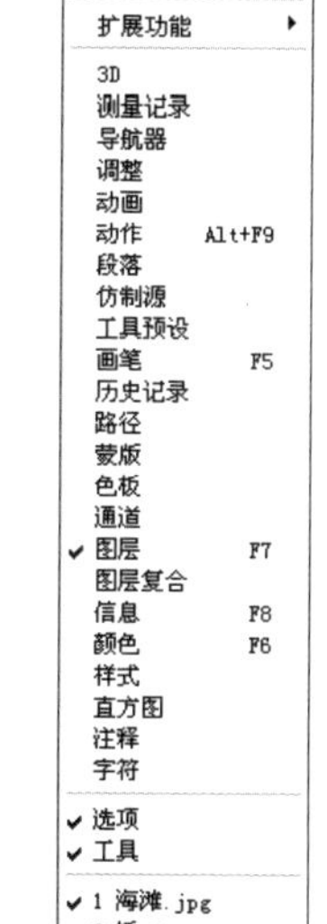

图2.19　面板组　图2.20　【窗口】菜单　图2.21　通过状态栏显示的文件信息

下面对【显示】菜单中的各项命令进行介绍。

- Version Cue：用于显示Photoshop CS4的Version Cue内容管理信息。
- 文档大小：用于显示当前图像文档大小。其中左侧数据表示合并图层后的文件大小，右侧数据表示未合并图层时的文件大小。
- 文档配置文件：用于显示该图像文档的颜色及其他配置信息。
- 文档尺寸：用于显示图像文档的宽度和高度值。
- 测量比例：用于显示图像文档的测量比例。
- 暂存盘大小：用于显示该图像文档所占用的内存空间以及可供文档使用的内存总数。

- 效率：用于显示内存中正在进行的Photoshop任务与需要使用数据交换磁盘任务之比，以百分数的形式来表示图像的可用内存大小。
- 计时：用于显示上一次操作所使用的时间。
- 当前工具：用于显示当前正在使用的工具。
- 32位曝光：用于将Photoshop CS4工作在32位曝光模式下。

专家提醒

单击状态栏的中间区域，可显示当前图像的输出位置；按住Alt键的同时单击此处，则可显示当前图像的高度、宽度、通道信息和分辨率。

2.2.2 切换与自定工作区

为了方便不同用户的使用习惯，Photoshop CS4除了【基本功能】（默认工作区）外，还提供了【基本】、【CS4新增功能】、【高级3D】、【分析】等11种工作区。每种工作区模式都针对不同用户订做了最贴心的工作环境，比如【Web】工作区模式为网页设计师所独爱，而【分析】模式则为摄影发烧友做后期处理而钟情。总之，不同领域的用户可以根据不同的目的选择最合适自己的工作区，以便提高工作效率。

切换工作区的方法很简单，下面介绍从【基本功能】（默认工作区）切换至【分析】工作区的方法。

01 STEP 在辅助工具栏中单击【基本功能】按钮，然后选择【分析】选项，如图2.22所示。

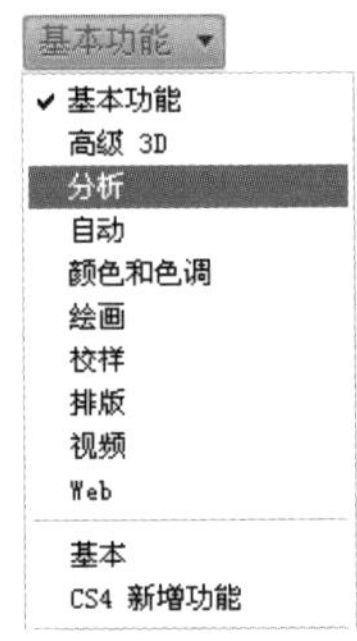

图2.22 选择要切换的工作区

02 STEP 弹出提示对话框，提示切换工作区将对菜单和快捷键组进行修改，单击【是】按钮表示接受更改，如图2.23所示。接着默认的工作区马上会变成如图2.24所示的【分析】工作区。

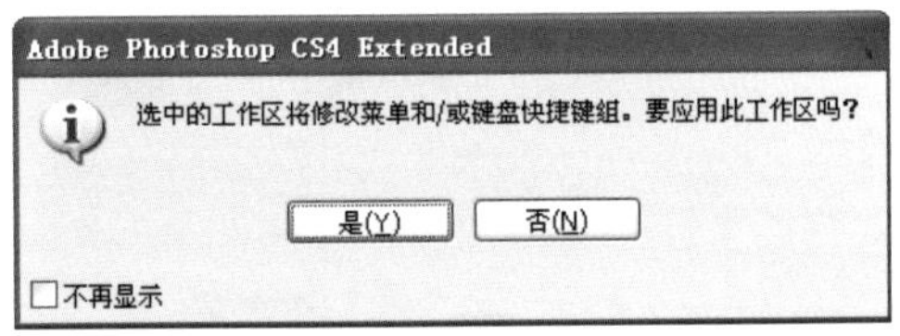

图2.23 确定切换工作区

图2.24 切换后的【分析】工作区

如果在内置的工作区中没有符合自己工作需求的模式，可以拖动面板整合面板组，并通过【首选项】对话框对【常规】、【界面】、【文件处理】与【性能】等选项进行自定义编排。下面介绍自定义工作区的方法。

01 STEP 选择【窗口】|【动作】命令，打开如图2.25所示的【动作】面板，将鼠标移至【动作】标题栏上，按下鼠标左键不放并拖至【图层】面板右侧，如图2.26所示。

图2.25 【动作】面板

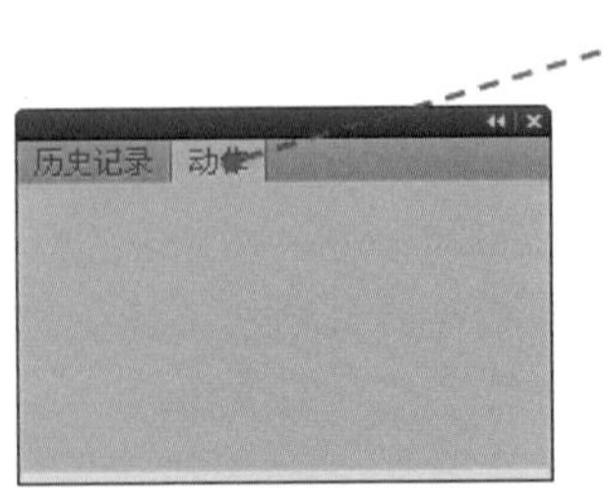

图2.26 整合面板

02 STEP 将【动作】面板往左拖至【图层】面板的左侧，调整该面板组中各面板的位置，如图2.27所示。

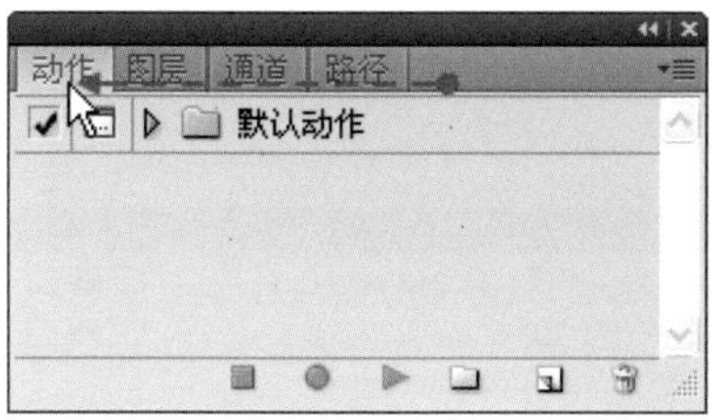

图2.27 移动面板位置

03 STEP 在任意面板的标题栏上单击右键，然后在展开的快捷菜单中选择【界面选项】选项，如图2.28所示。

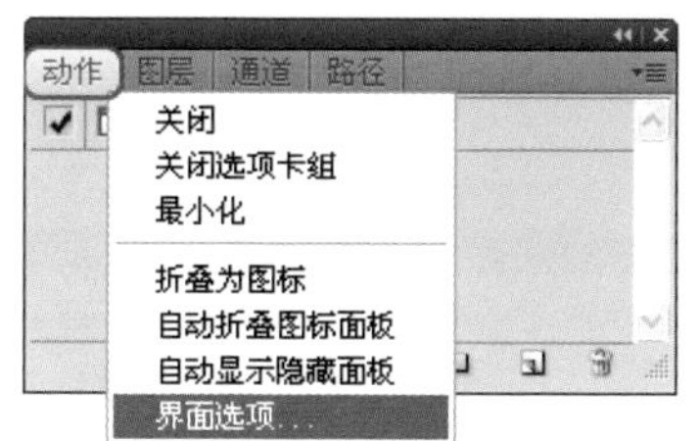

图2.28 选择【界面选项】选项

04 STEP 此时将打开【首选项】对话框并自动选择【界面】选项，接着在【常规】选项组中选择【用彩色显示通道】复选框，再单击【确定】按钮，如图2.29所示。

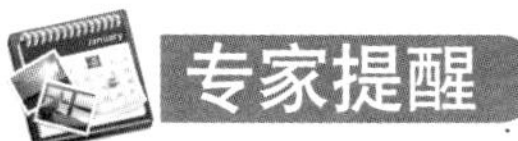
专家提醒

选择【编辑】|【首选项】命令可以展开如图2.30所示的子菜单，以便进行各种首选项设置。

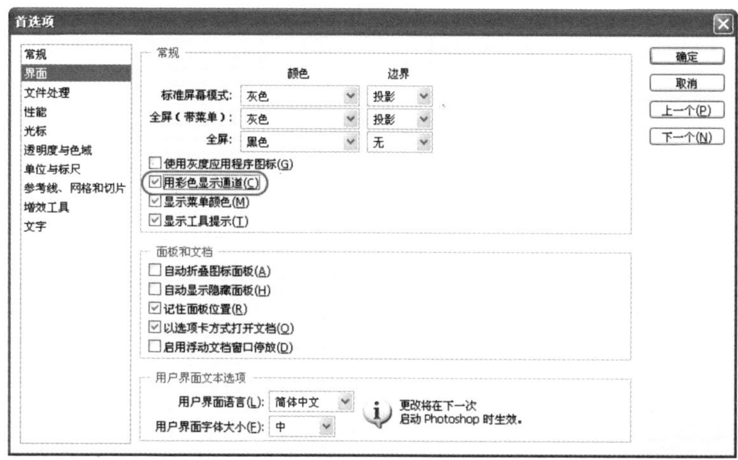

图2.29 设置【界面】的常规选项

05 STEP 返回并打开【通道】面板，即可看到原来的黑白显示已经变成彩色了，如图2.31所示。

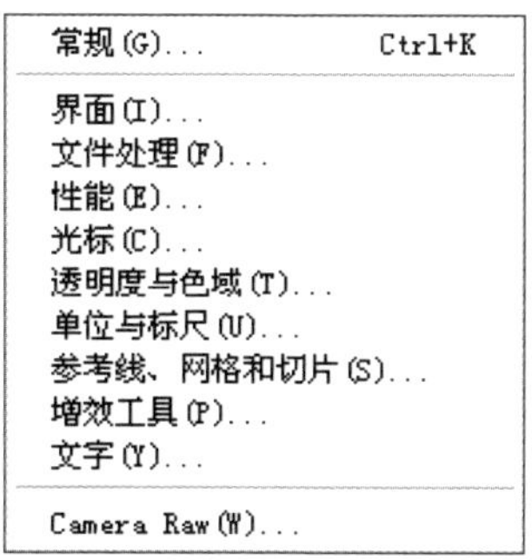

图2.30 【首选项】子菜单

图2.31 查看设置结果

2.2.3 自定义键盘快捷键与菜单

Photoshop CS4对绝大部分命令和功能都设置了快捷键，只要在键盘上按下几个按键的组合即可快速执行某些命令或者实现某种效果。针对不同设计师的需求，Photoshop CS4允许用户对任意快捷键进行自定义设置，但前提是不能与现有的设置冲突。

另外，由于各菜单展开的区域所限，Photoshop将部分不太常用的命令隐藏起来，用户可以自行指定所有菜单命令的可见性，甚至可以为其定义一种既定的颜色。

本小节将介绍自定义键盘快捷键与菜单命令的方法。下面先对【基本功能】工作区下【应用程序菜单】中的【新建】命令定义新的快捷键为"Ctrl+,"，然后将【剪切】命令的颜色设置为【红色】。

01 STEP 选择【编辑】|【键盘快捷键】命令，打开【键盘快捷键和菜单】对话框，在【键盘快捷键】选项卡中指定要定义的【组】，也就是选择要自定义的工作区，然后设置【快捷键用于】为【应用程序菜单】，接着在列表中展开【图层】选项，在【图层】项中单击现有快捷键，如图2.32所示。

02 STEP 按Shift+Ctrl+M组合键作为定义的新快捷键，此时在快捷键的右侧会提示一个“错误”图标，并在下方提示“Shift+Ctrl+M已经在使用”，并列出为哪项命令的快捷键，如图2.33所示。

图2.32 指定要定义的快捷键

图2.33 所设置快捷键已经在使用中

03 STEP 再按Alt+Shift+N组合键，此时会在快捷键的右侧提示一个“X”图标，提示该组合键为无效的快捷键，并说明菜单命令的快捷键必须包括Ctrl和/或一个功能键，如图2.34所示。

04 STEP 按“Ctrl+,”快捷键，当没有多余的提示后，表明该快捷键可用，接着单击【接受】按钮接受新设置，如图2.35所示。

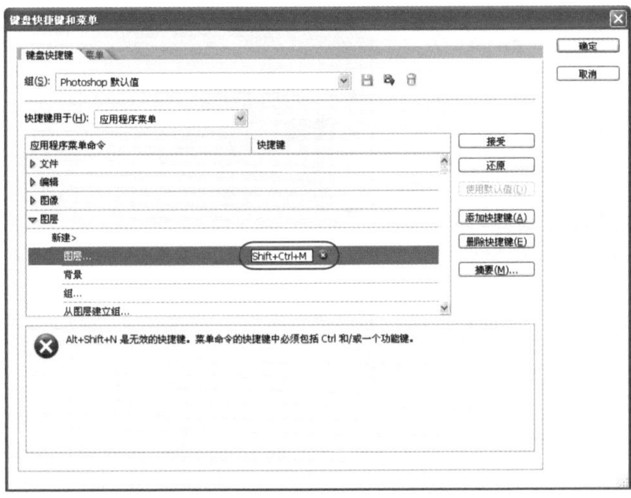

图2.34 所设置快捷键不符合标准

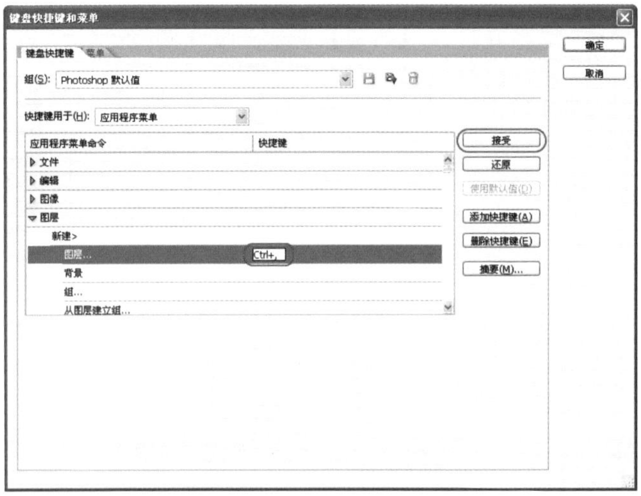

图2.35 成功修改快捷键

专家提醒

用户也可以为未曾设置快捷键的功能或者命令添加快捷键，但必须遵循快捷键的设置原则，且不能与现有快捷键冲突。

05 STEP 切换至【菜单】选项卡，同样先指定要设置的【组】与【菜单类型】，然后展开【编辑】选项，在【剪切】命令项右侧单击【颜色】栏中的【无】选项，在展开的下拉列表中选择【红色】选项，最后单击【确定】按钮，完成自定义操作，如图2.36所示。

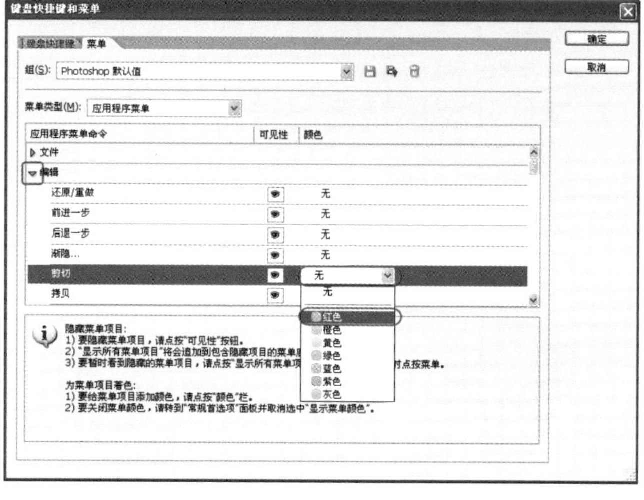

图2.36　自定义菜单的颜色

06 STEP 返回Photoshop CS4的工作区中，按之前设置的"Ctrl+,"快捷键，即可弹出如图2.37所示的【新建图层】对话框，再打开【编辑】菜单项，可以看到【剪切】命令变成了红色，如图2.38所示。

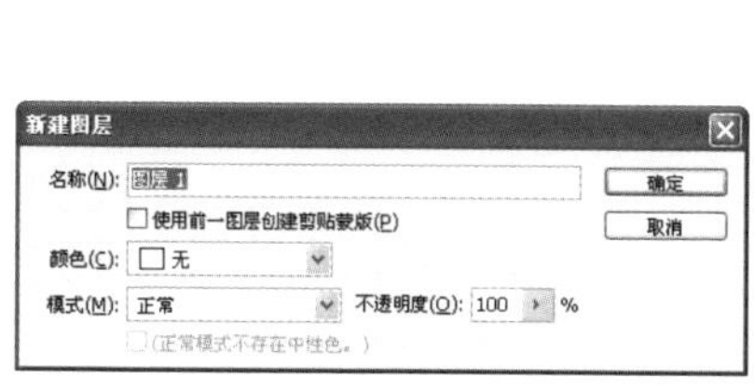

图2.37　【新建图层】对话框

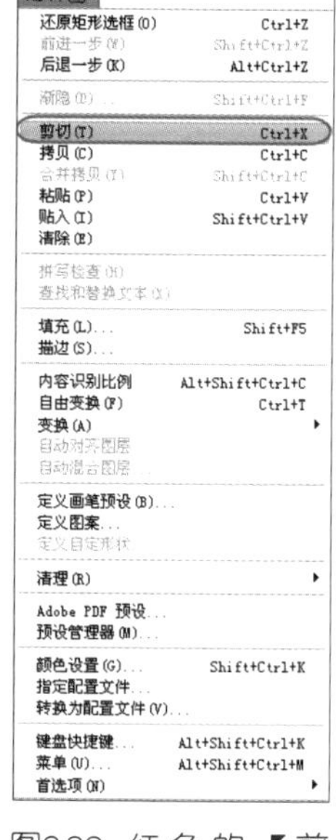

图2.38　红色的【剪切】命令

2.2.4　存储自定义的工作区

自定义好工作区后，我们可以通过存储的方式将之前定义好的面板位置、快捷键与菜单等属性存储起来。以一个自定义的名称保存成一个新工作区，避免重新启动软件后要重新设置的麻烦。下面介绍存储自定义工作区的方法。

01 STEP 选择【窗口】|【工作区】|【存储工作区】命令，如图2.39所示。

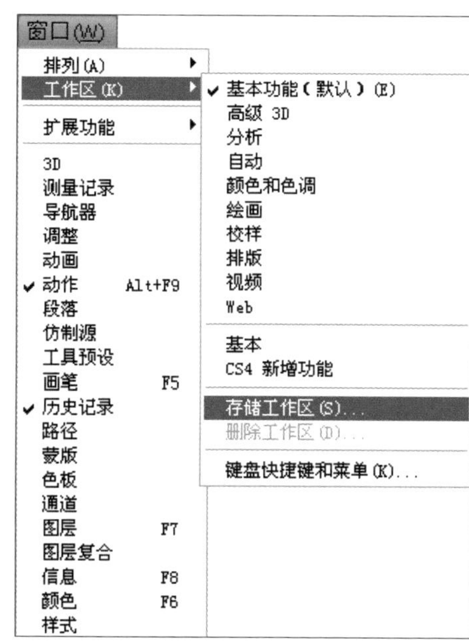

图2.39　选择【存储工作区】命令

02 STEP 在打开的【存储工作区】对话框中输入工作区的名称，然后选择要捕捉的复选框，也就是指定要保存的项目，最后单击【存储】按钮即可，如图2.40所示。

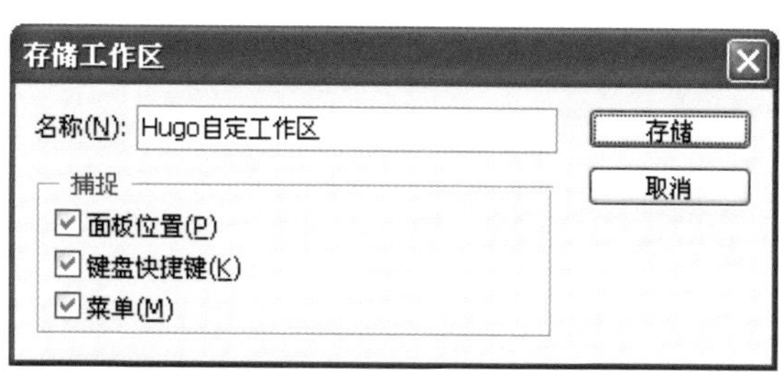

图2.40　存储工作区

如果要删除工作区，只要选择【窗口】|【工作区】|【删除工作区】命令，然后在打开的【删除工作区】对话框中选择要删除的工作区，再单击【删除】按钮即可。

2.3 Photoshop CS4文件管理

文件的管理是设计过程中不可跳跃的必经之路，文件的尺寸、像素是否符合标准，修改过的文件如何命名等操作都是不可马虎的。下面介绍诸如新建、保存、打开、另存、导入\导出文件等图像文件的管理操作。

2.3.1 新建文件

选择【文件】|【新建】命令或者按Ctrl+N快捷键，可以打开如图2.41所示的【新建】对话框，在此可以输入新图像文件的名称，然后通过【预设】下拉列表选择要创建的文件类型，再从【大小】下拉列表中选择内建的大小尺寸，或者利用【宽度】与【高度】选项自定义文件的大小，接着可以设置分辨率、颜色模式与背景内容等属性，完成设置后单击【确定】按钮即可创建出空白的新图像。

小小秘籍

要创建为特定设备设置的像素大小的新文档，可以单击【Device Central】按钮，打开【Adobe Device Central CS4】程序进行详细设置。

若要进行更深入的设置，可以单击【高级】按钮，展开如图2.42所示的【高级】选项组，然后从【颜色配置文件】下拉列表中选择一个颜色配置文件，或选择【不要对此文档进行色彩管理】选项。对于【像素长宽比】选项，除非是使用于视频的图像，否则可以选择【方形像素】选项，也可以选择另一个选项而使用非方形像素。

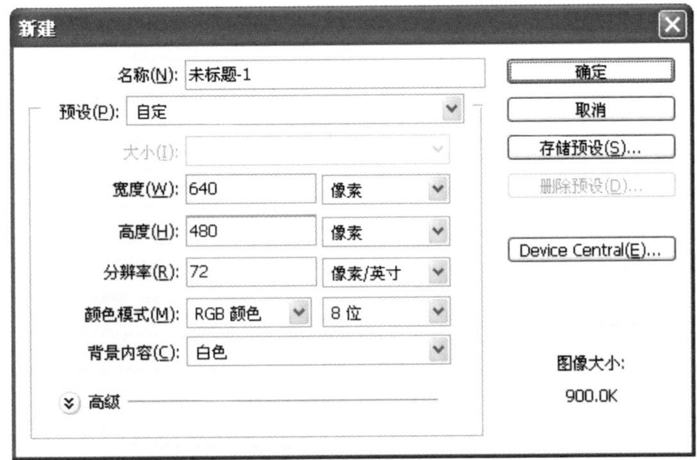

图2.41 【新建】对话框

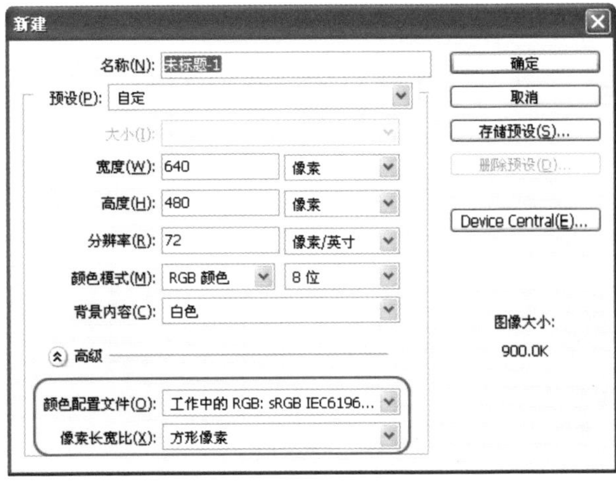

图2.42 【高级】选项组

小小秘籍

完成文件设置后，用户可以单击【存储预设】按钮，将这些设置存储为预设，当下次要新建相同设置的文档时，直接在【预设】下拉列表中选择即可。

2.3.2 打开与置入文件

Photoshop提供了多种打开文件的方法，下面介绍几种比较常用的方法。

1 打开文件

选择【文件】|【打开】命令或者按Ctrl+O快捷键均可打开如图2.43所示的【打开】对话框，只要先指定查找范围，然后在文件列表中选择要打开的文件，再单击【打开】按钮即可。

2 指定打开文件所使用的文件格式

当一个图像文件的扩展名丢失无法正常显示，或者使用了与文件实际格式不匹配的扩展名存储文件时（例如，用扩展名 .gif 存储 PSD 文件），可以使用【打开为】命令尝试打开它们。

选择【文件】|【打开为】命令或者按Shift+Ctrl+Alt+O快捷键均可打开【打开为】对话框，用户只要先选择要打开的文件，然后从【打开为】下拉列表中选择所需要的格式，最后单击【打开】按钮即可将这一类文件打开。

专家提醒

如果文件不能打开，可能是因为选取的格式与文件的实际格式不匹配，或者文件已经损坏。

图2.43 【打开】对话框

3 打开为智能对象

智能对象是包含位图或矢量图（关于“位图”与“矢量图”的含义在本章后续部分有详细介绍）中的图像数据的图层。智能对象将保留图像的源内容及其所有原始特性，从而让用户能够对图层进行非破坏性编辑。

用户可以选择【文件】|【打开为智能对象】命令，通过打开的【打开为智能对象】对话框来创建智能对象。

4 打开最近使用的文件

选择【文件】|【最近打开文件】命令可以展开一个子菜单列表，从子菜单中选择一个文件，即可打开最近使用过的文件。

2.3.3 存储文件

Photoshop CS4存储文件的方法有【存储】与【存储为】两种，下面分别介绍。

1 存储文件

创建文件后，选择【文件】|【存储】命令或者按Ctrl+S快捷键，可以打开如图2.44所示的【存储为】对话框，在此用户可以指定文件的名称、保存格式与保存位置等选项，完成设置后单击【保存】按钮即可将其保存。要注意的是，如果在文件的编辑过程中执行上述命令，将不打开“存储为”对话框，而直接以原有设置保存。

2 存储为新文件

选择【文件】|【存储为】命令或者按Ctrl+Shift+S快捷键，将不会以原来的设置保存文件，而是再次打开【存储为】对话框，从而让用户修改文件的名称、格式、保存位置等保存设置。

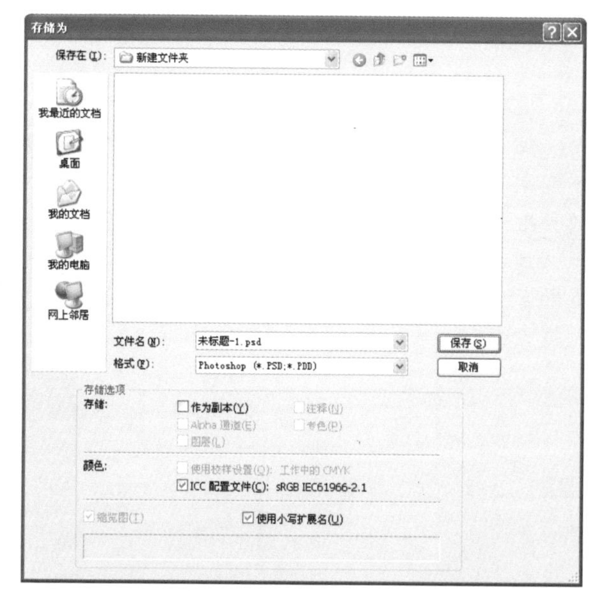

图2.44 【存储为】对话框

专家提醒

在【存储为】对话框中的【存储选项】选项组中选择【作为副本】复选框，可以将文件保存为一个同样的副本。

2.4 Photoshop CS4的基础操作

本节将介绍还原与前进、后退一步、查看画面和辅助工具等命令与工具的基础操作方法。

2.4.1 还原与前进、后退一步

用户在设计过程中难免会出现误操作，如果想返回上一步操作，可以选择【编辑】|【还原】命令，或者直接按Ctrl+Z快捷键；如果想继续逐步还原，可以选择【编辑】|【后退一步】命令或者按Alt+Ctrl+Z快捷键；而选择【编辑】|【前进一步】命令或者按Shift+Ctrl+Z即可逐步恢复后退的结果。上述快捷键在实际操作中极为常用，掌握它能有效提高绘图速度。

2.4.2 查看画面

在绘制或者编辑图形图像时，通常要对图像进行放大或者缩小操作，以便更好地观察对象。因此，Photoshop CS4专门提供了多种查看画面的方法，下面逐一介绍。

1 使用【缩放工具】缩放视图

在工具箱中单击【缩放工具】按钮，或者在辅助工具栏中单击【缩放工具】按钮，画面中的鼠标指针即变成状态，此时在画面中单击即可按预设的放大比例放大图像；如果要缩小图像，可以在选项栏中单击【缩小】按钮，单击图像可以按比例缩小图像；如果想将缩放后的图像按实际像素或者屏幕大小缩放，可以在图像上单击右键，即可出现如图2.45所示的菜单。

按屏幕大小缩放
实际像素
打印尺寸
放大
缩小

图2.45 缩放菜单

小小秘籍

按Ctrl++快捷键可以放大图像，其实结果相当于使用【缩放工具】单击画面；而按Ctrl+-即可按预设比例缩小图像。在实际应用中必须注意，上述快捷键或许与某些输入法的快捷键冲突，只要切换至英文输入法即可避免这一问题。

另外，如果要放大图像中的指定区域，可以在画面中拖动出一个矩形框，如图2.46所示，从而局部放大框内的图像，结果如图2.47所示。放大的比例视拖动矩形框的范围而定，一般区域越小，放大的比例越大。

图2.46 指定显示的范围

图2.47 局部放大后的图像

2 使用【导航器】面板缩放视图

在一般状态下，【导航器】面板中显示了当前文件中画面的缩览图，红色矩形框内的图像为图像文件的显示区域，如图2.48所示。用户可以在该面板的下方输入缩放比例，或者拖动缩放滑块来调整显示比例。

此外，可以移动鼠标在红色矩形框外单击指定显示框的位置，或者移动鼠标在红色矩形框内拖动，改变图像的显示区域，如图2.49所示。

图2.48 使用【导航器】面板查看图像

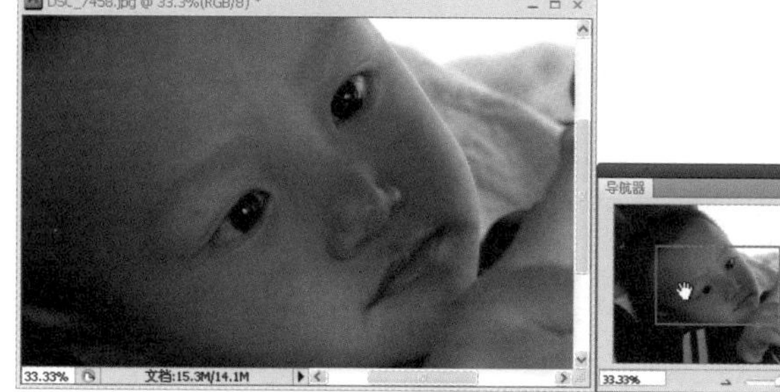

图2.49 调整显示区域

3 使用【视图】菜单命令缩放图像

【视图】菜单的第二个命令区域中提供了【放大】、【缩小】、【按屏幕大小缩放】、【实际像素】与【打印尺寸】等几个缩放命令。其中后3种缩放命令的作用分别如下。

- 【按屏幕大小缩放】：可以将当前文件视图窗口调至与程序工作区相同的大小。
- 【实际像素】：在不改变文件视图窗口的情况下，按100%的比例显示文件。
- 【打印尺寸】：由于某些比例会导致图像产生肉眼下的失真现象，所以此命令可以在不改变文件视图窗口的情况下，按最清晰的显示比例显示图像。

4 使用【抓手工具】移动显示画面

放大或缩小视图后，在工具面板中选择【抓手工具】，或者在辅助工具栏中单击【抓手工具】按钮，可以在画面中拖动调整显示区域，或者单击指定显示的区域，其作用与【导航器】面板中的小手相似。

小小秘籍

为了随时查看图像的效果，只要按下空格键即可快速切换至【抓手工具】，而释放空格键即可恢复原来的工具选择状态，这招在实际工作中较为常用。

2.4.3 使用额外辅助工具

Photoshop CS4提供了【标尺】、【参考线】与【网格】3种额外辅助工具，以便在设计工作中进行准确的定位、对齐和测量，下面分别进行介绍。

1 标尺

标尺可帮助用户精确地确定图像或元素的位置。选择【视图】|【标尺】命令或者按Ctrl+R快捷键即可显示标尺。显示的标尺会出现在当前窗口的顶部和左侧，移动指针时，标尺内的标记显示指针的位置。在水平与垂直标尺的交界处为默认的原点，在此按下左键并往右下方拖出十字线，如图2.50所示，将它放置于需要的位置上，可以将该点定义为标尺的原点。如果要恢复默认的原点坐标，只要在两条标尺的交界处双击即可。

专家提醒

双击标尺可以打开如图2.51所示的【首选项】对话框，并自动选择【单位与标尺】选项，在此可以设置标尺的单位与列尺寸等属性。

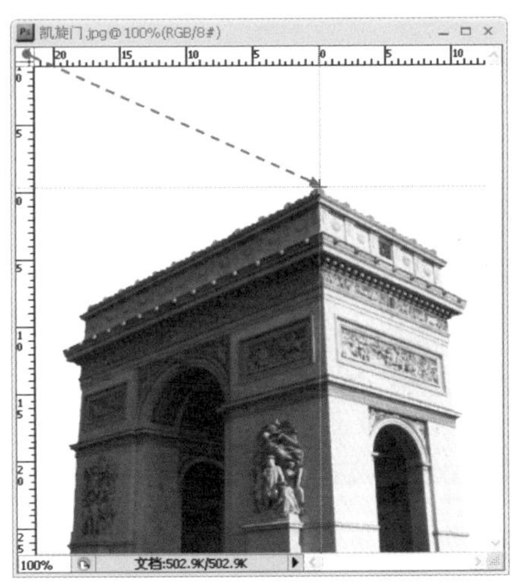

图2.50 自定标尺原点

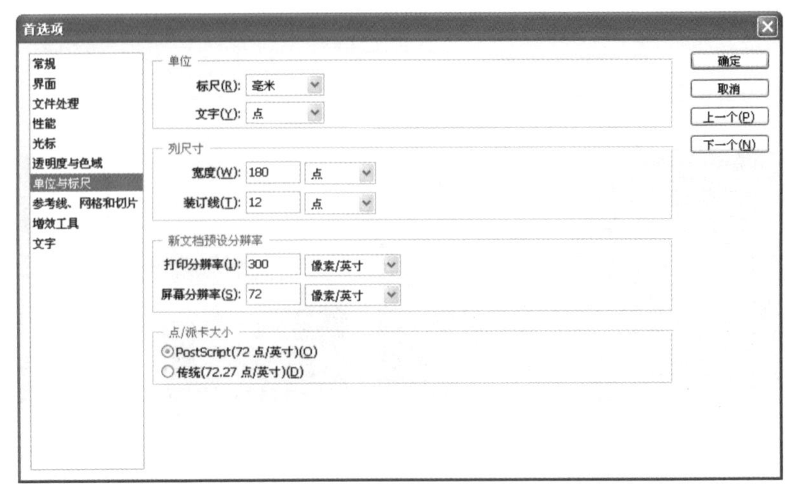

图2.51 【首选项】对话框中的【单位与标尺】选项

2 参考线

参考线主要用于定位和对齐对象，移动鼠标至水平或垂直标尺上，按下左键不放并往外拖动即可置入参考线，如图2.52所示。添加后的参考线允许被移动，而选择【视图】|【锁定参考线】命令可以锁定参考线而不被移动，选择【视图】|【显示】|【参考】命令可以显示或者隐藏参考线。

专家提醒

双击参考线可以打开如图2.53所示的【首选项】对话框，并自动选择【参考线、网格和切片】选项，在此可以设置参考线、智能参考线、网格等属性。

3 网格

选择【视图】|【显示】|【网格】命令或者按Ctrl+′快捷键可以显示网格，如图2.54所示。显示网格后，可以选择【视图】|【对齐到】|【网格】命令，此后可以进行移动、旋转等变换操作，以此创建的图形都将自动对齐到网格上。

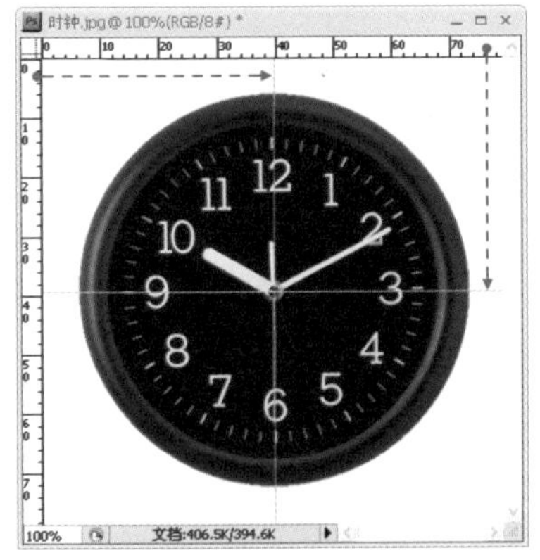

图2.52 置入参考线

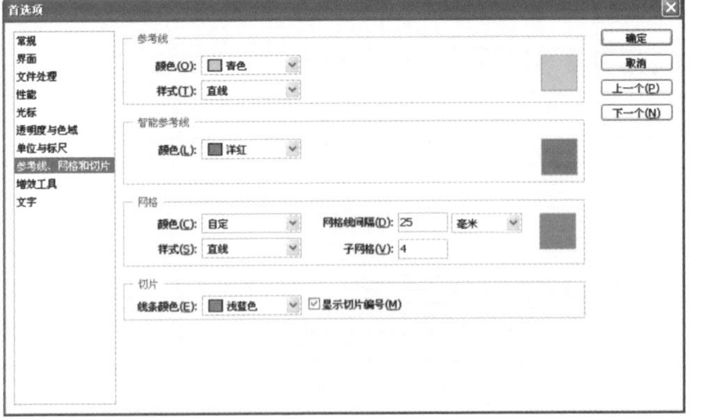

图2.53 【首选项】对话框中的【参考线、网格和切片】选项

图2.54 为图像添加网格的效果

2.5 Photoshop CS4设计必知概念

本节将主要介绍位图与矢量图以及各种色彩模式的特点与作用，借此理清一些与Photoshop相关的概念与知识。

2.5.1 位图与矢量图

在计算机中，图像是以数字形式进行记录、处理和保存的。计算机中的图像可以分为两类，即位图与矢量图。下面就分别对这两种图像类型进行介绍。

1 位图

位图也叫点阵图，它是由单个的独立点——像素组成的，这些点可以进行不同的排列和染色，以构成图样。当放大位图时，可发现其边缘由一个个小方格色块组成，如图2.55所示，且图像中的线条和形状显得参差不齐。当缩小位图时，也会使原图产生变形。因为位图图像是由一连串排列好的像素创建出来的，其内容是无法进行个别处理和控制的。

2 矢量图

矢量图通常也被称为面向对象的图像或绘图图像，在数学上定义为一系列由点连接的线。在矢量文件中，图形元素被称为对象，而每个对象都是一个自成一体的实体，它具有颜色、形状、轮廓、大小和屏幕位置等属性。矢量图最大的优点是无论放大、缩小或旋转都不会失真，如图2.56所示；最大的缺点是难以表现色彩层次丰富的逼真图像效果。该类型图片普遍应用于印刷行业。

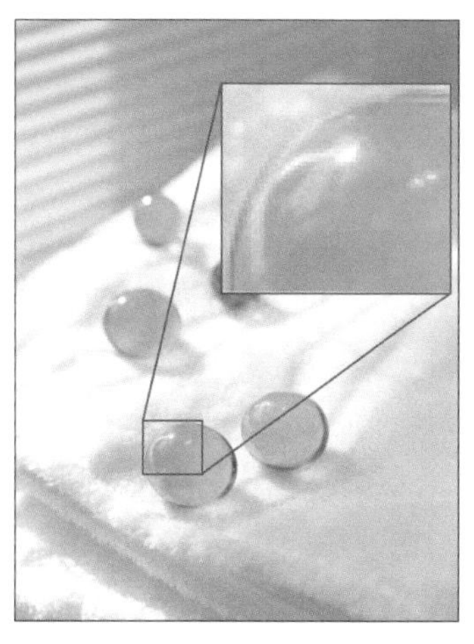

图2.55 局部放大后的位图

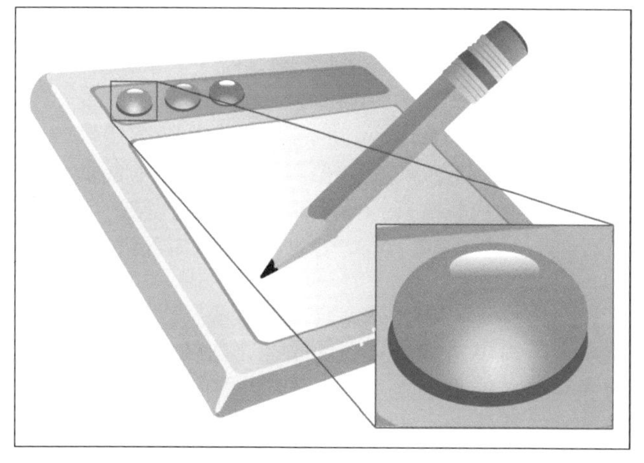

图2.56 局部放大后的矢量图

在电脑平面绘图领域中，用Photoshop创建的图像为位图，而用Illustrator与CorelDARW等软件创建的图像为矢量图。

2.5.2 色彩模式

图像模式是描述使用一组值（通常使用3个、4个值或者颜色成分）表示颜色方法的抽象数学模式。图像模式提供了各种定义颜色的方法，每种模式都是通过使用特定的颜色组件来定义的。在创建图形时，有多种图像模式可供选择。选择【图像】|【模式】命令，可以打开色彩模式子菜单，如图2.57所示，在此可以切换图像的色彩模式。在【颜色】面板中单击 按钮，也可以展开色彩模式菜单，如图2.58所示。下面分别对常用的几种图像模式进行介绍。

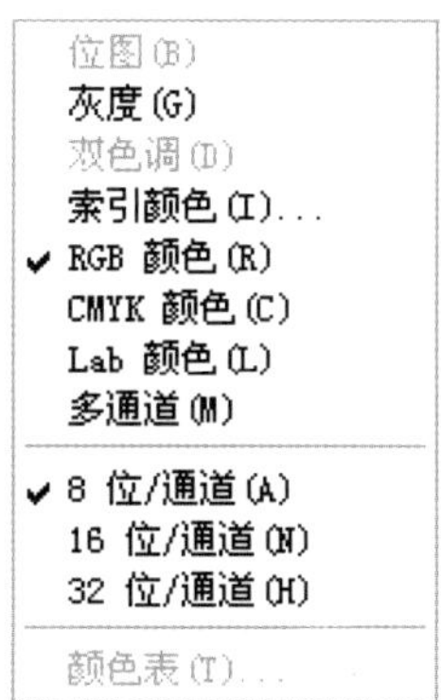

图2.57 色彩模式子菜单

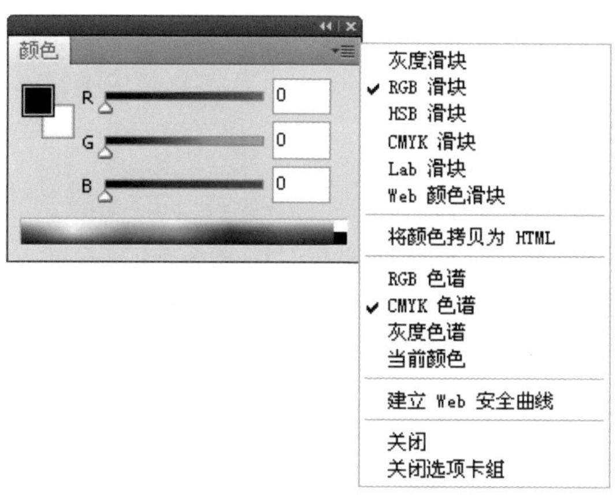

图2.58 通过【颜色】面板展开的色彩模式菜单

1 RGB颜色

RGB颜色是Photoshop CS4创作时最常用的图像模式，它采用加法混色法，因为它用于描述各种“光”通过何种比例来产生颜色。RGB描述的是红色（Red）、绿色（Green）和蓝色（Blue）三色光的数值，也就是常说的“三原色”，用0～255的值来测量。将红光、蓝光和绿光添加在一起时，如果每一组件的值都为255，则显示白色；如果每一组件的值都为0，则结果为纯黑色。

由于RGB图像模式能表示1677万种色彩（俗称“24位真彩色”），因此将RGB图像转换为其他图像模式时，可能会导致色彩的丢失。同时，RGB图像模式也不能直接转换为位图图像模式和双色调图像模式。

2 CMYK颜色

CMYK图像模式为减色模式，因为它描述的是需要使用何种油墨，通过光的折射显示出颜色。CMYK描述的是青色（Cyan）、洋红（Magenta）、黄色（Yellow）和黑色（Black）4种油墨的数值，很多印刷资料都是采用CMYK色彩模式印刷的。组合青色、洋红、黄色和黑色时，如果每一组件的值都为100，则结果为黑色；如果每一组件的值都为0，则结果为纯白色。

由于显示器采用的是RGB颜色模式，因此在显示器中看到的CMYK图像与打印时所看到的图像效果会略有出入，打印出来的图像会稍暗一点。

3 Lab颜色

Lab图像模式以一个亮度通道L（Lightness）以及a、b两个颜色通道来表示颜色，L通道代表颜色的亮度，其值域为0～100，当L=50时，就相当于50%的黑。 a通道表示从红色至绿色的范围，b通道表示从蓝色至黄色的范围，其值域都是+120～−120。Lab图像模式是一种与设备无关的图像模式，其色域宽阔，不仅包含了RGB以及CMYK的所有色域，还能表现它们不能表现的更多色彩。因此，当把其他颜色转换为Lab色彩时，颜色并不会产生失真。

在Photoshop CS4中进行图像模式转换都要用到Lab颜色模式，如将RGB转换为CMYK时，先将RGB转换为Lab，然后将Lab转换为CMYK，而这一过程是在Photoshop CS4程序内部进行的，无须使用者费心。

4 位图

位图图像模式用黑色与白色两种色彩表示图像，图像中每种色彩用一位数据保存，色彩数据只有1和0两种状态，1代表白色，0代表黑色。位图模式主要用于早期的不能识别颜色和灰度的设备，由于只用一位来表示颜色数据，因此其图像文件体积较其他色彩模式都小。位图模式也可用于文字识别，如果描述需要使用光学文字识别技术识别的图像文件，须将图像转换为位图模式。

位图不能和彩色模式的图像相互转换，要将彩色模式的图像转换为位图模式，必须先将其转换为灰度模式。

5 灰度

与位图图像相似，灰度图像模式也用黑色与白色表示图像，但在这两种颜色之间引入了过渡的灰色。灰度模式只有一个8位的颜色通道，通道取值范围为0%（白色）～100%（黑色）。可以通过调节通道的颜色数值产生各个等级的灰度。灰度图像模式与位图图像模式相比，灰度模式能更好地表现图像的颜色，同时由于其只有一个色彩通道，在处理速度和文件大小方面都优于彩色的色彩模式，因此在制作各种黑白图像时，可选用灰度模式。

将灰度图像转换为其他图像模式时，会造成彩色信息的丢失，这种损失是不可逆转的。

6 双色调

双色调模式通过1～4种用户自定义的颜色来创建灰度图像。用户自定义的颜色用于定义图像的灰度等级，并不会产生彩色。当选用不同的颜色或颜色数目时，其创建的灰度等级也不同，比颜色单一的灰度图像可以表现出更丰富的层次感和质感。

7 索引色

索引色模式只能存储一个8位色彩深度的文件，即最多256种颜色，这些颜色被保存在一个称为颜色表的区域中，每种颜色对应一个索引号，索引色模式由此得名。将其他图像模式转换为索引图像时，如果原图像中的某种颜色没有出现在颜色表中，Photoshop CS4会选取颜色表中最相近的颜色取代该种颜色，这将会造成一定程度上的失真。

Chapter 03

Photoshop完美广告设计案例精解

海报广告设计

本章视频教学参见随书光盘： 视频\Chapter 03\

- 3.2.2 合并海报背景.swf
- 3.2.3 制作炫光与云雾效果.swf
- 3.2.4 添加汽车与介绍栏.swf
- 3.2.5 插入LOGO与广告文字.swf
- 3.3.2 制作柔美背景.swf
- 3.3.3 加入主体素材并美化.swf
- 3.3.4 设计海报文字.swf

3.1 海报设计的基础知识

3.1.1 海报的特点

海报（Poster）是一种从马路、码头、车站、机场、运动场或其他公共场所等户外张贴的速看广告，国外称之为“瞬间”的街头艺术。海报是广告艺术中比较大众化的一种体裁，主要用于完成一定的宣传鼓动任务，也可以为报道、广告、劝喻或教育等目的服务。本节先介绍有关海报设计的基础知识。

海报与其他广告形式相比，具有画面面积大、内容广泛、艺术表现力丰富、远视效果强烈等特点。所以对于设计师而言，“海报”几乎就是“平面广告”的代名词了。下面对海报的特点进行简单介绍。

1 画面大

尺寸大是海报最直观的一个特点，为了避免其张贴在热闹的公众场所而易受周围环境和各种因素的干扰，所以其画面尺寸必须很大，才可以突出产品的形象，并将色彩展现在大众眼前。其常用尺寸一般有全开、对开、长三开及特大画面（8张全开）等。

2 远视强

除了尺寸较大外，海报通常会通过突出的商标、标题、图形等设计元素的定位，来使来去匆匆的人们留下印象。另外，强烈的色彩对比与简练、大面积空白的面版编排，也可以使其成为视觉焦点。所以就视觉艺术角度而言，海报可谓是最典型的广告形式了。

3 艺本性高

海报包括了商业和非商业方面的种种广告，单张海报的针对性又很强。商品海报往往以具有艺术表现力的摄影、造型写实的绘画和漫画形式表现居多，给消费者留下真实感人的画面和富有幽默情趣的感受。

3.1.2 海报的种类

海报所涉及的范围很广，凡是商品展览、书展、音乐会、戏剧、运动会、时装表演、电影、旅游、慈善或其他专题性的事物，都可以通过海报做广告宣传。海报按其应用不同，大致可分为商业海报、文化海报、电影海报与公益海报等，下面逐一进行介绍。

1 商业海报

商业海报是最为常用的海报形式之一，是指用于宣传商品、商业服务、旅游等的商业广告性海报。此类海报的设计要恰当地配合宣传对象的格调与大众对象，如图3.1所示。

2 文化海报

文化海报的形式有很多，泛指社会文娱活动及各种文化类展览的宣传海报。在设计该类型海报时，设计必须根据各展览的特点，对活动的内容进行深入了解，才能通过恰当的形式表现其风格。如图3.2所示是Nova Radio法语电台海报。

图3.1 Honda摩托车海报

图3.2 Nova Radio法语电台海报

3 电影海报

现代的电影海报是文化海报的一种分支，它与戏剧海报相似，主要用于对电影作品进行宣传，吸引观众注意并刺激电影票房收入，如图3.3所示。

4 公益海报

公益海报主要是将政府或者团体的特定思想，通过海报的形式向公众灌输教育意义，其主题可以是社会公德、行为操守、政治主张、弘扬爱心、无私奉献与共同进步等积极进取的形式。如图3.4所示即为香烟危害健康的公益海报。

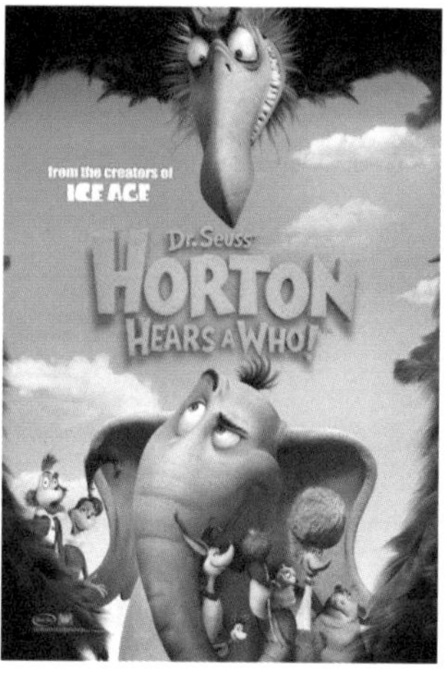

图3.3 《Horton Hears a Who》电影海报

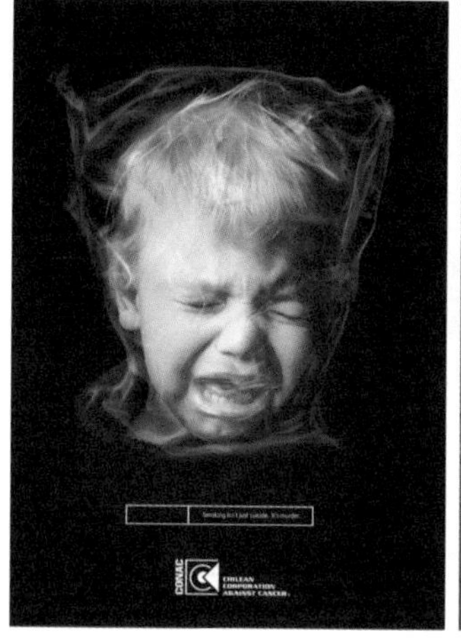

图3.4 戒烟公益海报

公益海报是带有一定思想性的，这类海报具有特定的对公众的教育意义，其海报主题包括各种社会公益、道德的宣传，或政治思想的宣传，弘扬爱心奉献、共同进步的精神等。

3.1.3 海报设计的六大原则

美国是广告的王国，海报在广告中扮演了重要的角色。美国海报设计家所倡导的海报制作六大原则如下。

- 单纯：形象和色彩必须简单明了（也就是简洁性）。
- 统一：海报设计的造型与色彩必须和谐，要具有统一的协调效果。
- 均衡：整个画面需要具有魄力感与均衡效果。
- 销售重点：海报的构成要素必须化繁为简，尽量挑选重点来表现。
- 惊奇：海报无论在形式上还是内容上都要出奇创新，具有强大的惊奇效果。
- 技能：海报设计需要有高水准的表现技巧，无论是绘制还是印刷都不可忽视技能性的表现。

3.1.4 宣传海报设计要领

本章将重点介绍宣传海报，它是应用最早和最广泛的宣传品，它展示面积大，视觉冲击力强，最能突出企业的口号和用意，所以在设计前必须先掌握一些设计要领，下面逐一介绍。

1 尺寸

作为单面印刷的海报一般不小于8开（420mm×285mm），最大为全开（980mm×700mm）。非标准的尺寸可能会造成纸张的浪费，所以在设计时需格外小心。

2 设计规格

设计工作最重要的部分是对客户的公司、产品或营销的模式通过设计表达、传递相关信息。只有让受众有清晰的认识，才算达到准确地传递信息的效果。通常可分为优秀、良、普通3个设计规格。

3 主题

必须将产品特色及目前消费者关注的焦点作为主题，无论要做多大或多小面积的平面广告，都可以夸张主题呈现动态美感来配置，所以在配置主题时应该考虑到以下几点。

- 使用的纸尽量能够突出字体效果，色彩不要太杂。
- 使用容易看明白的字体，避免出现龙飞凤舞，以免让人看不懂。

- 尽量以既定的视觉效果、图案色彩、文体为制作题材。
- 突显价格数字要有个性及令顾客感到高雅悦目的字体。

4 技法

设计技法的选用对于作品的效果也起着举足轻重的影响，大家可以考虑以下几点。

- 以诉求产品名称、价格、风味、组合内容及活动期限为主。
- 经常采用通俗易懂的文字、图案等容易看懂的表现手法。
- 采取大范围的做法，以响应本地区大型项目活动，能与顾客同步重视的感觉，并能激发对本店或产品的共鸣感为主。

3.2 汽车宣传海报设计

3.2.1 设计概述

本作品以都市海岸为背景，突出商品的时尚感，同时以黑夜中的七彩光线突显汽车的高雅气派，而多束散射光线、点光与镜头光晕效果正好配合汽车优雅灵动的流线感。海报中的海面倒影搭配云雾的抽象特效，彻底突破现实的束缚，为整个海报作品营造出迷幻的艺术效果。在文字方面，主标题选择白边粗体的浮雕效果，以衬托商品的稳重大气。广告栏与描述文字则尽量以简约为主，从而彰显汽车强烈的商务感。本汽车宣传海报的最终效果如图3.5所示。

图3.5 汽车宣传海报

尺　寸	横排，300dpi，1024像素×724像素（8.67cm×6.13cm）
用　纸	PP合成纸，适用于高级套色印刷
风格类型	唯美、时尚、抽象
创意点	❶ 黑夜中散发的七彩径向光线配合自然的光束，产生强烈的视觉冲击 ❷ 通过光点、光晕、云雾与水面营造梦幻效果
配色方案	#CBCBCB #5A5D66 #0A94AC #00598D #888F48 #FBC050 #DB4E02
作品位置	● 实例文件\Ch03\creation\汽车宣传海报.psd ● 实例文件\Ch03\creation\汽车宣传海报.jpg

设计流程

本作品先填充七彩的线性渐变为背景，再进行自由变换，使其呈漏斗形的放射形状，然后加入都市建筑物素材；接着在建筑物以下的位置添加水面倒影特效，继而添加一些放射光束、镜头光晕、线条光点与云雾等特效，完成背景的制作；接下来加入汽车素材并添加合影效果；最后绘制介绍栏并加入标题、广告语与LOGO等海报元素。详细设计流程如图3.6所示。

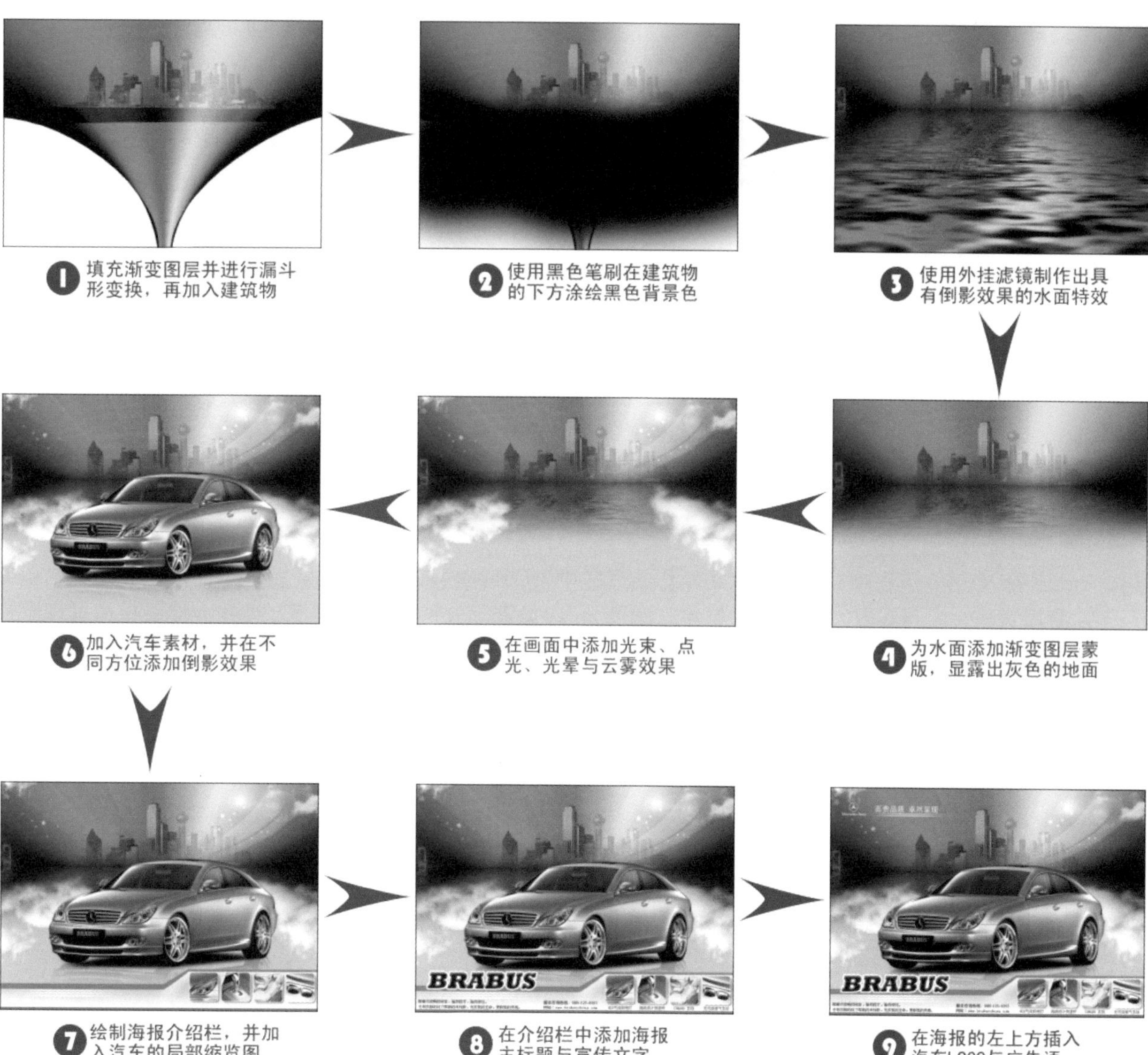

图3.6 汽车宣传海报的设计流程

功能分析

- 【渐变工具】：填充七彩线性渐变效果，并填充淡出效果的图层蒙版。
- 【自由变换】命令：对七彩图层变换为漏斗形状，并制作汽车的倒影效果，还可以对加入的素材进行位置、大小、角度与形状等调整。
- 【燃烧的梨树】（外挂滤镜）：制作水面倒影效果。
- 【多边形套索工具】：绘制散发光束。
- 各种外挂笔刷：绘制镜头光晕与云雾效果。
- 【钢笔工具】与【直接选择工具】：绘制与编辑海报的介绍栏。
- 【横排文字工具】：添加与编辑海报文字。
- 【图层样式】：为主标题添加浮雕与描边等效果。

3.2.2 合并海报背景

设计分析

本小节先合并海报的背景，结果如图3.7所示。其主要设计流程为“制作放射渐变效果”→“加入城市建筑物”→“制作黑色背景”→“制作水面效果”，具体实现过程如表3.1所示。

图3.7 海报背景

表3.1 合并海报背景的过程

制作目的	实现过程
制作放射渐变效果	● 填充七彩渐变颜色 ● 对渐变图层进行自定义变形
加入城市建筑物	● 加入“建筑物”素材，并调整好大小与位置 ● 设置图层混合模式 ● 制作绿色发光层 ● 加入“桥”素材，并调整好大小与位置
制作黑色背景	● 涂抹出一个黑色背景 ● 填充一个浅灰到深灰的渐变色 ● 对当前效果进行盖印
制作水面效果	● 添加水面特效 ● 使用蒙版擦除多余区域，使其露出地面

制作步骤

01 STEP 启动Photoshop CS4应用程序，在【基本功能】工作区中按Ctrl+N快捷键打开【新建】对话框，先输入名称为“合并海报背景”，再设置宽度为1024像素、高度为724像素、分辨率为300像素/英寸，接着单击【确定】按钮，如图3.8所示。

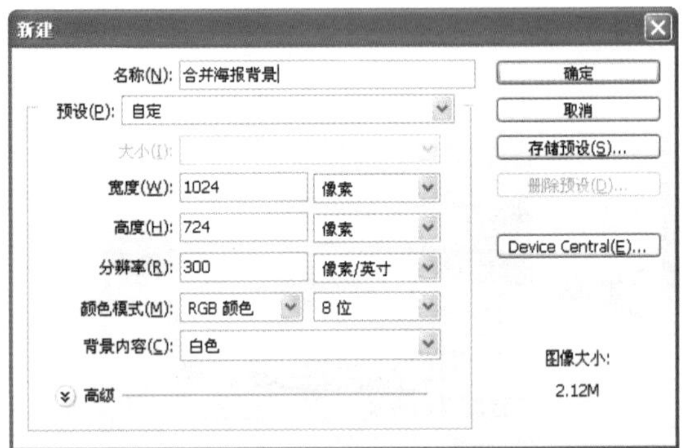

图3.8 新建空白的海报文件

专家提醒

本例为了适应汽车素材的尺寸，所以按正规比例对海报的宽度、高度进行缩小处理，但并不影响其设计方法。

02 STEP 在【图层】面板中单击【创建新图层】按钮，然后双击默认的“图层1”文字，将图层名称改为“渐变1”，如图3.9所示。

图3.9 创建新图层并重新命名

03 STEP 在工具箱中选择【渐变工具】，然后在选项栏中单击【线性渐变】按钮，接着单击渐变缩览图，如图3.10所示。

图3.10 选择渐变方式并打开【渐变编辑器】对话框

04 STEP 在打开的【渐变编辑器】对话框中，先选择预设的【黑，白渐变】样式，然后在渐变栏中单击添加色标，接着单击【颜色】色块，打开【选择色标颜色】对话框，设置颜色属性为【#017da3】的蓝色，单击【确定】按钮返回【渐变编辑器】对话框，再设置【位置】为16%，如图3.11所示。

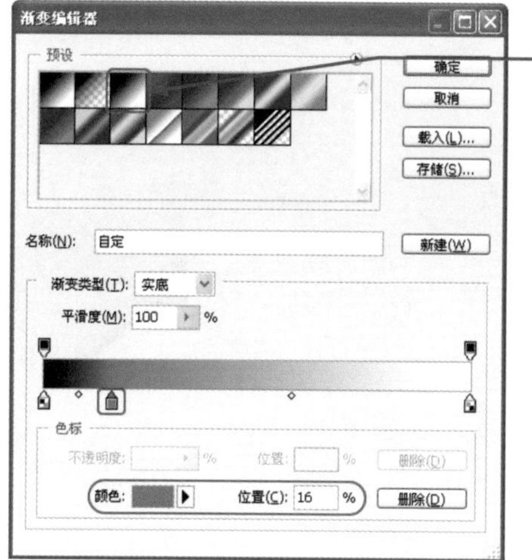

图3.11 添加并设置第一个色标属性

专家提醒

在Photoshop CS4中定义颜色属性时，除了可以通过RGB、CMYK等方式准确设置颜色属性外，还可以通过十六进制的方式来进行，也就是在【选择色标颜色】对话框中的【#】文本框中输入数字编号即可。如无特别提醒，本书将始终使用此方式来定义颜色属性。

05 STEP 利用与上一步骤相同的方法，按照表3.2的参数设置添加其他5个色标，如图3.12所示。

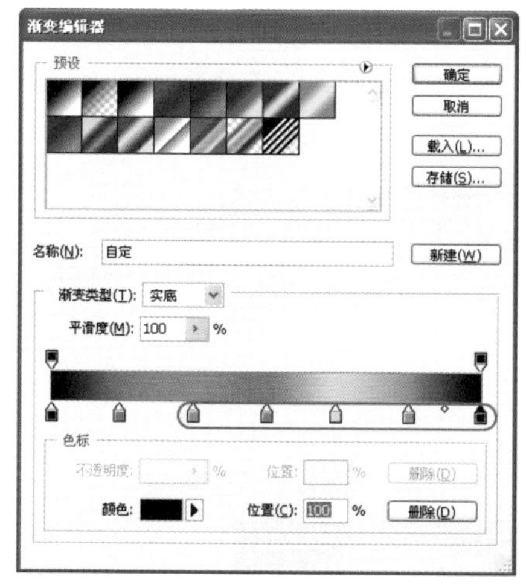

图3.12 设置后的色标效果

表3.2 渐变属性设置

色标	颜色	位置
2	#017da3	16%
3	#5f9982	33%
4	#9d813e	50%
5	#f8ce92	66%
6	#f67d07	83%
7	#000000	100%

06 STEP 选择“渐变1”图层，然后按住Shift键的同时在文件中从左向右拖出水平直线，填充线性渐变颜色，如图3.13所示。

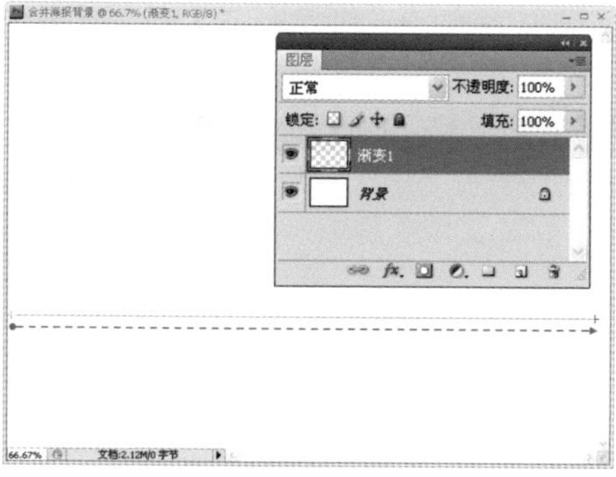

图3.13 填充线性渐变颜色

按Ctrl+T快捷键为填充渐变颜色后的“渐变1”图层执行【自由变换】命令，然而单击【在自由变换和变形模式之间切换】按钮，进入变形模式后，通过拖动控制点、网格线段和调整手柄对渐变图层进行变换处理，如图3.14所示，最后按Enter键确认变换。

专家提醒

在变形图层前，建议将文件窗口放大显示，以便在更大的区域中编辑图形；另外，两侧的调整结果应该相对应，以便光线均匀放射，如图3.14所示。

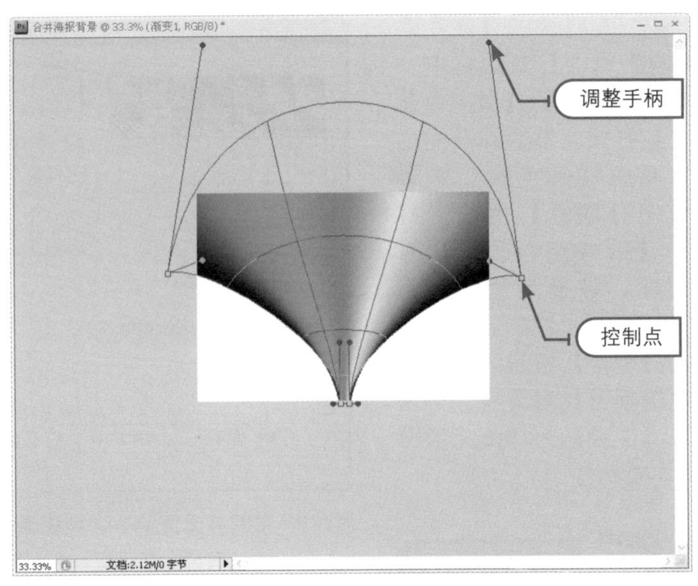

图3.14　变形图层

专家提醒

在变形模式中，如果要使用特定形状进行变形，可以从选项栏中的【变形】下拉列表中选择一种变形样式，其中包括扇形、棋形、旗帜、鱼眼等多种内建形状可供选择。如果要更改变形方向，可单击选项栏中的【更改变形方向】按钮；如果要更改参考点，可单击选项栏中参考点定位符上的方块；如果要使用数字值指定变形量，可在选项栏中的【弯曲】（设置弯曲）、【H】（设置水平扭曲）和【V】（设置垂直扭曲）文本框中输入值；如果从【变形】下拉列表中选择了【无】或【自定】选项，则无法输入数字值。

08 STEP 将“渐变1”图层拖至【创建新图层】按钮上，复制出“渐变1副本”图层，然后设置图层混合模式为【柔光】，以增强渐变颜色的色彩效果，如图3.15所示。

09 STEP 打开“建筑物.jpg”素材文件，按Ctrl+A快捷键全选图片，使用【移动工具】将其拖至“合并海报背景”文件中，加入素材图片，如图3.16所示。

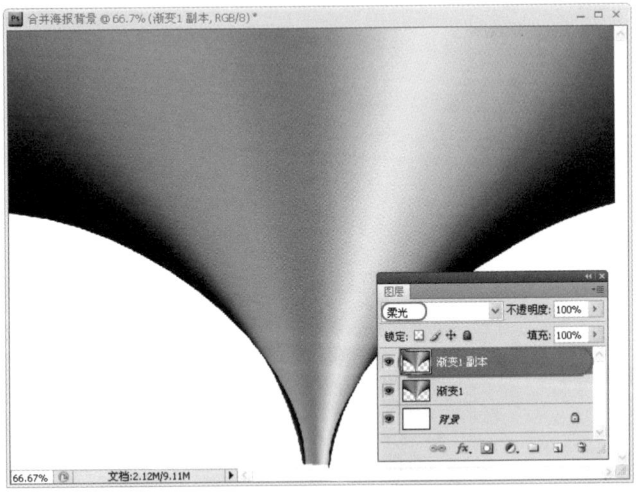

图3.15　复制图层并设置图层混合模式

图3.16　加入素材图片

10 STEP 按Ctrl+T快捷键为加入的图层执行【自由变换】命令，然后在选项栏中设置【W】为37%，并按下【保持长宽比】按钮等比例缩小图像，接着设置【X】为501px、【Y】为184px，调整图层的位置，最后按Enter键确认变换，如图3.17所示。

11 STEP 将调整后的图层重新命名为“建筑物”，然后设置其混合模式为【叠加】，使其与渐变背景融合在一起。选择【橡皮擦工具】并设置如图3.18所示的选项栏属性，将“建筑物”图层左、右上角的边角区域擦去，使其叠加效果更加完美。

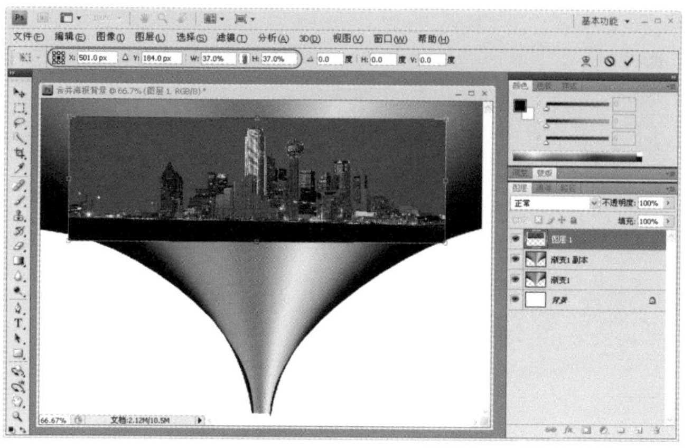

图3.17 调整加入图层的大小与位置

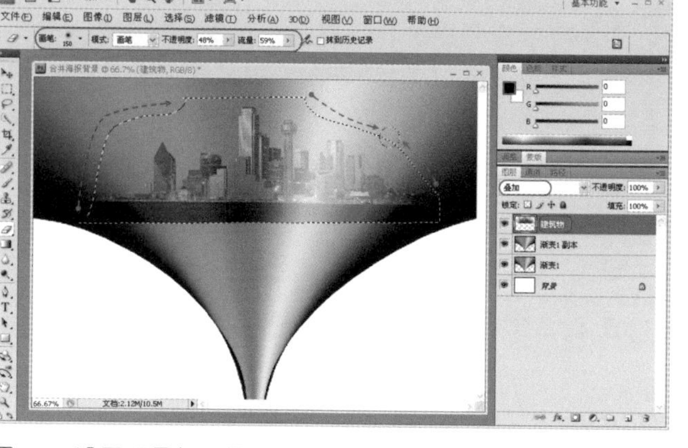

图3.18 设置【叠加】图层混合模式并擦除图层边缘

12 STEP 使用步骤（3）的方法打开【渐变编辑器】，然后选择【前景到透明】预设样式，设置起始色标颜色属性为【#cae16b】的绿色，结束色标为白色，再单击【确定】按钮；接着创建一个名为“绿色渐变”的新图层，在“建筑物”图层的下方往上填充渐变，如图3.19所示。

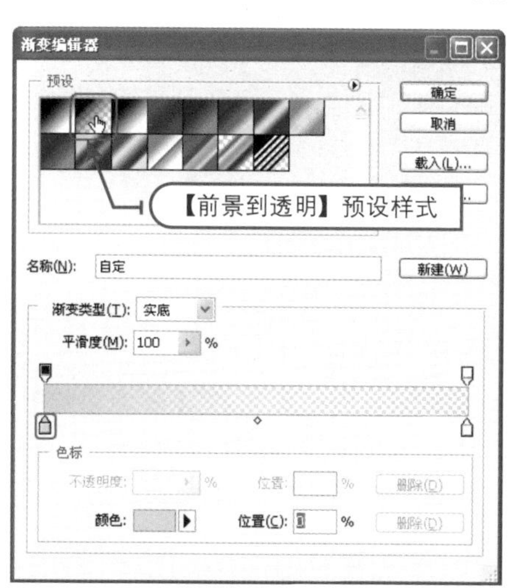

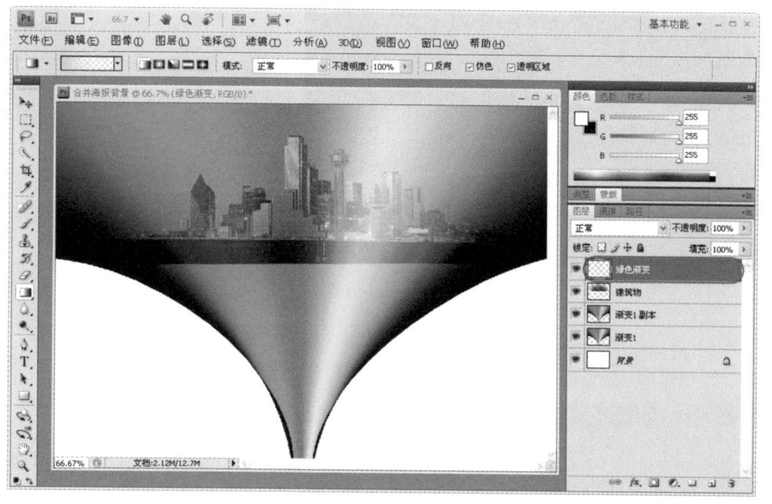

图3.19 设置透明渐变属性并填充渐变

13 STEP 设置“绿色渐变”图层的不透明度为80%，接着选择【图层】|【创建剪贴蒙版】命令，或者直接按Ctrl+Alt+G快捷键，以“建筑物”图层作为剪贴蒙版，再以“绿色渐变”图层作为剪贴图层，使用剪贴蒙版图层遮盖剪贴图层。也就是说，“建筑物”图层上方的绿色渐变可以显示，其余部分均被遮盖掉，如图3.20所示。

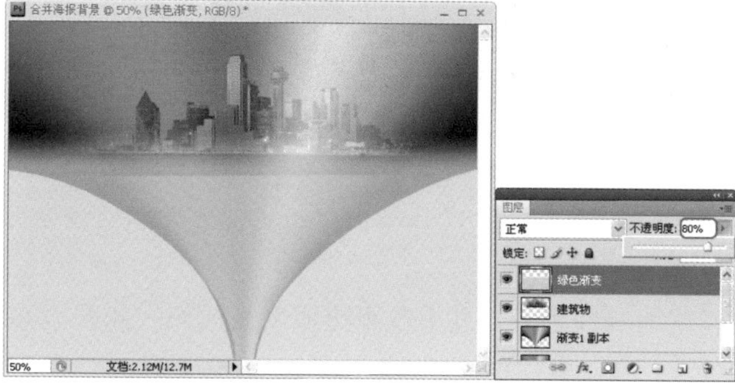

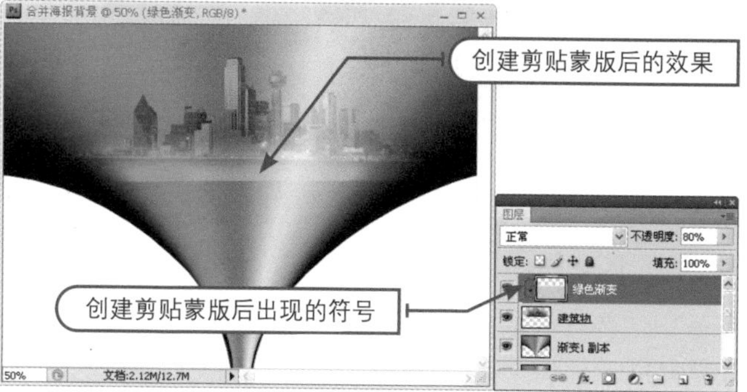

图3.20 设置图层不透明度并创建剪贴蒙版

专家提醒

通过创建剪贴蒙版可用某个图层的内容来遮盖其上方的图层，遮盖效果由当前图层下方的图层（如图3.20所示的“建筑物”图层）决定，下方图层的非透明内容将在剪贴蒙版中裁剪（显示）它上方图层的内容，剪贴图层（如图3.20所示的“绿色渐变”图层）中的所有其他内容将被遮盖掉。

另外，用户可以在剪贴蒙版中使用多个图层，但它们必须是连续的图层。蒙版中的下方图层（或者基底图层）名称带下划线，上层图层的缩览图是缩进的，而且叠加图层将显示一个剪贴蒙版图标，如图3.20右图所示。

14 STEP 为了后续版面衔接得更加和谐，下面先创建一个名为“黑色笔刷”的新图层，然后使用【画笔工具】的柔角笔刷在版面中间涂上一片黑色的区域，如图3.21所示。

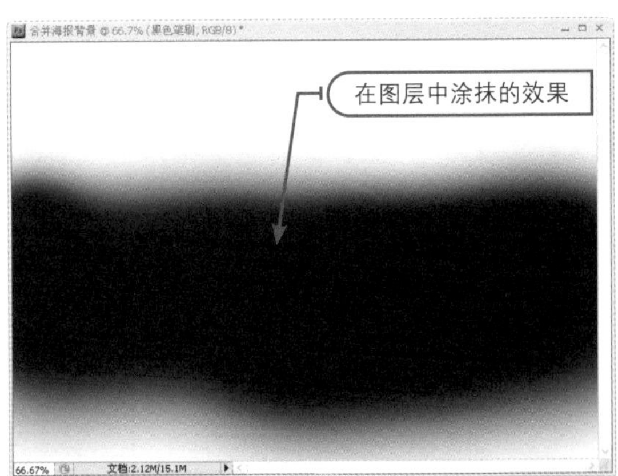

图3.21 涂抹黑色图层

15 STEP 打开“桥.jpg”素材文件并按Ctrl+A快捷键全选图像，使用【移动工具】将其拖至“合并海报背景”文件中，如图3.22所示，加入另一幅素材图片。

图3.22 加入“桥”素材

16 STEP 按Ctrl+T快捷键为加入的图像执行【自由变换】命令，接着设置其大小与位置如图3.23所示，最后按Enter键确认变换处理。

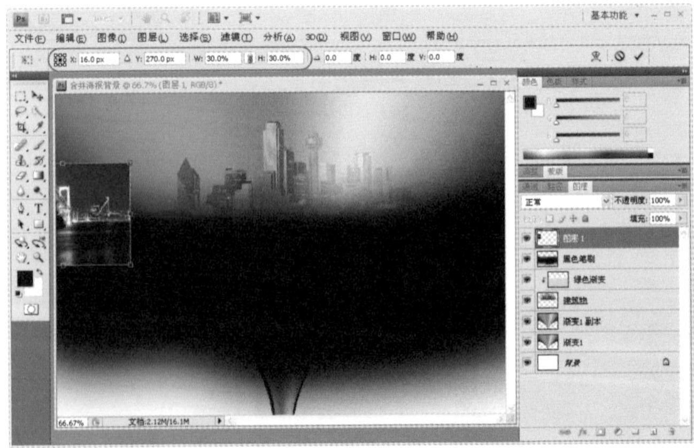

图3.23 缩小并移动“桥”图层

17 STEP 将调整好的图层重命名为“桥”，设置其图层混合模式为【浅色】，并更改不透明度为50%，如图3.24所示。

18 STEP 选择【图层】|【图层蒙版】|【显示全部】命令，为“桥”图层创建图层蒙版，然后选择【画笔工具】并设置工具属性如图3.25所示，在图层的边缘进行涂抹，以擦除一些多余的边缘。

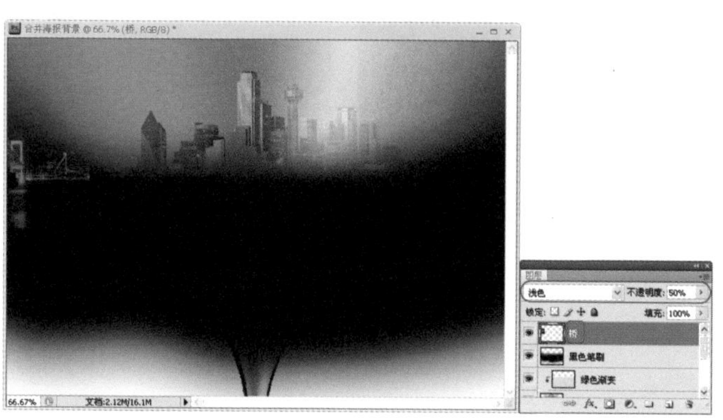

图3.24 设置“桥”的合并效果

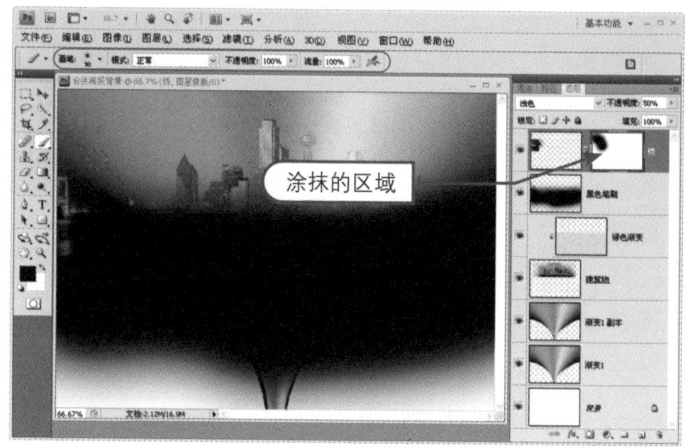

图3.25 创建图层蒙版并设置画笔属性

专家提醒

为图层添加蒙版的主要作用是将一些多余的区域遮盖掉，用户可以选择【显示全部】或者【隐藏全部】等命令。

当选择【显示全部】命令时，图层效果没有任何改变，但在当前图层的右侧会自动链接一个白色的图层（蒙版图层），如图3.25所示，此时配合【画笔工具】（或其他填色工具）对图层进行涂抹，图层中被画笔单击或者拖动过的轨迹将被擦除掉。擦除的程度除了受【画笔工具】的笔刷大小、不透明度与流量等属性参数所影响外，主要由前景色决定，比如设置不同的前景色再使用【画笔工具】对图层进行单击时，即会出现不同程度的擦除效果，如图3.26所示。也就是说前景色的色相越深，擦除的效果就越明显，反之亦然（使用白色前景色将没有任何效果）。如果要合并两个或者多个图层，可以通过添加图层蒙版的方式，在两个图层的交汇处使用“柔角”的笔头进行涂抹拖动，即可实现和谐的合并效果，此方法在设置中较为常用。

图3.26 不同前景色下的擦除效果

当选择【隐藏全部】命令时，当前图层会暂时隐藏，图层右侧会自动链接一个黑色的图层，此时用【画笔工具】对图层进行单击或者涂抹，操作到的地方将被显示。但与【显示全部】命令恰恰相反，【画笔工具】的前景色相越浅，被操作到的区域显示越明显，反之亦然，如图3.27所示即是使用白色前景对图层进行涂抹的效果。

如果要删除图层蒙版，直接将链接的蒙版图层拖至【删除图层】按钮上即可。

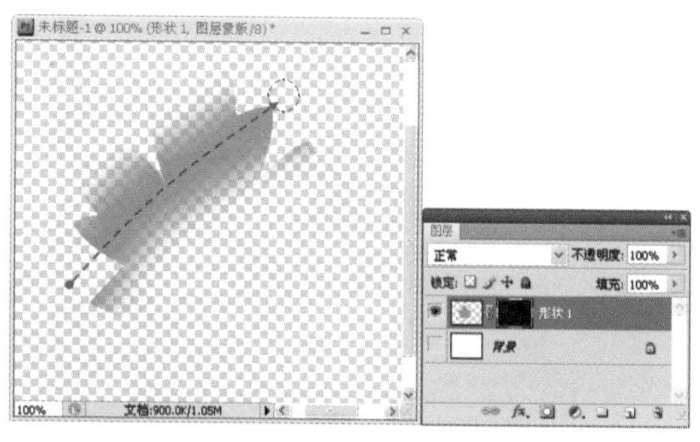

图3.27 添加【隐藏全部】蒙版的显示效果

19 STEP 创建一个名为“灰色渐变”的新图层，然后选择【矩形选框工具】，在建筑物的下方创建一个矩形选区，如图3.28所示。

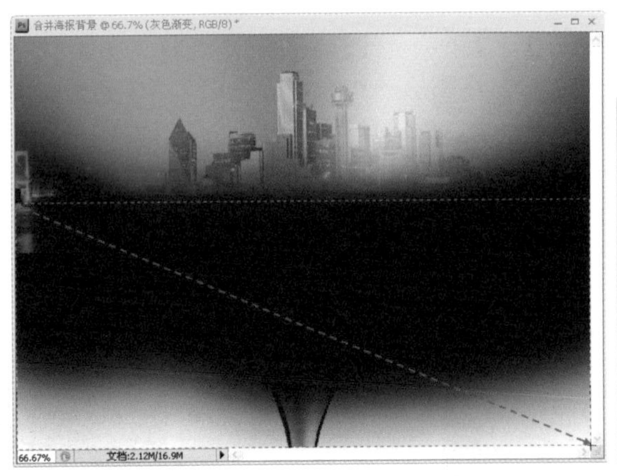

图3.28 创建矩形选区

20 STEP 打开【渐变编辑器】对话框，设置渐变的起始色标的颜色属性为【#575757】，结束色标的颜色属性为【#cbcbcb】，单击【确定】按钮返回文件中，然后按住Shift键在选区内从上往下拖动鼠标，填充垂直渐变颜色，如图3.29所示，最后按Ctrl+D快捷键取消选区。

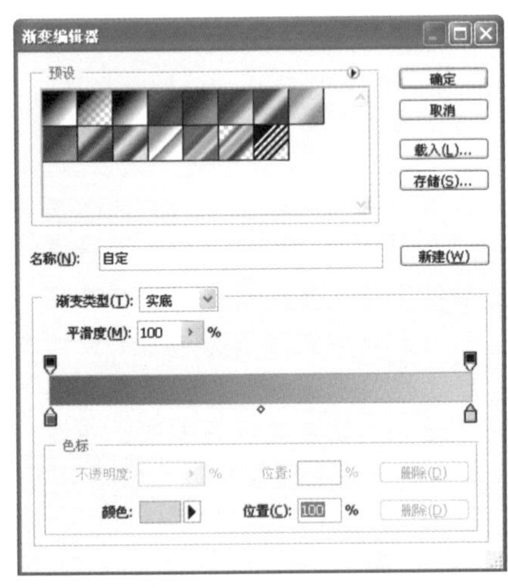

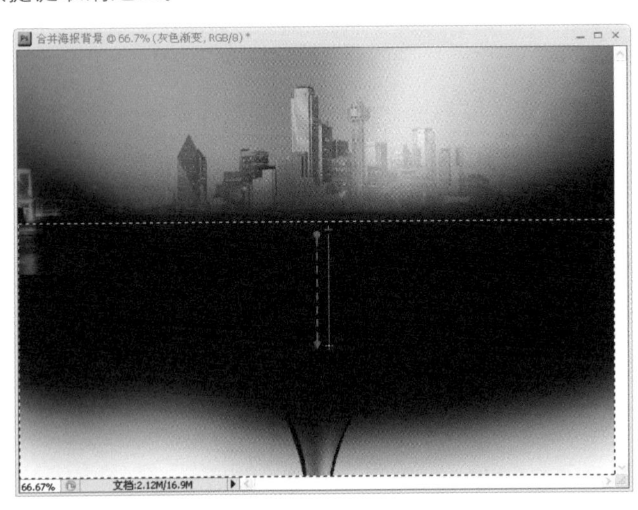

图3.29 填充渐变颜色

21 STEP 从Ch03文件夹中找到“images\外挂滤镜 – 燃烧的梨树”文件夹，并将其复制到软件的安装程序下，如图3.30所示。将文件保存在磁盘中的某个临时位置，重新启动Photoshop CS4程序，即可载入外挂滤镜。

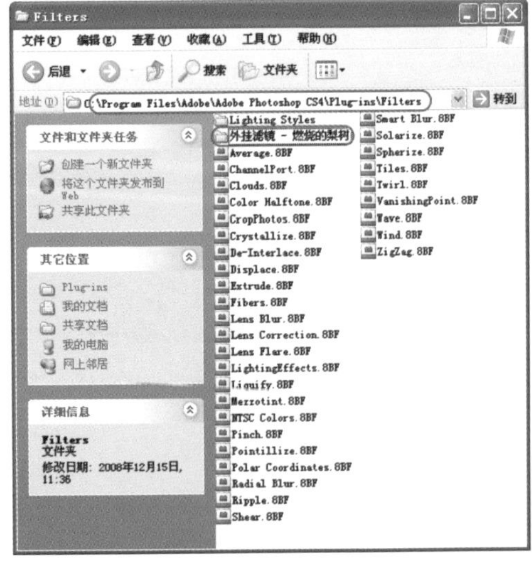

图3.30 保存外挂滤镜到安装程序

专家提醒

滤镜可称为Photoshop的一大特色，是一种功能丰富、效果奇特的工具之一。它通过不同的方式改变像素的数据，以达到对图像进行艺术化、抽象的特殊效果处理。Photoshop的滤镜可以分为“内阙滤镜”、“内置滤镜”与“外挂滤镜”3种，其中内阙滤镜是指内阙于Photoshop程序内部的滤镜，这些滤镜不能删除；内置滤镜是指程序自带的滤镜，它们存放于程序安装目录的“..\Program Files\Adobe\Adobe Photoshop CS4\Plug-ins\Filters”文件夹内，用户可以手动将其删除；而外挂滤镜是指除上述两类之外，由第三方厂商为Photoshop生产的滤镜，它们具有种类繁多、功能不一、数量庞大等特点，而且版本和种类都在不断升级与更新。当要载入第三方滤镜时，只要将它们复制到内置滤镜所在的文件夹中即可。

22 STEP 按Alt+Ctrl+Shift+E快捷键盖印图层，接着选择【滤镜】|【燃烧的梨树】|【水之语】命令，如图3.31所示。

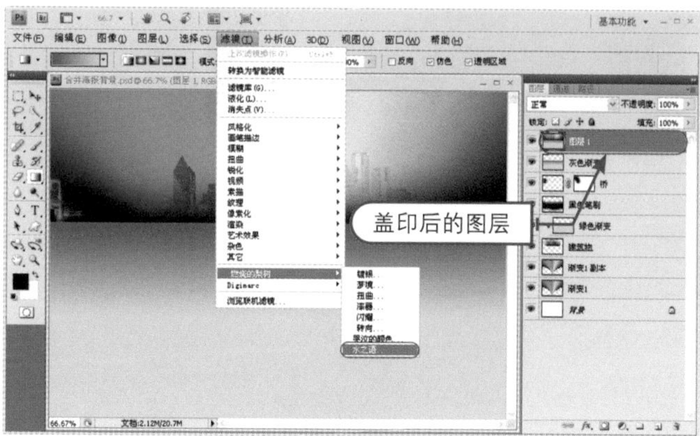

图3.31 盖印图层并执行外挂滤镜命令

23 STEP 在打开的【燃烧的梨树——水之语】对话框中拖动【水平线】滑块，将其参数调到37，接着单击【好】按钮，如图3.32所示。

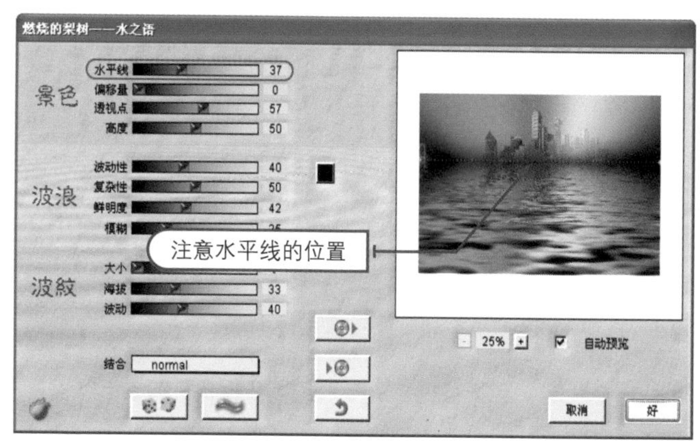

图3.32 设置【水之语】滤镜效果

小小秘籍

对文件进行盖印图层操作，可以创建一个合并所有可见图层后的新图层，但文件中的所有可见图层并没有做实际性的合并。当设计过程中要执行某些针对所有图层的命令时，可以对可见图层进行盖印操作，以保持各图层的可编辑性。

24 STEP 选择【渐变工具】，打开【渐变编辑器】对话框，选择第一种预设渐变样式；接着选择【图层】|【图层蒙版】|【显示全部】命令，为添加滤镜后的图层添加【显示全部】图层蒙版，再使用【渐变工具】垂直填充前景色到背景色的渐变效果，将近处的水面效果遮盖住。

小小秘籍

由于步骤（24）填充的渐变是由浅至深的，所以被蒙版遮住的区域也会以由浅至深渐渐淡出，以显示下面的“灰色渐变”图层，如图3.33所示。

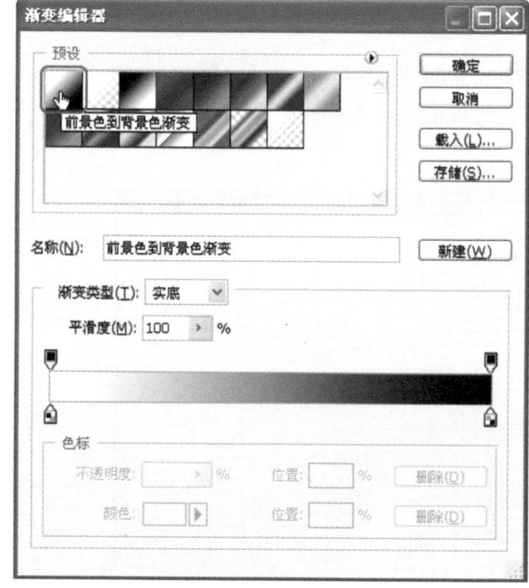

图3.33 为图层添加渐变蒙版

25 STEP 由于水平面与建筑物之间的海岸线过于明显，下面先单击“图层1”的缩图，然后选择【模糊工具】，并设置工具属性，对水平线进行涂抹，以模糊水平线，如图3.34所示。

至此，海报的背景已经完成了，下一节将在海报的背景中添加炫光与云雾效果。

图3.34 模糊水平线

3.2.3 制作炫光与云雾效果

设计分析

本小节将制作炫光与云雾效果，如图3.35所示。其主要设计流程为“制作规则光束效果”→“制作自然光束效果”→“制作点光效果”→“制作镜头炫光效果”→“制作云雾效果”，具体实现过程如表3.3所示。

图3.35 添加炫光与云雾后的效果

表3.3 制作炫光与云雾效果的过程

制作目的	实现过程
制作规则光束效果	● 载入“散光笔刷”画笔 ● 绘制黑色的散光形状 ● 设置图层混合模式和不透明度 ● 添加图层蒙版擦除多余部分
制作自然光束效果	● 使用【多边形套索工具】绘制多个不规则的三角形状 ● 设置图层混合模式与不透明度
制作点光效果	● 加入“点光素材”于画面的两侧 ● 设置图层混合模式和不透明度 ● 添加图层蒙版擦除多余部分
制作镜头炫光效果	● 载入“镜头光晕”画笔 ● 添加光晕并进行旋转与位置调整
制作云雾效果	● 载入“白云笔刷”画笔 ● 在画面的不同位置添加云雾效果

制作步骤

01 STEP 打开“3.2.3.psd”练习文件，选择【画笔工具】，打开“画笔预设”选取器，再单击按钮打开快捷菜单，选择【载入画笔】命令。在打开的【载入】对话框中打开“实例文件\Ch03\images”文件夹，双击“散光笔刷.abr”文件，将其载入到Photoshop中，如图3.36所示。

图3.36 载入外挂笔刷

专家提醒

步骤（1）所载入的外挂笔刷与外挂滤镜的性质相似，在此不再赘述。

02 STEP 创建一个"放射光线"图层组，并在该组中创建一个名称为"光线1"的新图层，然后在【画笔预设】选取器中选择一种笔刷，并设置画笔直径为1050px，【不透明度】与【流量】各为100%，接着设置前景色为黑色，在地面与水面交界处之间单击，绘制出散光效果，如图3.37所示。

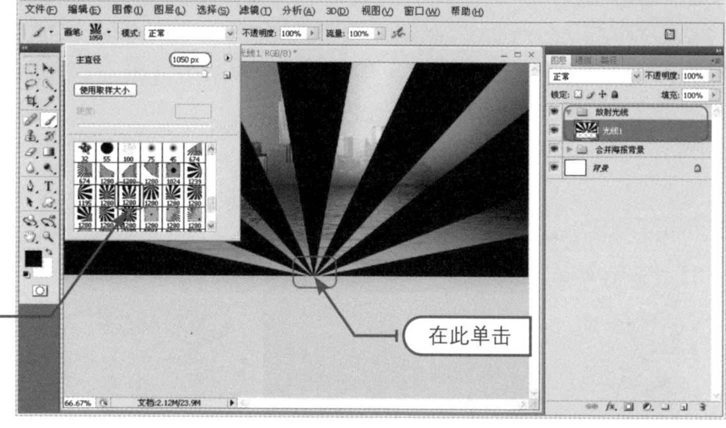

图3.37 使用散光画笔绘制光线

03 STEP 修改图层的混合模式为【柔光】，并调整不透明度为10%，如图3.38所示。

图3.38 调整"光线1"图层的属性

04 STEP 选择【窗口】|【蒙版】命令，打开【蒙版】面板，然后在该面板中单击【添加像素蒙版】按钮，接着保持【浓度】与【羽化】的默认参数，为"光线1"图层创建出【显示全部】图层蒙版，如图3.39所示。

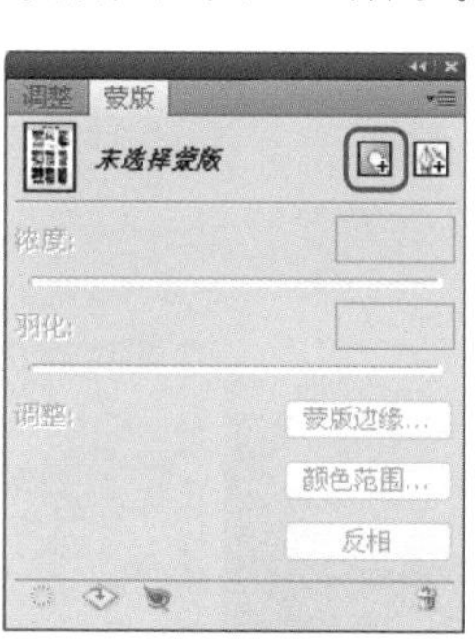

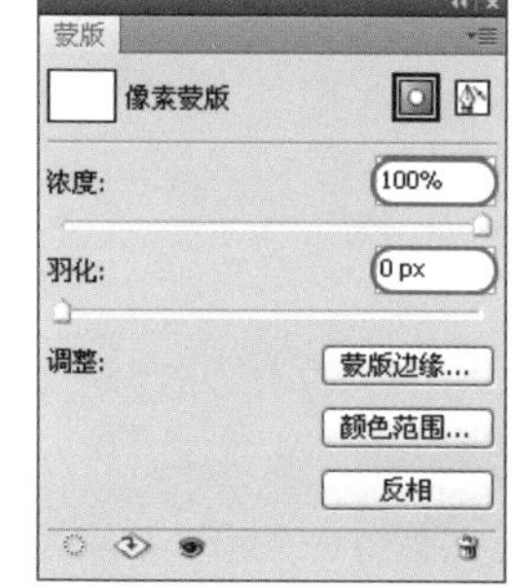

图3.39 添加像素蒙版

05 STEP 重新修改画笔的属性，将多余的放射光线擦除，以营造成自然的、不规则的效果，如图3.40所示。

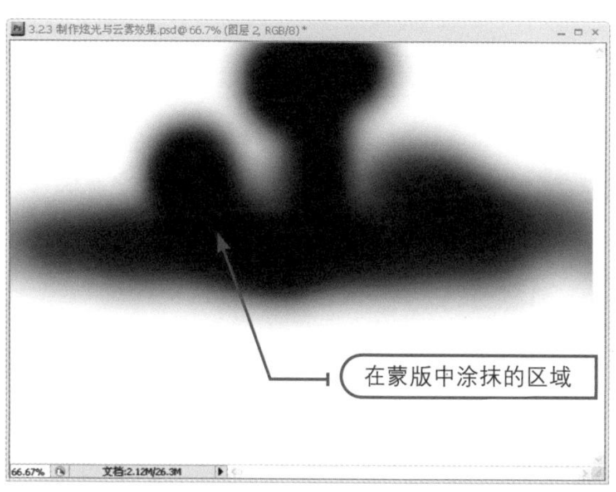

图3.40 为"光线1"图层添加蒙版效果

专家提醒

步骤（4）在【蒙版】面板中单击【添加像素蒙版】按钮的结果与选择【图层】|【图层蒙版】|【显示全部】命令是一样的，同样是为“光线1”图层创建出【显示全部】图层蒙版。

06 STEP 创建一个名为“光线2”的新图层，然后选择【多边形套索工具】，在选项栏中单击【添加到选区】按钮，接着创建两个三角形选区，如图3.41所示。

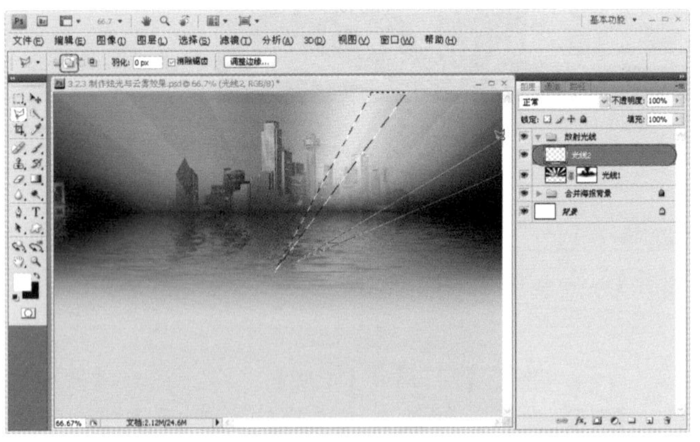

图3.41 创建多个三角形选区

07 STEP 设置前景色为白色，然后按Alt+Backspace快捷键在选区中填充白色，接着设置图层混合模式为【柔光】，不透明度为10%，如图3.42所示。

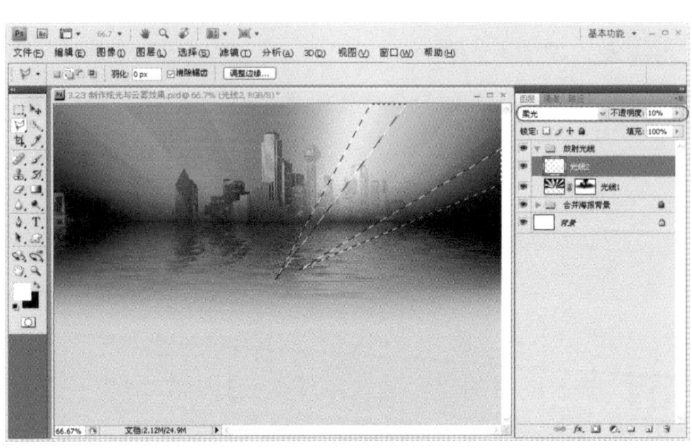

图3.42 填充并设置“光线2”图层的效果

08 STEP 使用柔化的【橡皮擦工具】将“光线2”图层中多余的光线擦除，其工具属性设置如图3.43所示，最后按Ctrl+D快捷键取消选区。

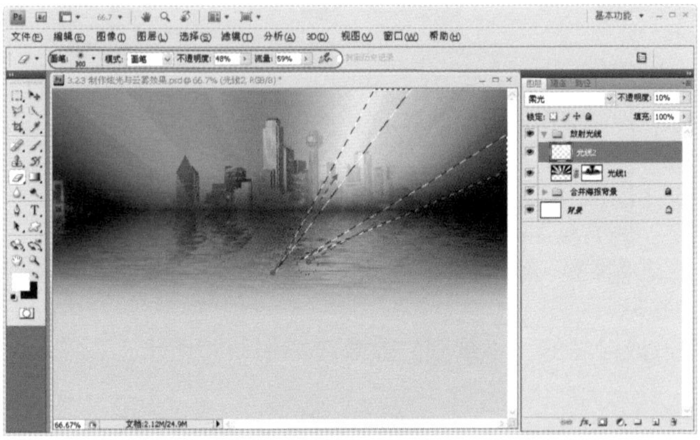

图3.43 擦除多余的光线区域

09 STEP 新建“光线3”图层，然后使用【多边形套索工具】创建多个白色的不规则三角形，如图3.44所示，继续丰富光线效果。

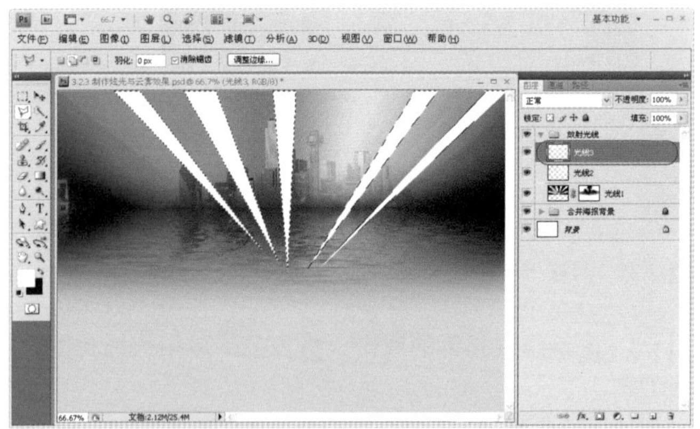

图3.44 创建多个白色三角形对象

10 STEP 调整图层的混合模式为【柔光】、不透明度为10%，然后使用步骤（8）的方法将多余的区域删除，如图3.45所示，最后按Ctrl+D快捷键取消选区。

专家提醒

在设计过程中通常要擦除图层的某部分区域，除了可以使用【橡皮擦工具】外，还可以通过添加图层蒙版的方法进行擦除，两者的效果相近，但前者一旦擦除就不能再修复，而添加图层蒙版可以不影响原图层的形状，以便后续进行修改，所以在使用【橡皮擦工具】擦除图层前，必须先考虑图层后续是否需要重新调整。

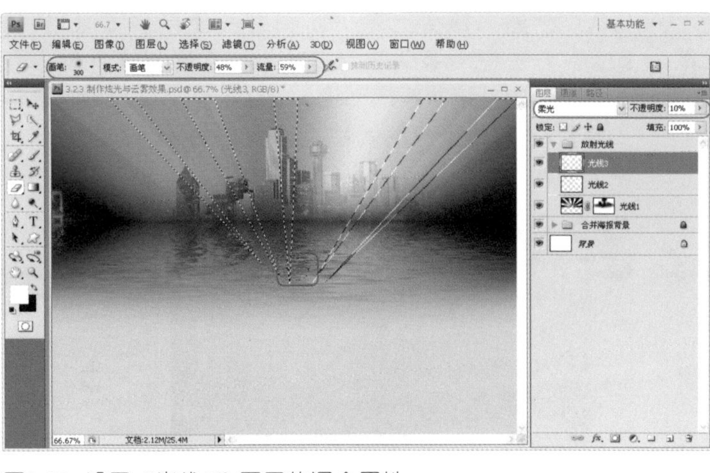

图3.45　设置“光线3”图层的混合属性

11 STEP 创建一个名为“炫光与点光”的图层组，然后打开“点光.psd”素材文件，使用【移动工具】将文件中的点光图层加入新建的图层组中，如图3.46所示。

图3.46　加入“点光”素材

12 STEP 按Ctrl+T快捷键执行【自由变换】命令，调整“点光”图层的位置，按Enter键确认变换，然后设置其图层混合模式为【颜色减淡】，如图3.47所示。

图3.47　设置“点光”图层的大小与属性

13 STEP 单击【添加图层蒙版】按钮，为“点光”图层创建出【显示全部】图层蒙版，然后使用【黑色至白色】的渐变颜色，在画面的左上方创建出线性渐变蒙版，隐藏“点光”图层右下方的部分，如图3.48所示。如果一次渐变后的效果不太满意，可以继续执行多次渐变填充。

图3.48　为“点光”图层创建渐变蒙版

14 STEP 复制出“点光　副本”图层，然后选择【编辑】|【变换】|【水平翻转】命令，并将图层移至海报的右上角处，如图3.49所示。

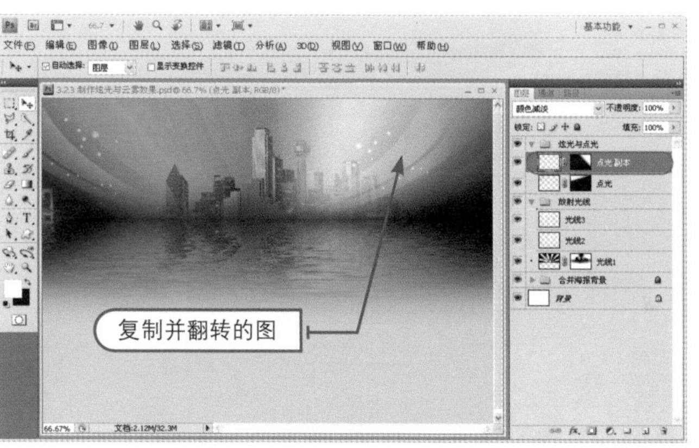

图3.49　复制并翻转“点光　副本”图层

Chapter 01 Chapter 02 Chapter 03 Chapter 04 Chapter 05 Chapter 06 Chapter 07 Chapter 08 Chapter 09 Chapter 10

15 STEP 由于左侧的光点过于明显，下面先单击“点光”图层右侧的蒙版缩览图，然后使用黑色的柔化笔刷将其刷淡，如图3.50所示。

图3.50 调整“点光”图层的显示区域

16 STEP 创建“镜头光晕”新图层，使用步骤（1）的方法把“镜头炫光笔刷.abr”素材文件载入到Photoshop中。接着新建“镜头光晕”图层并设置【画笔工具】和前景色的属性，然后在画面的右上方单击添加镜头光晕效果，如图3.51所示。

图3.51 载入“镜头炫光笔刷”并添加光晕效果

17 STEP 按Ctrl+T快捷键为“镜头光晕”图层执行【自由变换】命令，先调整中心点在发光处，然后旋转光晕，如图3.52所示，最后按Enter键确认变形。

图3.52 旋转镜头光晕

18 STEP 为“镜头光晕”图层添加图层蒙版，然后使用黑色柔化笔刷在其下方进行涂抹，擦除多余区域，使其效果更加自然，如图3.53所示。

图3.53 为“镜头光晕”图层添加蒙版

19 STEP 新建“白云”图层组，并新建一个“白云1”图层，然后载入“白云笔刷.abr”画笔文件，在海报的右上方单击添加白云效果，如图3.54所示。

图3.54 添加白云效果

20 STEP 使用步骤（19）的方法，使用不同的白云笔刷在不同图层上添加另外5朵白云，营造成云雾的效果，如图3.55所示。

图3.55 添加白云后的效果

至此，本节的炫光与云雾效果就制作完成了，接下来将加入海报的主角——汽车，并添加海报介绍栏。

3.2.4 添加汽车与介绍栏

设计分析

本小节将添加汽车与介绍栏，其效果如图3.56所示。其主要设计流程为“添加汽车并制作倒影”→“绘制介绍栏”→“制作尖端白线”→“加入汽车局部缩览图”，具体实现过程如表3.4所示。

图3.56 添加海报与介绍栏后的效果

表3.4 添加汽车与介绍栏的过程

制作目的	实现过程
添加汽车并制作倒影	● 加入“汽车”素材 ● 复制车头与车身两个部分，并将其翻转作为汽车的倒影
绘制介绍栏	● 绘制两个形状相近的条形状组合成海报介绍栏的主体 ● 再最底部绘制一条细窄的深灰条作为装饰
制作尖端白线	● 在介绍栏中添加白点 ● 对白点进行自由变换使其拉长 ● 复制两个白线图层并对齐
加入汽车局部缩览图	● 加入4张汽车局部缩览图的素材 ● 每幅局部素材添加阴影与边框效果

制作步骤

01 STEP 打开“3.2.4.psd”练习文件，创建一个名为“车”的图层组。打开“汽车.psd”素材文件，使用【移动工具】将“Brabus”图层拖至练习文件中的“车”图层组中，如图3.57所示。

图3.57 加入“Brabus”素材图层

02 STEP 复制一个“Brabus副本”图层并重新命名为“Brabus倒影1”，按Ctrl+T快捷键将复制的图层进行翻转，接着旋转角度，使其与汽车对称成镜像效果，如图3.58所示。

图3.58 制作车头镜像倒影

03 STEP 为“Brabus倒影1”图层添加蒙版，然后使用黑色的柔角笔刷擦除多余的部分，并设置不透明度为30%，如图3.59所示。

图3.59 淡化车头倒影

04 STEP 选择“Brabus”图层，使用【椭圆选框工具】 在车身处创建出一个椭圆选区，再按Ctrl+C快捷键复制选区中的内容，如图3.60所示。

图3.60 复制汽车局部

05 STEP 按Ctrl+V快捷键粘贴选区中的内容，将复制出来的新图层重命名为“Brabus倒影2”，然后使用【自由变换】命令对其进行变形处理，使之与车身平行成镜像效果，如图3.61所示。在变换操作时可以按住Ctrl键随意移动控制点。

图3.61 制作车身镜像倒影

06 STEP 使用步骤（3）的方法对“Brabus倒影2”进行淡化处理，如图3.62所示。

图3.62 淡化车身倒影

07 STEP 使用【钢笔工具】 在汽车底部创建一个不规则的路径区域，接着按Ctrl+Enter快捷键将路径转换为选区，然后按Shift+F6快捷键打开【羽化选区】对话框，设置【羽化半径】为5像素并单击【确定】按钮，如图3.63所示。

图3.63 创建汽车阴影区域

08 STEP 创建一个名为“阴影”的新图层，再设置前景色为黑色，然后按Alt+Backspace快捷键填充黑色的前景色，作为汽车的阴影效果，最后将“Brabus”图层拖至“阴影”图层的上方，如图3.64所示。

图3.64 填充汽车阴影并调整图层顺序

09 STEP 使用【钢笔工具】在汽车的下方创建出如图3.65所示的路径，作为介绍栏的形状。在绘制路径的过程中，按住Shift键可以创建水平或者垂直的路径。

图3.65 绘制海报介绍栏

10 STEP 创建“介绍栏”图层组并在该组内新建“深灰栏”图层，再将路径转换为选区，然后填充属性为【#848484】的深灰色，如图3.66所示，最后按Ctrl+D快捷键取消选区。

图3.66 填充介绍栏底色

11 STEP 切换至【路径】面板，单击【工作路径】路径，再次选择步骤（9）创建的路径，接着使用【直接选择工具】拖选右上方的两个锚点，然后按4次向下的方向键，将选中的锚点往下移动几个像素，如图3.67所示。

图3.67 移动锚点变形路径

12 STEP 使用上一步骤的方法将左上方的两个锚点下移几个像素，如图3.68所示，然后按Ctrl+Enter快捷键将路径转换为选区。

图3.68 移动其他锚点

13 STEP 新建“浅灰栏”图层，选择【渐变工具】，并打开【渐变编辑器】对话框，设置色标的颜色属性为【#e4e4e4】→【#bababa】（位置为15%）→【#ffffff】，接着单击【确定】按钮。在“浅灰栏”图层中拖动填充线性渐变颜色，如图3.69所示，最后按Ctrl+D快捷键取消选择。

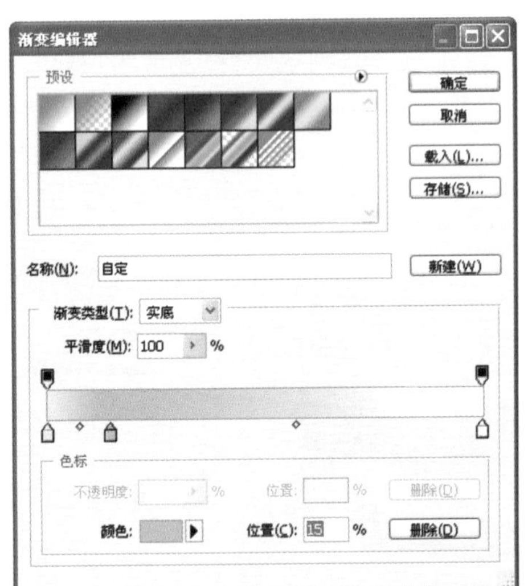

图3.69 填充浅灰色渐变栏

14 STEP 选择【减淡工具】并设置工具属性，在“浅灰栏”的上边缘来回拖动，减淡其浅灰色使其呈光高效果，以增强立体感，如图3.70所示。

图3.70 局部减淡浅灰栏

15 STEP 新建“灰底边”图层，然后使用【矩形选区工具】在介绍栏的底部创建出一个宽窄的选区，再填充【#848484】的深灰色，营造出层次感，如图3.71所示，最后按Ctrl+D快捷键取消选择。

图3.71 绘制深灰色底边

16 STEP 新建"白边1"图层，选择【画笔工具】，并设置直径为4px的柔角笔刷，然后在"浅灰栏"的左侧单击创建出白点，如图3.72所示。

17 STEP 按Ctrl+T快捷键，设置【W】为8000%，将白点的宽度增加80倍，使其变成一条两端尖锐的线条，最后按Enter键确认变形，如图3.73所示。

18 STEP 复制出"白边1副本"与"白边1副本2"两个图层，并调整其位置，如图3.74所示。

图3.72 创建白点

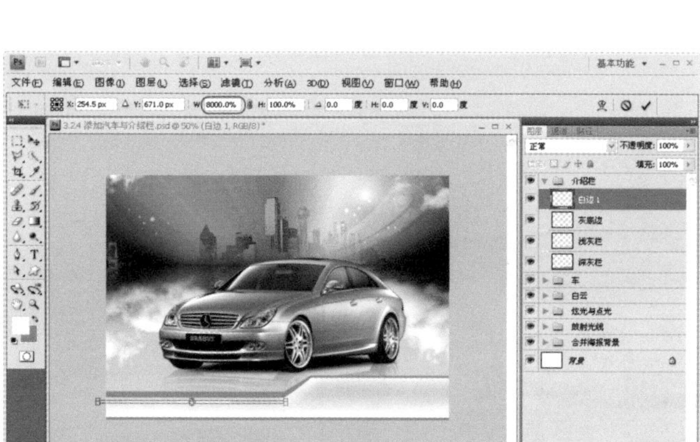
图3.73 将白点拉宽成线条

图3.74 复制白边组成线条组

19 STEP 打开"局部-1.psd"素材文件，使用【移动工具】将"局部1"图层加入到海报介绍栏的右侧，然后在【图层】面板中双击"局部1"图层，如图3.75所示。

图3.75 加入汽车局部图

20 STEP 打开【图层样式】对话框，在【样式】列表中选择【投影】选项，然后设置投影属性如图3.76所示，其中颜色属性为【#848484】的浅灰色。

21 STEP 选择【描边】选项，再设置描边属性，其中颜色为【白色】，接着单击【确定】按钮，如图3.77所示。

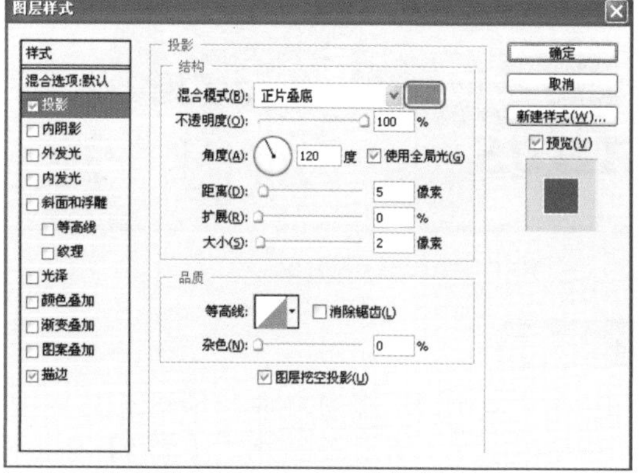

图3.76 设置局部图的投影属性

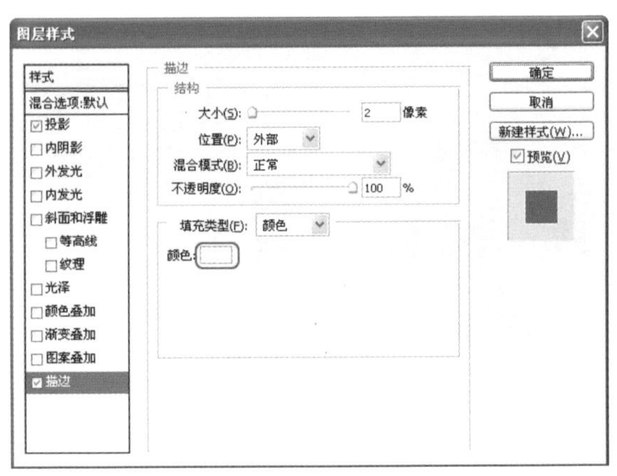

图3.77 设置描边属性

22 STEP 使用步骤（19）~（21）的方法陆续加入“局部-2.psd”、“局部-3.psd”与“局部-4.psd”3个素材文件，并分别为其设置相同的图层样式，效果如图3.78所示。

至此，本节加入汽车与介绍栏的操作已经完毕，下一小节将添加海报LOGO与广告文字。

图3.78 加入其他3个局部图

3.2.5 插入LOGO与广告文字

设计分析

本小节将插入LOGO与广告文字，效果如图3.79所示。其主要设计流程为“制作主标题”→“输入广告文字”→“插入LOGO与广告语”，具体实现过程如表3.5所示。

图3.79 插入LOGO与广告文字后的效果

表3.5 合并海报背景的过程

制作目的	实现过程
制作主标题	● 输入“BRABUS”主标题 ● 将主标题图层栅格化 ● 为其添加浮雕与白色边框文字特效
输入广告文字	● 加入商品介绍文字 ● 加入联系电话与网址 ● 加入局部图介绍文字
插入LOGO与广告语	● 将LOGO插入至海报的左上角 ● 输入广告语 ● 复制两条尖端白线于广告语之下

制作步骤

01 STEP 打开“3.2.5.psd”练习文件，创建“文字”图层组，使用【横排文字工具】T.在海报的左下方输入“BRABUS”文字内容，然后通过【字符】面板设置文字的字型、字号等属性，以此作为海报的主标题，如图3.80所示。

02 STEP 选择【图层】|【栅格化】|【文字】命令，将文字图层转化为普通图层，然后在【图层】面板中双击"BRABUS"图层，打开【图层样式】对话框，接着选择【内阴影】选项，并设置内阴影属性如图3.81所示。

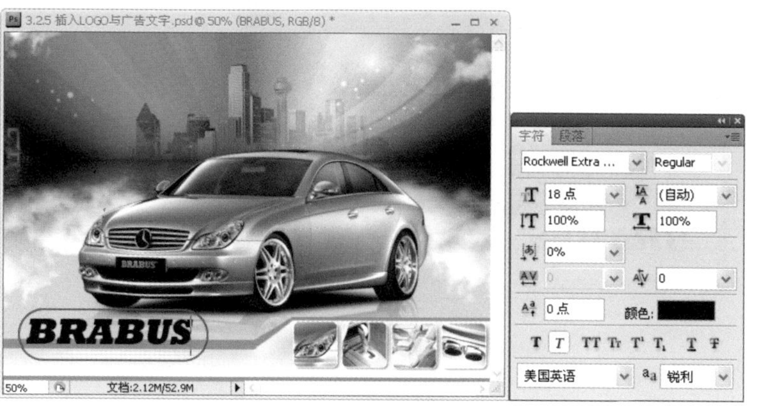

图3.80 输入海报主标题

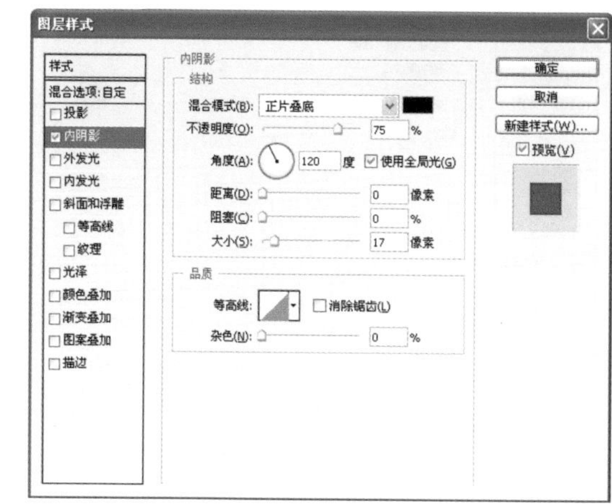

图3.81 设置内阴影属性

03 STEP 选择【内发光】选项，然后设置内发光属性如图3.82所示，其中【杂色】的颜色属性为默认的浅黄色。

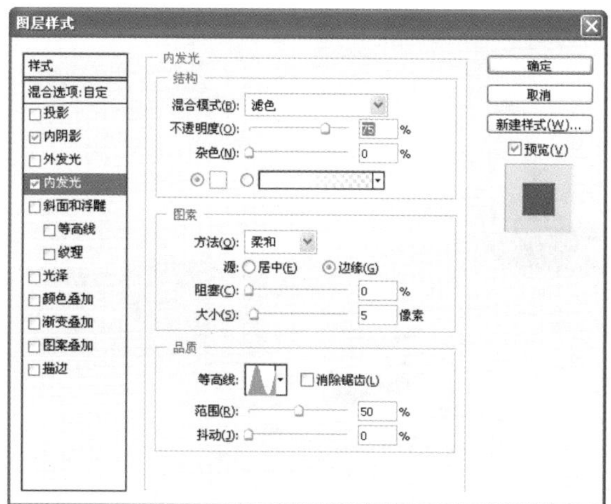

图3.82 设置内发光属性

04 STEP 选择【斜面和浮雕】选项，设置斜面和浮雕属性如图3.83所示，其中【高光模式】与【阴影模式】的颜色属性为默认颜色。

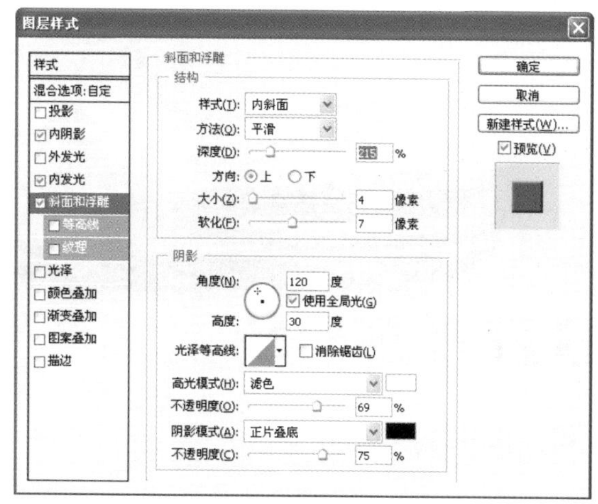

图3.83 设置斜面和浮雕属性

05 STEP 选择【等高线】选项，选择如图3.84所示的等高线样式，再选择【消除锯齿】复选框。

06 STEP 选择【描边】选项，设置描边属性如图3.85所示，其中填充颜色为白色，最后单击【确定】按钮，如图3.85所示。

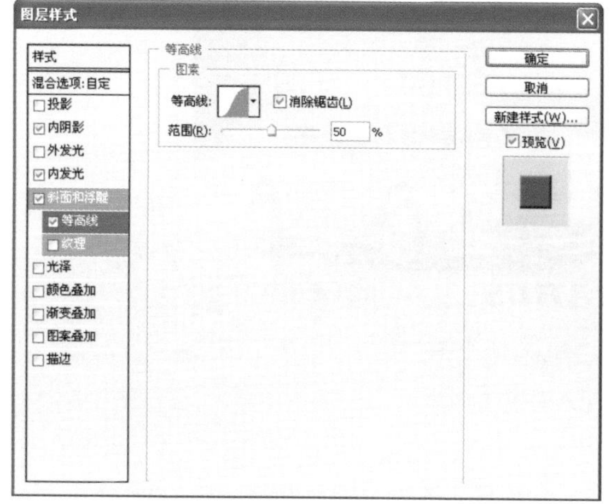

图3.84 设置等高线属性

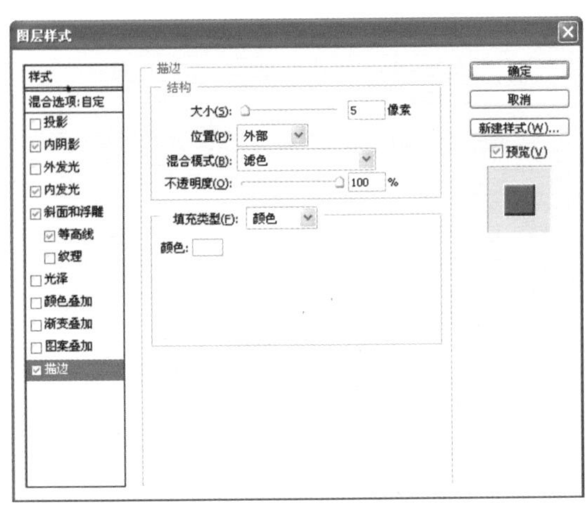

图3.85 设置描边属性

07 STEP 再次使用【横排文字工具】T.在介绍栏上输入其他文字内容，如图3.86所示。其属性参数如表3.6所示。

08 STEP 创建"Logo"图层组，然后从"实例文件\Ch03\images\"素材文件夹中打开"logo.psd"素材文件，使用【移动工具】将"Mercedes-Benz"图层加入新建的组中，并调至海报的左上角，如图3.87所示。

图3.86 输入其他海报文字后的效果

图3.87 加入海报LOGO

表3.6 海报文字属性设置

<table>
<tr><th>文字内容</th><th>字体</th><th>大小</th><th>字形</th><th>颜色</th></tr>
<tr><td>随着你……我的灵魂。
HID气体放电灯
流线设计变速杆
COMAND 系统
无污染排气系统</td><td rowspan="2">宋体</td><td rowspan="3">2.8</td><td></td><td rowspan="3">黑色</td></tr>
<tr><td>服务咨询热线：
网站：www.brabuschina.com</td><td rowspan="2">仿粗体</td></tr>
<tr><td>800-123-4567</td><td>Times New Roman</td></tr>
</table>

09 STEP 在"介绍栏"图层组中复制出"白边1副本3"与"白边1副本4"两个图层，将其移至"Logo"图层组中，接着使用【移动工具】将复制出两条白线拖至LOGO旁并适当缩小，作为广告语的下划线，如图3.88所示。

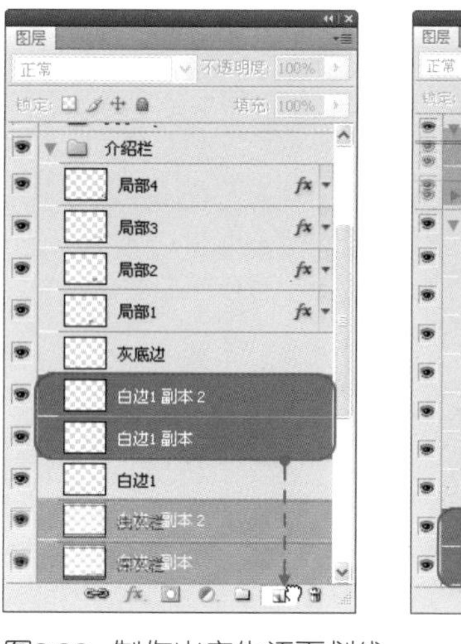

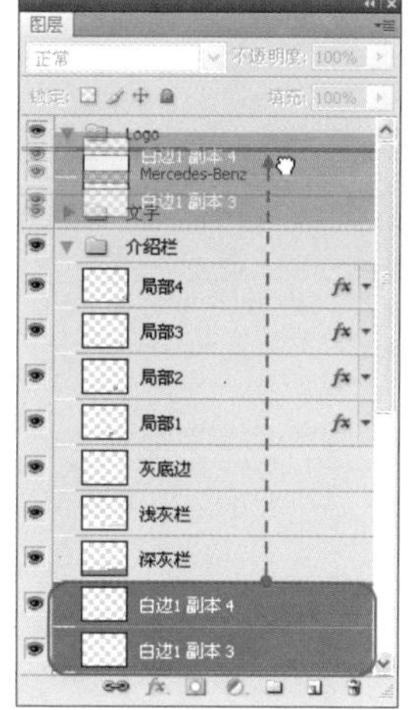

图3.88 制作出广告语下划线

10 STEP 使用【横排文字工具】T.在白线之上输入“高贵品质　卓然呈现”广告语，其文字属性设置如图3.89所示。

至此，本例的“汽车宣传海报”作品已经制作完毕，其最终效果如图3.5所示。接下来用户可以选择合适的方式对作品进行输出处理。

图3.89 输入广告语

3.3 演唱会海报设计

3.3.1 设计概述

本作品是流行歌手“雁子”作为巡回演唱会的宣传海报，最终效果如图3.90所示。由于歌手的演唱风格为清澈柔美，所以海报使用了粉红加浅蓝的主色调，以代表柔情和清纯。作品背景主要以两幅线条流畅的丝束素材为底面，再融入演唱会现场观众与歌手深情演唱的照片素材。海报的主角为一个麦克风，再缠绕着白色的蔓藤，加以闪烁的星星和水晶蝴蝶作为点缀，散发出唯美柔情的主题味道。为了强调“雁子”的昵称，作者更在文字上添加一只“大雁”的形状，然后添加与文字相同的玻璃图层样式效果。演唱会海报主标题的各字符位置与形状更进行了精心编排，为了贴近主题，不仅放大了“水”和“柔”字，并将其中的“撇”和“捺”笔画修改成丝带状，最后添加半透明的水晶图层样式。

图3.90 演唱会海报

尺　　寸	竖排，72dpi，297cm×420cm
用　　纸	PP合成纸，适用于高级套色印刷
风格类型	唯美、轻柔、炫丽
创 意 点	❶浪漫柔情的丝束背景，产生强烈的视觉冲击 ❷以蔓藤缠绕麦克风为主体，再以星星和蝴蝶为点缀，烘托出唯美的现场气氛 ❸变形后的丝带状标题，添加水晶文字效果，衬托出演唱会的主题
配色方案	#EDDDFE　#6C88EE　#1D56C3　#8E3AC1　#D226C1
作品位置	● 实例文件\Ch03\creation\演唱会海报.psd ● 实例文件\Ch03\creation\演唱会海报.jpg

设计流程

本作品先填充黑色到紫红色的径向渐变为底色，再加入“蓝色光束”和“七彩丝束”素材进行融合，得到绚丽的海报背景；接着加入“麦克风”素材并绘制蔓藤缠绕，加以“星星”和“水晶蝴蝶”作为点缀，完成海报的主体；然后添加“歌手”和“现场观众”素材，并进行柔化处理，突出演唱会的主题。最后加上水晶标题和相关的演唱会信息。详细设计流程如图3.91所示。

功能分析

- 【渐变工具】：填充径向渐变底色，并填充淡出效果的图层蒙版。
- 【自由变换】命令：对加入的素材进行位置、大小、角度与形状等调整。
- 【调整图层】：对加入的素材进行光线与颜色等调整。
- 【钢笔工具】与【直接选择工具】：绘制“蔓藤梗”、“大雁”，并设计“丝带”效果的标题。
- 【转换为形状】命令：将文字图层转换为形状图层，以制作出“丝带”效果的标题。
- 【横排文字工具】：添加并编辑海报标题与段落文字。
- 【画笔工具】：添加图层蒙版时擦除多余区域，制作“星星”与“蝴蝶”等装饰效果。
- 【图层混合模式】：以最佳效果合并重叠的设计对象。
- 【图层样式】：为文字标题添加浮雕与边框效果。

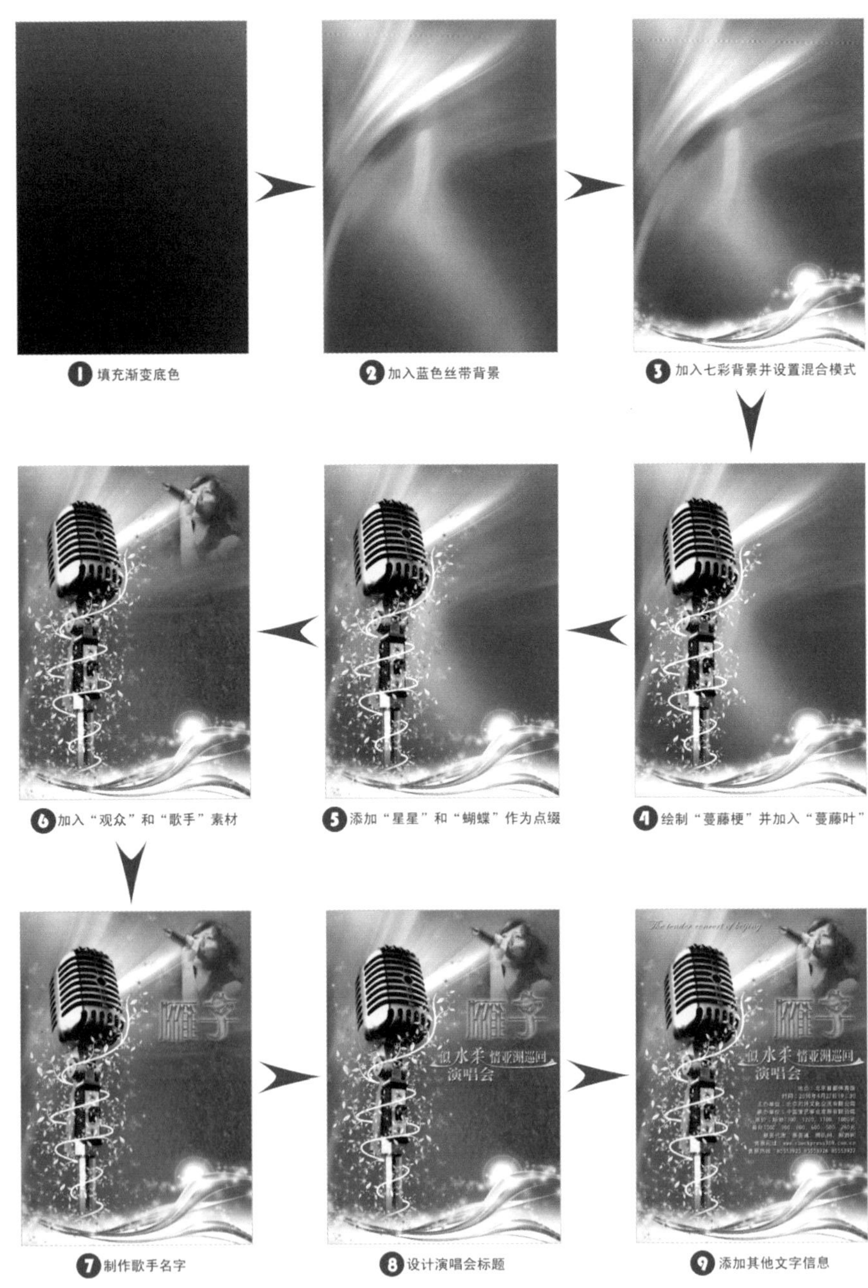

图3.91　演唱会海报的设计流程

3.3.2 制作柔美背景

设计分析

本小节先制作海报的背景，效果如图3.92所示。其主要设计流程为“制作渐变底色”→“置入‘蓝色背景’图层”→“置入‘七彩背景’图层”，具体实现过程如表3.7所示。

图3.92 海报背景

表3.7 制作柔美背景的过程

制作目的	实现过程
制作渐变底色	● 填充径向渐变颜色 ● 锁定图层位置
置入“蓝色背景”图层	● 置入“蓝色背景”素材 ● 调整亮度与色彩平衡 ● 调整图层混合模式
置入“七彩背景”图层	● 置入“七彩背景”素材 ● 调整图层混合模式 ● 添加图层蒙版擦除多余部分

制作步骤

01 STEP 按Ctrl+N快捷键打开【新建】对话框，打开【预设】下拉列表并选择【国际标准纸张】选项。在【大小】下拉列表中选择【A3】纸张大小，接着修改分辨率为72像素/英寸，最后输入名称为“海报背景”，单击【确定】按钮，如图3.93所示。

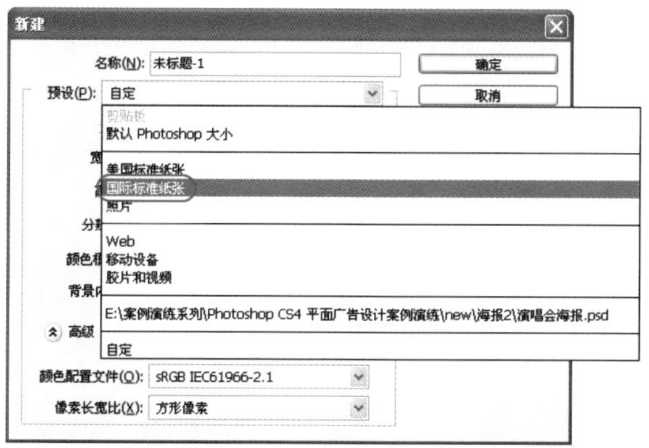

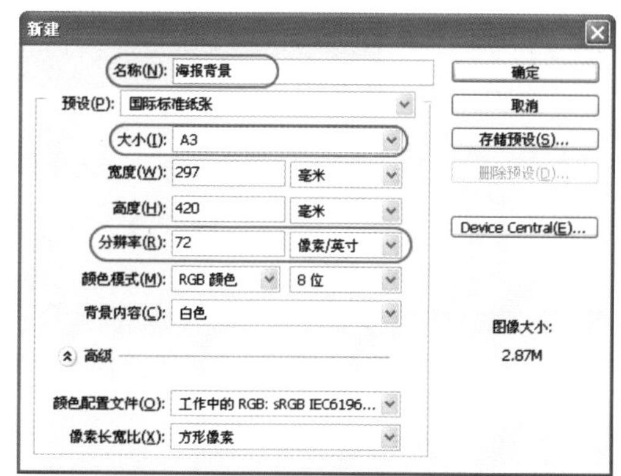

图3.93 新建空白的海报文件

专家提醒

为了缩减文件的大小，本例专门将分辨率修改为72像素/英寸，一般印刷品的分辨率必须在300像素/英寸以上。本书其他类似地方设置同此。

02 STEP 在【图层】面板中单击【创建新图层】按钮，然后双击默认的“图层1”文字，更改图层名称为“渐变底色”，如图3.94所示。

03 STEP 在工具箱中选择【渐变工具】，在选项栏单击【径向渐变】按钮，再单击渐变缩览图，打开【渐变编辑器】对话框，根据表3.8所示的属性设置出如图3.95所示的渐变颜色。

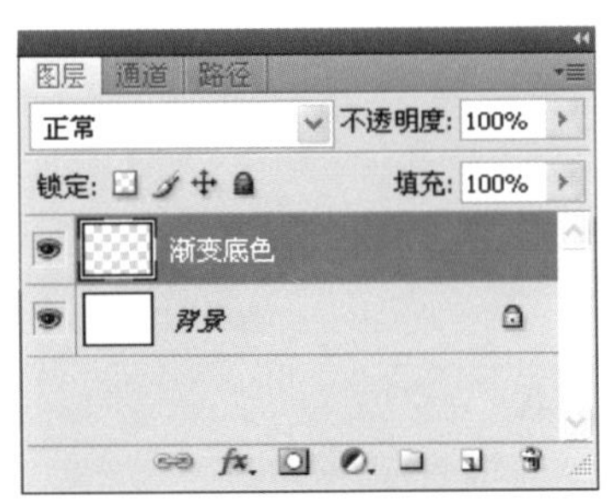

图3.94 创建新图层并重新命名

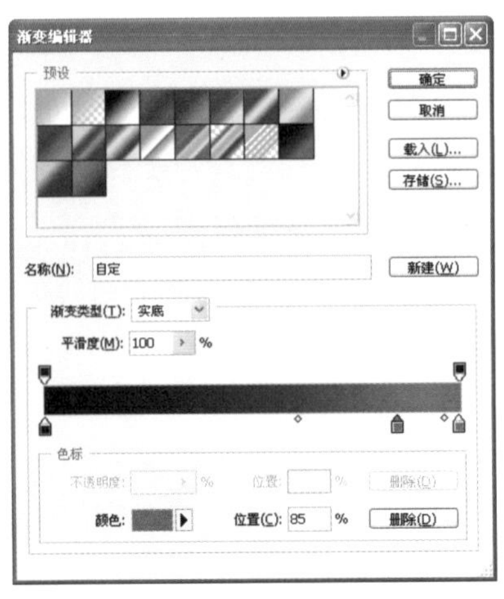

3.95 设置渐变颜色

表3.8 设置渐变属性

色标	颜色	位置
1	#000000	0%
2	#dc0099	85%
3	#f200f8	100%

04 STEP 将鼠标移至空白文件上，从左下方往右上方拖动，填充上一步骤设置好的渐变颜色。在【图层】面板中单击【锁定位置】按钮✥，锁定此图层的位置，如图3.96所示。

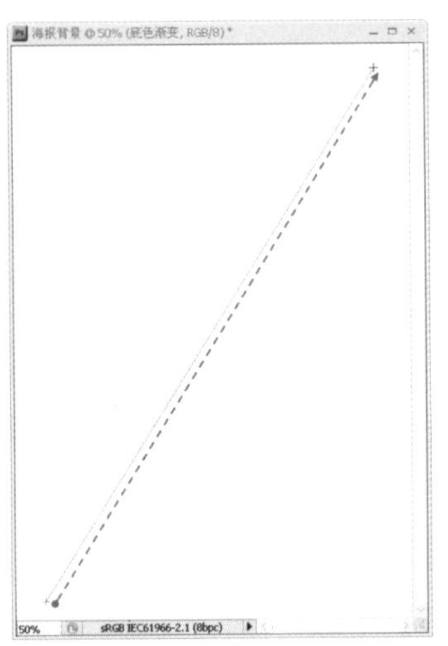

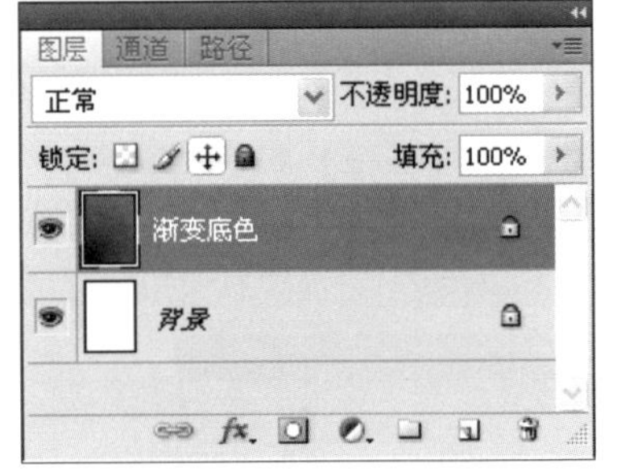

图3.96 填充径向渐变并锁定图层

05 STEP 选择【文件】|【置入】命令，打开【置入】对话框，在“实例文件\Ch03\images”文件夹中选择“蓝色背景.jpg”素材文件，单击【置入】按钮。通过选项栏的【X】、【Y】数值框设置素材图像的坐标，再通过【W】、【H】数值框设置图像的宽度与高度，如图3.97所示，调整完毕后按Enter键。

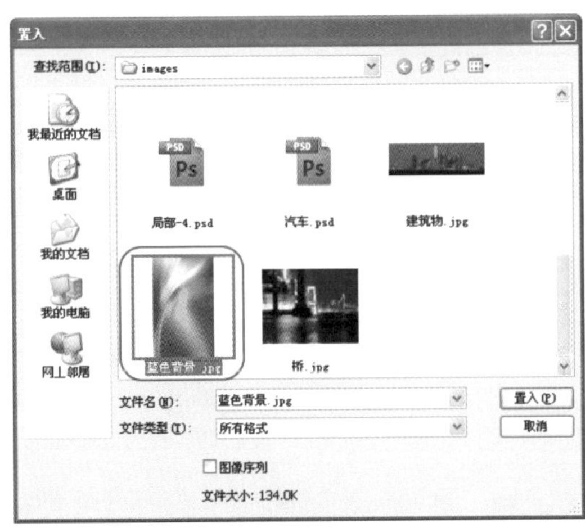

图3.97 置入“蓝色背景”素材文件

专家提醒

置入文件中的图层会自动进入【自由变换】状态，用户可以通过选项栏调整图层的位置、大小与旋转角度等属性。此外，加入的图层会转换为智能对象。

06 STEP 在【图层】面板中设置图层混合模式为【滤色】，如图3.98所示。

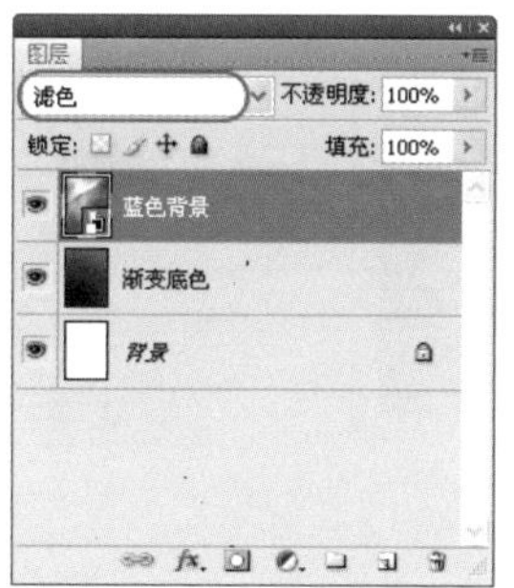

图3.98 设置【滤色】图层混合模式

07 STEP 选择【选择】|【色彩范围】命令，在【色彩范围】对话框中打开【选择】下拉列表，选择【高光】选项，单击【确定】按钮，此时可以看到文件中的高光部分被选中了，如图3.99所示。

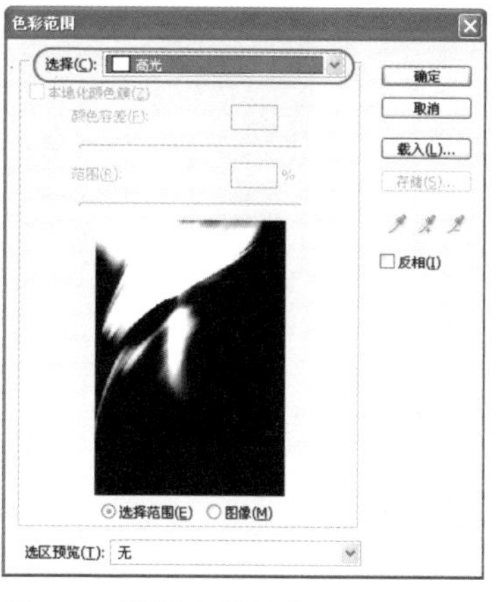

图3.99 选择高光部分

08 STEP 在【图层】面板中单击【创建新的填充或调整图层】按钮 ，选择【亮度/对比度】选项，添加一个调整图层。在【调整】面板中调整【亮度】和【对比度】的数值，使高光部分变暗，如图3.100所示。

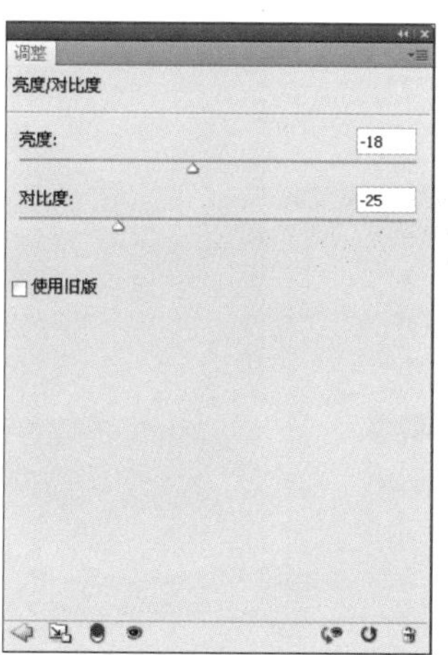

图3.100 调整高光范围的亮度

09 STEP 由于创建的调整图层作用于该图层下方的所有图层，下面按Ctrl+Alt+G快捷键执行【创建剪贴蒙版】命令，使调整图层仅作用于下方的“蓝色背景”图层，如图3.101所示。

10 STEP 通过【图层】面板创建一个【色彩平衡】调整图层，在【调整】面板中选择【高光】单选按钮，再调整各色阶的平衡程度，如图3.102所示。

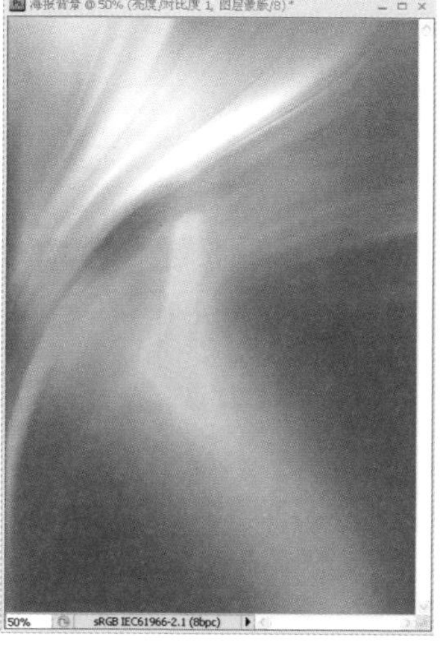

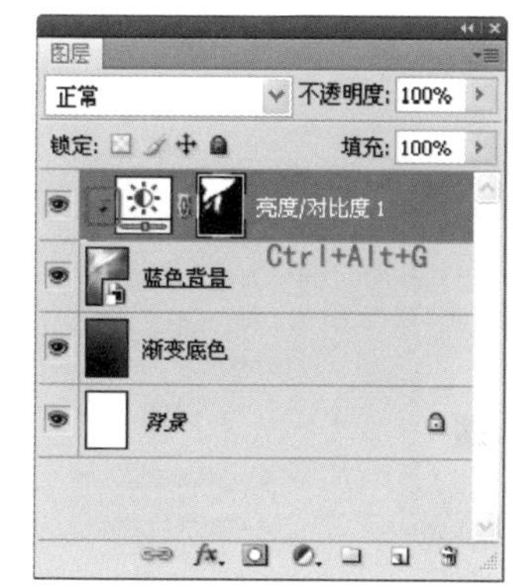

图3.101 创建剪贴蒙版

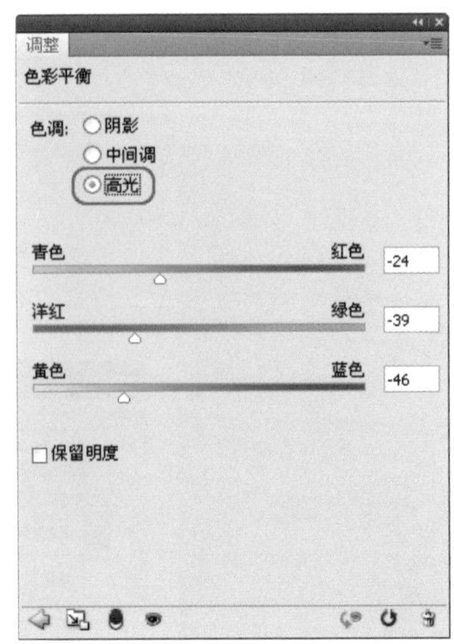

图3.102 创建【色彩平衡】调整图层

11 STEP 使用步骤（5）的方法置入“七彩背景”素材文件，然后通过【自由变换】命令将其调整至背景的下方，如图3.103所示。

12 STEP 通过【图层】面板将“七彩背景”图层的混合模式设置为【明度】，如图3.104所示。

图3.103 置入“七彩背景”素材文件

图3.104 设置【明度】图层混合模式

13 STEP 在【图层】面板中单击【添加图层蒙版】按钮，选择【画笔工具】，并设置合适的画笔大小、不透明度与流量，将“七彩背景”图层多余的部分擦除，如图3.105所示。

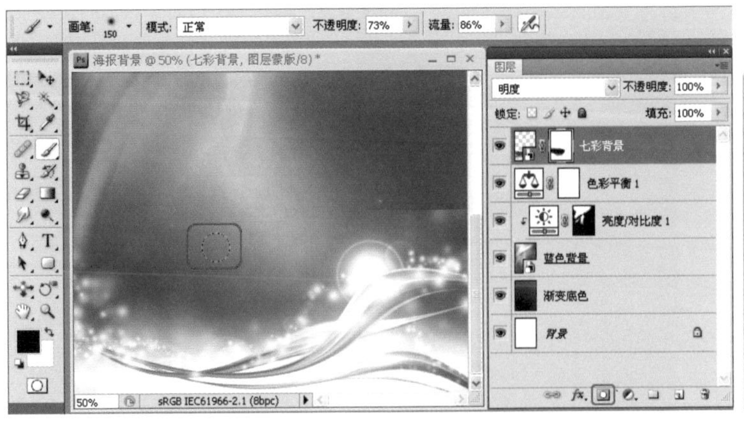

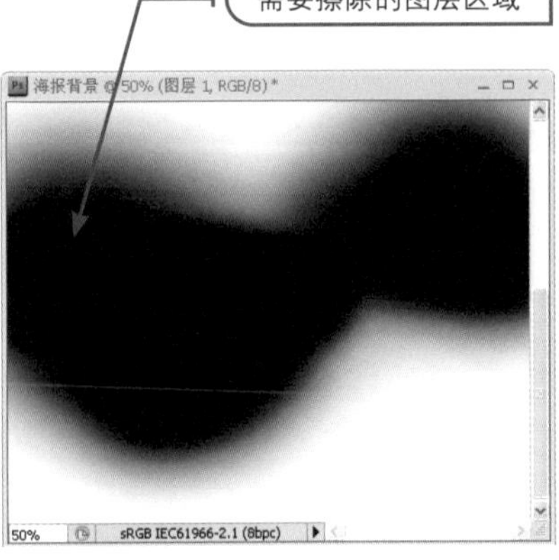

图3.105 添加图层蒙版

小小秘籍

使用【画笔工具】添加图层蒙版时要经常变换画笔的大小、不透明度与流量等属性，以得到较好的蒙版效果。

14 STEP 按住Ctrl键不放选择除“背景”图层以外的所有图层，再按Ctrl+G快捷键将选中的图层编成一组，并重命名为“海报背景”，如图3.106所示。

至此，制作柔美背景的操作已经完毕，下一小节将加入海报的主体素材并加以美化处理。

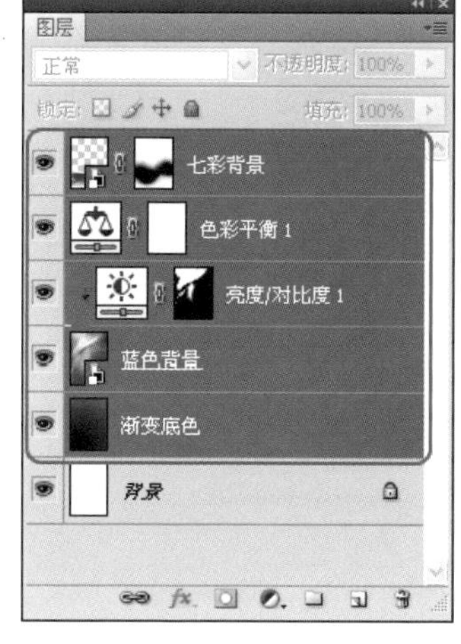

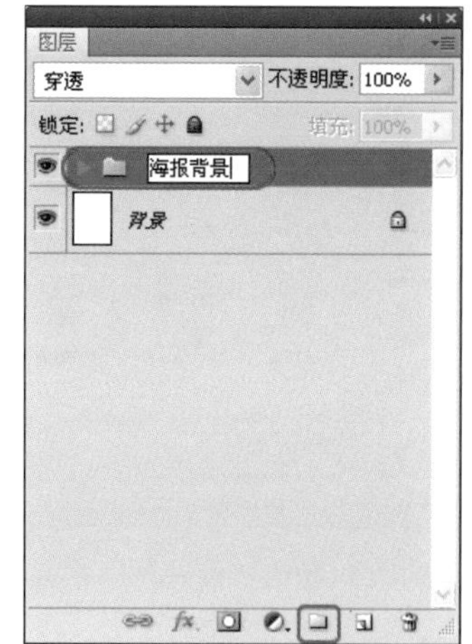

图3.106 编组图层

3.3.3 加入主体素材并美化

设计分析

本小节将加入主体素材并进行美化处理，结果如图3.107所示。其主要设计流程为“加入‘麦克风’素材”→“绘制‘蔓藤’”→“在‘蔓藤’上添加星星”→“加入‘观众’和‘歌手’素材”，具体实现过程如表3.9所示。

图3.107 加入主体素材并美化的效果

表3.9 加入主体素材并美化的过程

制作目的	实现过程
加入“麦克风”素材	● 置入“麦克风”素材并调整大小与位置 ● 调整素材的色彩、亮度与对比度等效果
绘制“蔓藤”	● 绘制、编辑并存储波浪形状的路径 ● 以画笔描边路径创建“蔓藤主梗” ● 添加蒙版使“蔓藤”缠绕着“麦克风” ● 加入多个“蔓藤叶”并编组
在“蔓藤”上添加星星	● 自定义画笔属性 ● 添加大小不一的星星效果 ● 添加色阶调整图层为星星提亮
加入“观众”和“歌手”素材	● 先对素材进行色彩与亮度的编辑 ● 为素材添加朦胧的艺术效果 ● 将素材加入到练习文件并添加蒙版与混合模式

制作步骤

01 STEP 打开“3.3.3.psd”练习文件，选择【文件】|【置入】命令，将“麦克风.psd”素材置入至文件中，并调整其位置与大小，如图3.108所示。

02 STEP 在【图层】面板中创建“海报主体元素”图层组，将上一步骤置入的“麦克风”智能对象拖至该图层组中。在“麦克风”智能对象上单击鼠标右键，选择【栅格化图层】命令，将其转换为普通图层，如图3.109所示。

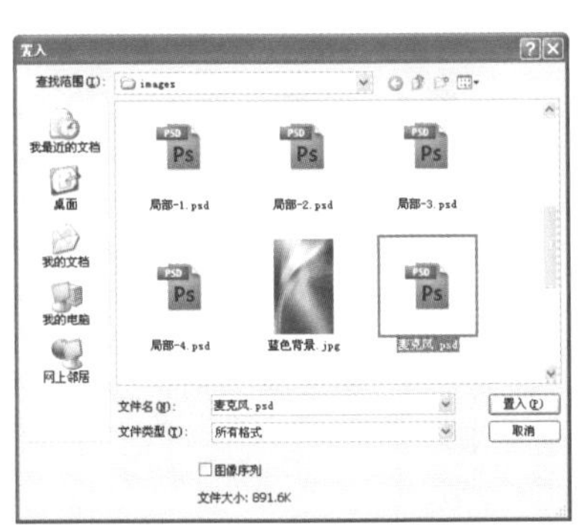

图3.108 置入“麦克风”素材

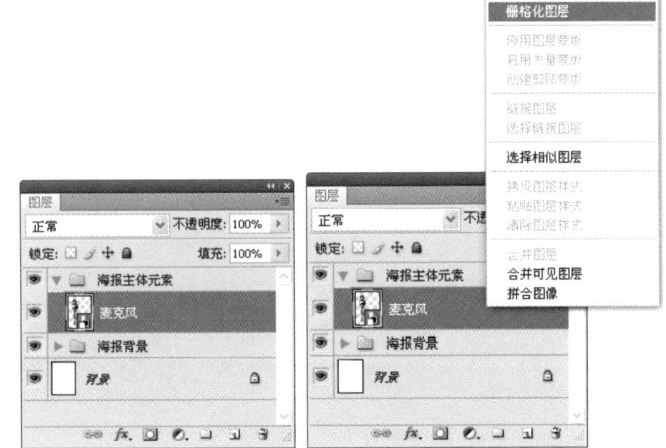

图3.109 栅格化智能对象

03 STEP 选择【矩形选框工具】，在“麦克风”下方创建一个矩形选区，按Ctrl+T快捷键执行【自由变换】命令，往下拖动选框拉长“麦克风”的铁杆，如图3.110所示。

04 STEP 在【图层】面板中为“麦克风”图层添加图层蒙版，选择【渐变工具】并打开【渐变编辑器】对话框，选择预设的“黑，白渐变”颜色。在“麦克风”下方自下往上拖动填充渐变颜色，创建淡出图层蒙版效果，如图3.111所示。

图3.110 拉长“麦克风”铁杆

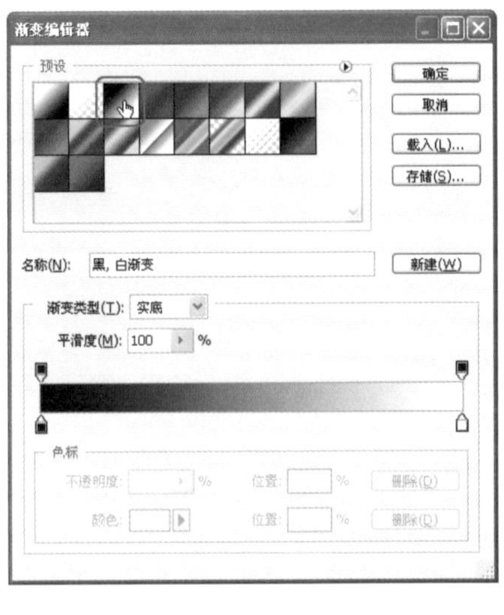

图3.111 创建淡出蒙版效果

05 STEP 在【图层】面板中展开"海报背景"图层组，选中"七彩背景"图层并将其拖至"麦克风"图层的上方，如图3.112所示。

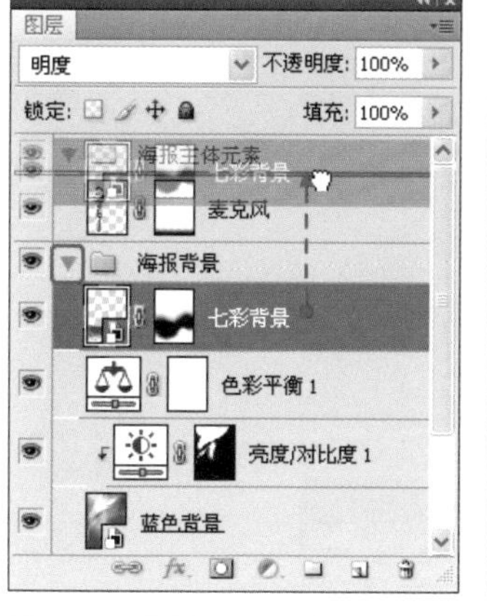

图3.112 调整图层顺序

06 STEP 选择"麦克风"图层并为其添加【色阶】调整图层，按Ctrl+Alt+G快捷键创建剪贴蒙版，如图3.113所示。

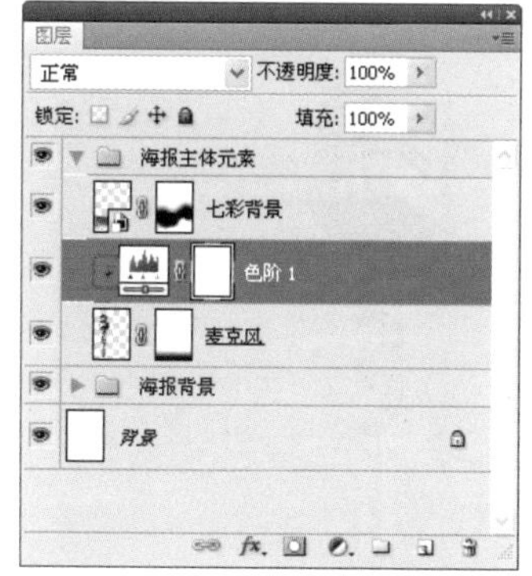

图3.113 创建【色阶】调整图层

07 STEP 在【调整】面板中调整色阶属性，使"麦克风"更具金属感，如图3.114所示。

08 STEP 在【图层】面板中创建【照片滤镜】调整图层，在【调整】面板中选择【颜色】单选按钮，并设置颜色属性为【#ff2828】的红色，调整【浓度】值为25%，最后按Ctrl+Alt+G快捷键创建剪贴蒙版，如图3.115所示。

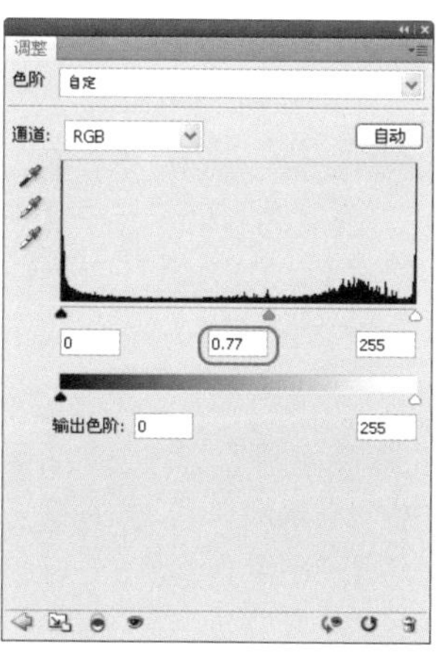

图3.114 设置【色阶】调整图层

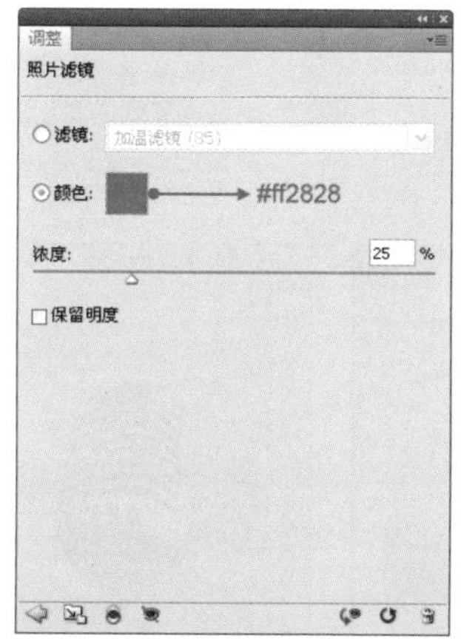

图3.115 创建并设置【照片滤镜】调整图层

专家提醒

【照片滤镜】功能主要用于还原照片的真实色彩；调节照片中轻微的色彩偏差；强调效果，突显主题，渲染气氛。此功能不但预设了多项滤镜效果可以套用，还可以由用户自定义滤镜颜色与浓度，以达到预期的效果。

09 STEP 使用【钢笔工具】绕“麦克风”创建一段波浪路径，并适当添加锚点，然后使用【直接选择工具】调整路径，如图3.116所示。

图3.116 创建并编辑波浪路径

10 STEP 在【路径】面板双击“工作路径”，打开【存储路径】对话框，输入名称为“蔓藤主梗”，单击【确定】按钮，如图3.117所示。

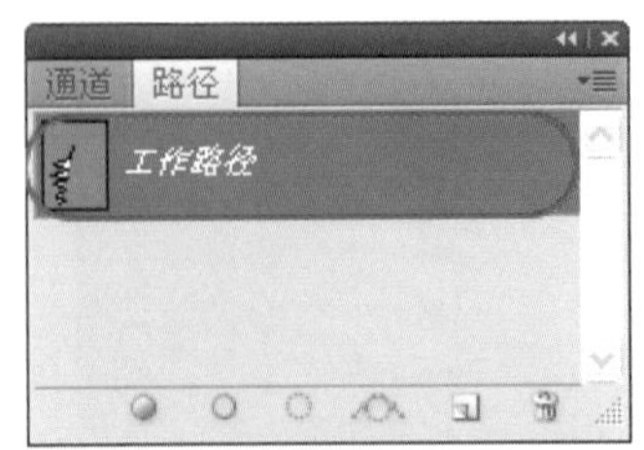

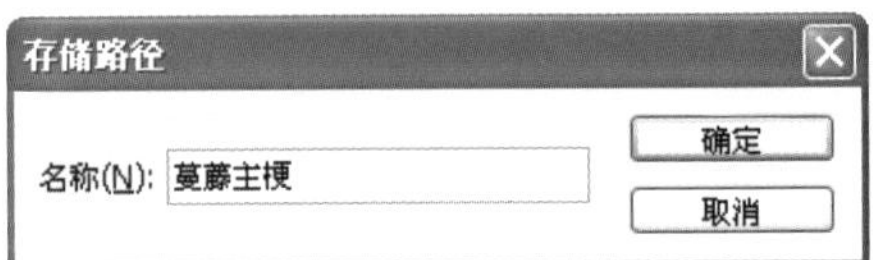

图3.117 存储“蔓藤主梗”路径

11 STEP 设置前景色为白色，在“七彩背景”图层的下方创建名为“蔓藤主梗”的新图层，选择【画笔工具】并设置笔刷主直径为7px、硬度为100%，在【路径】面板中单击【用画笔描边路径】按钮，以当前画笔描绘出蔓藤主梗，如图3.118所示。

12 STEP 通过【图层】面板为“蔓藤主梗”图层添加图层蒙版，按住Ctrl键单击“麦克风”图层的缩览图，如图3.119所示，快速载入“麦克风”选区。

13 STEP 选择“蔓藤主梗”图层的蒙版缩览图，使用【画笔工具】擦除选区内多余的“蔓藤”，以呈现缠绕着“麦克风”的效果，如图3.120所示，最后按Ctrl+D快捷键取消选取。

图3.118 描绘蔓藤主梗

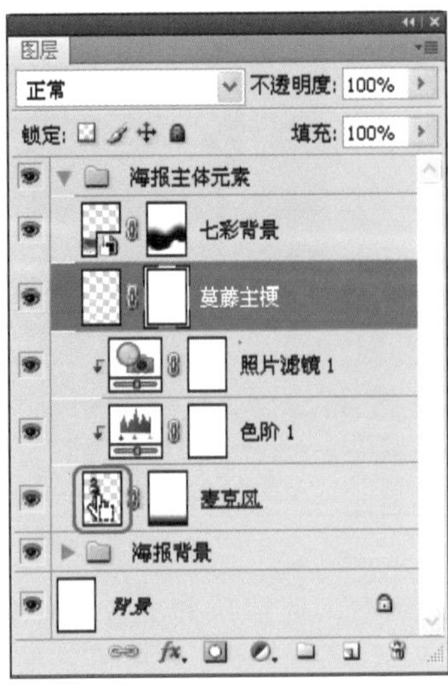

图3.119 载入“麦克风”选区

图3.120 擦除多余的“蔓藤主梗”

14 STEP 修改画笔的硬度、大小、不透明度和流量等属性，先将“蔓藤”的顶端削尖，再将其根部涂淡，如图3.121所示。

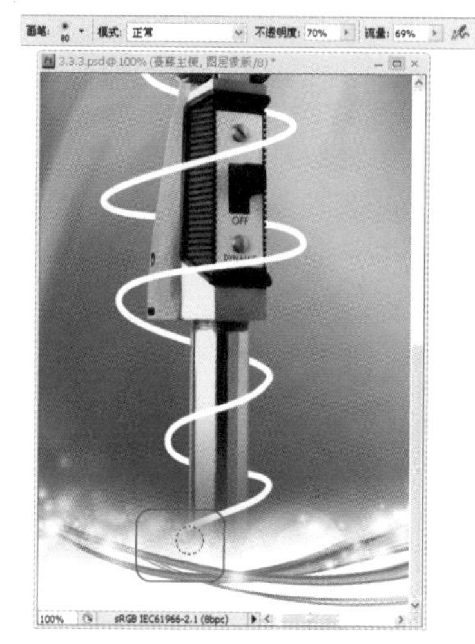

图3.121 编辑“蔓藤”两端的形状

15 STEP 在“实例文件\Ch03\images”文件夹中打开“蔓藤叶.psd”素材文件，使用【移动工具】将“蔓藤叶”图层拖至“蔓藤梗”上，按Ctrl+T快捷键执行【自由变换】命令，调整其位置与角度，如图3.122所示。

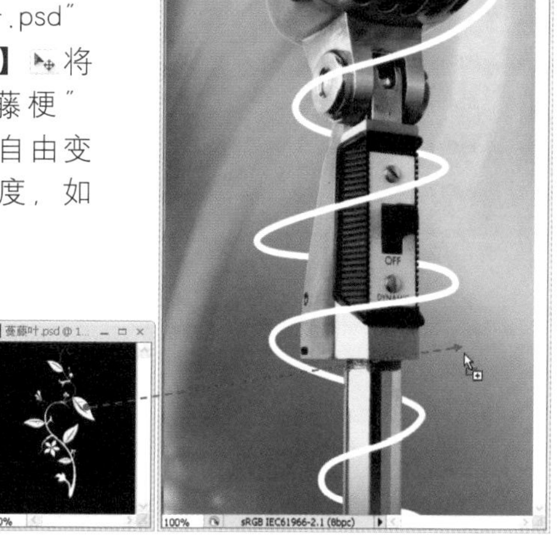

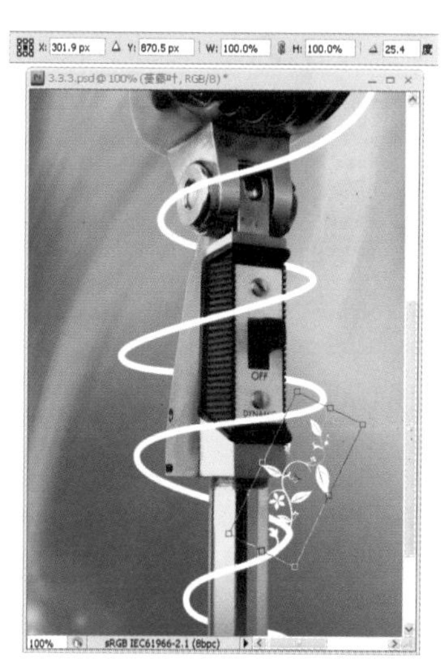

图3.122 加入并调整“蔓藤叶”图层

16 STEP 按住Alt键并拖动上一步骤加入的“蔓藤叶”图层，复制并移动一个“蔓藤叶 副本”图层。按Ctrl+T快捷键执行【自由变换】命令，在调整框上单击鼠标右键，在弹出的菜单中选择【水平翻转】命令，接着调整对象的大小与旋转角度，如图3.123所示。

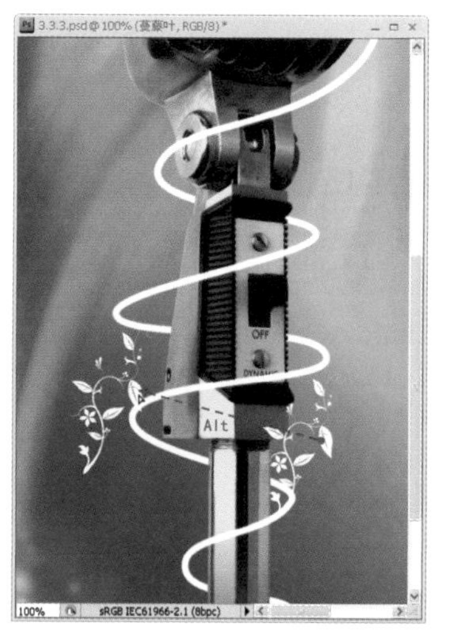

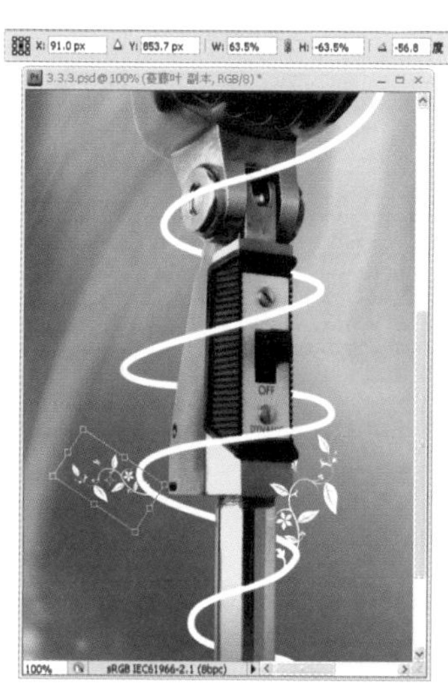

图3.123 复制、翻转并调整“蔓藤叶 副本”图层

17 STEP 使用步骤（16）的方法，通过复制、翻转、移动、缩放和旋转等操作，复制多个“蔓藤叶 副本”图层，使其散布于“蔓藤梗”之上，与之融为一体，最后创建“蔓藤叶”图层组，并将所有“蔓藤叶”图层拖至此图层组中，如图3.124所示。

图3.124 复制其他蔓藤叶

18 STEP 设置前景色为【#a6f008】的翠绿色，再设置背景色为【#b86cff】的浅紫色，为后面设置画笔的【颜色动态】做准备，如图3.125所示。

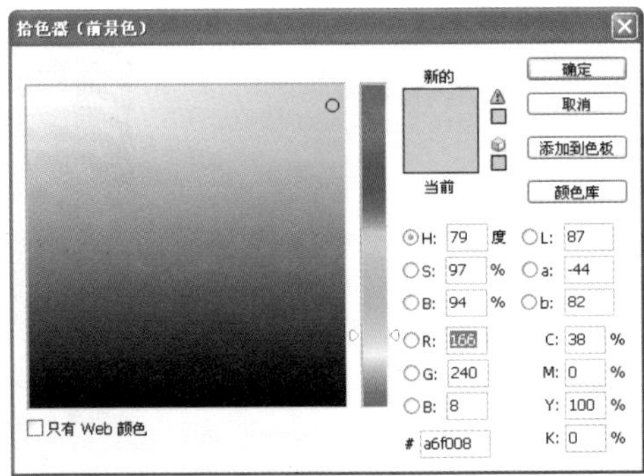

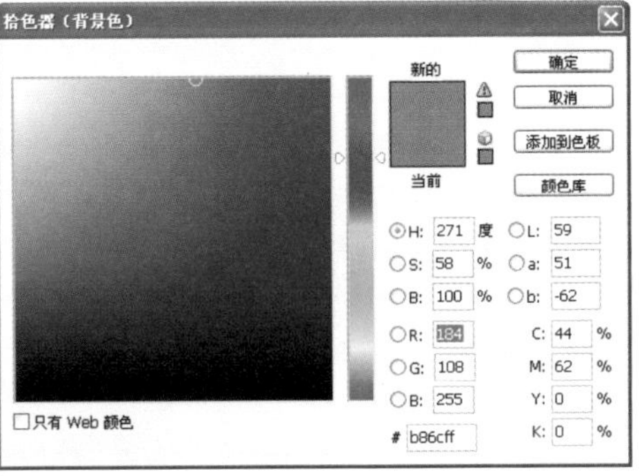

图3.125 设置前景色与背景色

19 STEP 选择【画笔工具】，并在选项栏中单击【切换画笔面板】按钮，打开【画笔】面板，分别设置【画笔笔尖形状】、【散布】和【颜色动态】选项，如图3.126所示。

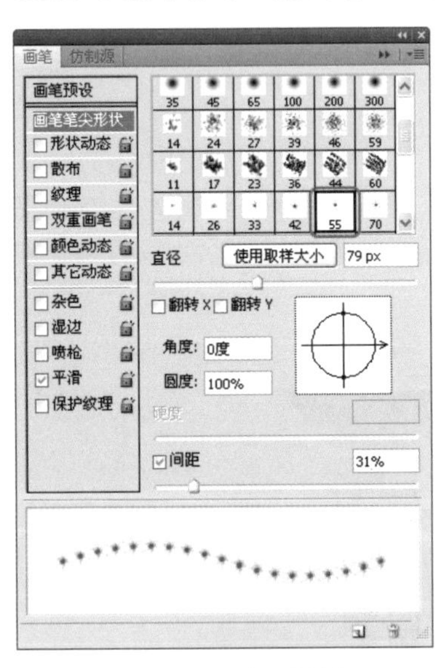

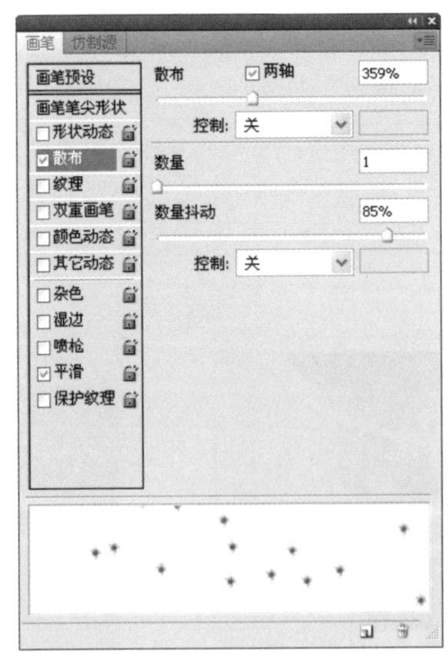

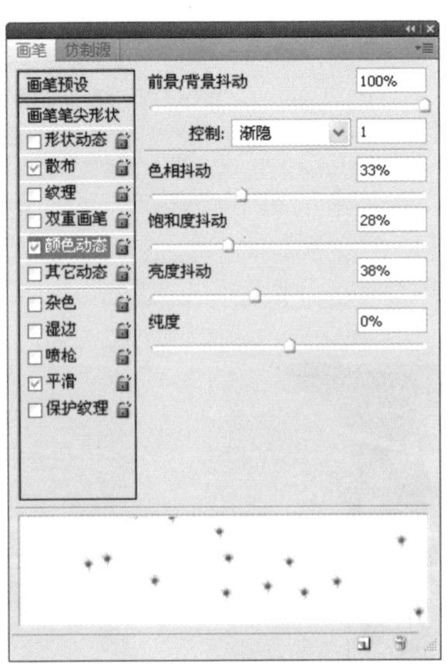

图3.126 设置【画笔】面板

20 STEP 在“七彩背景”图层上方创建“闪烁”新图层，在“蔓藤”上面单击或者拖动鼠标，添加七彩的点状星星效果，如图3.127所示。

21 STEP 在选项栏中修改画笔的主直径为50px，然后继续添加较小的星星，效果如图3.128所示。

图3.127 添加七彩的点状星星效果

图3.128 添加较小的星星效果

22 STEP 通过【图层】面板添加【色阶】调整图层，并按Ctrl+Alt+G快捷键创建剪贴蒙版。在【调整】面板中设置色阶属性，使星星产生闪烁效果，如图3.129所示。

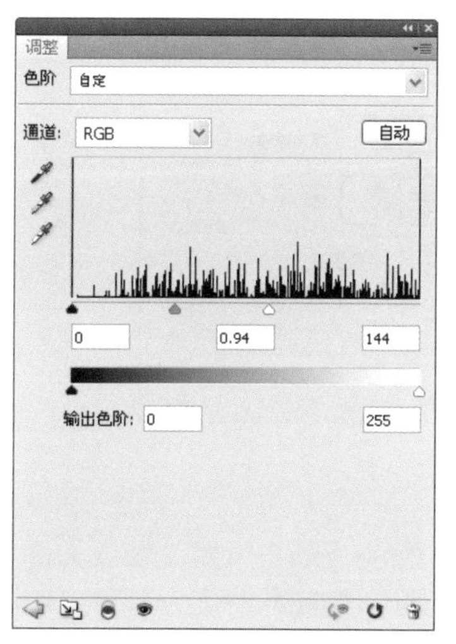

图3.129 使星星产生闪烁效果

23 STEP 在"实例文件\Ch03\images"文件夹中打开"观众.jpg"素材文件，通过【图层】面板复制一个"背景 副本"图层。选择【滤镜】|【模糊】|【高斯模糊】命令，设置高斯模糊的【半径】为3像素，单击【确定】按钮，如图3.130所示。

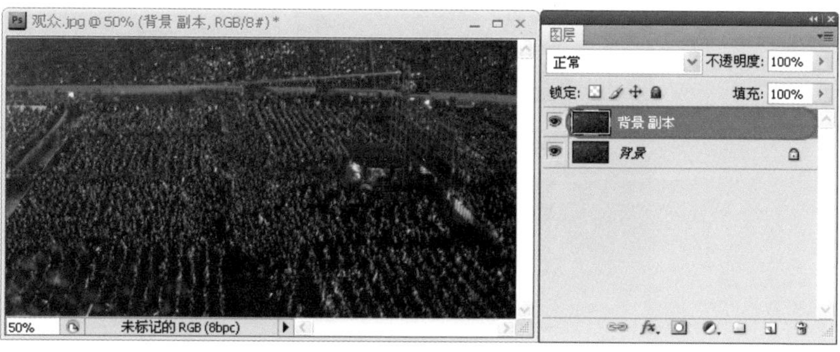

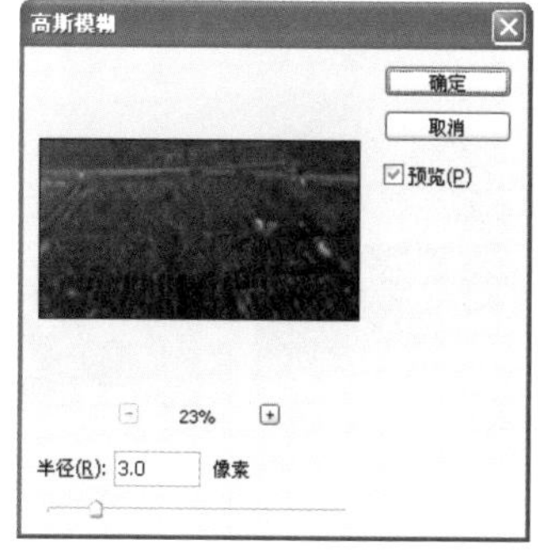

图3.130 复制"背景 副本"图层并模糊处理

24 STEP 设置“背景 副本”图层的混合模式为【变亮】，并按Ctrl+L快捷键打开【色阶】对话框，调整色阶属性并单击【确定】按钮，如图3.131所示。

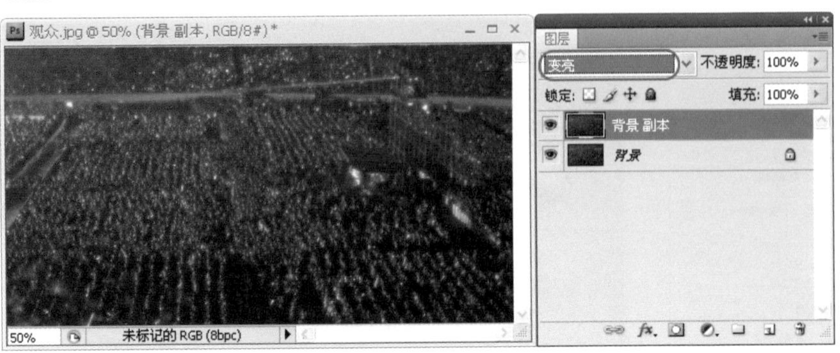

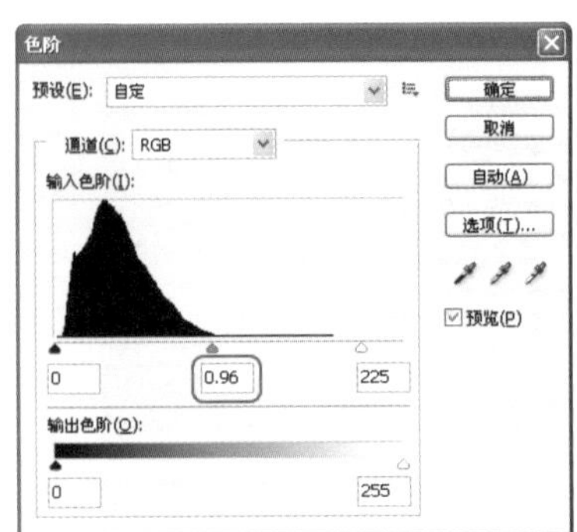

图3.131 设置【变亮】图层混合模式并调整色阶

25 STEP 按Alt+Ctrl+Shift+E快捷键创建“图层1”盖印图层，在【图层】面板中将盖印图层拖至“3.3.3.psd”文件中，再将其调整至“麦克风”图层的下方，并重命名为“观众”，如图3.132所示。

26 STEP 按Ctrl+T快捷键执行【自由变换】命令，在选项栏中设置图层的位置和大小，最后按Enter键，如图3.133所示。

图3.132 加入“观众”图层

图3.133 调整大小和位置

27 STEP 通过【图层】面板为“观众”图层添加图层蒙版，选择【画笔工具】并设置合适的工具属性，将“观众”图层的边缘部分擦除，如图3.134所示。

图3.134 为“观众”图层添加蒙版

28 STEP 设置“观众”图层的混合模式为【明度】，不透明度为60%，如图3.135所示。

图3.135 设置混合模式与不透明度

29 STEP 在“麦克风”图层的下方创建“柔化底色”图层，设置前景色为【#1443af】的深蓝色，再使用【画笔工具】设置较大的笔刷在“麦克风”后面刷上一层深蓝色，以柔化原来较为刺眼的背景，如图3.136所示。

图3.136 添加蓝色柔化颜色

30 STEP 使用上一步骤的方法不断变换前景色，在“柔化底色”图层上刷出与背景协调的颜色，以柔化海报背景，如图3.137所示。

图3.137 添加其他柔化颜色

31 STEP 在“实例文件\Ch03\images”文件夹中打开“歌手.jpg”素材文件，通过【图层】面板复制一个“背景 副本”图层，如图3.138所示。

图3.138 复制“背景 副本”图层

32 STEP 由于舞台灯光把歌手照射成偏青色，下面按Ctrl+U快捷键打开【色相/饱和度】对话框，分别对【红色】、【黄色】、【青色】和【蓝色】4个色彩通道进行调整，使其恢复较为自然的色彩效果，如图3.139所示。

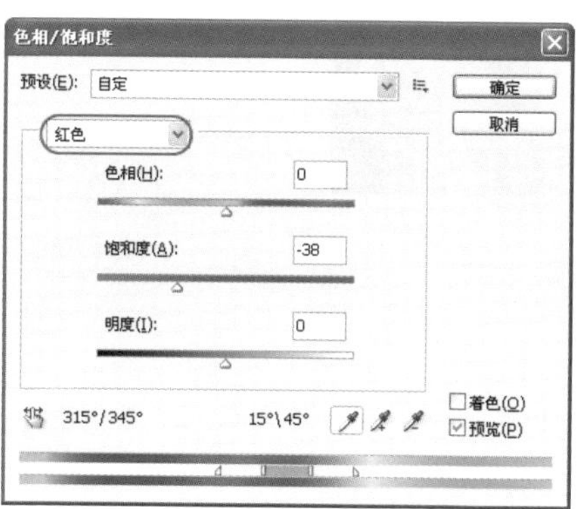

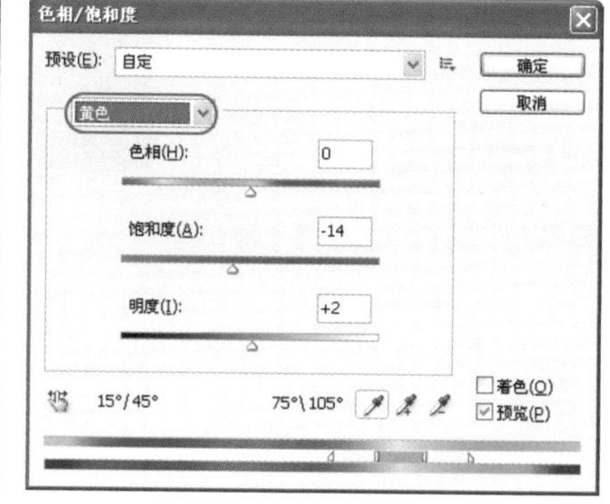

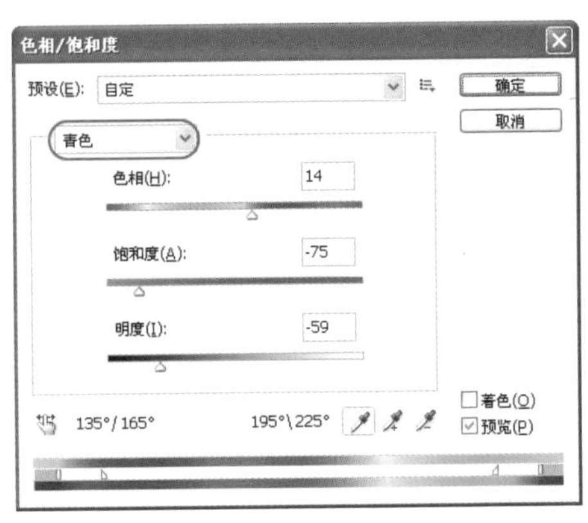

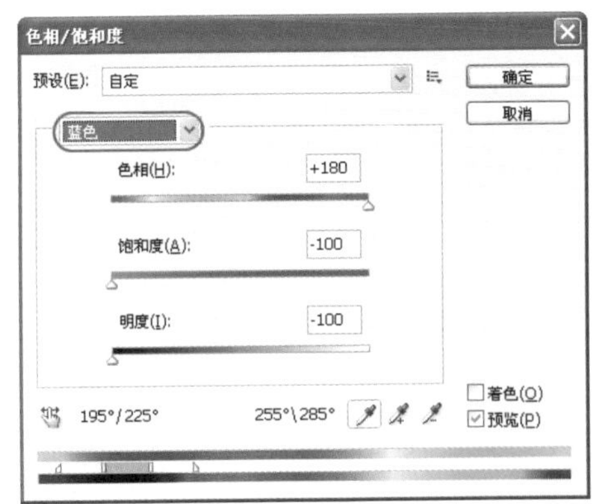

图3.139　调整色相/饱和度

33 STEP 由于素材的整体效果依然偏红，下面按Ctrl+B快捷键打开【色彩平衡】对话框，调整色彩平衡后单击【确定】按钮，如图3.140所示。

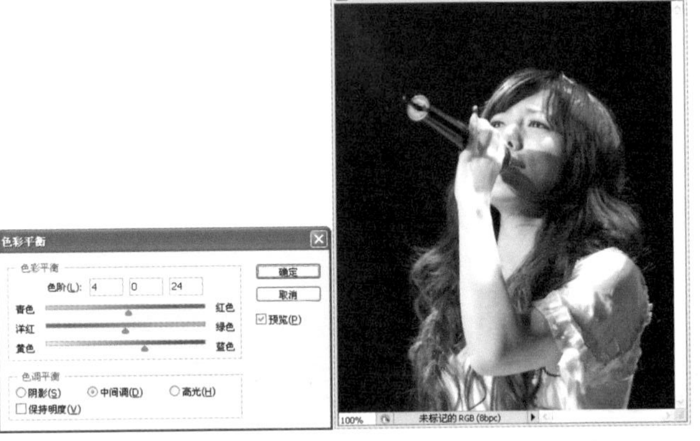

图3.140　调整色彩平衡

34 STEP 选择【选择】|【色彩范围】命令，在【选择】下拉列表中选择【高光】选项，单击【确定】按钮后即可看到人物的高光部分被选取，如图3.141所示。

图3.141　选择高光范围

35 STEP 按Ctrl+M快捷键打开【曲线】对话框，调整【输入】和【输出】的数值，将高光部分稍为调暗，最后按Ctrl+D快捷键取消选择，如图3.142所示。

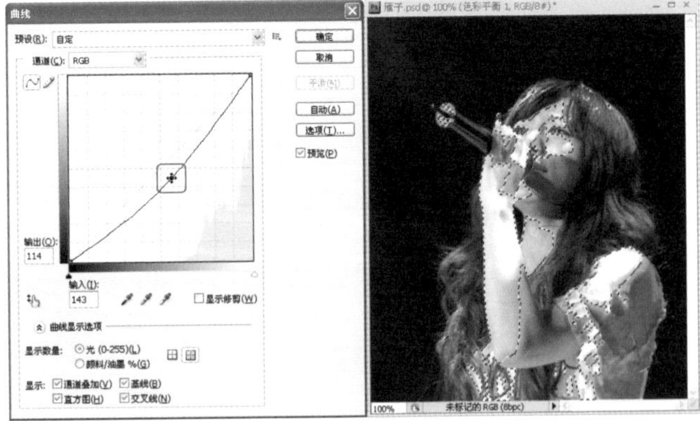

图3.142　通过【曲线】调暗高光部分

36 STEP 通过【图层】面板复制出"背景 副本2"图层，选择【滤镜】|【模糊】|【高斯模糊】命令，设置高斯模糊的【半径】为3像素，单击【确定】按钮，如图3.143所示。

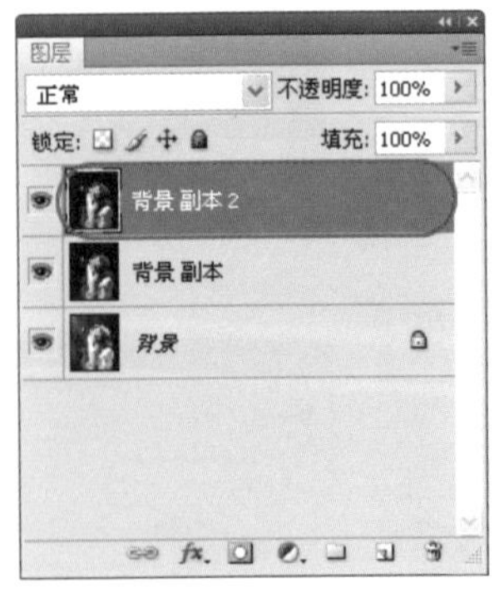

图3.143　复制图层并添加高斯模糊

37 STEP 设置图层的混合模式为【强光】，再调整不透明度为80%，使画面产生朦胧的柔美效果，如图3.144所示。

38 STEP 通过【图层】面板添加【曲线】调整图层，在【调整】面板中调亮画面的整体效果，如图3.145所示。

图3.144 设置图层混合模式与不透明度

图3.145 添加【曲线】调整图层

39 STEP 按Alt+Ctrl+Shift+E快捷键创建盖印图层，再将盖印的图层拖至"3.3.3.psd"练习文件中。按Ctrl+T快捷键调整其大小与位置，如图3.146所示。

图3.146 加入"歌手"图层

40 STEP 为"歌手"图层添加图层蒙版，然后使用【画笔工具】擦除人物周围多余的区域，如图3.147所示。

图3.147 添加图层蒙版

41 STEP 将"歌手"图层的混合模式设置为【明度】，并调整不透明度为74%，如图3.148所示。

图3.148 设置图层混合模式和不透明度

至此，本节的加入主体素材并美化的操作已经完毕，接下来将为演唱会海报添加标题和相关的文字介绍。

3.3.4 设计海报文字

设计分析

本小节将设计演唱会海报的标题和宣传内容，效果如图3.149所示。其主要设计流程为“添加歌手名”→“设计演唱会标题”→“制作英文标题”→“添加演唱会相关信息”，具体实现过程如表3.10所示。

图3.149 设计海报文字后的效果

表3.10 设计海报文字的过程

制作目的	实现过程
添加歌手名	● 输入“雁子”歌手昵称 ● 为“昵称”添加玻璃效果的图层样式 ● 在“子”上方绘制出大雁形状并复制样式
设计演唱会标题	● 编排主标题的字符位置 ● 将文字转换为路径并编辑形状 ● 为标题添加水晶效果的图层样式
制作英文标题	● 以柔美的英文字体输入英文标题 ● 添加深红色的阴影效果
添加演唱会相关信息	● 创建文本框并输入演唱会的相关信息 ● 设置字符与段落属性 ● 为段落文字添加黑色的阴影效果

制作步骤

01 STEP 打开“3.3.4.psd”练习文件，在【图层】面板中新建“海报文字”新图层组，使用【横排文字工具】T在歌手的下方输入“雁子”二字，作为歌手的昵称，如图3.150所示。

02 STEP 双击“雁子”文字图层，打开【图层样式】对话框，分别设置【投影】与【内阴影】样式的属性，如图3.151所示。

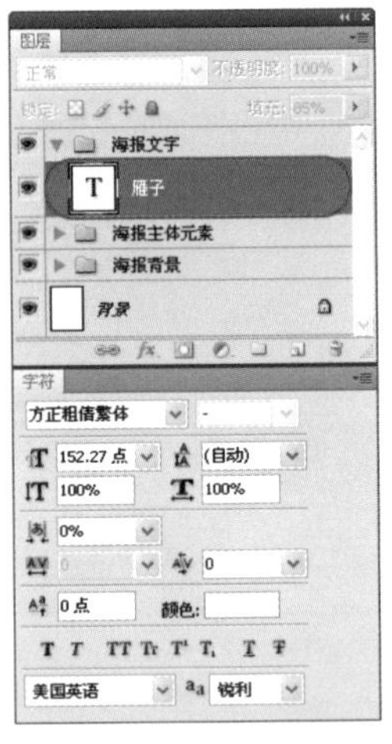

图3.150 输入歌手名字

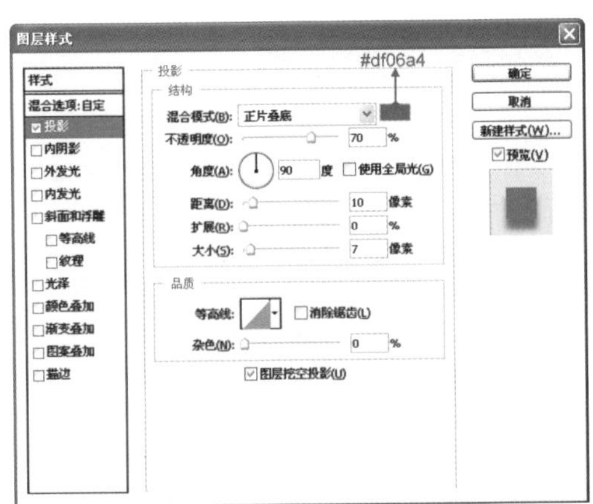

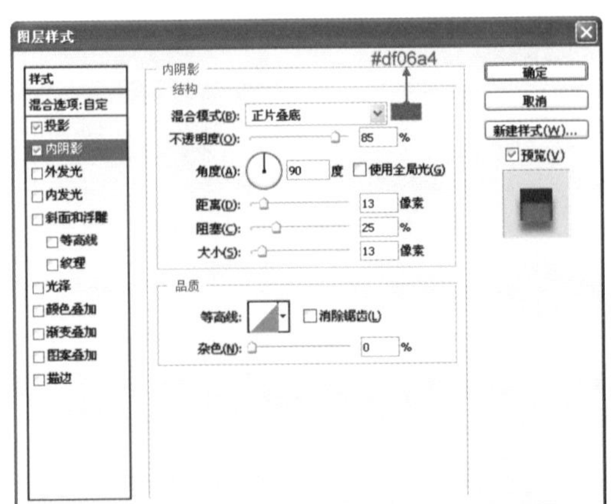

图3.151 设置【投影】与【内阴影】样式

03 STEP 设置【外发光】和【内发光】样式的属性如图3.152所示。

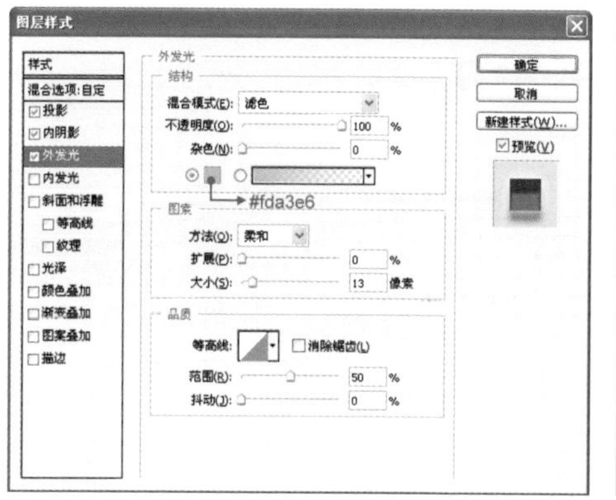

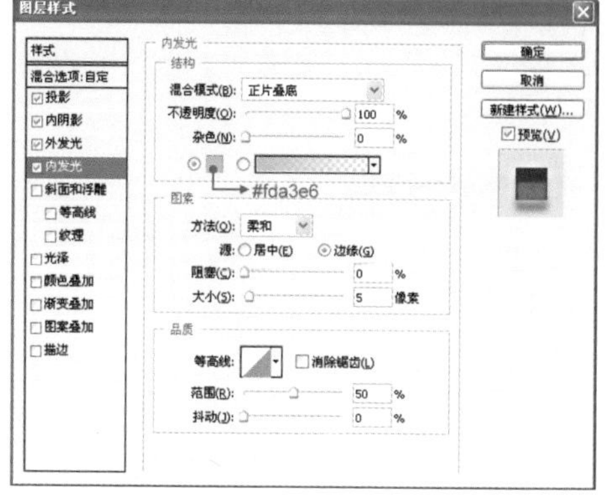

图3.152 设置【外发光】和【内发光】样式

04 STEP 设置【斜面和浮雕】和【等高线】样式的属性如图3.153所示。

05 STEP 设置【光泽】和【颜色叠加】样式的属性，最后单击【确定】按钮，如图3.154所示。

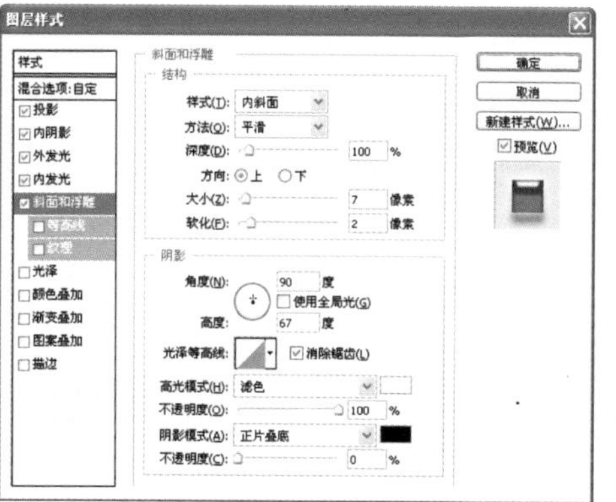
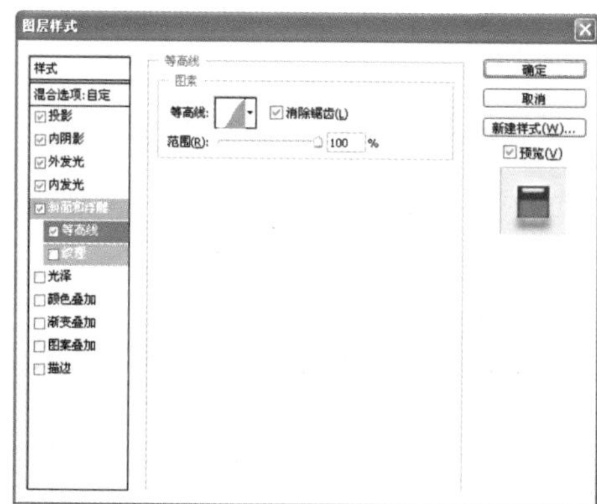

图3.153 设置【斜面和浮雕】和【等高线】样式

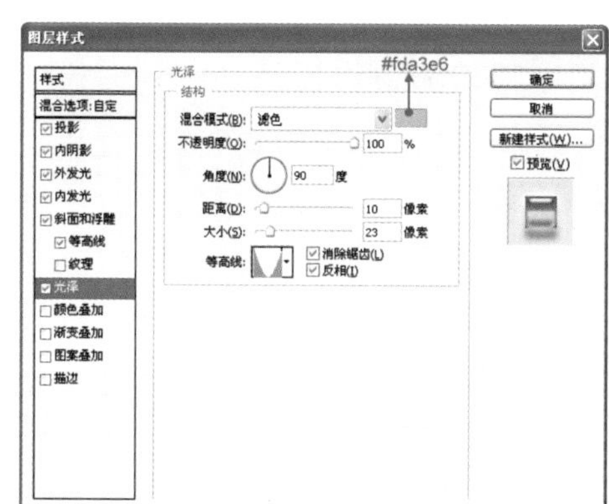

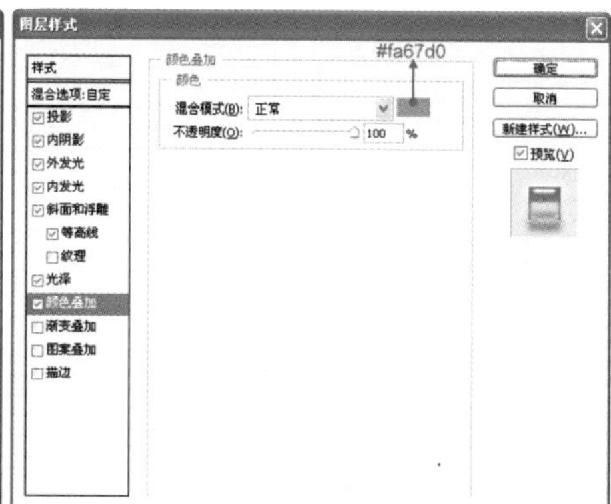

图3.154 设置【光泽】和【颜色叠加】样式

06 STEP 使用【钢笔工具】在“子”字的上方绘制一只大雁的轮廓，在【路径】面板中将其存储为“雁轮廓”路径，然后单击【将路径作为选区载入】按钮，创建出大雁形状的选区，如图3.155所示。

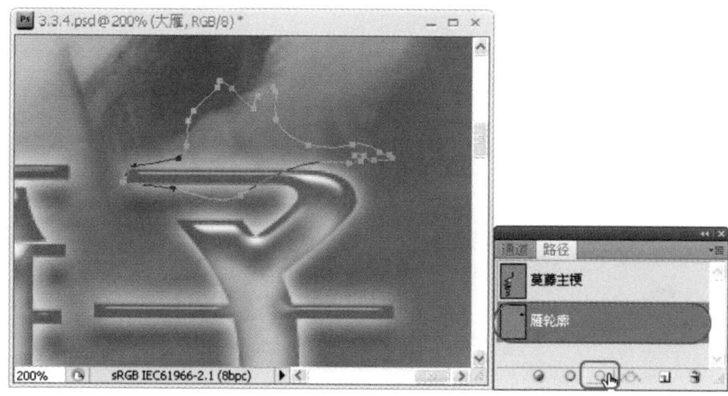
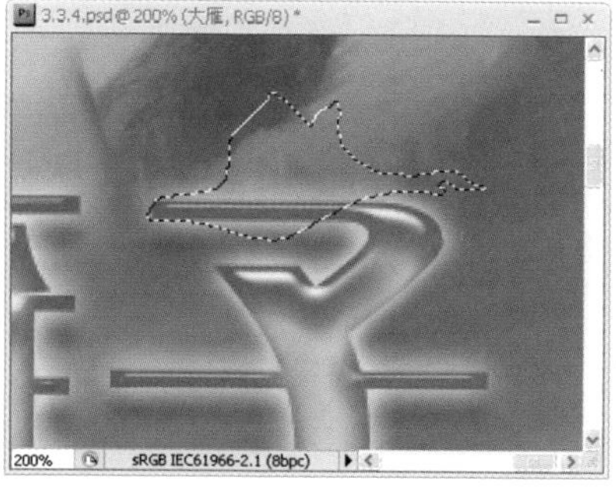

图3.155 创建“大雁”形状的选区

07 STEP 在【图层】面板中新建“大雁”图层，为选区填充白色。按住Alt键不放，将“雁子”图层中的样式复制到“大雁”图层上。按住Shift键选择“大雁”和“雁子”两个图层，再单击【链接图层】按钮，如图3.156所示。

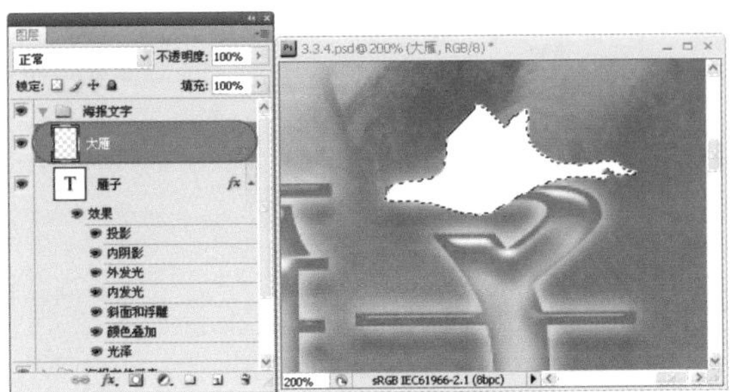
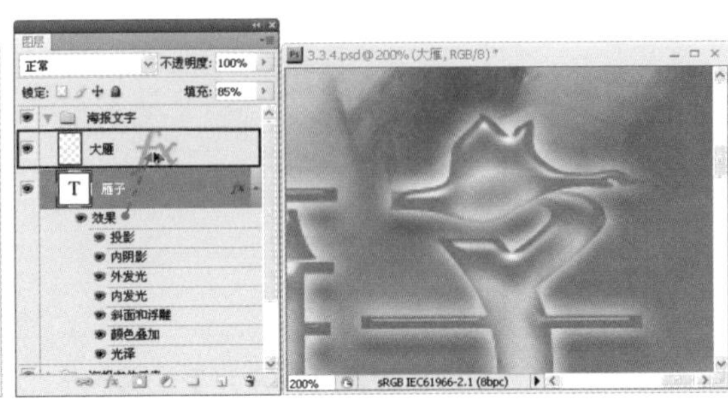

图3.156 复制图层样式并链接图层

08 STEP 使用【横排文字工具】T.在“雁子”文字的下方输入“似水柔情亚洲巡回演唱会”文字内容。接着在“水”字的左侧和“柔”字的右侧各添加一个空格，然后选择“水柔”二字，调整文字大小为65点，如图3.157所示。

图3.157 输入演唱会文字标题

09 STEP 选择整个文字标题，在【字符】面板中设置行距为60点，接着选择“演唱会”文字，设置水平缩放为90%，如图3.158所示。

图3.158 设置行距与字宽

10 STEP 在“似水柔情亚洲巡回演唱会”图层上单击鼠标右键，在弹出的菜单中选择【转换为形状】命令，此时文字图层的右侧会增加一个矢量蒙版缩览略，如图3.159所示。

11 STEP 使用【直接选择工具】单击“水”字激活锚点，然后选择“撇”笔画尖上的两个锚点并向左下方拖动，如图3.160所示。

12 STEP 使用【添加锚点工具】在“撇”笔画上添加两个新锚点，然后按住Ctrl键快速切换至【直接选择工具】，选择新增的两个锚点并往下拖动，调整“撇”笔画的形状，如图3.161所示。

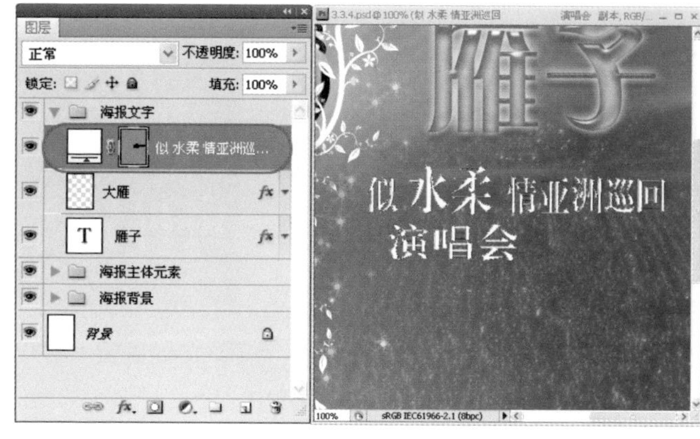

图3.159 将文字转换为形状

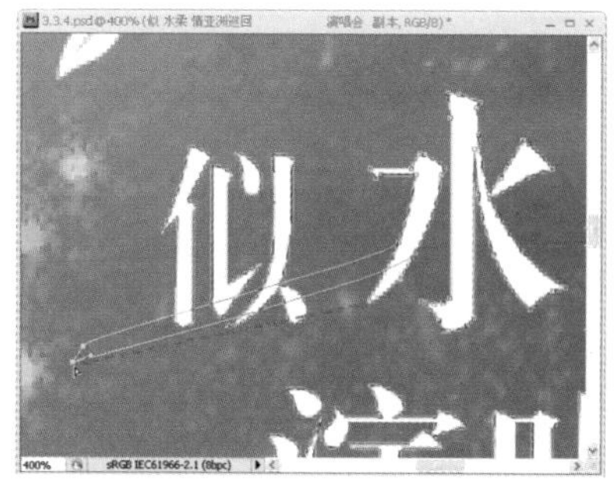
图3.160 选择并移动锚点

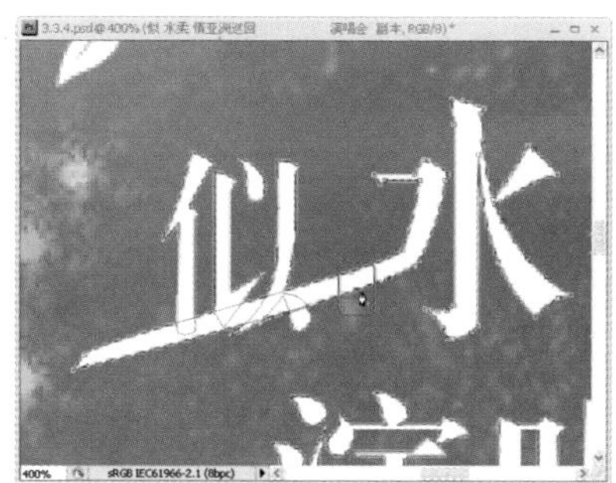
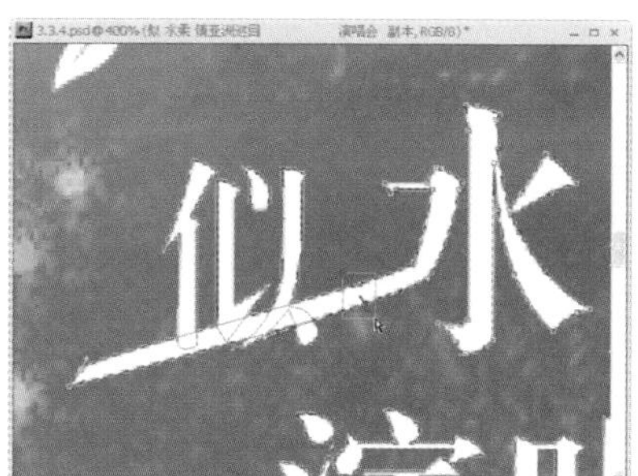

图3.161 添加新锚点

13 STEP 按住Ctrl键继续切换至【直接选择工具】，分别移动“撇”笔画尖上两个锚点的位置，然后按住Alt键切换至【转换点工具】，单独调整锚点一侧的控制柄，控制笔画的弧度，如图3.162所示。

图3.162 单独调整锚点一侧的控制柄

14 STEP 使用上述方法，通过【直接选择工具】和【转换点工具】将“水”字的“撇”笔画调整为如图3.163所示的形状。

15 STEP 使用步骤（11）~（14）的方法对“柔”字的“捺”笔画进行相同的操作，效果如图3.164所示。

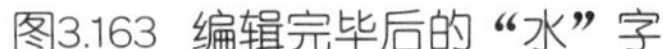

图3.163 编辑完毕后的“水”字

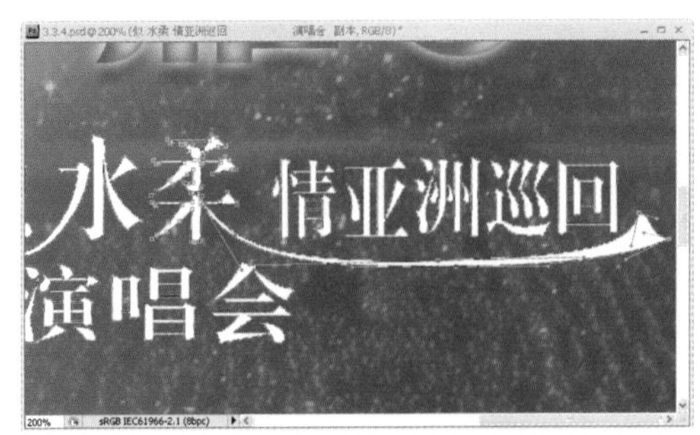

图3.164 编辑“柔”字的“捺”笔画

16 STEP 双击演唱会标题图层，打开【图层样式】对话框，分别设置【投影】和【内阴影】样式的属性，如图3.165所示。

17 STEP 设置【内发光】、【斜面和浮雕】和【等高线】样式的属性，完成后单击【确定】按钮，如图3.166所示。

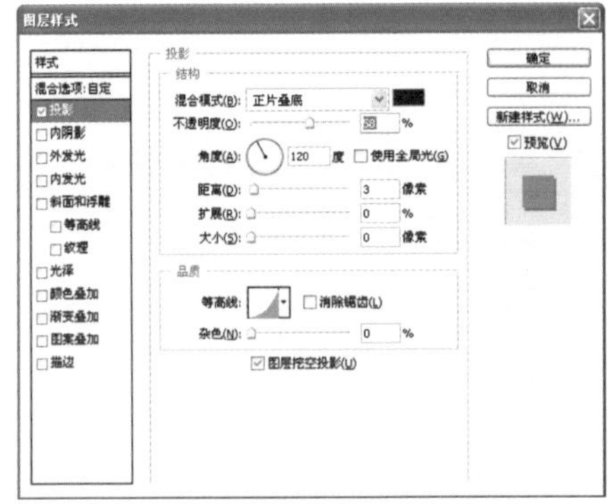

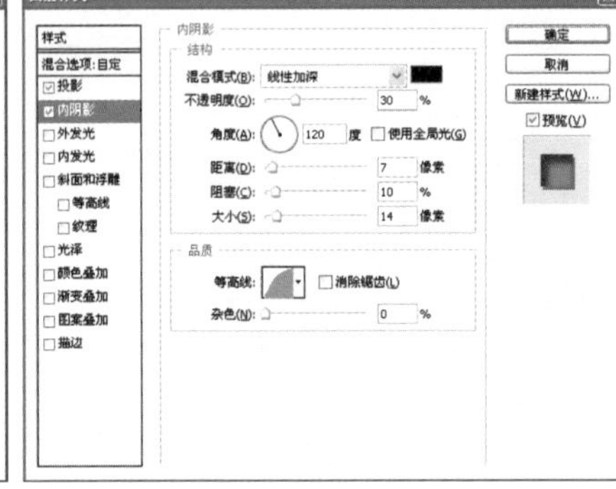

图3.165 设置【投影】和【内阴影】样式

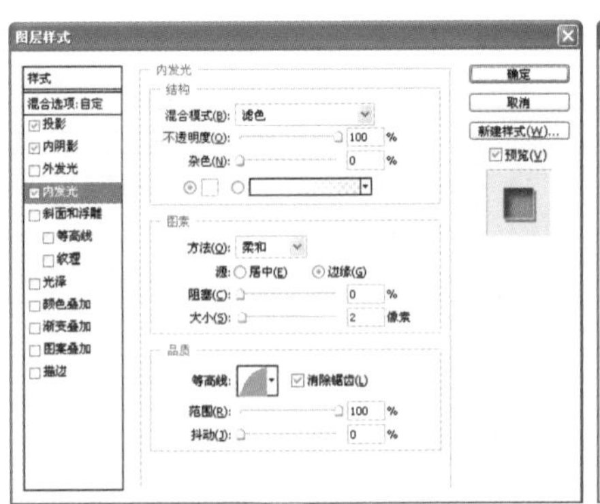

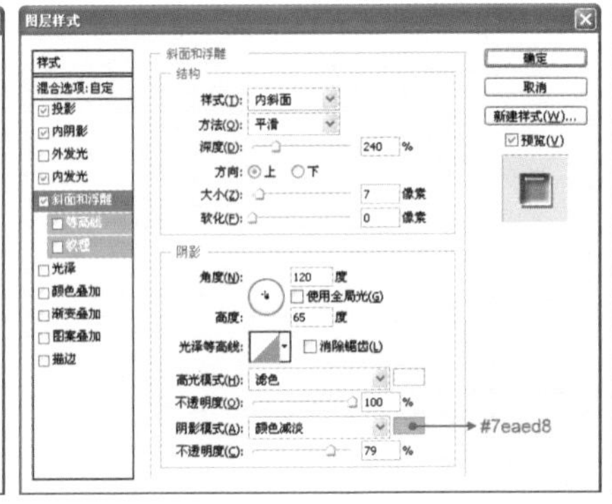

图3.166 设置【内发光】、【斜面和浮雕】和【等高线】样式

18 STEP 将演唱会标题图层的【填充】值设置为70%，使其呈半透明状态，完成水晶文字的制作，如图3.167所示。

图3.167 设置标题的【填充】值

19 STEP 使用【横排文字工具】T,在标题下方创建一个文本框，然后输入地点、时间和票价等信息内容，如图3.168所示。

图3.168 输入演唱会相关信息

20 STEP 选择整个文本框内容，在【字符】面板中设置文字的字体、大小、行距和水平/垂直缩放等文字属性，然后在【段落】面板中单击【右对齐文本】按钮，如图3.169所示。

21 STEP 双击段落文字图层，打开【图层样式】对话框，设置【投影】样式的属性，完成后单击【确定】按钮，如图3.170所示。

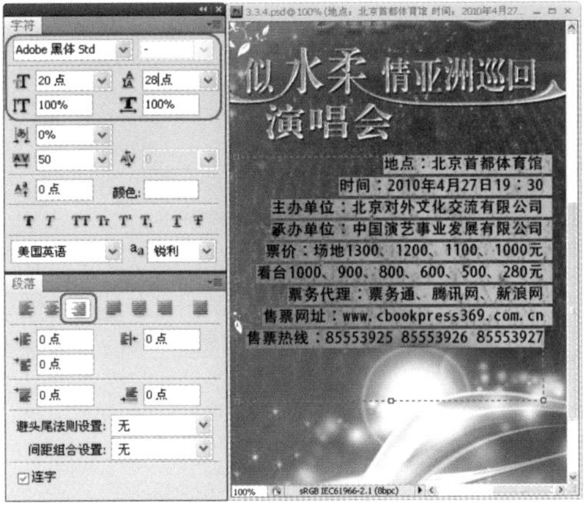

图3.169　设置段落文字的属性

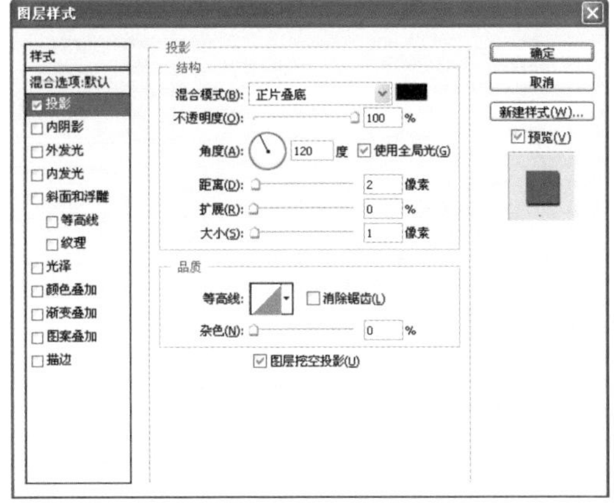

图3.170　为段落文字添加阴影效果

22 STEP 使用【横排文字工具】在海报的左上方输入"The tender concert of beijing"文字内容，作为海报的英文标题，如图3.171所示。

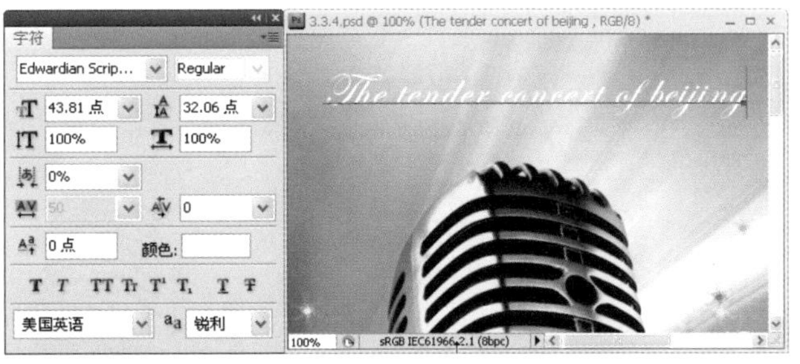

图3.171　输入英文标题

23 STEP 双击英文标题图层，打开【图层样式】对话框，设置【投影】样式的属性，完成后单击【确定】按钮，如图3.172所示。

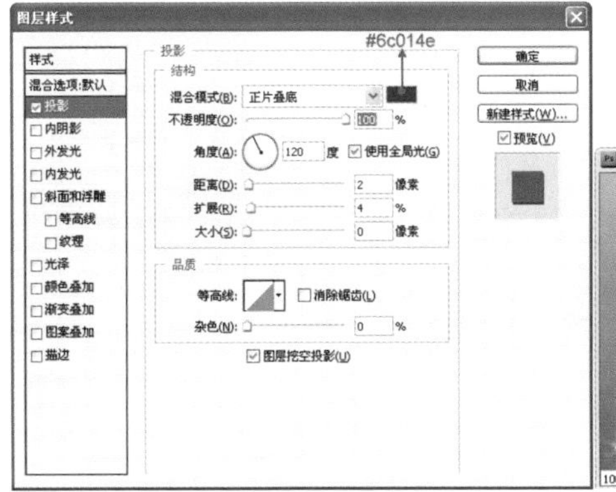

图3.172　为英文标题添加阴影效果

24 STEP 在"实例文件\Ch03\images"文件夹中双击"水晶蝴蝶笔刷.abr"笔刷文件，将其载入至【画笔工具】的预设项目中。选择【画笔工具】并单击【切换画笔面板】按钮，在打开的【画笔】面板中分别设置【画笔笔尖形状】、【形状动态】、【散布】和【颜色动态】选项，如图3.173所示。

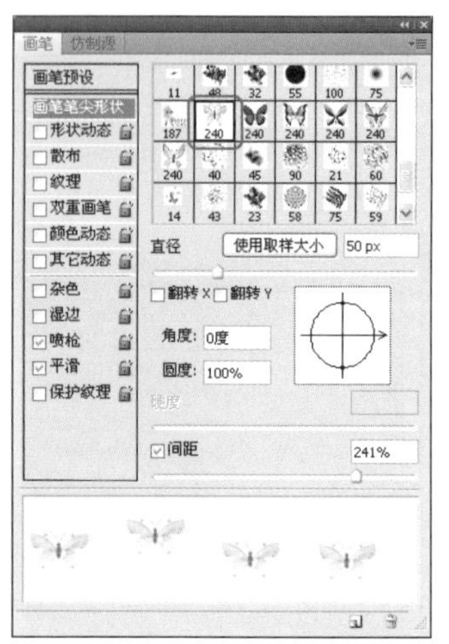
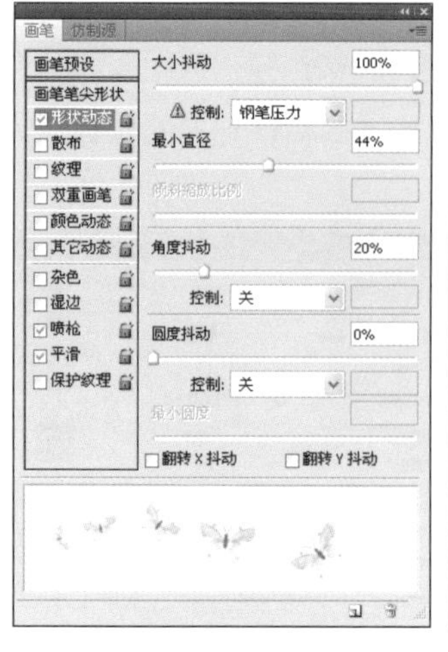
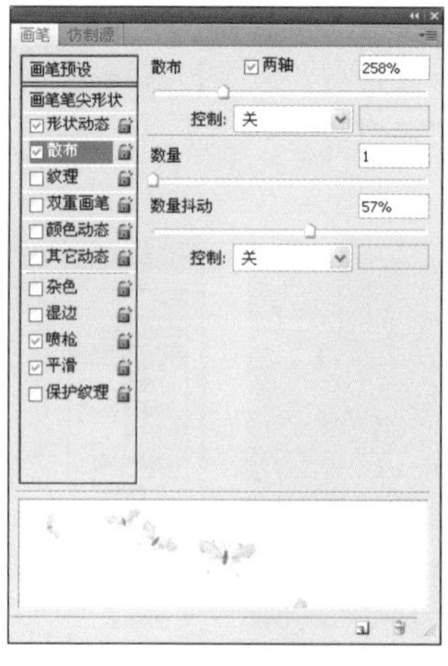
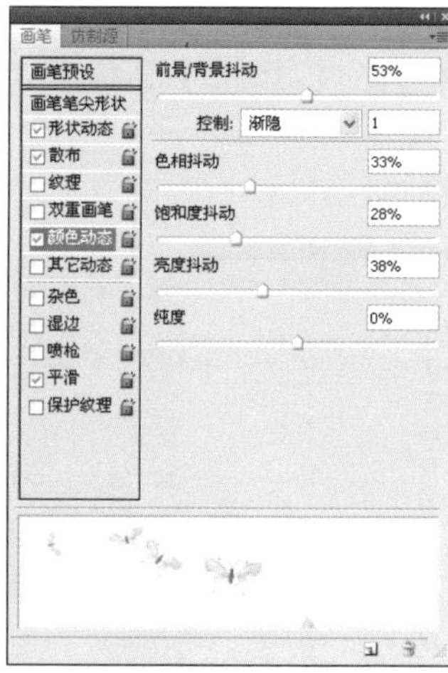

图3.173 载入“水晶蝴蝶笔刷”并设置画笔属性

25 STEP 创建“蝴蝶”新图层，设置前景色为【#00ff0c】的绿色，背景色为【#ffe400】的黄色，然后在“蔓藤”的周边拖动或者单击，添加七彩的蝴蝶对象，如图3.174所示。

26 STEP 为“蝴蝶”图层添加一个【曲线】调整图层，再按Ctrl+Alt+G快捷键创建剪贴蒙版，然后调整曲线，以调亮蝴蝶的光泽，如图3.175所示。

图3.174 添加七彩的蝴蝶对象

图3.175 调亮“蝴蝶”图层

至此，本例的“演唱会海报”作品已经制作完毕，最终效果如图3.90所示。

3.4 学习扩展

3.4.1 经验总结

本章先介绍了海报广告的特点、种类、设计原则和要领等基础知识，然后通过“汽车宣传海报”和“演唱会海报”两个大范例，以商业海报和文化海报两种类型为例，介绍了使用Photoshop CS4制作海报广告的构思、流程和操作步骤。下面分别对上述两个范例作品进行总结。

1 汽车宣传海报

由于本例所宣传的汽车商品在行业领域中已经具有颇高的知名度，属于一线的顶级产品，所以在设计手法上没有必要将质量、价格与安全性等作为主要卖点去介绍。简单来说，只要让大众知道有这么一款新车上市即可。所以本例以横向的水平型版面为主，最大限度地突出主角，再以强烈的色彩对比来吸引大众，从而起到宣传的目的。此外，本作品还通过大量的光线、颜色、光晕、水面与云雾等特效来营造艺术效果，从而彰显汽车的尊贵、高雅、时尚、线条与舒适等特点。

下面针对设计过程中一些容易出错以及需要注意之处进行总结。

- 在填充多色渐变时，不妨先尝试【渐变编辑器】中的预设样式，说不定会有意外的收获，并省下大量的设置时间。另外，在设计过程中要设置渐变颜色属性时，通常不能一次达到预期效果，需要多次尝试、反复修改。
- 在【变形模式】下，要确认当前的变形效果，如果要再次对同一个图层进行修改，原来的编辑状态将不会保存，所以必须在对当前形状满意后再进行确认。
- 在【自由变换】模式下缩放图层时，按下【保持长宽比】按钮可以等比例放大或缩小对象。
- 在【自由变换】模式下旋转图层时，定义好参考点的位置可以更准确地转换对象。
- 使用【橡皮擦工具】擦除的图层区域不能再恢复，而添加图层蒙版不仅易于修改，必要时还可以停用或者删除蒙版图层，而原图层将不会改变。
- 通过创建剪贴蒙版可用某个图层的内容来遮盖其上方的图层。
- 当有多个图层重叠时，选择合适的图层混合模式与不透明度，可以达到较为和谐的合并效果。必要时可以添加蒙版，把边缘锐利的区域擦除。
- 为图层添加渐变蒙版，可以轻易做出淡出的效果。
- 载入外挂滤镜必须将相关文件放置于程序的安装目录下，而外挂画笔可以直接双击或者使用载入名称内嵌至程序中。
- 对本作品添加光束效果时，要注意其射向必须与渐变效果的方向一致。
- 添加云雾效果时，必须不断变换笔头效果与工具属性，并建议一个云朵放置一个图层之上，以便移动与编辑。
- 本例所添加的镜头光晕效果是通过外挂画笔来实现的，用户可以选择【滤镜】|【渲染】|【镜头光晕】命令，再设置合适的滤镜属性，会有不一样的效果。
- 在制作汽车倒影时，由于汽车摆放的角度，不能直接将一个汽车副本图层垂直翻转进行处理，必须分成多个局部进行处理，使其倒影效果更加合理、逼真。
- 使用【加深工具】与【减淡工具】可以制作出高光与阴影效果，以便增强对象的立体感。
- 要对文字添加图层样式时，必须先对其执行【栅格化】命令，将文字图层变成普通图层。

2 演唱会海报

本例为一幅文化海报作品，主要为演唱会的主办方向受众进行信息传播之用，是较为典型的招贴广告类别。在设计此类作品前，抓住内容的主题非常重要，比如本例中歌手的演唱风格或者本次的演唱主题等。由于歌星“雁子”的曲风属于小家碧玉、声线柔情的类别，所以画面构图必须迎合这一风格。因此作者采用了线条流畅的丝束素材作为背景，更配以较为温合的暖色调，目的只为带出此主题意味；而麦克风周边的蔓藤和星星、蝴蝶等点缀，还有水晶文字，更是深入强调出了该点。下面挑选本例的几个创意点和操作难点进行总结分析。

- 编辑素材：在设计作品前必须搜集相关素材，而且素材必须符合作品的主旨或者有一定的相关性。到手的作品不一定就能直接使用，设计者通常要对素材图片的光线、对比度、色相、色彩平衡、色温等多个层面进行调整。在进行此项操作时，建议使用【图层】面板所提供的【调整图层】和【填充图层】来实现，其好处在于可反复编辑，需要修改时只要双击相应的调整图层缩览图，即可通过【调整】面板进行修改。添加调整图层后，别忘了分析此调整是针对所有图层还是只针对某一图层起作用，如果是后者，那必须按Ctrl+Alt+G快捷键创建剪贴蒙版。另外，可以通过【色彩范围】命令轻松提取画面中的高光范围或者阴影范围，创建指定选区，以进行针对性的调整。
- 素材的合并：本例的大部分素材都没有完全具备成品的效果，因为大部分都设置了图层混合模式，它能让多个重叠的图层产生意想不到的融合效果，配合不透明度的设置，可以达到更完美的合并效果。若设置混合模式后图层的边缘显得较为锐利，可以添加图层蒙版进行调整，此方法与使用【橡皮擦工具】擦除的最大区别就是可以随时还原并反复调整，只要变换前景色的浓度就可以决定擦除的分量，当然也不能忽视设置【流量】的重要性。

- 自定义画笔：通过自定义画笔可以让原本呆板的笔头焕发生机。本例的“闪烁星星”和“水晶蝴蝶”均是通过自定义画笔得到的。通过自定义画笔的【形状动态】、【散布】和【颜色动态】等选项，可以使大小、位置和颜色都近乎自然的涂绘效果，给纸上的蝴蝶赋予了生命力。要注意的是，在设置【颜色动态】前，可以先将前景色和背景色设置成色调相近的两种颜色，这样涂绘的色彩效果会更加流畅、自然。
- 自定义字体形状：如果要变更字体形状，必须先将其转换为形状图层，然后使用【钢笔工具】对文字上的锚点进行添加或者删除操作，通过按Ctrl键可以切换至【直接选择工具】，对锚点进行选择、移动或者调整锚点控制柄等操作；而按Alt键即可切换至【转换点工具】，单独调整锚点一侧的控制柄，进行针对性控制。总之，在编辑路径形状时，配合指定按键可以在相关的工具之间切换，免除反复选择工具的麻烦。上述方法也可应用于“蔓藤主梗”的路径编辑。
- 图层样式：本例的所有文字内容均添加了图层样式。“雁子”和“似水柔情亚洲巡回演唱会”标题更添加了多项图层样式，呈现与主题相衬的水晶字体效果。相关演唱会的段落信息则应该简洁清晰，以易于阅读为原则。本例为了使段落文字更加清晰，仅添加了低调的阴影图层样式。如果要为两个图层添加同一种样式，大可先设计好效果，然后在【图层】面板中按住Alt键拖动的同时复制效果，如本例的“雁子”文字图层和“大雁”图层。

3.4.2 创意延伸

1 汽车宣传海报

对于不同的商品，设计者必须针对商品的特性选择最适合的风格。汽车宣传海报也一样，比如运动型的汽车版面与设计元素必须轻盈活泼；商务型汽车就要突出其商务感。下面以本例的创意为主线，为大家介绍一款延伸的跑车海报创作，如图3.176所示。

由于本例的宣传商品是保时捷跑车，它与前面介绍的奔驰汽车同样具有高雅的气质与流畅的车身线条，但其速度更为重要，所以我们把灰色的地面改为弯曲的跑道，做出汽车在路面疾驰的效果；其车轮加入高速旋转的模糊处理，汽车后部尾随一阵气流，以突出其速度感；广告栏以黑底白字衬托商品的简约风格；主标题下方的3条线段以递增的方式排放，给人以风速的压迫感。

2 演唱会海报

本演唱会创意延伸效果如图3.177所示。作品延用相同的主题与歌手素材，将风格转为抽象唯美类型，以多个大小不一的重叠光圈作为背景，营造一种迷醉投入的现场气氛来吸引受众；然后将主体人物嵌于圆圈之中，再配以环绕的七彩蝴蝶作为装饰，突出唯美主题；接着将中英文标题重新组合于画面的右上方，再将演唱会相关信息放置于画面下方，从而使版面更加均衡。

图3.176 保时捷汽车宣传海报

图3.177 “雁子”演唱会宣传海报

3.4.3 作品欣赏

动手练习不仅能巩固已掌握的技能，更是激发灵感的好方法。下面介绍几种典型的宣传海报作品，以便大家设计时借鉴与参考。大家可以根据本章所学的知识，动手进行实践操作。

1 VISA信用卡海报

如图3.178所示是国外VISA信用卡海报作品，适用于银行及各商务场所。作品为竖排的传统方式，配色方面以红、橙的暖色调为主。其最大的创意点在海报流体的球形物体，其左侧为篮球的局部，中间为美式足球的局部，右侧为垒球，喻意VISA信用卡集多种功能于一体的优势。

在制作此类风格的作品时，要特别注意各个组成部分的分割与拼合，其中素材角度的选用更要准确无误，其次就是物体的高光与阴影部分要接近真实。

2 雀巢咖啡广告

如图3.179所示是雀巢咖啡广告，作品以咖啡的深棕色为主，从主体至周边使用由浅至深的柔和渐变，让人联想到咖啡的丝般柔滑。该广告的最大创意点在于把咖啡放置于香水瓶中，并贴上其包装标签。将咖啡浓郁的香味夸张地与香水联系起来，让人感觉香醇扑鼻。

图3.178 VISA信用卡海报作品

图3.179 雀巢咖啡广告：香气撩人

3 NOKIA手机宣传海报

如图3.180所示是NOKIA的几款手机宣传海报，作品主要通过唯美的花朵与纹理来衬托出商品的高贵典雅，以浪漫的风格吸引消费者的眼光。

在此类作品的设计过程中，可以通过应用滤镜并使用【画笔工具】进行图像效果的制作。另外，还可以通过绘制路径、画笔描边等功能进行制作。

图3.180 NOKIA手机宣传海报

Photoshop完美广告设计案例精解

DM广告设计

本章视频教学参见随书光盘： 视频\Chapter 04\

4.2.2 制作DM内页背景.swf
4.2.3 添加内页图片与边框.swf
4.2.4 添加内页文字与LOGO.swf
4.2.5 设计DM外页.swf

4.1 DM广告的基础知识

4.1.1 什么是DM广告

在广告领域中，“DM广告”是“Direct Mail广告”的简称，翻译成中文即“直接邮递广告”，也称“直邮广告”。如今，广告行业中对DM广告有着各自的认识，有些人觉得DM就是夹在报纸里投递的，有些人则认为是投在信箱里的广告传单等。美国直邮及直销协会（DM/MA）对“DM广告”的定义为：将广告主所选定的对象印成印刷品，然后使用邮寄的方式有针对性地传递给消费群的一种广告手段。

在信息高速发展的今天，DM除了用邮寄方式以外，还可以借助于其他媒介，诸如传真、杂志、电视、电话、电子邮件、直销网络、柜台散发、专人送达、来函索取、随商品包装发出等。DM与其他媒介的最大区别在于：DM可以直接将广告信息传送给真正的受众，而其他广告媒体形式只能将广告信息笼统地传递给所有受众，而不管受众是否为广告信息的真正受众。常见的DM广告如图4.1所示。

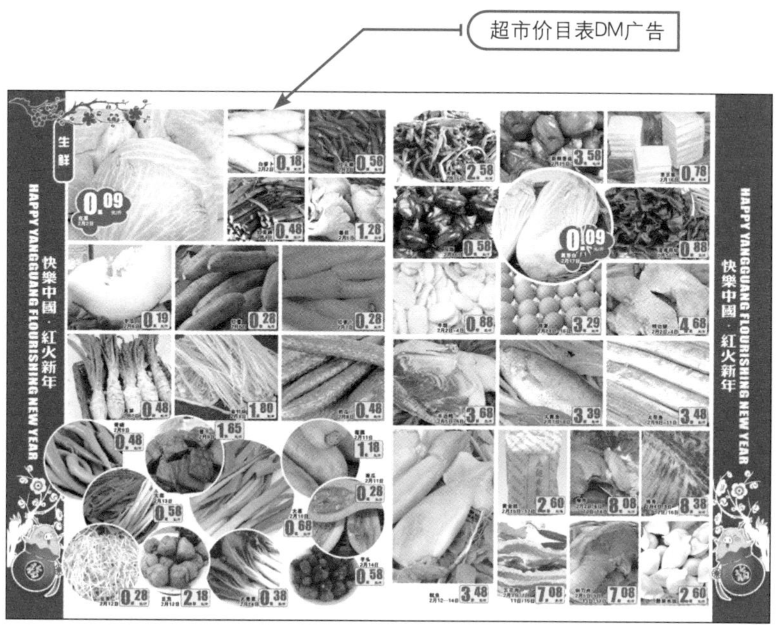

图4.1 常见的DM广告

4.1.2 DM广告的特点

DM广告具有针对性强、范围与时间的可控性高、灵活并且可测定性高等多种特点，下面逐一介绍。

- 针对性强：一般媒介只会将广告信息笼统地强加于所有受众，从而忽略对象是否为当前广告信息的目标对象，而DM广告直接将广告信息传递于预期中的真正受众，具有强烈的选择性和针对性，比如一些女性用品绝不会传递于男性的手中。通过其准确性以最少的支出得到最大的回报，这是DM广告的最大特点。但如果目标对象选择欠妥，势必会使广告效果大打折扣，甚至使 DM 广告失效。没有可靠有效的目标受众对象，DM广告只能变成一堆乱寄的废纸。
- 灵活性强：DM广告不同于报纸、杂志广告，它可以根据自身情况任意选择版面尺寸、广告内容的长短与印刷形式，广告主只需考虑邮政部门的相关规定与预算成本即可。
- 范围可大可小：DM广告既可用于小范围的社会、市区广告，也可用于区域性甚至是全国性广告，比如连锁店可以采取这种区域性的方式提前向消费者进行宣传。
- 广告时间可长可短：一个电视广告在播出完毕后，其信息或许早就荡然无存了，但DM广告则明显不同，在受传者做出最后决定之前，可以反复翻阅广告信息，并以此作为参照物来详尽了解产品的各项性能指标，直到最后做出购买或舍弃决定。比如新开办的商店、餐馆等在开业前夕通常都要向社区居民寄送或派发开业请柬，以吸引顾客、壮大声势。

- 广告效应良好：由于DM广告可以直接寄送到个人手上，所以在制定广告之前，广告主可以根据当地的因素进行调查与统计，从而筛选出受传对象，保证最大限度地让受传对象接受广告信息。另外，当受传者接收到DM广告之后，会迫不及待地想了解其中的内容，不易受外界环境所干扰，所以DM广告较其他媒介更能产生良好的广告效应。
- 可测定性：在DM广告发出之后，广告主可以根据产品销售量变化与升降幅度来评测广告所带来的效果。
- 隐蔽性：DM广告是一种深入潜行的非轰动性广告，不易引起竞争对手的察觉和重视。
- 广告费用低：与报刊、杂志、电台、电视等媒体发布广告的高昂费用相比，其成本是相当低廉的。

专家提醒

上述多种特点也可以说是DM广告的优点，但是不能忽视一些影响DM广告效果的因素，比如目标对象的选定是否准确，寄送到受传者手上的时机是否合适等。另外，DM广告的创意、设计与制作也举足轻重。DM广告无法借助报纸、电视、杂志、电台等在公众中已建立的信任度，因此它只能以自身的优势和良好的创意、设计、印刷及诚实、诙谐、幽默等富有吸引力的语言来吸引目标对象，以达到较好的效果。

4.1.3 DM广告的分类

DM广告的主要形式包括名片、订货单、日历、信件、海报、图表、产品目录、折页、挂历、明信片、宣传册、折价券、家庭杂志、传单、请柬、销售手册、公司指南、立体卡片、小包装实物等。下面重点介绍商业信函、邮送广告和几种新兴DM广告的优点。

1 邮政商业信函广告

邮政商业信函广告是指某些工商企业以信函为载体，筛选有针对性的目标客户群的姓名、地址，通过打印、封装、寄发的各类产品目录、征订单、宣传单、招商函、明信片等广告，如图4.2所示。商业信函广告的优点是针对性强、时效性长、个性化突出、效果测定快。

2 邮送广告

邮送广告主要是由商业信函广告演变而来的，利用《中邮专送广告》和各地邮政办理的邮送广告媒体，通过强大的邮政网络来传递商业信息的一种新颖、独特的印刷品广告业务。

邮送广告的优点是发布区域及时间灵活、针对性强、印刷精美、制作形式多样、价格实惠、回报率高、投递方式多种多样。

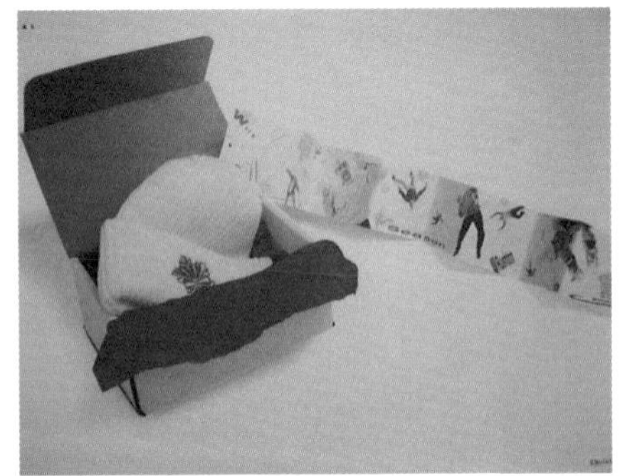

图4.2 商业信函DM广告

3 新兴的DM广告

- 手机短（彩）信广告：利用手机短信对手机用户进行点对点或点对多的广告发送，确保以“一对一”的特点传递信息，此方式具有强制性记忆，保证100%的阅读率。
- 互联网邮件广告：从收集到的注册用户信息中筛选出目标受众，通过互联网的电子邮件、专题网页进行点对多广告发送或投放，如图4.3所示。

- 企业进行俱乐部营销的会刊、网上会员俱乐部、会员网上论坛等：主要通过构建网上用户沟通交流的平台——会员俱乐部、定期给会员寄发会刊、组织会员活动、奖励会员免费参与一些活动、享受一些优惠。

与传统的DM广告相比，新兴的DM广告有着自己独有的优点：到达率高、成本低、互动性强，比普通的直邮广告具有更好的效果；发布时间灵活，没有时间和空间限制，直接影响最具消费力的群体；具有极强的传播性。

图4.3 互联网邮件广告

4.1.4 使用DM广告的时机与场合

如今广告的形式多种多样，通常，合理选择适合商品的广告形式，可以对销售量起到事半功倍的作用。那么到底在什么情况之下才应该选择DM作为广告商品的形式呢？下面总结了11条DM广告的适用场合，广告主可以根据自身的情况进行判断。

- 邮寄的物品必须是受人欢迎和有实际用途的。
- 广告信息内容篇幅较长，使用其他媒介无法有效传达的。
- 在达到某一特定市场占有率时要付出巨大代价的可以考虑DM广告，可以当广告媒介所付出较DM广告更高的代价时采用。
- 广告信息是极为个人化或需要保密的。
- 广告主的市场策略、设计理念需要保密的或者是具有一定商业机密的，比如要求使用独特的广告形式或色彩，不想竞争对手模仿抄袭。
- 需要覆盖某个特定的区域，而该区域的划分要求尽可能地准确。
- 广告的投放要求按照某种特定的时间或频率。
- 广告中含有折价券或者优惠券。
- 需要进行可控制的研究，比如某个市场有效性测试，包括测试新产品的价格、包装及用户等。
- 需要进行可控制的邮寄，比如信件只寄给某种收入的个人，或拥有某种牌子汽车及游艇的主人等。
- 需要邮寄订货单，比如产品需要直接到达目标配送对象，而无须经过零售、分销或其他媒介。

4.1.5 DM广告的注意事项

在筹划与设计DM广告时必须遵守某些原则与注意事项，以保证通过DM广告进行宣传后得到预期的收益。例如古井贡在"非典"期间以幽默的表现手法宣传防治"非典"知识，就深受广大消费者的喜爱，甚至引起了消费者的争相传阅。下面总结了4点注意事项，以供各位设计者参考。

- DM广告的创意与设计要新颖别致、制作精美，内容编排要让人不舍得丢弃，确保其有吸引力和保存价值。
- 主题口号一定要响亮且有号召力，能抓住消费者的购买欲望。标题是决定大众阅读内容的前提，所以想出新奇的标题已经成功了一半。好标题不仅能给人耳目一新的感觉，而且还能产生较强的诱惑力，引发读者的好奇心，吸引他们不由自主地看下去，使DM广告的广告效果最大化。
- DM广告的纸张、规格的选取大有讲究。一般画面应该选择铜版纸，而文字信息类则应选新闻纸。当选择新闻纸时，最好选择一整个版面的面积大小，至少也要半个版面；彩页类的一般不能小于B5纸大小，切忌不能太小。还要注意不能夹带一些二折、三折大小的页面，避免读者拿取DM广告时容易将其抖掉。
- 如果要随报纸夹带投递DM广告，要清楚消费者的习惯而选择合适的报纸类型。比如传送者为男性，应该选择新闻、军事、财经等类型的报刊，如《环球时报》、《参考消息》或者当地的晚报等。

4.2 房地产DM折页设计

4.2.1 设计概述

本房地产DM作品选择两侧对称折页的形式呈现，所以分为内页与外页两大部分，整个折页透露出尊贵华丽的气派。首先，DM内页使用了皱折的英文手写图片素材，渗透出复古的怀旧感；再以欧式花纹配合精致的木质边框，把内页中艺术感极强的楼盘外观图衬托得犹如人间仙境。至于外页，本例选用了祥和的欧式花纹布面效果，再将楼盘别墅以横空出世的形式从背景中穿射出来，以夸张的手法突出商品；最后配合地图与广告文字，详细介绍本楼盘的销售内容。

在配色上，内页和外页相呼应，都使用了金亮的暖色配色方案，通过色彩的渐变与柔和过渡呈现和谐谦和的效果。这种明亮的配色很好地打造了华丽高雅的格调。缤纷的色彩可以营造出一种明亮的感觉，吸引大家的眼球。在素材的使用方面，最大的特色莫过于徽章式的花纹LOGO，再配合按规律缩排的渐变线，仿佛组合成一个带翅膀的LOGO，既生动又高贵。本例的最终效果如图4.4所示。

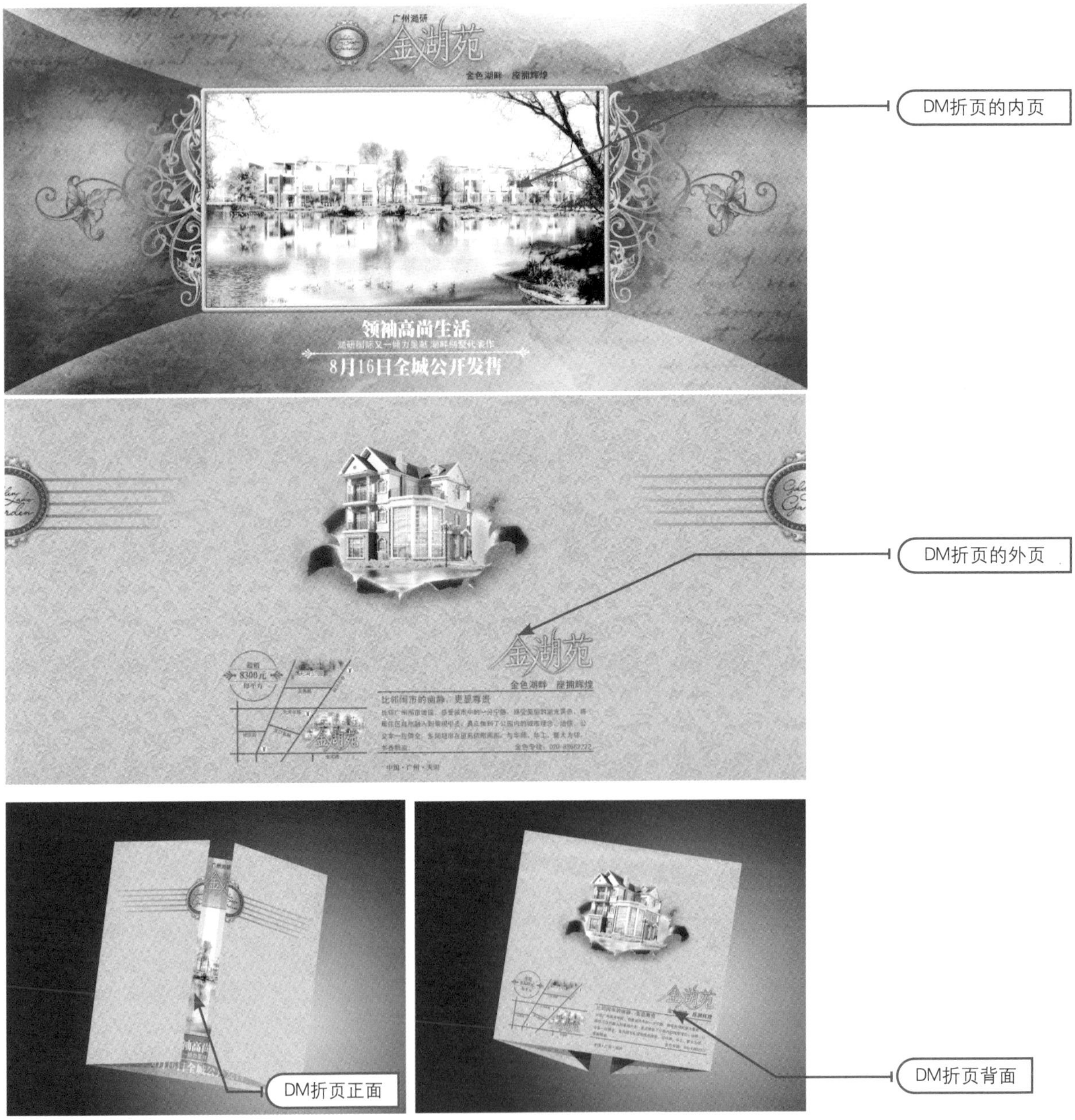

DM折页的内页

DM折页的外页

DM折页正面

DM折页背面

图4.4 房地产DM折页

尺　　寸	300dpi，2172像素×1024像素（18.39cm×8.67cm）
用　　纸	PP合成纸，适用于高级套色印刷
风格类型	古典、高贵、唯美
创 意 点	❶ 以英文手写素材配合古典花纹，呈现浓郁的西欧风情 ❷ 金黄的和谐配色尽现尊贵地位 ❸ 折叠后两边的徽章LOGO重合在一起 ❹ 外页横空出世的别墅楼盘效果
配色方案	#DCBF15　#FFCC33　#FF9933　#808000　#CC3300
作品位置	实例文件\Ch04\creation\DM广告—DM内页.psd 实例文件\Ch04\creation\DM广告—DM内页.jpg 实例文件\Ch04\creation\DM广告—DM外页.psd 实例文件\Ch04\creation\DM广告—DM外页.jpg

设计流程

1 房地产DM内页设计流程

由于本例的DM作品为两侧对称的折页，所以在设计前必须根据折痕创建3条垂直参考线，将整个版面划分为4个区域，接着根据如图4.5所示的设计流程图进行设计操作。

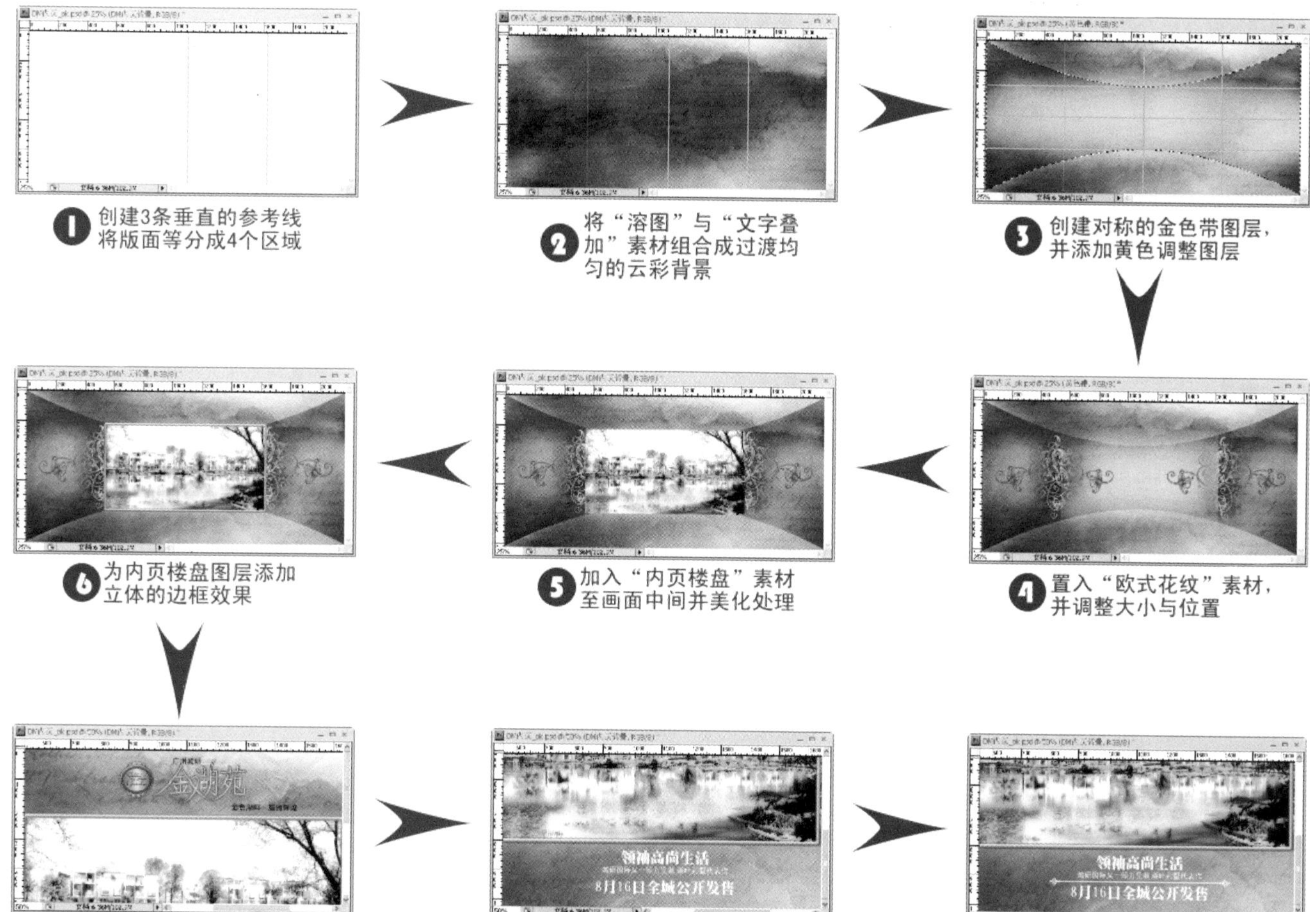

图4.5 房地产DM内页设计流程

2 房地产DM外页设计流程

完成内页的设计后，可以创建一个与内页尺寸和分辨率等属性相同的新文件，再通过相同的风格，根据如图4.6所示的流程图进行设计操作。

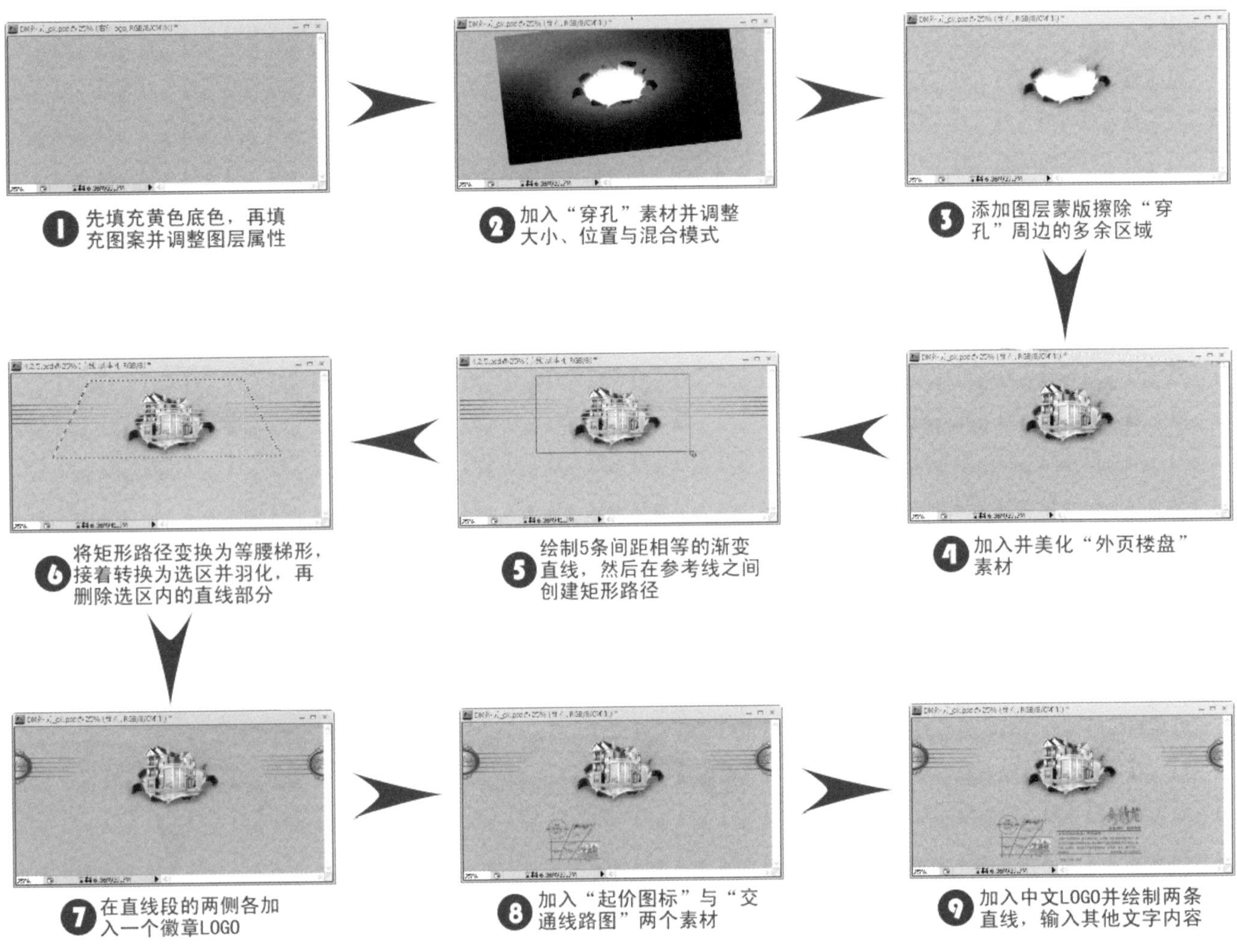

图4.6 房地产DM外页设计流程

功能分析

- 【参考线】命令：根据折页的宽度与结构，添加辅助设计的参考线。
- 【图层混合】选项：通过设置不同的图层混合模式与不透明度，制作多图像重叠的和谐效果。
- 【钢笔工具】：结合参考线绘制对齐的弧形路径。
- 【置入】命令：在文件中加入“欧式花纹”与LOGO等素材。
- 【盖印图层】、【去色】、【色调分离】和【高斯模糊】等命令：制作“内页楼盘”的梦幻艺术效果。
- 【描边】和【图层样式】：制作立体的边框效果。
- 【矩形选框工具】和【自定形状工具】：绘制分隔线。
- 【定义图案】命令：填充花纹外页背景。
- 【自由变换】命令：根据指定距离复制多条渐变直线，并将矩形路径变换成等腰梯形。

4.2.2 制作DM内页背景

设计分析

本小节先制作DM内页的背景，如图4.7所示。其主要设计流程为“制作溶色背景”→“插入混合文字图层”→“制作‘金色带’效果”→“添加欧式花纹”，具体实现过程如表4.1所示。

图4.7 DM内页背景

表4.1 制作DM内页背景的过程

制作目的	实现过程
制作溶色背景	● 加入“溶图”素材并调整大小与位置 ● 复制“溶图”图层，并调整方位与不透明度 ● 为两个“溶图”图层添加图层蒙版
插入混合文字图层	● 加入“文字叠加”素材，调整好大小与位置 ● 设置图层混合模式
制作“金色带”效果	● 添加“黄色带”图层并适当减淡 ● 创建“金色带”形状路径 ● 填充金色渐变颜色 ● 为边角涂上白色，增强立体效果
添加欧式花纹	● 置入“欧式花纹”素材，并调整大小与位置 ● 将花纹复制并水平翻转至对称的另一侧

制作步骤

01 STEP 选择【文件】|【新建】命令，打开【新建】对话框，输入名称为“DM内页背景”，再自定义宽度为2172像素、高度为1024像素、分辨率为300像素/英寸，保持其他属性不变并单击【确定】按钮，如图4.8所示。

专家提醒

本例作品的原大小为630mm×297mm，相当于3张竖排的A4纸拼贴在一起，考虑到文件容量较大，可能会影响部分配置不高的计算机的操作效率，所以本例特将文件按长宽比例缩小到2172像素×1024像素的大小。

02 STEP 选择【编辑】|【首选项】|【单位与标尺】命令，打开【首选项】对话框并自动选择【单位与标尺】选项，在【单位】选项组中更改【标尺】的单位为【像素】，单击【确定】按钮，如图4.9所示。

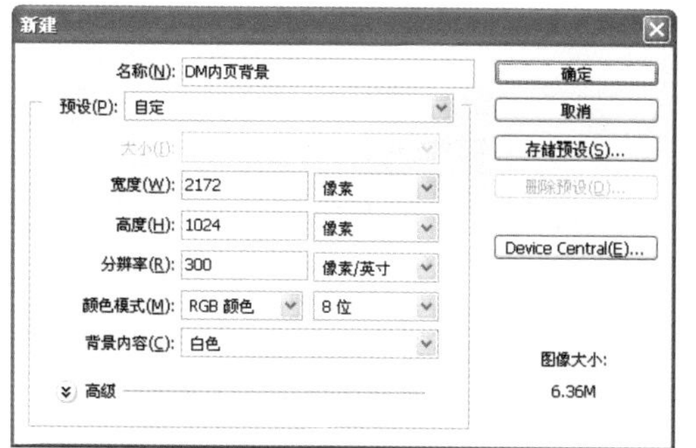

图4.8 创建“DM内页背景”新文件

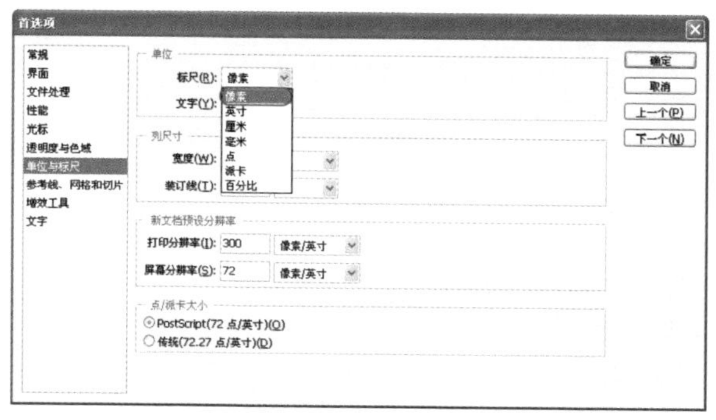

图4.9 更改标尺单位

专家提醒

由于本例文件是以“像素”为单位创建的，为了后续准确定位参考线，这里先把标尺的单位改成“像素”，也就是说标尺的单位应尽量与文件所用的单位统一。

03 STEP 在菜单栏中单击【查看额外内容】按钮，在打开的下拉列表中选择【显示标尺】选项，然后在【缩放级别】文本框中输入“3200”并按Enter键，将视图显示比例调至最高的3200%，使标尺以1像素为单位显示，如图4.10所示。

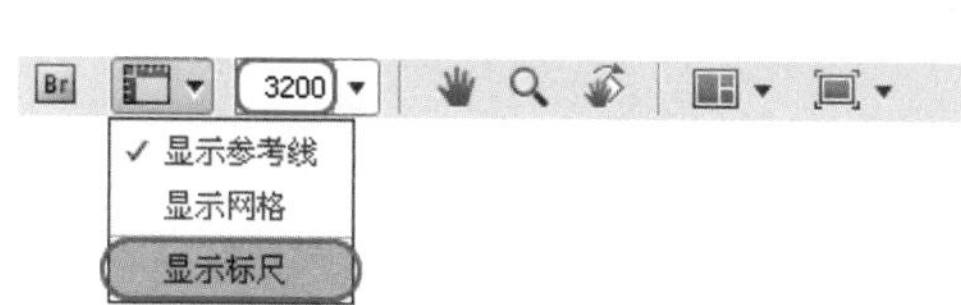

图4.10 显示标尺并设置显示比例

04 STEP 在菜单栏中单击按钮或者按住空格键，使光标变成状态，然后在文档画面中拖动，直到水平标尺中显示1086刻度值为止。接着从垂直标尺中拖出垂直参考线，对齐至水平标尺的1086刻度上释放左键，确定DM折页的垂直中心线，如图4.11所示。

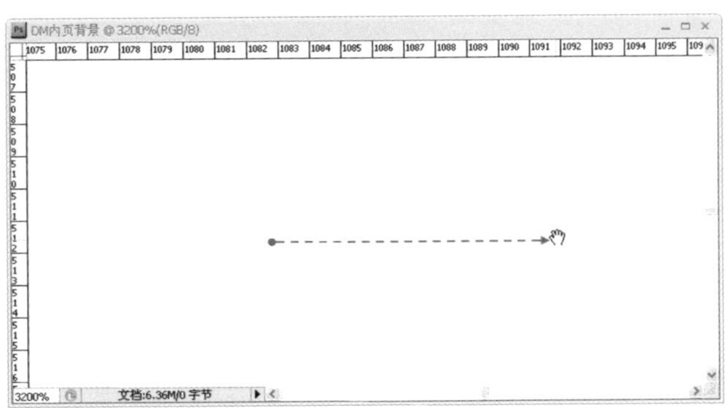

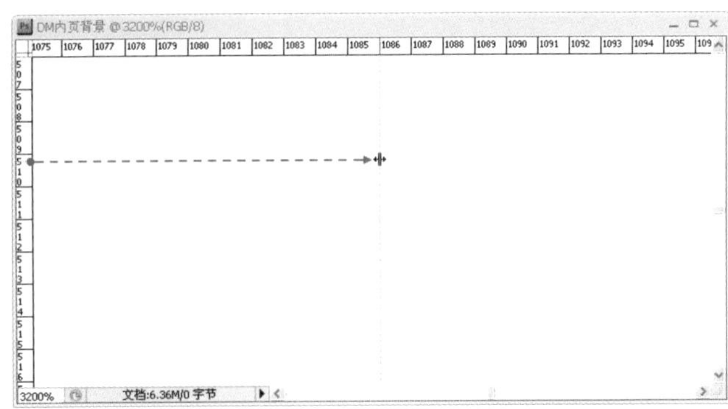

图4.11 添加DM中轴线

05 STEP 使用上一步骤的方法，根据表4.2所示在中线的两侧添加两条对称的垂直参考线，作为DM的左右折线，以3条垂直参考线将文件划分为4等份，结果如图4.12所示。

表4.2 垂直参考线数值

参考线名称	左折页线	垂直中线	右折页线
垂直参考线参数	543px	1086px	1629px

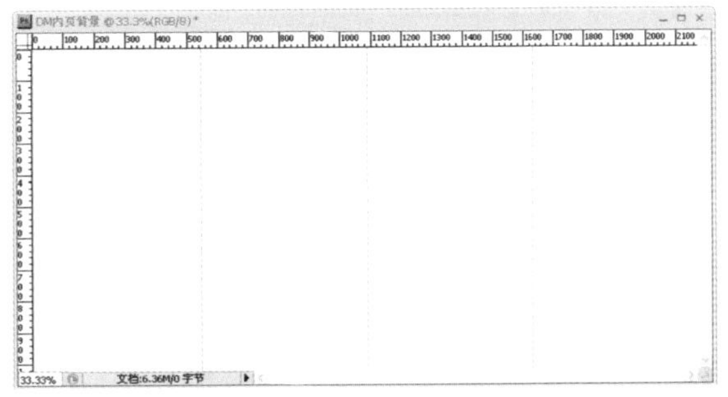

图4.12 添加另外两条参考线作为左右折线

06 STEP 在“实例文件\Ch04\images”路径下打开“溶图.jpg”素材文件，然后按Ctrl+A快捷键全选文件，再使用【移动工具】将素材拖至“DM内页背景”文件中，接着按Ctrl+T快捷键对其位置与大小进行调整，其参数如图4.13所示。

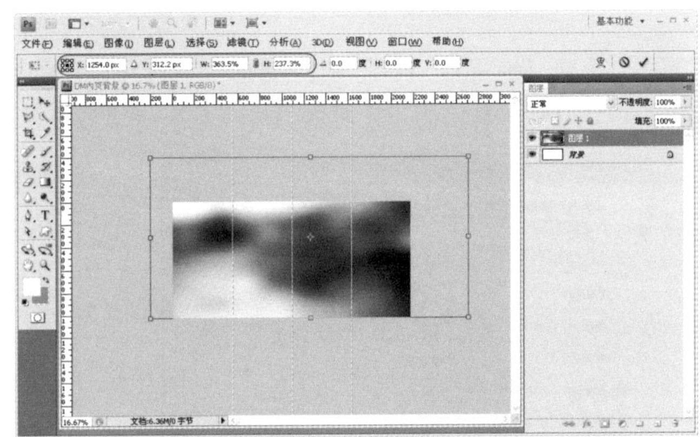

图4.13 加入并调整溶图素材

07 STEP 在【图层】面板中将图层名称改为“溶图素材”，并设置不透明度为80%，效果如图4.14所示。

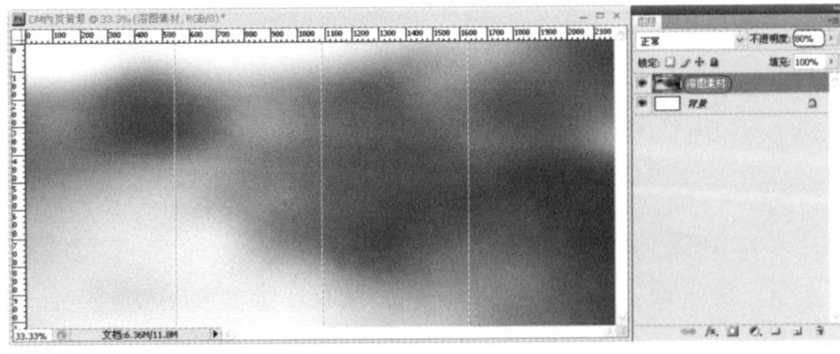

图4.14 调整溶图素材的不透明度

08 STEP 将“溶图素材”图层拖至【创建新图层】按钮，复制出“溶图素材 副本”图层，再选择【编辑】|【变换】|【水平翻转】命令，将复制的图层水平翻转，使两个溶图的颜色尽量均匀散布于画面，如图4.15所示。

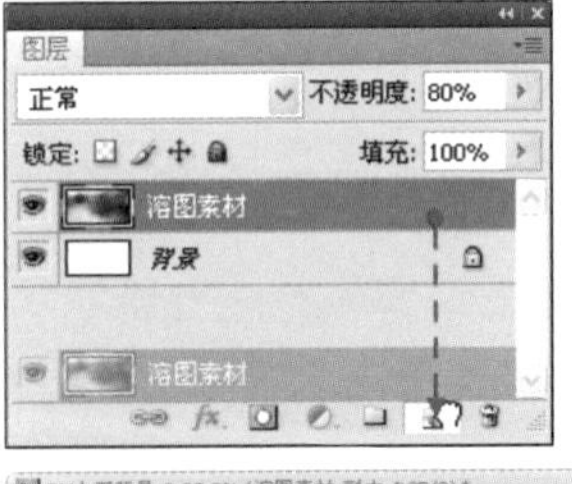

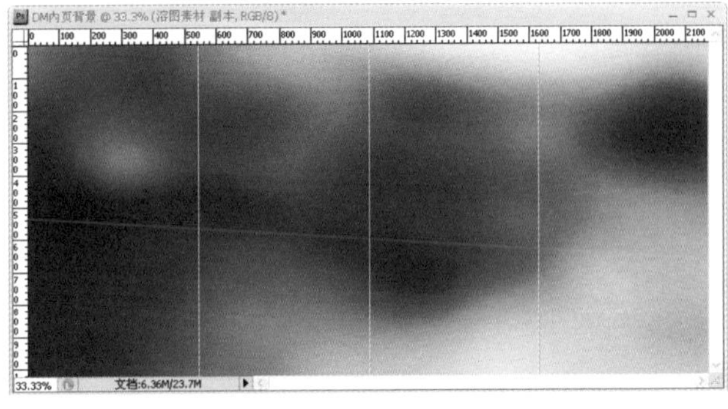

图4.15 复制并水平翻转“溶图素材 副本”

09 STEP 单击【添加图层蒙版】按钮，为“溶图素材 副本”图层添加图层蒙版，然后选择【画笔工具】并设置柔角笔刷，接着使用黑色的前景在画面中色素较深的区域来回涂抹，如图4.16所示。

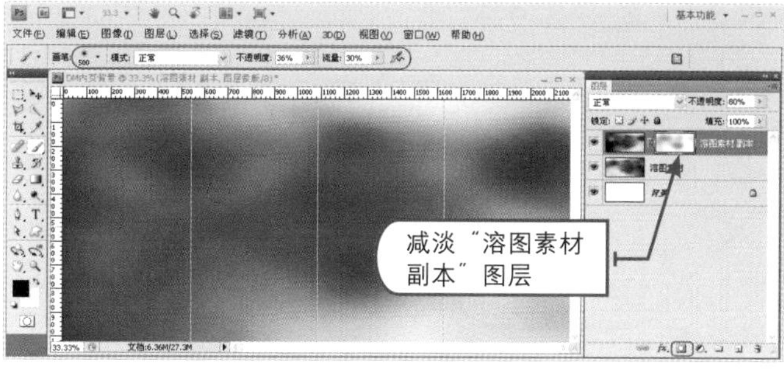

图4.16 为“溶图素材 副本”添加图层蒙版

10 STEP 使用上一步骤的方法对“溶图素材”图层进行同样的处理，如图4.17所示。

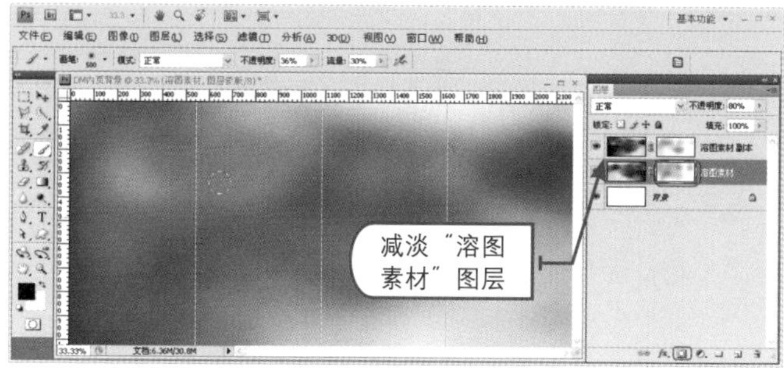

图4.17 为“溶图素材”添加图层蒙版

11 STEP 在“实例文件\Ch04\images”路径下打开“文字叠加.jpg”素材文件，然后按Ctrl+A快捷键全选文件，再使用【移动工具】将素材拖至“DM内页背景”文件中。为了便于放大图层，先缩小视图的显示比例，并拖大文件的边缘区域，接着按Ctrl+T快捷键对其位置与大小进行调整，设置完毕后按Enter键，如图4.18所示。

12 STEP 将图层的混合模式设置为【叠加】，并更改图层名称为“文字叠加”，效果如图4.19所示。

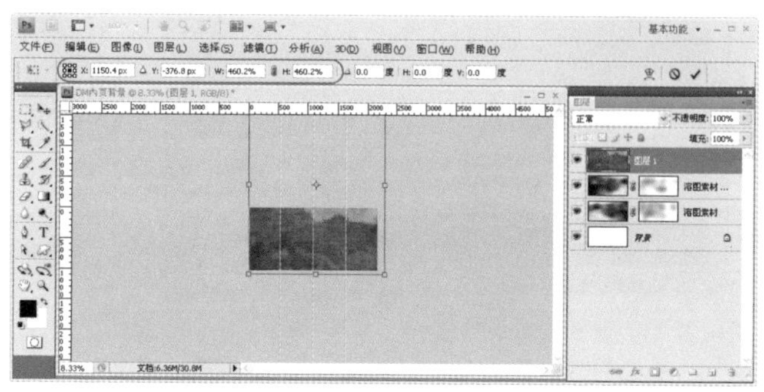

图4.18 加入并调整“文字叠加”素材

13 STEP 创建一个名为“黄色带”的新图层，然后设置前景为【#ffe96a】的黄色，再使用【画笔工具】在文件的中间涂抹出一层柔化的黄色层，并设置其混合模式为【滤色】，如图4.20所示。

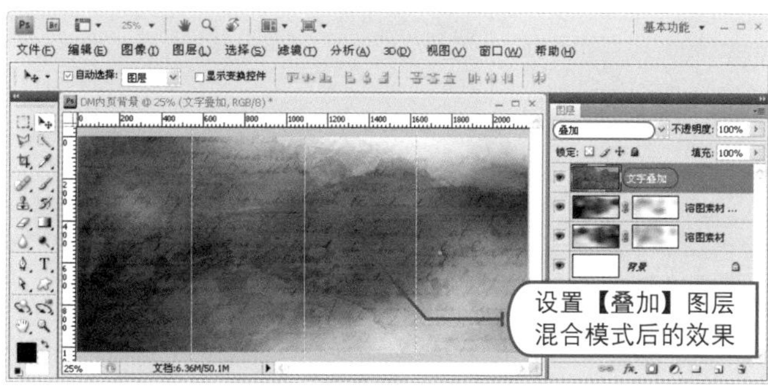

图4.19 设置“文字叠加”图层的混合模式

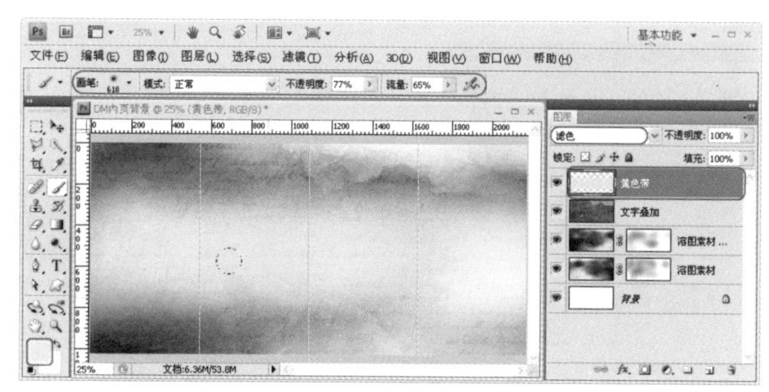

图4.20 添加“黄色带”图层

14 STEP 使用步骤（3）的方法先将视图的显示比例设置为最大的3200%，然后根据表4.3所示添加3条水平参考线，为后续绘制“金色带”图形定下准确坐标，如图4.21所示。

表4.3 垂直参考线数值

参考线名称	上弧顶点线	水平中线	下弧顶点线
水平辅助线参数	300px	512px	724px

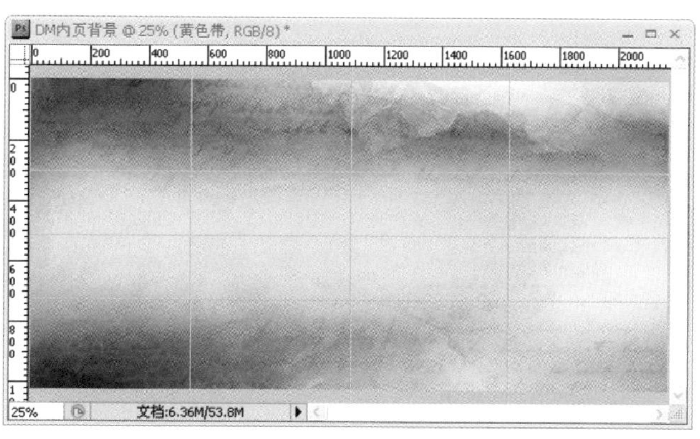

图4.21 绘制水平参考线

15 STEP 先拉宽文件四周的边缘区域，以便绘制路径；接着选择【钢笔工具】，在文件的左上角处单击，确定路径的起点；在"垂直中线"与"上弧顶点线"的交点处单击确定路径的第二个锚点，同时拖动控制柄至"右侧页线"与"上弧顶点线"的交点处，确定第一、第二个锚点之间的线段弧度，如图4.22（上）所示。以上述规则配合各参考线所构成的交点绘制路径的其他锚点，如图4.22（左下）所示。最后在路径的起点处单击，闭合路径，如图4.22（右下）所示。

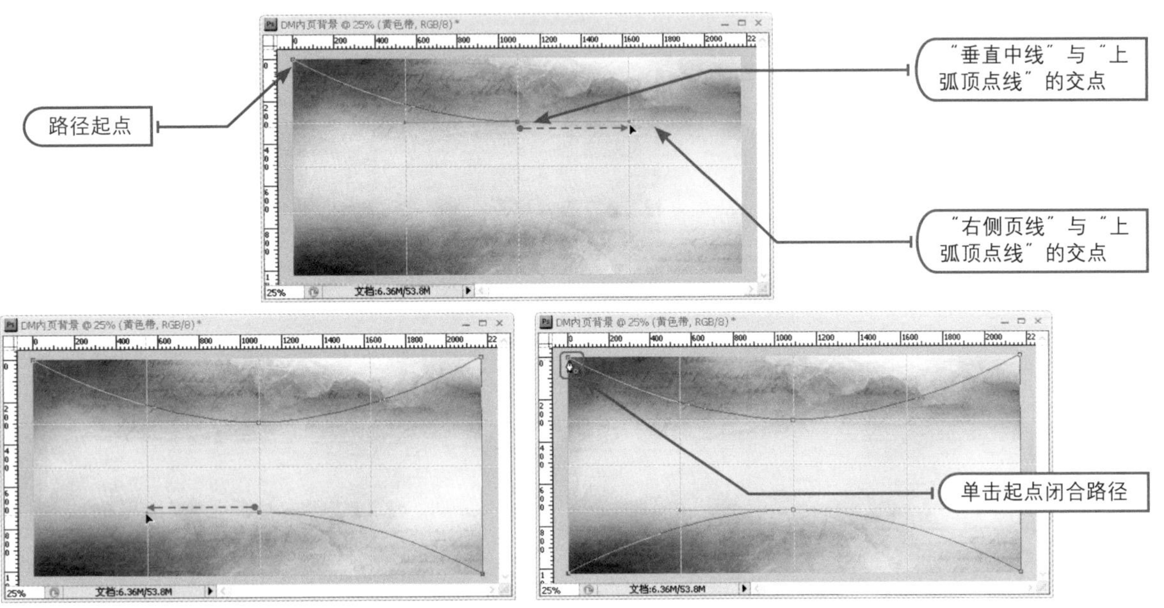

图4.22 绘制"金色带"路径

16 STEP 在【路径】面板中双击自动生成的"工作路径"，在打开的【存储路径】对话框中输入名称为"金色带"，并单击【确定】按钮，如图4.23所示。

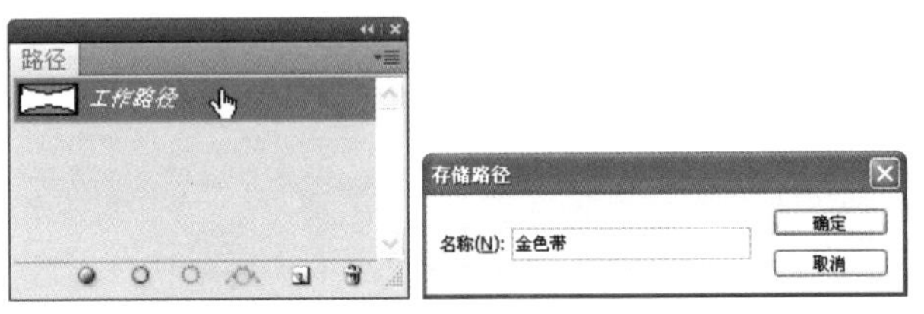

图4.23 存储"金色带"路径

17 STEP 返回【路径】面板中，单击【将路径作为选区载入】按钮，将"金色带"路径转换成选区，如图4.24所示。

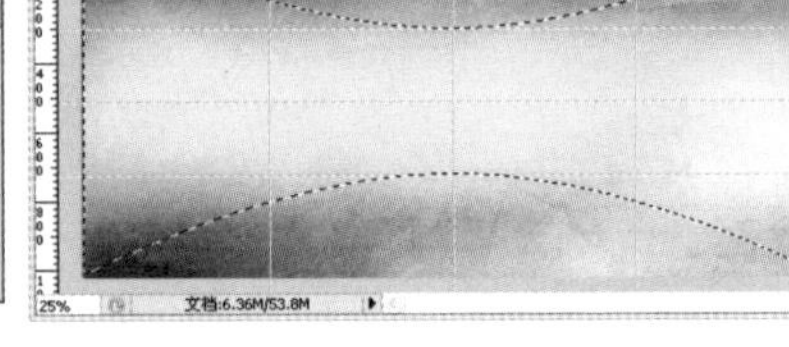

图4.24 存储并载入"金色带"路径

18 STEP 选择【渐变工具】，然后在选项栏中单击【线性渐变】按钮，接着单击渐变缩览图，打开【渐变编辑器】对话框，按照表4.4所示设置渐变颜色属性，结果如图4.25所示。

表4.4 渐变属性设置

色标	颜色	位置
1	#986621	0%
2	#ede171	50%
3	#986621	100%

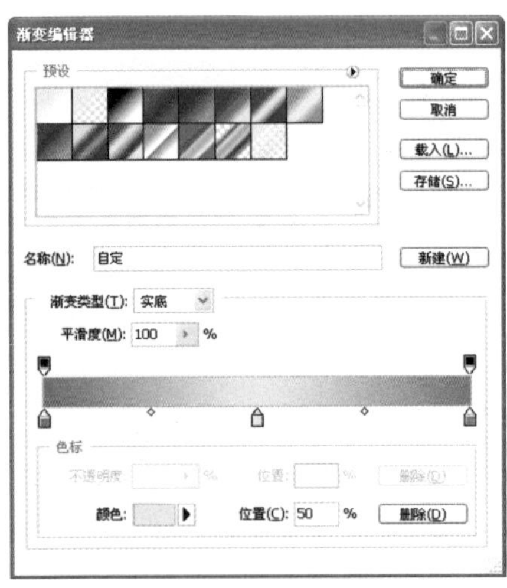

图4.25 设置渐变属性

19 STEP 创建一个名为"金色带"的新图层，按住Shift键在选区中从左至右水平填充渐变颜色，如图4.26所示。

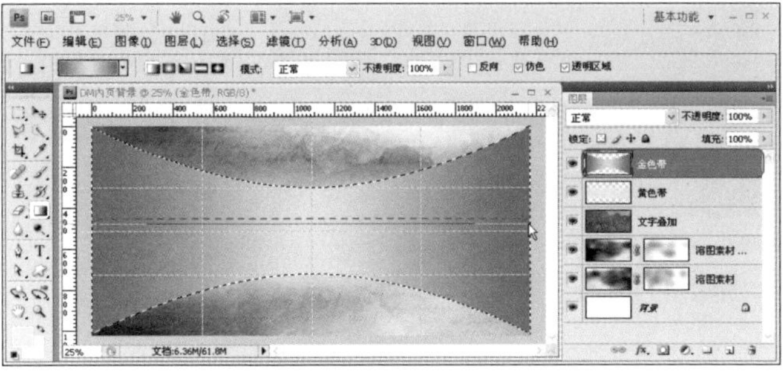

图4.26 填充"金色带"渐变颜色

20 STEP 将"金色带"图层的混合模式设置为【颜色加深】，接着按Ctrl+D快捷键取消选区，如图4.27所示。

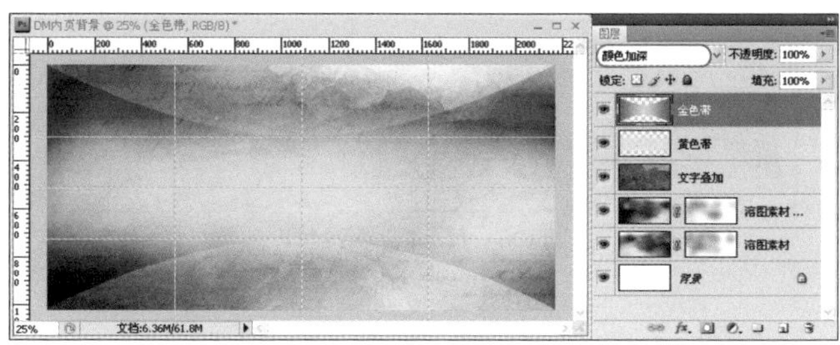

图4.27 调整图层混合模式

21 STEP 选择【文件】|【置入】命令，打开【置入】对话框，在"实例文件\Ch04\images"路径下双击"欧式花纹.ai"素材文件，在打开的【置入 PDF】对话框中选择【页面】单选按钮，再单击【确定】按钮，如图4.28所示。

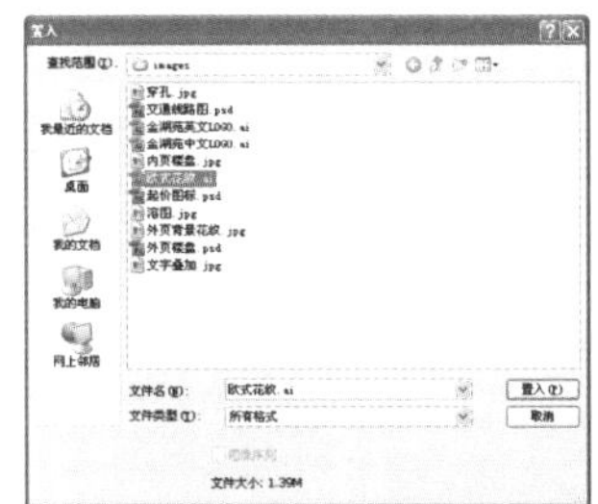

图4.28 置入"欧式花纹"素材

22 STEP 按Ctrl+T快捷键，在选项栏中调整"欧式花纹"图层的位置、大小与角度，最后按Enter键确认变换，使其缩小并移动至画面的左侧，如图4.29所示。

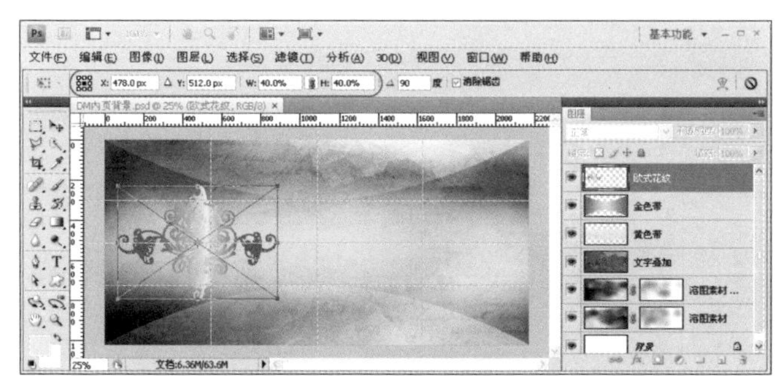

图4.29 调整置入花纹的角度、位置与大小

23 STEP 选择【移动工具】，按住Alt键将花纹拖至对称的另一侧，移动并复制出"欧式花纹 副本"图层，接着选择【编辑】|【变换】|【水平翻转】命令，将复制所得的"欧式花纹"水平翻转并调整至对称的位置，如图4.30所示。

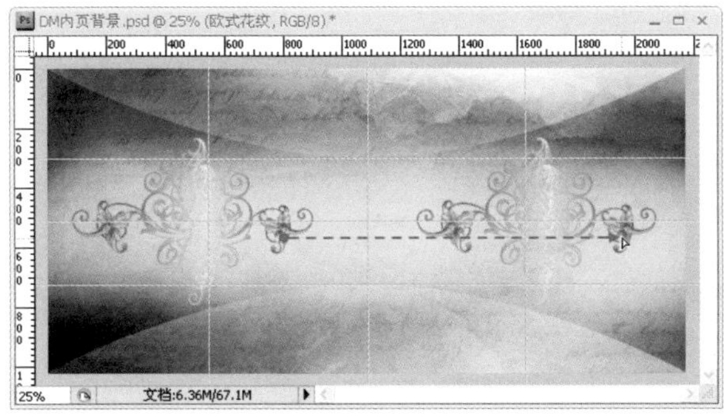

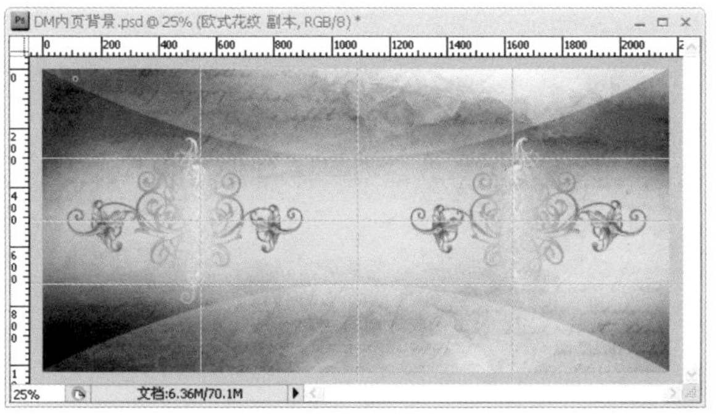

图4.30 复制另一侧的欧式花纹

24 STEP 选择【视图】|【对齐到】|【参考线】命令，使操作自动贴紧参考线，然后使用【矩形选框工具】并按住Shift键，在画面的两侧绘制出两个矩形选区，如图4.31所示。

25 STEP 在【图层】面板中选择"黄色带"图层，并选择【图层】|【图层蒙版】|【显示全部】命令，然后选择【画笔工具】并使用黑色的柔性笔刷在靠近参考线的一侧来回涂抹，减少区域内的黄色色素，使加入的花纹素材更加明显，如图4.32所示。

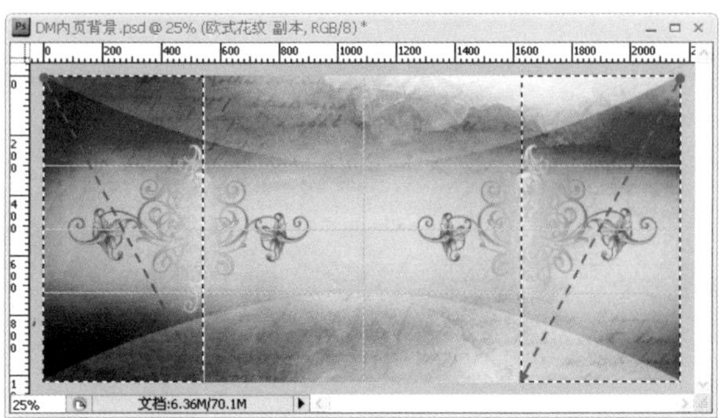

图4.31 绘制矩形选区

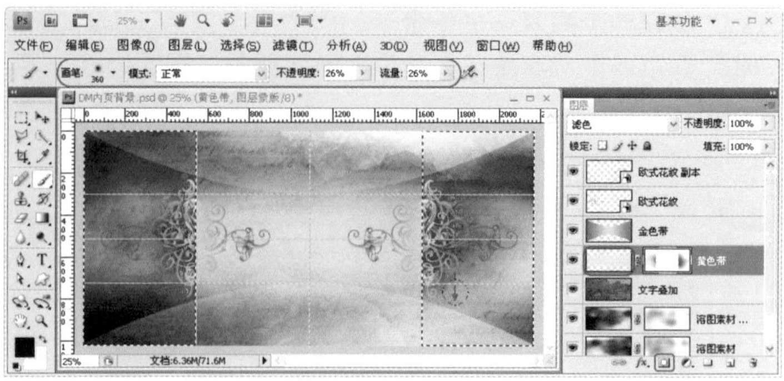

图4.32 擦除部分黄色带像素

专家提醒

在设计中，用为图层添加图层蒙版的方式来擦除多余色素的手法较为常用，其中用黑色的前景色可以擦除像素，而白色的前景色则可以还原色素，所以在操作过程中可以多次变换两种前景色来得到最满意的蒙版效果。当然，设置画笔的笔刷大小、不透明度与流量等属性也非常重要。

26 STEP 按住Ctrl键在【图层】面板中单击“金色带”图层，快速载入该图层的选区，再按Ctrl+Shift+I快捷键反选选区，以得到如图4.33所示的选区。

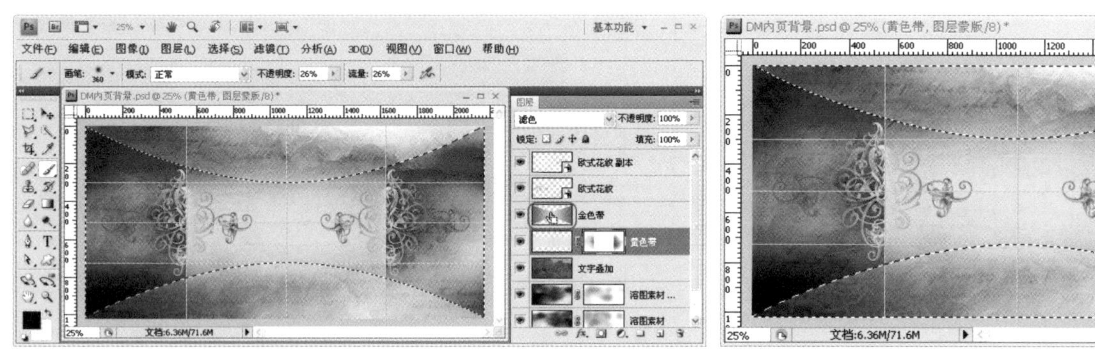

图4.33 载入“金色带”以外的选区

27 STEP 在“文字叠加”图层的下方创建一个名为“白色边角”的新图层，再设置前景色为白色，接着使用【画笔工具】在画面的4个边角处绘制出白色的荧光效果（其属性设置与操作方法如图4.34所示），以增强“金色带”的立体效果，最后按Ctrl+D快捷键取消选区。

至此，本DM内页的背景已经制作完毕，其效果如图4.7所示。下一小节将介绍在内页中添加图层边框。

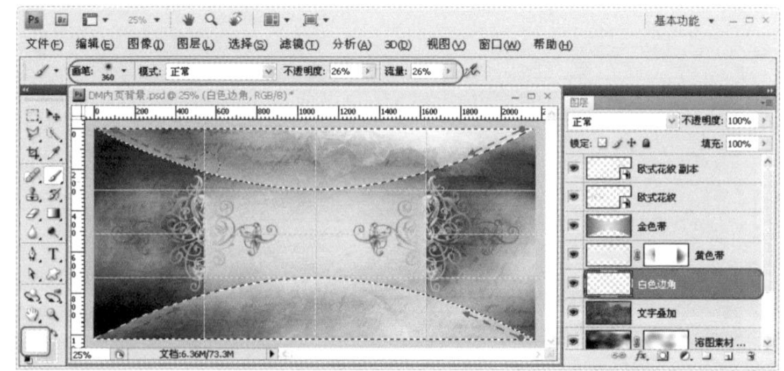

图4.34 在4个边角添加白色

4.2.3 添加内页图片与边框

设计分析

本小节将在DM内页的背景中添加图片与边框效果，如图4.35所示。其主要设计流程为“加入‘内页楼盘’图片”→“制作梦幻艺术效果”→“制作立体边框效果”，具体实现过程如表4.5所示。

图4.35 添加内页图片与边框后的效果

表4.5 添加内页图片与边框的过程

制作目的	实现过程
加入“内页楼盘”图片	● 加入“内页楼盘”素材图片 ● 使用【曲线】命令调整图片效果 ● 为图片添加黄色调整层
制作梦幻艺术效果	● 盖印图层并复制出副本 ● 将盖印副本图层去色，并进行色调分离处理 ● 为盖印副本图层添加高斯模糊滤镜特效 ● 调整盖印副本图层的混合模式 ● 删除两个盖印层的多余部分
制作立体边框效果	● 添加10像素的“描边”图层 ● 为“描边”图层添加多种图层样式

制作步骤

01 STEP 打开“4.2.3.psd”练习文件，创建“内页楼盘”图层组，从“实例文件\Ch04\images”路径下打开“内页楼盘.jpg”素材文件，全选素材并使用【移动工具】添加至“内页楼盘”图层组中。按Ctrl+T快捷键，对图像进行位置与大小的调整，如图4.36所示，最后按Enter键。

02 STEP 将上一步骤加入的楼盘图层更名为“楼盘原图”，单击【创建新的填充或调整图层】按钮，选择【曲线】命令，在【曲线】调整面板中选择曲线的预设项目为【自定】，然后调整曲线的属性如图4.37所示，最后单击按钮关闭【调整】面板。

图4.36 插入并调整“内页楼盘”图片

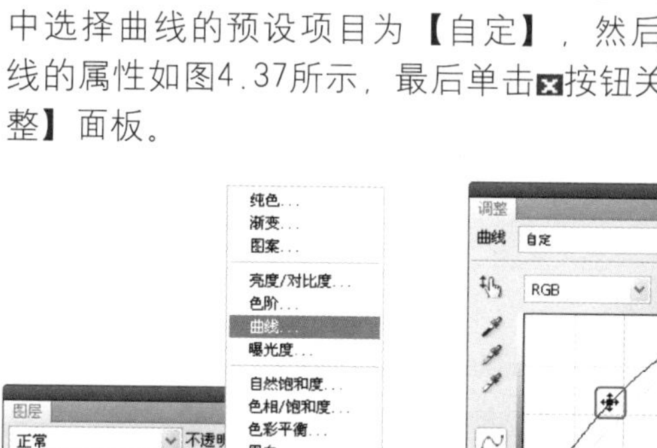

图4.37 添加曲线调整图层的亮度

小小秘籍

在曲线调整区域单击并移动调节点可以调整画面的颜色与亮度属性效果，其实还可以通过在【输出】与【输入】文本框中输入准确的数值来进行调整。另外，选择曲线的预设项目为【默认值】，即可恢复调整前的原始属性。

03 STEP 选择【图层】|【创建剪贴蒙版】命令，使“曲线1”调整层只对“楼盘原图”起效果，如图4.38所示。

04 STEP 新建一个名为“黄色调整层”的新图层，设置前景色为【#ffd802】的黄色，并按Alt+Backspace快捷键填充前景色，接着设置图层混合模式为【叠加】、不透明度为80%，如图4.39所示。

图4.38 为“曲线1”创建图层剪贴蒙版

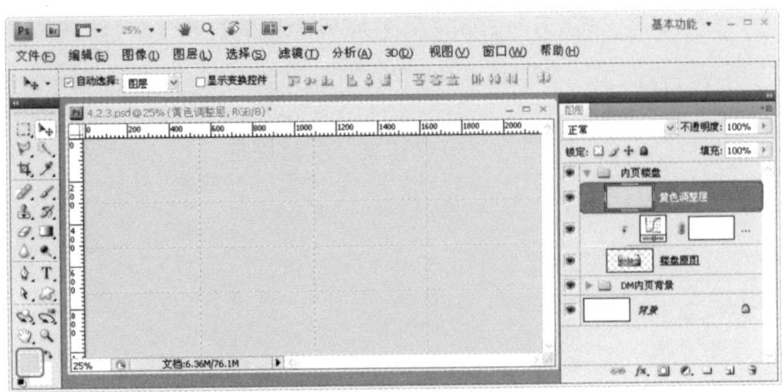

图4.39 添加黄色调整图层

05 STEP 选择【图层】|【创建剪贴蒙版】命令，使“黄色调整层”只对“楼盘原图”起效果，如图4.40所示。

06 STEP 按Ctrl+Alt+Shift+E快捷键创建出盖印的“图层1”，并为其重命名为“盖印内页楼盘”，接着将“盖印内页楼盘”图层拖至【创建新图层】按钮上，复制出“盖印内页楼盘 副本”图层，如图4.41所示。

图4.40 为“黄色调整层”创建剪贴蒙版

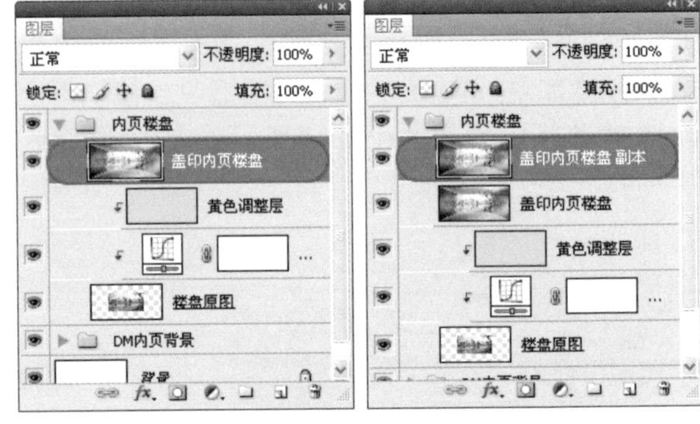

图4.41 盖印图层并复制副本

07 STEP 按住Ctrl键单击“楼盘原图”图层，快速载入该图层的选区，以保证后续的操作在楼盘图片区域内进行。接着按Ctrl+Shift+U快捷键将“盖印内页楼盘”图层选区中的内容进行去色处理，如图4.42所示。

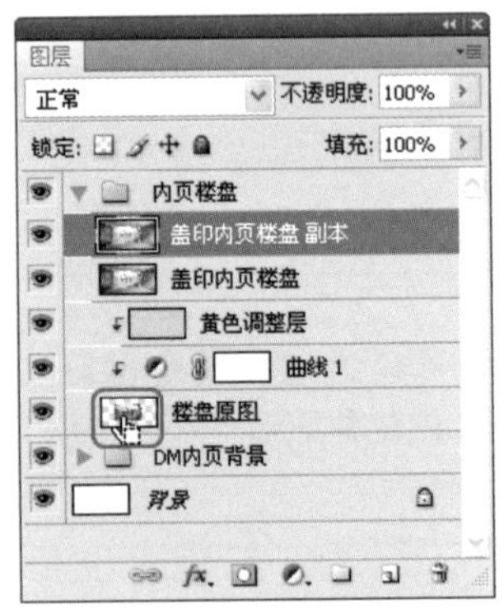

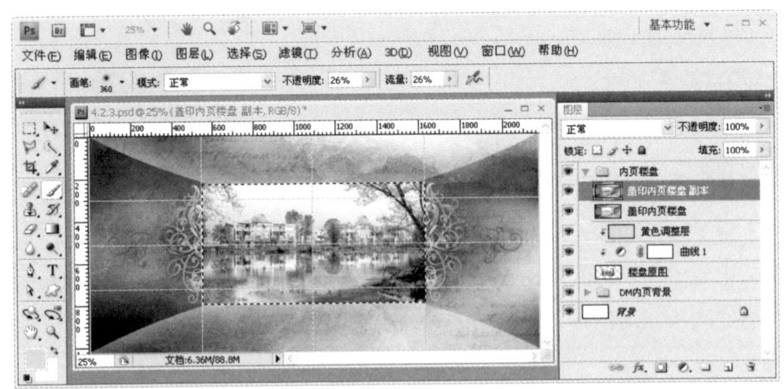

图4.42 载入“楼盘原图”选区并去色处理

08 STEP 选择【图像】|【调整】|【色调分离】命令，在打开的【色调分离】对话框中输入【色阶】值为32，接着单击【确定】按钮，如图4.43所示。

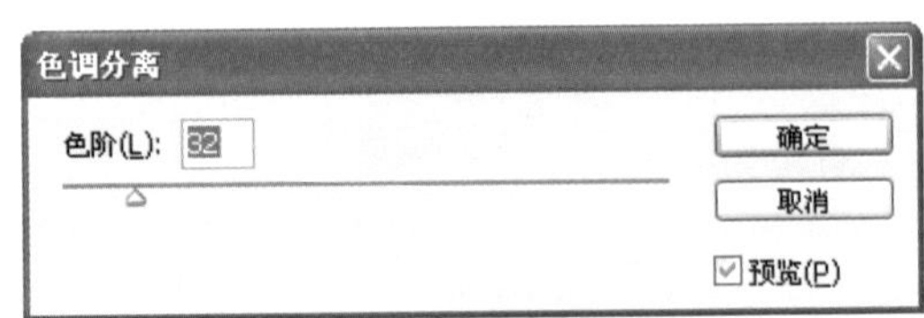

图4.43 对选区内容进行色调分离处理

09 STEP 选择【滤镜】|【模糊】|【高斯模糊】命令，在打开的【高斯模糊】对话框中输入【半径】值为6.5像素，再单击【确定】按钮，如图4.44所示。

10 STEP 选择"盖印内页楼盘 副本"图层，再设置图层混合模式为【叠加】，结果如图4.45所示。

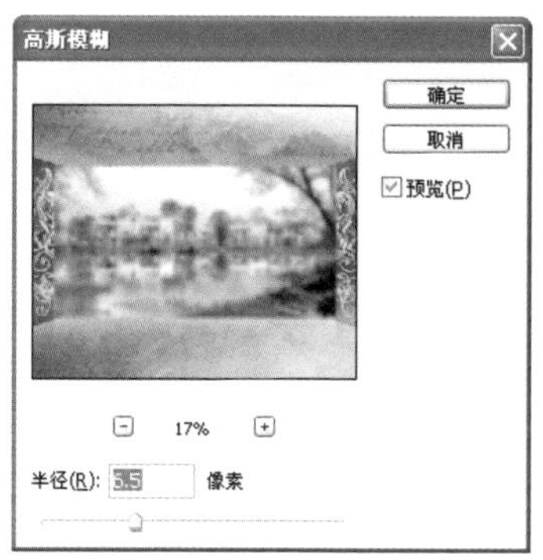

图4.44　高斯模糊图像

图4.45　设置图层混合模式

11 STEP 按Alt+Shift+I快捷键反转选区，然后选择"盖印内页楼盘 副本"图层并按Delete键，删除楼盘图片以外的盖印部分。接着使用同样的方法删除"盖印内页楼盘"图层的多余盖印部分，如图4.46所示。

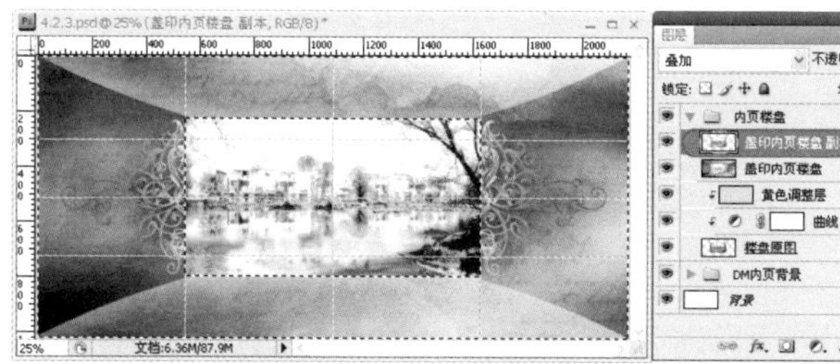

图4.46　删除"楼盘原图"以外的盖印部分

12 STEP 再次按Alt+Shift+I快捷键反转选区，创建"楼盘原图"选区，接着创建一个名为"边框"的新图层，再选择【编辑】|【描边】命令打开【描边】对话框，设置颜色为【fbbf27】、宽度为10px、位置为【居外】，保持其他默认设置不变，单击【确定】按钮，如图4.47所示，最后按Ctrl+D快捷键取消选择。

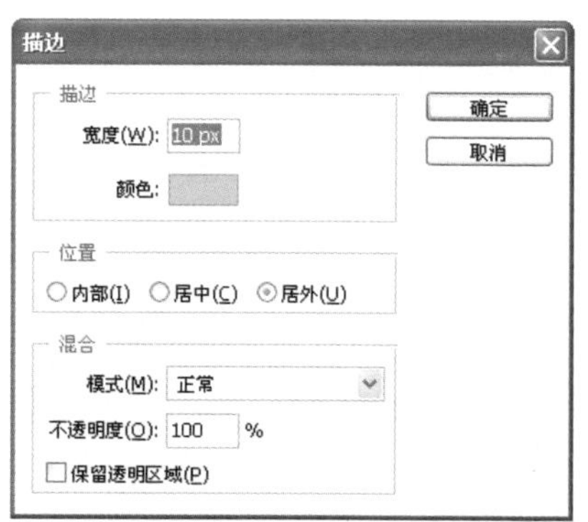

图4.47　创建"边框"图层并设置描边属性

13 STEP 双击"描边"图层，打开【图层样式】对话框，然后设置【投影】、【外发光】、【内发光】、【斜面和浮雕】与【等高线】等样式选项如图4.48所示，最后单击【确定】按钮，最终效果如图4.35所示。

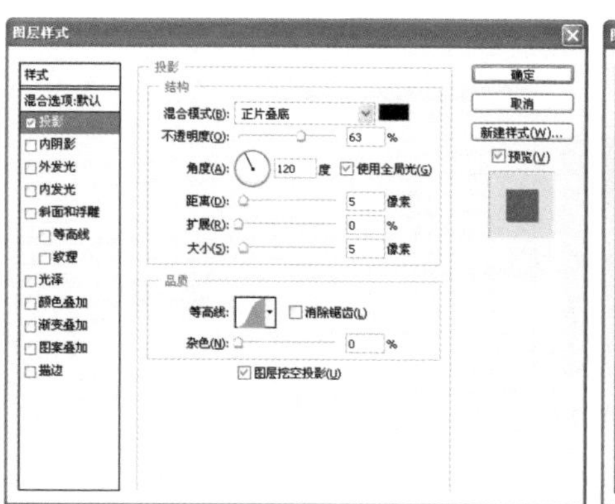
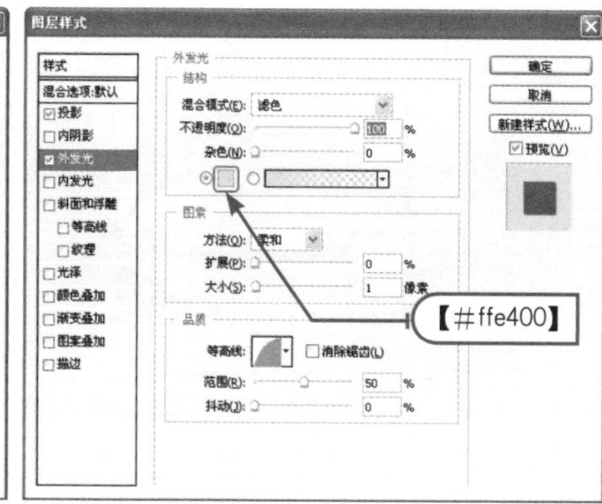

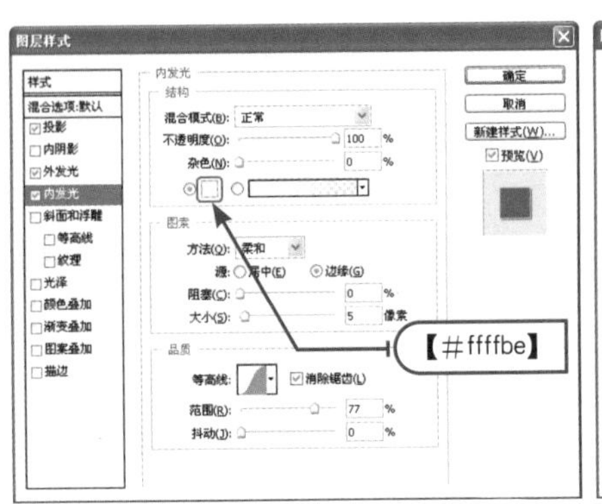

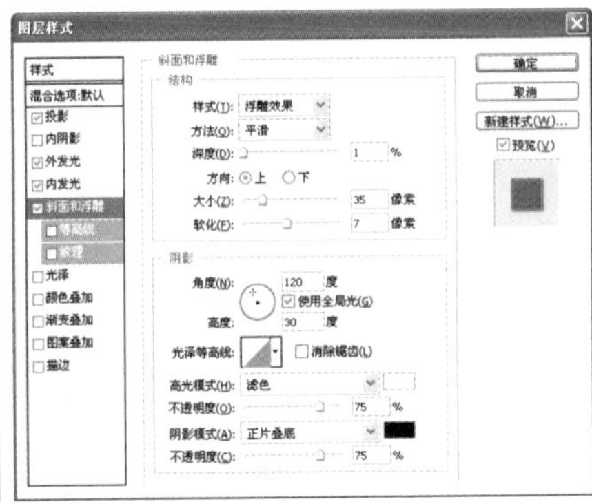

图4.48 为楼盘图片添加立体的边框

至此，本节的添加内页图片与边框制作完毕，接下来将添加内页的文字与LOGO等设计元素。

4.2.4 添加内页文字与LOGO

设计分析

本小节将为DM内页添加LOGO与广告文字，效果如图4.49所示。其主要设计流程为"添加与美化LOGO"→"添加广告文字内容"→"绘制分隔线"，具体实现过程如表4.6所示。

图4.49 添加内页文字与LOGO后的效果

表4.6 添加内页文字与LOGO的过程

制作目的	实现过程
添加与美化LOGO	● 置入中、英文LOGO并调整大小与位置 ● 为两个LOGO添加图层样式 ● 为英文LOGO添加颜色调整层并创建剪贴蒙版 ● 在中文LOGO的上下方添加两句广告语 ● 在中文LOGO的上方创建两条渐变直线
添加广告文字内容	● 在楼盘图片的中下方输入3行广告文字 ● 接着选择3个文字图层，并水平居中对齐
绘制分隔线	● 在第二、第三行广告文字之间绘制一条与文字颜色相同的直线 ● 在线头的两端添加一个装饰图案

制作步骤

01 STEP 打开"4.2.4.psd"练习文件，创建一个名为"logo & 文字"的图层组，将"金湖苑英文LOGO.ai"素材文件置入练习文件中，接着按Ctrl+T快捷键，将英文LOGO放置于楼盘图片的上方，如图4.50所示。

图4.50 加入英文LOGO并调整大小和位置

02 STEP 使用上一步骤的方法置入"金湖苑中文LOGO.ai"素材，并放置在英文LOGO的旁边，如图4.51所示。最后将加入的两个LOGO素材图层拖至"logo & 文字"图层组。

03 STEP 选择"金湖苑中文LOGO"图层，单击【添加图层样式】按钮 fx，再选择【外发光】选项，如图4.52所示。

04 STEP 在打开的【图层样式】对话框中，为中文LOGO添加【外发光】、【斜面和浮雕】、【颜色叠加】、【渐变叠加】与【描边】选项，如图4.53所示，最后单击【确定】按钮。

图4.51 加入中文LOGO并调整大小位置

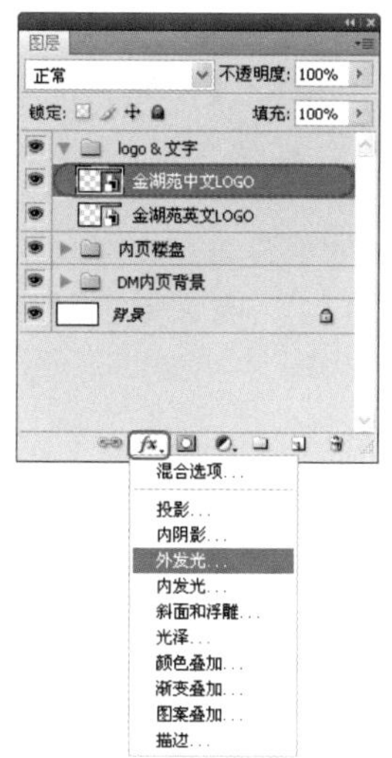

图4.52 选择【外发光】选项

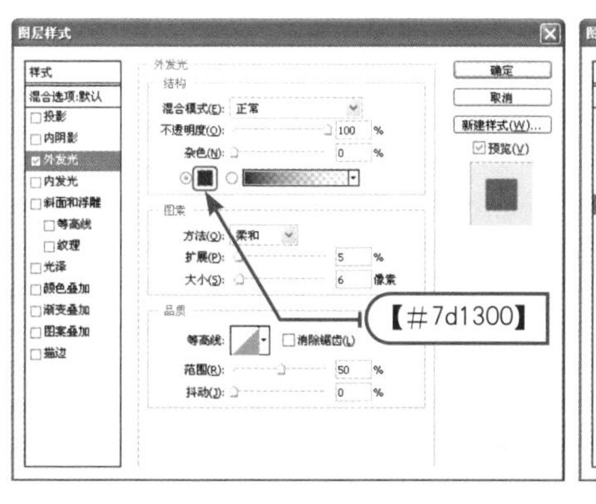

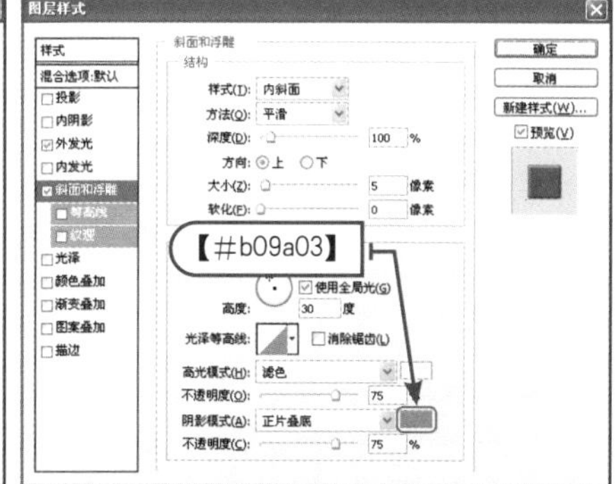

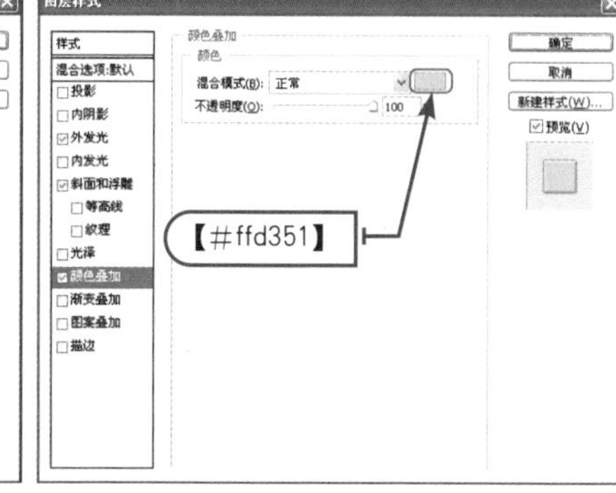

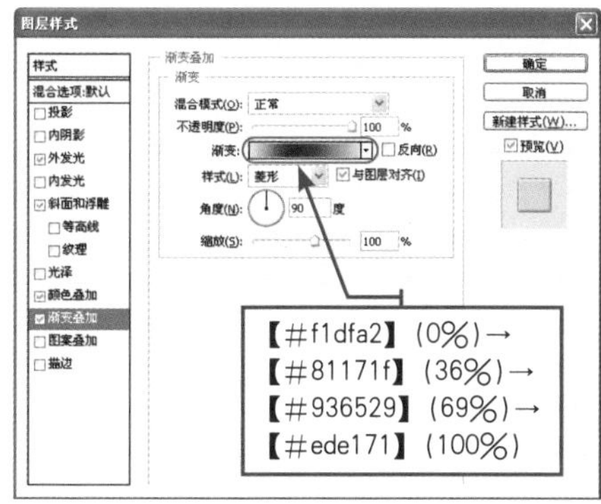

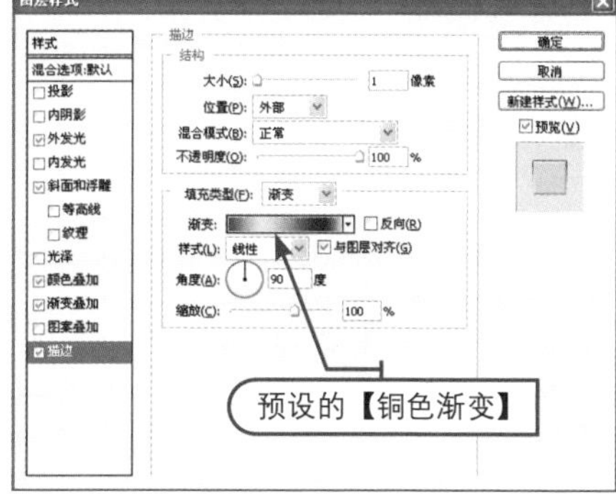

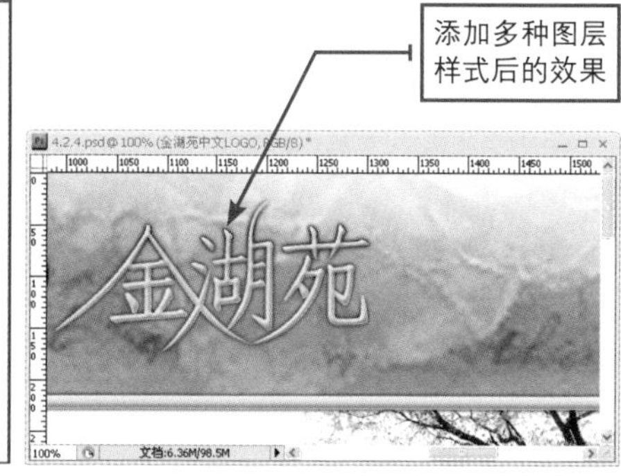

图4.53 为中文LOGO添加图层样式

05 STEP 使用上一步骤的方法对"金湖苑英文LOGO"图层添加相同的图层样式效果，其中取消【渐变叠加】的显示效果，并更改【颜色叠加】选项的【不透明度】为22%，如图4.54所示。

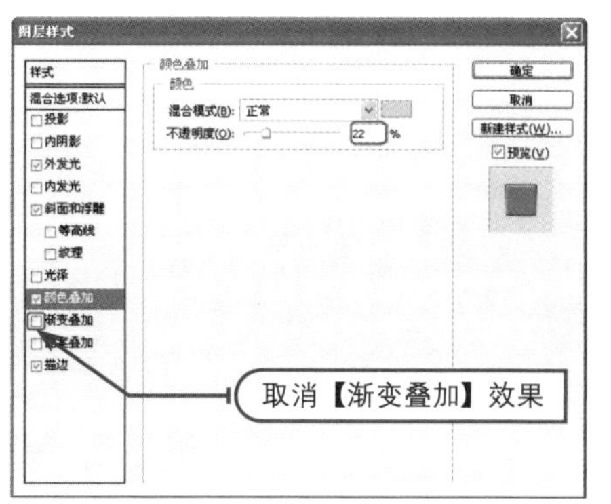

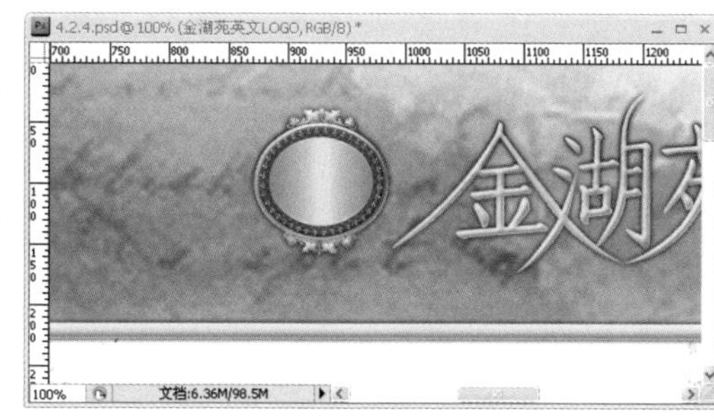

图4.54 为英文LOGO添加图层样式

06 STEP 选择“金湖苑英文LOGO”图层，单击【创建新的填充或调整图层】按钮，选择【纯色】选项，在打开的【拾取实色】对话框中设置颜色属性为【#924004】，接着单击【确定】按钮，如图4.55所示。

图4.55 创建纯色填充图层

07 STEP 选择新建的颜色调整图层，然后按Ctrl+Alt+G快捷键创建剪贴蒙版，使上一步骤创建的颜色填充图层仅对下方的“金湖苑英文LOGO”图层起作用，接着设置图层混合模式为【叠加】，不透明度为50%，如图4.56所示。

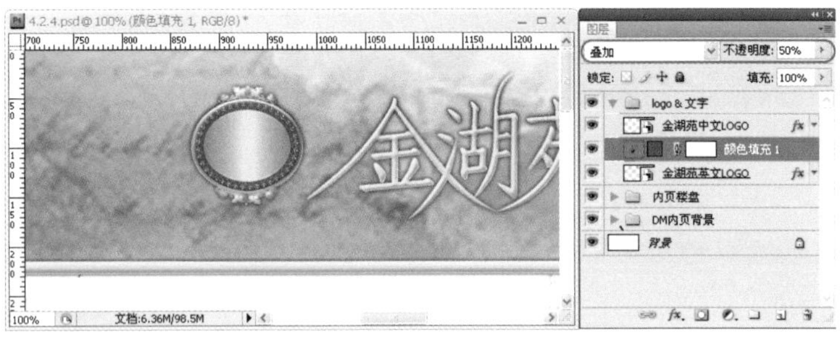

图4.56 为新建的填充图层创建剪贴蒙版

08 STEP 使用【横排文字工具】T 在“金湖苑英文LOGO”图层中间的椭圆区域中输入“Garden”、“Lake”、“Golden”3个文字图层，其中文字属性如图4.57所示。

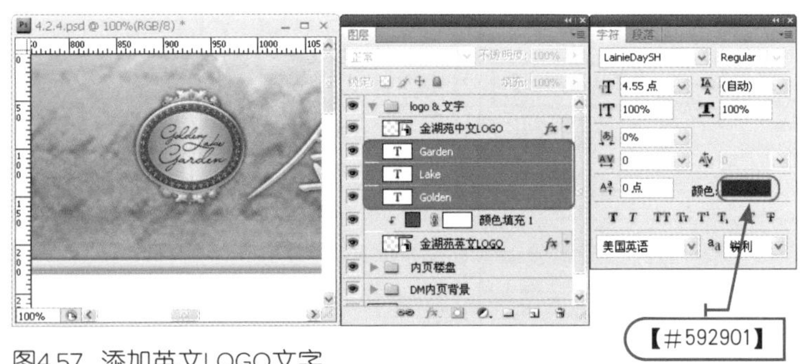

图4.57 添加英文LOGO文字

09 STEP 在“金湖苑”中文LOGO的左下方输入“金色湖畔 座拥辉煌”文字内容，如图4.58所示。

图4.58 添加中文广告内容

10 STEP 使用上一步骤的方法在“金湖苑”中文LOGO的上方输入“广州澔研”文字内容，如图4.59所示。

11 STEP 根据表4.7所示，使用【横排文字工具】T 在楼盘图片的下方输入其他广告文字内容，如图4.60所示。

图4.59 输入“广州澔研”文字内容

表4.7 广告文字属性设置

文字内容	字体	大小	消除锯齿的方法	颜色
领袖高尚生活	文鼎特粗宋简	12点	犀利	【#ffffff】白色
澔研国际又一倾力呈献 湖畔别墅代表作	黑体	6点	锐利	
8月16日全城公开发售	文鼎特粗宋简	12点		

图4.60 输入其他广告文字后的结果

12 STEP 按住Ctrl键不放在【图层】面板中选择输入的3个文字图层，然后选择【移动工具】，并在其选项栏中单击【水平居中对齐】按钮，效果如图4.61所示。

图4.61 对齐文字

13 STEP 使用【矩形选框工具】在第二、第三两行文字之间绘制一个细长的矩形选区，接着创建“分割线”新图层，并填充与文字相同的白色，最后取消选择，如图4.62所示。

图4.62 在文字之间绘制分隔线

14 STEP 选择【自定形状工具】，然后在选项栏中选择【形状图层】模式，单击【自定形状】按钮，再单击按钮，然后选择【装饰】选项，在打开的【Adobe Photoshop】对话框中单击【追加】按钮，如图4.63所示。

15 STEP 选择【饰件7】形状并设置与文字相同的白色，然后在分隔线的右端绘制形状；接着将创建的【形状1】图层拖至【创建新图层】按钮上，复制出“形状1 副本”图层，并将其水平翻转，最后使用【移动工具】按住Shift键将其水平移至分隔线的左端，如图4.64所示。

图4.63 追加【装饰】形状

图4.64 绘制分隔线两端的装饰图形

小小秘籍

在步骤（15）中绘制装饰形状时，最好能对准分隔线的端口，所以在绘制过程中可以按住空格键不放，以便随意移动绘制中的形状。

至此，本例的房地产DM折页就制作完毕了，其最终效果如图4.49所示。接着我们将来制作DM广告的外页。

4.2.5 设计DM外页

设计分析

本小节将设计房地产DM折页的外页，效果如图4.65所示。其主要设计流程为“制作‘穿孔’效果”→“加入楼盘图片”→“制作飞翔LOGO效果”→“添加地图与文字”，具体实现过程如表4.8所示。

图4.65 添加内页文字与LOGO后的效果

表4.8 设计DM外页的过程

制作目的	实现过程
制作“穿孔”效果	● 加入“穿孔”素材并变形 ● 设置【线性光】图层混合模式 ● 添加图层蒙版并擦除多余部分
加入楼盘图片	● 加入“外页楼盘”素材并调整大小与位置 ● 添加黄色调整层并创建剪贴蒙版 ● 制作房子倒影与背景效果
制作飞翔LOGO效果	● 绘制5条渐变直线 ● 创建羽化的梯形选区并删除选区中的内容 ● 在左右两侧加入英文LOGO
添加地图与文字	● 加入“起价图标”与“交通线路图”两个素材 ● 加入中文LOGO并绘制两条直线 ● 输入其他文字内容

制作步骤

01 STEP 打开“4.2.5.psd”练习文件，然后创建一个名为“DM外页背景”的图层组，再创建一个名为“黄色背景”的新图层，接着为图层填充【#f4c127】的金黄色，如图4.66所示。

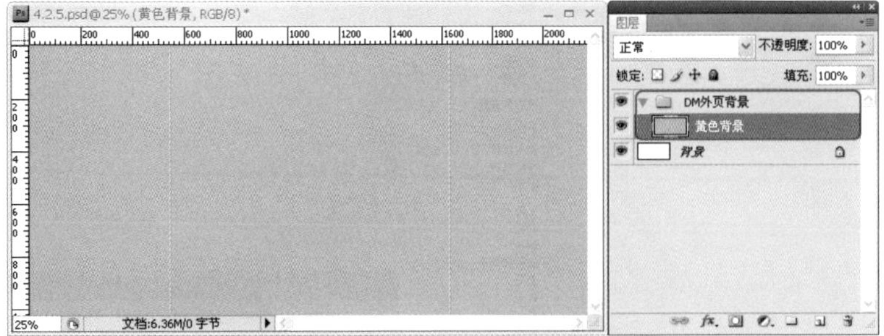

图4.66 填充金黄色背景

专家提醒

为了便于操作，本例提供了设计DM内页的练习文件。在实际设计过程中，如果要建立一个与内页的大小与分辨率等属性统一的新文件，可以直接按下Ctrl+A+C+N快捷键打开【新建】对话框，此时对话框中会自动套用与当前文件相同的属性来创建新文件。

02 STEP 打开“外页背景花纹.jpg”素材文件，按Ctrl+A快捷键全选图片素材，接着选择【编辑】|【定义图案】命令，在打开的【图案名称】对话框中输入名称为“外页背景花纹”，再单击【确定】按钮，如图4.67所示。

图4.67 定义花纹图案

03 STEP 选择【编辑】|【填充】命令，打开【填充】对话框，在【使用】下拉列表中选择【图案】选项，然后在【自定图案】列表中选择上一步骤定义好的花纹图案，单击【确定】按钮。返回【图层】面板中，创建一个名为“外页花纹”的新图层，按Alt+Backspace快捷键填充选择好的花纹图案，最后设置图层混合模式为【明度】，不透明度为50%，如图4.68所示。

图4.68 填充定义的图案并设置图层属性

04 STEP 打开“穿孔.jpg”素材文件，按Ctrl+T快捷键对加入的图片进行旋转与缩小处理，最后按Enter键确定变形，如图4.69所示。

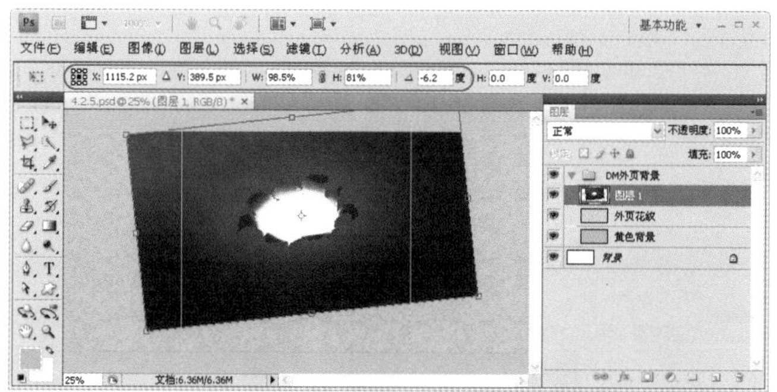

图4.69 加入并调整“穿孔”素材

05 STEP 将上一步骤加入的图层更名为“穿孔”，然后选择【图像】|【调整】|【去色】命令，接着设置其图层混合模式为【线性光】，效果如图4.70所示。

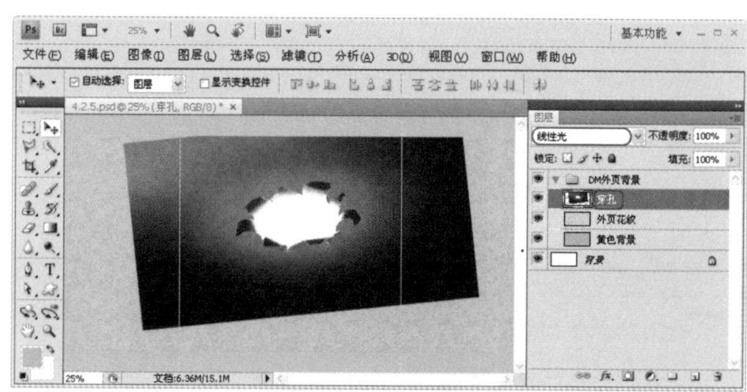

图4.70 更改“穿孔”图层的混合模式

06 STEP 单击【添加图层蒙版】按钮，然后使用【画笔工具】的柔角笔刷创建如图4.71所示的蒙版图层。

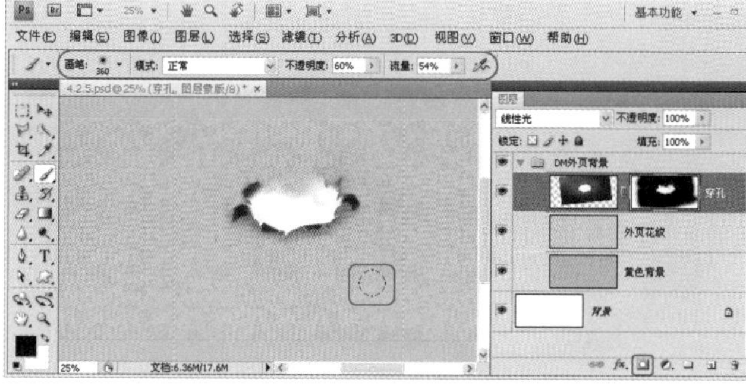

图4.71 添加图层蒙版

07 STEP 打开“外页楼盘.psd”素材文件，使用【移动工具】将其拖进练习文件中，将加入的图层移至穿孔的正中间，如图4.72所示。

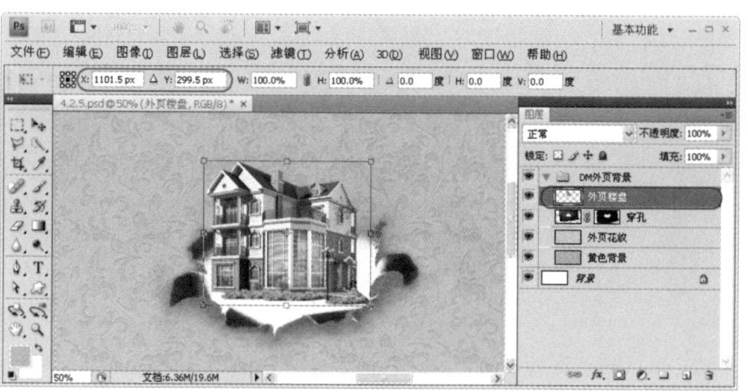

图4.72 加入“外页楼盘”图层

08 STEP 创建一个名为“黄色调整层”的新图层，并填充【#fed40b】的金黄色，然后调整图层混合模式为【叠加】、不透明度为80%，接着按Ctrl+Alt+G快捷键创建剪贴蒙版，如图4.73所示。

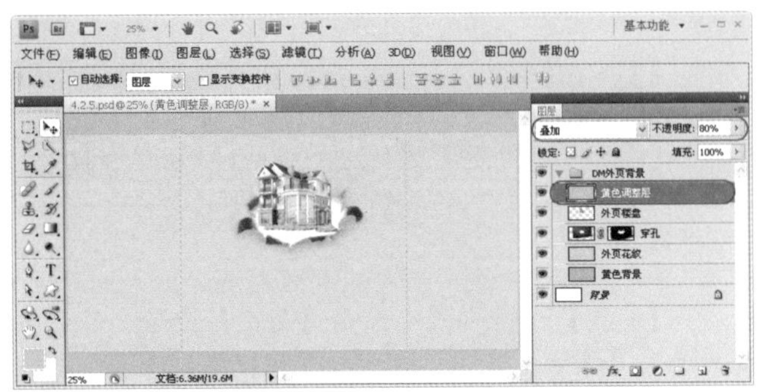

图4.73 创建黄色的填充图层

09 STEP 按Ctrl+Shift+Alt+E快捷键创建出盖印图层，并命名为“外页楼盘_盖印”，如图4.74所示。

图4.74 创建盖印图层

10 STEP 按住Ctrl键单击“外页楼盘”图层，快速载入该层的选区，然后选择【滤镜】|【模糊】|【高斯模糊】命令，设置【半径】为6.5像素，再单击【确定】按钮，如图4.75所示。

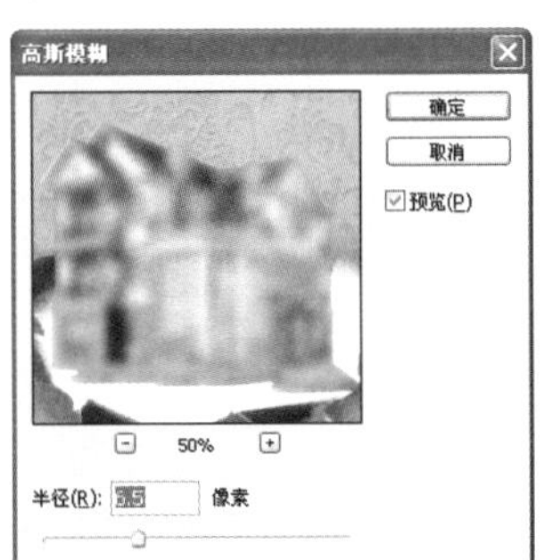

图4.75 高斯模糊选区

11 STEP 按Ctrl+T快捷键将盖印图层往下翻转处理，如图4.76所示，接着按Enter键确认变形，制作出倒影效果。最后按Ctrl+D快捷键取消选择。

图4.76 垂直变形盖印的图层

12 STEP 单击【添加图层蒙版】按钮，然后放大翻转后的部分，使用【画笔工具】的柔角笔刷将倒影与“穿孔”重叠的区域擦除，如图4.77所示。

图4.77 擦除重叠的部分

13 STEP 先单击“外页楼盘_盖印”的缩览图，然后选择【魔棒工具】，按住Shift键快速切换至【添加到选区】模式，分别在外页楼盘两侧的空白处单击，创建两个不规则的选区，如图4.78所示。

图4.78 创建楼盘图片两侧的选区

14 STEP 设置前景色为【#83a70f】的绿色，然后使用【画笔工具】 在选区内涂绘上浅绿色，如图4.79所示，最后取消选择。

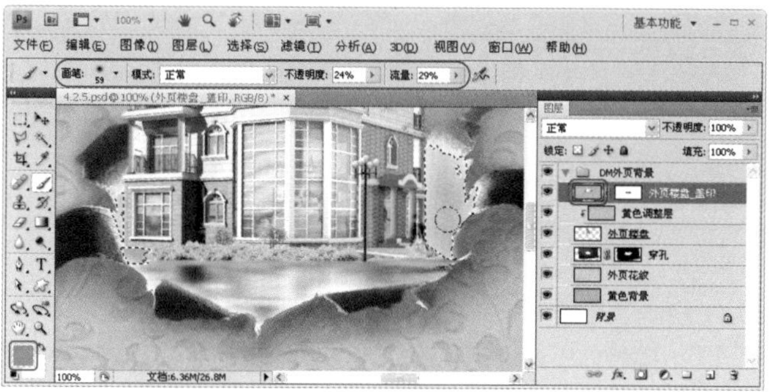

图4.79 使用画笔填充绿色

15 STEP 先创建一个名为“直线”的新图层，然后使用【矩形选区工具】 在画面的上方创建一个与画面宽度相同的细窄矩形选区，如图4.80所示。

图4.80 创建细窄矩形选区

16 STEP 打开【渐变编辑器】对话框，根据表4.9所示设置渐变颜色属性，其中要把中间色标的范围扩大至两侧，单击【确定】按钮，然后按住Shift键在选区内填充渐变颜色，如图4.81所示，最后取消选择。

表4.9 渐变颜色属性

色标	颜色	位置
1	#986621	0%
2	#facc41	50%
3	#986621	100%

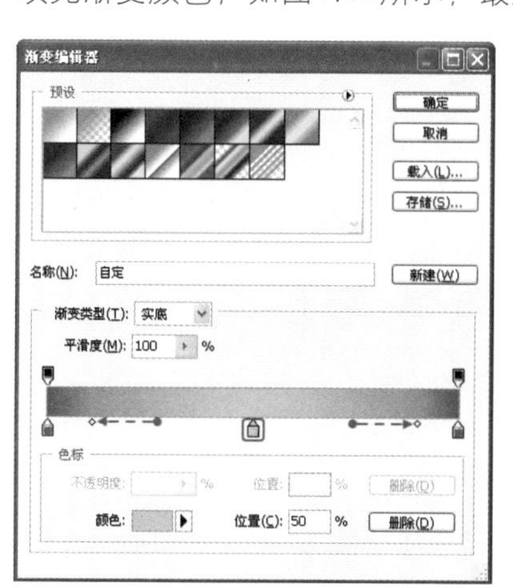

图4.81 填充渐变颜色

17 STEP 复制出“直线 副本”图层，按Ctrl+T快捷键将图层下移至【Y：248.0px】位置，接着按Enter键确认变形。然后按3次Ctrl+Alt+Shift+T快捷键，根据之前下移的距离再复制出3个“直线”图层，如图4.82所示。

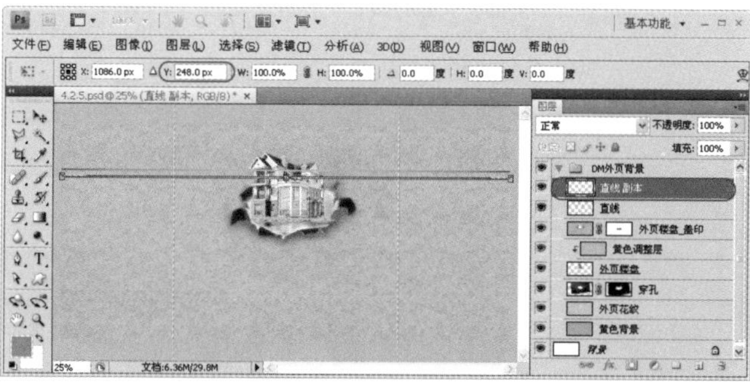

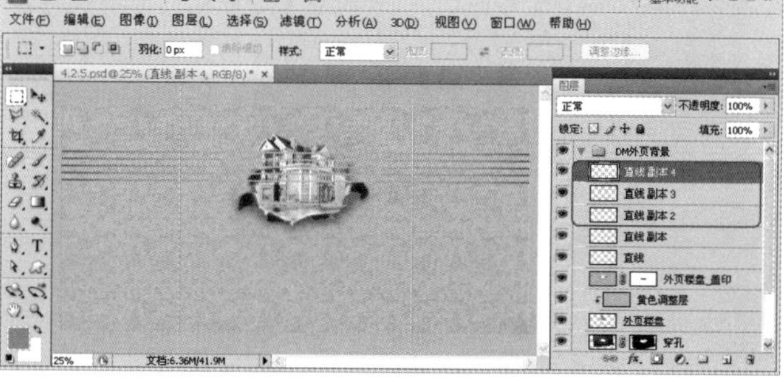

图4.82 按指定距离再复制多条“直线”

18 STEP 选择【矩形工具】 并在选项栏中单击【路径】按钮 ，以两侧的参考线为边界创建出矩形路径，如图4.83所示。

19 STEP 选择【编辑】|【变换】|【透视】命令，往右拖动右下角的控制点，将矩形路径变换成一个等腰梯形，如图4.84所示，最后按Enter键确认变换。

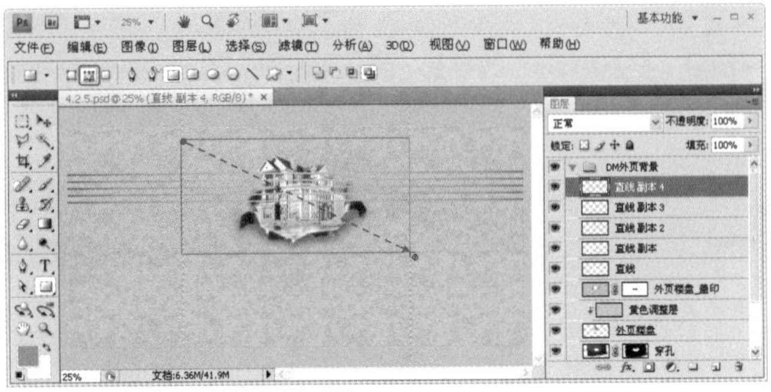

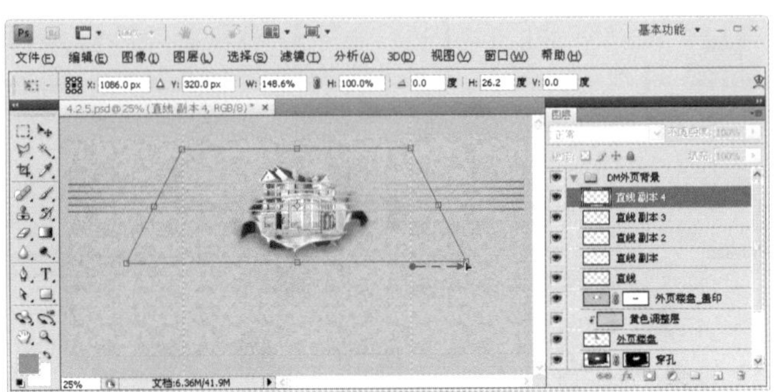

图4.83 创建矩形路径

图4.84 变换矩形路径

20 STEP 按Ctrl+Enter快捷键将当前路径转换为选区，再按Shift+F6快捷键打开【羽化选区】对话框，输入【羽化半径】为15像素，最后单击【确定】按钮，如图4.85所示。

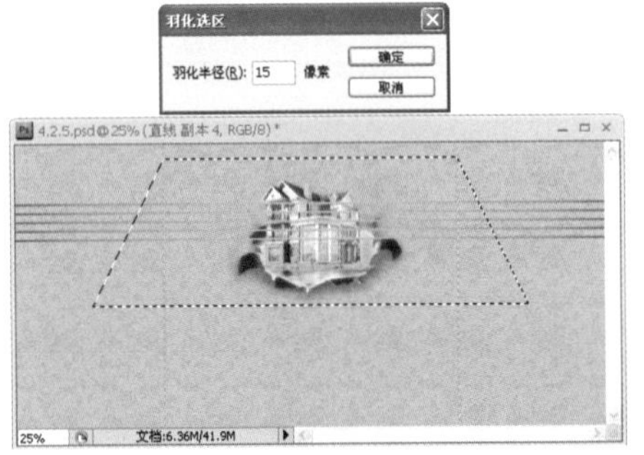

图4.85 将路径转换为选区并进行羽化处理

21 STEP 按住Ctrl键同时选取“直线”～“直线 副本4”共5个直线图层，按Ctrl+E快捷键合并选中的图层，并重命名为“直线组”，接着按Delete键删除选区中的内容，如图4.86所示，最后按Ctrl+D快捷键取消选区。

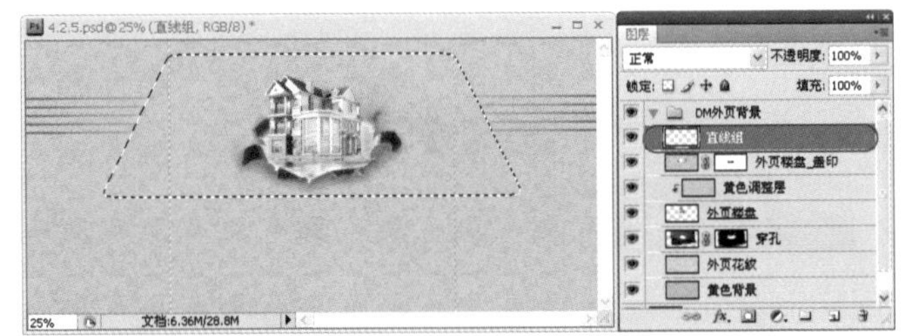

图4.86 删除选区内容

22 STEP 打开“4.2.4_ok.psd”文件，在【图层】面板中选择英文LOGO的所有组成图层，并单击【链接图层】按钮，使用【移动工具】将链接的多个图层拖至“4.2.5.psd”练习文件中，如图4.87所示。

图4.87 链接并加入英文LOGO

23 STEP 按Ctrl+E快捷键将选中的图层合并，并更名为“左侧logo”，接着按Ctrl+T快捷键调整其大小与位置如图4.88所示，最后按Enter键确认变形。

图4.88 合并图层并调整大小与位置

24 STEP 按住Alt+Shift键并往右水平拖动“左侧logo”图层，复制出“左侧logo副本”图层，并将副本图层移到对称的另一侧，如图4.89所示，最后将副本图层更名为“右侧logo”。

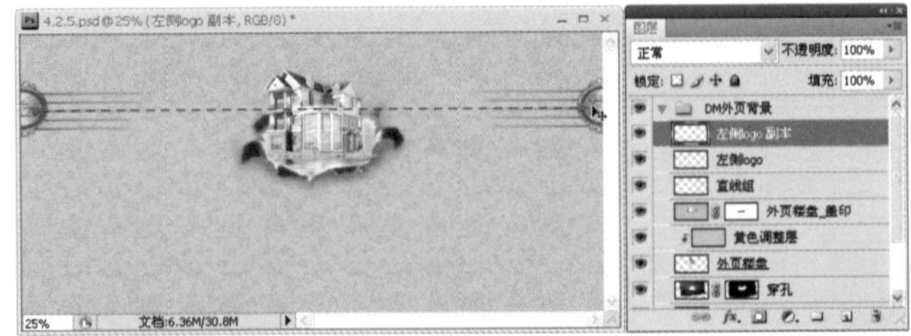

图4.89 复制并移动“左侧logo副本”

25 STEP 打开“起价图标.psd”与“交通线路图.psd”两个素材文件，分别将两个素材移至练习文件中，并组合成如图4.90所示的效果。

26 STEP 在“4.2.4_ok.psd”文件中把“中文logo”图层拖至练习文件中，再调整好位置，接着创建出“上线”和“下线”两个新图层，并使用【直线工具】绘制两条颜色属性为【#a8510f】的直线，如图4.91所示。

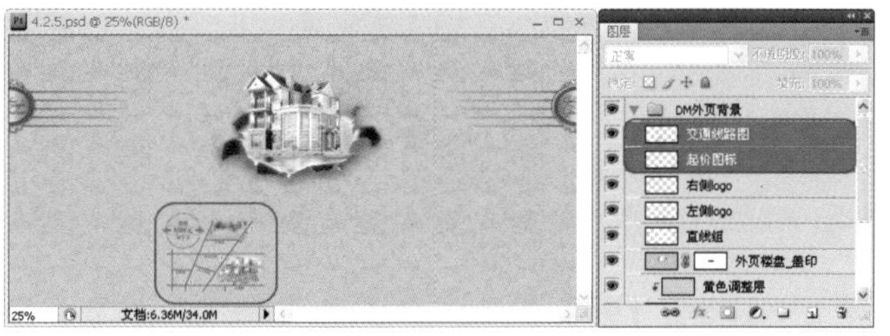

图4.90 加入**“起价图标”**与**“交通线路图”**两个素材

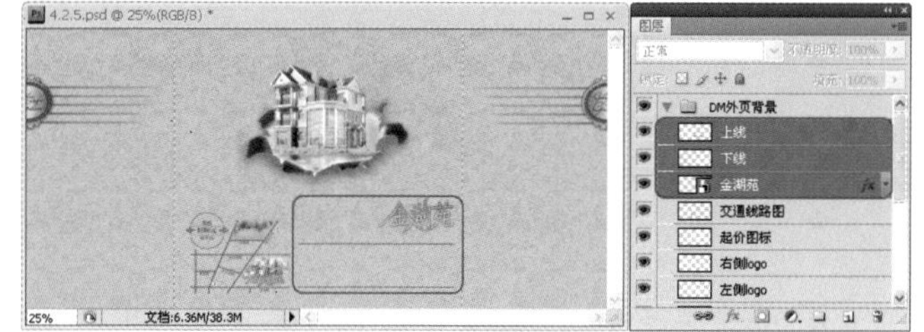

图4.91 加入中文LOGO并绘制两条直线

27 STEP 根据表4.10所示，使用【横排文字工具】在两条直线之间与两侧输入其他广告文字内容，效果如图4.92所示。

表4.10 广告文字属性设置

文字内容	字体	大小	消除锯齿的方法	颜色
金色湖畔　座拥辉煌		6点		【#9c3b00】
比邻闹市的幽静，更显尊贵				
比邻广州闹市地段……书香飘溢	黑体	4.32点	锐利	【#a8510f】
金色专线：020-88662222		4.5点		
中国·广州·天河		4.32点		【#9c3b00】

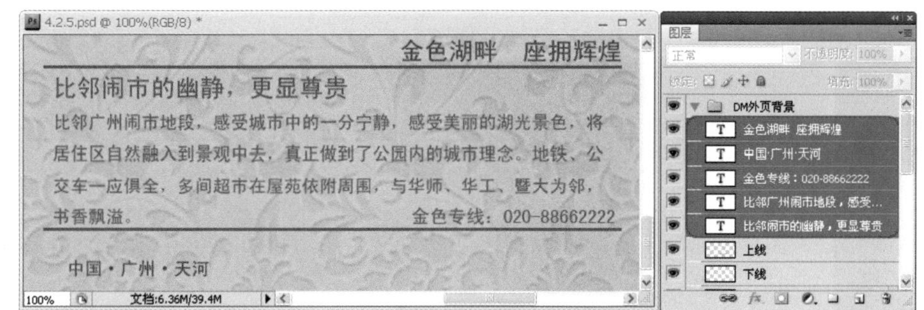

图4.92 添加其他文字内容后的效果

至此，本章的房地产DM折页已经设计完毕。

4.3 学习扩展

4.3.1 经验总结

如今，房产作为商品而言，其最显著的特点就是价格不菲，由于购买一次需要投入大量资金，所以大众不会经常购买，因而购房者在锁定购买目标前都会花极大精力四处收集相关的楼盘资料，反复比较研究，权衡利弊。在制作房地产DM广告时，广告信息不但要详细、准确，还要有吸引力，另外，其尺寸不宜过大，要便于收藏，以便反复查阅。当然，这样就少了灵活多样的版面安排与精美的装帧设计，比如本例推广的是闹市中心的高档住宅区，所以在设计方面必须突显其尊贵气派。

此外，DM广告是直接寄送给目标消费者的，在设计时必须针对不同的对象量身定做，找出每个消费者个人心中的广告诉求点。以最简便、直接的方式与消费者沟通，从而最大限度地引发他们的购买欲望。

下面针对设计过程中一些容易出错以及需要注意之处进行总结。

- 在设计作品前通常要添加参考线，比如定位中轴时可以把文件的总宽度（或高度）除以2，然后直接从标尺中拖出参考线至得出的数值。另外，如果文件尺寸较大，可以放大显示比例，以得到最佳的标尺显示单位，一般以1为最高的刻度标准。

- 选择【视图】|【对齐到】|【参考线】命令，可以将移动或创建的对象贴紧参考线；再次选择该命令可以取消该项特性。如果要删除已添加的参考线，只要使用【移动工具】将其拖至标尺即可。
- 本例大量用到添加图层蒙版之处，而且需要多次修改方可得到最佳效果，所以在创建蒙版图层时，要经常在黑、白前景色之间进行切换，以便隐藏与还原图像。
- 如果要绘制对齐的路径，可以通过垂直与水平参考线构成的交点来准确定位锚点的位置。
- 当要创建一些比较重要的形状路径时，建议先将路径保存起来，否则当前路径会被下一次创建的新路径所取代。
- 在绘制形状或者创建选区时，按住空格键不放可以随意移动操作对象，以便准确将其定位。
- 本例在外页加入的两个徽章LOGO，在折合时会拼合成一个LOGO，所以在加入时必须将其中一半放置在文件以外的区域，以便得到完美的效果。
- 如果要快速制作多个等距的图层，可以先复制原图层，并通过【自由变换】命令移动指定间距，然后按Ctrl+Shift+T快捷键根据移动的距离移动并复制出相同的图层，该方法在制作规律性的相同对象编排时非常有用。另外，还可以根据指定的旋转角度进行再制。

4.3.2 创意延伸

折页式DM广告设计的特点是可以节省大量的空间，方便投递和邮寄，而且折页DM的设计有更丰富的想象空间，同时能够突出更高的档次，所以很多商家特别是楼盘DM广告都采用折页式的设计方式，以便吸引更多的顾客。

除了折页式DM本身的优势外，整体的效果设计对于作品的成功也非常重要，设计者必须紧贴广告的主题和对象来设计。如图4.93所示的是“金上城”楼盘DM折页广告，该作品的对象是楼盘，并以销售楼盘作为DM的主题。因为楼盘名称是“金上城”，所以该作品在DM正面采用了“类金色”的色彩方案，非常切合楼盘主题，并通过整体色彩衬托出一种高贵的气质。DM的背面采用了纯黑色的色彩方案，这种颜色的特点是较好地体现优雅、高贵、细腻的情感，因此在跟DM正面黄色的配搭上，整体给人一种温和高雅的感觉。另外，黑色的背景上放置了金色的楼盘徽标，可以让徽标有一种强烈的对比，使之更加突出。

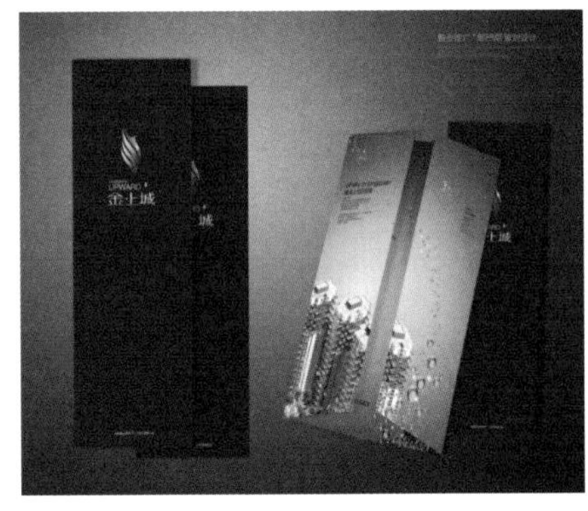

图4.93 “金上城”楼盘DM折页广告

在整个作品的效果处理上，设计者并没有制作太多复杂的效果，而是通过一些简约的图案和文字配合，使整体的编排很舒服。其中的水珠效果是一个设计亮点，通过该效果可以给作品带出一种如莲出藕的新生气息，给人一种作品在清澈的水中慢慢浮现出来的感觉。

4.3.3 作品欣赏

下面介绍几种优秀的DM作品，以供大家设计时借鉴与参考。大家可以根据本章所学的知识动手进行实践操作。

1 耐克DM

如图4.94所示是耐克DM作品，其实是一款标签广告，可以挂于商品之后，传送至消费者手中。该作品以纹理白底为背景，再以中国的书法字体写上“白手起家”、“如日中天”等成语，颂扬耐克公司如今的知名度与辉煌业绩。其最大创意点就是以耐克公司简约醒目的LOGO融合于文字之上，作为各词某字中的一记笔画，可谓耀眼传神。

2 茶馆DM海报

如图4.95所示是某茶馆DM海报的图组，作品的标题为“MELODY OF LIQUID”，可翻译为“流动的旋律”，画面构图简约精美，配色清新脱俗。以水墨笔画勾勒出青山绿水，表现茶的清香，再以茶具、洞箫与琵琶等设计元素作为点缀，将旋律调入至茶汤之中，让作品散发出茶韵之妙。一派古色古香之画面，想必一定能吸引高雅之士光临。

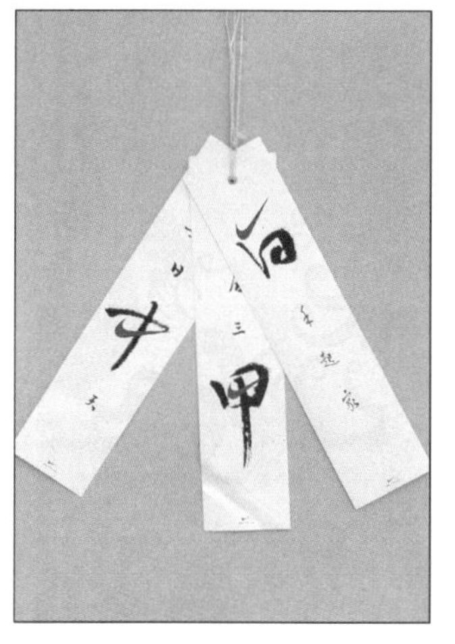

图4.94 耐克DM作品

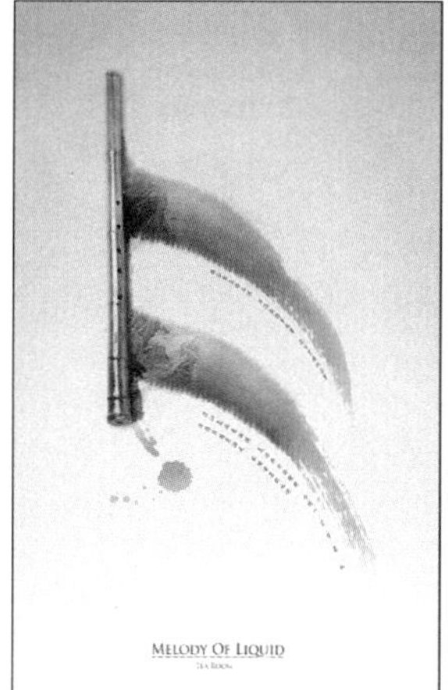

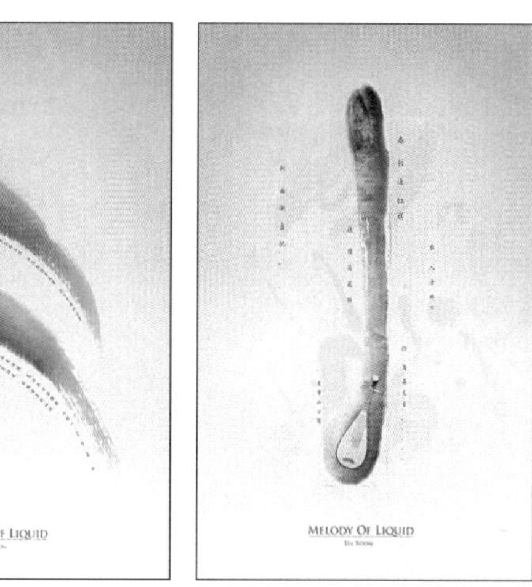

图4.95 茶馆DM海报的图组

3 家私DM

如图4.96所示是某家私DM折页，作品最大的特点是将一款家私产品印刷于波浪形的多折页面上，当把折页压平时，即可出现一张椅子的图像，以此奇特的三维立体效果加深受传者的印象。

图4.96 家私DM折页

4 国外经典的DM作品

如图4.97所示是多款国外经典的DM作品，它们的出色点不仅在于构图与平面设计上，更精彩的是其尺寸规格的选用与包装上的设计。比如有的折页背后就直接是一个信封，只要拿标签一贴就可以直接投递；还有些是直接用绳子串联多张卡片的形式，给人以新鲜、自然、温馨的感觉。

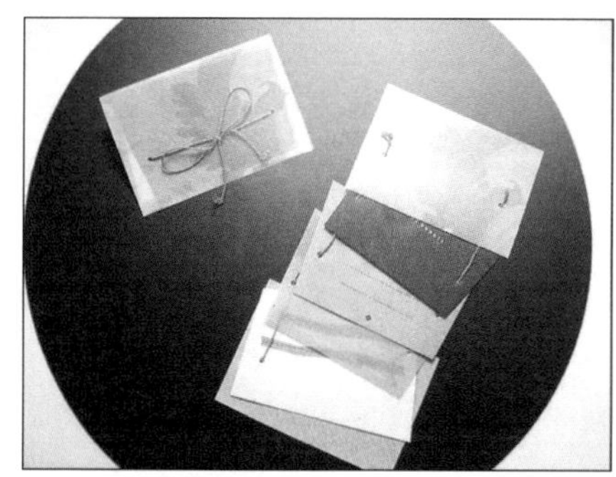

图4.97 国外经典的DM作品

POP广告设计

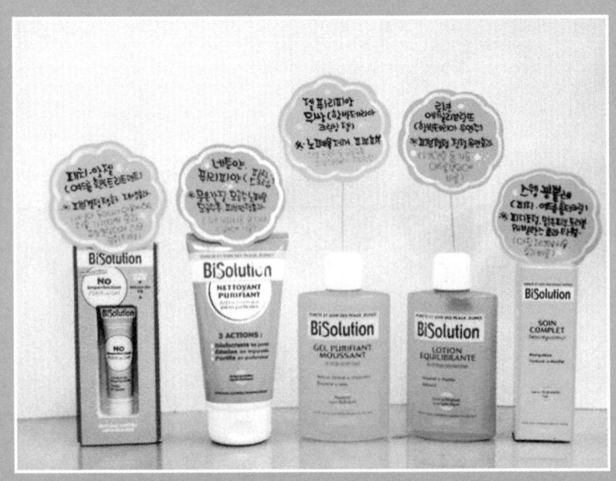

本章视频教学参见随书光盘： 视频\Chapter 05\

5.2.2 绘制POP卡通人物.swf
5.2.3 绘制POP卡通文字.swf
5.2.4 设计POP手机广告背景.swf
5.2.5 加入POP手机广告素材与文字.swf
5.3.2 制作水底广告背景.swf
5.3.3 设计水果喷射效果.swf
5.3.4 添加广告语与POP文字.swf

5.1 POP广告的基础知识

5.1.1 POP广告的概念与功能

POP的英文全称为point of purchase，可以翻译为"购买点广告"或者"售点广告"。POP广告的应用范围很广，包括超级市场、百货公司、商场、零售点等购买点内外，还包括传播商品信息、促进商品销售的设施等，如图5.1所示。

图5.1 超市手绘POP广告

其实POP广告由来已久，但一直被人们所忽略，直到超级市场出现以后，POP广告即伴随超级市场的普及而发展起来了。由于超级市场中没有销售员，所以消费者必须与商品直接见面，但是如何使消费者能在无人售货的环境之下，从众多品牌的商品中迅速选购到自己需要的商品呢？这就要靠POP广告来担负起"现场推销员"的任务了。当消费者浏览商品或者犹豫不决时，它即可在狭窄的货架或者柜台空间中恰当地说明商品的内容、特征与优点等，吸引消费者视线的同时诱发其购买的欲望，使消费者快速地经历由瞩目→了解→心动→决定购买的购物心理过程。所以说，POP广告的基本功能就是现场推销商品。

要细分POP广告的功能，又可以从以下5个方面来认识。

- 美化：它能够对商店、商场进行装饰和美化，创造良好的购物氛围。
- 吸引：集中消费者的注意力，使消费者萌生购物的动机。
- 辨识：使消费者从琳琅满目的商品中辨识出自己所需购买的商品。
- 认知：使消费者认知有关商品的性能、价格及生产企业等相关情况。
- 促销：通过一系列的作用，使商品的信息在消费者心目中留下印记，从而最终促成消费者的购买行为。

5.1.2 POP广告的种类

广义的POP广告包含所有在商业空间、零售商店内部与周边设置的广告，比如商店的牌匾、橱窗、内部装饰、陈设、招贴、宣传资料、商内发放的广告刊物、条幅、电子广告牌等；而狭义的POP广告则是指在购买场所所设置的展柜，商品周围悬挂、摆放和陈设的用于促销的广告媒体。

如果按展示场所和使用功能来划分，POP广告大致可以分为陈设性POP广告、橱窗POP广告、室外POP广告三大类，下面逐一介绍。

1 陈设性POP广告

陈设性POP广告一般指陈放、设置在购买点室内或者橱窗内的小型广告，它主要是以绘制的图画加以文字等平面形式构成的小广告，也可以是立体的，比如小架子、小模型，主体位置印有商品的形象，并加有文字与标价等。此类广告的选材有纸板、塑料、金属、发泡胶、木板与纺织品等。由于纸制的方便、廉价、灵活性较大，是最受欢迎的材料。常见的陈设性POP广告有以下几种，如图5.2所示。

图5.2 陈设性POP广告

2 橱窗POP广告

橱窗展示是POP广告的重要形式，它利用各种道具、模型、衬景等，经过艺术设计，使整个橱窗富有装饰性和立体感，以展示商品、显示企业的经营特色。橱窗POP广告将商品直接展现在消费者面前，给消费者直观的视觉印象；并能配合商店经营重点和商品时令的变化进行灵活的布置，具有很强的诱导性和审美性。它宣传商品，传播市场信息，起到指导消费、扩大消费的作用。优美的橱窗广告不但能够促进商品的流通，而且能装饰店堂、美化市容，是一种很好的POP广告形式。如图5.3所示为橱窗POP广告。

图5.3 橱窗POP广告

3 室外POP广告

室外POP广告又称店外POP广告，指购买点门前及其周围的一切装饰和广告设施，包括招牌、门面装饰、吊旗广告、实物广告、霓虹灯广告、灯箱广告、电子闪示广告以及标志性彩塑等。其中招牌是指挂在购买点门口写明商店名称和经营货物的牌子，而门面装饰是指购买点沿街部分的装饰性设施。如图5.4所示为各种室外POP广告。

图5.4 室外POP广告

5.1.3 POP广告的设计要求

相对于其他广告，POP广告最显著的特点是：在消费者与商品之间，以最近的距离传播商品信息，并进行销售。下面将设计POP广告的基本要求整理为以下几点。

- 真切：从实际情况出发，根据购买点的特点、商品的性质和消费者的心理，有针对性地传播销售现场的商品信息，以真切的内容打动消费者。一般来到购买点的消费者都是为了买到物美价廉的商品，因此，广告应简明扼要地反映出商品的具体特性、优点、价格、优惠措施和购物良机等，以适应消费者的需求，吸引消费者的注意力，引起消费者的兴趣。
- 简明：POP广告在购物现场所占用的面积有限，容量不大，而且消费者在购买点逗留的时间也较短，因此，其文字要短少精练，便于阅读，画面要特点鲜明，给人以美感。总体来说，就是要突出重点，简洁醒目。
- 协调：POP广告是购买点的有机组成部分，因此，其形象的设计要与购买点的特色相协调。要从加强购买点的总体氛围出发，或浑朴古雅，或富现代气息，或抽象意境浓，或现实意味重，或直率无遗，或蕴以幽默等。同时，优秀的造型还需要恰到好处的陈列布置，要与环境融为一体，而又引人注目，使消费者乐于接受。

5.2 POP手机广告设计

5.2.1 设计概述

本POP广告推广的商品为“索爱 F90SI”手机，可应用于手机专卖店或者商场的专柜，最终效果如图5.5所示。由于使用了大尺寸设计，作品的成果能够以POP海报的形式张贴于指定场合。由于本手机产品的销售对象主要为年轻人，所以整体以手绘形式的动画卡通风格为主，以彰显潮流与个性。本POP广告作品由广告背景、POP卡通人物、POP标题文字、商品介绍文字四大部分组成，下面逐一分析。

- 广告背景：首先为广告背景填充红、黄、绿、蓝、紫的5色渐变，产生艳丽夺目的画面效果；然后加入花丛、彩虹、圆环、藤蔓、波尔卡点、曲线、小鸟等素材与图形，丰富广告背景内容；最后以一个半透明带有淡出效果的圆角白色矩形作为后续输入广告文字的底板，以便消费者更好地阅读文字。
- POP卡通人物：将绘制好的卡通人物底稿输入至Photoshop，再根据底稿线条勾画出女生与男生两位POP人物的轮廓，并填充红色、蓝色、绿色、橙色等活跃的颜色，通过简洁并带有夸张比例的卡通人物配合真实的手机商品，给观赏者留下深刻的印象。
- POP标题文字：根据手绘好的底稿线条勾画出标题文字的轮廓，然后填充由浅至深的渐变颜色，接着按照文字的形状添加阴影与高光区域，使文字在平面上也能产生立体效果，并具有亮丽的光泽。通过红、黄、蓝、绿4种鲜艳的色彩，加上饱满可爱的字形，充分迎合了作品的整体风格。
- 商品介绍文字：通过画面右上方的图说框配合鲜红的促销信息，不仅吸引消费者的视线，更传神的是，宛如画面中的女生向观赏者推荐手中的产品，使广告活灵活现，增添创意。另外，商品介绍标题以白色红框的形式出现，再通过点状虚线与星形、圆形等七彩图形加以点缀，使画面更加活跃，最后的商品介绍文字选用“汉仪漫步体”字体，高度迎合了整个作品的卡通风格。

尺　寸	横排，72像素/英寸，1092mm×787mm
用　纸	PP合成纸，适用于高级套色印刷
风格类型	时尚、卡通
创意点	❶运用卡通风格与缤纷色彩，吸引年轻一代消费人群 ❷使用夸张的卡通人物突显广告的商品 ❸饱满的泡沫文字，使整个作品活跃起来 ❹大量的图形素材，使画面丰富多彩
配色方案	#FFFF00　#66CC66　#00CCCC　#FF6699　#800080
作品位置	实例文件\Ch05\creation\POP手机广告.psd 实例文件\Ch05\creation\POP手机广告.jpg

图5.5　POP手机广告

设计流程

本POP手机广告先根据绘制好的底稿线条勾画出人物素材与文字素材存储备用；接着创建出七彩背景，并加入一些图像素材；最后加入已经绘制好的POP人物与文字作为素材，并输入与美化广告的标题与文字。其详细操作流程如图5.6所示。

图5.6　POP手机广告设计流程

功能分析

- 【钢笔工具】与【直接选择工具】：勾画并编辑卡通人物与POP文字的形状。
- 【用画笔描边路径】：填充POP人物与文字素材的边框效果。

- 【渐变工具】：填充广告背景与POP文字。
- 【圆角矩形工具】：绘制圆角的半透明广告文字底板。
- 【椭圆选框工具】与【变换选区】命令：自定义圆环图形与叠加圆形对象。
- 【自由变换】命令：缩放、旋转、移动素材图像。
- 【自定形状工具】：绘制图说框、星形与圆形等对象。
- 【描边】命令：添加POP文字边框。

5.2.2 绘制POP卡通人物

设计分析

本小节先绘制POP广告中的卡通人物素材，如图5.7所示。其主要设计流程为“绘制女生头部”→“绘制女生身躯”→“绘制女生四肢”→“绘制手机轮廓”→“绘制男生卡通人物”，具体实现过程如表5.1所示。

图5.7 POP卡通人物

表5.1 绘制POP卡通人物流程

制作目的	实现过程
绘制女生头部	● 根据底稿纸条绘制头发与头饰 ● 绘制脸部与五官轮廓 ● 美化眼睛与嘴巴
绘制女生身躯	● 绘制裙子 ● 绘制裙子的袖口 ● 绘制衣领
绘制女生四肢	● 绘制左手臂 ● 绘制右手掌与指甲 ● 绘制下肢 ● 绘制鞋子
绘制手机轮廓	● 绘制手机轮廓并描边 ● 通过矢量蒙版擦去多除的部分
绘制男生卡通人物	● 根据绘制女生的技巧绘制男生卡通人物

专家提醒

由于本部分有两个主体人物，其操作方法相似，所以为了减少篇幅，本小节重点介绍绘制女生卡通人物。

制作步骤

01 STEP 在“实例文件\Ch05”文件夹中打开“5.2.2.psd”练习文件，如图5.8所示。这是先在纸上绘制好的漫画底稿，我们预先通过扫描仪将其变成一个计算机中的文件，如果觉得底稿的线条不够清晰，可以使用【图像】|【调整】|【曲线】命令进行调整。

图5.8 卡通漫画底稿

02 STEP 选择【钢笔工具】并在选项栏中单击【路径】按钮，根据底稿中女生的头发线条创建出头发的路径形状，接着使用【直接选择工具】对创建的路径进行编辑，如图5.9所示。在绘制过程中不一定要与底稿线条高度吻合，可以在完成雏形后不断完善其形状。

图5.9 创建女生头发路径

专家提醒

如果没有扫描仪等输入设备，可以尝试使用数码相机的“微距”功能将底稿纸张翻拍，再输入计算机进行颜色与光线等图像调整。另外，还可以使用手写板在计算机中直接绘制。

03 STEP 打开【路径】面板，双击“工作路径”，在打开的【存储路径】对话框中输入路径名称为“女生头发”，然后单击【确定】按钮存储路径，如图5.10所示。

04 STEP 在【图层】面板中创建“女生头部”图层组，再于组内创建“头发”新图层，接着设置前景色为【#410202】，然后在【路径】面板中选择“女生头发”路径，单击【用前景色填充路径】按钮，根据当前的头发路径形状在指定图层中填充前景色，如图5.11所示。

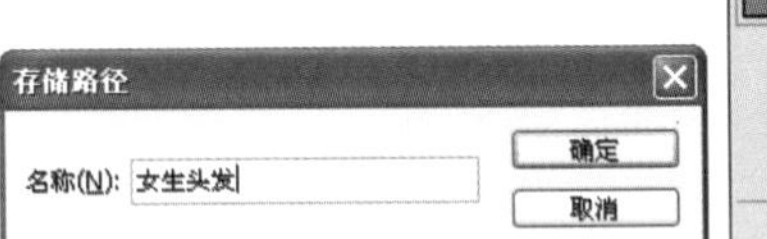

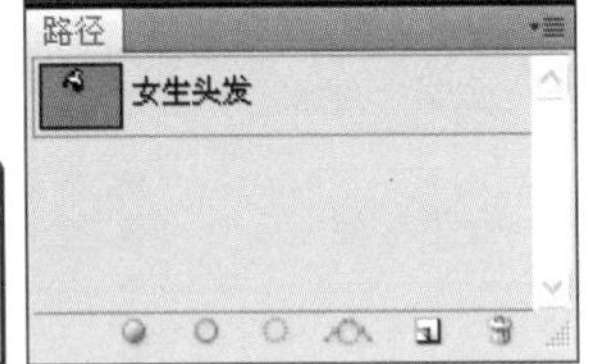

图5.10 存储“女生头发”路径

图5.11 用前景色填充“女生头发”路径

05 STEP 选择【画笔工具】并设置主直径为13px的尖角笔刷，再设置前景色为黑色，接着先后选择“头发”图层与“女生头发”路径，然后在【路径】面板中单击【用画笔描边路径】按钮，如图5.12所示。

图5.12 使用画笔描绘“女生头发”轮廓

06 STEP 选择“头发”图层并设置其不透明度为50%，显示底稿的线条，接着选择【椭圆工具】按住Shift键绘制出两个相切的圆形路径，最后双击路径并以“女生头饰”名称存储，如图5.13所示。

图5.13 创建并存储“女生头饰”路径

07 STEP 将“头发”图层的不透明度调回100%，创建“头饰”新图层，再设置前景色为【#f1004f】，然后单击【用前景色填充路径】按钮，接着更改前景色为黑色，并单击【用画笔描边路径】按钮，如图5.14所示。

图5.14 填充女生头饰

08 STEP 创建一个名为“头饰光泽”的新图层，然后使用【钢笔工具】绘制出如图5.15所示的形状，接着按Ctrl+Enter快捷键将路径转换为选区，设置前景色为白色并按Alt+Backspace快捷键填充白色，最后按Ctrl+D快捷键取消选区。

图5.15 绘制头饰光泽

09 STEP 使用【钢笔工具】创建出女生脸部的轮廓，然后将该路径以“女生脸部”的名称存储，如图5.16所示。

图5.16 创建并存储“女生脸部”路径

专家提醒

在创建轮廓时，要尽量将路径创建于头发边框的中间位置，以使头发与脸部更好地重叠。

10 STEP 先创建“脸部”新图层，然后设置前景色为【#fff3ee】，接着单击【用前景色填充路径】按钮；再创建“脸部轮廓”新图层，更改前景色为黑色，选择【画笔工具】并设置主直径为13px的尖角笔刷，单击【用画笔描边路径】按钮，如图5.17所示。

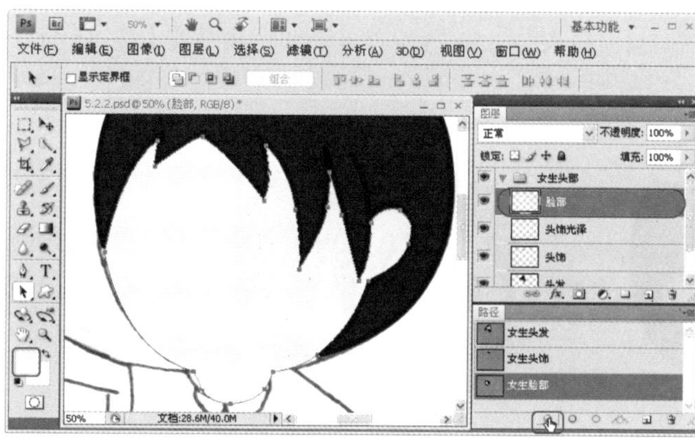

图5.17 填充女生的脸部与轮廓颜色

专家提醒

在步骤（10）中，之所以把脸部与轮廓分两个图层填充，是因为要把脸部轮廓与头发轮廓重叠的部分擦除。

11 STEP 选择“脸部轮廓”图层，然后单击【添加图层蒙版】按钮，再选择【画笔工具】并设置较大的尖角笔刷，然后使用黑色的前景色擦除重叠的轮廓部分，如图5.18所示。

12 STEP 降低“脸部”图层的不透明度为50%，然后使用【钢笔工具】勾画出女生的“眉毛、眼睛、鼻子、口、耳朵”等五官的形状，然后将当前工作路径以“女生五官”的名称存储，如图5.19所示。

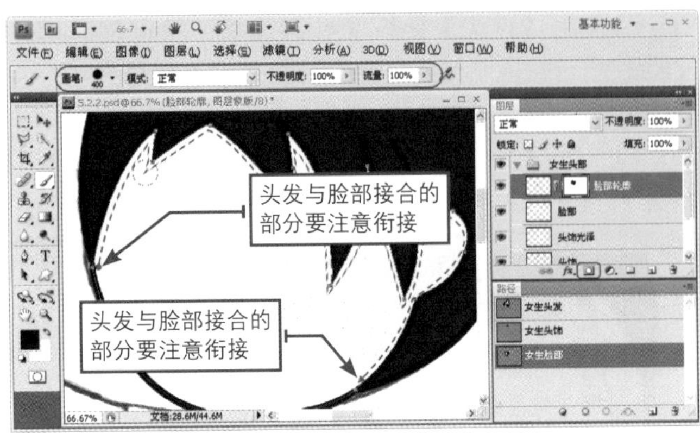

图5.18 擦除多余的“脸部轮廓”区域

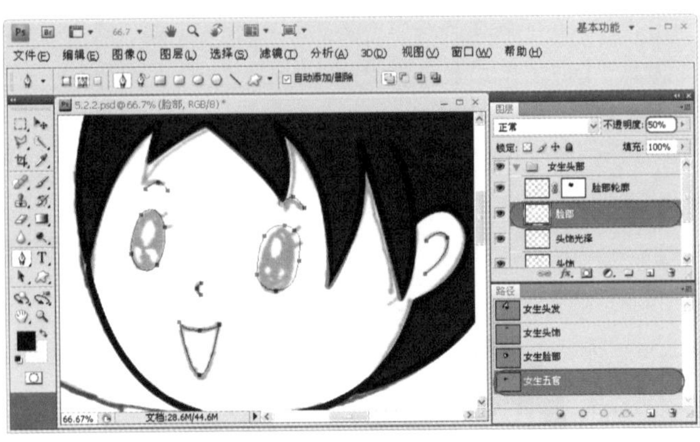

图5.19 绘制女生脸部的五官形状

13 STEP 将“脸部”图层的不透明度调回100%，接着新建“五官”图层，设置前景色为黑色，再选择【画笔工具】并设置主直径为6px的尖角笔刷，单击【用画笔描边路径】按钮，如图5.20所示。

小小秘籍

如果要在同一个工作路径下创建多条不相连的路径段，可以在绘制完一段路径时按Esc键，然后再绘制另一段路径，以此方法进行分段绘制。

图5.20 描边五官形状

14 STEP 选择“女生五官”路径，再单击【将路径作为选区载入】按钮，然后选择【矩形选框工具】并按住Alt键不放减选除“眼睛”以外的所有选区，得到两只眼睛的选区，接着在选区内填充黑色，如图5.21所示，最后按Ctrl+D快捷键取消选区。

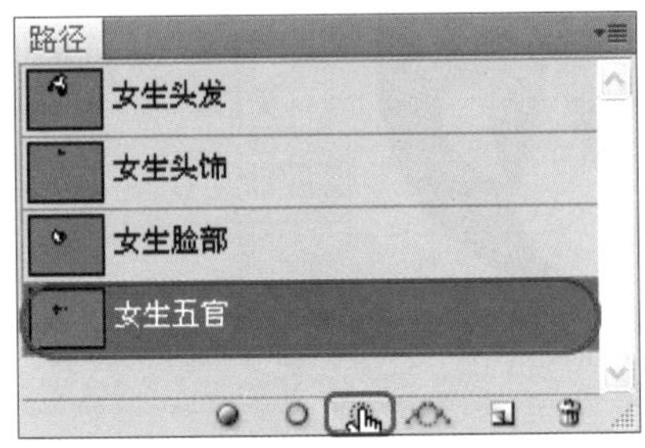

图5.21 创建眼睛选区并填充黑色

15 STEP 使用【钢笔工具】在两只眼睛内各绘制两块区域作为女生的眼珠，并存储路径为“女生眼珠”；接着将路径转换为选区载入，然后填充白色，如图5.22所示，最后按Ctrl+D快捷键取消选区。

16 STEP 使用【魔棒工具】在嘴巴位置单击，创建出该形状的选区，接着设置前景色为【#cb0244】，然后按Alt+Backspace快捷键填充前景色，如图5.23所示，最后按Ctrl+D快捷键取消选区。

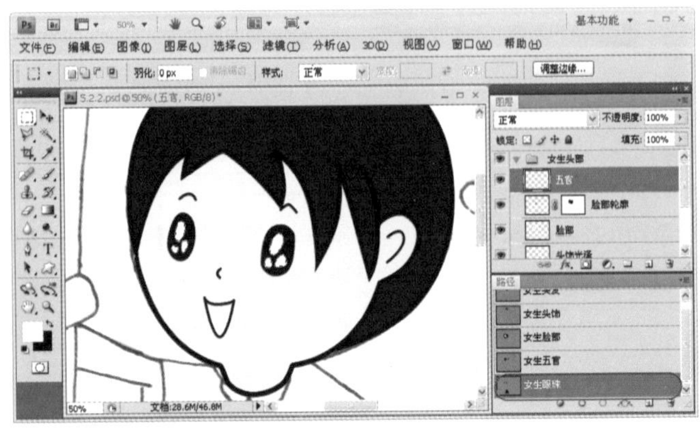

图5.22 绘制女生眼珠

17 STEP 使用【钢笔工具】分别在女生两只眼睛的右上方绘制两段代表睫毛的路径，并以“女生睫毛”的名称存储，接着创建出“眼睫毛”新图层，如图5.24所示。

图5.23 填充女生嘴巴颜色

图5.24 绘制“女生睫毛”路径

18 STEP 选择【画笔工具】并设置笔刷大小为6px，再按F5键打开【画笔】面板，设置画笔的【形状动态】属性，最后设置前景色为黑色，单击【用画笔描边路径】按钮，如图5.25所示。

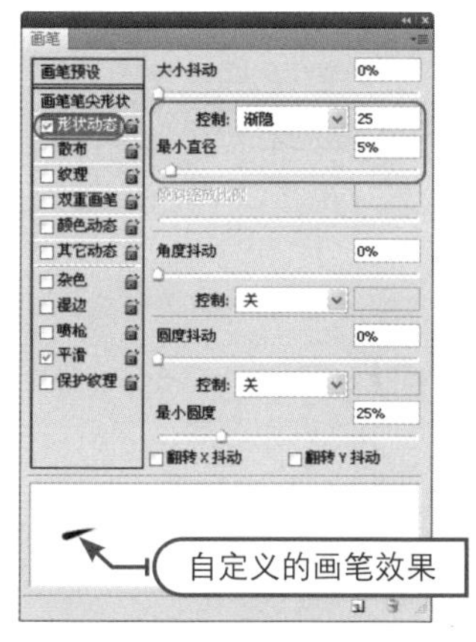

图5.25 绘制女生眼睫毛

19 STEP 创建“腮红”新图层，再设置前景色为【#ff9c79】，选择【画笔工具】并设置笔刷为100px的柔角笔刷，然后在女生脸部单击绘制两个腮红效果，最后调整图层的不透明度为80%，如图5.26所示。

20 STEP 使用【钢笔工具】在女生的脸部与脖子之间绘制一个“月牙形”的阴影形状，并将路径存储为“女生脖子阴影”，接着按Ctrl+Enter键将路径转换为选区，再按Shift+F6快捷键打开【羽化选区】对话框，设置羽化半径为5像素并单击【确定】按钮，如图5.27所示。

图5.26 绘制女生腮红

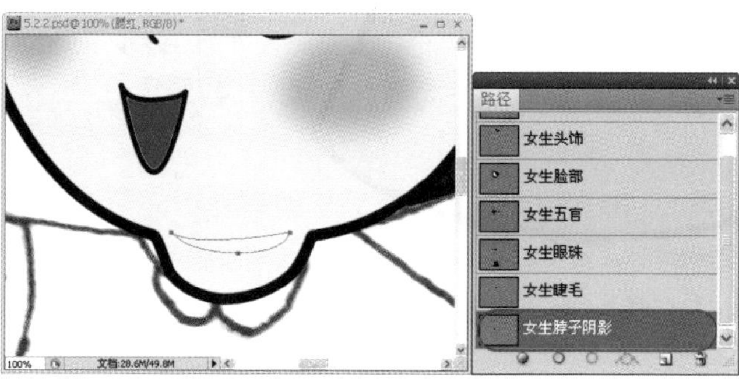

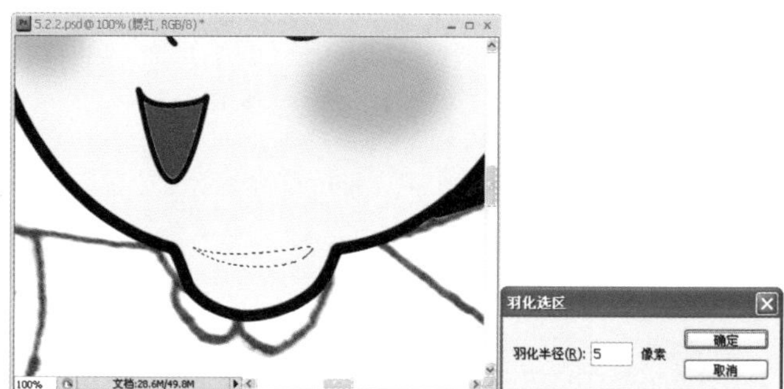

图5.27 创建并羽化女生脖子阴影选区

21 STEP 创建“脖子阴影”新图层并填充黑色，接着将图层的不透明度设置为30%，最后按Ctrl+D快捷键取消选区，如图5.28所示。

22 STEP 使用上述方法先创建“女生身躯”图层组，然后根据表5.2所示，在该图层组中绘制女生的裙子，其绘制部分包括“女生的裙身”、“裙子袖口”与“裙子领子”。

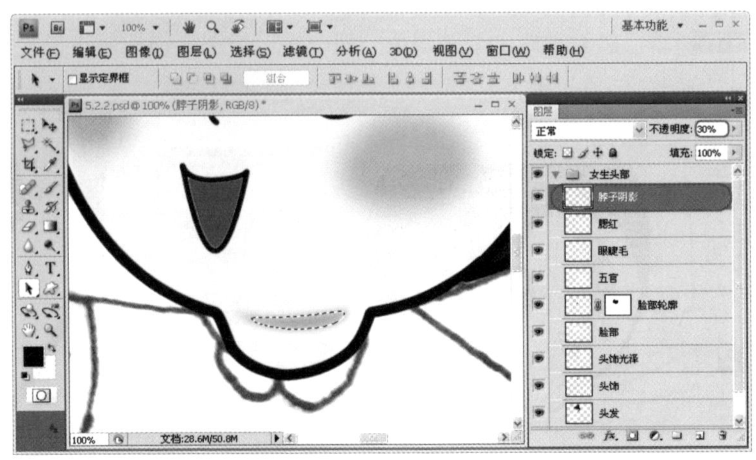

图5.28 填充女生脖子阴影效果

表5.2 绘制女生裙子

绘制部位	操作项目	实现步骤	结果
女生的裙身	创建“女生裙身”路径	→	
	创建“裙身”图层		
	用前景色填充路径	前景色【#ff5ca9】→	
	用画笔描边路径	前景色为黑色→→→	
裙子袖口	创建“裙子袖口”路径	→	
	创建“裙子袖口”图层		
	用前景色填充路径	前景色为【#b06684】→	
裙子领子	创建“裙子领子”路径	→	
	创建“裙子领子”图层		
	用前景色填充路径	前景色为白色→	
	用画笔描边路径	前景色为黑色→→→	

23 STEP 使用【钢笔工具】在裙子的两侧创建多条代表衣物皱褶的路径，并以名称“裙子折痕”存储，如图5.29所示。

24 STEP 选择【画笔工具】并设置主直径为7px的柔角笔刷，按F5键打开【画笔】面板，设置画笔的【形状动态】属性；接着创建“裙子折痕”图层，设置前景色为黑色，单击【用画笔描边路径】按钮，如图5.30所示。

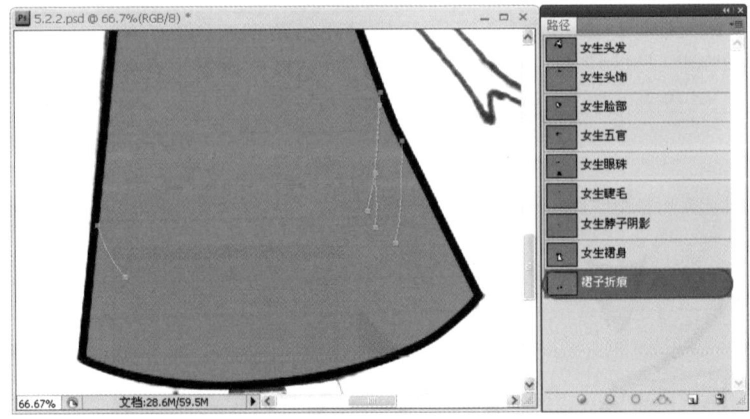

图5.29 创建并存储“裙子折痕”路径

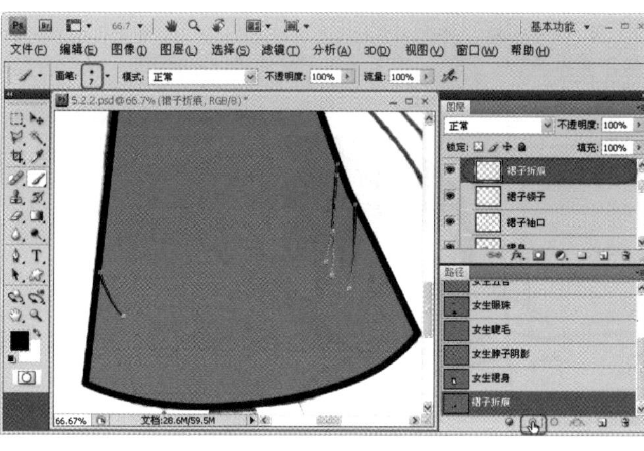

图5.30 填充裙子折痕

25 STEP 保持【画笔工具】的被选状态，重设工具属性，然后创建"裙子折痕阴影"新图层，使用黑色的前景色在折痕的旁边拖动绘制出阴影效果，在绘制折痕时可以多次变换笔刷大小，最后调整图层的不透明度为78%，如图5.31所示。

26 STEP 使用上述方法先创建"女生四肢"图层组，然后根据表5.3所示，在该图层组中绘制"女生手臂"、"女生手指"、"女生指甲"、"女生下肢"与"女生鞋子"等多个组成部分。

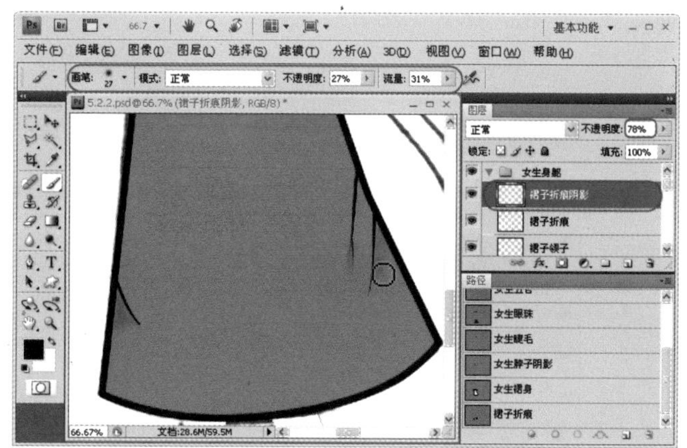

图5.31 添加裙子折痕阴影

表5.3 绘制女生的四肢

绘制部位	操作项目	实现步骤	结果
女生手臂	创建"女生手臂"路径	→	
	创建"手臂"图层		
	用前景色填充路径	前景色为【#fff3ee】→	
	用画笔描边路径	前景色为黑色→→→	
女生手指	创建"女生手指"路径	→	
	创建"手指"图层		
	用前景色填充路径	前景色为【#fff3ee】→	
	用画笔描边路径	前景色为黑色→→→	
女生指甲	创建"女生指甲"路径	→	
	创建"指甲"图层		
	用前景色填充路径	前景色为【#e0bfbf】→	
	用画笔描边路径	前景色为黑色→→→	
女生下肢	创建"女生下肢"路径	→	
	创建"下脚"图层		
	用前景色填充路径	前景色为【#fff3ee】→	
	用画笔描边路径	前景色为黑色→→→	
女生鞋子	创建"女生鞋子"路径	→	
	创建"鞋子"图层		
	用前景色填充路径	前景色为【#ffacc6】→	
	用画笔描边路径	前景色为黑色→→→	

Chapter 01
Chapter 02
Chapter 03
Chapter 04
Chapter 05
Chapter 06
Chapter 07
Chapter 08
Chapter 09
Chapter 10

27 STEP 根据底稿线条创建出"女生手机轮廓"路径，接着在"女生手机轮廓"图层中使用主直径为13px的尖角笔刷对路径进行黑色的描边处理，如图5.32所示。

图5.32 创建"手机轮廓"路径与图层

28 STEP 先按住Ctrl键单击"手指"图层快速载入手指选区，然后选择【图层】|【图层蒙版】|【显示全部】命令，为"女生手机轮廓"图层添加图层蒙版，接着选择【画笔工具】并设置较大的尖角笔刷，使用黑色的前景色在选区内来回拖动，隐藏"女生手机轮廓"与"手指"重叠的部分，如图5.33所示。

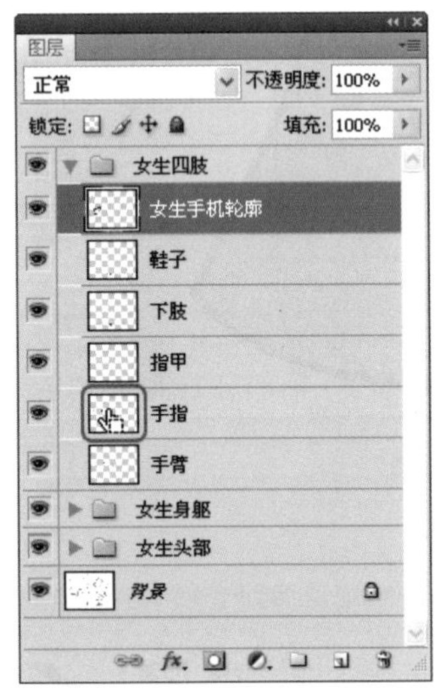

图5.33 隐藏部分手机轮廓

29 STEP 使用前面介绍的方法，根据底稿的线条绘制出另一个风格相似的男生POP卡通人物，如图5.34所示。其具体操作方法不再赘述，颜色参数如表5.4所示。

图5.34 使用同样方法绘制的男生POP卡通人物

表5.4 男生POP卡通人物的颜色属性

部位	颜色属性
头发	【#545453】
头巾	【#ff8a00】
肤色	【#ffeddc】
指甲	【#ffdede】
腮红	【#ff9d7a】
口腔	【#cb0244】
上衣	【#00b8f0】
裤子	【#3d5c00】
鞋子	【#ff9364】

30 STEP 将背景图层拖至【创建新图层】按钮上，复制出“背景 副本”图层，接着为“背景”层填充白色，覆盖原来的底稿线条，接着隐藏复制的“背景 副本”图层，即可看到已经绘制完成的POP卡通人物，如图5.35所示。

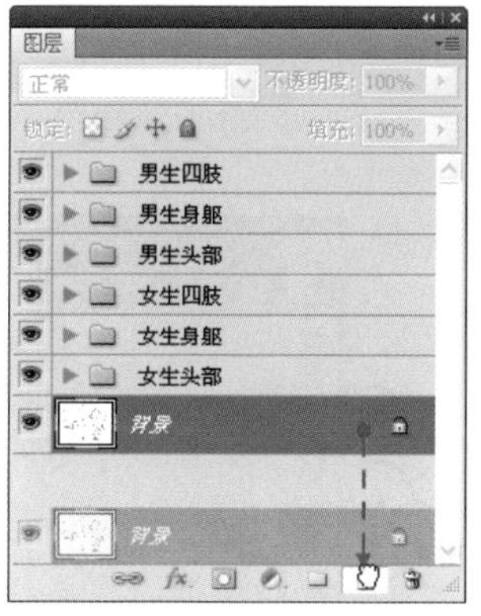

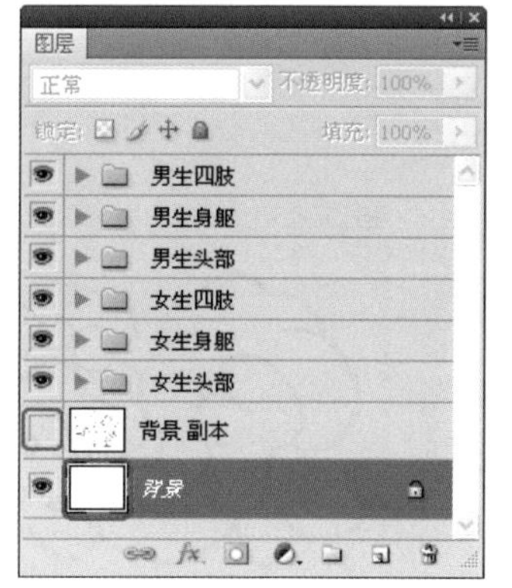

图5.35 绘制完成的POP卡通人物

在绘制POP男生卡通人物时，可以在“实例文件\Ch05”文件夹中打开“5.2.2_ok.psd”成果文件，参考其图层与路径等属性。至此，POP卡通人物已经绘制完毕。

5.2.3 绘制POP卡通文字

设计分析

本小节将在POP文字底稿上根据线条绘制出填充渐变颜色，并带有阴影与高光区域的POP立体文字效果，如图5.36所示。其主要设计流程为“绘制‘索爱’形状”→“绘制‘索爱’轮廓”→“绘制‘索爱’阴影与高光区载”→“制作黄色描边效果”→“制作其他卡通文字”，具体实现过程如表5.5所示。

图5.36 绘制POP卡通文字效果

表5.5 绘制POP卡通文字的过程

制作目的	实现过程
绘制“索爱”形状	● 创建“‘索爱’外轮廓”路径 ● 创建“‘索爱’内轮廓”路径 ● 填充渐变颜色 ● 删除“‘索爱’内轮廓”的填充部分
绘制“索爱”轮廓	● 创建“‘索爱’内部线条”路径 ● 使用画笔工具对边框进行描边处理
绘制“索爱”阴影与高光区载	● 创建“‘索爱’内部线条”路径 ● 填充并设置阴影区域 ● 绘制并填充“‘索爱’高光区域”
制作黄色描边效果	● 载入并扩展“‘索爱’外轮廓”选区 ● 为“索爱”文字内、外轮廓描边
制作其他卡通文字	● 根据绘制“索爱”文字的方法与技巧绘制其他4个POP文字 ● 调整各文字的图层顺序

制作步骤

01 STEP 打开"5.2.3.psd"练习文件，按Ctrl+L快捷键打开【色阶】对话框，然后往右拖动中间滑块，使底稿显示更加清晰，最后单击【确定】按钮，如图5.37所示。

02 STEP 使用【钢笔工具】配合【直接选择工具】沿如图5.38所示的红色轨迹创建并存储"'索爱'外轮廓"路径。

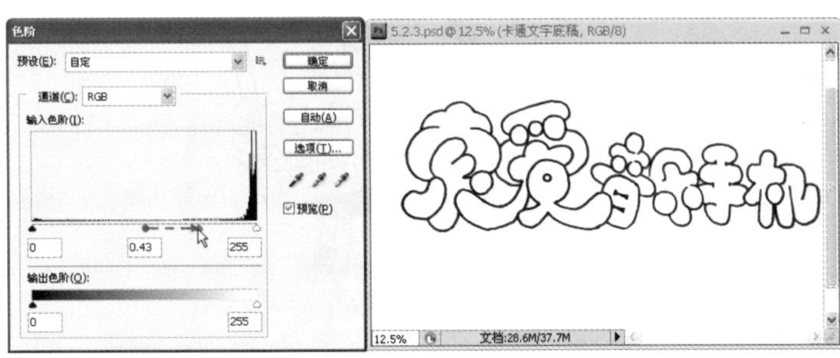

图5.37 调整文字底稿的色阶

图5.38 创建并存储"'索爱'外轮廓"路径

03 STEP 使用上一步骤的方法创建并存储"'索爱'内轮廓"路径，如图5.39所示。

04 STEP 选择"'索爱'外轮廓"路径并单击【将路径作为选区载入】按钮，接着按Ctrl+Shift+I快捷键反转选区，将"索爱"文字的外轮廓转换为选区，如图5.40所示。

图5.39 创建并存储"'索爱'内轮廓"路径

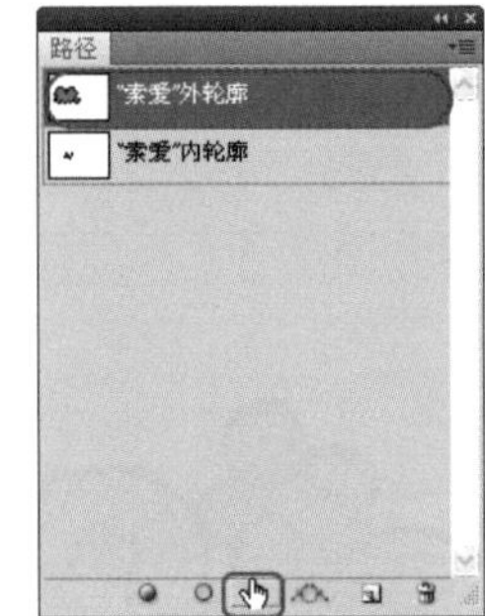

图5.40 载入"索爱"文字的外轮廓选区

专家提醒

在使用【钢笔工具】或者各种形状工具创建路径时，可以通过工具选项栏中的4种创建模式来决定路径的形状区域。比如选择【椭圆工具】并单击【添加到路径区域（+）】按钮，然后创建一个任意的圆形路径时，【路径】面板即会出现形状的工作路径；若单击【从路径区域减去】按钮，再创建相同的圆形路径时，【路径】面板即会出现形状的工作路径。在上述两种路径状态中，白色的部分为路径所创建的区域，也就是说如果将路径作为选区载入的话，即会创建出白色区域的选区。

所以，由于作者在步骤（2）、（3）中使用【钢笔工具】创建"索爱"文字的内外轮廓路径时选择了【从路径区域减去】模式，因此步骤（4）载入的选区变成了"索爱"二字以外的区域，必须反转选区。

05 STEP 选择【渐变工具】并打开【渐变编辑器】对话框，设置从【#ff1689】到【#f7bed6】的渐变颜色属性，再单击【确定】按钮。接着创建"'索爱'填充颜色"新图层，再按住Shift键从上往下拖动鼠标，填充线性渐变颜色，如图5.41所示。

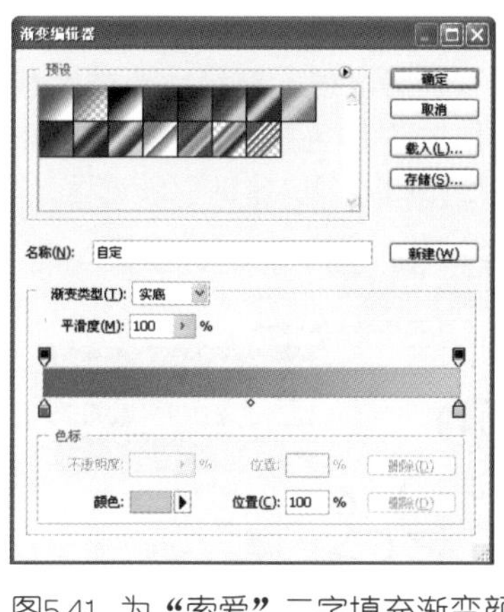

图5.41 为“索爱”二字填充渐变颜色

06 STEP 选择“‘索爱’内轮廓”路径并单击【将路径作为选区载入】按钮，按Delete键删除选区中的区域，如图5.42所示，最后按Ctrl+D键取消选区。

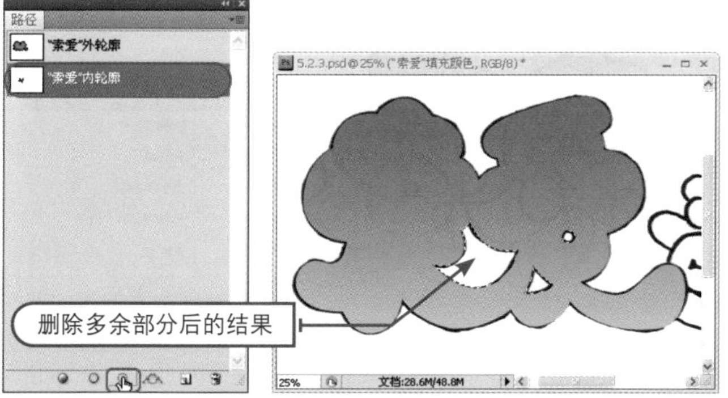

图5.42 删除“索爱”内轮廓的填充部分

07 STEP 将“‘索爱’填充颜色”图层的不透明度调至50%，以便显示底稿的线条，然后使用【钢笔工具】配合【直接选择工具】创建并存储“‘索爱’内部线条”路径，如图5.43所示。

图5.43 创建并存储“‘索爱’内部线条”路径

08 STEP 将“‘索爱’填充颜色”图层的不透明度调回100%，然后创建“索爱轮廓”新图层，接着设置前景色为黑色，再选择【画笔工具】并设置主直径为13px的尖角笔刷，在【路径】面板中选择“‘索爱’内部线条”路径，单击【用画笔描边路径】按钮。最后使用相同的笔刷属性，对“‘索爱’内轮廓”与“‘索爱’外轮廓”两个路径使用画笔进行描边，如图5.44所示。

描边内部线条后的效果

描边外轮廓后的效果

图5.44 使用【画笔工具】对“索爱”边框进行描边处理

09 STEP 选择【钢笔工具】并单击【添加到路径区域（+）】按钮，在"索爱"文字内部各笔画的右上方创建出阴影路径区域，然后使用【直接选择工具】进行微调，最后以"'索爱'阴影区域"的名称存储路径，如图5.45所示。

图5.45 创建并存储"'索爱'阴影区域"路径

10 STEP 创建"索爱阴影区域"新图层，然后按Ctrl+Enter快捷键将"'索爱'阴影区域"路径作为选区载入，接着填充【#6d6d6d】的深灰色并设置不透明度为40%，如图5.46所示，最后按Ctrl+D快捷键取消选区。

图5.46 填充并设置阴影区域

11 STEP 创建"'索爱'高光区域"新图层，再使用步骤（9）～（10）的方法，在"索爱"文字内部各笔画的左下方创建出多个高光路径区域，最后将其转为各选区并填充白色，效果如图5.47所示。

图5.47 绘制并填充"索爱"的高光区域

12 STEP 选择"'索爱'外轮廓"路径并单击【将路径作为选区载入】按钮，再按Ctrl+Shift+I快捷键反转选区，接着选择【选择】|【修改】|【扩展】命令打开【扩展选区】对话框，输入扩展量为7像素，最后单击【确定】按钮，如图5.48所示。

图5.48 载入并扩展"'索爱'外轮廓"选区

13 STEP 创建"索爱黄色边框"新图层，然后选择【编辑】|【描边】命令，打开【描边】对话框，设置描边宽度为13px、描边颜色为【#fffa6f】、位置为【居外】，再单击【确定】按钮，如图5.49所示。

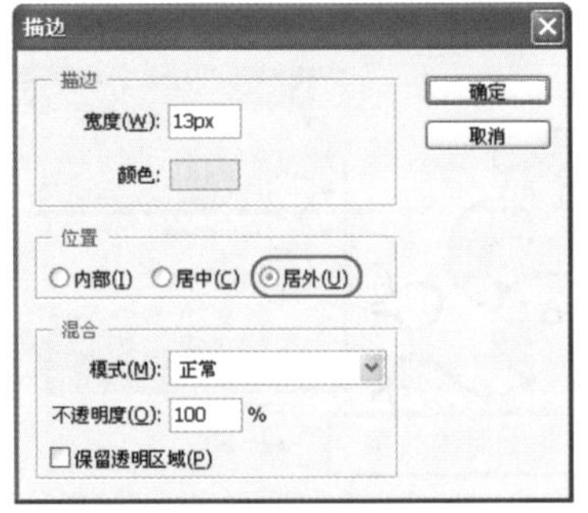

图5.49 在"索爱"文字外轮廓选区的外侧描边

14 STEP 选择“‘索爱’内轮廓”路径并单击【将路径作为选区载入】按钮，接着选择【选择】|【修改】|【收缩】命令，打开【收缩选区】对话框，输入收缩量为7像素并单击【确定】按钮，如图5.50所示。

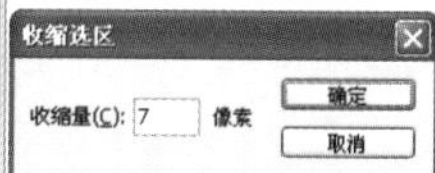

图5.50 载入并收缩“‘索爱’内轮廓”选区

15 STEP 再次打开【描边】对话框，将描边位置更改为【内部】，保持其他描边属性不变并单击【确定】按钮，最后按Ctrl+D快捷键取消选区，如图5.51所示。

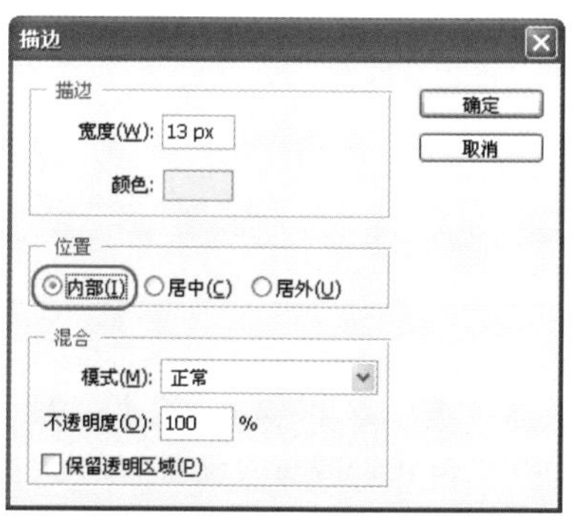

图5.51 在“索爱”文字内轮廓选区的内侧描边

16 STEP 使用前面的方法，根据底稿线条在“索爱”文字的下方绘制出“音”、“乐”、“手”、“机”4个POP文字，效果如图5.52所示。其中各字的渐变颜色属性如表5.6所示。

图5.52 绘制其他POP文字后的效果

表5.6 各字的渐变颜色属性

POP文字	渐变颜色属性
音	【#0aff0b】-【#b4fcb1】
乐	【#ffec03】-【#fffbbe】
手	【#0eadff】-【#d3ecf9】
机	【#ff000d】-【#ffaecc】

至此，POP文字已经绘制完毕，我们将成果保存为“5.2.3_ok.psd”，最后将其以素材的形式插入至POP广告的背景中。

5.2.4 设计POP手机广告背景

设计分析

本小节将绘制POP手机广告的彩虹背景，由花丛、彩虹等素材与一些装饰图形组成，如图5.53所示。其主要设计流程为“制作广告背景”→“绘制装饰图形”→“加入装饰素材”，具体实现过程如表5.7所示。

图5.53 POP手机广告背景

表5.7 设计POP手机广告背景的过程

制作目的	实现过程
制作广告背景	● 在背景中填充5色渐变效果 ● 加入并调整“花丛”素材 ● 加入并调整“彩虹”素材
绘制装饰图形	● 自定义“圆环”图形 ● 复制并分布“圆环”图形 ● 自定义“叠加圆形”图形 ● 复制并分布“叠加圆形”图形
加入装饰素材	● 加入、复制并分布“藤蔓”图形 ● 加入、复制并分布“波尔卡点”图形 ● 加入并设置“曲线”与“小鸟”图层 ● 创建并调整白色的半透明圆角矩形

制作步骤

01 STEP 选择【文件】|【新建】命令，打开【新建】对话框，输入名称为“POP手机广告背景”，再输入宽度为1092mm、高度为787mm，分辨率为72像素/英寸，接着单击【确定】按钮，如图5.54所示。

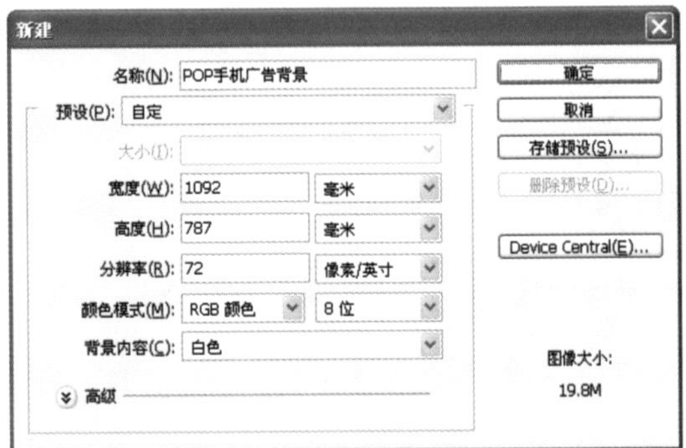

图5.54 新建广告背景文件

专家提醒

一般印刷品的最低分辨率应为300像素/英寸，本例为了降低文件的大小并提高软件的运行速度，所以将文件的分辨率设置为默认的72像素/英寸，但不影响整个范例的学习，请各位读者注意。

02 STEP 选择【渐变工具】并打开【渐变编辑器】对话框，按照表5.8所示的颜色设置添加5个色标，接着单击【确定】按钮。创建“渐变背景”新图层，再按住Shift键从下往上填充线性渐变颜色，如图5.55所示。

表5.8 广告背景渐变属性设置

色标	颜色	位置
1	【#f3739c】	0%
2	【#fff10e】	25%
3	【#6dd76a】	50%
4	【#03afd5】	75%
5	【#660579】	100%

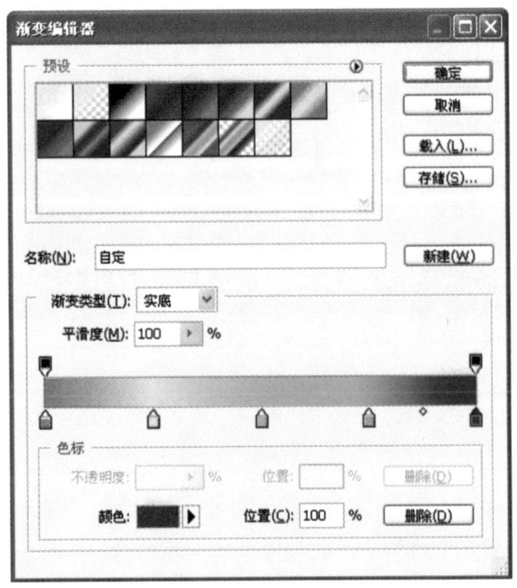

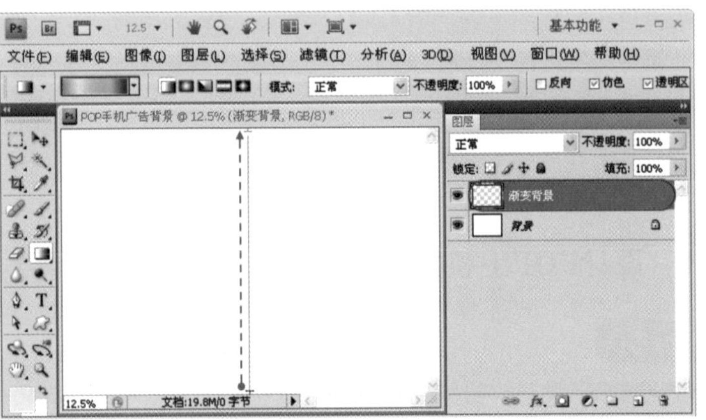

图5.55 填充渐变广告背景

03 STEP 从"实例文件\Ch05\images"文件夹中打开"花丛.jpg"素材文件，然后使用【钢笔工具】创建出要选取的花朵路径，接着按Ctrl+Enter快捷键将路径作为选区载入，再按Shift+F6快捷键打开【羽化选区】对话框，输入羽化半径为1像素并单击【确定】按钮，如图5.56所示。

图5.56 创建要加入背景的花丛区域

04 STEP 使用【移动工具】将选区内容拖至练习文件中，接着将图层名称更改为"花丛"，并设置图层混合模式为【叠加】，然后按Ctrl+T快捷键将其按比例放大至228.4%，再移至画面的左下角处，如图5.57所示。

05 STEP 从"实例文件\Ch05\images"文件夹中打开"彩虹.jpg"素材文件，然后使用步骤（3）～（4）的方法先创建出要插入广告背景的部分，然后对图层的大小、位置与混合模式进行设置，如图5.58所示。

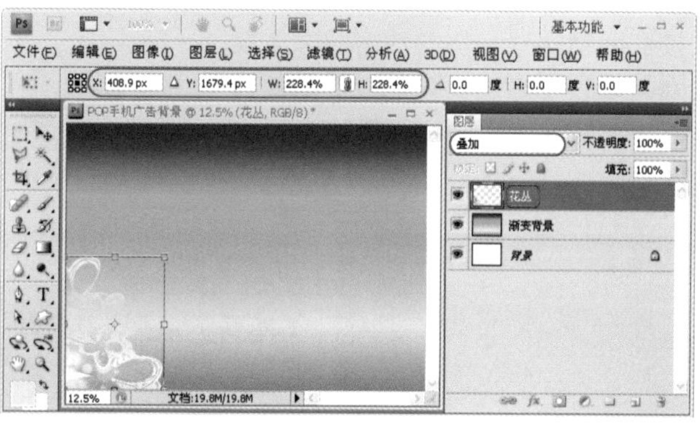

图5.57 加入并调整"花丛"素材

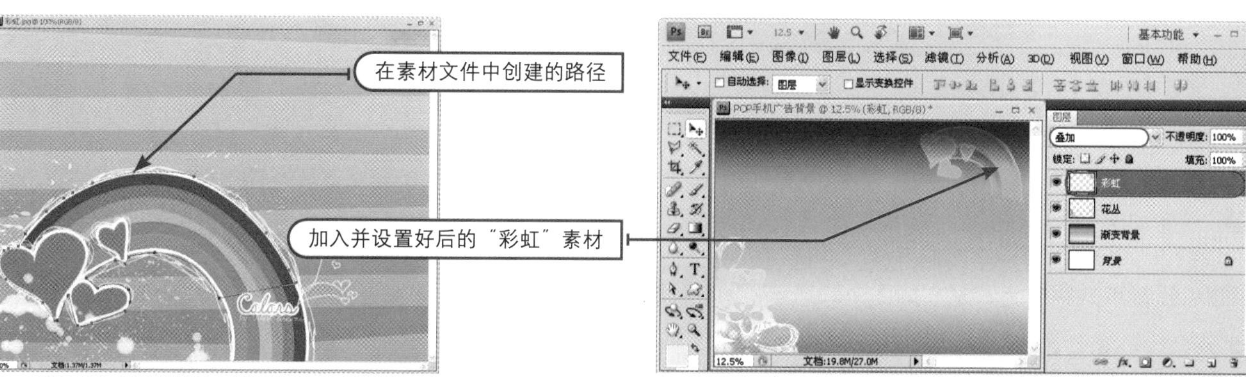

图5.58 加入并调整"彩虹"素材

06 STEP 创建"圆环"图层组，然后在图层组中创建"圆环"新图层，使用【椭圆选框工具】配合Shift键创建一个圆形选区，并在选区内填充白色，如图5.59所示。

07 STEP 选择【选择】|【变换选区】命令，在选项栏中单击【保持长宽比】按钮，然后在【W】数值框中输入75%，如图5.60所示。

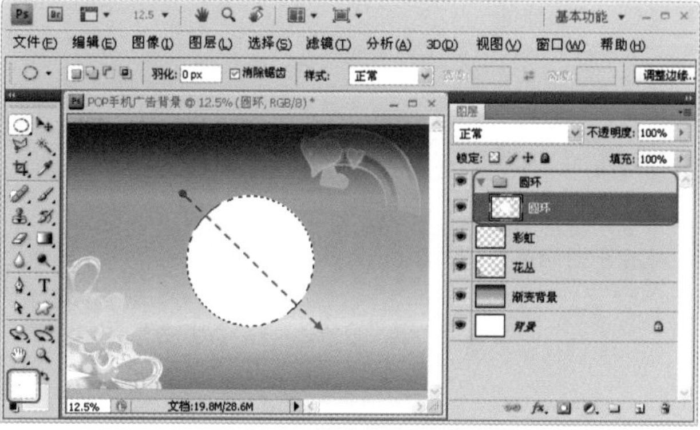

图5.59 创建白色圆形对象

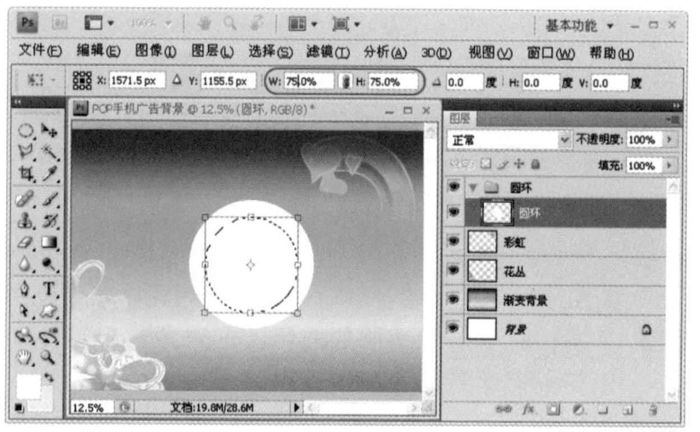

图5.60 按比例将圆形选区缩小至75%

08 STEP 根据表5.9所示的操作，通过【变换选区】与【自由变换】命令对白色的圆形对象进行变形处理，以得到圆环图形效果。

09 STEP 按Ctrl+T快捷键将圆环等比例缩小，再移至画面的左上方，然后选择【移动工具】并按住Alt键拖动"圆环"图层的同时复制出"圆环 副本"图层，如图5.61所示。

10 STEP 使用同样的方法在手机广告背景中复制其余6个圆环图层，最后按实际情况对一些与原有图像重叠的圆环进行不透明度处理，效果如图5.62所示。

表5.9 绘制圆环对象的操作过程

操作1		结果
执行命令	选择【编辑】|【自由变换】命令	
设置属性	● 水平/垂直缩放比例为80% ● 按Enter键	
操作2		结果
执行命令	选择【选择】|【变换选区】命令	
设置属性	● 水平/垂直缩放比例为60% ● 按Enter键	
操作3		结果
执行命令	选择【编辑】|【自由变换】命令	
设置属性	● 水平/垂直缩放比例为60% ● 按Enter键 ● 按Ctrl+D快捷键	

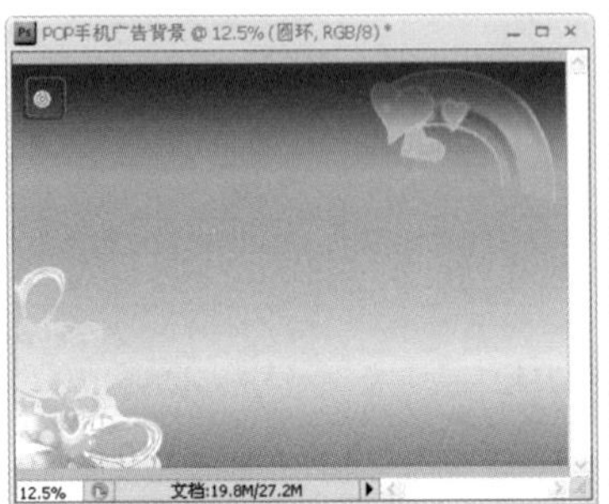
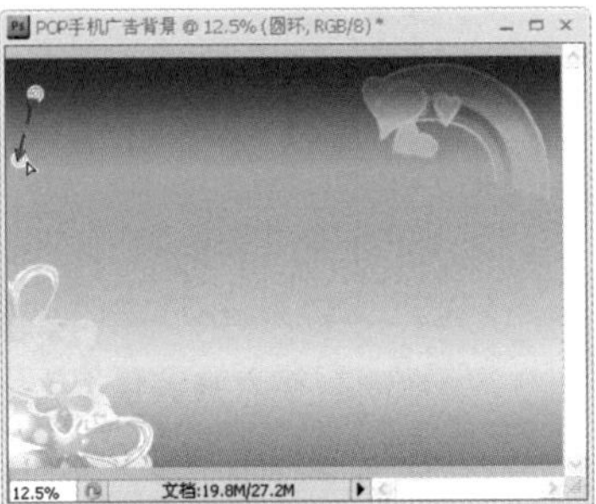

图5.61 调整圆环属性并复制副本

不透明度：20%
不透明度：50%

图5.62 复制并分布"圆环"图形

11 STEP 创建"叠加圆形"图层组，并在图层组中创建"叠加圆形"新图层，接着使用【椭圆选框工具】配合Shift键创建一个圆形选区，在选区内填充白色，最后设置不透明度为30%，如图5.63所示。

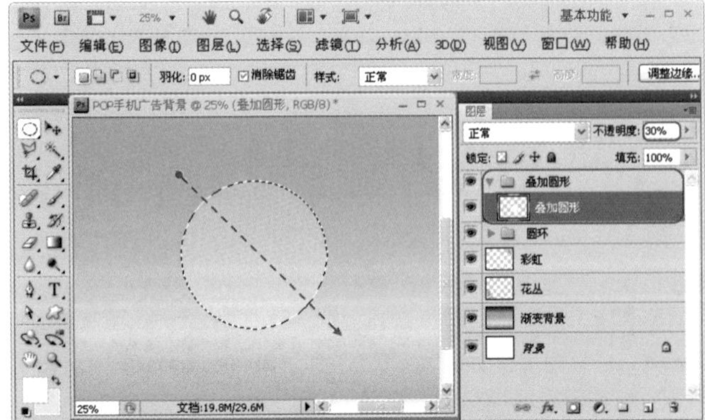

图5.63 创建半透明的椭圆形

12 STEP 按照表5.10所示的操作，通过复制图层与【自由变换】命令对半透明的白色圆形对象进行等比例缩小，以得到多个圆形重叠的效果。

表5.10 绘制叠加圆形的操作过程

操作1	结果
● 复制"叠加圆形 副本"图层 ● 设置不透明度为40% ● 按Ctrl+T快捷键 ● 设置水平/垂直缩放比例为75% ● 按Enter键确认变换	
操作2	结果
● 复制"叠加圆形 副本2"图层 ● 设置不透明度为50% ● 按Ctrl+T快捷键 ● 设置水平/垂直缩放比例为60% ● 按Enter键确认变换	
操作3	结果
● 复制"叠加圆形 副本3"图层 ● 设置不透明度为90% ● 按Ctrl+T快捷键 ● 设置水平/垂直缩放比例为50% ● 按Enter键确认变换	

13 STEP 按住Shift键选择“叠加圆形”图层组中的所有图层，然后按Ctrl+E快捷键将选中的多个图层合并成一个图层。由于合并后的图层会自动以合并前最上层的图层名称来命名，所以下面先将合并后的图层重新命名为“叠加圆形”，如图5.64所示。

14 STEP 将“叠加圆形”图层等比例缩小并移至画面的左上方，然后复制并移动其余两个“叠加圆形 副本”图层，效果如图5.65所示。

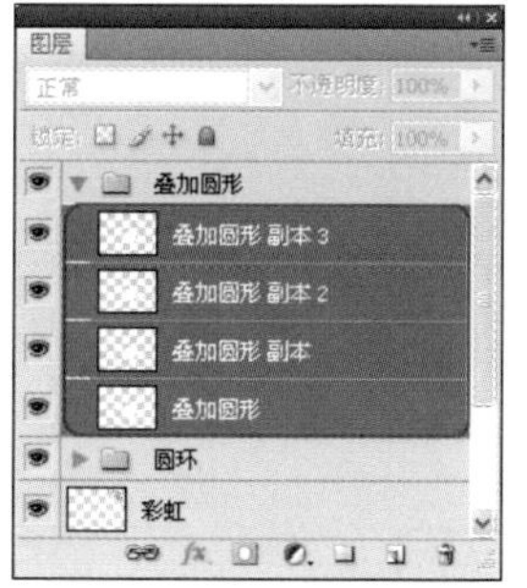

图5.64 合并叠加图形并重命名

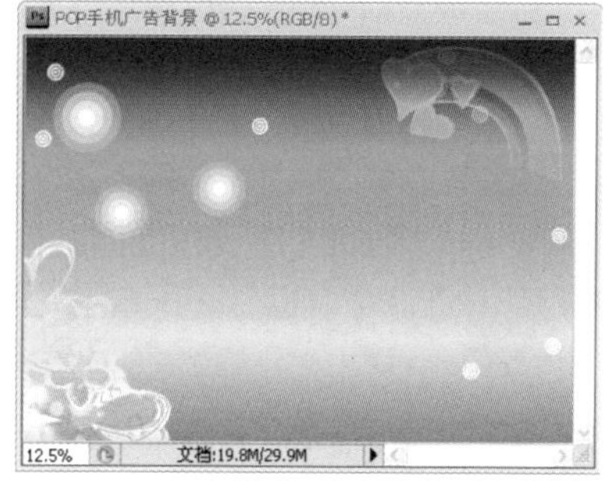

图5.65 复制与分布叠加图形

15 STEP 创建“藤蔓”图层组，打开“藤蔓.psd”素材文件，使用【移动工具】将“藤蔓”图层加入练习文件中，接着按Ctrl+T快捷键调整其大小与位置，如图5.66所示。

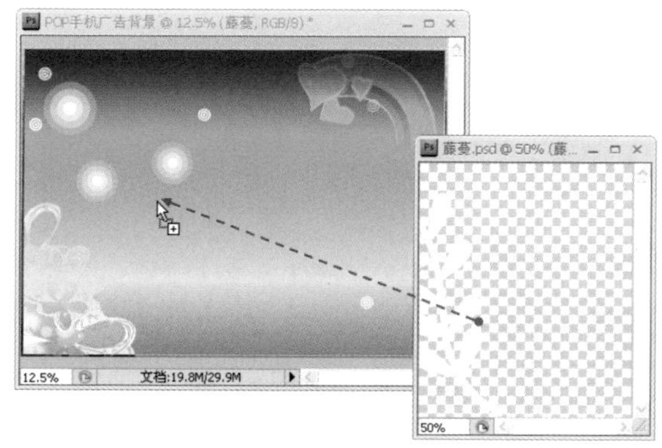
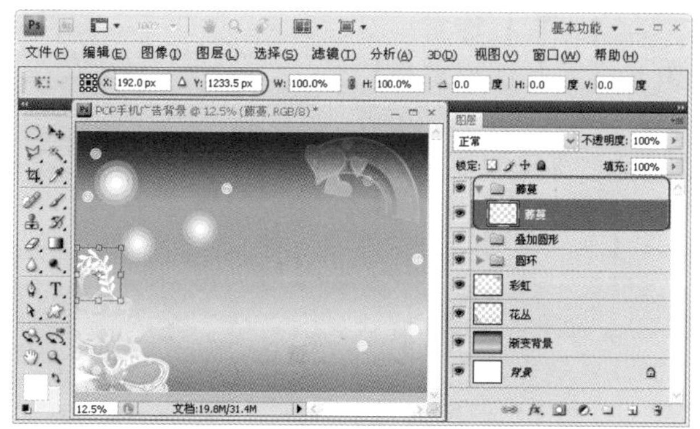

图5.66 加入并调整“藤蔓”素材

16 STEP 复制4个“藤蔓”图层的副本，然后使用【自由变换】命令对各个图层进行等比例缩放、旋转与移动，最后将“藤蔓 副本”与“藤蔓 副本4”两个图层的不透明度设置为80%，最终效果如图5.67所示。

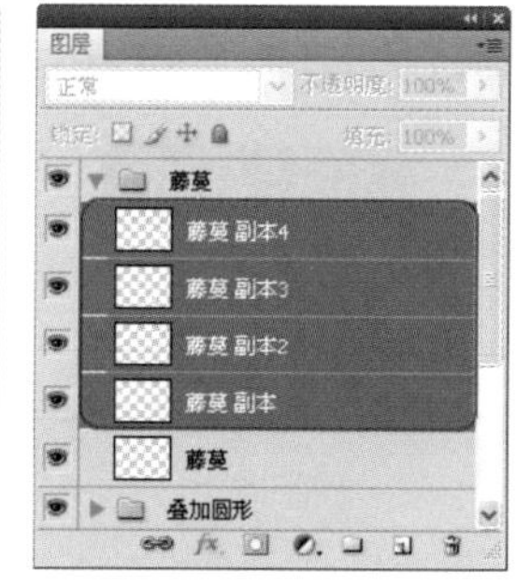

图5.67 加入、复制并分布“藤蔓”图形

17 STEP 创建“波尔卡点”图层组，打开“波尔卡点.psd”素材文件，再使用上一步骤的方法先将“波尔卡点”加至练习文件中，然后复制多个图层副本，并对其进行分布处理，最后按表5.11所示设置各图层的不透明度，结果如图5.68所示。

表5.11 设置各“波尔卡点”图层的不透明度

图层	不透明度
波尔卡点	80%
波尔卡点 副本	30%
波尔卡点 副本2	80%
波尔卡点 副本3	90%

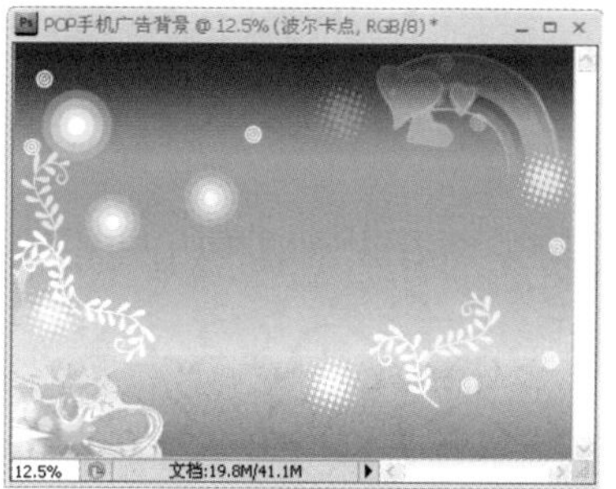
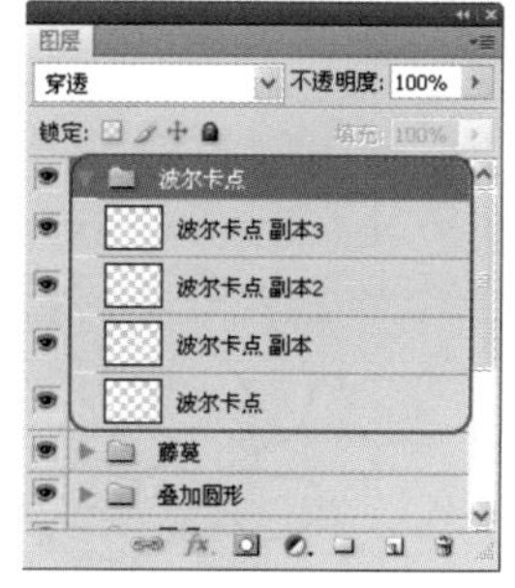

图5.68 加入、复制并分布“波尔卡点”图形后的结果

18 STEP 创建“小鸟与曲线”图层组，分别打开“曲线.psd”与“小鸟.psd”素材文件，再使用【移动工具】分别将“曲线”与“小鸟”图层移至“小鸟与曲线”图层组中，并分别设置图层混合模式为【叠加】，如图5.69所示。

19 STEP 创建“文字底板”新图层，然后设置前景色为白色，选择【圆角矩形工具】并在选项栏中单击【填充像素】按钮，接着输入半径为30px、不透明度为90%，然后单击【几何选项】按钮，在打开的选项板中选择【固定大小】单选按钮，设置W为2735px、H为950px，最后在画面的左上方单击确定圆角矩形的左上方角点，如图5.70所示。

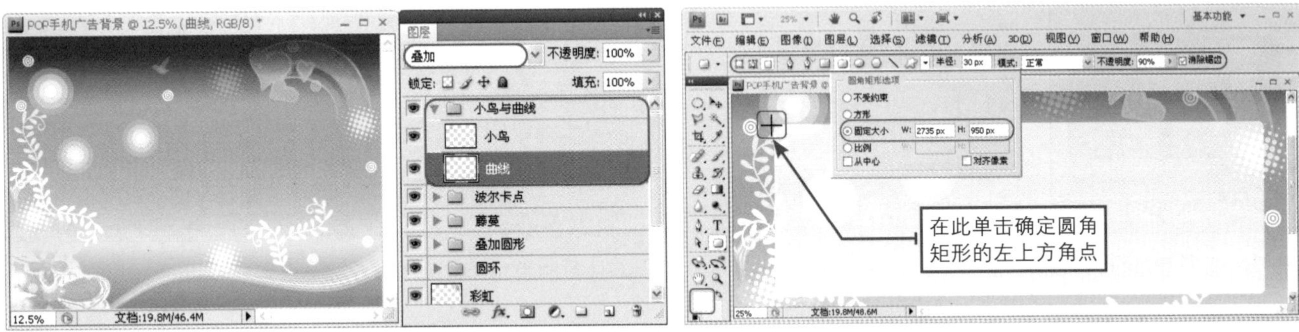

图5.69 加入并设置“曲线”与“小鸟”图层　　图5.70 创建白色的半透明圆角矩形

20 STEP 在【图层】面板中单击【添加图层蒙版】按钮，然后在工具箱中单击【默认前景色和背景色】按钮，再选择【渐变工具】并打开【渐变编辑器】对话框，选择第一项【前景到背景】预设样式，接着按住Shift键从右到左填充水平的渐变蒙版，如图5.71所示。

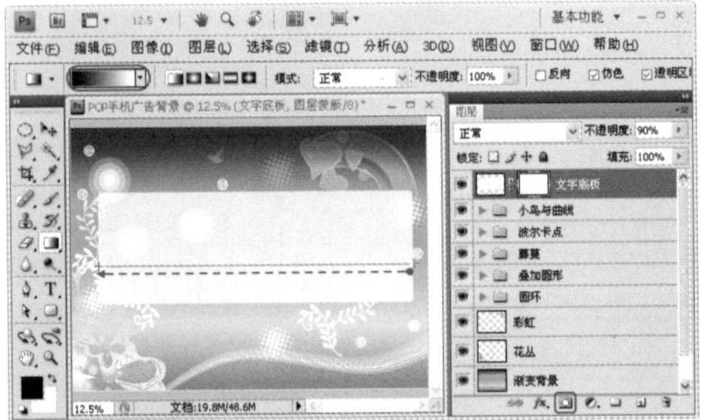
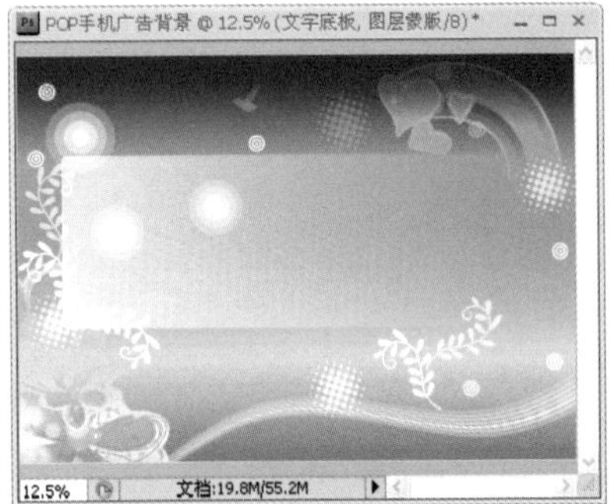

图5.71 通过填充渐变蒙版使用文字底板产生淡出效果

至此，POP手机广告的背景绘制完毕，最终效果如图5.53所示。

5.2.5 加入POP手机广告素材与文字

设计分析

本小节将绘制POP手机广告的素材与文字，效果如图5.72所示。其主要设计流程为“加入POP人物素材”→“加入POP文字素材”→“输入广告文字并美化”→“制作促销图说框”，具体实现过程如表5.12所示。

图5.72 加入素材与文字后的POP手机广告

表5.12 加入POP手机广告素材与文字的过程

制作目的	实现过程
加入POP人物素材	● 加入并调整“红色手机”素材 ● 加入并编辑“蓝色手机”素材 ● 加入并调整“POP人物”素材图像
加入POP文字素材	● 合并组成POP文字的图层 ● 加入“POP文字”素材图像并调整大小
输入广告文字并美化	● 输入POP广告小标题并添加描边效果 ● 输入POP商品内容描述 ● 创建并存储放射状路径 ● 自定义点状虚线画笔并描边路径 ● 绘制多个星形与圆形装饰图像
制作促销图说框	● 创建并编辑图说框 ● 填充图说框 ● 输入并美化促销文字

制作步骤

01 STEP 打开“5.2.2_ok.psd”成果文件，在“男生四肢”图层组中隐藏“男生手机轮廓”图层，再从“女生四肢”图层组中隐藏“女生手机轮廓”图层，如图5.73所示。

02 STEP 由于后续加入的手机素材会超出成果文件的边缘，所以下面选择【图像】|【画布大小】命令，打开【画布大小】对话框，先在定位区中单击按钮，然后输入高度为15厘米，再单击【确定】按钮，增加“5.2.2_ok.psd”成果文件人物上方的空白处，如图5.74所示。

图5.73 隐藏POP人物手中的手机轮廓

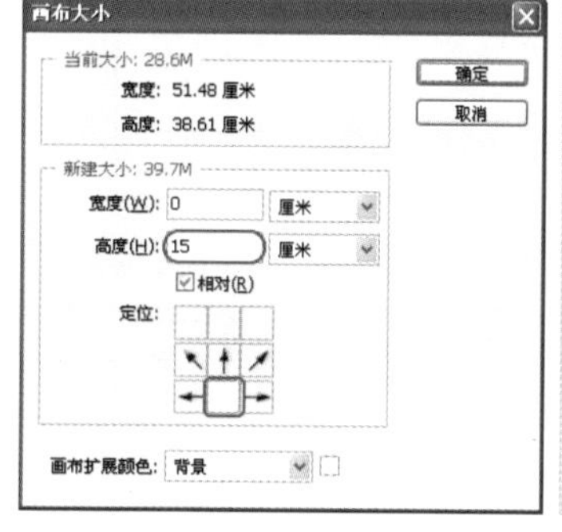

图5.74 往上扩展画布

03 STEP 打开“红色手机.psd”素材文件，使用【移动工具】将其拖至“5.2.2_ok.psd”成果文件中，将“红色手机”图层放置在“背景”图层的上方。接着按Ctrl+T快捷键根据女生右手调整其大小与位置，如图5.75所示。

04 STEP 按Ctrl+M快捷键打开【曲线】对话框，拖动调整点改善手机图像的亮度与对比度，最后单击【确定】按钮，如图5.76所示。

图5.75 加入“红色手机”素材

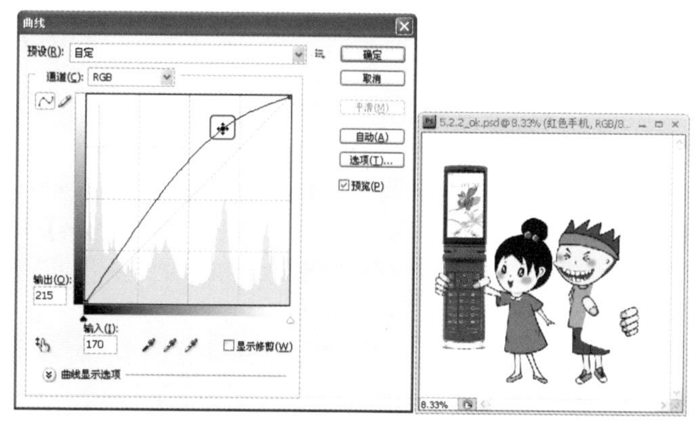

图5.76 调整“红色手机”素材

05 STEP 打开“蓝色手机.psd”素材文件，使用【移动工具】将其拖至“5.2.2_ok.psd”成果文件中，并将“蓝色手机”图层放置在“男生四肢”图层组的最底层。接着按Ctrl+T快捷键根据男生左手调整其大小、位置与角度，如图5.77所示。

06 STEP 将所有图层组折合起来，按住Shift键选择要合并的图层与图层组，然后按Ctrl+E快捷键合并选中的图层对象，接着将图层更名为“POP人物”，如图5.78所示。

图5.77 加入“蓝色手机”并调整属性

07 STEP 打开"5.2.5.psd"练习文件，使用【移动工具】将"5.2.2_ok.psd"成果文件中的"POP人物"图层移至"5.2.5.psd"练习文件的右上方，如图5.79所示，最后关闭且不保存"5.2.2_ok.psd"成果文件。

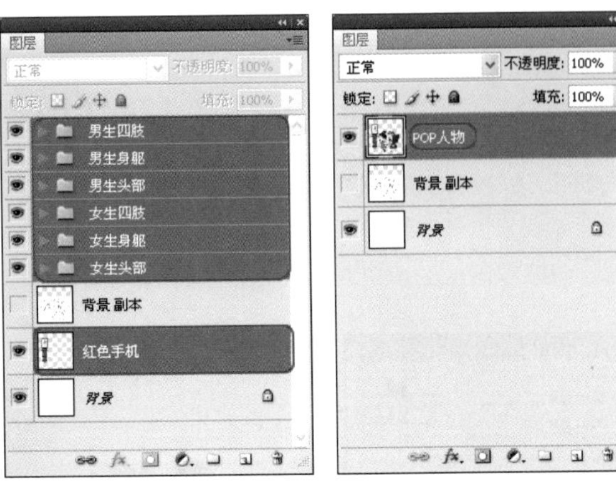

图5.78 合并"POP人物"图层

图5.79 加入"POP人物"图层

08 STEP 使用【自由变换】命令将"POP人物"图层等比例缩小至50%，并调整位置，如图5.80所示。

专家提醒

如果读者已经掌握本小节中步骤（1）～（8）的操作，可以从"实例文件\Ch05"文件夹中打开"POP人物.psd"文件，将需要指定的图层合并，并拖至练习文件中，以便跳过加入手机素材的操作。

图5.80 调整"POP人物"图像

09 STEP 打开"5.2.3_ok.psd"成果文件，隐藏"卡通文字底稿"与"背景"图层，然后选择【图层】|【合并可见图层】命令，将当前显示的图层合并，并更名为"POP文字"，如图5.81所示。

图5.81 合并"POP文字"素材图像

10 STEP 使用【移动工具】将"POP文字"图层移至"5.2.5.psd"练习文件中，并使用【自由变换】命令调整其大小与位置，如图5.82所示。最后关闭且不保存"5.2.3_ok.psd"成果文件。

图5.82 添加"POP文字"并调整大小与位置

11 STEP 使用【横排文字工具】在白色文字底板的左上方输入白色的"索爱 F90Si"文字内容，作为POP文件的小标题，接着单击【添加图层样式】按钮，选择【描边】选项，在打开的【图层样式】对话框中设置描边属性如图5.83所示，其中颜色属性为【#ff258d】。

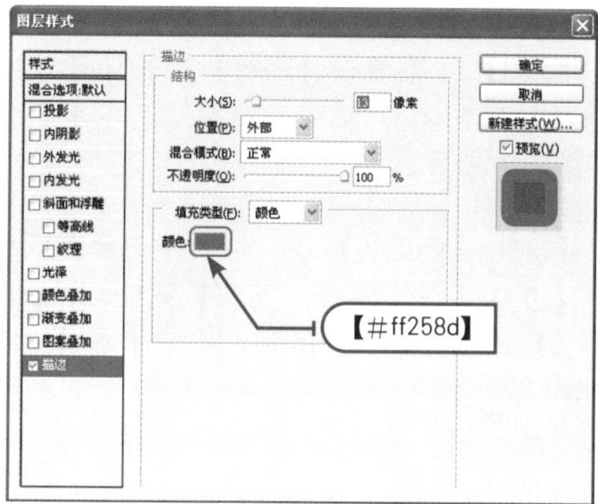

图5.83 输入POP广告小标题并添加描边效果

12 STEP 使用【横排文字工具】T.在小标题之下拖出一个文本输入框，然后输入“首款采用Walkman 3.0播放……可以放置海量的媒体文件。”文字内容，作为POP广告的商品内容描述，如图5.84所示，其中文字颜色为【#230579】的深蓝色。

图5.84 输入POP商品内容描述

13 STEP 使用【钢笔工具】创建并存储如图5.85所示的工作路径，准备用于制作放射状的虚线段。

14 STEP 选择【画笔工具】并打开【画笔】面板，选择直径为9px的笔刷大小，再选择【画笔笔尖形状】选项，设置间距为170%的点状虚线效果，如图5.86所示。

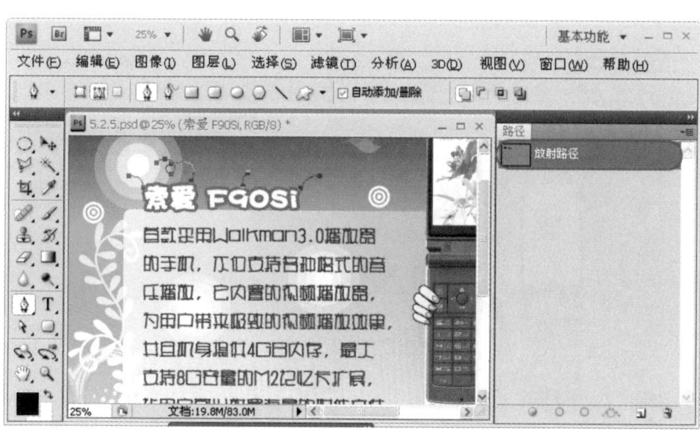

图5.85 创建并存储“放射路径”

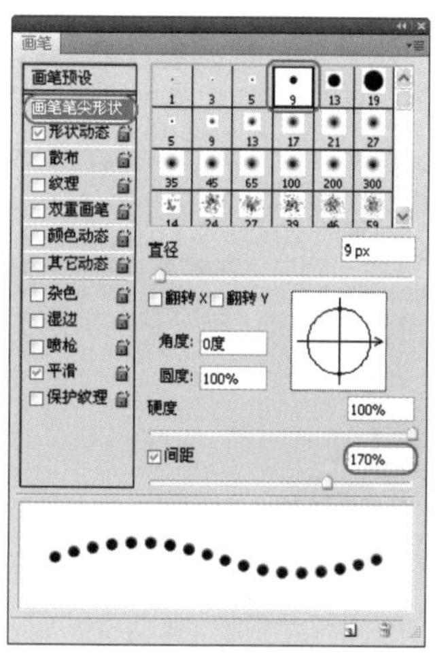

图5.86 自定义点状虚线画笔属性

15 STEP 创建“点状线条”新图层，然后设置前景色为【#8a00ff】，接着在【路径】面板中单击【用画笔描边路径】按钮，使用前面设置的画笔属性描边路径，如图5.87所示。

16 STEP 选择【自定形状工具】，然后在工具选项栏中单击【打开“自定形状”面板】再单击按钮并选择【形状】选项，在打开的对话框中单击【追加】按钮，如图5.88所示。

17 STEP 创建“星形与圆形”图层组，接着分别选择【五角星】形状与【圆形】形状，在“索爱F90Si”标题的周围绘制多个不同颜色的星形与圆形对象，作为装饰对象，如图5.89所示。

图5.87 使用自定义点状虚线画笔描边路径

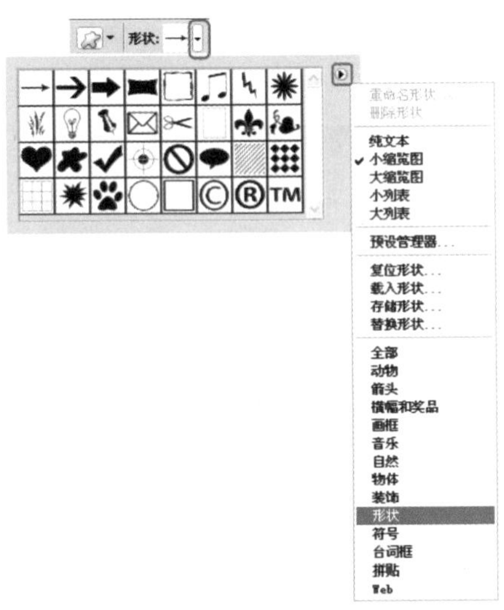

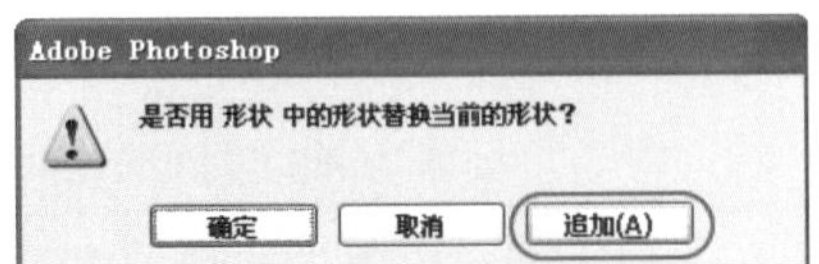

图5.88 追加【形状】自定形状

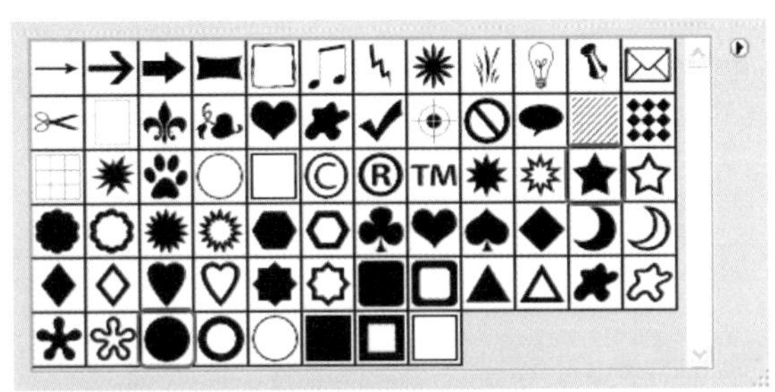

图5.89 绘制多个星形与圆形装饰图像

18 STEP 选择【自定形状工具】，并在工具选项栏中单击【路径】按钮，再使用步骤（16）的方法在形状选项板中追加【全部】形状，然后选择形状，在画面的右上方创建一个图说框路径，如图5.90所示。

19 STEP 使用【直接选择工具】对3个椭圆路径的形状与位置进行调整，并以“图说框路径”的名称存储，如图5.91所示。

图5.90 创建图说框路径

图5.91 编辑并存储“图说框路径”

20 STEP 创建“图说框”图层组并创建“图说框底色”图层，按Ctrl+Enter快捷键将路径作为选区载入，并设置前景色为【#fffc00】，按Alt+Backspace快捷键填充，最后调整不透明度为85%，如图5.92所示。

图5.92 填充图说框底色

21 STEP 创建“图说框轮廓”图层，选择【编辑】|【描边】命令，在打开的【描边】对话框中设置宽度为20px、颜色为【白色】、位置为【居中】，最后单击【确定】按钮，再按Ctrl+D快捷键取消选区，如图5.93所示。

图5.93 添加图说框轮廓

22 STEP 使用【横排文字工具】T.在图说框内输入“促销价：￥1600”文字内容，如图5.94所示。其中详细的字体属性如表5.13所示。

表5.13 促销文字属性设置

文字	字体	字体大小	颜色
促销价：	华康海报体W12	120点	【#ff1e8b】
￥（Shift+4）	Ravie	100点	
1600	华康海报体W12	100点	

图5.94 输入促销文字

23 STEP 双击上一步骤输入文字的图层，在打开的【图层样式】对话框中选择【描边】选项，为促销文字添加大小为15像素的白色描边效果，如图5.95所示。

图5.95 为促销文字添加白色描边效果

24 STEP 选择“彩虹”图层，选择【移动工具】并按住Shift键不放将其水平往左拖动，尽量减小其与图说框的重叠部分，效果如图5.96所示。

图5.96 调整“彩虹”图层的位置

至此，本例的POP手机广告已经设计完毕，最终效果如图5.5所示。

5.3 易拉宝饮料广告设计

5.3.1 设计概述

本作品是商场饮料区设计的一款终端POP广告，推广对象是百事公司旗下一款著名的果汁——“果缤纷”的新口味产品，最终成品将放置在“易拉宝”上进行展示，如图5.97所示。下面对本例的作品进行概述。

- 广告创意点：本例的广告主体对象是果汁饮料，广告的表现主线为水果种类的“多”与“鲜”，在一个水底的环境中，多种新鲜水果从果汁瓶嘴中喷射出来，不仅能产生强烈的视觉冲击，更能打动消费者，促使其产生购买的冲动。另外，瓶子被大量新鲜水果拥簇着，更是传达了商品的特点——数种杂果独特的混合配方。
- 版面与配色：由于易拉宝的尺寸较为窄长，所以版面分配要注意均衡与协调。本例总体分为“水底展示区”和下方白色的“商品简介区”，中间以3条颇具韵律的波浪形状条分割开来。画面上方大半部分的“水底展示区”又可分为“瓶子与水果”、“水果喷射”和“广告标语”3部分。通过此分布方式，使窄长的画面变得均匀饱满。另外，斜切的广告标语和波浪形状条，使原本呆板的版面增添了几分活力与生气。
- 广告文字：本例的广告文字使用笔画较粗的字体，目的是为了接近手写POP字体的效果。“一口尽享多果美味”采取斜切的形状摆放于画面的正上方，显示特别醒目。另外，为突出“多”的广告意念，专门加大其字体大小，而且绿色的填充与描边颜色，实现了商品的新鲜与清爽。

瓶子右上方的“新”字配以倾斜的八角星形，组合成一个抢眼的POP剪贴。为了突现该商品为新口味，不仅为“新”字添加了艳丽的红色系渐变填充，还专门为其制作了立体效果。

商品简介区的左上方添加了副广告标语，说明了商品的系列定位为“法兰西风情”口味，下面添加了6项特点介绍，左侧均配以选中的复选框，寓意各简介项目均包含在内。

专家提醒

所谓“易拉宝”就是公司里做活动的一种广告宣传品，底部有一个卷筒，内有弹簧，会将整张布面卷回卷筒内。打开时把布面拉出来，用一根棍子在后面支撑住，故称其为易拉宝，成品效果如图5.97所示。

豪华型易拉宝以塑钢材料为主体，粘贴式铝合金横梁，支撑杆为铁合金材质，采用三节皮筋连接，精致、质量稳定，适合各种展销、展览、促销等使用。体积小，容易安装，30s即可展示一幅完美画面，轻巧便携，可更换画面，成本低，适合各种展览销售会场、展览广告、巡回展示、会议活动等。

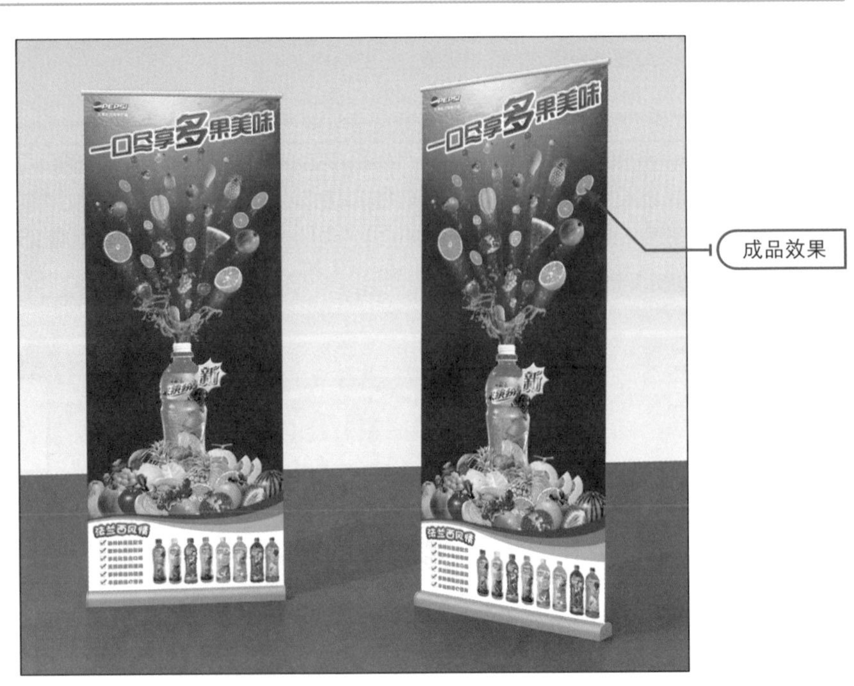

图5.97 易拉宝饮料POP广告

尺　寸	80cm×200cm（竖向）
用　纸	胶版纸：主要供平版（胶印）印刷机或其他印刷机印刷较高级彩色印刷品时使用，如彩色画报、画册、宣传画、易拉宝、X展架及一些高级书籍封面、插图等
风格类型	商业、活跃、动感
创 意 点	❶ 水底中，多种鲜果从瓶口喷射而出 ❷ 猛烈的气流和气泡效果 ❸ 活泼的广告标题 ❹ 艳丽夺目的POP剪贴
配色方案	#58BBD8 #00829A #004D55 #138200 #FFD300 #FE1825
作品位置	● 实例文件\Ch05\creation\易拉宝饮料广告.psd ● 实例文件\Ch05\creation\易拉宝饮料广告.jpg

设计流程

本例的饮料广告设计流程分为广告背景、分割版面、制作喷射气流、制作喷射水果效果、设计广告语和POP剪贴等几大部分，其详细的设计流程如图5.98所示。

图5.98 饮料广告设计流程

功能分析

- 【云彩】滤镜：制作水底特效。
- 【图层蒙版】：擦除素材多余的部分。
- 【调整图层】：对“瓶子”、“喷水”与“气泡”等对象进行色彩与对比度等调整。
- 【动感模糊】滤镜：制作喷射气流与水果飞动的效果。
- 【自由变换】命令：编辑素材的位置、大小、角度与倾斜等操作，并对喷射气流进行透视处理。
- 【直接选择工具】：编辑波浪形状条和八角星形。
- 【调整边缘】命令：去除“新”字边缘上的锯齿。
- 【描边】命令、【高斯模式】滤镜和【反相】命令：绘制出“气泡”对象。
- 【定义画笔预设】命令：将“气泡”定义成预设画笔。
- 【画笔工具】：绘制出喷射气流的原素材和气泡。
- 【图层样式】：为广告文字添加渐变叠加、描边和浮雕等样式。

5.3.2 制作水底广告背景

设计分析

本小节先创建一个80mm×200mm的新文件，然后填充渐变底色并添加云彩特效，接着加入“海底”素材文件并进行版面编辑，效果如图5.99所示。主要设计流程为“填充底色”→“加入‘海底’素材”→“绘制波浪图形”，具体操作过程如表5.14所示。

图5.99 易拉宝广告背景

表5.14 制作水底广告背景的流程

制作目的	实现过程
填充底色	● 填充模拟海底的径向渐变 ● 创建一层深蓝色并添加云彩滤镜 ● 为云彩图层添加淡出渐变蒙版
加入“海底”素材	● 置入“海底”素材图像 ● 添加图层蒙版擦除多余部分 ● 调整图像的亮度
绘制波浪图形	● 绘制一个矩形图层 ● 将其上方编辑成波浪形状 ● 复制其他3个形状并进行修改和变色

制作步骤

按Ctrl+N快捷键，在打开的【新建】对话框中输入名称为“易拉宝背景”，自定义宽度为80cm、高度为200cm、分辨率为20像素/英寸，单击【确定】按钮，创建一个新文件，如图5.100所示。

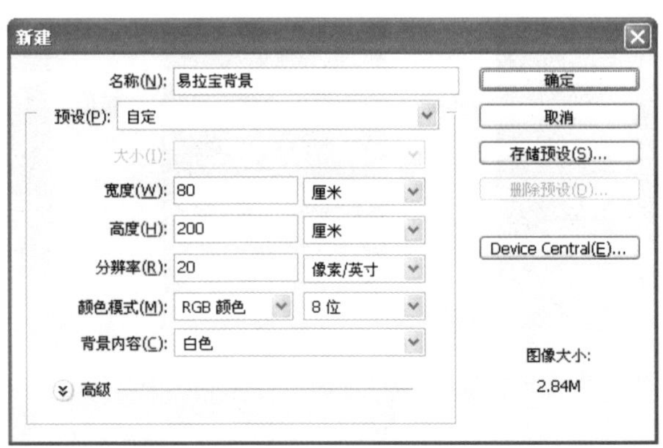

图5.100 创建新文件

专家提醒

易拉宝的实际印刷分辨率为300像素/英寸，由于大尺寸会造成文件较大，从而影响软件的运行速度。为避免此问题，本例将文件的分辨率降低了15倍，设置成20像素/英寸。

02 STEP 选择【渐变工具】并通过选项栏打开【渐变编辑器】对话框，编辑渐变色标如图5.101所示，其中详细的颜色属性设置如表5.15所示。

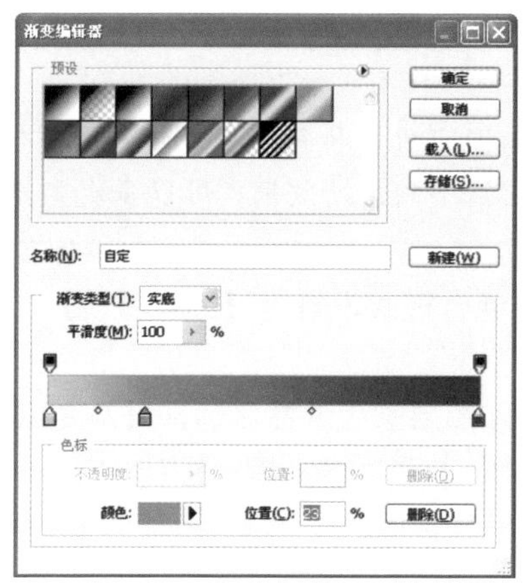

图5.101 设置渐变颜色

表5.15 设置渐变属性

色标	颜色	位置
1	#96caca	0%
2	#3f8787	23%
3	#003333	100%

03 STEP 在【图层】面板中创建一个新图层并重命名为"渐变底色"，在【渐变工具】的选项栏中单击【径向渐变】按钮，然后在文件中从上往下拖动填充径向渐变，如图5.102所示。

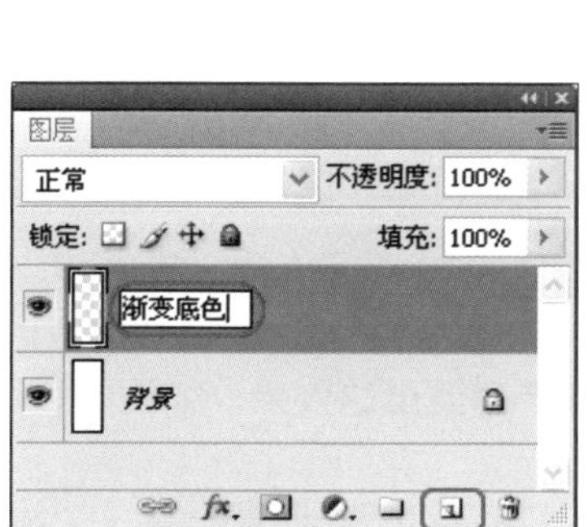

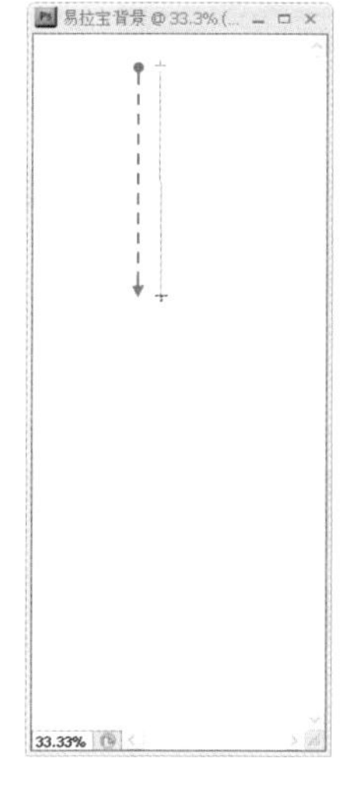

填充渐变颜色后的效果

图5.102 填充径向渐变

专家提醒

步骤（3）填充的渐变底色是为了呈现水底的光线效果，通常不能一次得到令人满意的效果，大家可以多次尝试。

04 STEP 在【图层】面板中创建"云彩底色"新图层，然后单击前景色块打开【拾色器（前景色）】对话框，设置前景色为【#003366】的蓝色，然后按Alt+Backspace快捷键填充前景色，如图5.103所示。

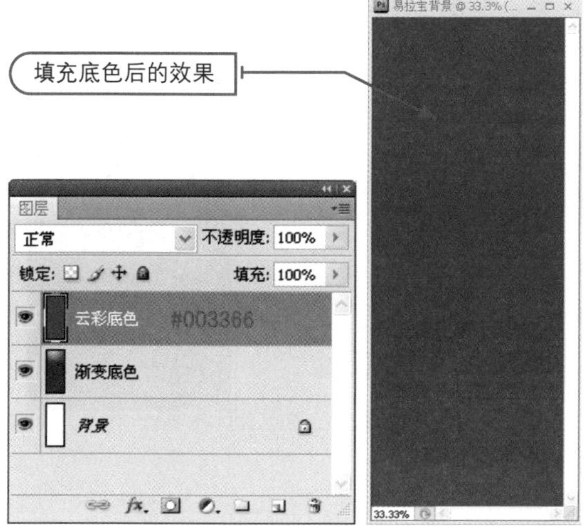

填充底色后的效果

图5.103 填充云彩底色

05 STEP 保持前景色为【003366】的蓝色，再设置背景色为黑色，选择【滤镜】|【渲染】|【云彩】命令，为"云彩底色"图层添加云彩滤镜效果，如果效果不够满意，可以按Ctrl+F快捷键再次执行上次滤镜操作，如图5.104所示。

图5.104 添加云彩滤镜

专家提醒

当添加某个滤镜后，只要按Ctrl+F快捷键即可重复执行上一次执行的滤镜操作。比如步骤（5）所添加的【云彩】滤镜是一种随机的效果，如果一次达不到预期效果，可以多次重复执行上一次的滤镜操作。

06 STEP 在【图层】面板中将“云彩底色”的图层混合模式设置为【颜色减淡】，以模仿水底的效果，如图5.105所示。

07 STEP 在【图层】面板中为“云彩底色”图层添加图层蒙版，然后选择【渐变工具】并打开【渐变编辑器】对话框，选择“黑，白渐变”颜色，单击【确定】按钮，如图5.106所示。

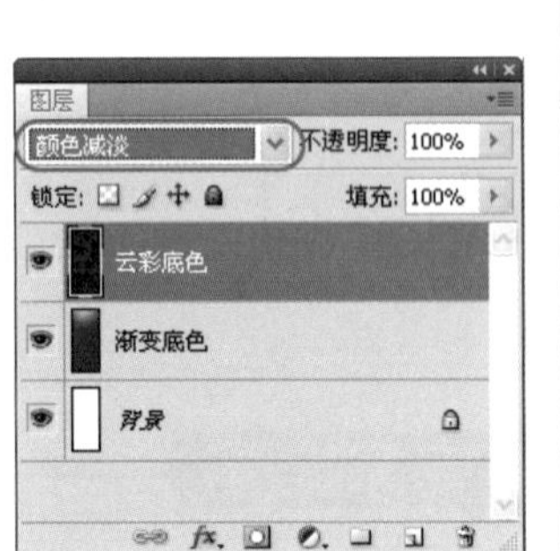

图5.105 设置图层混合模式

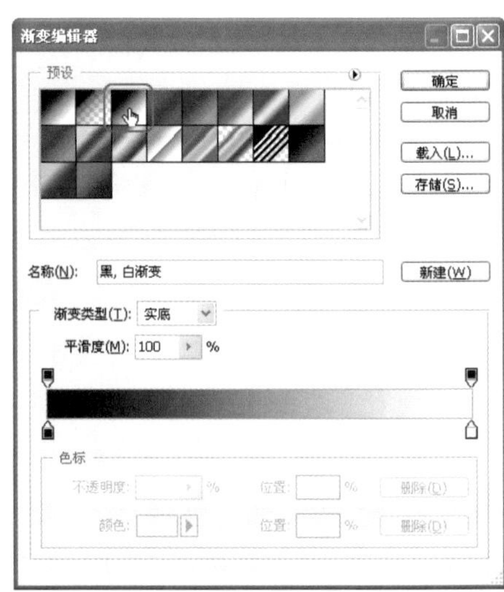

图5.106 添加图层蒙版并设置渐变颜色

08 STEP 按住Shift键在画面中自下往上拖动填充渐变蒙版，使添加云彩效果后的海底产生淡出的效果，如图5.107所示。

09 STEP 选择【文件】|【置入】命令，打开【置入】对话框，在“实例文件\Ch05\images”文件夹中双击“海底.jpg”图像文件，将其置入至练习文件中。通过【自由变换】命令的选项栏调整图像文件的大小与位置，如图5.108所示，最后按Enter键确定变换。

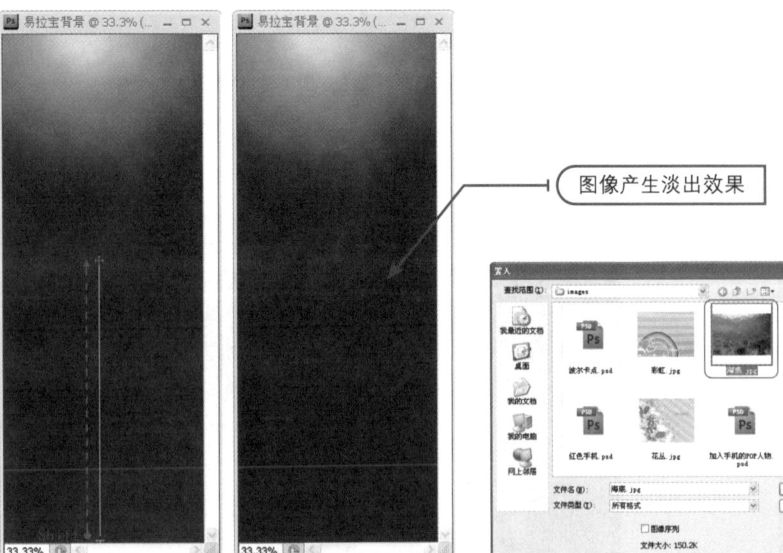

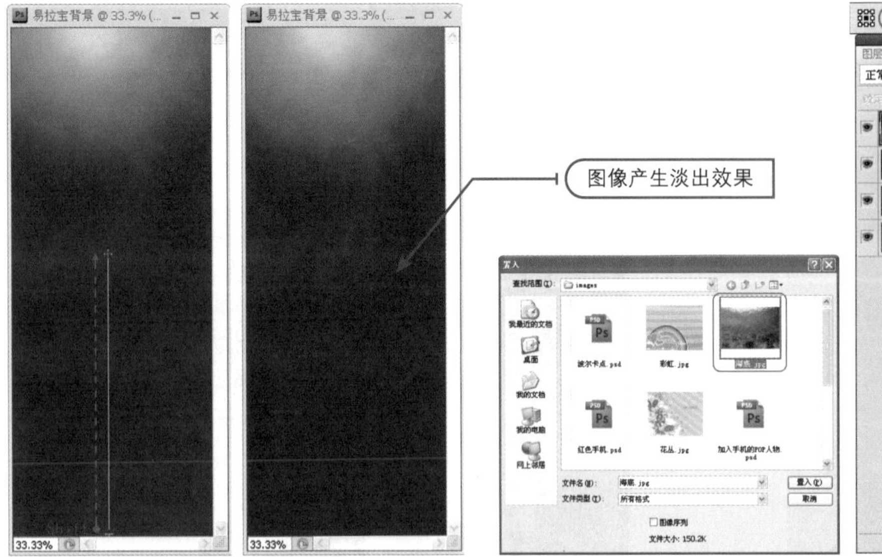

图5.107 填充淡出渐变蒙版

图5.108 置入“海底”图像文件

10 STEP 为“海底”图层添加图层蒙版，设置前景色为黑色，选择【画笔工具】并设置合适的画笔属性，将“海底”下半部分多余的区域隐藏起来。注意，在擦除的过程中要经常变换画笔的大小、硬度、不透明度和流量等属性，以便得到较好的效果，如图5.109所示。

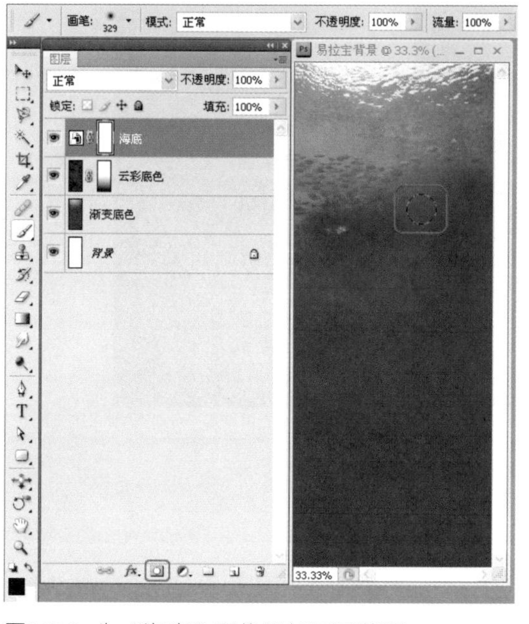

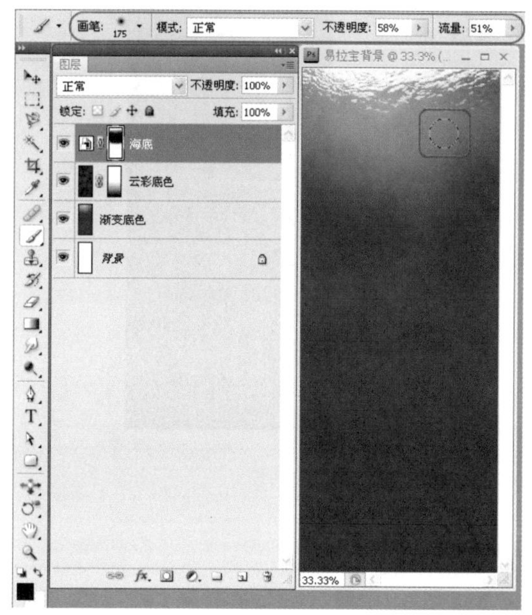

图5.109 为“海底”图像添加图层蒙版

11 STEP 在【图层】面板中设置“海底”图层的混合模式为【柔光】，不透明度为70%，如图5.110所示。

12 STEP 在【图层】面板中，为“海底”图层添加一个“通道混合器”调整图层，在【调整】面板中选择【单色】复选框，此时【输出通道】会自动变成【灰色】，接着分别设置【红色】、【绿色】和【蓝色】的源通道数值，以调暗“海底”的饱和度，如图5.111所示。

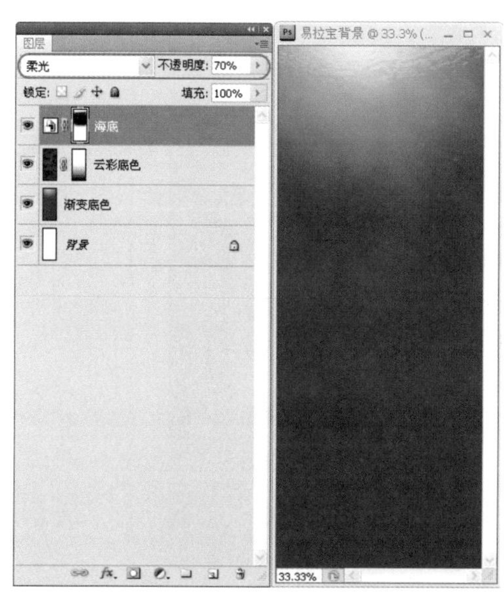

图5.110 设置图层混合模式与不透明度

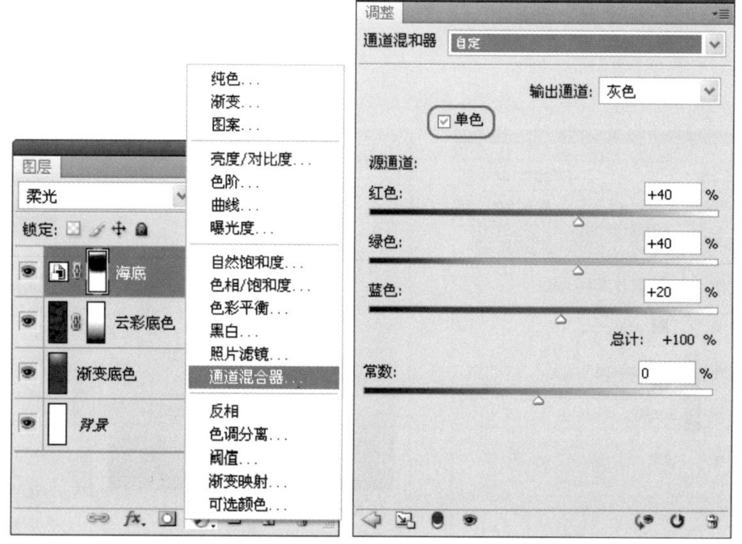

图5.111 调整“海底”图层的色彩饱和度

13 STEP 在【图层】面板选中“通道混合器1”调整图层，按Ctrl+Alt+G快捷键创建剪贴蒙版，使该调整层仅针对下方的“海底”图层起作用，如图5.112所示。

14 STEP 将指针移至练习文件窗口的右下方，先拖大窗口显示灰色区域，预留一些编辑空间。选择【矩形工具】并在选项栏中单击【形状图层】按钮，在画面的下方绘制一个矩形的形状图层，如图5.113所示。

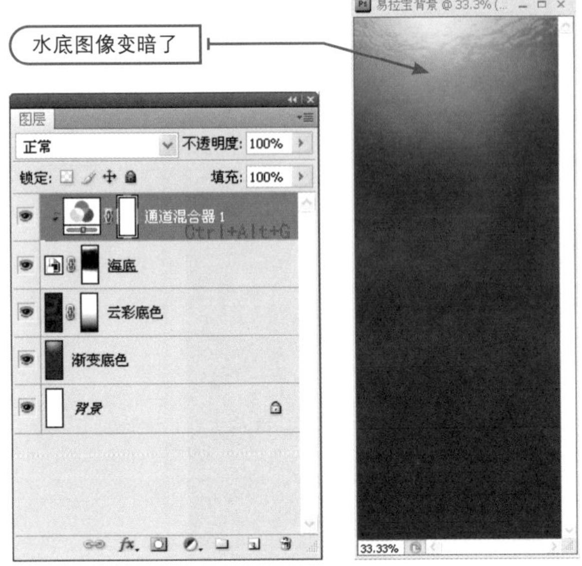

图5.112 为“通道混合器1”创建剪贴蒙版

图5.113 绘制矩形的形状图层

专家提醒

在使用路径工具画图时，用户可以通过选项栏单击按钮指定绘制对象的类型，其中包括【形状图层】、【路径】和【填充像素】3种模式。

- 【形状图层】：可以在【图层】面板中创建出形状图层，其中图层的颜色和形状皆可编辑。
- 【路径】：可以在【路径】面板中创建出工作路径，但不会填充像素。
- 【填充像素】：可以在【图层】面板中创建出填充像素后的新图层，但不会产生路径。

15 STEP 在【图层】面板中双击“形状1”图层的缩览图，打开【拾取实色】对话框，设置颜色属性为【#004d55】的深蓝色，单击【确定】按钮后，原来的图层即会填充刚设置的深蓝色，如图5.114所示。

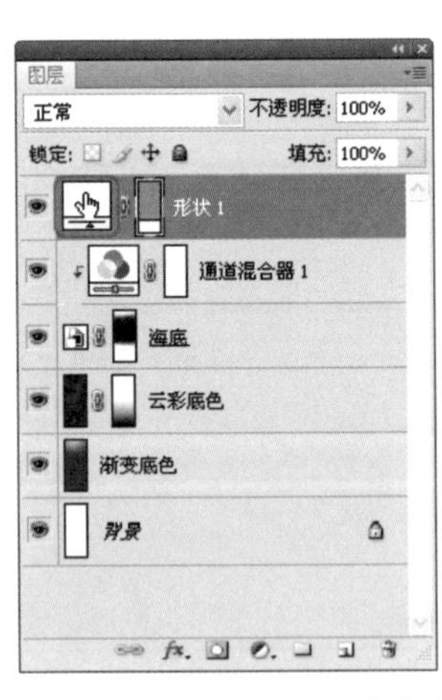

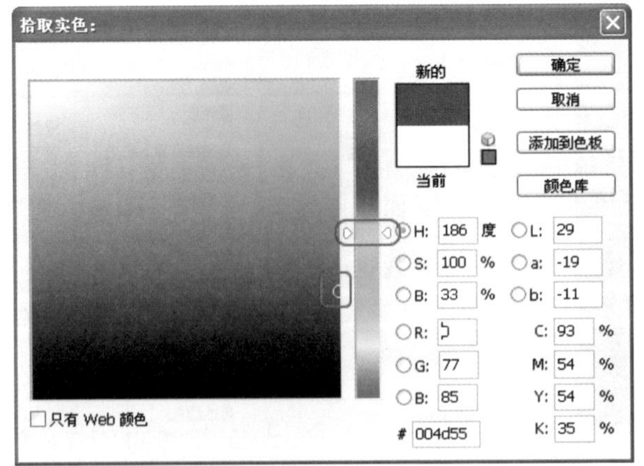

图5.114 更改形状图层的颜色

16 STEP 使用【直接选择工具】单击形状图层激活矩形路径，单击选中左上角的锚点，然后将其往下方拖动，使矩形变成一个直角梯形，如图5.115所示。

17 STEP 使用【钢笔工具】 在梯形的斜边上单击添加一个新锚点，然后按住Ctrl键切换至【直接选择工具】，拖动新锚点的控制手柄，使斜边变成波浪形状，如图5.116所示。

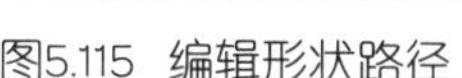

图5.115 编辑形状路径

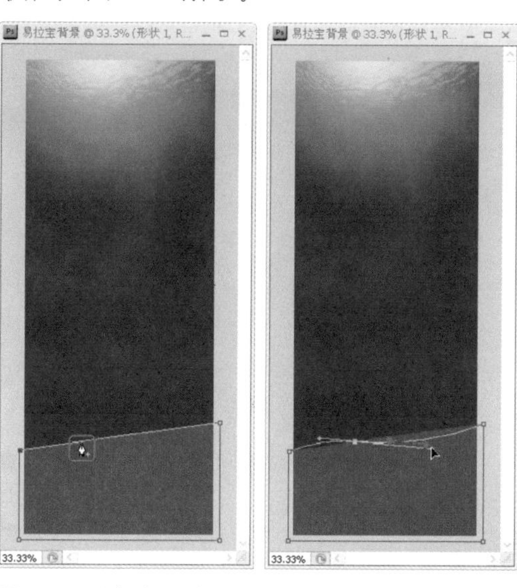

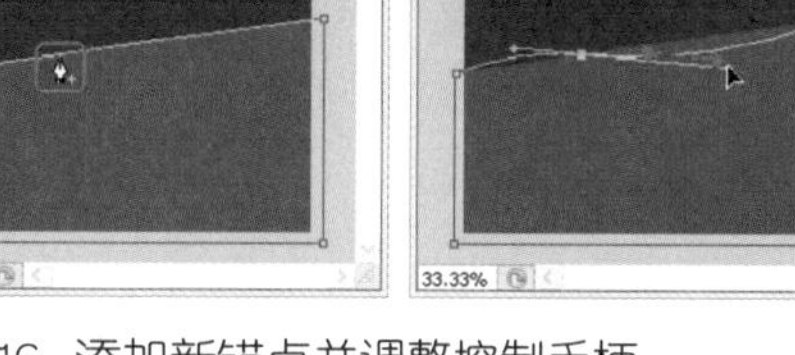

图5.116 添加新锚点并调整控制手柄

18 STEP 复制出"形状1 副本"图层，双击图层缩览图打开【拾取实色】对话框，更改颜色为【#008299】的浅蓝色，单击【确定】按钮，如图5.117所示。

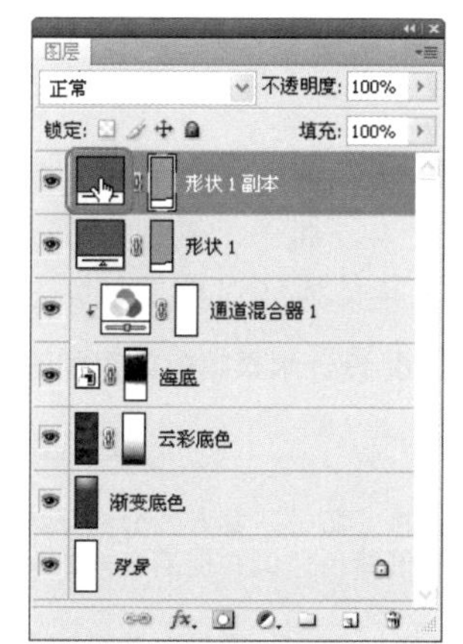

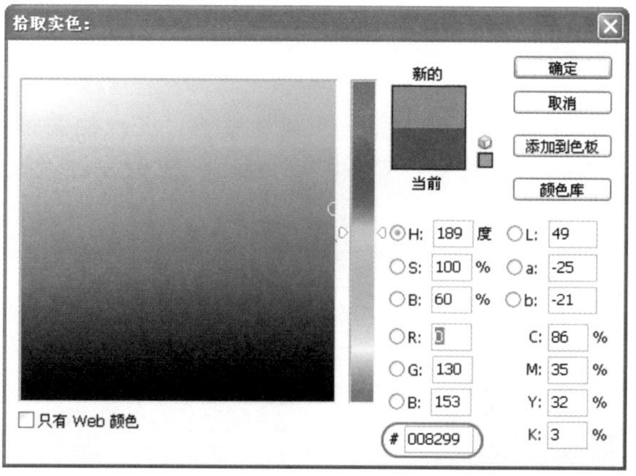

图5.117 更改形状图层的颜色

19 STEP 使用【直接选择工具】框选形状图形上方的3个锚点，然后往下拖动选中的锚点，并调整锚点的控制手柄编辑形状，创建出第二个不规则的形状图层，如图5.118所示。

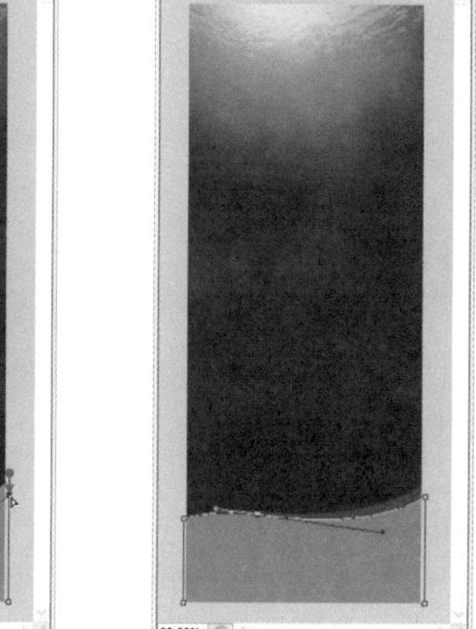

图5.118 编辑第二个不规则的形状图层

20 STEP 使用步骤（18）～（19）的方法复制出“形状1 副本2”和“形状1 副本3”两个不规则的形状图层，并逐一更改颜色与形状，如图5.119所示。

图5.119 制作出第三、第四个不规则的形状图层

21 STEP 在【图层】面板中同时选中4个形状图层并链接起来，按Ctrl+G快捷键执行【图层编组】命令将选中的图层编成一组，再重命名图层组为“不规则形状”，如图5.120所示。

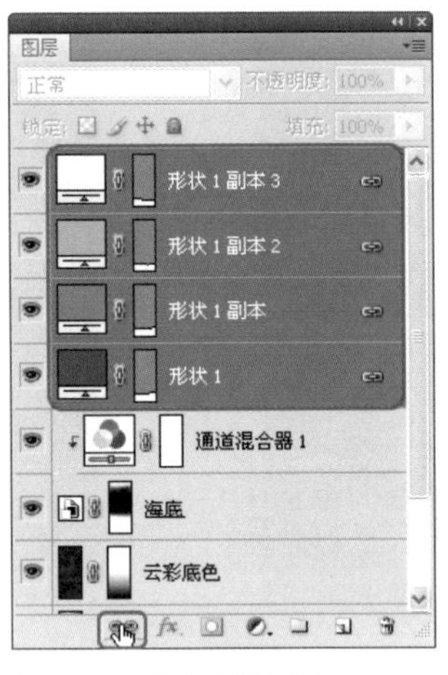

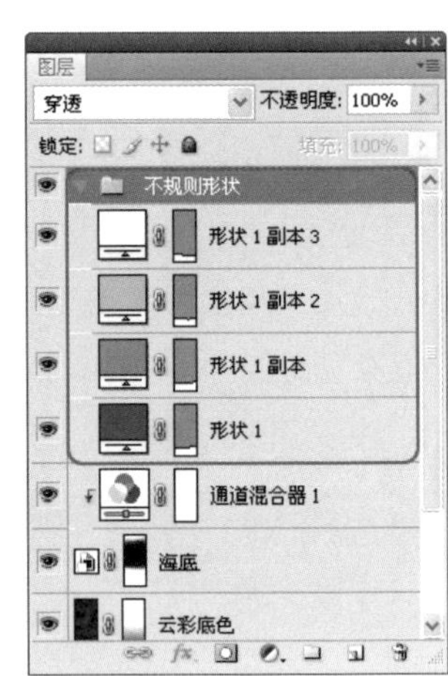

图5.120 将图层编组

至此，水底广告背景制作完毕，接下来将介绍制作水果喷射效果的方法。

5.3.3 设计水果喷射效果

设计分析

本小节先加入广告主体——果汁瓶子，进行相关编辑美化后，在其下方加入大量的水果素材，接着制作水果从瓶口喷射出来的效果，如图5.121所示。主要设计流程为“置入‘瓶子’素材”→“加入‘喷水’素材”→“绘制‘喷射’气流”→“制作‘飞行水果’”→“绘制气泡”，具体操作过程如表5.16所示。

图5.121 水果喷射效果

表5.16 设计水果喷射效果的流程

制作目的	实现过程
置入“瓶子”素材	● 先将“瓶子”置入画面的正中 ● 降低黄色色调并提高整体的对比度
加入“喷水”素材	● 置入“喷水”素材至瓶口的上方 ● 将白色调整为淡黄的果汁颜色 ● 调整该图层至“瓶子”的下方
绘制“喷射”气流	● 使用112号画笔绘制多个白色笔画 ● 复制副本并水平翻转后合并成单个图层 ● 添加【动感模糊】滤镜后变换成倒三角形状
制作“飞行水果”	● 先从瓶下的水果堆中复制出水果副本 ● 自由变换至所需的位置、大小与角度 ● 复制出各自的水果副本并添加【动感模糊】滤镜 ● 添加图层蒙版适当擦除模糊效果
绘制气泡	● 创建一个新文件并绘制出气泡 ● 将气泡定义为预设笔刷 ● 在水果的下方添加气泡效果

制作步骤

01 STEP 打开“5.3.3.psd”练习文件，选择【文件】|【置入】命令，打开【置入】对话框，在“实例文件\Ch05\images”文件夹中双击“瓶子.psd”图像文件，将其导入至练习文件中。通过【自由变换】命令的选项栏调整图像文件的位置，如图5.122所示，最后按Enter键确定变换。

02 STEP 在“实例文件\Ch05\images”文件夹中双击“水果素材.psd”素材文件，使用【选择工具】将水果图层拖至练习文件中，如图5.123所示。

图5.122 置入“瓶子”广告主体素材

图5.123 加入水果素材

03 STEP 按Ctrl+T快捷键执行【自由变换】命令，在选项栏中设置水果对象的位置、大小与旋转角度，完成后按Enter键确定变换。接着在【图层】面板中创建出“瓶下水果”图层组，然后将加入的图层拖进“瓶下水果”图层组中并重新命名，如图5.124所示。

04 STEP 使用步骤（2）～（3）的方法将“苹果”、“草莓”、“橙子”、“西瓜”等水果素材加入至“瓶下水果”图层组中，然后逐一编辑位置、大小和角度，通过多种水果把瓶子的下半部分挡住，使瓶子产生被水果拥簇的效果，如图5.125所示。

图5.124 编辑水果素材

图5.125 加入其他水果素材

05 STEP 为了使拥簇的效果更加立体，下面将“哈蜜瓜”图层拖至“瓶子”图层的下方。接着将“不规则形状”图层组拖至“瓶下水果”的上方，通过上一小节绘制的多个波浪形状分割版面，并产生将水果包围在水底的效果，如图5.126所示。

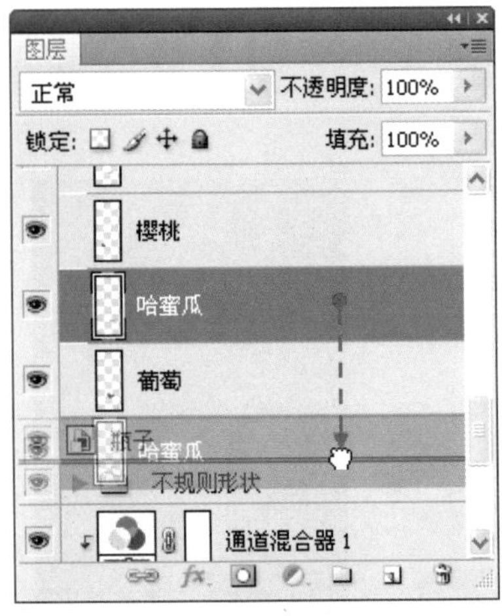

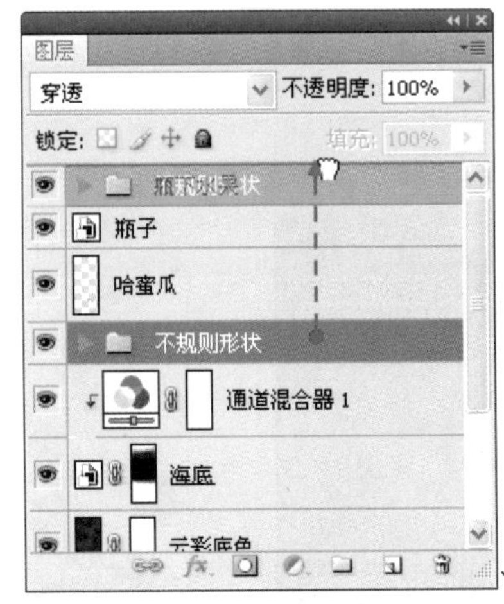

图5.126 调整图层之间的排列顺序

06 STEP 由于“瓶子”素材的黄色调过于浓重，下面在【图层】面板中为“瓶子”图层添加“色相/饱和度”调整图层，然后按Ctrl+Alt+G快捷键执行【创建剪贴蒙版】命令，使此调整层仅对下方的“瓶子”图层起作用，如图5.127所示。

图5.127 添加“色相/饱和度”调整图层

07 STEP 在【调整】面板中指定调整目标为【黄色】，然后修改【饱和度】数值为-20，降低黄色调的饱和度，如图5.128所示。

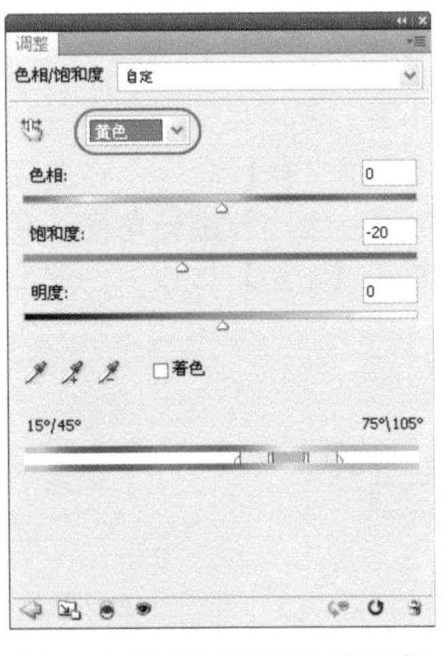

图5.128 降低黄色调的饱和度

08 STEP 使用步骤（6）的方法为“瓶子”图层添加一个“色阶”调整图层，然后创建剪贴蒙版，如图5.129所示。

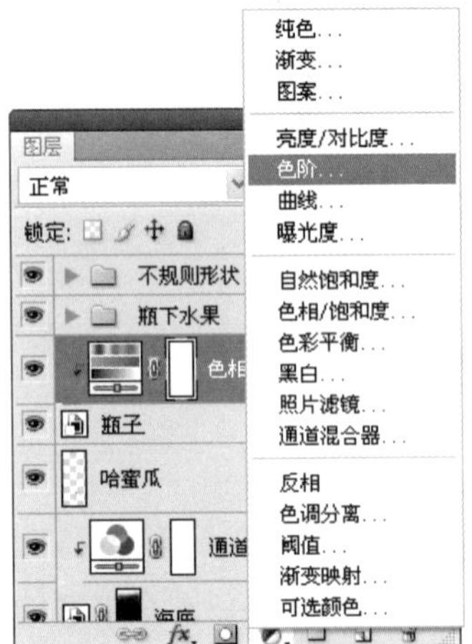

图5.129 添加“色阶”调整图层

09 STEP 在【调整】面板中拖动调整滑块，调高瓶子的整体对比度，使其更加艳丽，如图5.130所示。

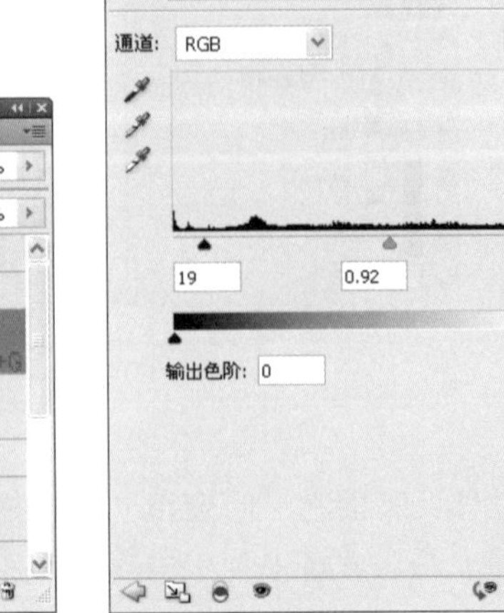

图5.130 调整色阶

10 STEP 选择【文件】|【置入】命令，打开【置入】对话框，在“实例文件\Ch05\images”文件夹中双击“喷水.psd”图像文件，将其置入练习文件中。通过【自由变换】命令的选项栏调整图像文件的位置、大小和角度，如图5.131所示，最后按Enter键确定变换。

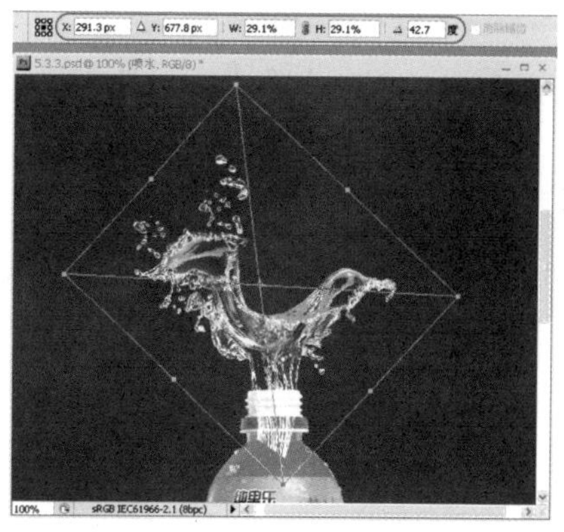

图5.131 置入“喷水”素材

11 STEP 将置入后的“喷水”图层拖至“瓶子”图层的下方，使瓶子产生喷水的效果，如图5.132所示。

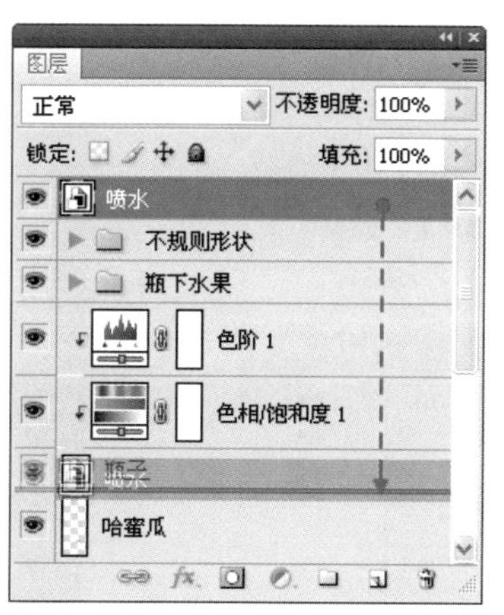

图5.132 调整“喷水”图层的顺序

12 STEP 在【图层】面板中，为“喷水”图层添加“色相/饱和度2”调整图层，再按Ctrl+Alt+G快捷键执行【创建剪贴蒙版】命令。接着在【调整】面板中选择【着色】复选框，然后分别调整【色相】、【饱和度】和【明度】的数值，将“喷水”调整成淡黄色的果汁效果，如图5.133所示。

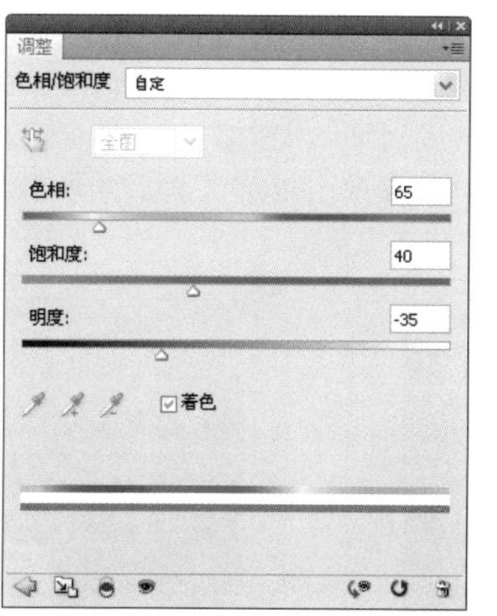

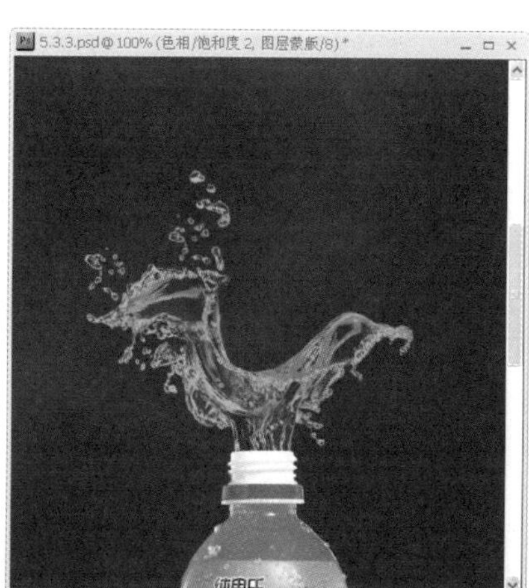

图5.133 为“喷水”图层着色

13 STEP 选择【画笔工具】，并设置前景色为白色，在选项栏中单击【切换画笔面板】按钮，在【画笔】面板的【画笔预设】选项下选择112号笔刷，再取消所有已选择的笔刷选项，新建“图层1”并在其上单击绘制多个预设画笔形状，如图5.134所示。

14 STEP 通过【图层】面板复制出“图层1 副本”新图层，按Ctrl+T快捷键执行【自由变换】命令，在变换框上单击鼠标右键，选择【水平翻转】命令，最后按Enter键确定翻转变换，如图5.135所示。

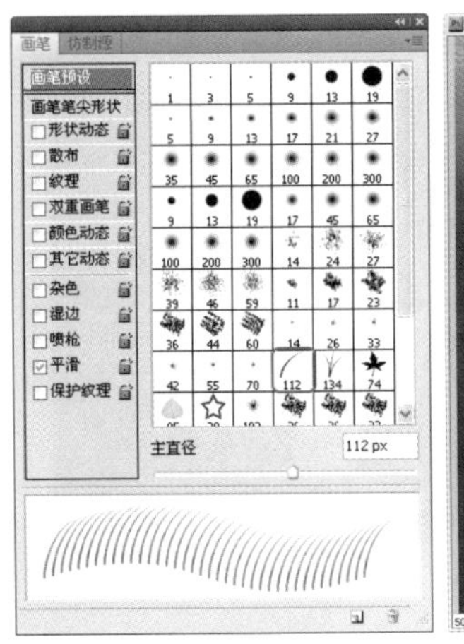

图5.134 绘制预设画笔形状

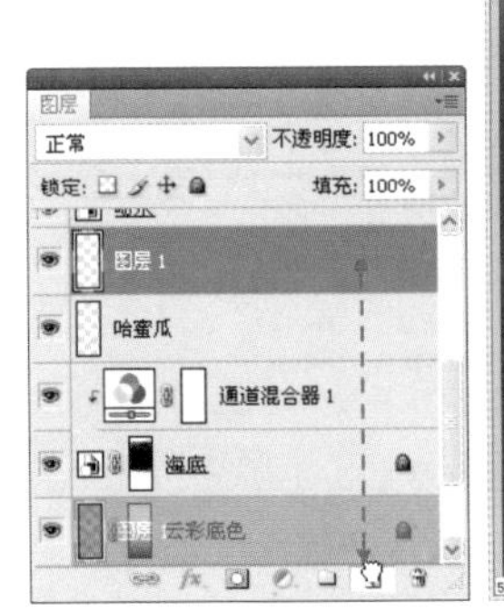
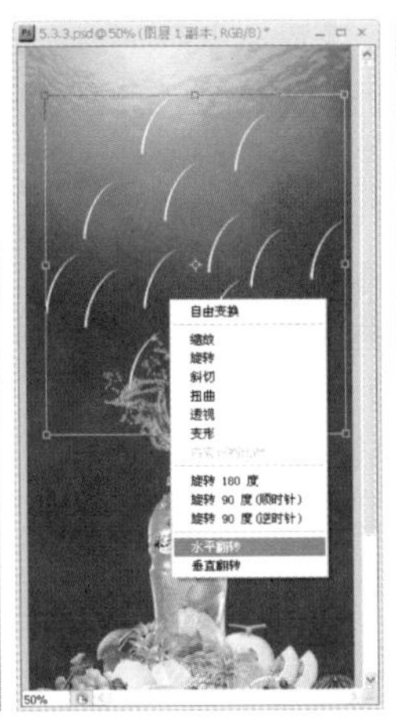

图5.135 复制并水平翻转对象

15 STEP 选中“图层1”和“图层1副本”两个图层，按Ctrl+E快捷键合并为一个图层。选择【滤镜】|【模糊】|【动感模糊】命令，在【动感模糊】对话框中设置【角度】为90°、【距离】为516像素，单击【确定】按钮，如图5.136所示。

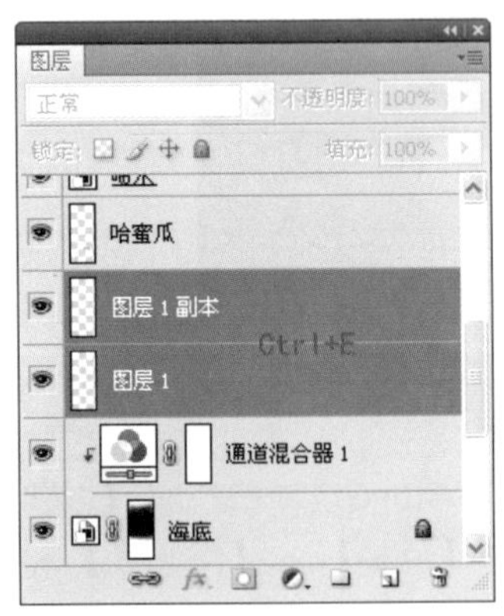
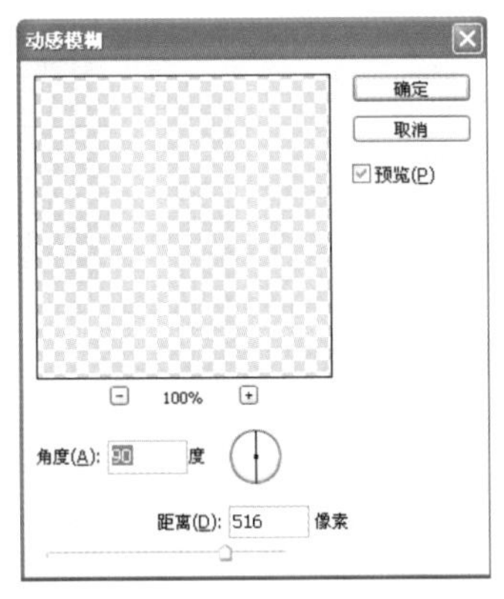

图5.136 合并图层并添加【动感模糊】滤镜

16 STEP 按Ctrl+T快捷键执行【自由变换】命令，按住Alt键往右拖动右侧中间的变换点，向左右两侧同时增加对象的宽度；接着按住Alt键往上拖动下方中间的变换点，同时向上下两侧缩小对象的高度，如图5.137所示。

17 STEP 在变换框内单击鼠标右键并选择【透视】命令，移动指标至右下角的变换点上，向左拖动，使对象产生倒三角形的透视效果，如图5.138所示。

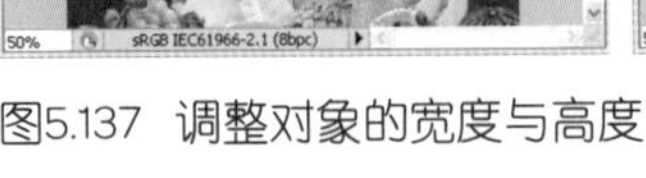

图5.137 调整对象的宽度与高度

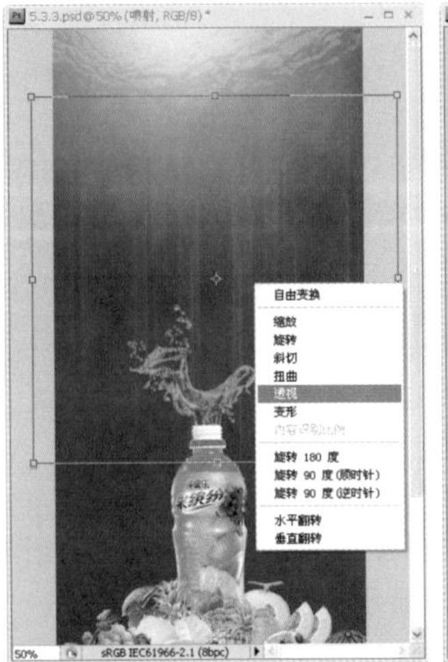
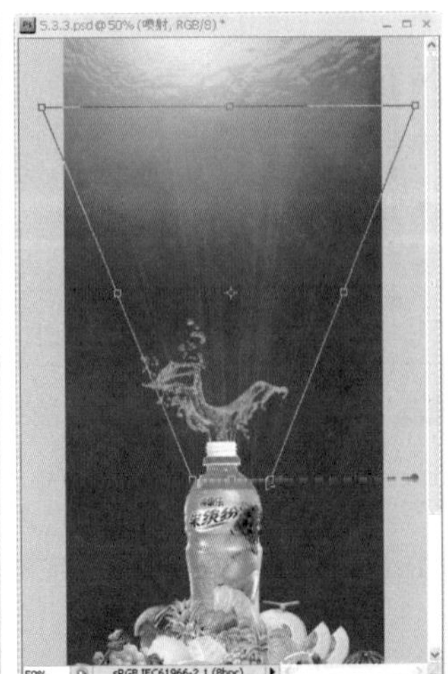

图5.138 透视变换对象

18 STEP 在变换框内单击鼠标右键并选择【自由变换】命令，移动指针至右侧中间的变换点上，往左拖动，进一步缩小对象的宽度，最后往左上方移动对象，将其放置于“喷水”对象的上方，制作出喷射的气流效果，如图5.139所示，最后按Enter键确定变换操作。

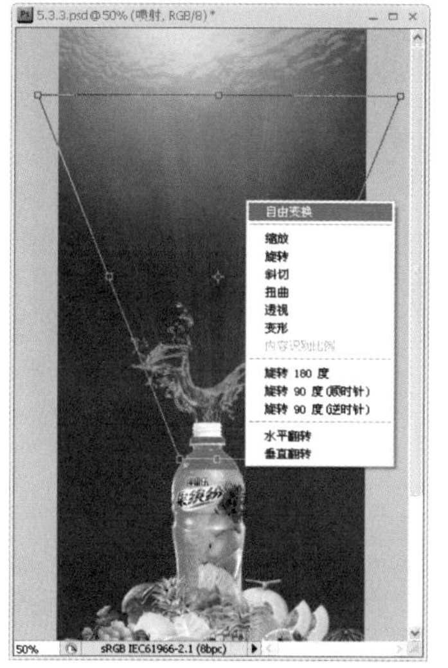

图5.139 制作喷射的气流效果

19 STEP 在【图层】面板中将图层重命名为“喷射”，并调整不透明度为80%，如图5.140所示。

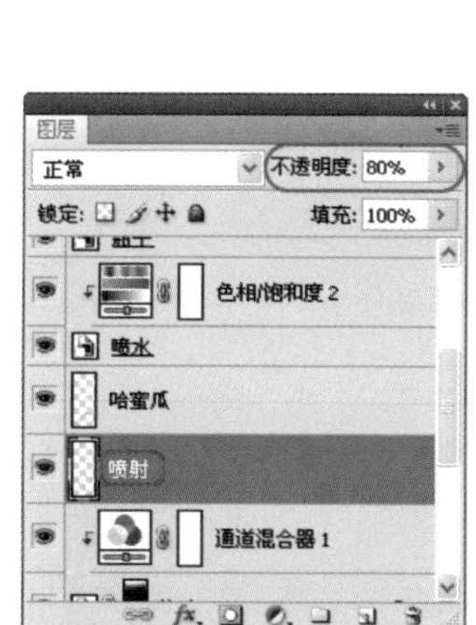

图5.140 重命名图层并设置不透明度

20 STEP 为“喷射”图层添加图层蒙版，设置前景色为黑色，选择【画笔工具】并设置合适的画笔属性，将过长的喷射气流擦除掉，使效果更加逼真，如图5.141所示。

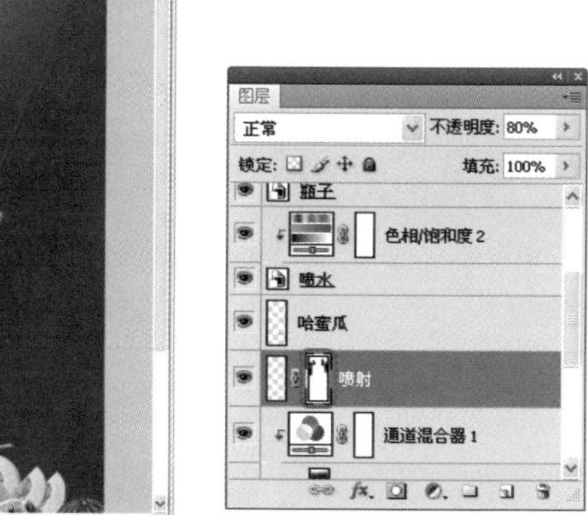

图5.141 添加图层蒙版

21 STEP 选择【选择工具】并在选项栏中选择【自动选择】复选框，打开【选择组或图层】下拉列表，选择【图层】选项。接着使用【选择工具】单击“瓶下水果”中的橙子对象，此会自动将该图层选中（橙子2），再按住Alt键往上拖动并复制出“橙子2副本”图层，如图5.142所示。

22 STEP 局部放大复制出来的橙子副本，使用【椭圆选框工具】配合Shift键在橙子的周边创建出一个圆形选区，然后加按Space键的同时拖动鼠标，将圆形选区移至橙子切面上，此时不松开Shift键和鼠标左键可以进一步调整选区的尺寸，以便与被选区域更加吻合。完成后按Ctrl+Shift+I快捷键反转选区，再按Delete键删除右侧的橙子部分，如图5.143所示，最后按Ctrl+D快捷键取消选择。

图5.142 复制出“橙子2副本”图层

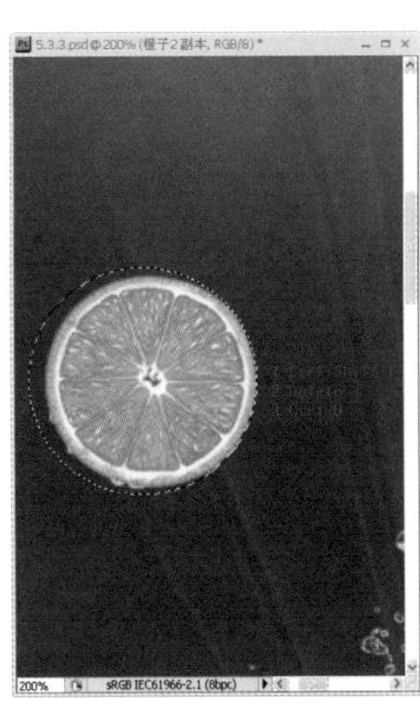

图5.143 删除多余的素材部分

23 STEP 按Ctrl+T快捷键执行【自由变换】命令，移动指针至变换框下方中间的变换点上，再向上拖动缩小对象的高度。继续移动指针至变换框右下角处的变换点，往上方拖动，旋转被编辑的对象，如图5.144所示，完成后按Enter键确定变换操作。

24 STEP 在【图层】面板中创建“喷射的水果”新图层组，将“橙子2副本”拖至该组中，然后复制出“橙子2副本2”图层，如图5.145所示，用于添加【动感模糊】滤镜。

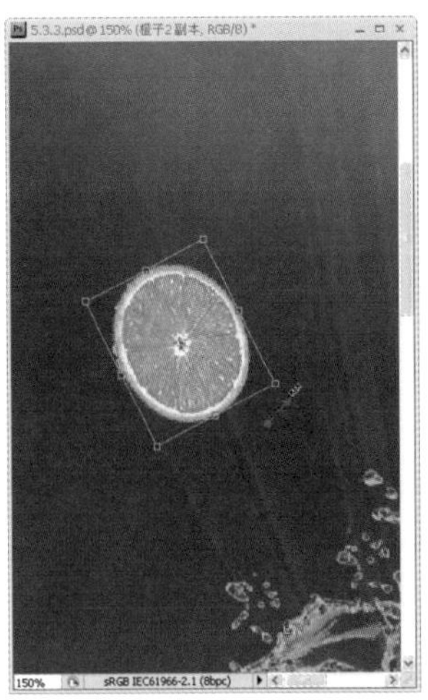

图5.144 编辑“切面橙子”的高度与角度

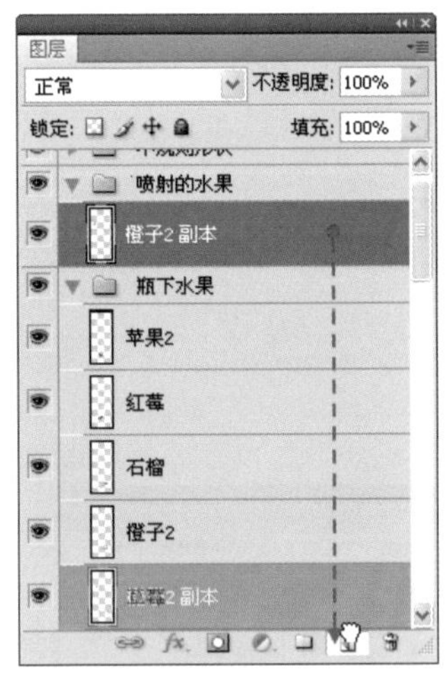

图5.145 复制出“橙子2副本2”图层

25 STEP 选择“橙子2副本”图层，再选择【滤镜】|【模糊】|【动感模糊】命令，设置模糊【角度】为−65°、【距离】为241像素，单击【确定】按钮，如图5.146所示。

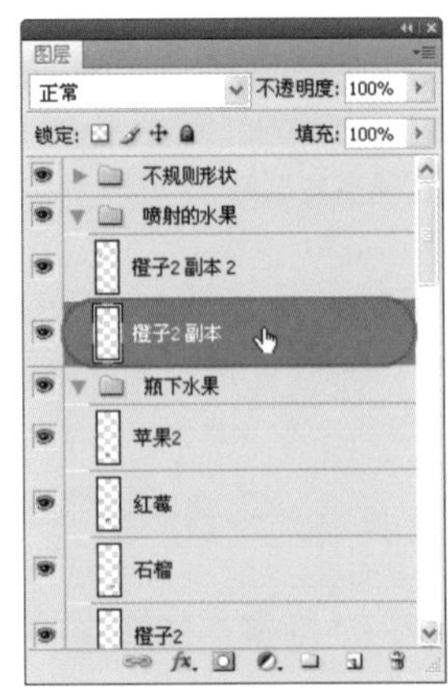
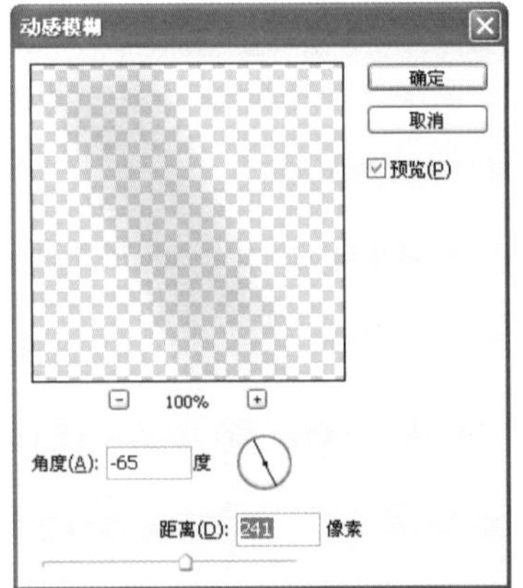
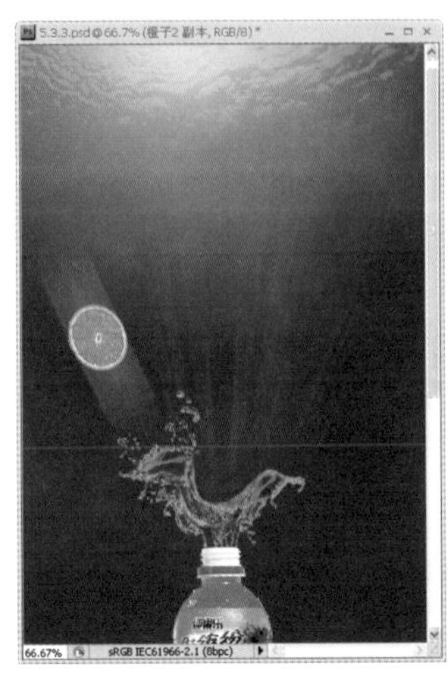

图5.146 添加【动感模糊】滤镜

专家提醒

在步骤（24）的操作中之所以复制一个相同的橙子切面图层（橙子2副本2），是用于制作喷射飞行中的动感模糊效果的。另外，在【动感模糊】对话框中设置参数时，建议选择【预览】复选框，以便随时观察设置的效果，其中【角度】的设置原则应该与“喷射气流”的方向一致，而【距离】可以确定模糊效果抖动的范围，其设置原则应该以被编辑对象的大小为标准。如果模糊对象较大，则数值应该调大一些，反之亦然。

26 STEP 在【图层】面板为“橙子2副本”图层添加蒙版，使用【画笔工具】将上方的模糊抖动效果擦除，如图5.147所示。

图5.147 擦除多余的模糊抖动

27 STEP 调整画笔笔刷的大小、不透明度和流量等属性，将下方抖动效果的两侧稍微刷淡，使水果飞行的效果更加逼真。接着将组合成喷射效果的两个图层链接起来，以便后续进行移动处理，如图5.148所示。

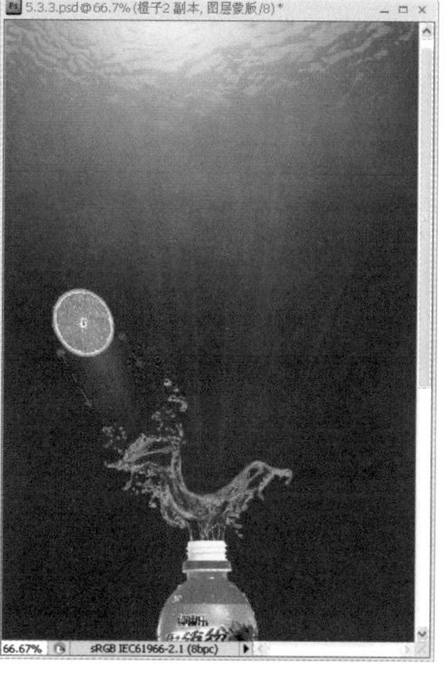

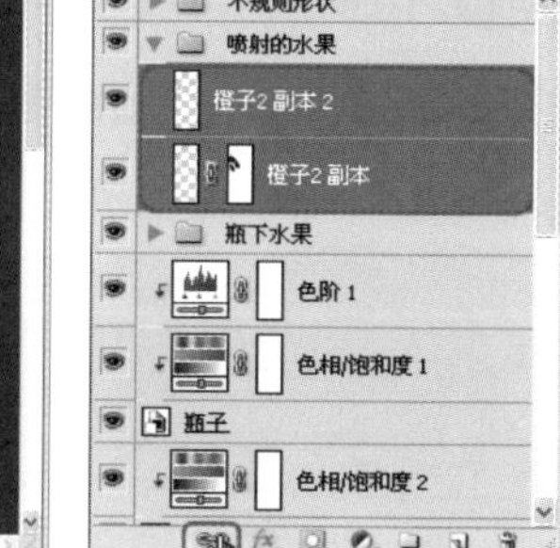

图5.148 刷淡模糊效果并链接图层

28 STEP 使用步骤（21）～（27）的方法制作出大小不一的多种“喷射水果”效果，并将其放置于“喷射的水果”图层组中，如图5.149所示。

专家提醒

如果读者已经学会了制作喷射水果的方法，可以在“实例文件\Ch05”文件夹中双击“喷射的水果.psd”图像文件，该练习文件中包含了如图5.149所示的操作成果，以便继续下面操作步骤的学习。

图5.149 制作其他喷射水果效果

29 STEP 至此，“喷射水果”的效果已经告一段落，下面将进行气泡绘制的操作。按Ctrl+N快捷键，打开【新建】对话框，创建一个宽度、高度均为500像素，分辨率为300像素/英寸的新文件，然后为背景填充黑色，如图5.150所示。

30 STEP 创建“图层1”新图层，然后使用【椭圆选框工具】配合Shift键在文件正中央创建一个圆形选区，如图5.151所示。

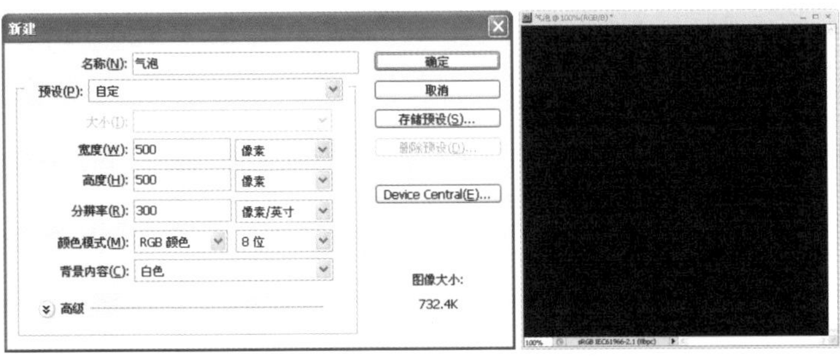

图5.150 创建一个黑色背景的新文件

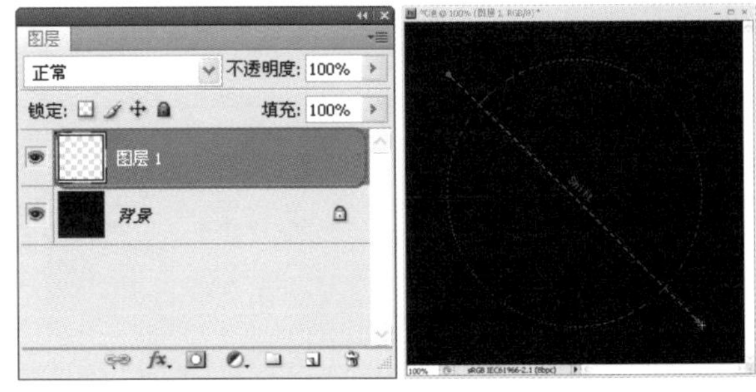

图5.151 创建圆形选区

31 STEP 选择【编辑】|【描边】命令，打开【描边】对话框，设置描边属性如图5.152所示，完成后单击【确定】按钮。

32 STEP 选择【选择】|【存储选区】命令，打开【存储选区】对话框，在【名称】文本框中输入“Alpha 1”，单击【确定】按钮，将选区存储为一个新通道，然后按Ctrl+D快捷键取消选区，如图5.153所示。

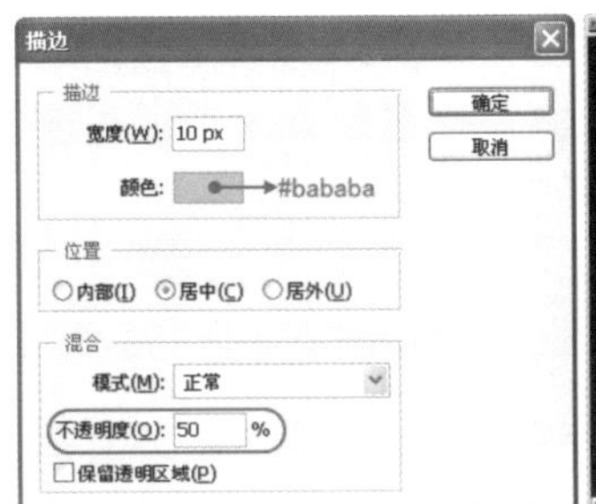

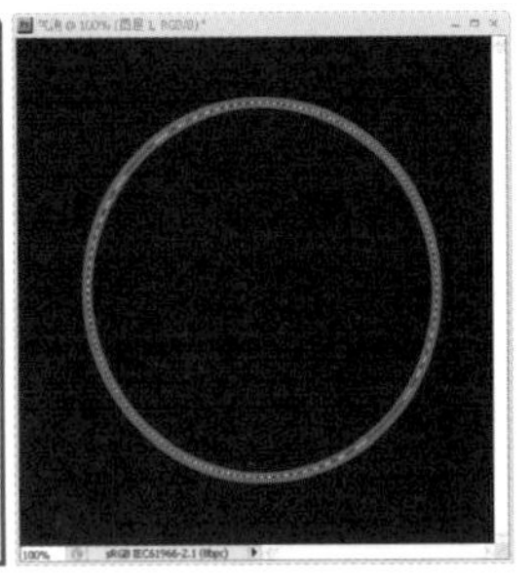

图5.152 描边选区

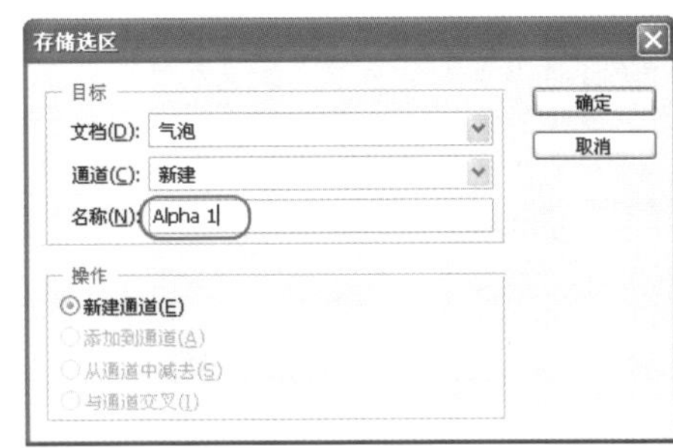

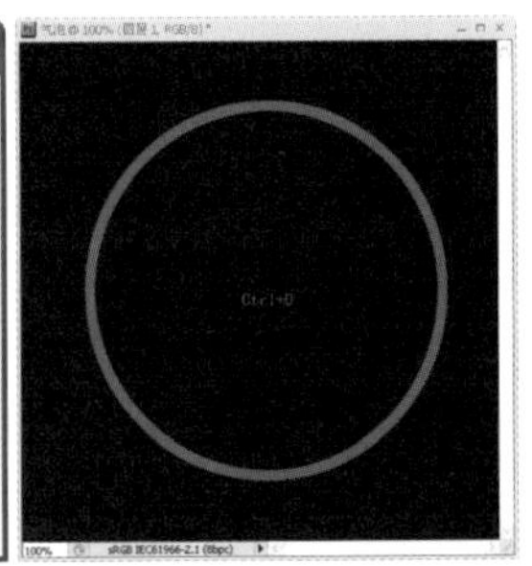

图5.153 存储并取消选区

33 STEP 选择【滤镜】|【模糊】|【高斯模糊】命令，在【高斯模糊】对话框中设置【半径】为15像素，单击【确定】按钮，如图5.154所示。

34 STEP 选择【窗口】|【通道】命令，打开【通道】面板，按住Ctrl键单击前面存储的“Alpha 1”通道，快速载入步骤（32）存储的选区，如图5.155所示。

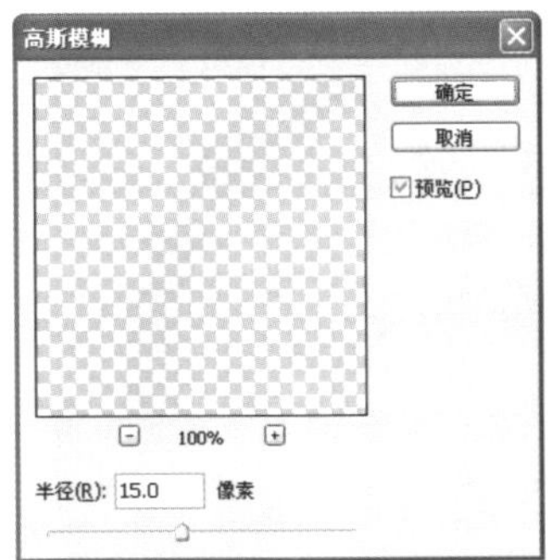

图5.154 为圆形选区添加【高斯模糊】滤镜

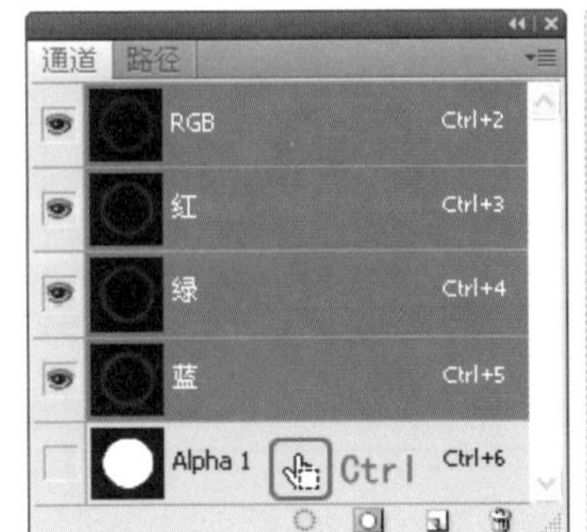

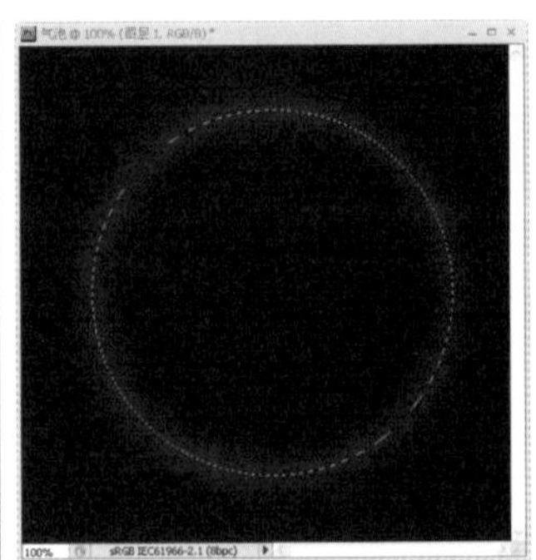

图5.155 载入选区

35 STEP 创建“图层2”新图层，选择【编辑】|【描边】命令，为其添加【宽度】为1px、【颜色】为白色、【不透明度】为10%的描边效果，最后单击【确定】按钮并按Ctrl+D快捷键取消选区，如图5.156所示。

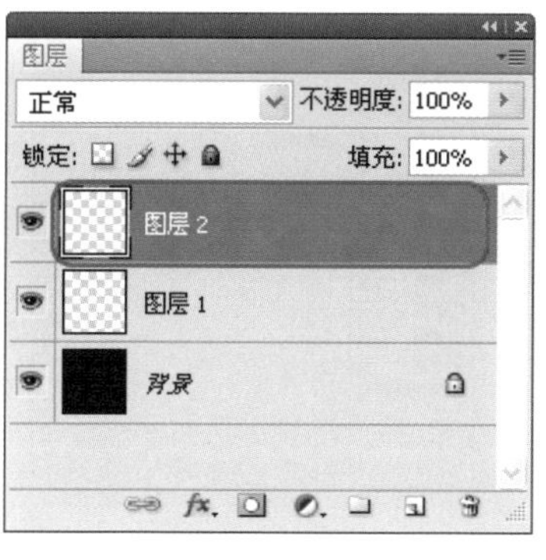
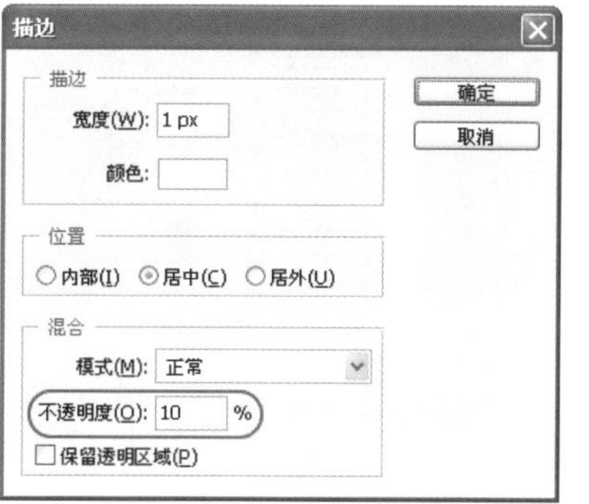
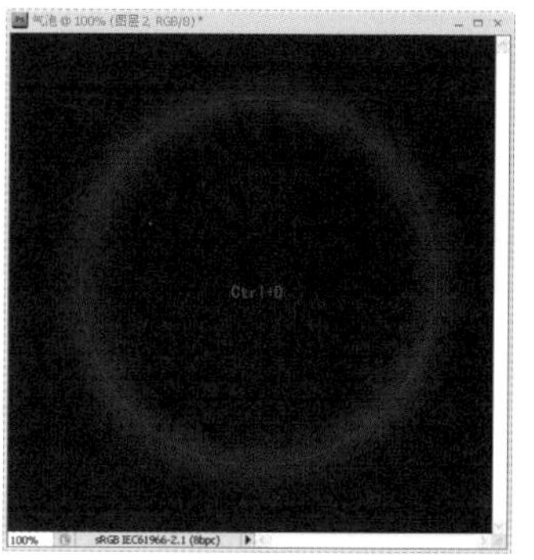

图5.156 再次描边选区

36 STEP 在【图层】面板中选择“图层1”，按Ctrl+T快捷键执行【自由变换】命令，在选项栏中修改缩放比例为93%，缩小模糊圆形框的大小，此时气泡的大致形状已经出现了，如图5.157所示。完成后按Enter键确定变换操作。

37 STEP 设置前景色为白色，选择【画笔工具】并设置合适的笔刷属性，在气泡内右上方绘制一笔圆弧形状，作为高光区域。接着移动画笔至左下方，单击再创建一个高光点，如图5.158所示。

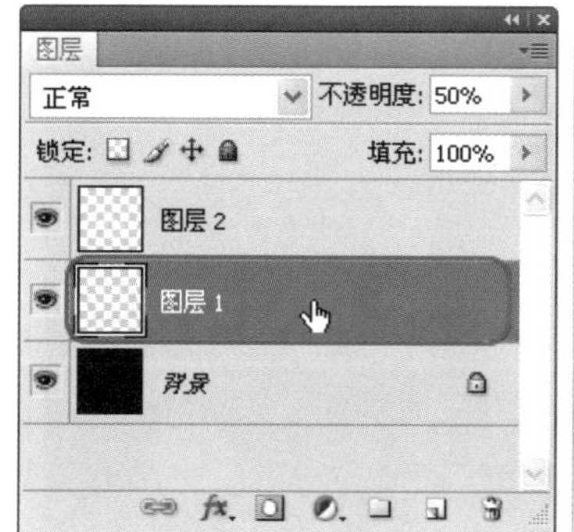
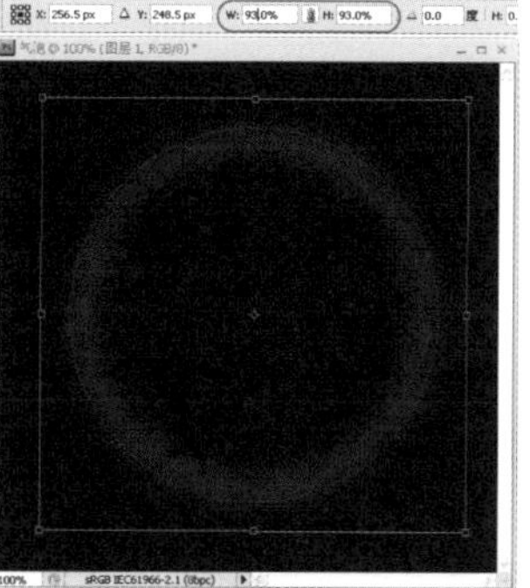

图5.157 缩小模糊圆形框的比例

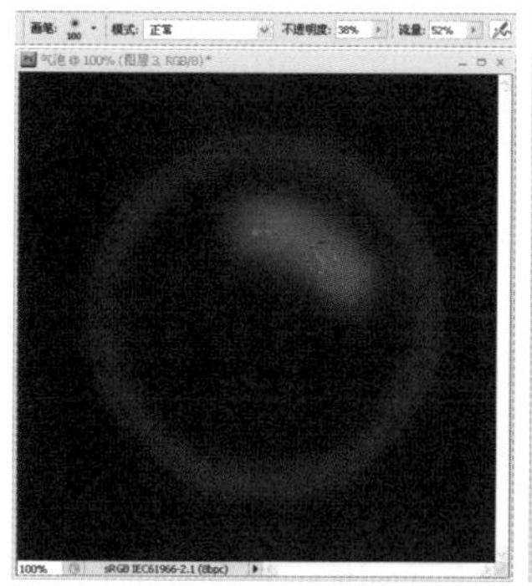
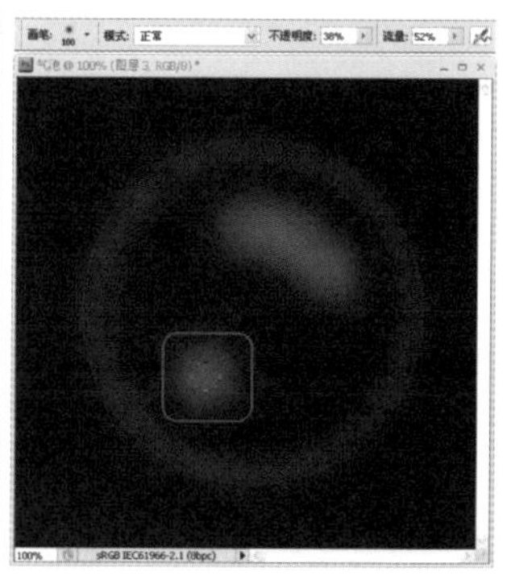

图5.158 创建高光区域

38 STEP 按Ctrl+Shift+E快捷键执行【合并可见图层】命令，接着按Ctrl+I快捷键执行【反相】命令，此时画面将呈现如图5.159所示的气泡效果。

39 STEP 按Ctrl+A快捷键全选背景，选择【编辑】|【定义画笔预设】命令，在打开的【画笔名称】对话框中输入名称为“气泡”，单击【确定】按钮，如图5.160所示。

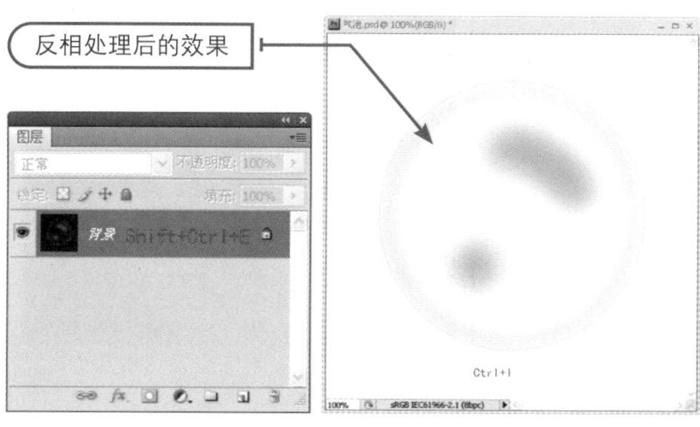

图5.159 合并图层并反相处理

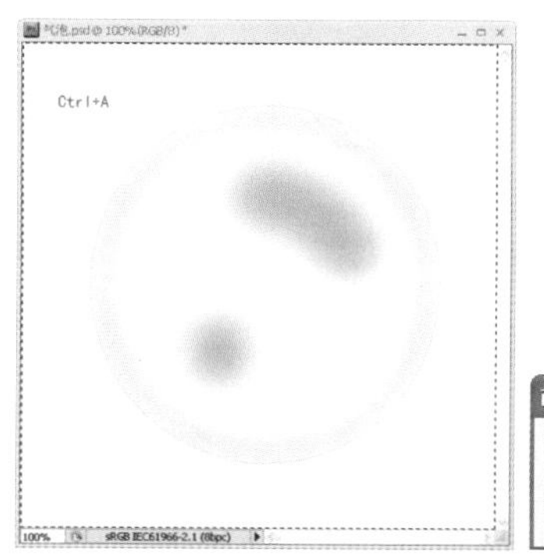

图5.160 定义“气泡”预设画笔

40 STEP 切换至“5.3.3.psd”练习文件，选择【画笔工具】并打开【画笔】面板，先选择上一步骤定义的“气泡（423）”画笔，然后自定义画笔的各项属性如图5.161所示。

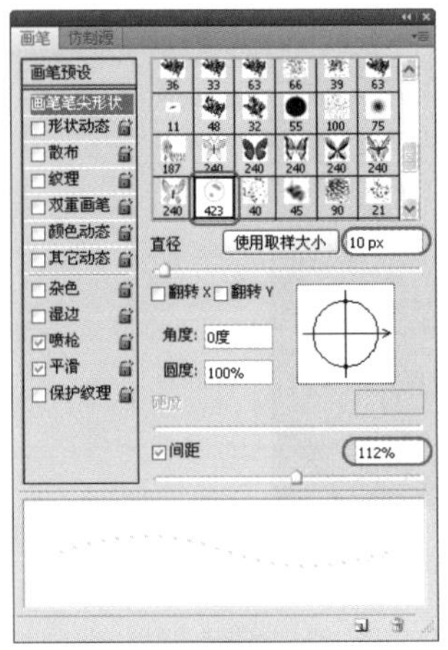
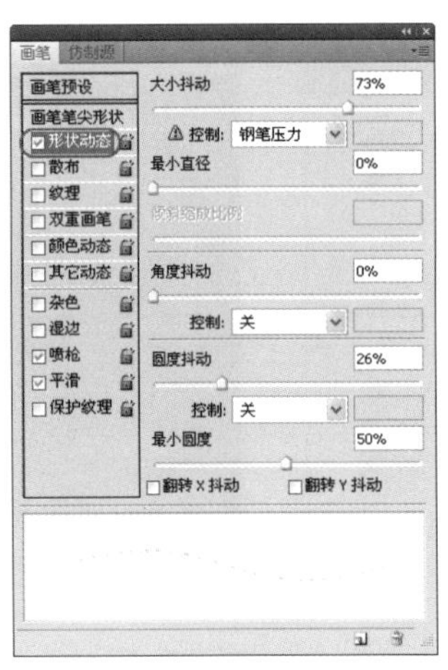
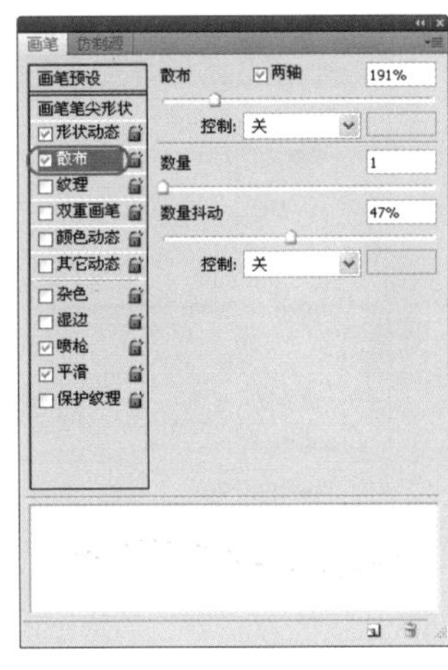
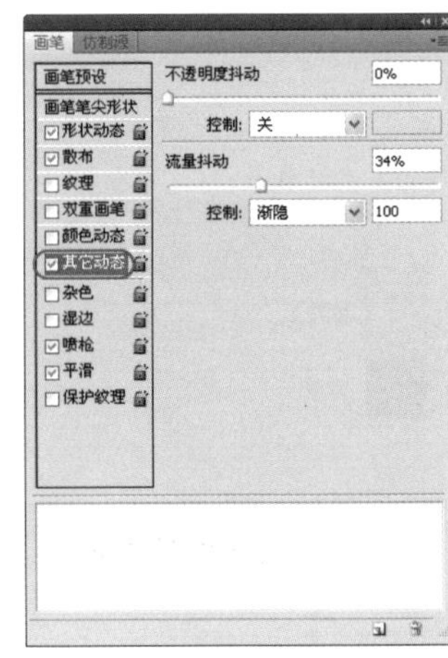

图5.161 设置“气泡”画笔的属性

41 STEP 在“喷射的水果”图层组下方创建“气泡”新图层，设置前景色为白色，然后在较小的水果对象下方拖动，绘制出串串气泡效果，如图5.162所示。

42 STEP 在【画笔工具】选项栏中更改笔刷的主直径为16px，然后在较大的水果对象下方添加串串气泡效果，如图5.163所示。

图5.162 添加较小的气泡效果

图5.163 添加较大的气泡效果

43 STEP 由于气泡的效果过暗不够清晰，下面在【图层】面板双击“气泡”图层，在打开的【图层样式】对话框中选择【外发光】选项，为气泡添加白色的外发光效果，完成后单击【确定】按钮，如图5.164所示。

至此，设计水果喷射效果的操作已经完毕，接下来将介绍添加广告语和POP文字的方法。

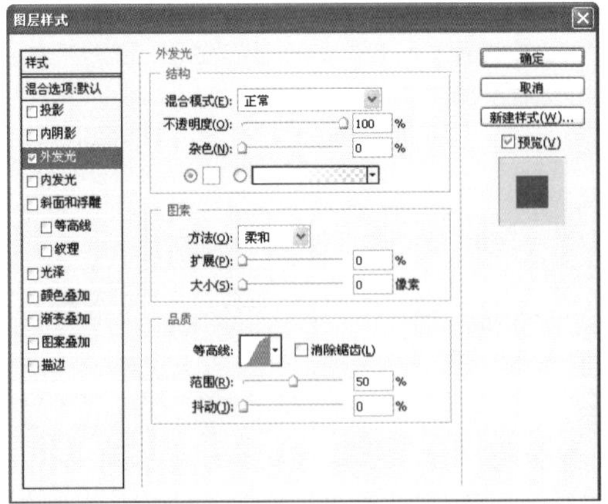

图5.164 为“气泡”添加外发光效果

5.3.4 添加广告语与POP文字

设计分析

本小节将为广告作品添加广告标题、POP剪贴并制作商品简介区，效果如图5.165所示。主要设计流程为“制作广告语”→“绘制POP剪贴”→“设计POP文字”→“制作‘商品简介区’”，具体操作过程如表5.17所示。

图5.165 添加广告语与POP文字

表5.17 添加广告语与POP文字的流程

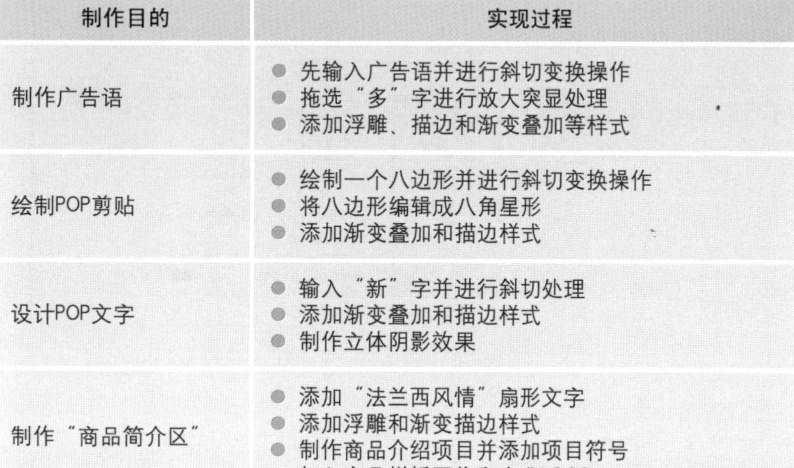

制作目的	实现过程
制作广告语	● 先输入广告语并进行斜切变换操作 ● 拖选"多"字进行放大突显处理 ● 添加浮雕、描边和渐变叠加等样式
绘制POP剪贴	● 绘制一个八边形并进行斜切变换操作 ● 将八边形编辑成八角星形 ● 添加渐变叠加和描边样式
设计POP文字	● 输入"新"字并进行斜切处理 ● 添加渐变叠加和描边样式 ● 制作立体阴影效果
制作"商品简介区"	● 添加"法兰西风情"扇形文字 ● 添加浮雕和渐变描边样式 ● 制作商品介绍项目并添加项目符号 ● 加入商品样板图像和企业LOGO

制作步骤

01 STEP 打开"5.3.4.psd"练习文件，使用【横排文字工具】T在文件上方输入"一口尽享多果美味"广告语，在【字符】面板中设置文字属性，如图5.166所示。

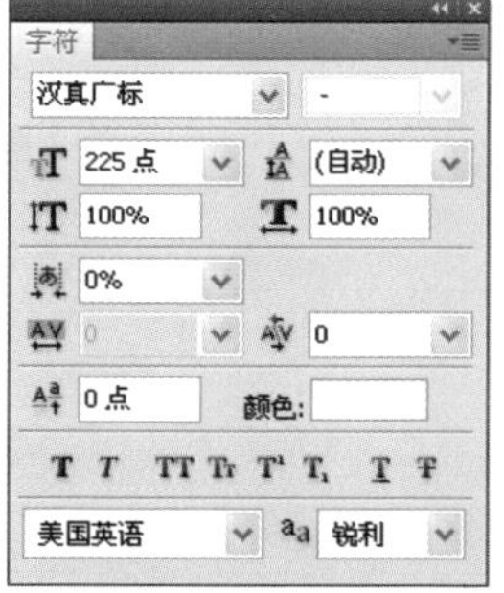

图5.166 输入广告语并设置文字属性

02 STEP 使用【横排文字工具】T拖选"多"字，然后在【字符】面板中更改字体大小为369点，以突出该字，如图5.167所示。

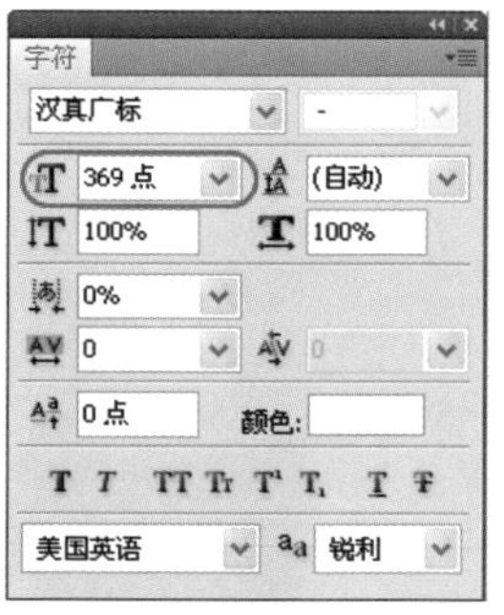

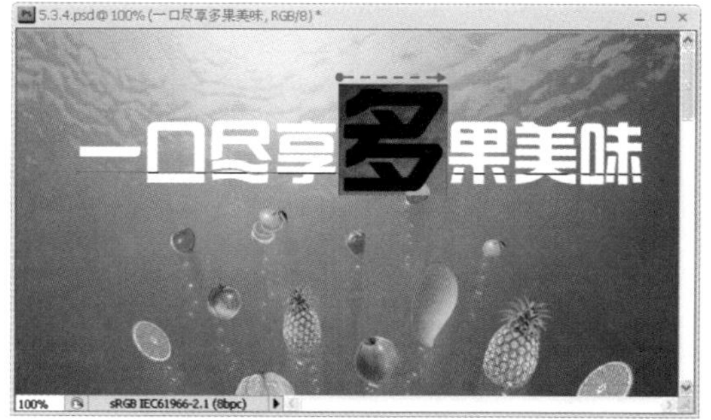

图5.167 放大"多"字

03 STEP 按Ctrl+T快捷键执行【自由变换】命令，将指针移至变换框右下方的变换点上，按住Ctrl键往上拖动，斜切文字对象。也可以设置选项栏的【V】（设置垂直斜切）数值框为-10，如图5.168所示，完成后按Enter键确定变换操作。

图5.168 斜切广告语

04 STEP 双击“一口尽享多果美味”文字图层，打开【图层样式】对话框，分别设置【斜面和浮雕】和【等高线】图层样式，如图5.169所示。

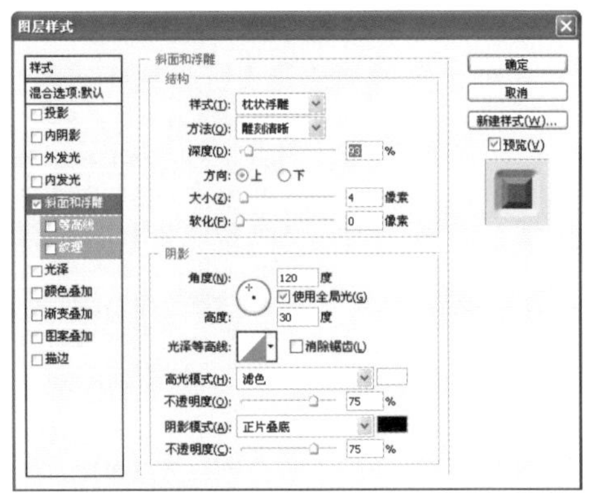
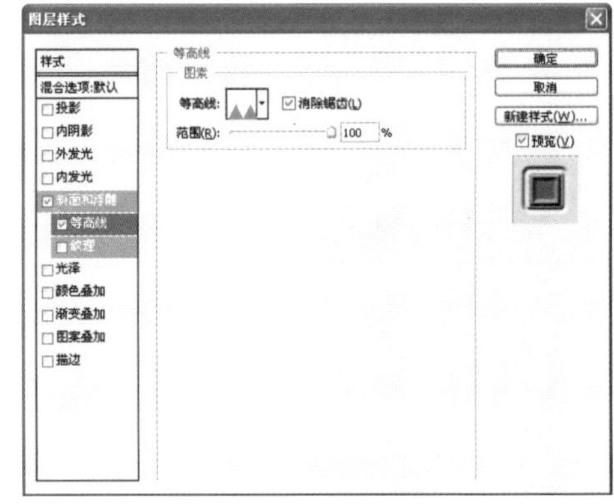

图5.169 添加【斜面和浮雕】图层样式

05 STEP 选择【渐变叠加】选项，设置渐变属性为浅绿到深绿色的线性渐变；接着选择【描边】选项，添加大小为7像素的白色描边效果，完成后单击【确定】按钮，如右图5.170所示。

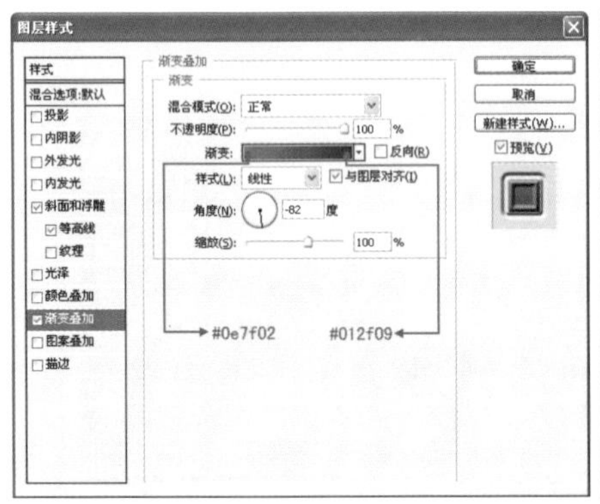

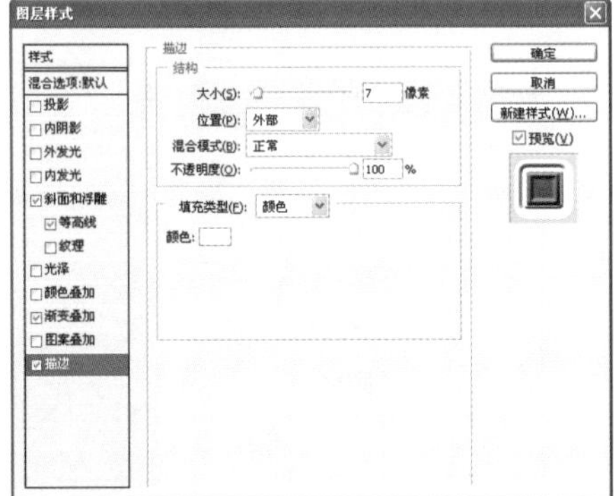

图5.170 添加【渐变叠加】和【描边】图层样式

06 STEP 选择【多边形工具】，在选项栏中单击【形状图层】按钮，并设置边数为8，接着按住Shift键在瓶子的右侧绘一个正八边形，如图5.171所示。

图5.171 绘制正八边形

07 STEP 按Ctrl+T快捷键执行【自由变换】命令，在选项栏中设置【H】（水平斜切）和【V】（垂直斜切）均为−5°，如图5.172所示，完成后按Enter键确定变换操作。

图5.172 水平与垂直斜切变换

08 STEP 使用【直接选择工具】 激活八边形路径，再使用【钢笔工具】 在每条边上的中间位置各添加一个新锚点，如图5.173所示。

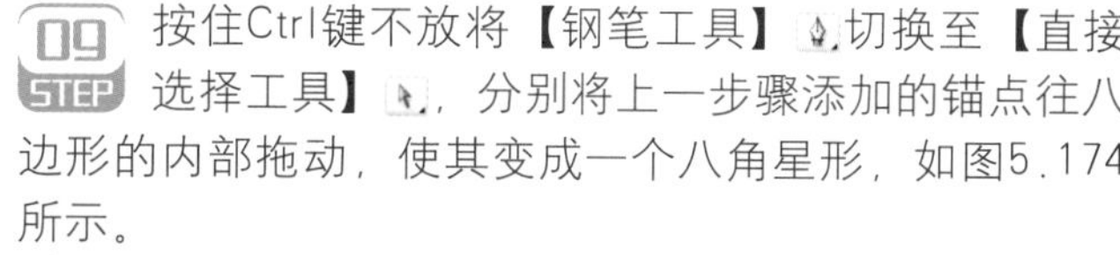

09 STEP 按住Ctrl键不放将【钢笔工具】 切换至【直接选择工具】 ，分别将上一步骤添加的锚点往八边形的内部拖动，使其变成一个八角星形，如图5.174所示。

图5.173 添加新锚点

图5.174 编辑八边形的形状

10 STEP 双击八边形所在的形状图层，打开【图层样式】对话框，分别设置【渐变叠加】与【描边】选项，完成后单击【确定】按钮，如图5.175所示。

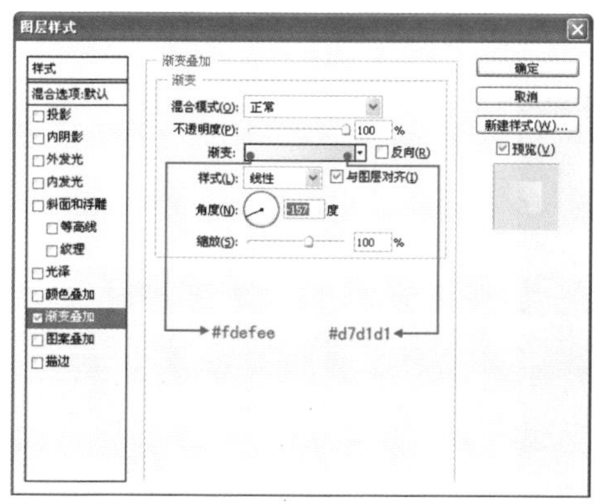

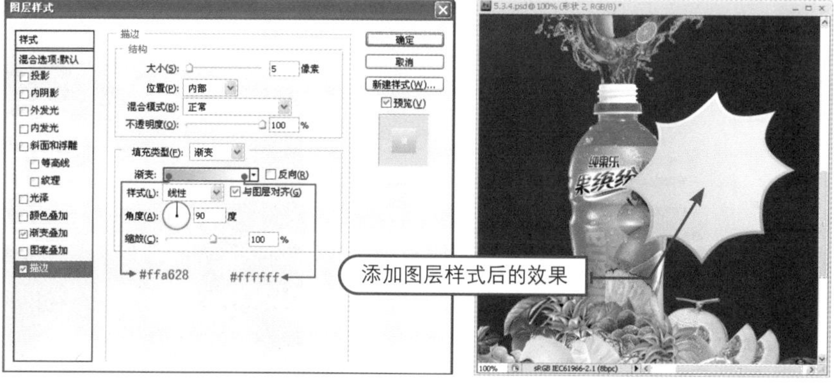

图5.175 添加【渐变叠加】与【描边】图层样式

11 STEP 使用【横排文字工具】 T 在八角星形上输入“新”字，如图5.176所示，用于与下方的图形制作一个POP剪贴。

12 STEP 按Ctrl+T快捷键执行【自由变换】命令，在选项栏中设置角度为-5°，【H】（水平斜切）为-10°，使其形状与下方的八角星形一致，如图5.177所示，完成后按Enter键确定变换操作。

图5.176 输入“新”POP文字

图5.177 斜切与旋转变换“新”字

13 STEP 双击“新”文字图层，打开【图层样式】对话框，选择【渐变叠加】选项，单击渐变缩览图，打开【渐变编辑器】对话框，先添加两个新色标，然后按表5.18所示设置渐变色标的属性，如图5.178所示。

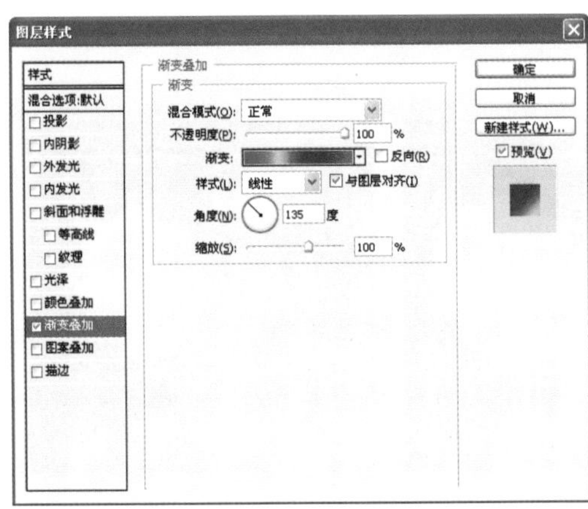

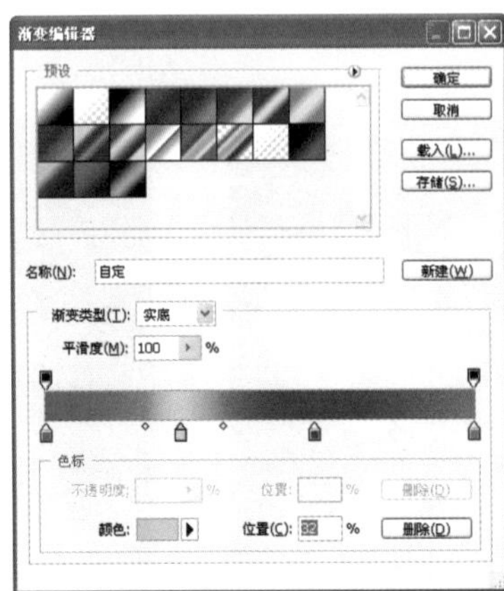

表5.18 渐变属性设置

色标	颜色	位置
1	#fc0019	0%
2	#f7d63d	32%
3	#ac0023	63%
4	#e86402	100%

图5.178 添加【渐变叠加】图层样式

14 STEP 选择【描边】选项，添加大小为7像素的白色描边效果，完成后单击【确定】按钮，如图5.179所示。

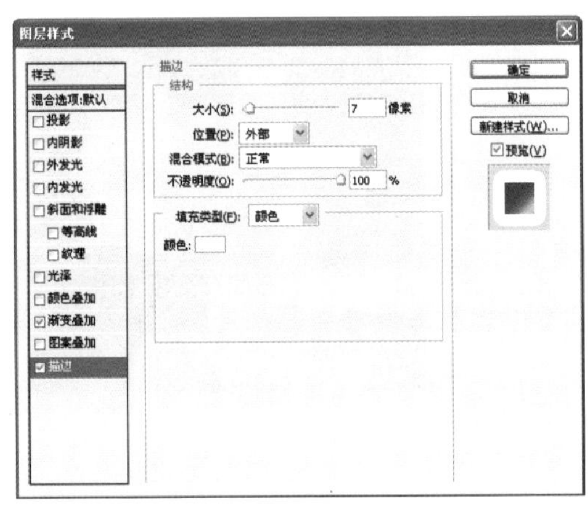

图5.179 添加【描边】图层样式

15 STEP 在“图层”面板创建“图层1”新图层，再同时选中“新”与“图层1”两个图层，按Ctrl+E快捷键执行【合并图层】命令，接着将合并后的图层重命名为“新”，如图5.180所示。

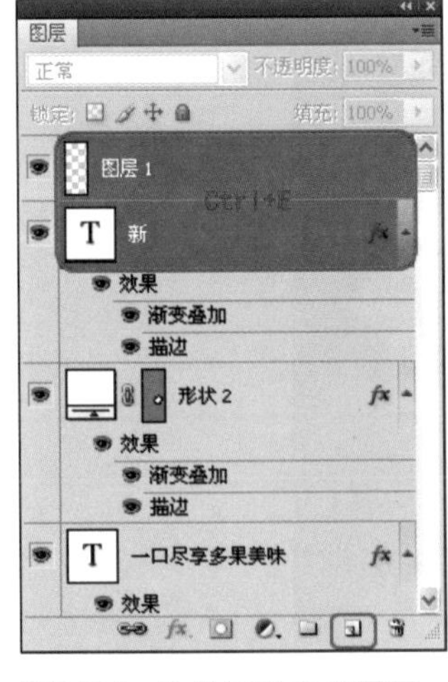

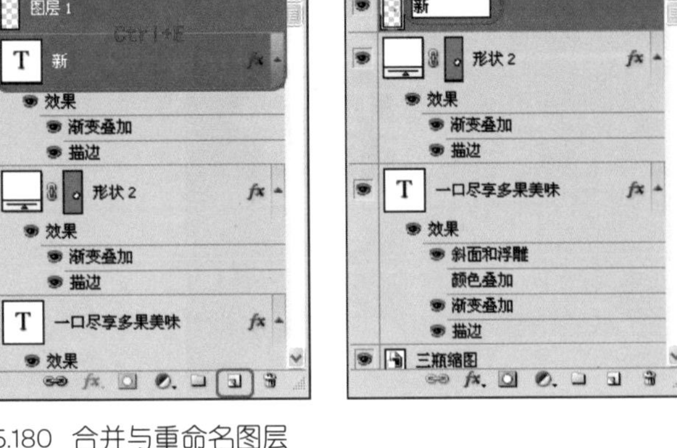

图5.180 合并与重命名图层

专家提醒

为文字图层添加【投影】、【描边】等图层样式后，当载入图层选区时，只能创建添加图层样式前的文字选区，所以在步骤（15）的操作中创建一个空白图层并与之合并，是为了将添加的图层样式与文字合并，同时栅格化图层，以便后续填充渐变颜色制作立体效果。

总之，如果想将添加图层样式后的图层转换为一般图层，但又不想丢失已添加的效果，可以使用上述方法进行操作。

16 STEP 选中“新”图层，按Ctrl+Alt+↑快捷键，在上方1像素之处复制出“新 副本”图层，接着按Ctrl+Alt+←快捷键，在左方1像素之处复制出“新 副本2”图层。使用上述方法复制出“新 副本3”～“新 副本10”共8个图层副本，用于制作“新”字的立体效果，如图5.181所示。

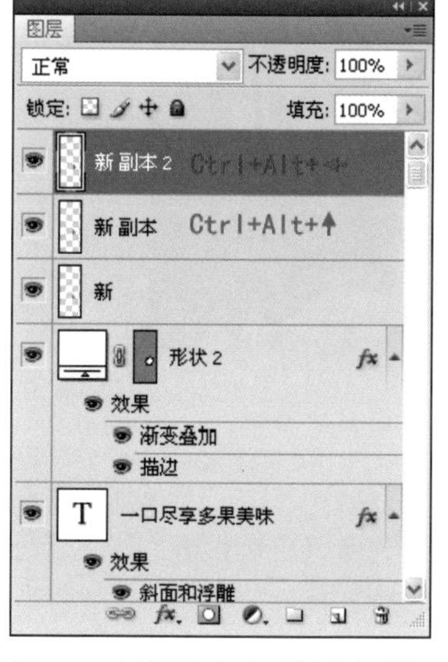

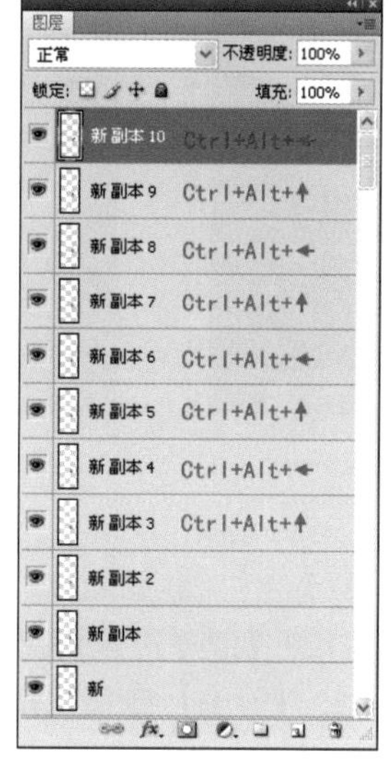

图5.181 复制多个“新”副本图层

专家提醒

步骤（16）是为了制作“新”字的侧面填充区域（可先预览图5.183所示的效果），该步骤主要通过复制图层副本堆叠的方式创建出文字的厚度。这里的表现方式为从右下方仰视的立体效果，所以图层副本堆叠的方向应该为左、上方，在操作过程中应该先复制一个向上的副本图层，再复制一个向左的副本图层，以此形式操作方能产生真实的侧面堆砌效果。

17 STEP 按住Ctrl键同时选中“新 副本9”～“新”共10个图层，按Ctrl+E快捷键执行【合并图层】命令，再按住Ctrl键单击“新 副本9”图层的缩览图，快速载入合并后的图形选区，如图5.182所示。

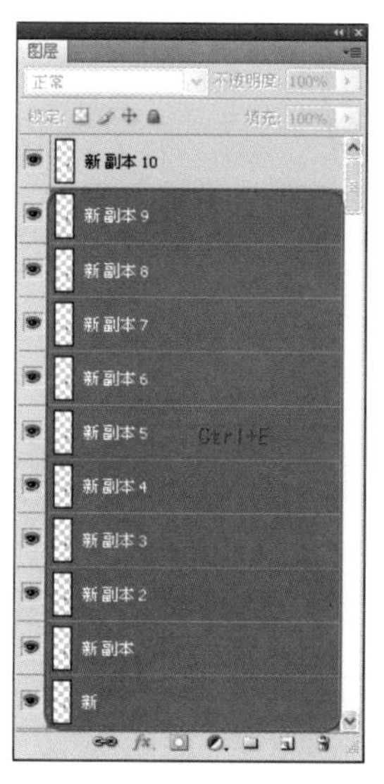

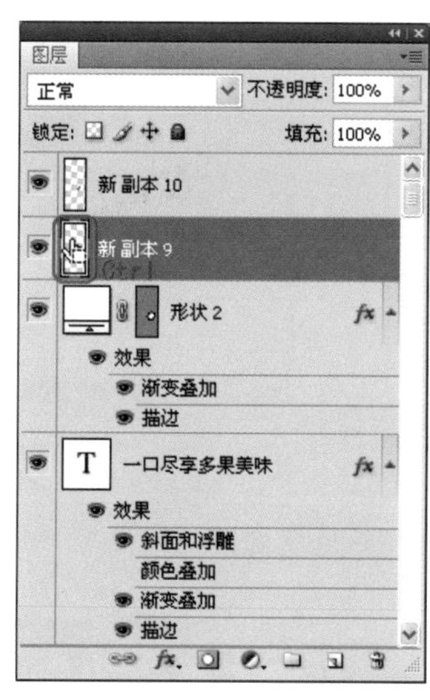

图5.182 合并多个“新”副本图层并载入选区

18 STEP 选择【渐变工具】并打开【渐变编辑器】对话框，参照表5.19所示添加4个新色标并逐一设置颜色与位置，完成后单击【确定】按钮。接着在选区内从左下方往右上方拖动，填充多色渐变，最后按Ctrl+D快捷键取消选区，如图5.183所示。

表5.19 渐变属性设置

色标	颜色	位置
1	#de0017	0%
2	#7b001c	36%
3	#fccb42	51%
4	#851c18	59%
5	#380005	79%
6	#7f0102	100%

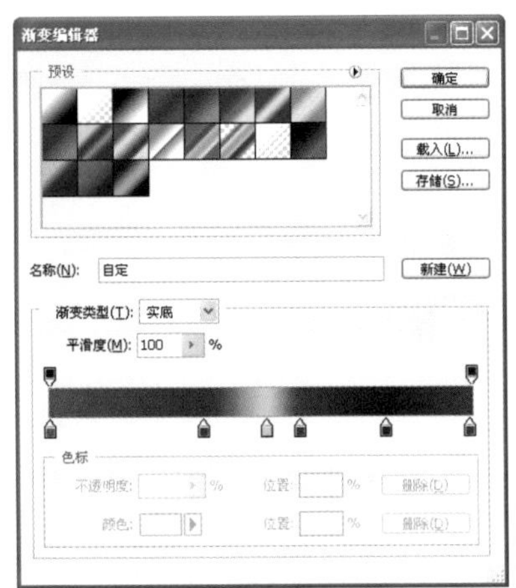

图5.183 为“新”字的侧面填充渐变颜色

19 STEP 由于“新”字的边缘有明显的锯齿状，下面按住Ctrl键单击“新 副本9”图层的缩览图，再次载入该图层的选区。按Alt+Ctrl+T快捷键执行【调整边缘】命令，打开【调整边缘】对话框，设置【平滑】值为10、【收缩/扩展】值为−11%，其余选项均为0，预览效果满意后单击【确定】按钮，如图5.184所示。

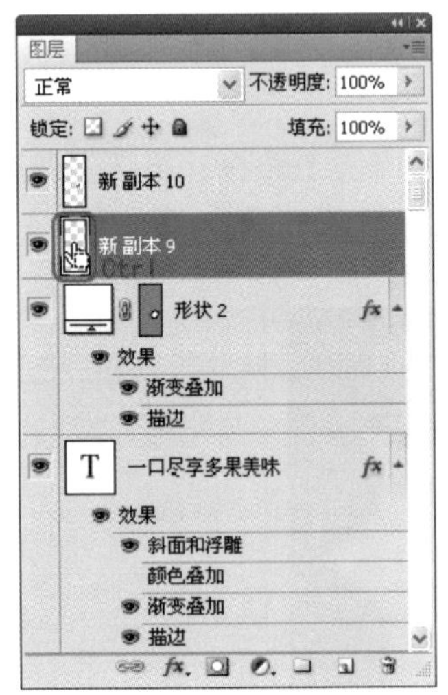
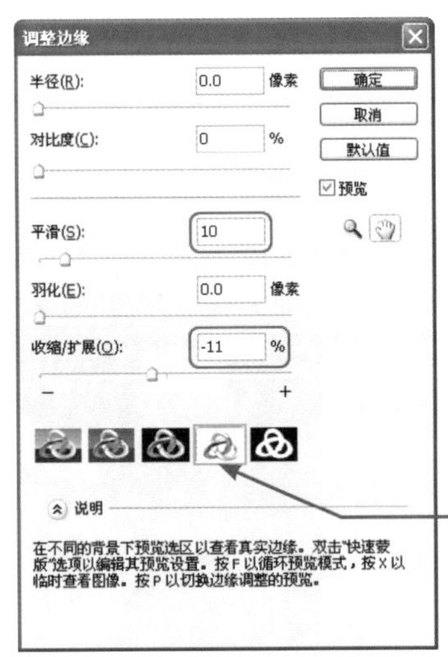

图5.184 平滑“新”字的边缘

20 STEP 按Ctrl+Shift+I快捷键执行【反向】命令，按Delete键删除选区内容，最后按Ctrl+D快捷键取消选区，如图5.185所示。

图5.185 删除锯齿部分

专家提醒

【调整边缘】命令是Photoshop CS4新增的功能，其主要原理是通过各种独特的预设视图模式，通过平滑、羽化、收缩/扩展的方式对当前选区进行平滑、柔化等调整，使选区的边缘更加通畅自然。

如果要修复有锯齿的边缘，可以使用步骤（19）的方法，将调整后的选区进行【反向】处理，再删除锯齿部分。

21 STEP 按住Ctrl键同时选中“新 副本10”、“新 副本9”和“形状2”3个图层，将其链接起来，按Ctrl+T快捷键执行【自由变换】命令，将“新”字和八角星形缩小至50%，再移至瓶子的右上方，如图5.186所示，完成后按Enter键确定变换操作。

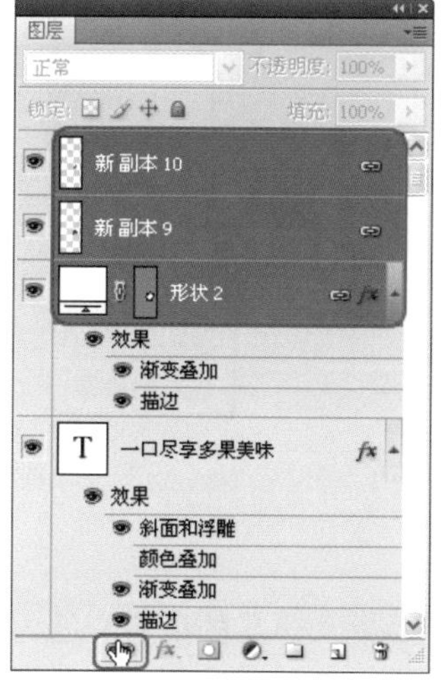

图5.186 链接并缩小POP文字和底板

专家提醒

对已经添加【描边】图层样式的图层进行缩小操作后，描边的大小不会随缩放的比例而改变，所以步骤（21）缩小八角星形等对象后，原来5像素的描边效果或许会过厚，读者可以参考缩放比例尝试调整其描边大小，以达到更加美观的效果。

22 STEP 局部放大文件的下半部分，使用【横排文字工具】T在白色区域输入“法兰西风情”文字内容，并在【字符】面板中设置字体属性，如图5.187所示。

图5.187 输入商品介绍标题并设置字体属性

23 STEP 在【横排文字工具】T选项栏中单击【创建文字变形】按钮，在打开的【变形文字】对话框中选择【扇形】样式，再设置【弯曲】为10%的水平变形，完成后单击【确定】按钮，如图5.188所示。

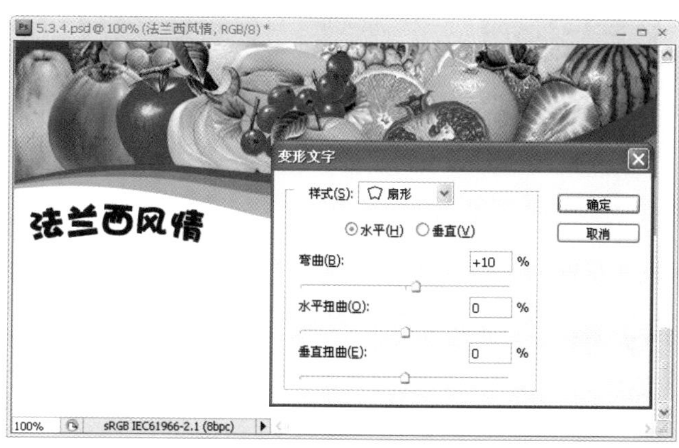

图5.188 添加【扇形】文字变形

24 STEP 双击“法兰西风情”文字图层，打开【图层样式】对话框，添加【斜面和浮雕】和【等高线】图层样式，如图5.189所示。

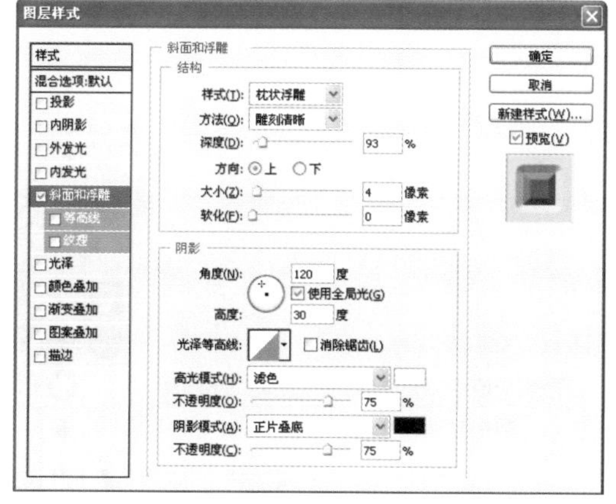

图5.189 添加【斜面和浮雕】图层样式

25 STEP 选择【颜色叠加】选项，设置颜色为白色，再选择【描边】选项，设置渐变颜色为浅绿至深绿色的线性渐变，【大小】为6像素，完成后单击【确定】按钮，如图5.190所示。

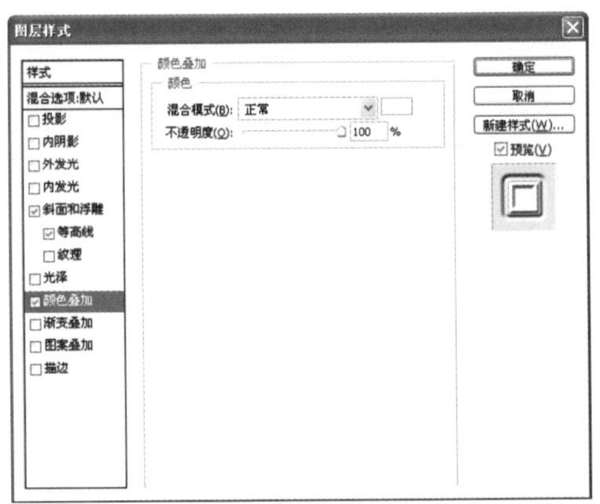

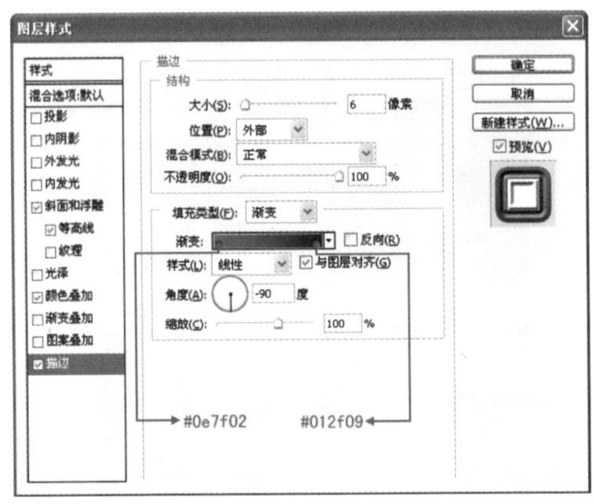

图5.190 添加【颜色叠加】和【描边】图层样式

26 STEP 使用【横排文字工具】T在"法兰西风情"标题的下方创建一个段落文本框，然后输入商品的项目介绍内容，再通过【字符】面板设置字体和颜色等属性。由于最后一项的"C"字符只占0.75个字符，下面将其拖选，在【字符】面板中修改【水平缩放】为135%，完成后按Enter键确定输入的项目文字，如图5.191所示。

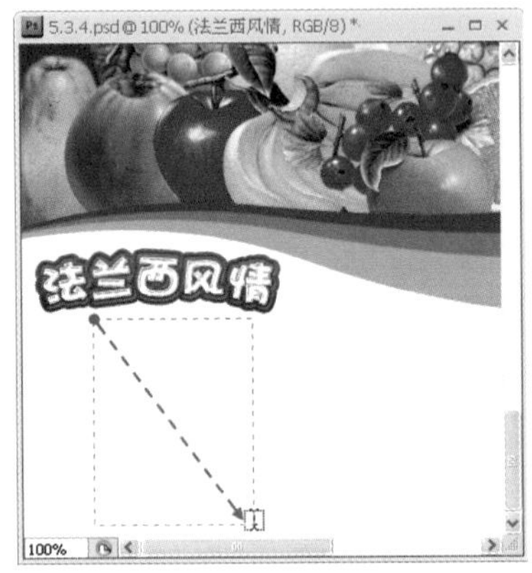

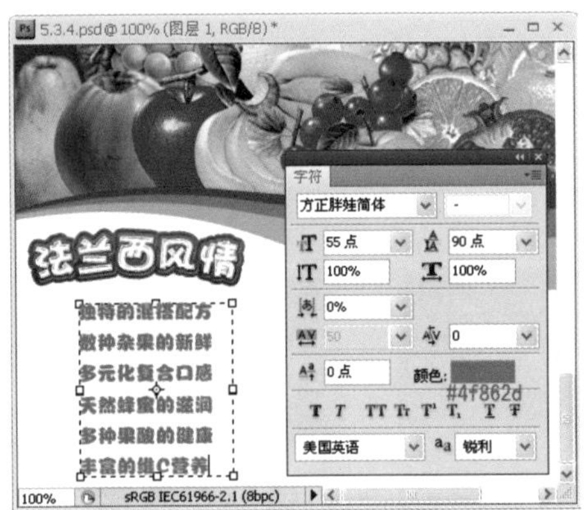

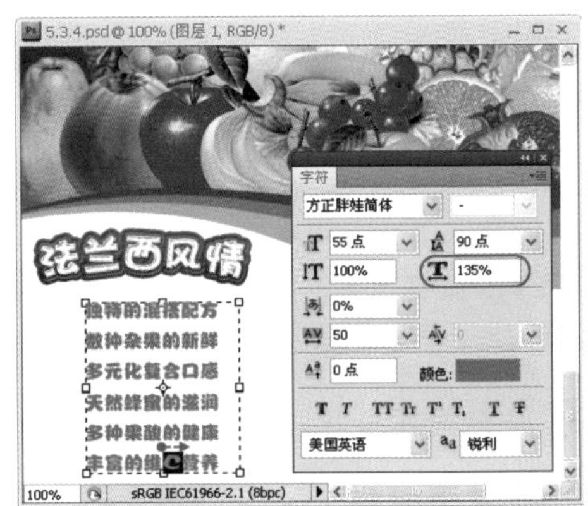

图5.191 输入商品介绍项目文字

27 STEP 接下来要为项目文字添加项目符号。选择【自定形状工具】，在选项栏中展开【自定形状】列表，再单击按钮打开【自定形状】菜单，选择【符号】命令，在弹出的【Adobe Photoshop】对话框中单击【追加】按钮，最后在【自定形状】列表中选择☑形状，如图5.192所示。

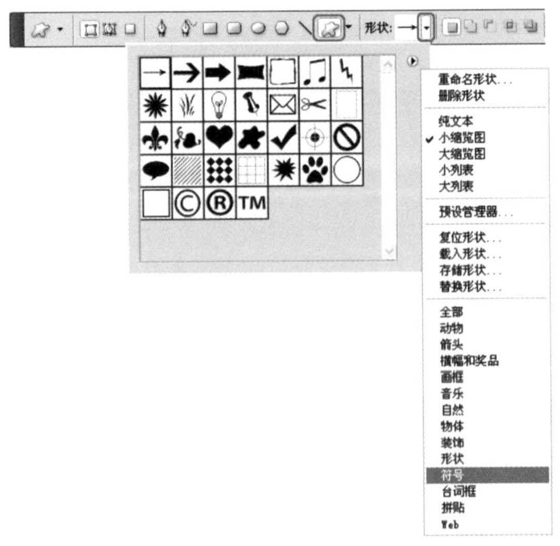

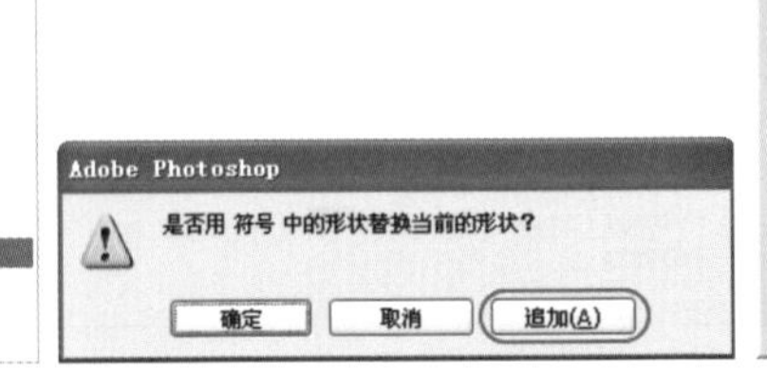

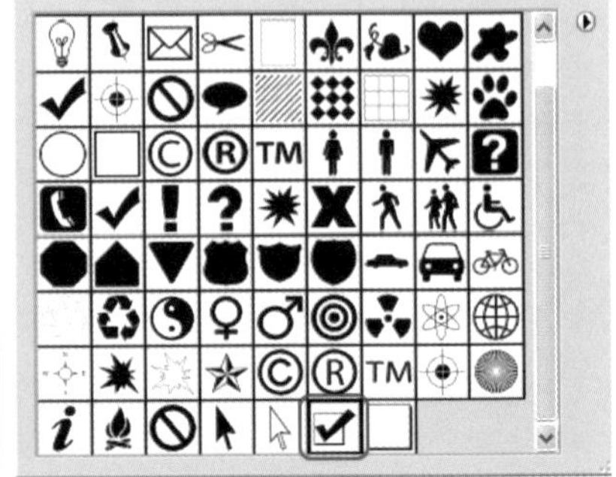

图5.192 追加【形状】自定形状

28 STEP 在【自定形状工具】选项栏中单击【形状图层】按钮，设置填充颜色为浅绿色，接着按住Shift键在第一项介绍文字前面拖动绘制一个“选中复选框”形状，如图5.193所示。

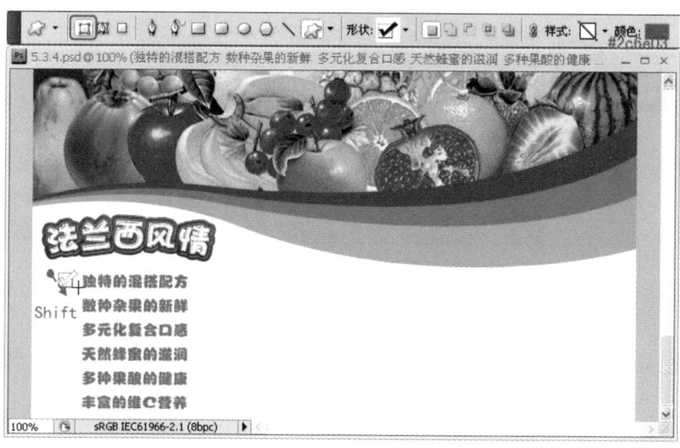

图5.193 绘制“选中复选框”形状

29 STEP 拖动“形状3”图形至【创建新图层】按钮上，复制出“形状3 副本”图层。按Ctrl+T快捷键执行【自由变换】命令，往下拖动复制的形状副本至对齐第二项介绍文字，如图5.194所示。

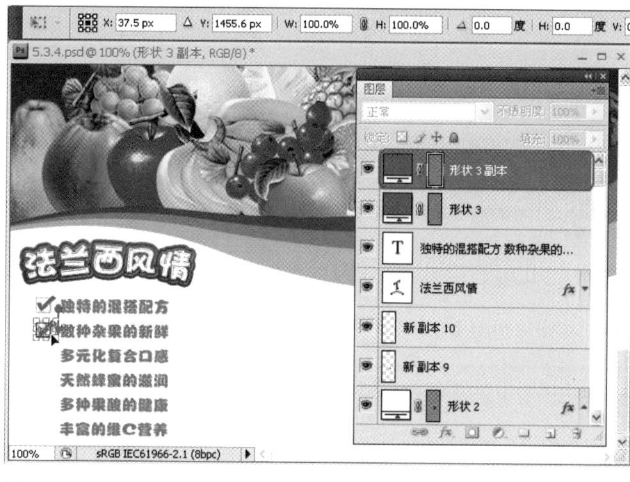

图5.194 复制“形状3 副本”并对齐

30 STEP 按4次Alt+Ctrl+Shift+T快捷键，以步骤（29）所拖动的距离为基准，复制出4个相同的形状对象，并以基准距离对齐于第3～6项介绍文字，如图5.195所示。

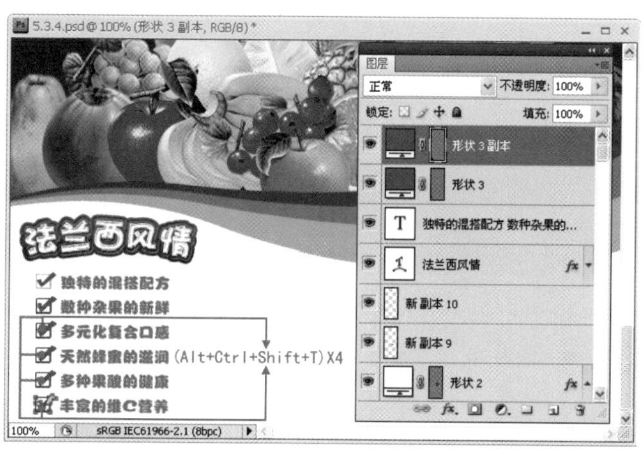

图5.195 复制并对齐其他4个项目符号

31 STEP 使用【置入】命令从“实例文件\Ch05\images”文件夹置入“样板.jpg”素材文件，将其放大并放置于右下方的空白区域，作为其他口味的样板介绍，如图5.196所示。

图5.196 加入商品样板图像

32 STEP 使用上一步骤的方法，从"实例文件\Ch05\images"文件夹置入"百事可乐LOGO.psd"素材文件，将其放大并移至广告的左上角，如图5.197所示。

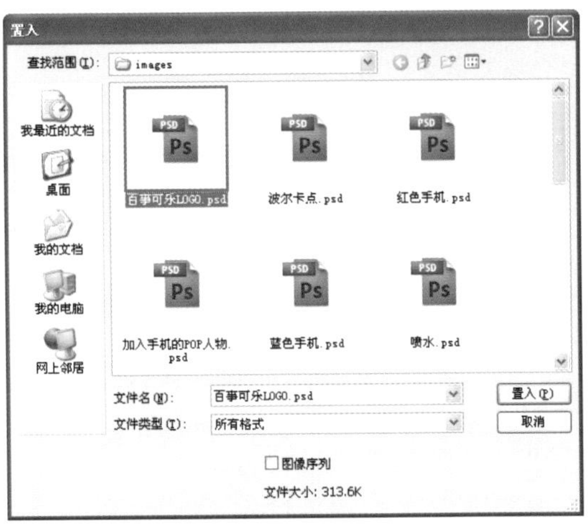

图5.197 插入商品企业的LOGO

至此，本例的"易拉宝饮料广告"已经完全设计完毕。

5.4 学习扩展

5.4.1 经验总结

本章主要通过"手机广告"和"饮料广告"两个案例来介绍POP广告的展现方法。此类广告以平面的形式，通过绘画加上文字来推荐商品。比之其他POP类型而言，本章的例子比较适合使用计算机平面绘图软件来实现。该类型的广告作品要注意精粹凝练的画面效果，并要视商品的不同而有所侧重，比如，高档的商品要着眼于优质、精美、耐用，普通日用品应着眼于价廉、物美、实用，时装则应着眼于美观、新颖等，所以在内容、结构、图形和文字等方面都要因时、因地、因物而灵活变通地进行设计。

下面对店内陈设性的POP平面广告作品的设计要求进行总结。

- 在内容上：要突出商品的名称、性能与价格三大要素，要达到在瞬间抓住消费者的视线、吸引其注意力，就要力求简洁明了。
- 在结构上：必须考虑陈列的位置与商品的形态，从而制定不同的样式，设计出最适用于展示的结构和尺寸。
- 在图形、颜色与文字上：可以选用一些与内容相关的图片、剪裁和拼贴，也可以自定义一些装饰性的图案；而配色方面，应结合购买点的背景，做到既鲜明又协调；文字方面，既要简练又要规范化；最后，整个图文形式均应做到重点突出、易读易认、清晰雅观。

下面分别针对以上两个案例在设计过程中一些容易出错以及需要注意之处进行总结。

1 POP手机广告设计

- 在本例绘制POP人物与POP文字时，需要创建大量的图层与工作路径，所以建立图层组可以有条不紊地管理图层；而路径无法创建组，需要在存储命名方面做到下标准确与风格统一，以方便后续的描边与填充操作。
- 如果要为两个相接的图层添加边框，最好把添加边框的操作放于一个独立的图层上，以便后续编辑处理，比如本例绘制女生头发与脸部时，把描边操作放在不同图层上，接下来可以把多余的描边区域擦除，以增强操作的灵活性。
- 使用【钢笔工具】创建图形的路径形状时，按住Ctrl键可以切换到【直接选择工具】，以便在绘制过程中立即对描边与路径的弧度进行调整。另外，按住Alt键可以快速切换至【转换点工具】。使用上述方法可以大大提高创建路径形状的效率。
- 在绘制"女生头饰"与"爱"字的3个"点"笔画时，作者都使用了【椭圆工具】直接创建圆形路径才实现，但是按常规方法难以创建与底稿高度吻合的圆形形状，所以遇到此类情况时，可以按住空格键不放，这样即可自由确定路径创建的位置。此方法也适用于其他形状工具与选框工具。

- 创建一些结构复杂的路径时，必须先对图形进行分析，比如本例的“索爱”二字，必须先创建出内、外两个轮廓，填充颜色后再绘制路径边框。
- 通过【用画笔描边路径】按钮与【描边】对话框可以创建出相同的描边效果，但是通过【描边】对话框可以选择内部、居中与居外3种描边位置，而且使用画笔描边路径只能在居中的位置进行。另外，使用【描边】命令前必须先载入选区。
- 【变换选区】命令与【自由变换】命令的操作相似，但前者变换的只是选区，而后者变换的则是选区中的内容。
- 使用【画布大小】命令扩展文件画布时，在【定位】区中单击向下箭头可以在文件的上方扩展画面，反之亦然。

2 易拉宝饮料广告

- 使用各种路径形状工具绘图时，推荐使用【形状图层】模式进行绘制，因为形状图层不仅可以变换图层的填充颜色，还可以修改形状。比如，本例在绘制波浪曲线分割版面时，使用此模式就可以通过复制、编辑的方式来快速达到目的，无须逐一进行绘制。
- 在定义波浪曲线（分割版面的不规则图形）时，要注意不能使用与水果颜色接近的色系，因为色素过于相近会导致分割效果不够清晰，从而影响版面的结构。本例所选用的3种颜色源于水底中不同位置的颜色，一方面可以使版面更加活泼生动，另一方面也模拟了海水溢出的效果。
- 在添加【云彩】滤镜时，要注意背景色的设置，云彩效果的亮度会根据背景颜色的深浅而变化，色素越深，云彩效果越暗。在本例中添加的效果即为黑色背景色所形成的。
- 本例涉及大量的水果素材，在设计过程中，合理创建图层组并进行归类非常重要，免得图层过多而造成误操作。此外，将相关图层链接起来有利于进行移动、缩放、旋转等操作，在操作过程中可以经常使用。
- 在5.3.3小节的步骤（13）中，使用【画笔工具】绘制的笔头效果不一定要与本例完全相同，其绘制的范围在于瓶子上方的倒三角区域中，也就是成果文件中应用技术喷射的范围内。绘制原则是不要过密，随机即可。另外，制作类似气流的方法有很多种，大家可以尝试使用本书3.2.2节中制作放射光线的方法，效果也非常不错。
- 在执行【自由变换】操作时，配合Alt、Ctrl和Shift键可以大大提高操作效率，比如按住Alt键拖动变换点可以对称地缩放对象；按住Ctrl键可以对指定的变换点进行独立的移动操作；按下Shift键可以等比例缩放对象。
- 绘制气泡时之所以填充黑色背景，是为了有利于显示对比效果，以便绘制白色半透明的气泡对象，所以最后合并可见层后将黑色的背景执行【反相】处理。
- 在使用【画笔工具】绘制气泡时，应该根据水果的大小来经常变换笔刷的主直径，使绘制出来的气泡更加符合实际比例。

5.4.2 创意延伸

1 POP手机广告设计

本例在色彩上采用了丰富颜色的设计手法，并配合多种不规则图形作为广告的背景，给人一种夺目的刺激效果，很大程度上加强了作品的吸引力。

除了这种设计风格外，还可以采用一种清纯的设计风格，就是在颜色上以暖色调为主，以给顾客一种安静、温馨的感觉。同时，在图案的设计上也采用一些简单而切合主体的图，可以在突出手机特点之余减少作品的复杂程度，给整体营造一种简约的设计效果。如图5.198所示是POP手机广告设计风格。

在设计方面，读者可以以店铺的风格和顾客群的兴趣为出发点，设计出能够捕捉顾客心理的优秀作品。

2 易拉宝饮料广告

如图5.199所示为本例的创意延伸。该作品以“法兰西风情”为主要创意点，版面简洁明快，以最大程度突出广告主体。上部摆放广告语、POP剪贴和商品LOGO，中部与下部由果汁瓶和鲜果组成，背景为黄色到红色的垂直线性渐变，而且黄色代表“橙子”、“芒果”和“菠萝”等一系列水果，红色则代表“木瓜”、“石榴”、“桃子”等另一系列水果。画面的左侧有椰树，指代此款口味的热带风情；而巴黎铁塔则寓意法国的浪漫风情。

图5.198 风格比较单纯的POP手机广告

图5.199 果缤纷饮料广告

5.4.3 作品欣赏

下面介绍几种典型的POP广告作品给读者在做设计时进行借鉴与参考。

1 百盛商场促销POP广告

在此挑选了两款百盛商场促销POP广告给读者欣赏。如图5.200所示是偏暖色风格的POP广告。这个作品在设计中采用了棕紫色作为作品的主色调，并配合黄色的内容颜色，整体看上去使人感觉非常舒服。另外，在背景中添加了多个图案作为点缀，而促销的大标题同样使用图案作为装饰，这样的处理避免了作品的单调，并体现出一种时尚的风格。

图5.200 偏暖色的POP广告

如图5.201所示是偏冷色的POP广告，这个作品的设计用色主要是绿色和绿黄色，其用意是切合广告中的"赠送绿色小植物"这一主题。在效果的处理上，作品使用了较多的植物图案，以配合主题。另外，广告的文字也添加绿色边框，同时进行不规则的布局，使整个作品看起来非常丰富，且不会显得杂乱。

图5.201 偏冷色的POP广告

2 星光百货POP挂招作品

如图5.202所示是星光百货的POP挂招作品。在这个作品的设计上，背景只采用了单色的处理，其目的是为了衬托其他装饰物。在主体的图案设计上，作品使用了涂鸦的设计风格，并采用多色配合的配色方案，使整体的作品看起来非常鲜艳，同时不失时尚的创意。

图5.202　星光百货POP挂招作品

在这种风格的作品设计上，读者需要注意图案色与背景色必须产生强烈的对比，否则整个作品就没有主次，不能突出亮点，降低了作品的吸引力。

3 Hite饮料POP广告

如图5.203所示是一个韩国Hite饮料的POP广告。该作品的设计非常有韩国的新派风格，即通过大量的图案来装饰作品，并通过巧妙的布局，让作品呈现很丰富的内容，同时不会让人觉得杂乱无章。作品中用一个较大的矩形和3个圆形的图案支撑起整个作品的内容版面，并使用一些美观的小图标作为装饰，起到画龙点睛的作用。

另外，这个作品还有一个值得提出的地方，就是作品将Hite饮料与足球运动结合起来，让广告中的产品有了一个支配点，使产品的商业价值可以根据足球运动做出一个强有力的体现，而不是将产品简单地放到作品上，导致无法表达其价值。

图5.203　Hite饮料POP广告

06 Chapter

Photoshop完美广告设计案例精解

杂志广告设计

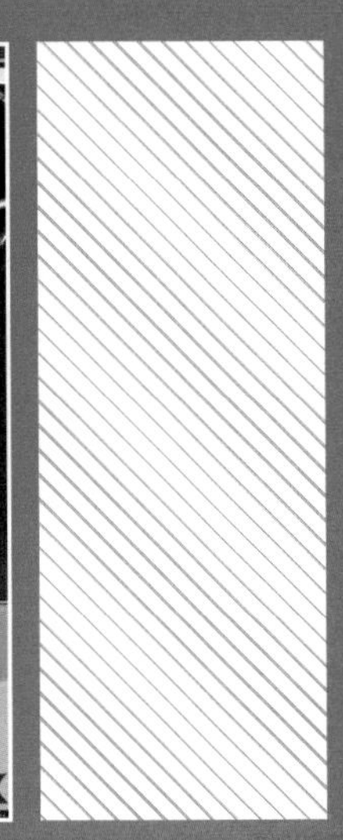

本章视频教学参见随书光盘： 视频\Chapter 06\

6.2.2 制作杂志广告背景.swf
6.2.3 制作杂志广告主体.swf
6.2.4 美化杂志广告.swf
6.2.5 添加广告文字与LOGO.swf
6.3.2 绘制杂志页眉和页脚.swf
6.3.3 为页眉页脚添加金属效果.swf
6.3.4 加入广告素材并美化.swf
6.3.5 加入LOGO并设计广告文字.swf

6.1 杂志广告的基础知识

6.1.1 杂志广告与报纸广告的区别

报纸与杂志的共同点是二者均为印刷品，都以刊登、传播大量信息为主要任务，如图6.1所示。众所周知，报纸主要用于刊载时事新闻，多为日报，有严格的时间性要求，这使得大众能迅速接触到报纸广告；但杂志一般为期刊，其出版周期大多为半月、一月，甚至长达两三个月，导致杂志广告不能时常与大众接触，这是杂志广告不如报纸广告之处。

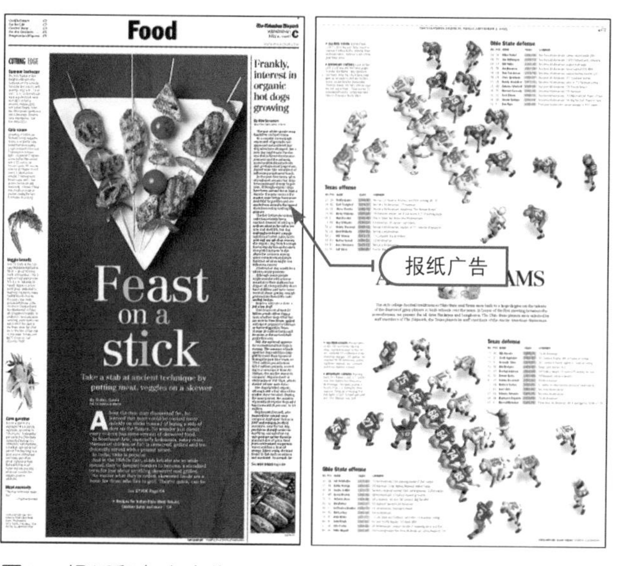

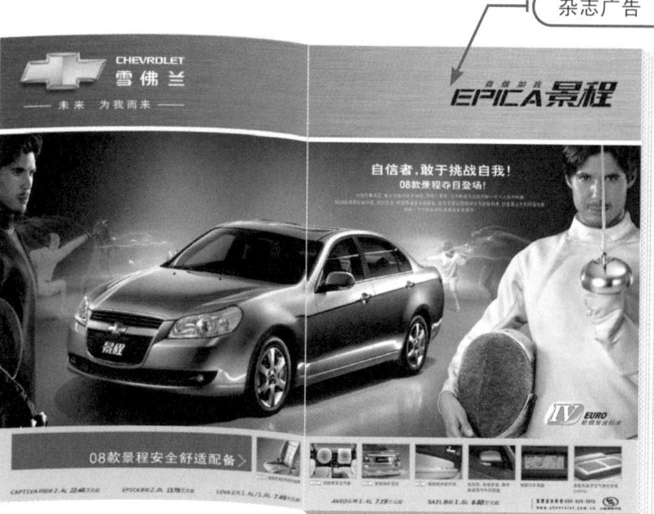

图6.1 报纸和杂志广告

由于杂志通常被反复阅读，拥有比报纸更长的保留时间，而非当天的报纸广告很少能让人再次观看，所以杂志广告比报纸广告的寿命更长。另外，杂志广告还具有以下比报纸广告优越之处。

- 杂志尤其适合刊登“说服性广告”，可让受众慢慢地去阅读。
- 就读者群而言，杂志的内容大多有所侧重或专业性较强，读者群比较固定，因此杂志广告可以有针对性地向某一特定的消费群传播商品信息。
- 杂志广告的封面、封底的纸张质量好，适于彩色精印，尤其适于刊登彩色照片，因而其广告的真实感、实在感、信赖感更强。

一般情况下，五彩缤纷、赏心悦目的封面、封底的画面是吸引其读者购买一本新杂志的诱因，而购买后，读者首先会翻阅封面、封底、封二（封面的背面）、封三（封底的背面），然后再翻阅目录和内文。这样一来，读者接触杂志后，“四封”上的广告就能给读者留下深刻的印象。这种“先睹为快”的阅读效应，报纸广告是难以获得的。

6.1.2 杂志和杂志广告的种类

根据不同的划分依据，杂志和杂志广告有多种分类方式，其中杂志的分类如表6.1所示，而杂志广告的分类如表6.2所示。

表6.1 杂志的分类

划分依据	类 型
按发行范围分	全国性杂志、地方性杂志、国际性杂志等
按内容分	综合杂志、专业杂志、生活杂志等
按规格分	大16开杂志、16开杂志、32开杂志等
按刊期分	周刊、半月刊、月刊、双月刊、季刊等

表6.2 杂志广告的分类

划分依据	类　型
按广告位置分	封面广告、封底广告、封二广告、封三广告、内页广告、插页广告等
按广告面积和形式分	全页广告、横半页广告、竖半页广告、双页拼版广告、四分之一页广告等

■ 6.1.3 杂志广告的特殊创意时机

杂志广告一般分布于"四封"、内页、插页等地方，另外还有一种叫做"出血版"的杂志广告形式，下面逐一介绍。

1 "四封"广告

杂志广告的重点在"四封"，即封面、封底、封二、封三。因为它们的纸张好，可以精印，因此，设计师要通过精心设计来使创意获得充分的表达。另外，也有一些封面后面，即封二与正文的第一页均采用彩印的杂志广告，如图6.2所示。

打算在杂志上刊登广告的广告主，为了扩大商店和企业的影响，其首选的位置当然是封面，不过杂志社不会轻易出售封面这个首要位置刊登广告，但事情也不是绝对的，只要广告的内容和形式同杂志社对封面的要求相协调，就可以做到。例如，在广告杂志封面上刊登广告的精品；在包装杂志封面上刊登商品包装的精品；在旅游杂志封面上刊登旅游的胜境等，这要看设计师的创意如何。

2 内页广告

内页广告是指在一本杂志骑马钉的页码1/2处所提供的4页彩色精印广告，如图6.3所示。在这里，设计师的创意也是有用武之地的，其中间两页可以打通，这4个内页更是设计师进行创意的大好机会。不但如此，在这4个彩印内页的两边还可以各增加两页，并且各自向中缝方向折叠，称为"门式折页（gatefold）"。在读者打开杂志时，折页可以像两扇门一样地打开，将一幅有4页宽的广告展现在读者面前，能充分地表现广告的内容，给读者留下深刻的印象。

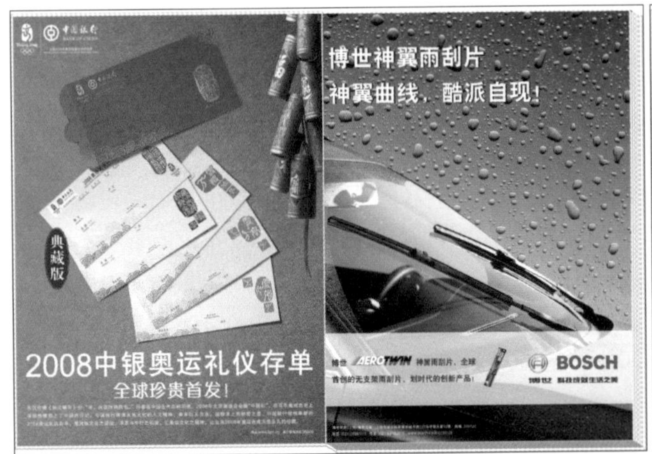

图6.2 封二广告

图6.3 内页广告

3 插页广告

杂志的插页广告与报纸的插页广告非常类似，其篇幅与杂志的页面一样大，可以随杂志附送，通用高质量的纸张精印，如图6.4所示。这种插页还可以发展为广告专辑，由一家广告主办理或多家广告主联办，也可由杂志社办理，其中均有充分的创意空间。

4 "出血版"广告

杂志"四封"、内页彩色版和插页的广告都没有周围广告的干扰，故而广告版面的边框可以省去，而把广告版的背景一直扩展至版面的边缘，称为"出血"，如图6.5所示。这种"出血版"广告的优点在于可以使广告创意表现的灵活性更大，版面更广阔、更富于视觉冲击力。

图6.4 插页广告

图6.5 双页“出血版”杂志广告

6.2 化妆品杂志广告设计

■ 6.2.1 设计概述

本化妆品广告为“ESTEE LAUDER”品牌下的一款唇膏广告，最终效果如图6.6所示。该作品适用于综合类杂志或生活类杂志的封二、封三、插页等位置。由于广告的商品为女性化妆品唇膏，所以整体色调选择了较为女性化的粉红色，再配以唯美、柔和、浪漫的风格情调，可以轻易锁住女性消费者的视线，并使其产生购买的冲动。本杂志广告作品主要由广告背景、广告主体头像、广告美化图形、LOGO与文字四大部分组成，下面逐一分析。

图6.6 化妆品杂志广告

- 广告背景：本作品的背景首先选用粉红色绸缎作为素材，经处理后使其产生发光效果，再通过具备流线形的纹理质地，营造出一种柔美的感觉；接着通过大量随花朵虚化的红点，在白色区域中加以点缀，使背景的整体效果更加和谐。
- 广告主体头像：本作品以女性头像的侧面为主体，再将广告商品——唇膏以大胆夸张的手法成排插于其发际上，把广告焦点置于最当眼之处，而人物嘴唇的涂红效果更为整个作品起到画龙点睛之效。此外，设计者在选择人物素材方面也花了心思，作品中的女性居高临下的视线，表达出使用该产品后使人变得自信。最后通过耳鬓两朵大玫瑰花，把唯美情调再次放大。

尺　寸	竖向，300像素/英寸，185mm×260mm
用　纸	中涂纸或高白度轻涂纸，适用于高质量的月刊和专业杂志
风格类型	柔美、梦幻、浪漫
创 意 点	❶ 运用淡红主色调营造女性柔美感 ❷ 将广告商品夸张并巧妙地作为头饰显于当眼之处 ❸ 通过大量装饰图形与图案打造梦幻的艺术特效
配色方案	#FFF2F2　#FEE4EF　#FFCADA　#E6ADCD　#FF9E9B
作品位置	实例文件\Ch06\creation\化妆品杂志广告.psd 实例文件\Ch06\creation\化妆品杂志广告.jpg

- 广告美化图形：通过绘制大量的“逗号”图案、花朵、波浪曲线与小圆点等丰富的图形和图案，把广告主体的人物头像拥簇起来。在配色方面，使用浅粉红、浅紫红等淡色系，沿袭整体的配色风格，把作品点缀得美轮美奂。
- LOGO与文字：本作品以特殊字体加红色阴影作为产品的LOGO，再以红色白边框的钢笔字体作为广告语，最后添加波浪效果，使之与版本统一。另外，作品的右上方以3个小圆形作为背景，提供了3种不同颜色的唇膏颜色样板，较好地表达了商品的使用效果。最后在杂志广告的下方将圆形加矩形的半透明白色形状作为底板，再加入完整的唇膏样板与介绍内容。

设计流程

本化妆品杂志广告主要由〝制作杂志广告背景〞→〝制作杂志广告主体〞→〝美化杂志广告〞→〝添加广告文字与LOGO〞四大部分组成。其详细设计流程如图6.7所示。

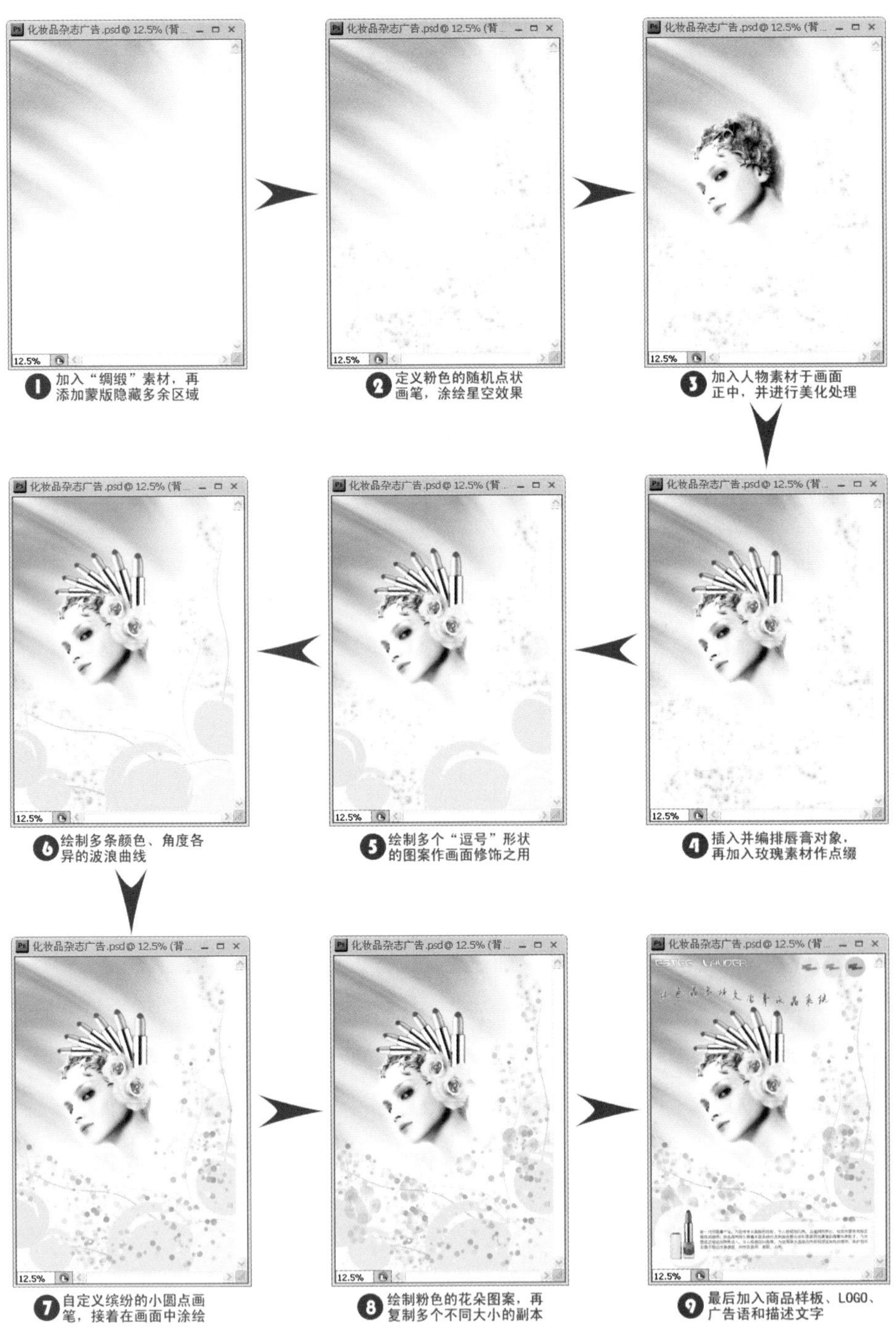

图6.7 化妆品杂志广告设计流程

功能分析

- 【画笔工具】：分别定义出绘制“随机点状”与“杂色圆点”效果的画笔。
- 【钢笔工具】组与【直接选择工具】：绘制出“逗号”图案的形状。
- 【波浪】滤镜：制作波浪曲线。
- 【自由变换】命令：编排出唇膏头饰与花朵图案。
- 【自由变形】模式：制作出花朵图案的花瓣。
- 【矩形选框工具】与【椭圆选框工具】：绘制半透明的文字底板。
- 【创建文字变形】：制作波浪状的广告语。
- 【图层混合模式】：制作人物头像与玫瑰素材的梦幻特效。
- 【图层蒙版】：柔化背景与人物头像。

6.2.2 制作杂志广告背景

设计分析

本小节将制作杂志广告的背景，如图6.8所示。其主要设计流程为“加入背景素材”→“添加星空效果”，具体操作过程如表6.3所示。

图6.8 杂志广告背景

表6.3 制作杂志广告背景的流程

制作目的	实现过程
加入背景素材	● 加入并放大“绸缎”素材图像 ● 为“绸缎”图层添加蒙版
添加星空效果	● 使用【画笔工具】添加分散点状效果 ● 添加外发光图层样式 ● 定义画笔预设选项 ● 使用自定义的画笔绘制繁星效果

制作步骤

01 STEP 选择【文件】|【新建】命令，打开【新建】对话框，输入名称为“杂志广告背景”，再自定义宽度为185mm、高度为260mm、分辨率为300像素/英寸、背景内容为白色，最后单击【确定】按钮，如图6.9所示。

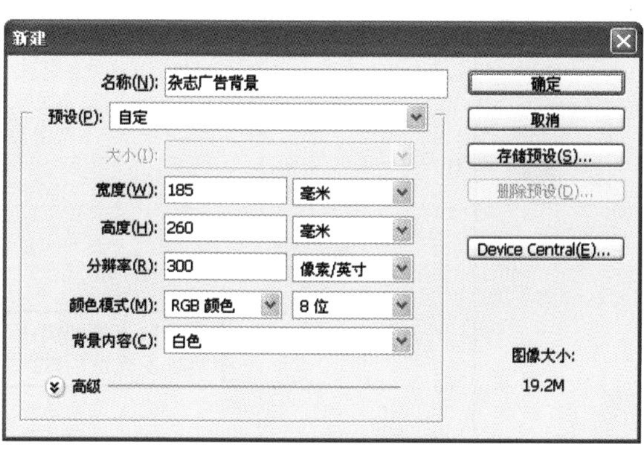

图6.9 按照杂志广告的尺寸创建新文件

02 STEP 打开“绸缎.jpg”素材文件，按Ctrl+A快捷键全选内容，再使用【移动工具】将其拖至上一步骤新创建的文件中，接着按Ctrl+T快捷键执行【自由变换】命令，将加入图层的W与H值各设置为300%，如图6.10所示，最后按Enter键确认变换，并将图层更名为“绸缎”。

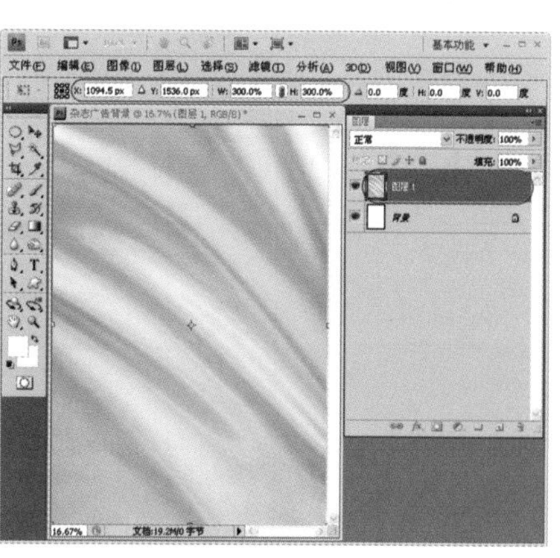

图6.10 加入并放大“绸缎”素材图像

专家提醒

由于杂志没有硬性的尺寸要求，较常见的有国外惯用的210mm×285mm与国内惯用的185mm×260mm，所以本例的杂志广告沿用了国内的常用尺寸。

03 STEP 单击【添加图层蒙版】按钮，设置前景色为黑色，再选择【画笔工具】并使用较大的柔角笔刷涂绘出如图6.11所示的蒙版效果。

图6.11 为“绸缎”图层添加蒙版

04 STEP 选择【文件】|【新建】命令，打开【新建】对话框，新建一个900像素×2500像素的白色文件，如图6.12所示，准备用于自定义画笔。

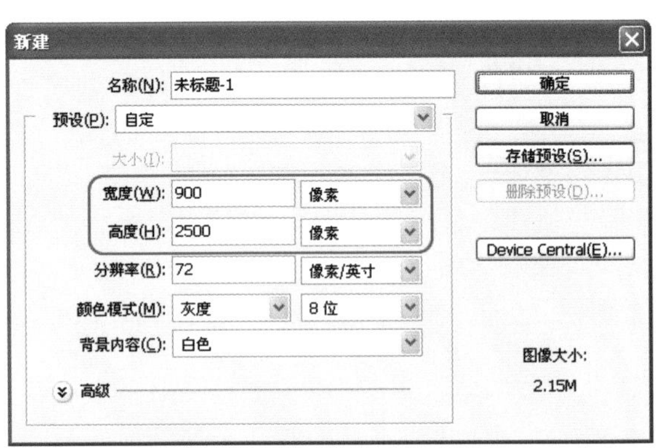

图6.12 新建辅助文件

05 STEP 创建一个新图层，然后选择【画笔工具】，使用黑色的柔角5px、9px、13px笔刷，在画面中随意单击，制作分散的点状效果，如图6.13所示。

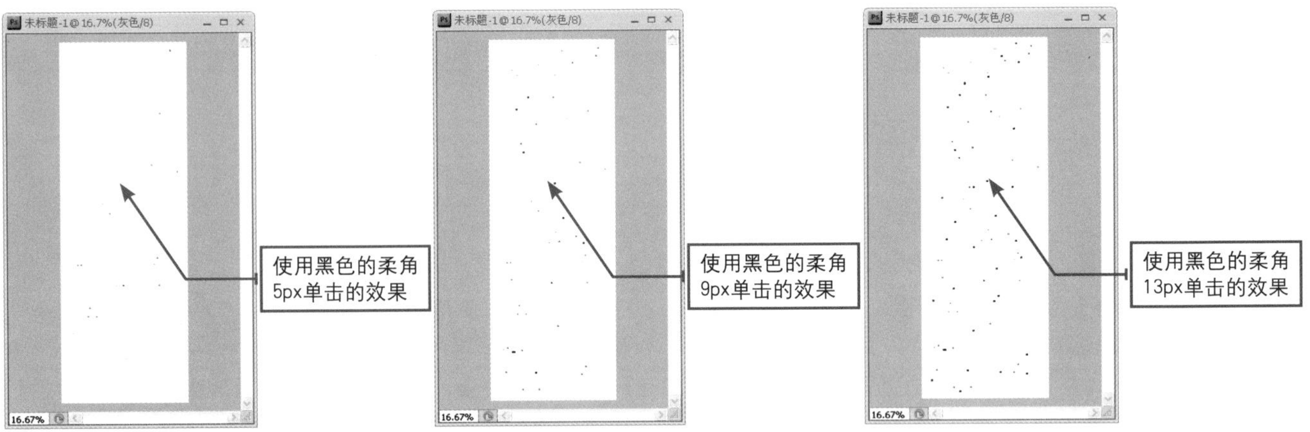

图6.13 使用【画笔工具】添加分散点状效果

06 STEP 双击上一步骤创建的图层，打开【图层样式】对话框，选择【外发光】选项并设置如图6.14所示的属性。

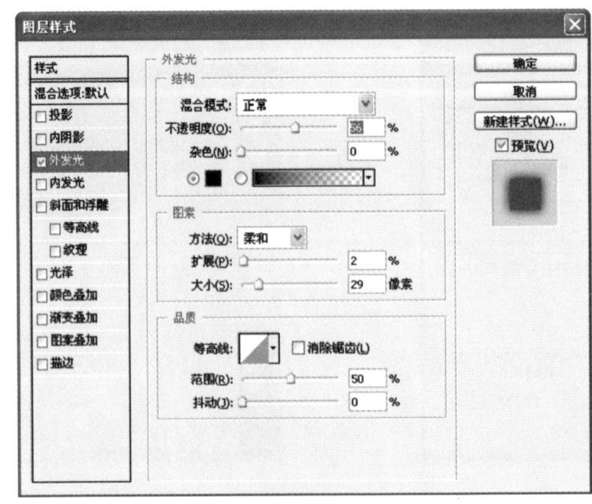

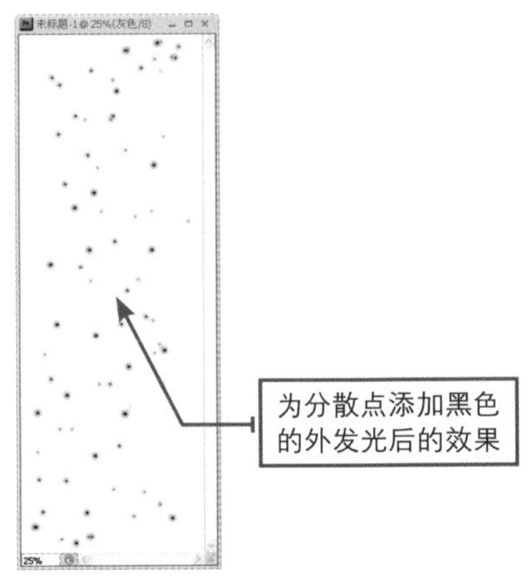

图6.14 添加外发光图层样式

专家提醒

读者若想跳过步骤（4）～（6）的操作，可以从“实例文件\Ch06\images\”文件夹中双击“繁星.abr”笔刷文件，将繁星画笔直接载入至Photoshop CS4再进行后续的练习。

07 STEP 选择【编辑】|【定义画笔预设】命令，打开【画笔名称】对话框，输入名称为“繁星”，再单击【确定】按钮，如图6.15所示。

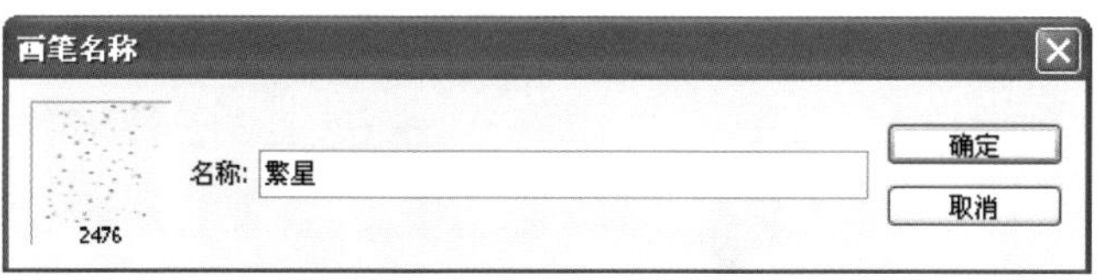

图6.15 将前面制作的分散点定义为预设画笔

08 STEP 新建“星空点缀”图层，设置前景色为【#ffc5d0】的粉红色，然后选择【画笔工具】，并使用前面定义好的画笔在画面中单击或者拖动，添加星空般的效果，如图6.16所示。

至此，本杂志广告的背景已经制作完毕，其效果如图6.8所示。

图6.16 使用自定义的画笔绘制繁星效果

6.2.3 制作杂志广告主体

设计分析

本小节将在面画的正中间加入女性头像，对其进行一系统美化处理后，在头上加插一排唇膏图像，最后在耳朵位置添加两朵粉红色的玫瑰花，效果如图6.17所示。其主要设计流程为“加入并处理人物头像”→“添加唇膏头饰”→“添加玫瑰装饰”，具体实现过程如表6.4所示。

图6.17 杂志广告的主体

表6.4 制作杂志广告主体的流程

制作目的	实现过程
加入并处理人物头像	● 加入并调整“头像”图像 ● 为“头像”添加朦胧艺术效果 ● 为人物头像添加图层蒙版 ● 为人物的嘴唇上色
添加唇膏头饰	● 加入“唇膏”商品素材 ● 根据指定的移动、缩放与旋转参数复制“唇膏”图层 ● 盖印“唇膏”图层并创建颜色调整图层 ● 调整广告画面的光线效果
添加玫瑰装饰	● 加入“玫瑰”图像装饰效果 ● 为“玫瑰”图层添加朦胧艺术特效 ● 隐藏外露的唇膏底部

制作步骤

01 STEP 打开“6.2.3.psd”练习文件，创建“杂志广告主体”图层组，然后打开“头像.jpg”素材图像，按Ctrl+A快捷键全选图像，再使用【移动工具】将其拖至练习文件中，最后按Ctrl+T快捷键将其缩放并移至如图6.18所示的位置。

图6.18 加入并调整“头像”图像

02 STEP 将上一步骤加入的图层更名为“头像原图”，再将其拖至【创建新图层】按钮上，复制出“头像原图 副本”，接着选择【图像】|【调整】|【去色】命令，如图6.19所示。

图6.19 复制“头像”副本并去色处理

03 STEP 选择【图像】|【调整】|【色调分离】命令，打开【色调分离】对话框，输入【色阶】值为32，再单击【确定】按钮，如图6.20所示。

04 STEP 选择【滤镜】|【模糊】|【高斯模糊】命令，打开【高斯模糊】对话框，输入【半径】值为6.5像素，再单击【确定】按钮，如图6.21所示。

图6.20 色调分离图像

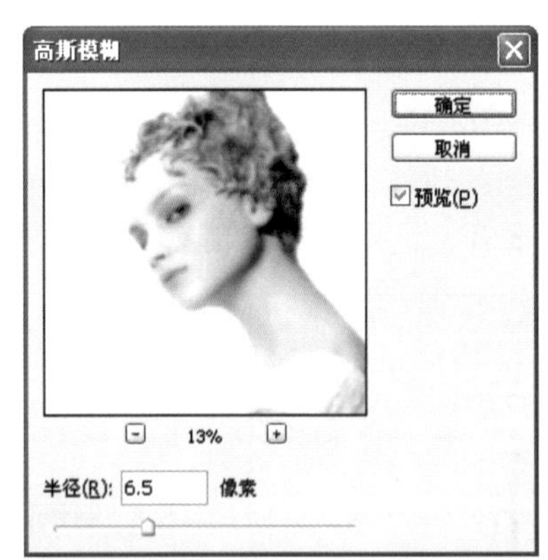

图6.21 高斯模糊图像

05 STEP 将“头像原图 副本”的图层混合模式设置为【叠加】，使人物产生朦胧的艺术效果，如图6.22所示。

06 STEP 单击“杂志广告背景”图层组左侧的【指示图层可见性】图标，隐藏杂志广告的背景，然后按Alt+Ctrl+Shift+E快捷键创建出当前效果的盖印图层，如图6.23所示，最后将盖印的图层更名为“盖印图层”。

07 STEP 使用【钢笔工具】沿人物的头部与脖子创建出“人物头像轮廓”路径并存储，如图6.24所示。

图6.22 更改头像的图层混合模式

图6.23 创建盖印图层

图6.24 创建并存储“人物头像轮廓”路径

08 STEP 按Ctrl+Enter快捷键将路径作为选区载入，再按Shift+F6快捷键打开【羽化选区】对话框，输入羽化半径为10像素，最后单击【确定】按钮，如图6.25所示。

图6.25 羽化“人物头像轮廓”选区

09 STEP 重新显示“杂志广告背景”图层组，并将“头像原图”和“头像原图 副本”两个图层隐藏。然后设置前景色为黑色，再单击【添加图层蒙版】按钮，为“盖印图层”添加【显示选区】图层蒙版，将选区以外的区域隐藏掉，如图6.26所示。

图6.26 将选区以外的区域隐藏掉

10 STEP 选择【画笔工具】并设置较大的柔角笔刷，沿人物的头顶涂抹，使其产生虚化效果，如图6.27所示。

图6.27 为人物头像添加图层蒙版

11 STEP 使用【钢笔工具】沿人物嘴巴建立并存储“嘴巴轮廓”路径，再新建“唇彩”新图层，然后设置前景色为【#ff447e】并单击【用前景色填充路径】按钮，如图6.28所示。

图6.28 创建并存储“嘴巴轮廓”路径

12 STEP 将“唇彩”图层的混合模式设置为【颜色】，再调整不透明度为80%，如图6.29所示。

图6.29 设置图层混合模式和不透明度

13 STEP 打开“唇膏.psd”素材文件，使用【移动工具】将“唇膏”图层拖至练习文件中，接着按Ctrl+T快捷键将其调整至如图6.30所示的位置。

图6.30 加入“唇膏”素材

14 STEP 将“唇膏”图层拖至【创建新图层】按钮上，复制出“唇膏 副本”，再按Ctrl+T快捷键先将其放大至110%，并旋转18°，再微调至右下方处，如图6.31所示，操作完毕后按Enter键确认变换。

图6.31 复制“唇膏 副本”并变换处理

15 STEP 接着按4次Alt+Ctrl+Shift+T快捷键，根据前面的变换属性规律，连续创建出4个“唇膏”的副本图层作为头饰，效果如图6.32所示。

图6.32 根据移动、缩放与旋转参数复制“唇膏”图层副本

16 STEP 在【图层】面板中隐藏除6个“唇膏”图层外的所有图层，按Alt+Ctrl+Shift+E快捷键创建当前效果的盖印图层，如图6.33所示。

17 STEP 选择【窗口】|【通道】命令，打开【通道】面板，按住Ctrl键单击“RGB”快速载入选区，再创建出名为“白色调整层”的新图层，最后设置前景色为白色，并按Alt+Backspace键填充前景色，如图6.34所示。

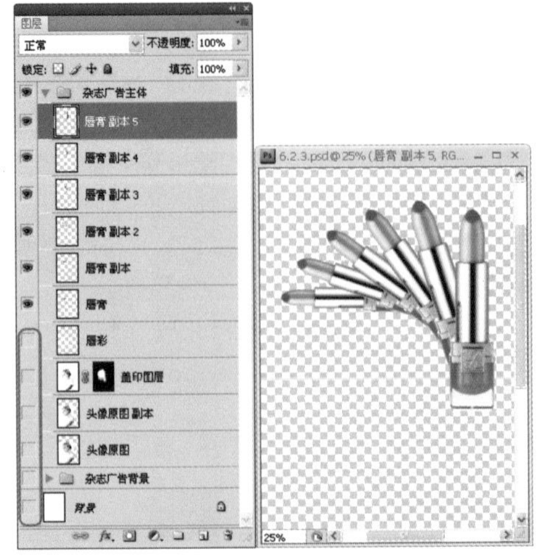

图6.33 创建“唇膏”盖印图层

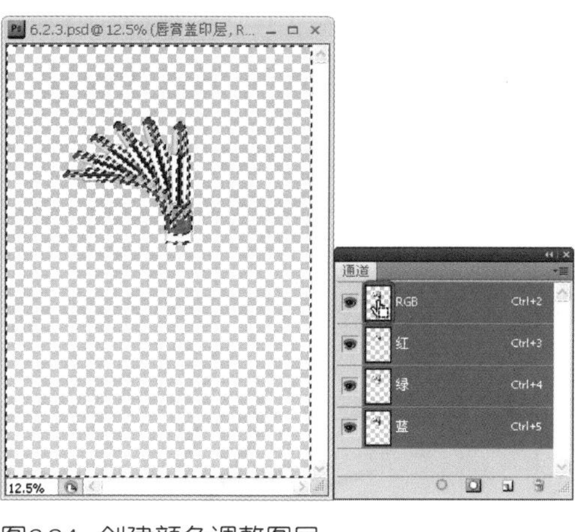

图6.34 创建颜色调整图层

18 STEP 在【图层】面板中按住Ctrl键单击“唇膏盖印层”快速载入选区，再按Ctrl+Shift+I快捷键反转选区，接着选择“白色调整层”并按Delete键删除选区中的白色填充区域，只保留唇膏上的白色调整效果，如图6.35所示，最后取消选择。

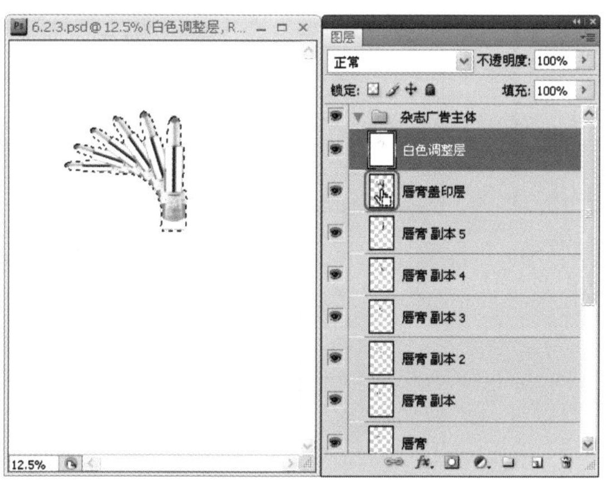
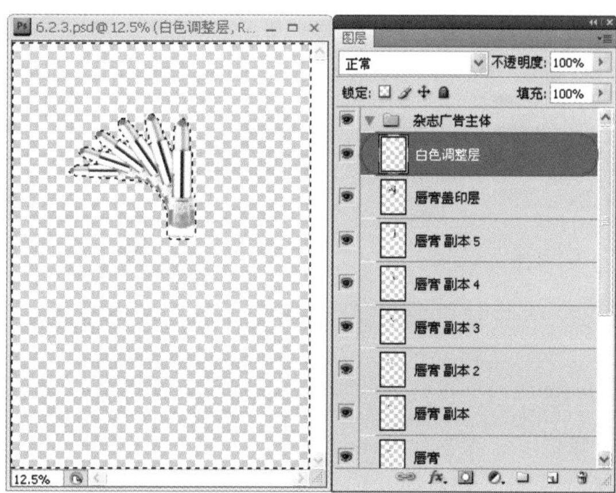

图6.35 删除唇膏以外的白色填充部分

19 STEP 显示除“头像原图”与“头像原图 副本”以外的所有图层，然后单击【创建新的填充或调整图层】按钮，再选择【曲线】选项，在打开的【曲线】调整面板中单击并拖出调节点，使画面的整体光线变暗一些，如图6.36所示。

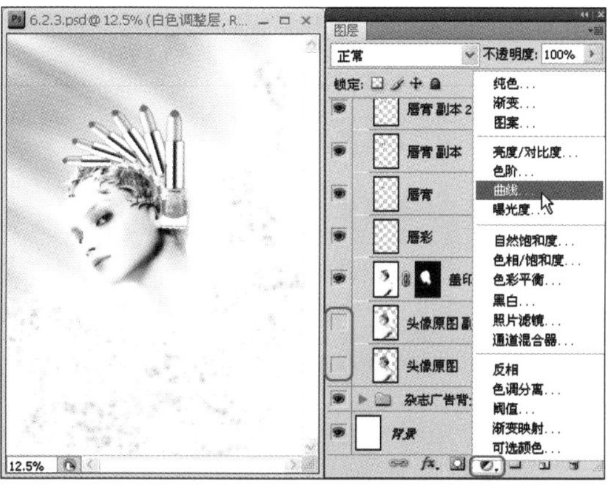
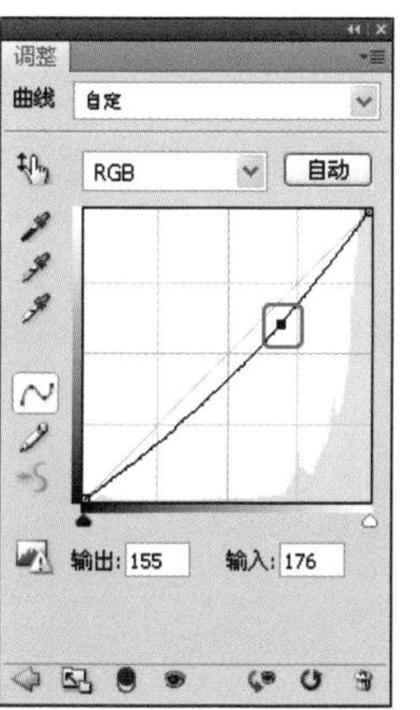

图6.36 调整广告画面的光线效果

20 STEP 打开“玫瑰.psd”素材文件，使用【移动工具】将“玫瑰1”与“玫瑰2”两个图层拖至练习文件的“杂志广告主体”图层组内，然后调整其大小与位置关系，不仅装饰了画面效果，还能挡住唇膏的下半部，如图6.37所示。

21 STEP 按Ctrl+E快捷键将“玫瑰1”与“玫瑰2”两个图层合并为“玫瑰2”图层，接着将合并后的图层拖至【创建新图层】按钮上，复制出“玫瑰2 副本”图层，然后使用步骤（2）～（5）的方法，通过【去色】→【色调分离】→【高斯模糊】→设置【叠加】图层混合模式，得到如图6.38所示的效果。

22 STEP 隐藏“唇膏”～“唇膏 副本5”6个图层，再选择“唇膏盖印层”，单击【添加图层蒙版】按钮，设置前景色为黑色，选择【画笔工具】并设置较大的柔角笔刷，将外露在头发上的唇膏底部隐藏起来，感觉像插进头发中，使其整体效果更加和谐，如图6.39所示。

图6.37 加入“玫瑰”图像装饰效果

图6.38 为“玫瑰”图层添加朦胧特效

图6.39 隐藏外露的唇膏底部

至此，制作杂志广告主体的操作已经完成，其效果如图6.17所示。

6.2.4 美化杂志广告

设计分析

本小节主要通过绘制、编辑一些精美的图形与图案，再加插至杂志广告中，以达到美化的效果，如图6.40所示。其主要设计流程为“加入‘逗号’图形”→“加入波浪曲线”→“加入圆点图形”→“加入花朵图案”，具体实现过程如表6.5所示。

图6.40 美化杂志广告后的效果

表6.5 美化杂志广告的流程

制作目的	实现过程
加入“逗号”图形	● 创建“装饰图案”路径 ● 调整路径大小并填充粉红色 ● 复制多个“装饰图案”对象
加入波浪曲线	● 绘制两头尖的线段 ● 添加【波浪】滤镜特效 ● 复制多个“波浪曲线”对象
加入圆点图形	● 设置画笔属性 ● 添加小圆点装饰画面
加入花朵图案	● 制作两头尖的直线段 ● 添加【风】滤镜 ● 自由变形对象制作“花瓣”效果 ● 通过组合多个“花瓣”图层制作花朵图案 ● 加入并复制“花朵”对象

制作步骤

01 STEP 打开“6.2.4.psd”练习文件，然后新建“美化杂志广告”图层组，根据表6.6所示创建出“逗号”装饰图案的路径。

表6.6 创建出“逗号”装饰图案路径的操作过程

操作1：绘制圆形路径	结果
● 选择【椭圆工具】 ● 在选项栏中单击【路径】按钮 ● 按住Shift不放拖动绘制出任意大小的圆形路径	
操作2：添加锚点	**结果**
● 选择【添加锚点工具】 ● 在圆形路径第一象限处单击3下，添加3个锚点	
操作3：移动锚点	**结果**
● 选择【直接选择工具】 ● 单击选择3个锚点中间的一个 ● 将其拖至左下方	
操作4：调整控制手柄	**结果**
● 选择【转换点工具】 ● 往左上方拖动锚点左侧的控制手柄 ● 往右上方拖动锚点右侧的控制手柄	
操作5：微调锚点	**结果**
● 选择【直接选择工具】 ● 单击选择3个锚点靠右下方的一个 ● 往左下方微调该锚点位置 ● 使用【转换点工具】微调其两侧的控制手柄	
操作6：存储路径	**结果**
● 打开【路径】面板 ● 双击当前的“工作路径” ● 在打开的【存储路径】对话框中输入“装饰图案”，再单击【确定】按钮	路径 人物头像轮廓 嘴巴轮廓 装饰图案

02 STEP 选择新创建的“装饰图案”路径，按Ctrl+T快捷键执行【自由变换】命令，将创建的路径调至合适的大小和位置，接着在“美化杂志广告”图层组中新建“装饰图案”子图层组，并在该子图层组内新建“装饰圆形”图层，接着设置前景色为【#ffe6eb】，最后单击【用前景色填充路径】按钮，如图6.41所示。

图6.41 调整装饰图案大小与位置并填充

03 STEP 复制出5个"装饰图案"副本图层，然后分别为其填充不同的颜色，缩放、旋转并移至不同的位置上，如图6.42所示。

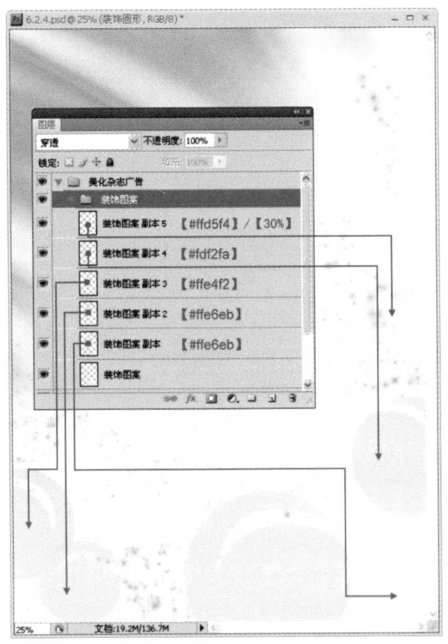

图6.42 复制并调整多个"装饰图案"对象

04 STEP 新建"波浪曲线"图层组，并在该组内新建"波浪曲线"图层，然后设置前景色为【#ffe6eb】，再选择【画笔工具】并设置尖角19像素笔刷，接着在画面中单击绘制粉红圆点，如图6.43所示。

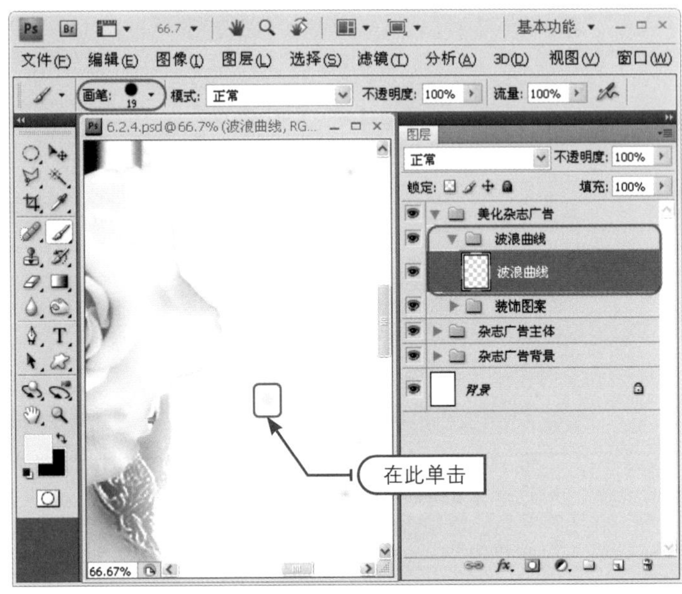

图6.43 绘制19像素大小的圆点

小小秘籍

在更改副本图层的颜色时，可以按住Ctrl键单击该图层，快速载入选区后再填充颜色。此外，还可以选择【图像】|【调整】|【色相/饱和度】命令，打开相应的对话框，通过【色相】、【饱和度】和【明度】3项进行颜色调整。

05 STEP 按Ctrl+T快捷键，在选项栏中的【H】文本框中输入12000%，将圆点的高度放大120倍，如图6.44所示，最后按Enter键确认变换。

06 STEP 选择【滤镜】|【扭曲】|【波浪】命令，打开【波浪】对话框，设置滤镜属性如图6.45所示，再单击【确定】按钮。

图6.44 将圆点的高度放大120倍后的效果

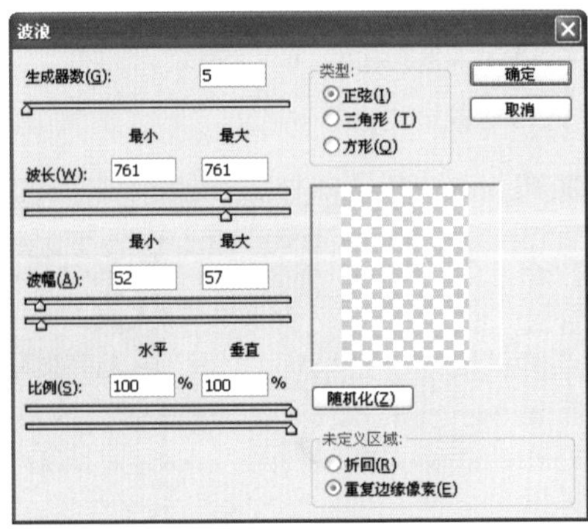

图6.45 添加【波浪】滤镜特效

07 STEP 复制出5个"波浪曲线"副本图层，然后分别为其填充不同的颜色，缩放、旋转并移动至不同的位置上，最后将"波浪曲线"图层组调至"装饰图案"图层组之下，如图6.46所示。

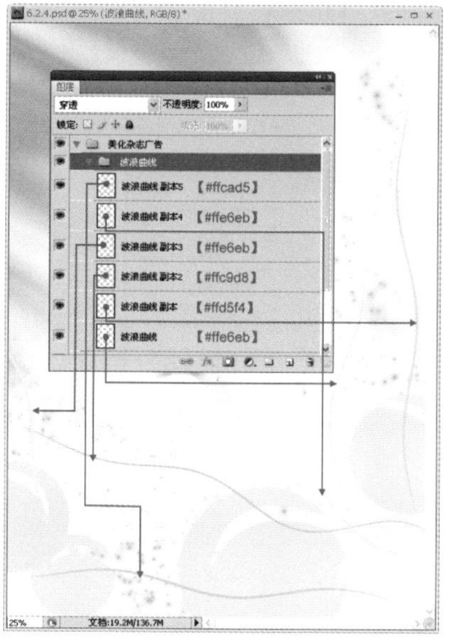

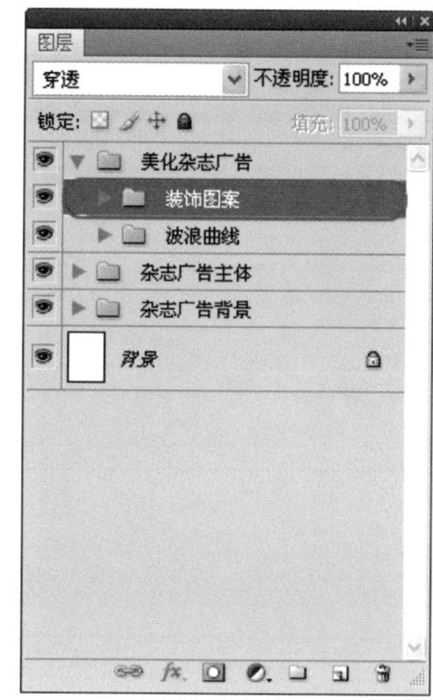

图6.46 复制并调整出多个"波浪曲线"对象

08 STEP 选择【画笔工具】，按F5键打开【画笔】面板，通过【画笔笔尖形状】、【形状动态】、【散布】、【颜色动态】与【其他动态】5项自定义画笔属性，如图6.47所示。

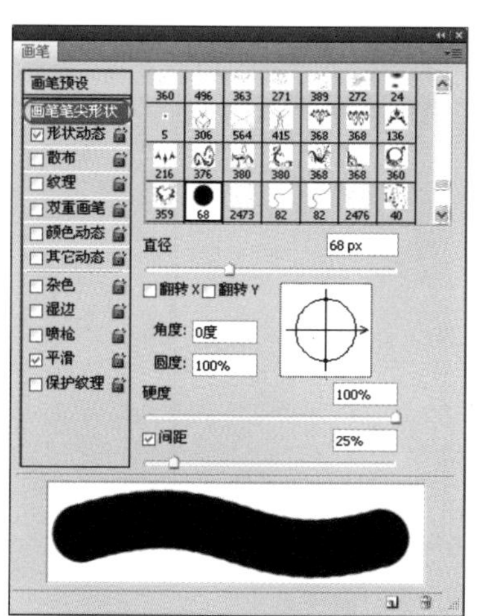
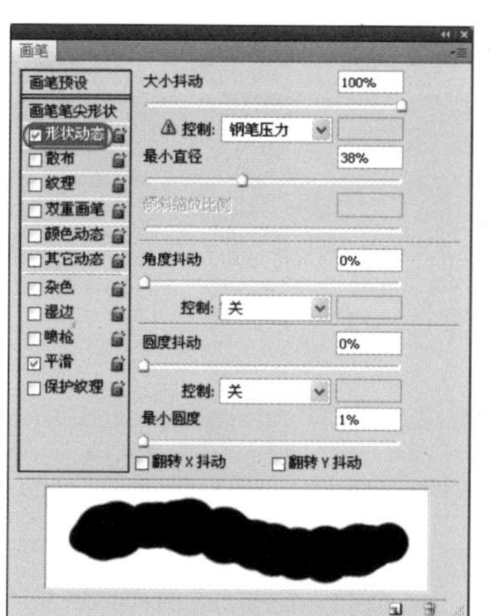
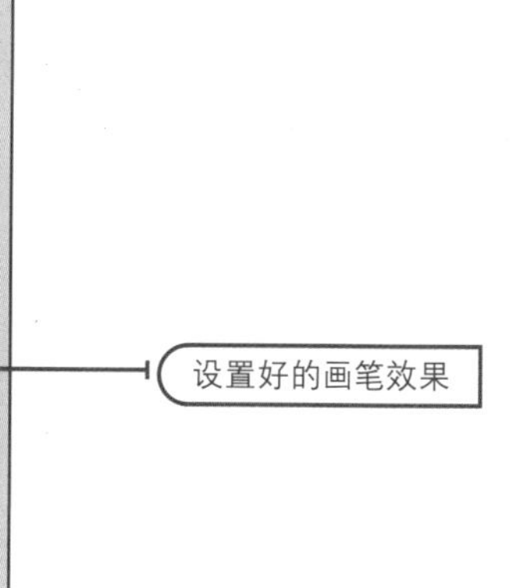
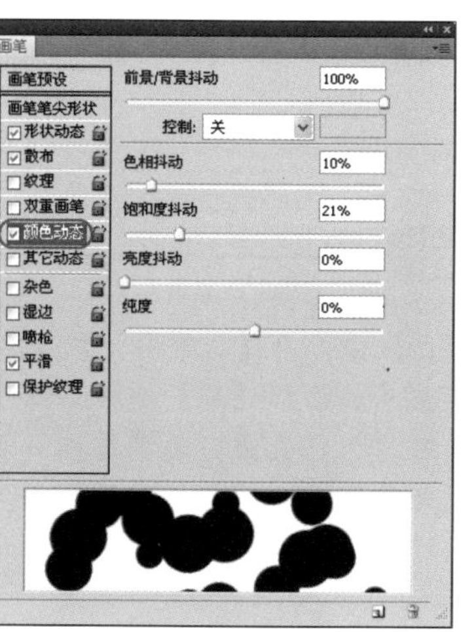
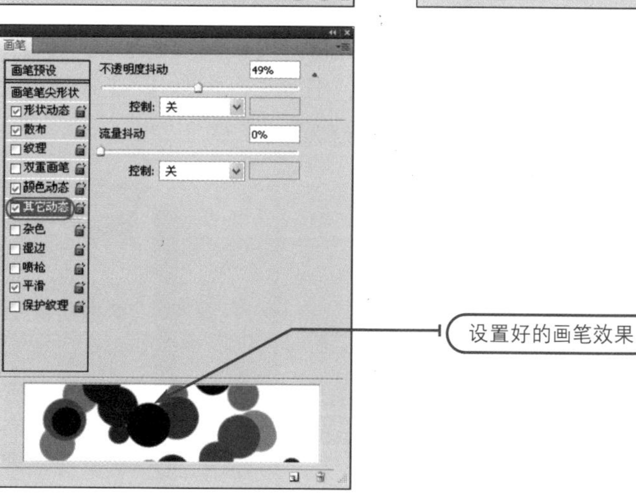

图6.47 设置画笔属性

09 STEP 新建“圆点”图层，设置前景色为白色，背景色为【#ffabbb】，使用刚才设置好的画笔在画面中单击或者拖动，添加多个大小不一的小圆点，效果如图6.48所示。

图6.48 使用设置好的画笔添加小圆点装饰画面

接下来将创建一个新的辅助文件，以绘制出花朵形状的图像素材。

10 STEP 按Ctrl+N快捷键打开【新建】对话框，设置宽度为500像素、高度为500像素、分辨率为72像素/英寸、背景为白色，最后单击【确定】按钮，如图6.49所示。

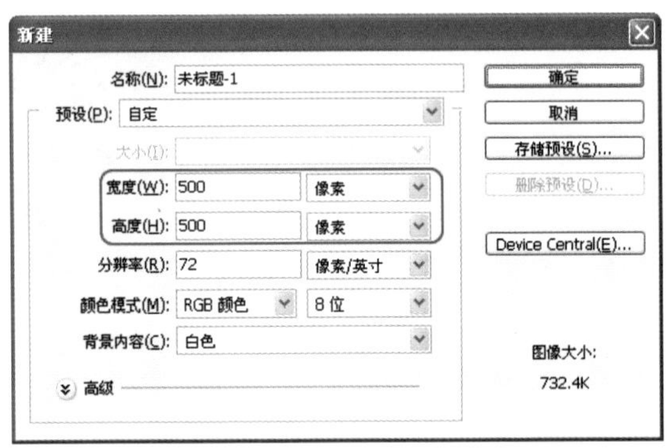

图6.49 创建辅助文件

11 STEP 建立一个空白的新图，并设置前景色为【#ffcdd6】，接着选择【画笔工具】，再选择尖角3像素笔刷大小，在文件的同一位置连续单击5次，如图6.50所示。

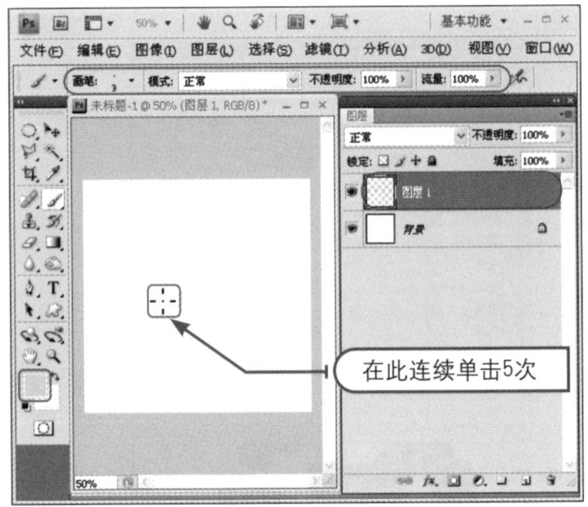

图6.50 绘制粉红点

12 STEP 按Ctrl+T快捷键，在选项栏中设置H为12000%，然后按Enter键确认变换，如图6.51所示。

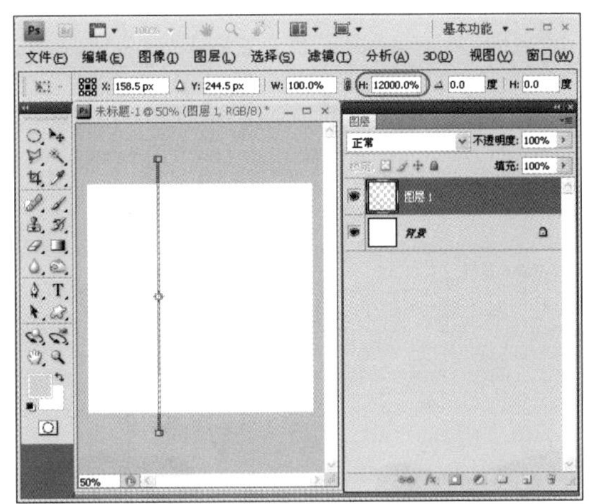

图6.51 制作两头尖的直线段

13 STEP 选择【滤镜】|【风格化】|【风】命令，打开【风】对话框，设置方法为【风】、方向为【从左】，单击【确定】按钮，然后按3次Ctrl+F快捷键，继续执行两次【风】命令，效果如图6.52所示。

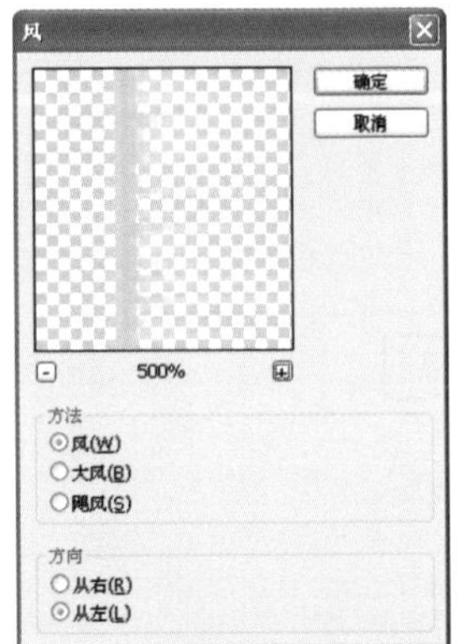

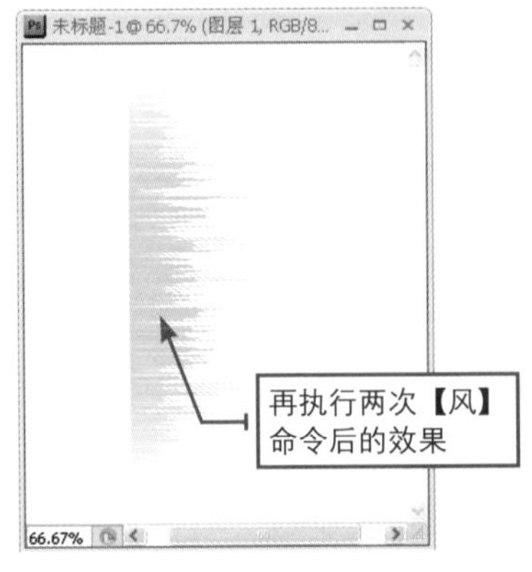

图6.52 为两头尖的直线添加【风】滤镜

专家提醒

由于在步骤（12）中使用【画笔工具】单击的次数会直接影响到添加【风】滤镜后的效果，比如单击次数过少，直线会显示过细，吹风后拉开的宽度也较窄，此时可以连续按多次Ctrl+F快捷键执行多次【风】命令，以得到相应的效果为止。

14 STEP 按Ctrl+T快捷键，在选项栏中设置角度为90°，如图6.53所示。

图6.53 将图像旋转90°

15 STEP 单击选项栏中的【在自由变换和自由模式之间切换】按钮，进入自由模式，接着按图6.54所示的流程与方法，分别将控制点与多余的控制手柄移动并重叠至中下方，对图像进行自由变形处理，以制作出“花瓣”效果，最后按Enter键确认变形。

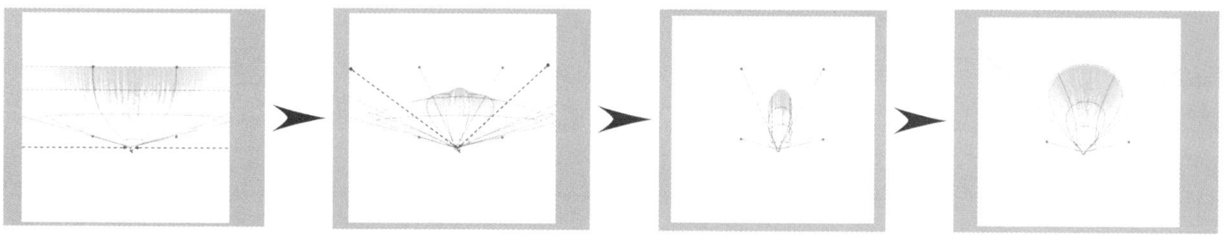

图6.54 自由变形对象制作 “花瓣”效果

16 STEP 再次按Ctrl+T快捷键，先设置旋转角度为30°，然后调整对象所在的位置，如图6.55所示，最后按Enter键确认变换。由于本例的花朵是由多个花瓣组成的，为了使其更加自然，这里特地对其进行旋转处理。

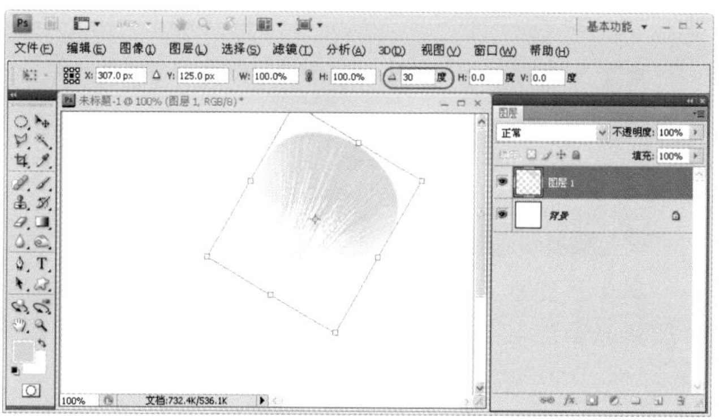

图6.55 移动并旋转“花瓣”图像

17 STEP 将“图层1”拖至【创建新图层】按钮上，复制出“图层1 副本”新图层，接着按Ctrl+T快捷键，先将参考点移至“花瓣”的顶端，然后设置角度为72°，按Enter键确认变换，如图6.56所示。

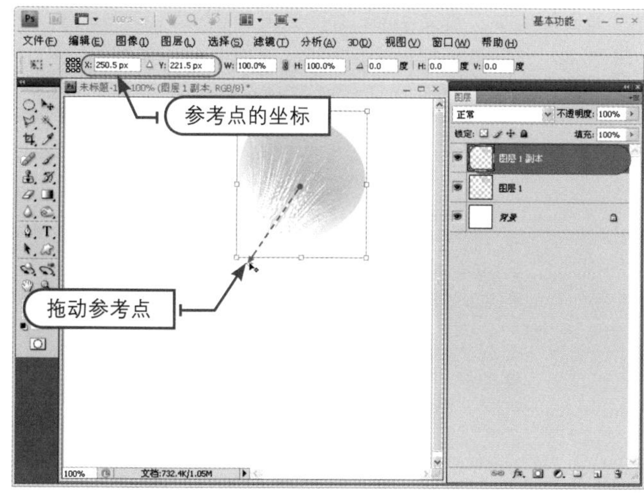

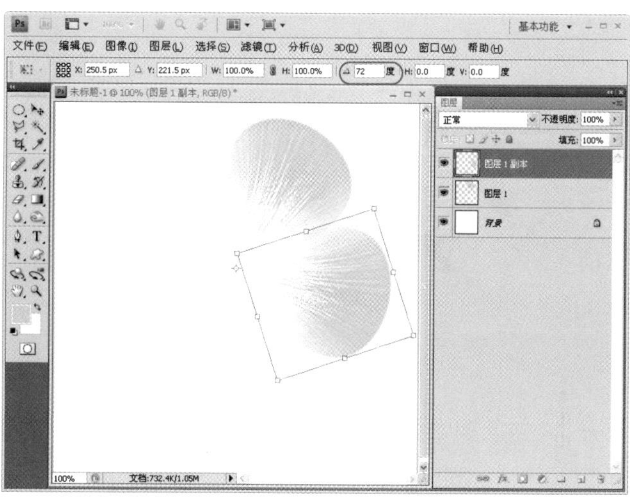

图6.56 复制并变换“花瓣”

18 STEP 连续按3次Alt+Ctrl+Shift+T快捷键，根据相同的旋转角度复制出另外3个“花瓣”副本图层，组成花朵图案，如图6.57所示。

19 STEP 返回练习文件中，创建“花朵”图层组，然后将上一步骤制作好的花朵合并成“花朵”图层，再使用【移动工具】将其拖至练习文件中，最后通过复制、缩放与移动等操作，添加多个“花朵”图像分布于画面中，使其与其他设计元素和谐结合，如图6.58所示。

图6.57 通过组合多个“花瓣”图层制作花朵图案

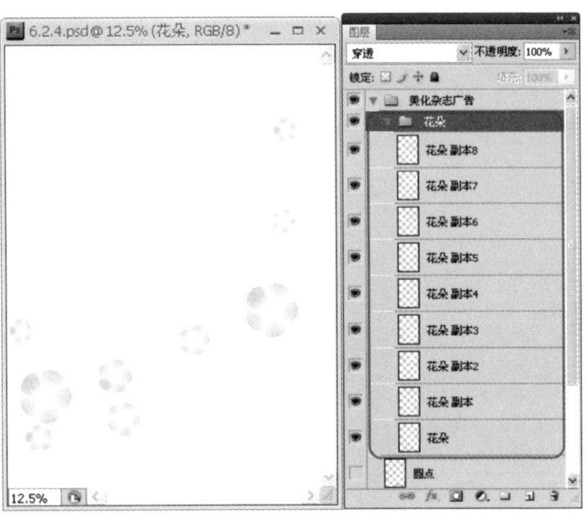

图6.58 加入并复制“花朵”对象

专家提醒

如果读者已经掌握步骤（10）～（20）的设计方法，可以从“实例文件\Ch06\images\”文件夹中打开“花朵.psd”素材文件，将花朵合并然后加至练习文件中，以便继续练习。

至此，美化杂志广告的操作已经完成，其效果如图6.40所示。

6.2.5 添加广告文字与LOGO

设计分析

本小节先在杂志广告的右上角绘制3个不同颜色的圆形对象，再添加唇膏颜色样品，接着绘制文字底板，并添加商品图像与描述内容，最后制作与美化LOGO和广告语，如图6.59所示。其主要设计流程为“添加唇膏颜色样品”→“加入商品介绍内容”→“添加LOGO与广告语”，具体实现过程如表6.7所示。

图6.59 添加广告文字与LOGO后的效果

表6.7 添加广告文字与LOGO的流程

制作目的	实现过程
添加唇膏颜色样品	● 绘制圆形对象 ● 复制另外两个“圆形 副本”图层并更改颜色 ● 加入并设置3个“唇膏颜色”图像
加入商品介绍内容	● 创建文字底板形状选区 ● 填充文字底板并加入“唇膏样品”素材图像 ● 输入商品介绍文字
添加LOGO与广告语	● 输入LOGO文字并添加阴影效果 ● 输入广告语并添加描边效果 ● 为广告语添加“旗帜”变形效果

制作步骤

01 STEP 打开“6.2.5.psd”练习文件，创建“添加文字与Logo”图层组，再在该组中创建“圆形”新图层。接着设置前景色为【#fde4ee】，再选择【椭圆工具】并在选项栏中单击【填充像素】按钮，最后在画面的右上方按住Shift键绘制一个圆形对象，如图6.60所示。

02 STEP 选择【移动工具】，按住Alt键将上一步骤绘制的圆形对象往右拖动，复制出“圆形 副本”图层，接着按住Ctrl键单击该图层载入选区，然后更改前景色为【#ffe0e9】，最后按Alt+Backspace快捷键填充颜色，如图6.61所示。

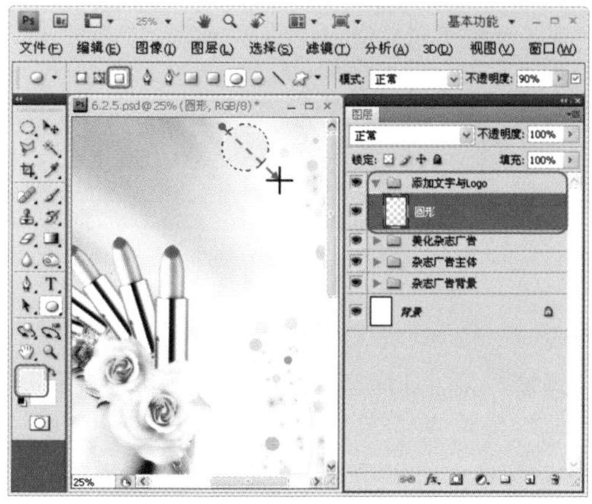

图6.60 绘制圆形对象

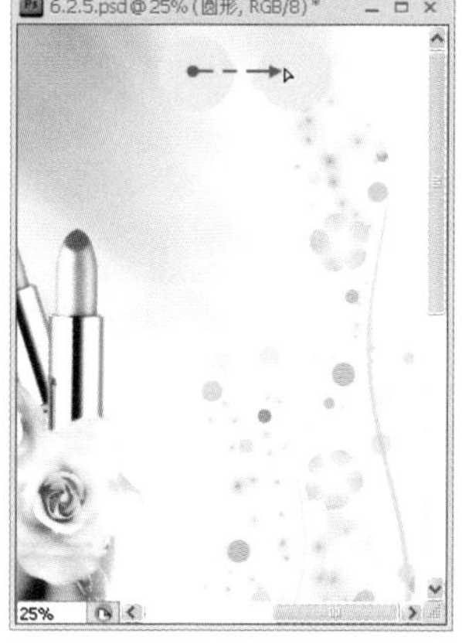

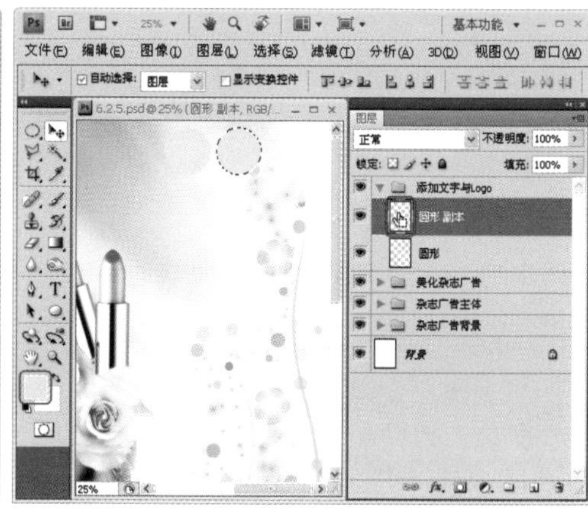

图6.61 复制“圆形 副本”并更改颜色

03 STEP 使用步骤（2）的方法复制出“圆形 副本2”对象，并更改颜色为【#ffcad9】，效果如图6.62所示。

04 STEP 打开“唇膏颜色a.gif”素材文件，按Ctrl+A快捷键全选内容，再使用【移动工具】将其拖至练习文件中，接着使用【自由变换】命令调整其大小与位置，使之放置在第一个圆形对象正中，再调整该图层位置于“圆形”图层之上，最后更名为“唇膏颜色a”，并更改混合模式为【正片叠底】，如图6.63所示。

05 STEP 使用上一步骤的方法，分别打开 “唇膏颜色b.gif”与“唇膏颜色c.gif”素材文件，将它们拖至练习文件，并调整好图层大小、顺序与混合模式等属性，效果如图6.64所示。

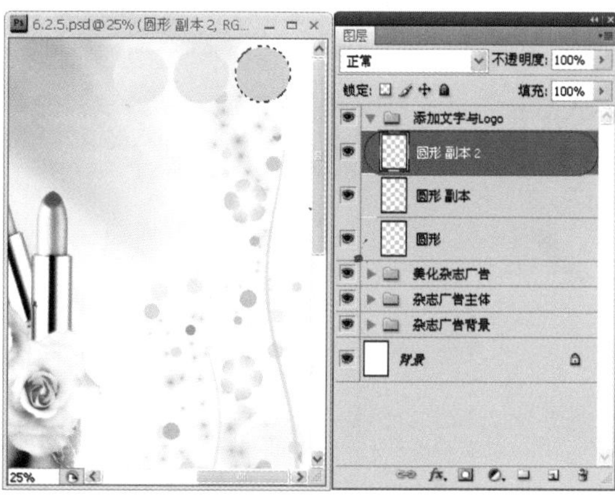

图6.62 复制“圆形 副本2”并更改颜色

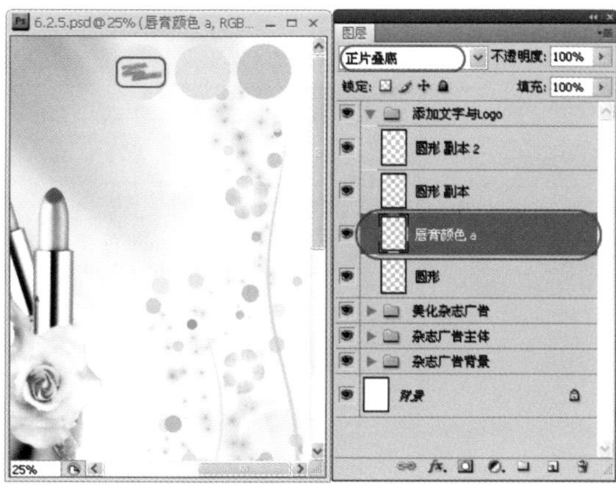

图6.63 加入并设置“唇膏颜色a”图像

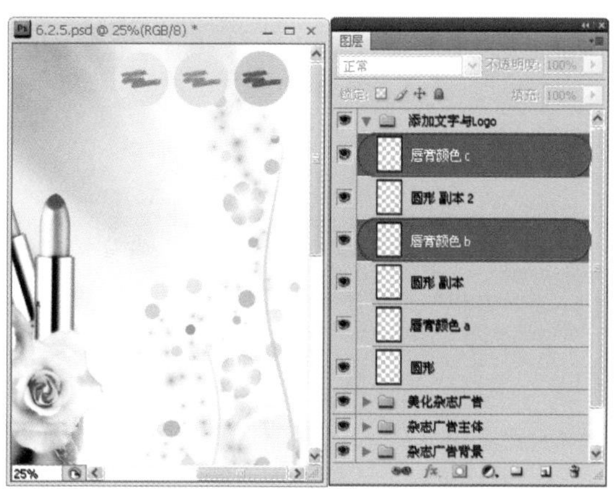

图6.64 加入另外两种唇膏颜色

06 STEP 选择【椭圆选框工具】，按住Shift键不放，在画面的左下角处创建一个圆形选区，再选择【矩形选区工具】并在选项栏中单击【添加到选区】按钮，然后在原来的基础上创建一个矩形选区，如图6.65所示，在添加矩形选区的过程中，可以按住空格键，以便随意调整位置。

图6.65 创建底板形状选区

07 STEP 创建“文字底板”新图层，然后设置前景色为白色，再按Alt+Backspace快捷键填充前景色，设置不透明度为70%，如图6.66所示，然后按Ctrl+D快捷键取消选区。

图6.66 填充文字底板

08 STEP 打开“唇膏样品.psd”素材文件，再使用【移动工具】将其拖进练习文件中，最后调整位置与大小，如图6.67所示。

图6.67 加入“唇膏样品”素材图像

09 STEP 选择【横排文字工具】，在文字底板上输入商品的介绍内容，如图6.68所示，其中颜色属性为【#cc3366】。

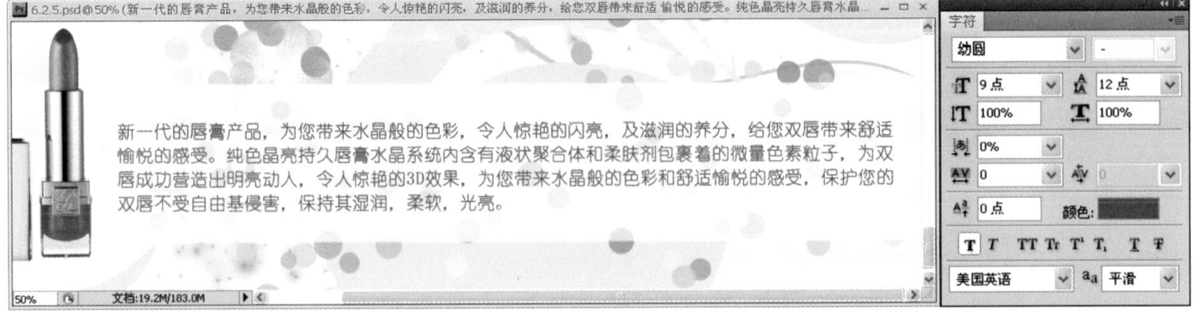

图6.68 输入商品介绍文字

10 STEP 使用【横排文字工具】T在画面的左上方输入白色文字“ESTEE LAUDER”，作为商品的LOGO，接着在【图层】面板中单击【添加图层样式】按钮fx并选择【投影】选项，在打开的【图层样式】对话框中设置投影属性如图6.69所示，其中颜色为【#98434c】。

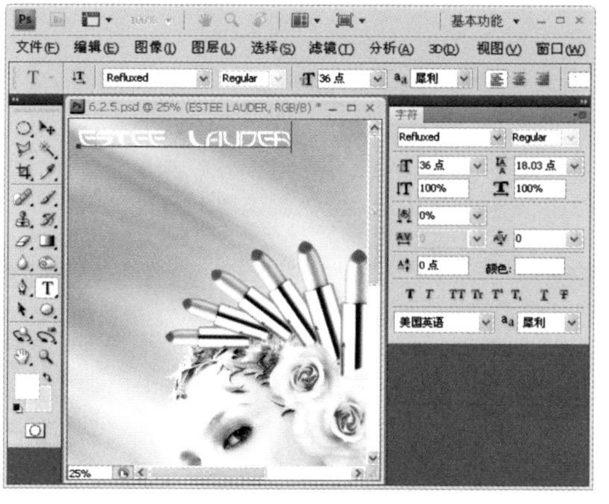

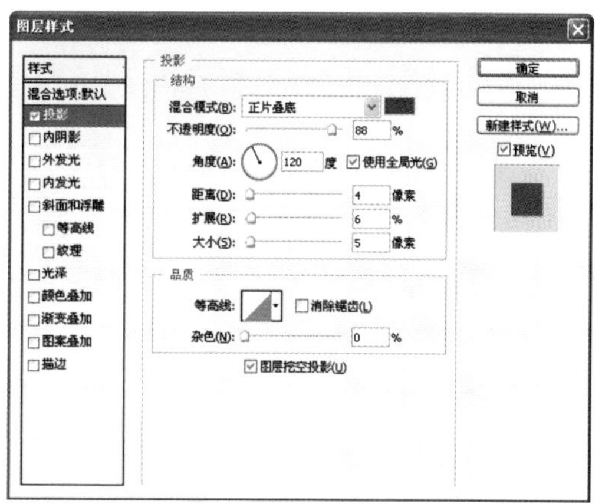

图6.69 输入LOGO文字并添加阴影效果

11 STEP 在LOGO与广告主体之间的间隙处输入“纯色晶亮持久唇膏水晶系统”文字内容，作为广告语，其颜色属性为【#ca345e】，接着单击【添加图层样式】按钮fx并选择【描边】选项，在打开的【图层样式】对话框中设置描边属性如图6.70所示，其中颜色为白色。

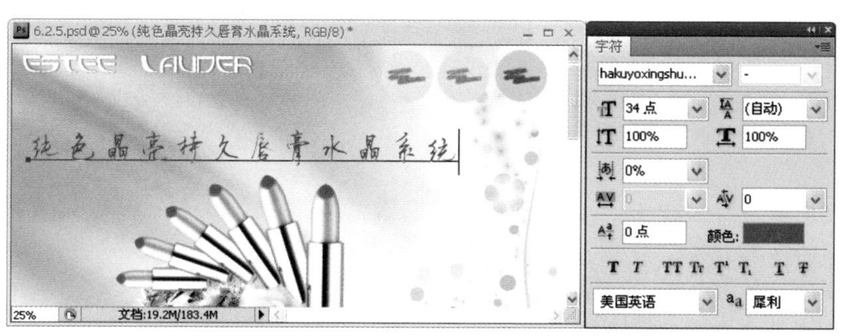

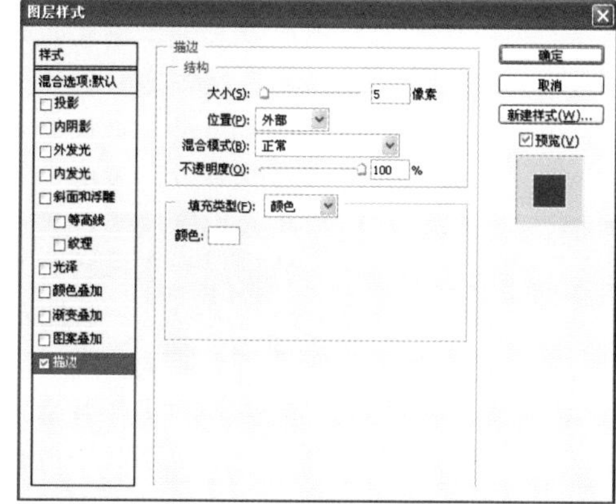

图6.70 输入广告语并添加描边效果

专家提醒

在步骤（11）中输入的广告语所使用的字体为“博洋行书7000.TTF”，该字体为非系统自带的外挂字体，读者可以从“实例文件\Ch06\images\”文件夹中复制“博洋行书7000.TTF”字体文件，再将其粘贴至【控制面板】|【字体】路径下即可。用户也可以根据个人喜好选择其他系统自带的字体。

12 STEP 在【横排文字工具】T选项栏中单击【创建文字变形】按钮，在打开的【变形文字】中选择【旗帜】样式，再设置弯曲程度为–50%，最后单击【确定】按钮，如图6.71所示。

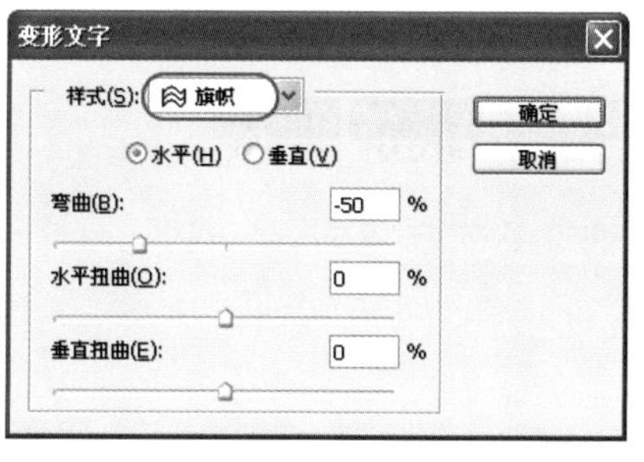

图6.71 为广告语添加“旗帜”变形效果

至此，本章的化妆品杂志广告已经设计完毕，最终效果如图6.6所示。

6.3 数码相机杂志广告设计

6.3.1 设计概述

本数码相机广告是“奥林巴斯”品牌旗下的L-1型号产品的杂志广告，最终成果如图6.72所示。本作品适用于数码杂志或者综合类、生活类杂志的封二、封三、插页或者封底等位置。下面对本例的出彩点与设计构思进行介绍。

- 广告版面：本作品的版面颇具特色，包含了“平行型”和“S形”两个版面形式，其中浮动的页眉和页脚相互倾斜平行，使版面更具动感；同时又具备S形的排列形状，使整体产生韵律节奏美。S形的页眉和页脚让人感觉是一扇可以开关的“门”，寓意相机的快门，一切精彩均处在该扇“门”中。在浮动的页眉页脚之间加入数码相机素材，较好地突出了广告主体。另外，冷色调的浮雕金属效果彰显了相机材料的质感。
- 广告主体：本广告的主体为往斜下方取景的相机，摄影的主角为线条优雅大方的玻璃杯，杯中的水呈现“蓝”、“绿”、“红”3种颜色，代表了RGB三原色，寓意相机有较好的色彩还原效果。本例最大的出彩点就在于杯中的液体，最上方的蓝色液体感受到相机的对照，生动地向镜头的方向倾泻。使用夸张手法使原来的静物赋予灵性，从而突显广告商品的吸引力，为消费者传达一种较为美好的感受。另外，多层的光照效果使原来阴暗的背景产生光滑的质感，而杯子的倒影和水珠的点缀，更使版面悄然产生立体感，使原来的黑洞增添一个镜面。
- 广告文字：为了与页眉页脚展现的效果统一，本例为广告商品的型号标题也添加了颇具立体感的浮雕效果。另外，根据杯中水倾泻的方向添加一句广告语，不仅让画面效果更加活泼生动，还让广告语深刻地传达于受众，最后合理利用了页脚中的空位加入其他宣传商品特性的文字。

图6.72 数码相机杂志广告

尺 寸	竖向，300像素/英寸，185mm×260mm
用 纸	中涂纸或高白度轻涂纸，适用于高质量的月刊和专业杂志
风格类型	高贵、优雅、大方
创 意 点	❶ S形且相互平行的页眉页脚寓意相机快门 ❷ 冷色调的浮雕金属效果彰显了相机材料的质感 ❸ 杯中的水呈现“蓝”、“绿”、“红”3种颜色，代表了RGB三原色 ❹ 杯中的液体感受到相机的对照，生动地向镜头的方向倾泻
配色方案	#F1F1F2 #CBC7CD #525252 #232321 #0C0C0C
作品位置	实例文件\Ch06\creation\数码相机杂志广告.psd 实例文件\Ch06\creation\数码相机杂志广告.jpg

设计流程

本数码相机杂志广告主要由“绘制杂志页眉和页脚”→“为页眉页脚添加金属效果”→“加入广告素材并美化”→“加入LOGO并设计广告文字”四大部分组成。其详细设计流程如图6.73所示。

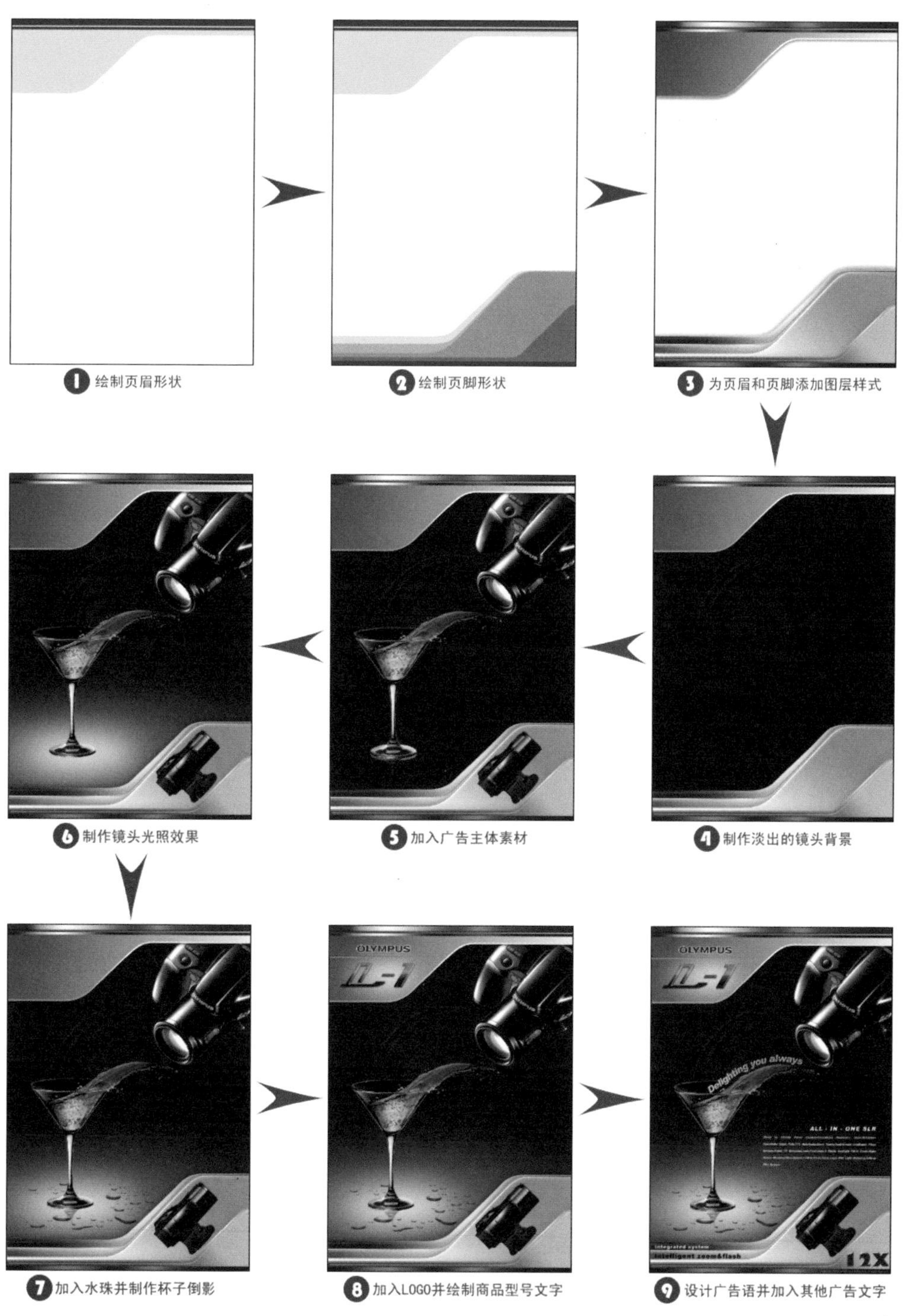

图6.73 数码相机杂志广告设计流程

功能分析

- 【网格】命令：辅助绘制页眉、页脚形状和商品型号标题。
- 【矩形工具】：绘制页眉和页脚中的矩形对象。
- 【钢笔工具】和【直接选择工具】：绘制与编辑页眉和页脚形状。
- 【图层样式】：为页眉页脚形状添加立体的金属效果，为广告文字添加文字特效。
- 【椭圆选框工具】：创建4层“光照”效果的选区。
- 【调整图层】：编辑广告素材的颜色、亮度与对比度效果；制作数码相机的“照射”效果。
- 【图层蒙版】：为“镜头”背景和“玻璃杯”倒影添加淡出的渐变蒙版效果。
- 【横排文字工具】：输入广告文字并制作弯曲的路径文字（广告语）。
- 【图层混合模式】：将“镜头”、“水珠”素材与背景融合为一。

6.3.2 绘制杂志页眉和页脚

设计分析

本小节将绘制多个不规则的形状及矩形对象，组合出杂志广告版面中的页眉和页脚，如图6.74所示。其主要设计流程为“绘制页眉形状”→“绘制页脚形状”→“绘制矩形”，具体操作过程如表6.8所示。

图6.74 绘制杂志页眉和页脚

表6.8 绘制杂志页眉和页脚的流程

制作目的	实现过程
绘制页眉形状	● 显示并对齐到网格 ● 绘制矩形并添加锚点 ● 移动锚点并编辑控制手柄
绘制页脚形状	● 复制页眉形状副本并翻转编辑至页脚 ● 重新编辑页脚中的锚点 ● 使用复制与再编辑的方法制作其他形状
绘制矩形	● 在页脚形状上绘制一个矩形对象 ● 在页眉形状上绘制两个大小不一的矩形

制作步骤

01 STEP 选择【文件】|【新建】命令，打开【新建】对话框，输入名称为“页眉和页脚”，再自定义宽度为185mm、高度为260mm、分辨率为300像素/英寸、背景内容为【白色】，最后单击【确定】按钮，如图6.75所示。

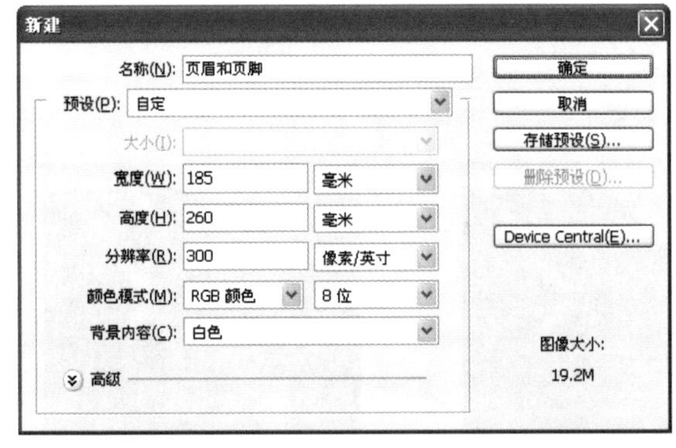

图6.75 创建新文件

02 STEP 选择【视图】|【显示】|【网格】命令显示网格，再选择【视图】|【对齐到】|【网格】命令，使后续绘制的对象自动对齐到网格，提高绘图的准确性，如图6.76所示。

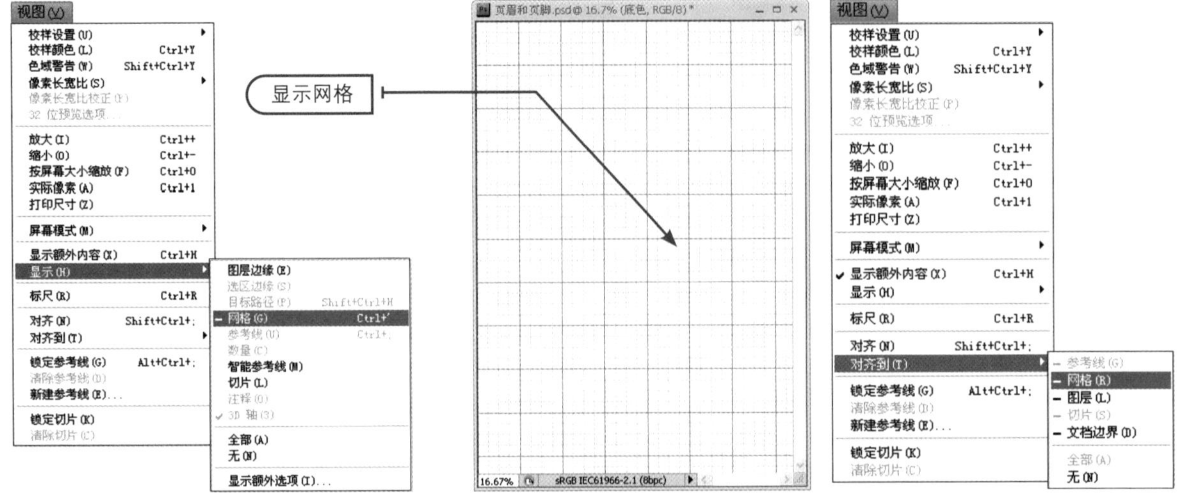

图6.76 显示并对齐到网格

03 STEP 选择【矩形工具】并设置颜色为浅黄色，在练习文件的上方绘制一个30个网格宽、9个网格高的形状图层，如图6.77所示。

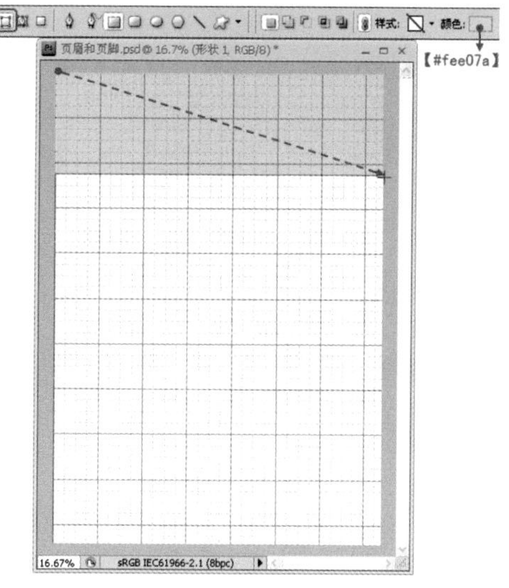

图6.77 绘制矩形

专家提醒

步骤（3）中之所以设置颜色为【#fee07a】的浅黄色，是为了添加和编辑形状时使锚点和控制手柄显示得更加清晰，大家也可以选择一种喜欢的颜色，只要色素不要过浓即可，后续会对各形状图层的颜色进行重新设置。

04 STEP 使用【直接选择工具】单击选择形状图层的形状路径，再使用【钢笔工具】在矩形下方边框上添加两个新锚点，如图6.78所示。

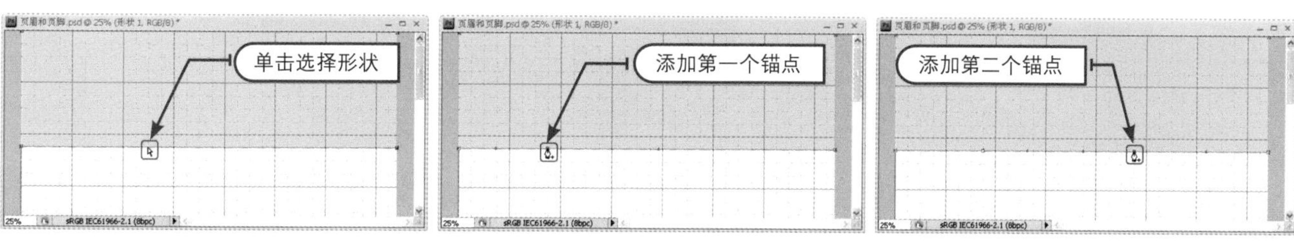

图6.78 选择路径并添加两个锚点

05 STEP 使用【直接选择工具】拖选右下角的两个锚点，按住Shift键垂直往上拖至第二行网格处，如图6.79所示。

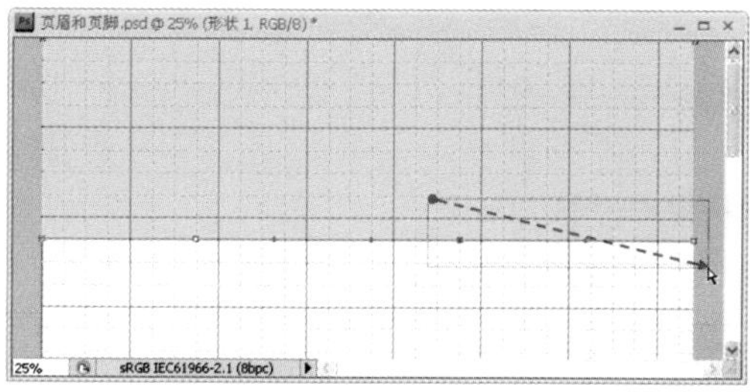
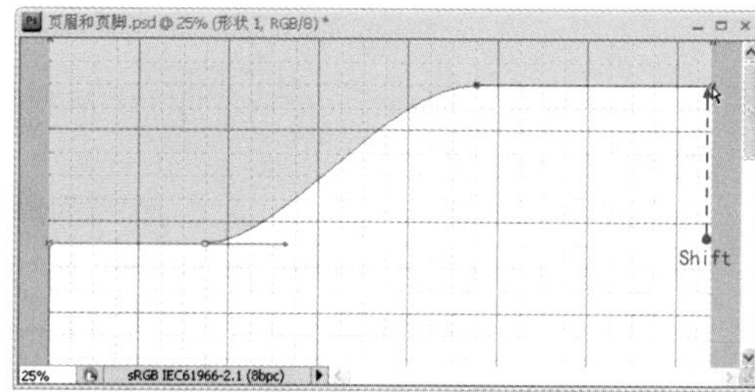

图6.79 选择并移动锚点

06 STEP 使用【钢笔工具】在斜边上添加两个新锚点，用于编辑该斜边的弧度，如图6.80所示。

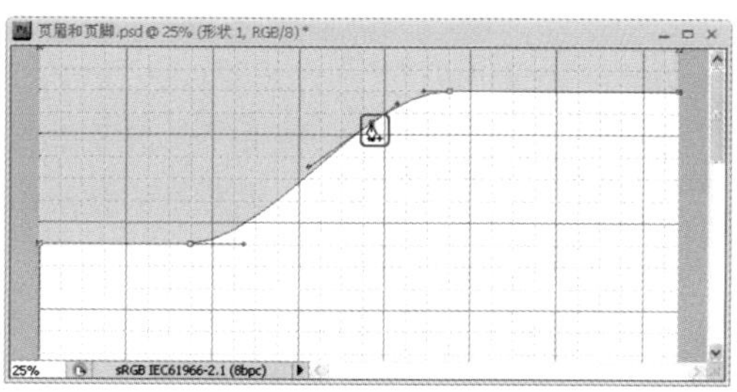
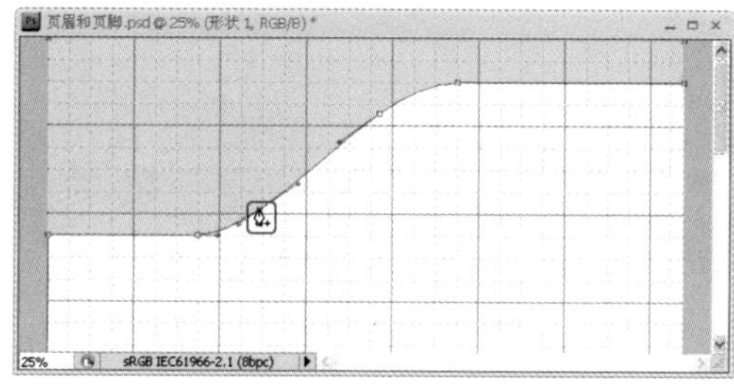

图6.80 在斜边上添加两个新锚点

07 STEP 按住Ctrl键从【钢笔工具】 快速切换至【直接选择工具】 ，然后拖动上方的锚点对齐于网格的交点处。接着使用同样的方法移动并对齐另一锚点，使两个锚点同处于45°的斜线上，如图6.81所示。

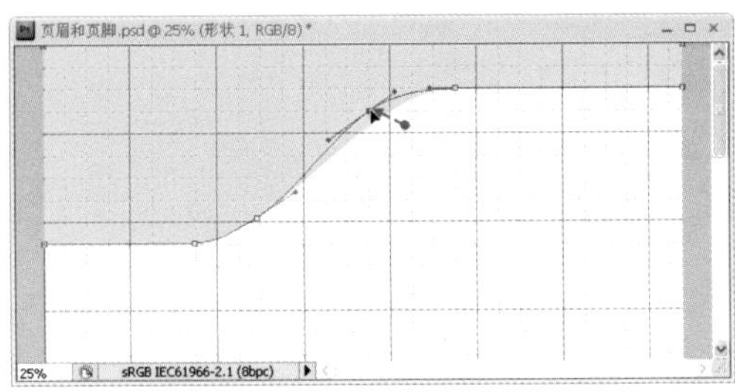
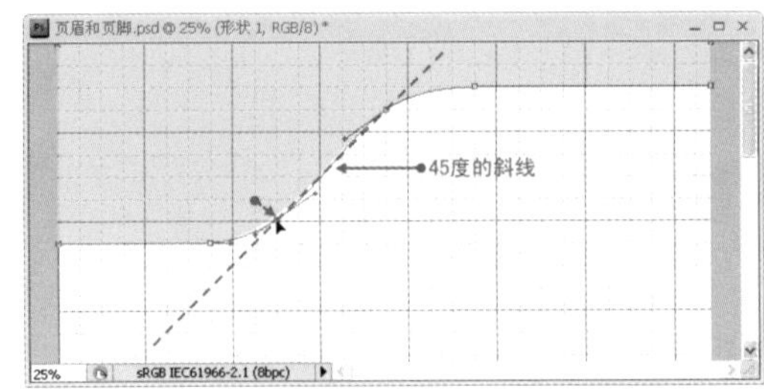

图6.81 对齐锚点

08 STEP 选择【直接选择工具】 并按住Shift键不放，分别调整斜边上两个锚点的控制手柄，强制使其沿45°的方向拖动，让页眉的斜边完全对齐于45°的斜线上，如图6.82所示。

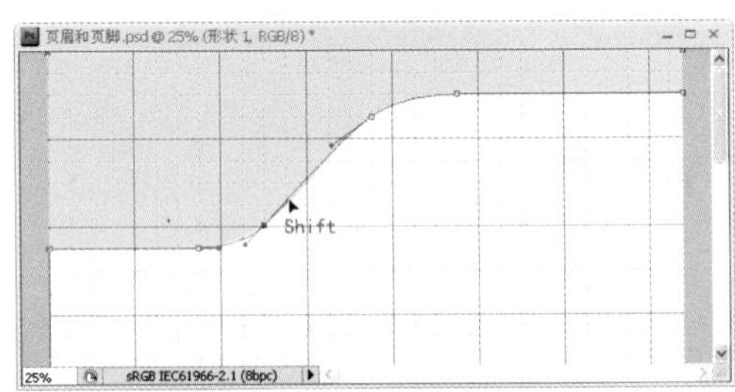

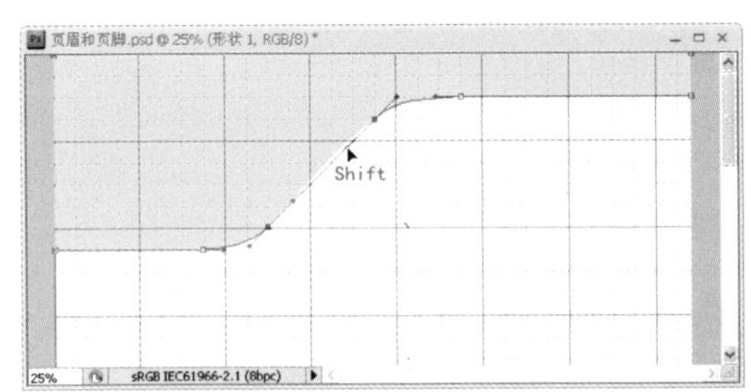

图6.82 编辑斜边两个锚点的控制手柄

09 STEP 使用上一步骤的方法，通过【直接选择工具】 配合Shift键逐一调整斜边上各个锚点的控制手柄，将页眉的形状调整成如图6.83所示的效果。

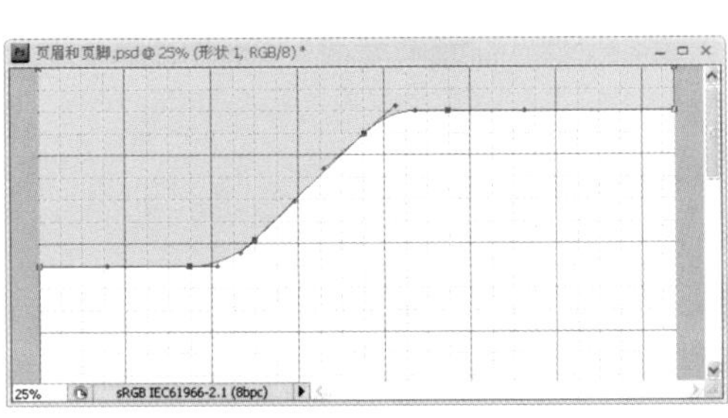

图6.83 编辑完毕后的页眉形状

10 STEP 在【图层】面板中拖动"形状 1"图层至【创建新图层】按钮 上，复制出"形状 1 副本"图层，然后选择【编辑】|【变换】|【垂直翻转】命令，将复制的副本图层进行垂直翻转，如图6.84所示。

图6.84 复制并垂直翻转"形状 1 副本"图层

11 STEP 选择【编辑】|【变换】|【水平翻转】命令，将复制的副本图层进行水平翻转，接着按住Shift键垂直往下拖动，将其对齐于画面的底端，如图6.85所示。

12 STEP 在【图层】面板中，将文件顶端的形状图层重命名为"页眉形状"，再将底端的形状图层重命名为"页脚形状"。接着单击"页脚形状"图层右侧的形状缩览图，激活该图形的形状路径，然后使用【直接选择工具】 将其编辑成如图6.86所示的效果。

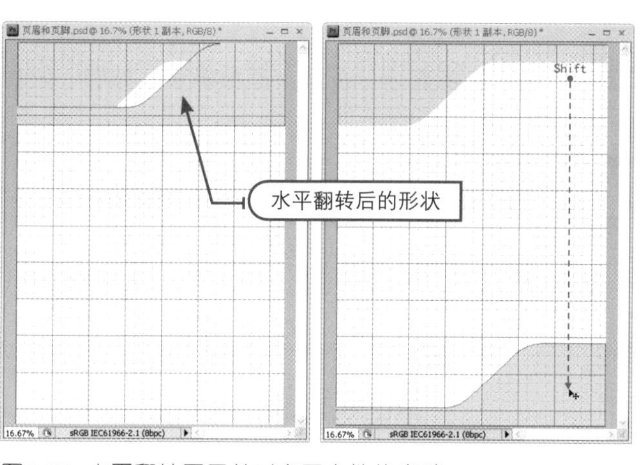

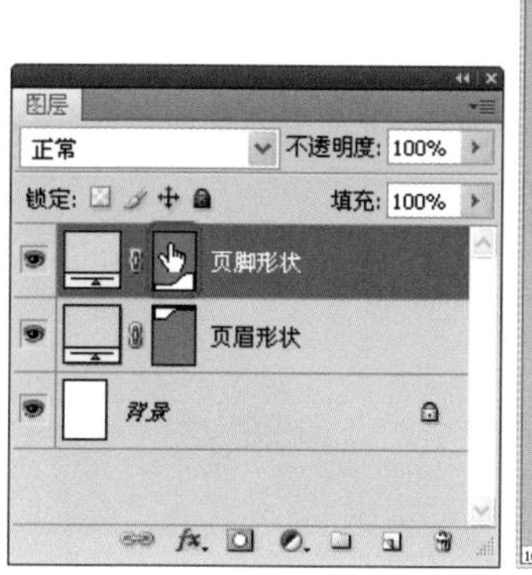

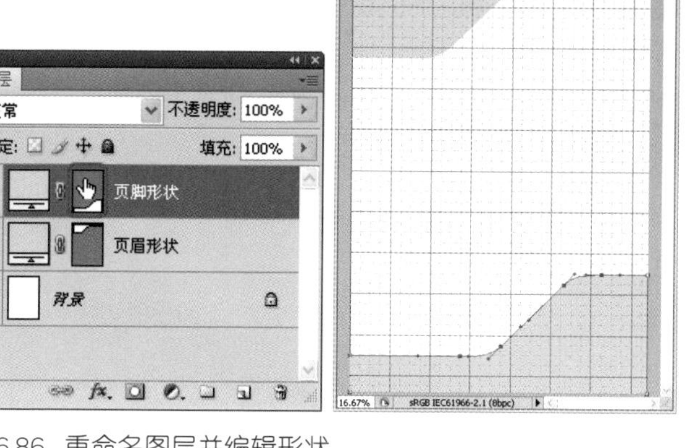

图6.85 水平翻转图层并对齐于文件的底端

图6.86 重命名图层并编辑形状

13 STEP 在【图层】面板中，拖动“页脚形状”图层至【创建新图层】按钮上，复制出“页脚形状 副本”图层。为了区分“页脚形状 副本”图层与原图层的颜色，下面双击副本图层的缩览图，打开【拾取实色】对话框，将颜色设为【#d9ba4f】并单击【确定】按钮，如图6.87所示。

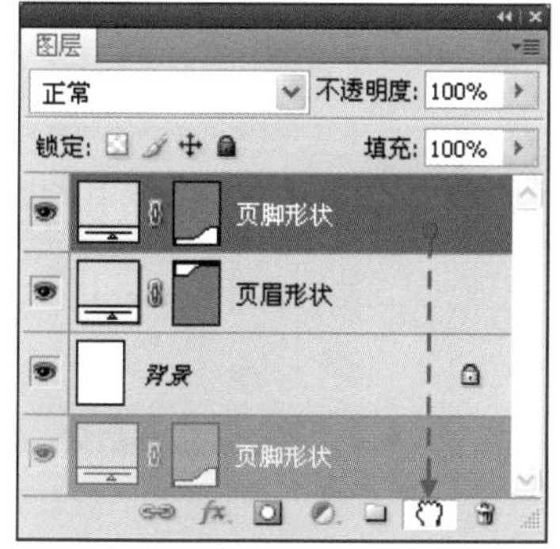

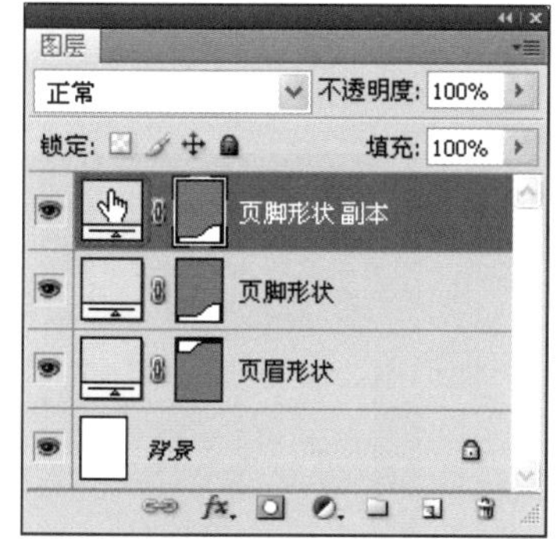

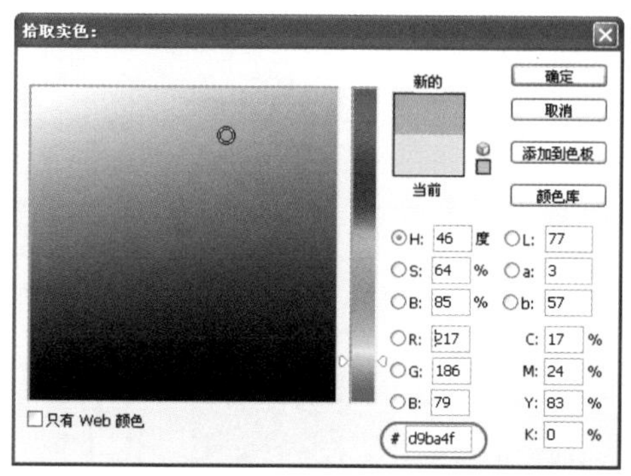

图6.87 复制并变更“页脚形状 副本”图层的颜色

14 STEP 使用【直接选择工具】拖动“页脚形状 副本”图层上方的多个锚点，然后按住Shift键垂直往下拖动，如图6.88所示。

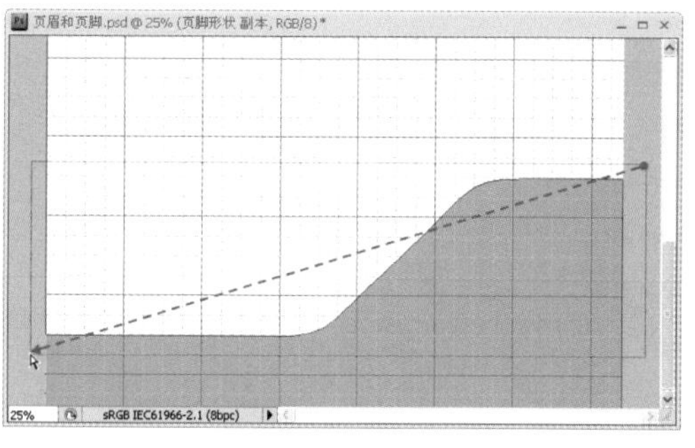

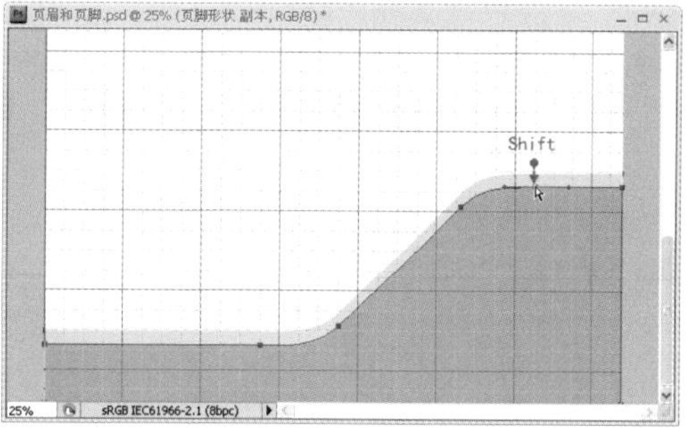

图6.88 选择并移动多个锚点

15 STEP 通过【直接选择工具】配合Shift键逐一调整斜边上各个锚点的控制手柄，将“页脚形状 副本”图层编辑成如图6.89所示的效果。

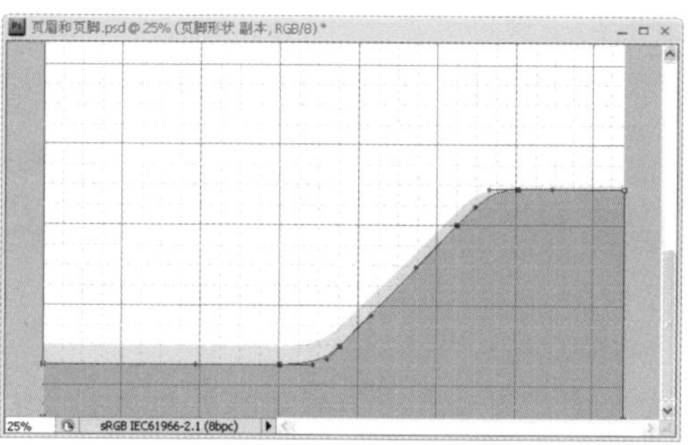

图6.89 编辑“页脚形状 副本”图层的形状

16 STEP 使用步骤（13）～（15）的方法复制出"页脚形状 副本 2"图层，然后编辑成如图6.90所示的效果。

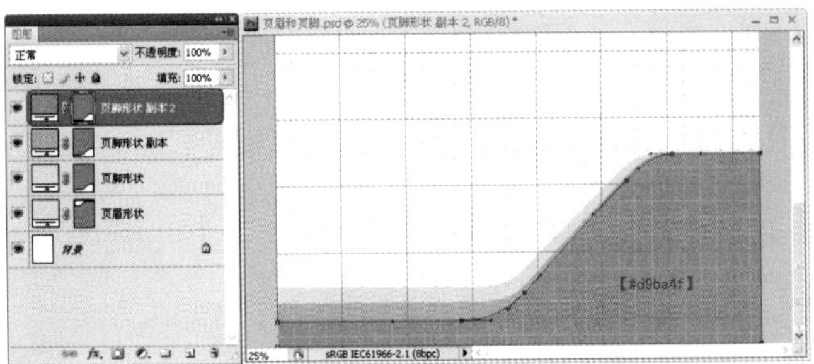

图6.90 复制并编辑"页脚形状 副本 2"图层

17 STEP 继续使用步骤（13）～（15）的方法复制出"页脚形状 副本 3"图层，然后编辑成如图6.91所示的效果。

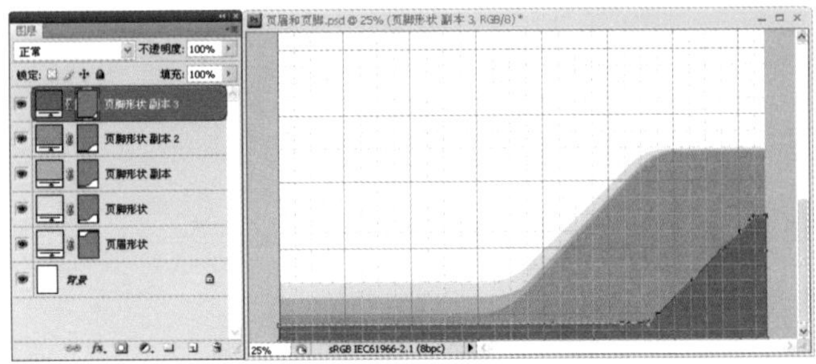

图6.91 复制并编辑"页脚形状 副本 2"图层

18 STEP 使用【矩形工具】在练习文件的底端绘制一个矩形对象，在【图层】面板中将其重命名为"页脚矩形"，如图6.92所示。

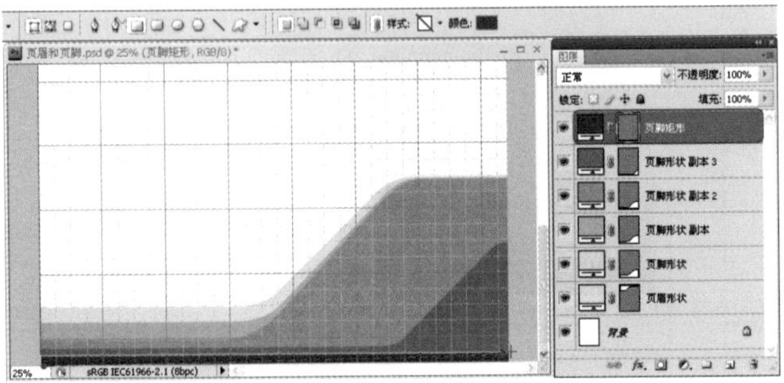

图6.92 绘制"页脚矩形"图层

19 STEP 使用上一步骤的方法，在练习文件的顶端绘制两个高度不一的矩形对象，在【图层】面板中将其重命名为"页眉矩形 1"和"页眉矩形 2"，如图6.93所示。

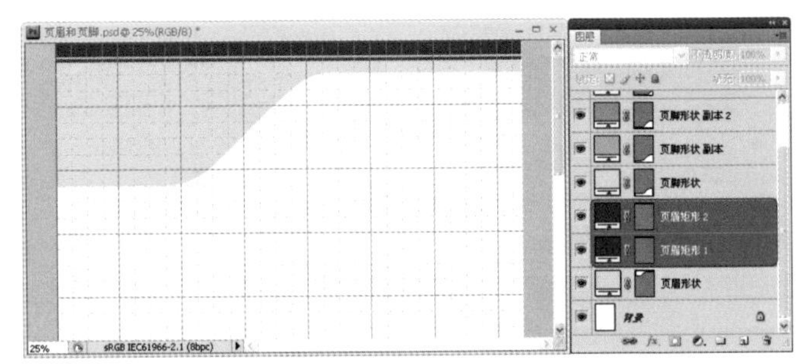

图6.93 绘制两个"页眉矩形"图层

20 STEP 选择除"背景"图层以外的所有图层，按Ctrl+G快捷键将其编成一组，再将图层组更名为"页眉和页脚"，最后按Ctrl+H快捷键隐藏网格，效果如图6.94所示。

至此，绘制杂志页眉页脚的操作已经完毕，下一小节将介绍为其添加金属图层样式的方法。

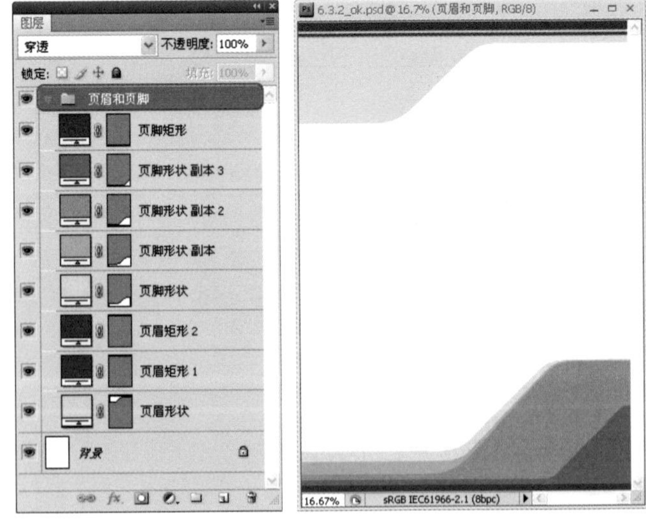

图6.94 将页眉和页脚形状编成一组

6.3.3 为页眉页脚添加金属效果

设计分析

本小节主要通过添加图层样式的方式为各个页眉和页脚形状添加立体的金属效果，如图6.95所示。其主要设计流程为"为页眉形状添加图层样式"→"为页脚形状添加图层样式"，具体操作过程如表6.9所示。

图6.95 为页眉页脚添加金属效果

表6.9 为页眉页脚添加金属效果的流程

制作目的	实现过程
为页眉形状添加图层样式	● 更改各图层的颜色 ● 为"页眉矩形1"添加图层样式 ● 为"页眉矩形2"添加图层样式
为页脚形状添加图层样式	● 为4个页脚形状添加图层样式 ● 为"页脚矩形"添加图层样式

制作步骤

01 STEP 打开"6.3.3.psd"练习文件，在【图层】面板双击"页眉形状"图层的缩览图，打开【拾取实色】对话框，将图层颜色更改为【#b4b6c2】的灰蓝色，单击【确定】按钮。接着使用同样方法将"页眉和页脚"图层组中的所有图层变更为该颜色，如图6.96所示。

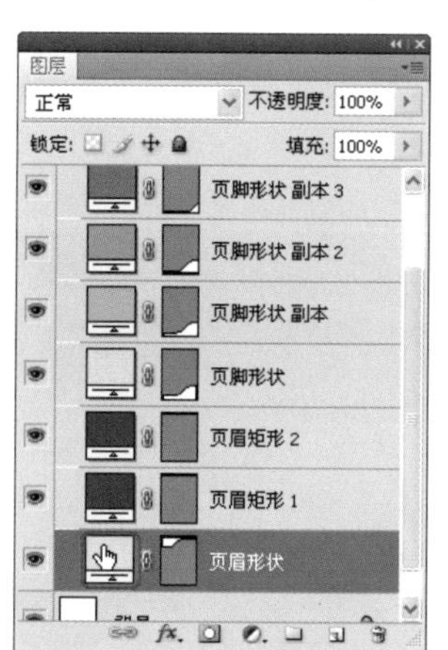

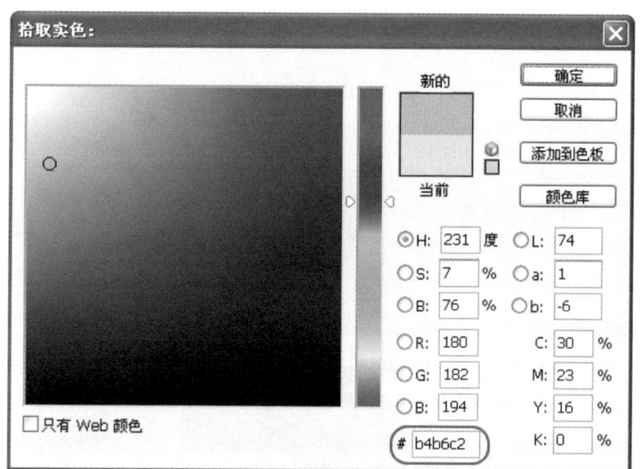

图6.96 更改各图层的颜色

02 STEP 双击"页眉矩形 1"图层，打开【图层样式】对话框，分别设置【投影】和【斜面和浮雕】图层样式，如图6.97所示。

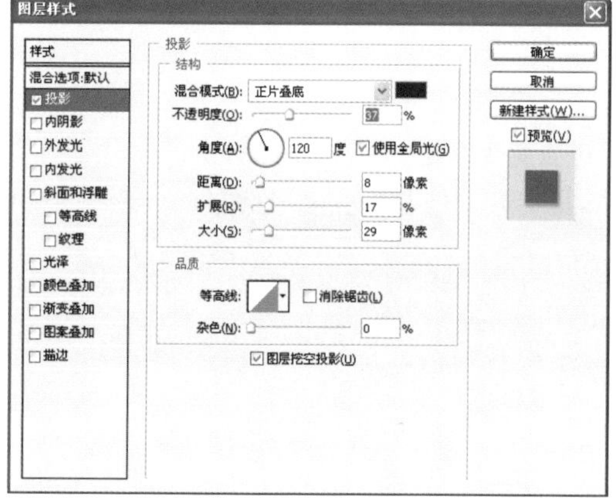

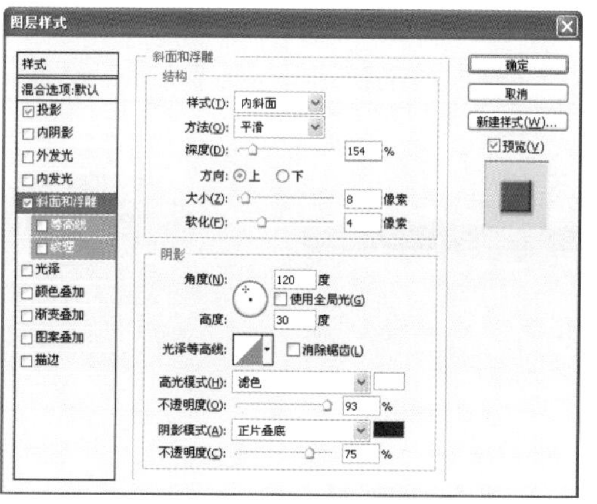

图6.97 设置【投影】和【斜面和浮雕】样式

03 STEP 选择【渐变叠加】选项，在设置界面中单击渐变缩览图，打开【渐变编辑器】对话框，添加4个新色标并逐一设置颜色属性，完成后依次单击【确定】按钮，如图6.98所示。其中渐变属性的详细设置如表6.10所示。

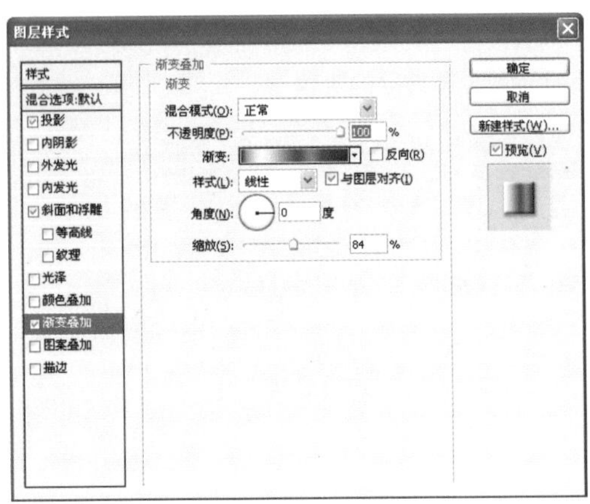

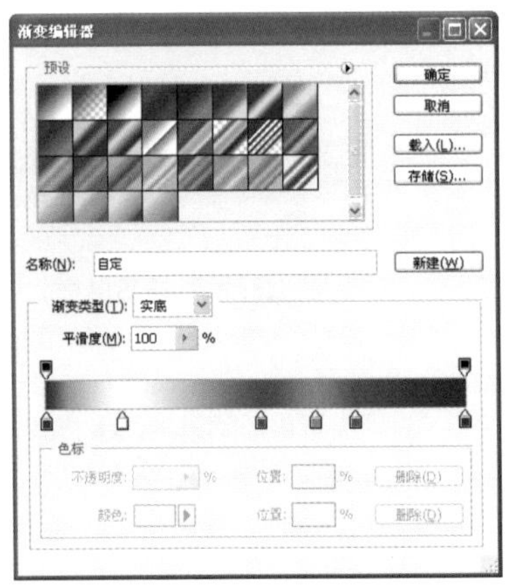

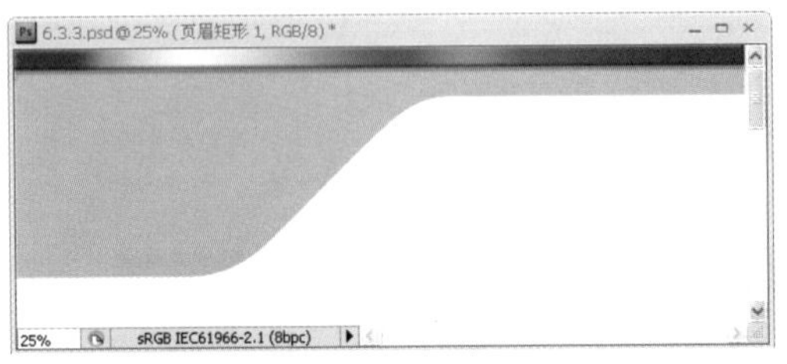

图6.98 为“页眉矩形 1”添加【渐变叠加】样式

表6.10 渐变属性设置

色标	颜色	位置
1	#323232	0%
2	#f1f1f2	18%
3	#545454	51%
4	#888888	64%
5	#545454	74%
6	#2f2f2f	100%

04 STEP 双击“页眉矩形 2”图层，打开【图层样式】对话框，设置【渐变叠加】图层样式，如图6.99所示，其中渐变颜色的详细设置如表6.11所示。

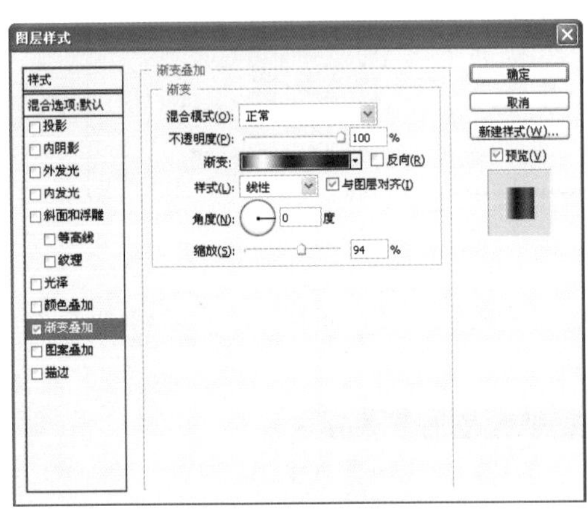

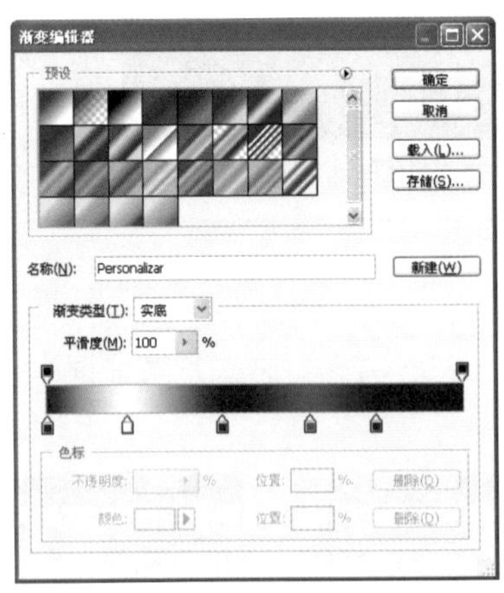

图6.99 为“页眉矩形 2”添加【渐变叠加】样式

表6.11 渐变属性设置

色标	颜色	位置
1	# 231f20	0%
2	# f1f1f2	19%
3	# 231f20	42%
4	# 58595b	63%
5	# 231f20	79%

05 STEP 双击“页眉形状”图层，打开【图层样式】对话框，分别设置【投影】和【渐变叠加】图层样式，如图6.100所示。

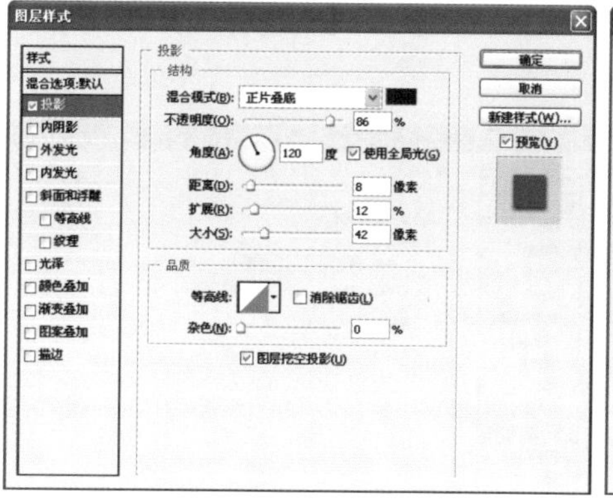

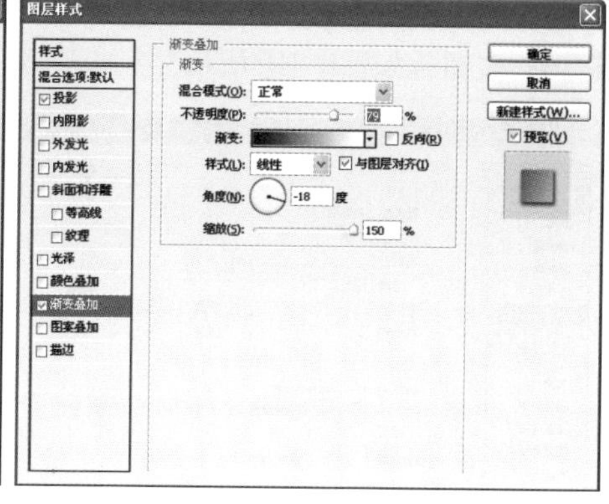

图6.100 设置【投影】和【渐变叠加】图层样式

06 STEP 选择【描边】样式，再设置描边属性如图6.101所示，完成后单击【确定】按钮。

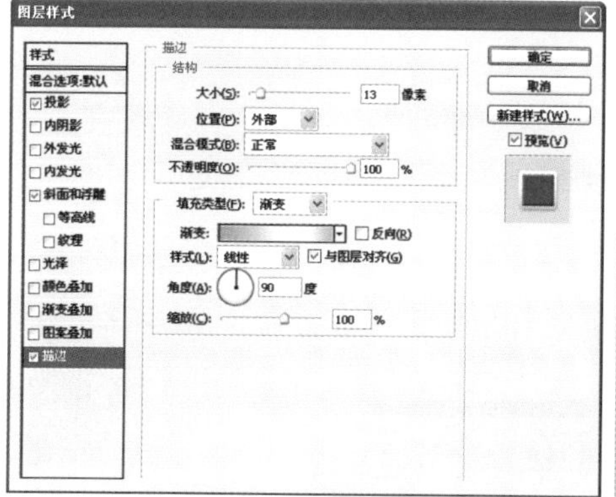

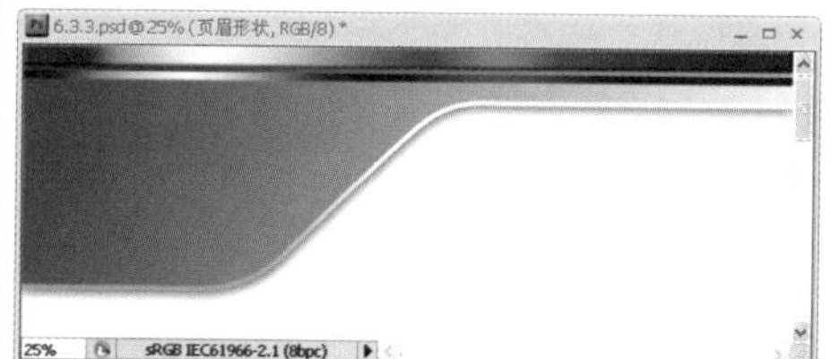

图6.101 设置【描边】图层样式

07 STEP 使用前面的方法，为“页脚形状”图层添加【投影】、【斜面和浮雕】、【渐变叠加】和【描边】图层样式，完成后单击【确定】按钮，如图6.102所示。

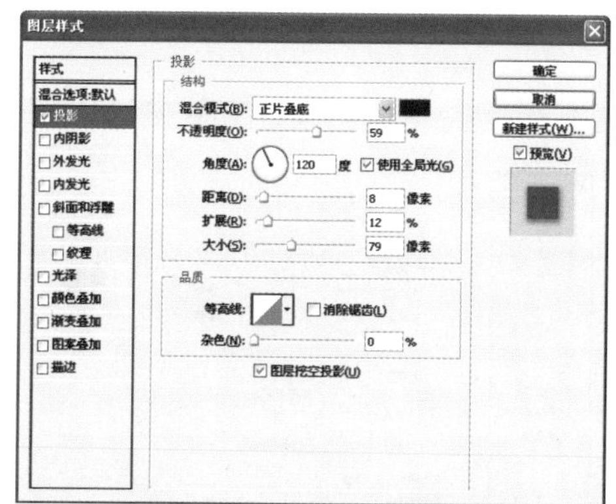

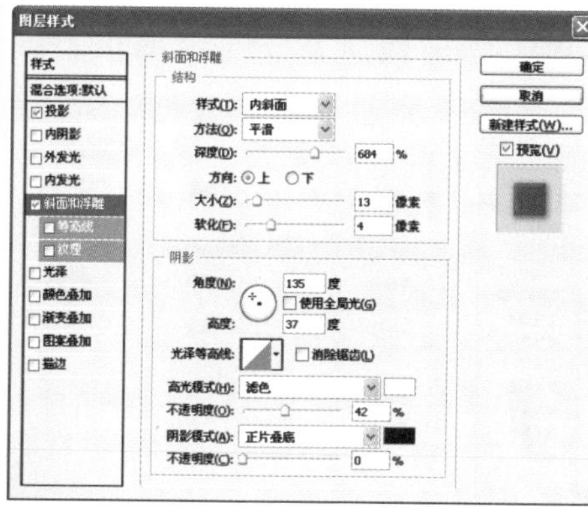

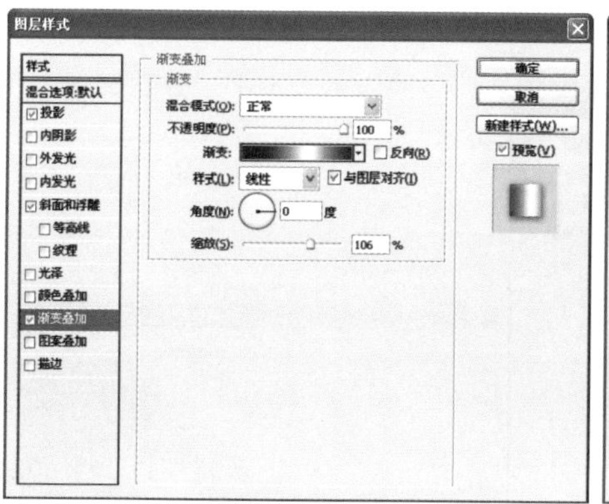

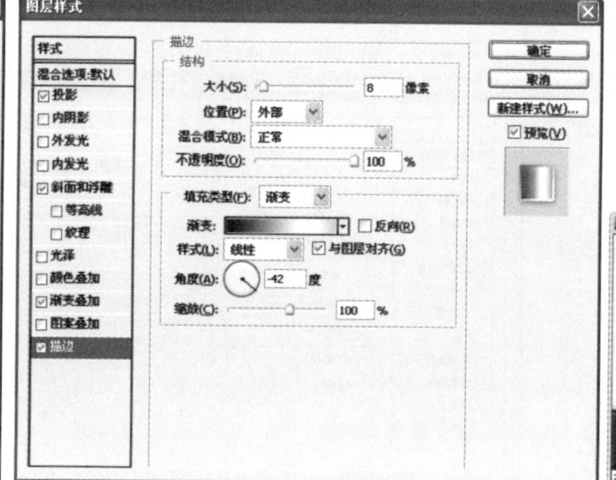

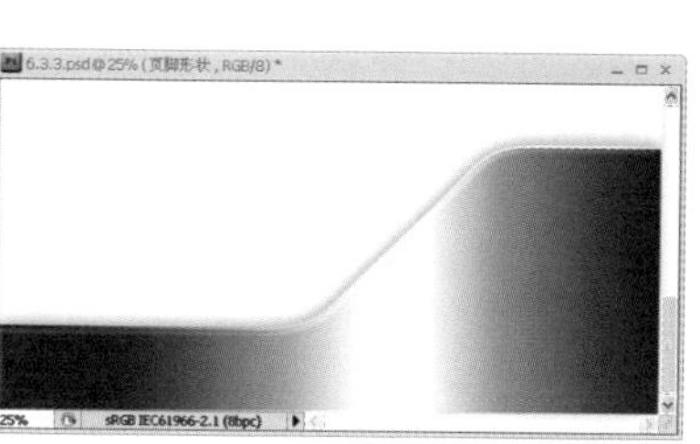

图6.102 为“页脚形状”添加图层样式

08 STEP 为“页脚形状 副本”图层添加【斜面和浮雕】、【渐变叠加】和【描边】图层样式，完成后单击【确定】按钮，如图6.103所示。

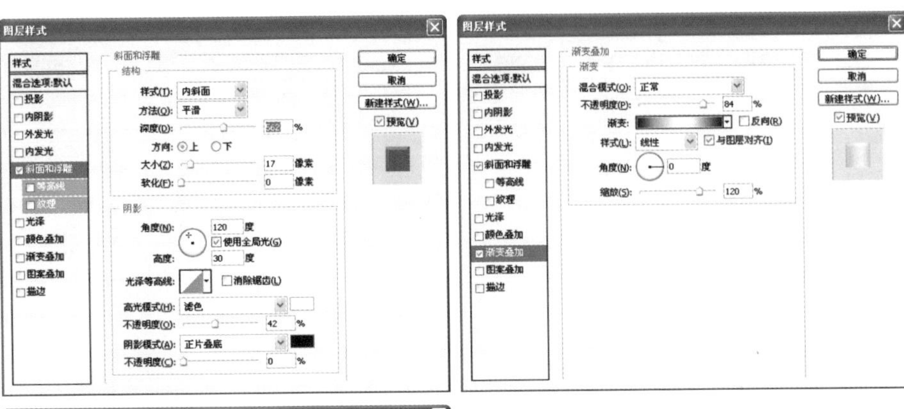

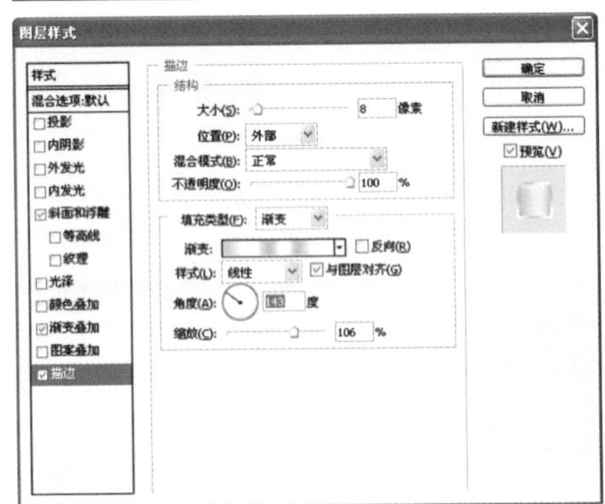

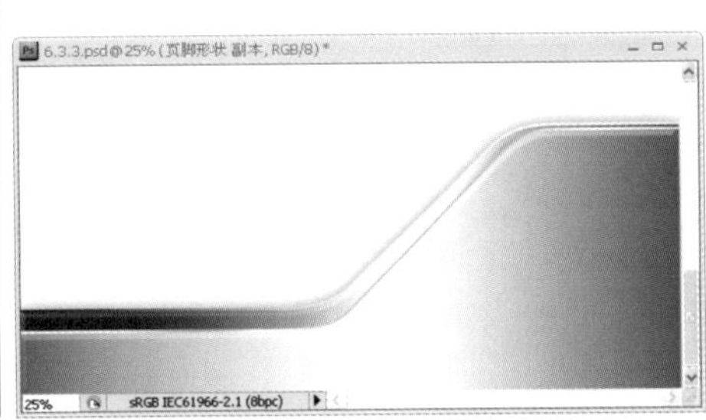

图6.103 为“页脚形状 副本”添加图层样式

09 STEP 为“页脚形状 副本2”图层添加【投影】、【斜面和浮雕】、【渐变叠加】和【描边】图层样式，完成后单击【确定】按钮，如图6.104所示。

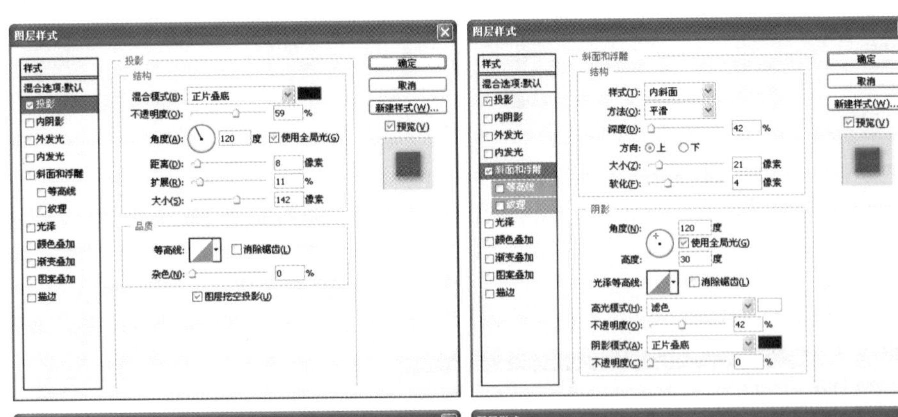

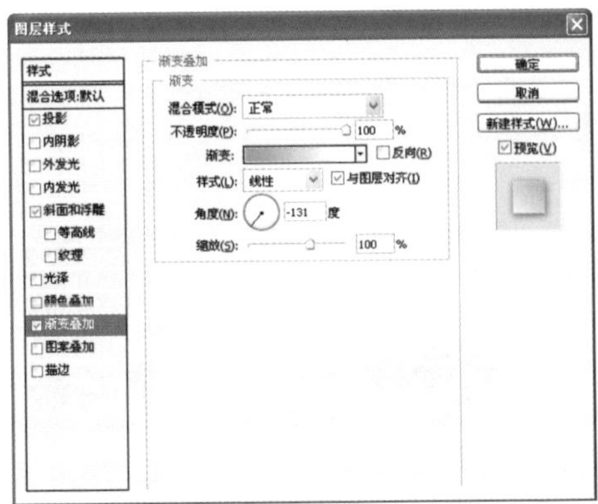

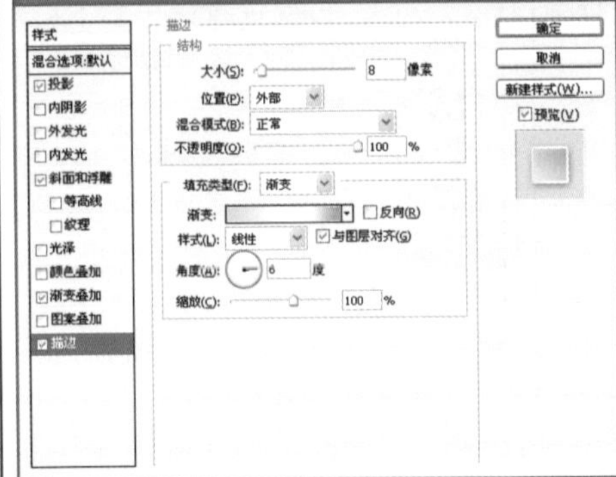

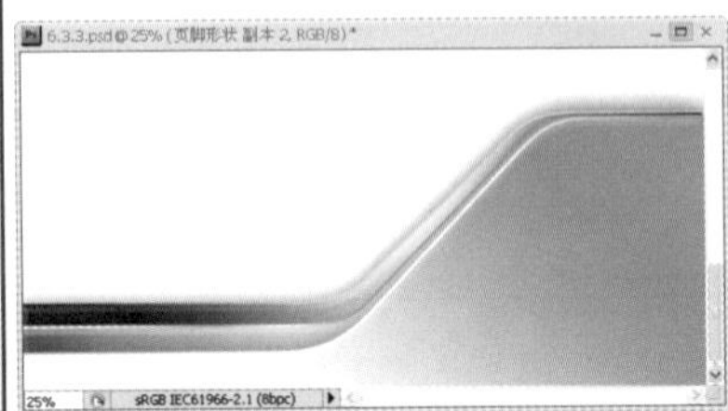

图6.104 为“页脚形状 副本2”添加图层样式

10 STEP 为"页脚形状 副本3"图层添加【投影】、【斜面和浮雕】、【渐变叠加】和【描边】图层样式，完成后单击【确定】按钮，如图6.105所示。

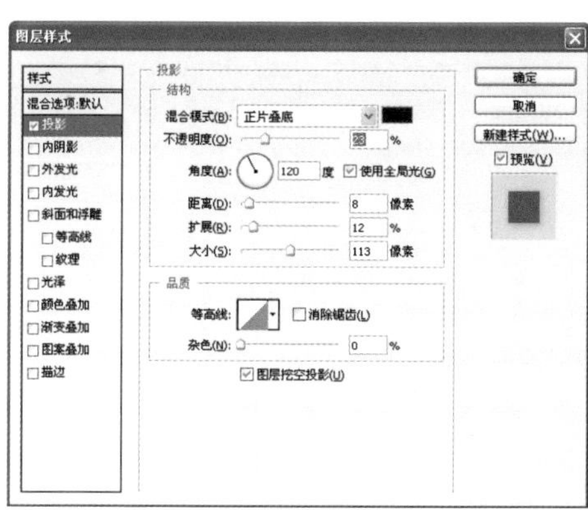

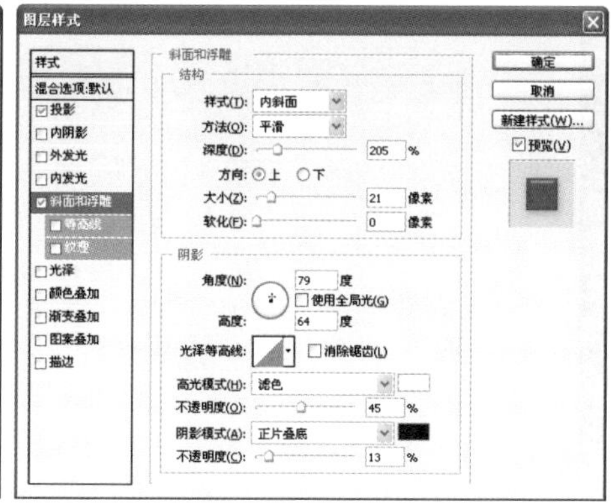

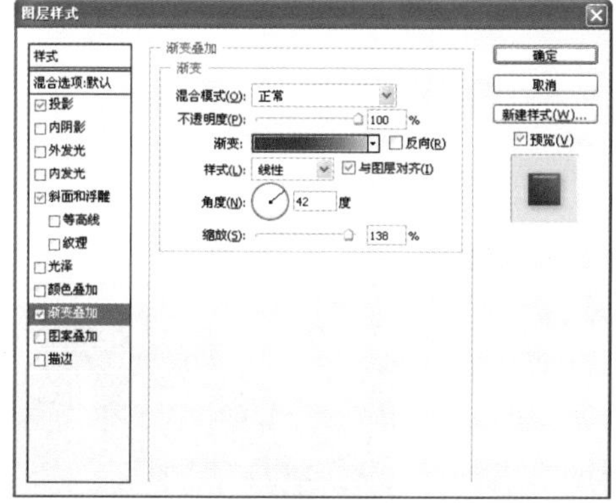

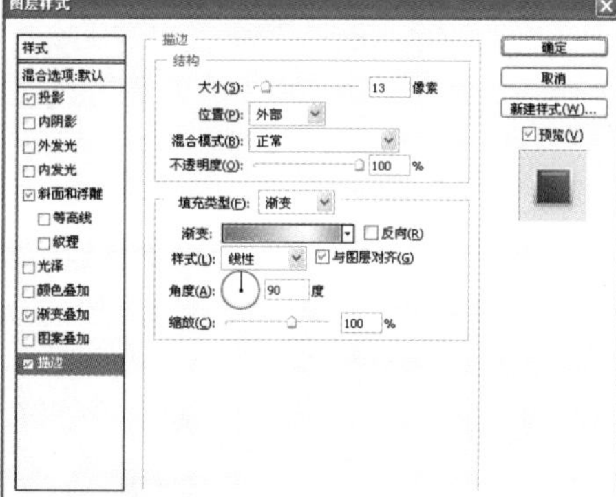

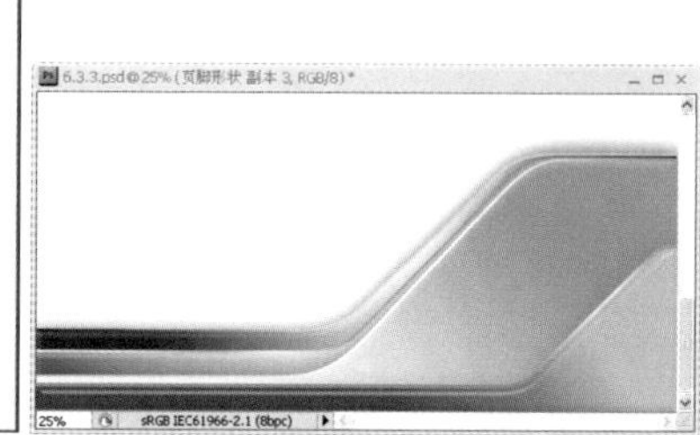

图6.105 为"页脚形状 副本3"添加图层样式

11 STEP 双击"页脚矩形"图层，打开【图层样式】对话框，设置【渐变叠加】属性，完成后单击【确定】按钮，如图6.106所示。

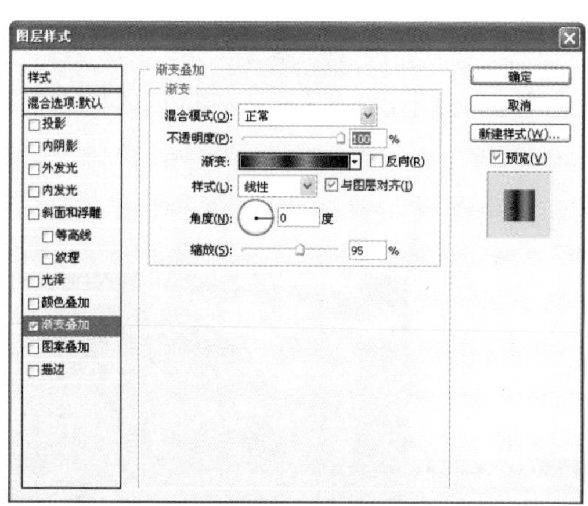

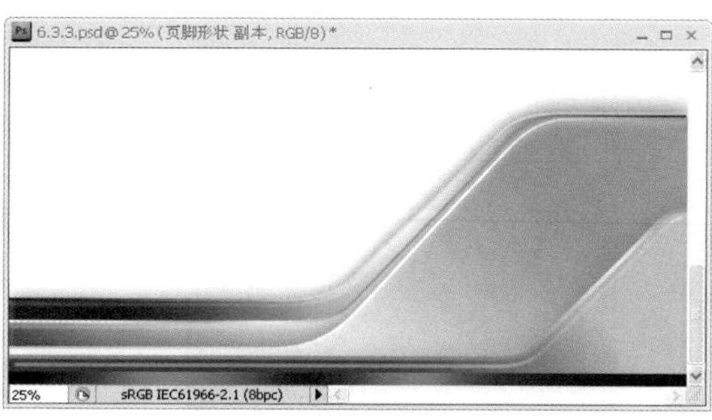

图6.106 为"页脚矩形"添加图层样式

至此，为页眉页脚添加金属图层样式效果的操作已经完毕，下一小节将介绍加入广告素材并美化的方法。

6.3.4 加入广告素材并美化

设计分析

本小节将加入"相机"、"镜头"和"玻璃杯"等广告素材，然后对素材进行大小、颜色、光线等属性的调整，效果如图6.107所示。其主要设计流程为"制作'镜头'背景"→"加入'相机'素材"→"加入'玻璃杯'素材"→"制作'光照'效果"，具体操作过程如表6.12所示。

图6.107 加入广告素材并美化

表6.12 加入广告素材并美化的流程

制作目的	实现过程
制作"镜头"背景	● 为背景填充黑色再置入"镜头"素材 ● 调整"镜头"的混合模式和不透明度 ● 为"镜头"添加淡出效果的渐变蒙版
加入"相机"素材	● 置入"相机"素材并调整于右上角 ● 置入"相机_俯视图"于右下角 ● 分别调整相机素材的亮度和对比度
加入"玻璃杯"素材	● 置入"玻璃杯"素材并变换颜色 ● 制作"玻璃杯"的倒影效果 ● 加入"水珠"素材并调整混合模式
制作"光照"效果	● 在杯下创建较大的椭圆选区 ● 将底色图层调整为灰白色 ● 制作其他3层光照效果

制作步骤

01 STEP 打开"6.3.4.psd"练习文件，在"页眉和页脚"图层组的下方创建"背景和广告素材"新图层组，接着在该组创建出"底色"新图层，并填充【#151412】的黑色，如图6.108所示。

02 STEP 选择【文件】|【置入】命令，打开【置入】对话框，在"实例文件\Ch06\images"文件夹中双击"镜头.png"素材文件，将其置入练习文件中，接着调整位置并按下Enter键确定置入操作，如图6.109所示。

03 STEP 通过【图层】面板设置"镜头"图层的混合模式为【明度】，不透明度为10%，将"镜头"对象融合到黑色底色中，效果如图6.110所示。

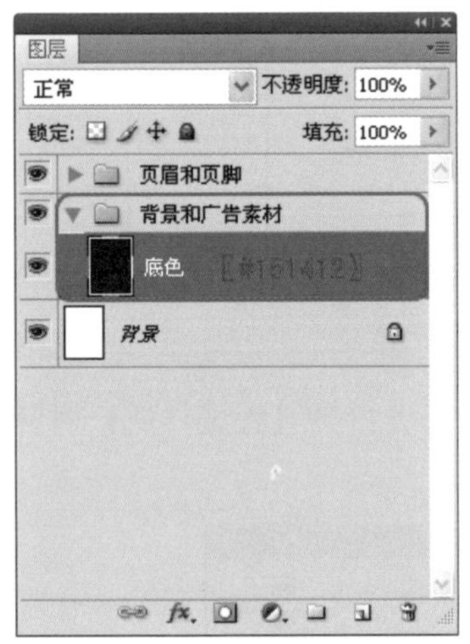

图6.108 填充广告底色

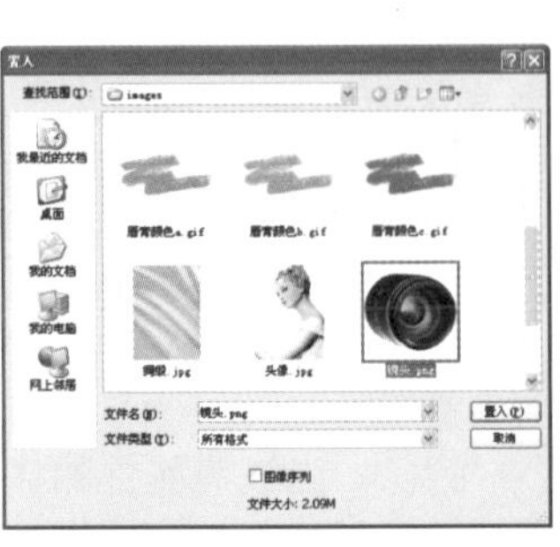

图6.109 置入"镜头"素材文件

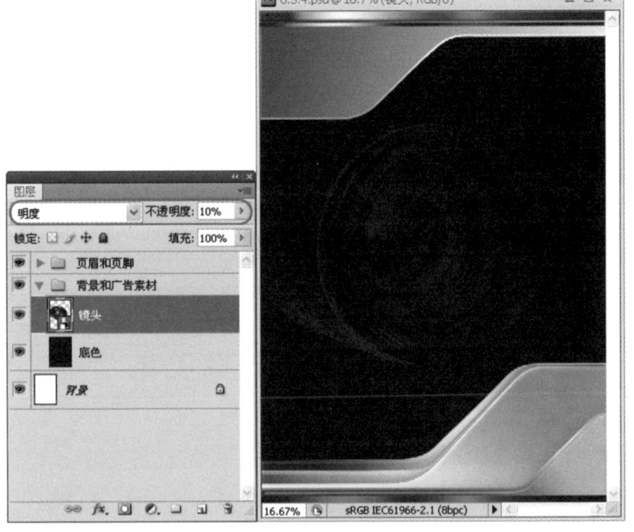

图6.110 设置混合模式和不透明度

04 STEP 为“镜头”图层添加图层蒙版，选择【渐变工具】并打开【渐变编辑器】对话框，选择【黑，白渐变】预设，单击【确定】按钮。在“镜头”图像上按住Shift键自下往上拖动，填充淡出的渐变填充效果，如图6.111所示。

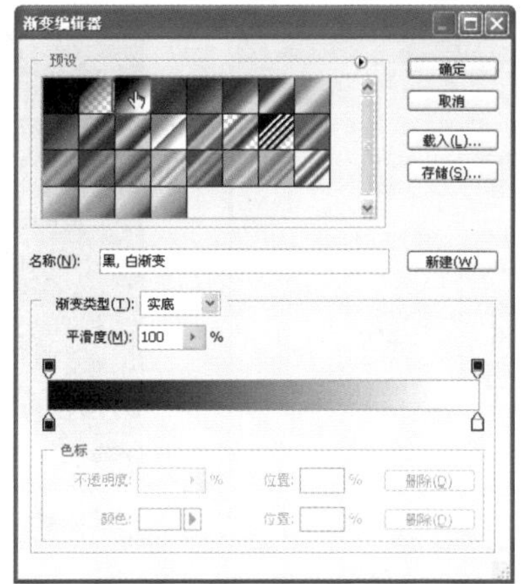

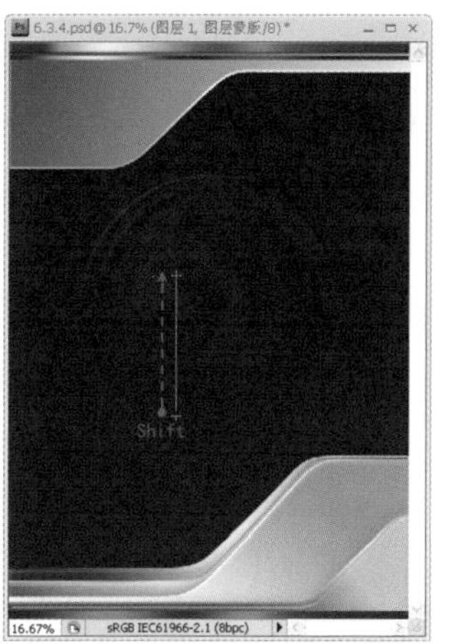

图6.111 为“镜头”添加淡出效果的渐变蒙版

05 STEP 使用【文件】|【置入】命令置入“相机.psd”素材文件，通过【自由变换】命令的选项栏将其缩小至画面的右上角处，其中“相机”镜头的摆放应该与页眉形状的斜边平衡，使画面整体更加协调统一。完成后按Enter键确认置入操作，如图6.112所示。

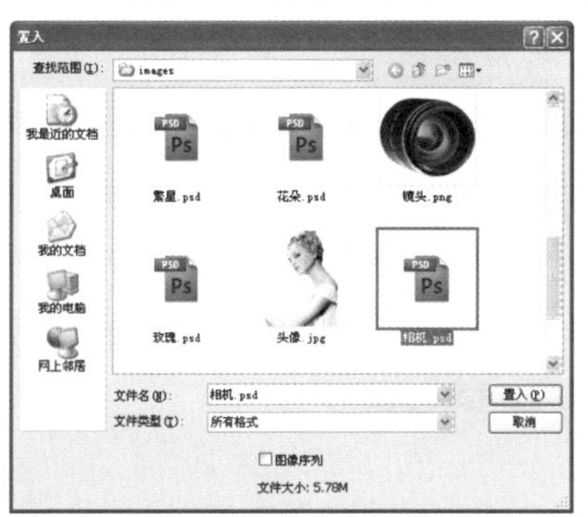

图6.112 置入“相机”素材文件

06 STEP 为了使“相机”素材的高光部分更加饱满，下面为该图层添加“色彩平衡”调整图层，并按Ctrl+Alt+G快捷键创建剪贴蒙版，接着在【调整】面板中选择【高光】色调，再调整各色彩的数值，如图6.113所示。

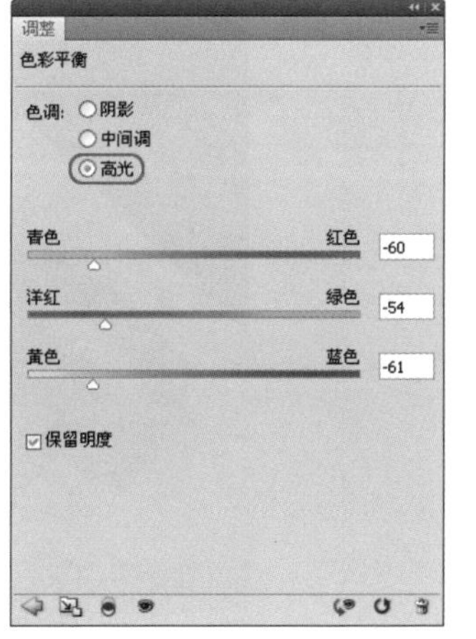

图6.113 调整“相机”高光部分的色彩平衡

07 STEP 选择“页眉和页脚”图层组，保证置入的对象处于该组的上方，接着使用【文件】|【置入】命令置入“相机_俯视图.psd”素材文件，将其缩小、旋转并移至页脚形状上，完成后按Enter键确认置入操作，如图6.114所示。

图6.114 置入“相机_俯视图”素材文件

08 STEP 为“相机_俯视图”图层添加“曲线”调整图层，再按Ctrl+Alt+G快捷键创建剪贴蒙版，接着在【调整】面板中调整曲线形状，大幅度提高该图层的亮度，如图6.115所示。

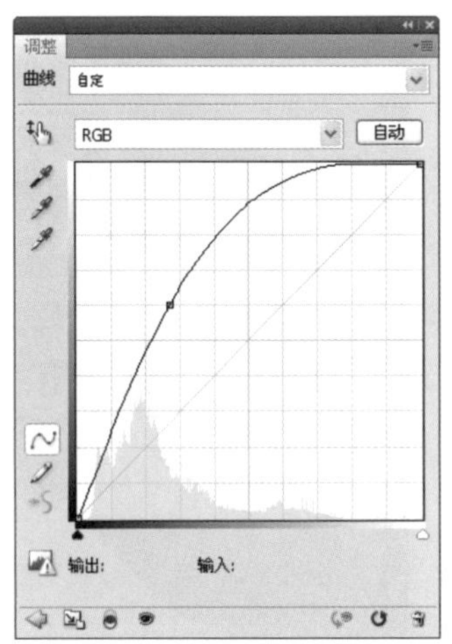

图6.115 添加“曲线”调整图层

09 STEP 为“相机_俯视图”图层添加“亮度/对比度”调整图层，再按Ctrl+Alt+G快捷键创建剪贴蒙版，接着在【调整】面板中调整【亮度】和【对比度】的数值，将图像的亮度和对比度调至与“相机”图层相近，如图6.116所示。

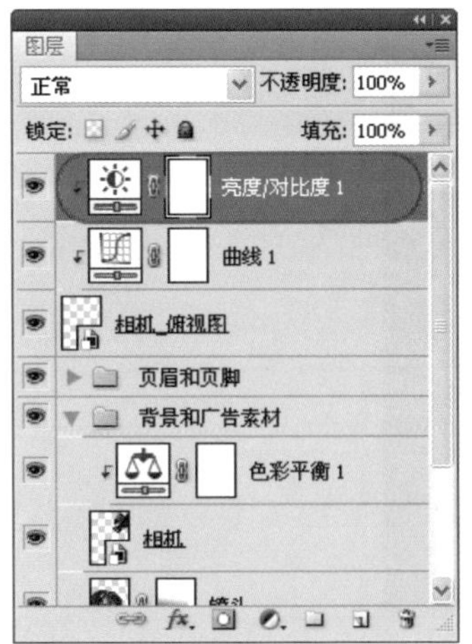

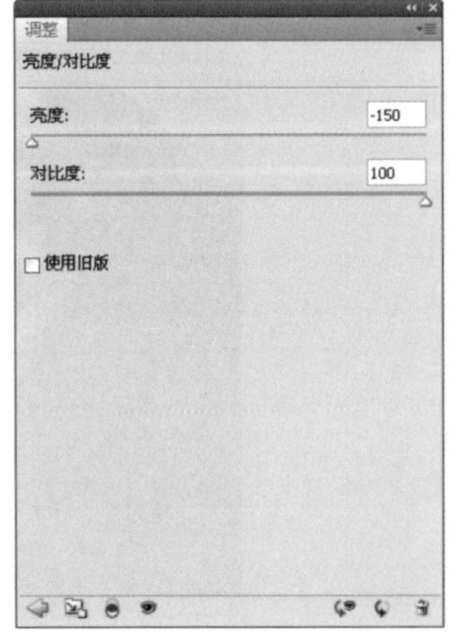

图6.116 添加“亮度/对比度”调整图层

10 STEP 由于“相机_俯视图”显示有杂色，下面为其添加“色相/饱和度”调整图层，再按Ctrl+Alt+G快捷键创建剪贴蒙版，接着在【调整】面板中调整全图的饱和度，以消除图像中显示的杂色，如图6.117所示。

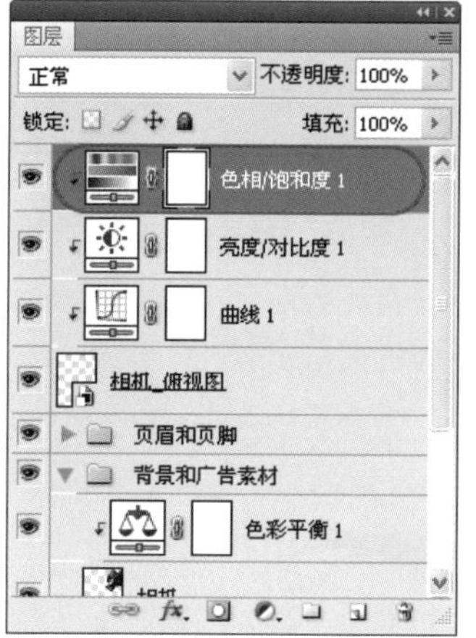
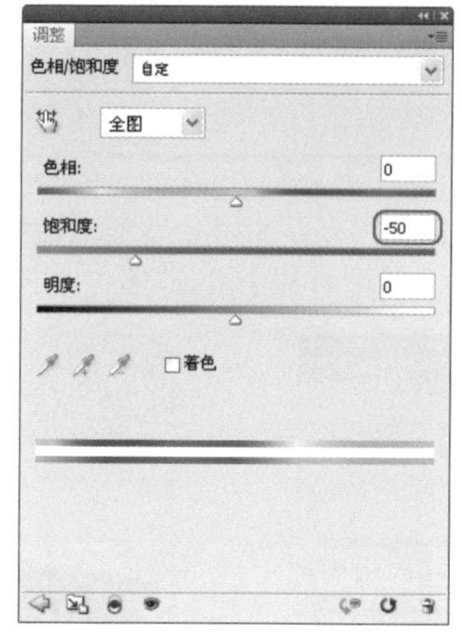

图6.117 添加“色相/饱和度”调整图层

11 STEP 使用【文件】|【置入】命令置入“玻璃杯.psd”素材文件，将其缩小并放置于画面的左下角，完成后按Enter键确认置入操作，如图6.118所示。

图6.118 置入“玻璃杯”素材文件

12 STEP 将“玻璃杯”图层调至“背景和广告素材”图层组内，再隐藏除“玻璃杯”图层以外的所有图层。选择【选择】|【色彩范围】命令，打开【色彩范围】对话框，指定选择目标为【黄色】，单击【确定】按钮，如图6.119所示。

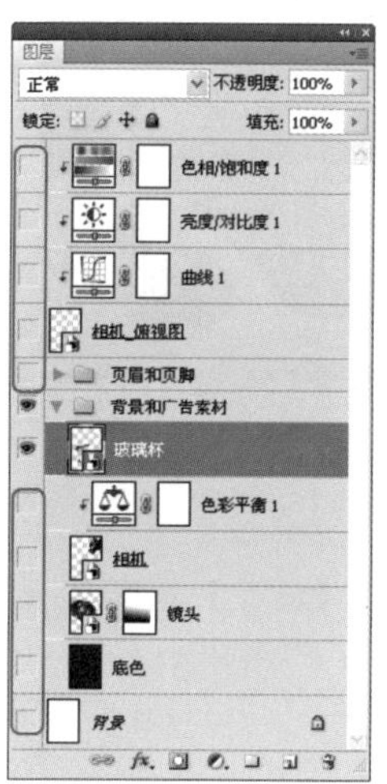
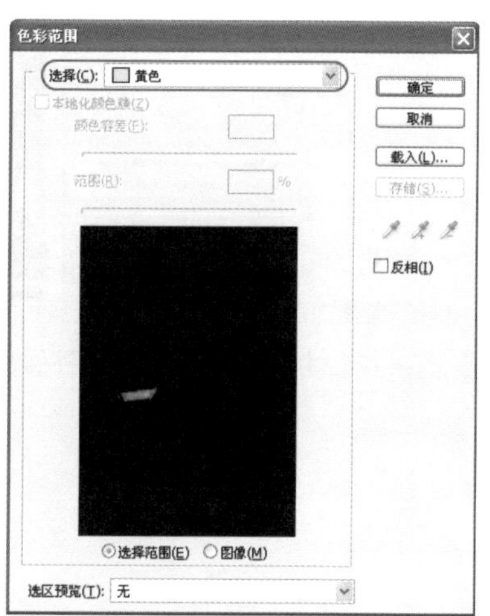

图6.119 选择【黄色】色彩范围

专家提醒

色彩的三原色为RGB，也就是红色、绿色和蓝色，所以为了突出相机色彩还原能力强的特点，下一步骤将杯子中黄色层的水调整为"绿色"。

13 STEP 为"玻璃杯"图层添加"色相/饱和度"调整图层，再按Ctrl+Alt+G快捷键创建剪贴蒙版，接着在【调整】面板中选择【着色】复选框，然后调整【色相】和【饱和度】的数值，如图6.120所示。

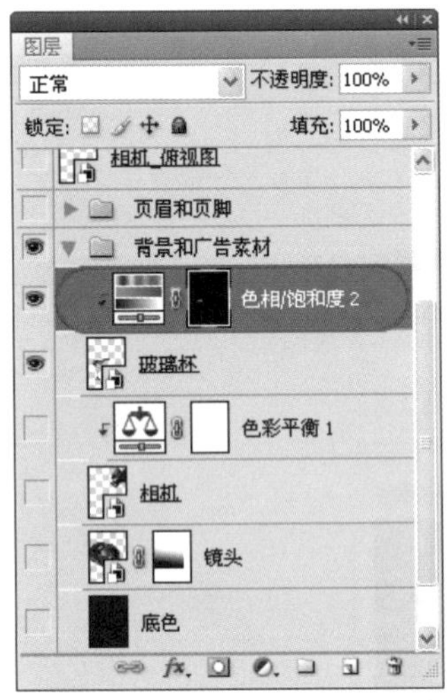

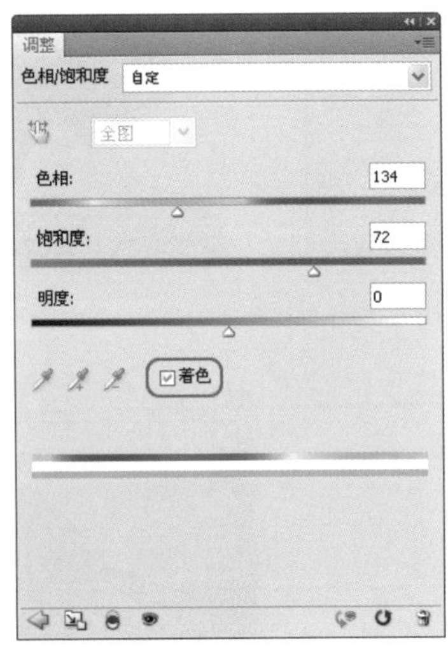

图6.120 将杯子中黄色层的水调整为绿色

14 STEP 选择【椭圆选框工具】并在选项栏中设置【羽化】值为250px，接着在"玻璃杯"的下方绘制一个较大的椭圆选区。在【图层】面板中根据已有选区创建一个"色相/饱和度"调整图层，再设置不透明度为30%，如图6.121所示。

15 STEP 在【调整】面板中选择【着色】复选框，再调整【色相】、【饱和度】和【明度】的数值，将椭圆选区调整为灰白色，制作出光照效果的最外层，如图6.122所示。

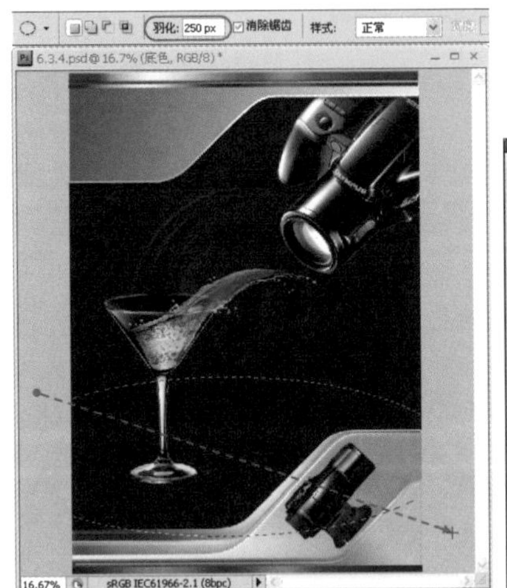

图6.121 创建羽化选区并创建"色相/饱和度"调整图层

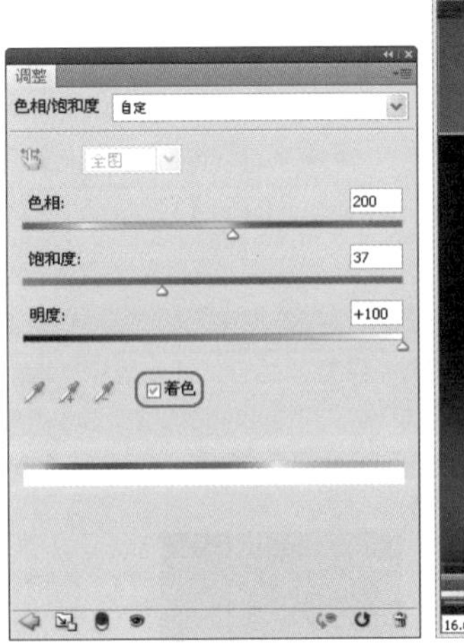

图6.122 制作光照效果的最外层

16 STEP 使用步骤（14）的方法修改【羽化】值为200px、不透明度为50%，创建出第二层光照效果的选区，如图6.123所示。

17 STEP 使用步骤（15）的方法，通过【调整】面板设置第二层光照效果的颜色，如图6.124所示。

图6.123 创建出第二层光照效果的选区

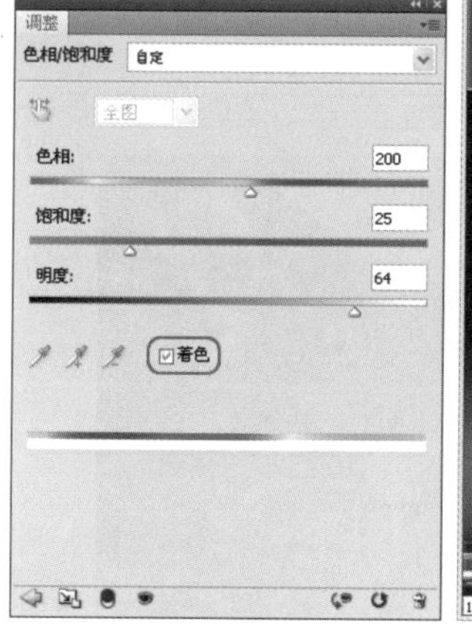

图6.124 设置第二层光照效果的颜色

18 STEP 使用步骤（14）～（15）的方法制作出第三层光照效果，如图6.125所示。

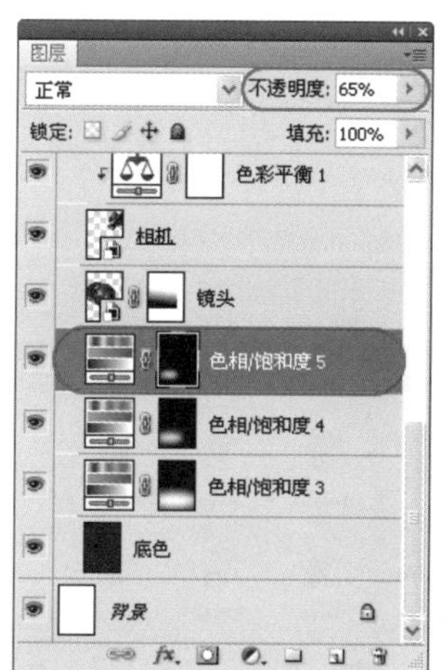

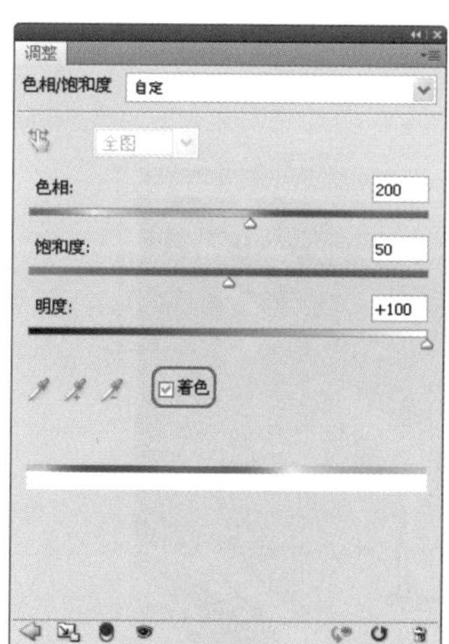

图6.125 制作第三层光照效果

19 STEP 使用步骤（14）～（15）的方法制作出第四层光照效果，如图6.126所示。

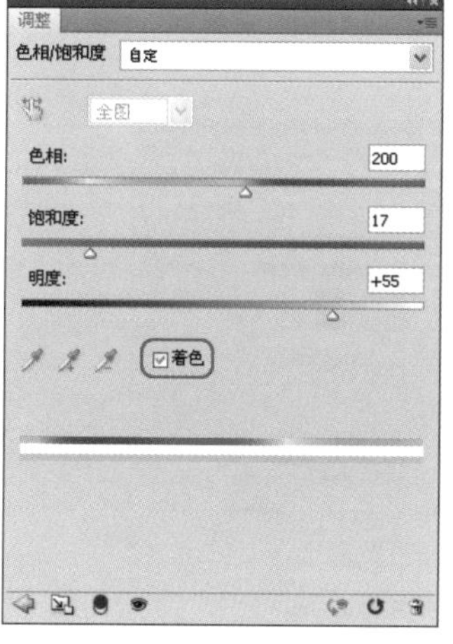

图6.126 制作第四层光照效果

20 STEP 复制出"玻璃杯 副本"图层，再选择下方的"玻璃杯"图层，按Ctrl+T快捷键执行【自由变换】命令，通过选项栏将其垂直翻转至"玻璃杯 副本"图层的下方，再调整长宽比例，完成后按Enter键确定变换操作，制作出玻璃杯的倒影效果，如图6.127所示。

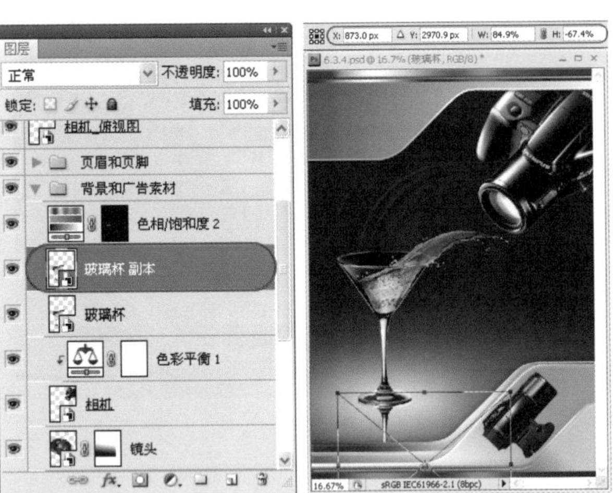

图6.127 制作"玻璃杯"的倒影效果

21 STEP 为"玻璃杯"图层添加图层蒙版，选择【渐变工具】，并打开【渐变编辑器】对话框，选择【黑，白渐变】预设，单击【确定】按钮，如图6.128所示。

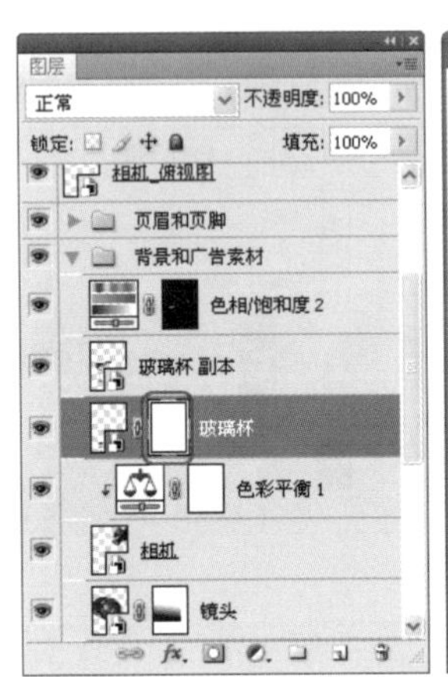

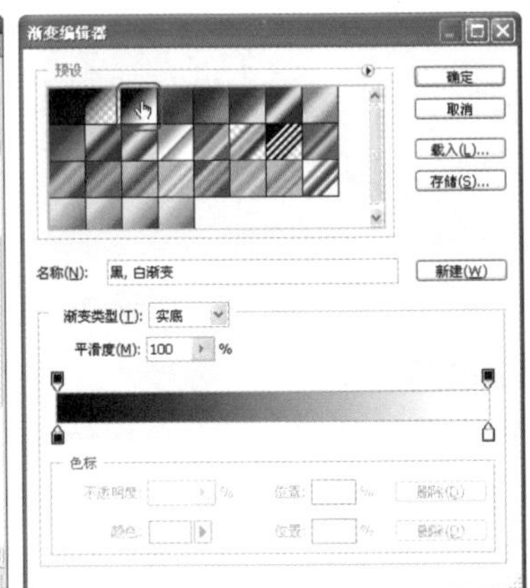

图6.128 为"玻璃杯"添加图层蒙版并设置渐变属性

22 STEP 在"玻璃杯"图像上按住Shift键自下往上拖动，填充淡出的渐变填充效果，如图6.129所示。

图6.129 为"玻璃杯"添加淡出效果的渐变蒙版

23 STEP 使用【文件】|【置入】命令置入"水珠.psd"素材文件，将其放置于"玻璃杯"图像的下方，完成后按Enter键确认置入操作，如图6.130所示。

图6.130 置入"水珠"素材文件

24 STEP 将"水珠"图层调至"玻璃杯"图层的上方，再设置图层混合模式为【变暗】，使水珠和光照效果融为一体，效果如图6.131所示。

图6.131 调整"水珠"图层的混合模式

25 STEP 由于水是靠右侧喷溅的，所以下面为"水珠"图层添加图层蒙版，然后使用【画笔工具】擦除左侧的水珠效果，效果如图6.132所示。

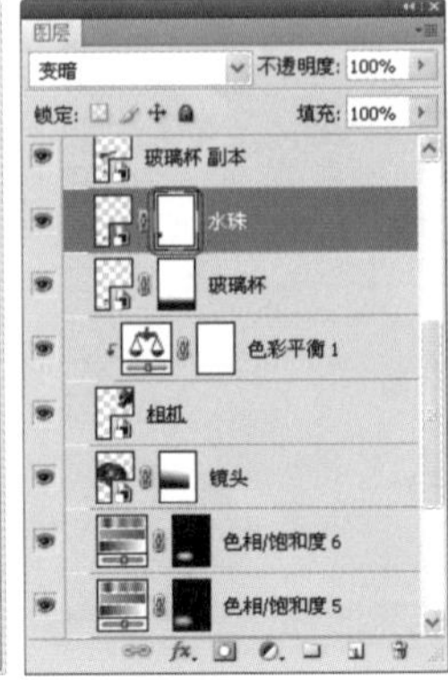

图6.132 擦除左侧的水珠效果

至此，加入广告文字素材并美化的操作已经完成，接下来将介绍设计广告文字并加入LOGO的方法。

■ 6.3.5　加入LOGO并设计广告文字

设计分析

本小节主要为广告加入LOGO、型号标题、广告语和相关的商品介绍文字，如图6.133所示。其主要设计流程为“加入商品LOGO”→“绘制型号标题”→“设计广告语”→“输入其他广告文字”，具体操作过程如表6.13所示。

图6.133　加入LOGO并设计广告文字

表6.13　加入LOGO并设计广告文字的流程

制作目的	实现过程
加入商品LOGO	● 在页眉形状上绘制一条分隔线 ● 加入LOGO并添加白色描边
绘制型号标题	● 显示网格并自定义网格颜色 ● 绘制L-1型号路径并填充白色 ● 为型号标题图层添加多项图层样式
设计广告语	● 在杯水上方绘制一条弯曲的波浪路径 ● 在路径上输入广告语并全部显示文字 ● 为广告语添加多项图层样式
输入其他广告文字	● 输入商品特性文字并添加浮雕样式 ● 加入商品描述段落文字 ● 加入其他商品特性描述文字

制作步骤

01 STEP 打开“6.3.5.psd”练习文件，在【图层】面板中创建“广告文字与LOGO”，再在该组中创建“分隔线”新图层。使用【钢笔工具】在练习文件中按住Shift键绘制一条直线路径，如图6.134所示。

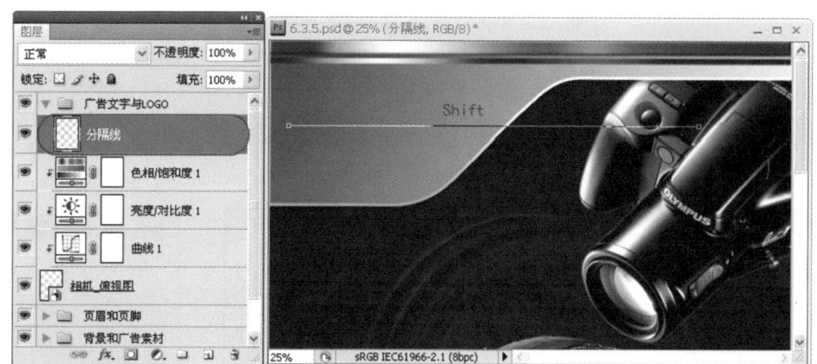

图6.134　绘制分隔线路径

02 STEP 设置前景色为【#e2901b】的黄色，选择【画笔工具】并设置画笔主直径为10px，【硬度】、【不透明度】和【流量】均为100%。接着在【路径】面板中按住Alt键单击【用画笔描边路径】按钮，打开【描边路径】对话框并选择【模拟压力】复选框，然后单击【确定】按钮，最后按Ctrl+T快捷键执行【自由变换】命令，将分隔线移至页眉形状的左上角，如图6.135所示。

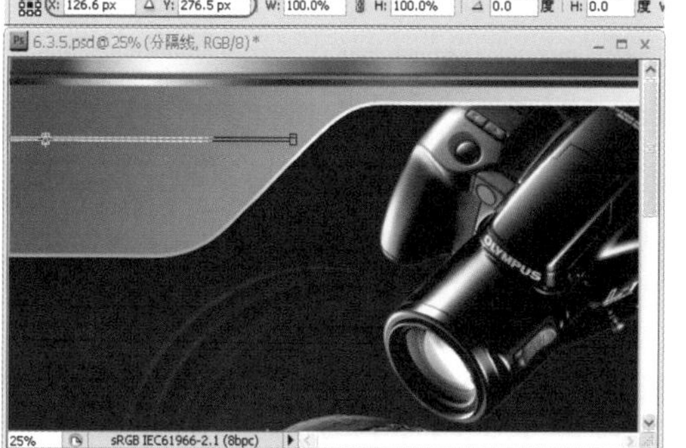

图6.135　用画笔描边分隔线

03 STEP 使用【文件】|【置入】命令置入"OLYMPUS_LOGO.psd"素材文件，通过选项栏将其缩小至分隔线的上方，完成后按Enter键确认置入操作，如图6.136所示。

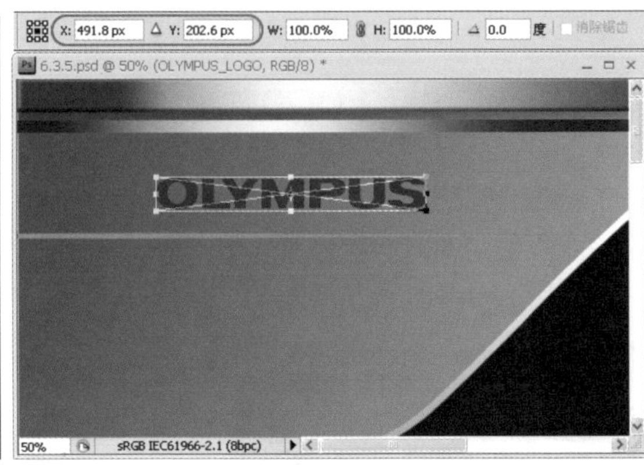

图6.136 置入广告商品的企业LOGO

04 STEP 双击"OLYMPUS LOGO"图层，打开【图层样式】对话框，选择【描边】选项，为LOGO添加4像素大小的白色描边效果，最后单击【确定】按钮，如图6.137所示。

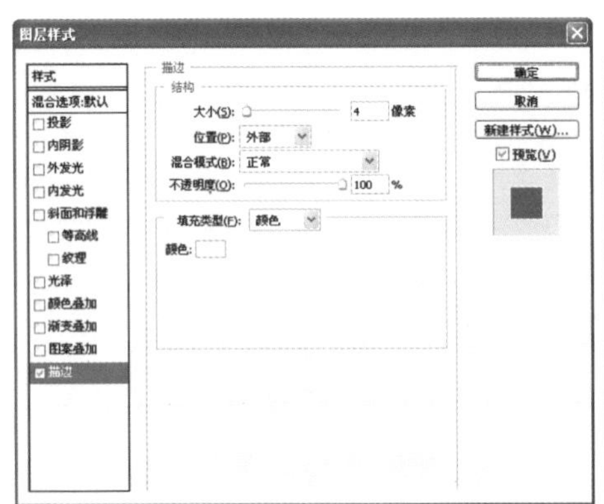

图6.137 为LOGO添加白色的描边效果

05 STEP 按Ctrl+K快捷键打开【首选项】对话框，选择【参考线、网格和切片】选项，在【网格】设置区中双击灰色色块，打开【选择网格颜色】对话框，修改颜色为【#990300】的深红色，单击【确定】按钮，如图6.138所示。

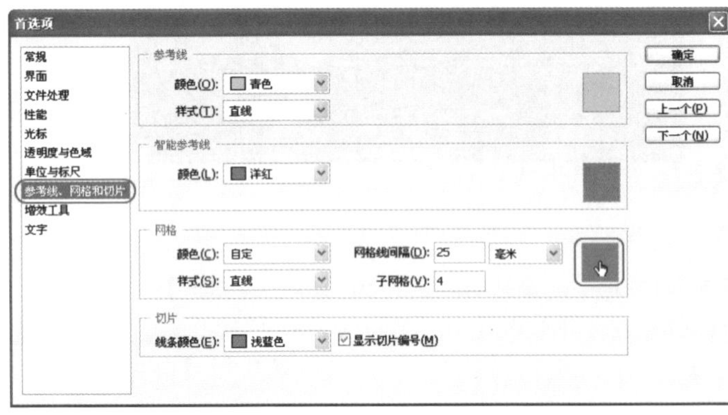
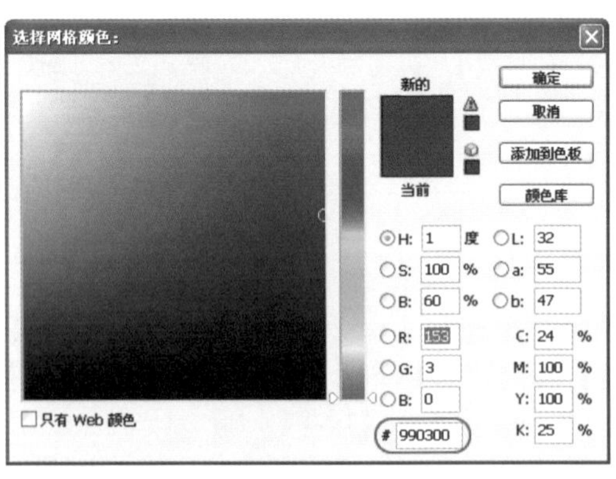

图6.138 设置网格颜色

专家提醒

由于下一步骤要使用网格绘制商品型号的文字路径，为了使路径显示得更加清晰，步骤（5）的操作中先将网格颜色设置为深红色。

06 STEP 按Ctrl+H快捷键重新显示网格，使用【钢笔工具】配合Shift键沿网格绘制出"L-1"的商品型号路径，然后在【路径】面板中将其存储为"型号路径"，如图6.139所示。

07 STEP 选择【编辑】|【自由变换路径】命令，通过选项栏设置路径的宽高比例、水平斜切和位置等属性，将其缩小并放置于分隔线的下方，完成后按Enter键确认变换操作，如图6.140所示。

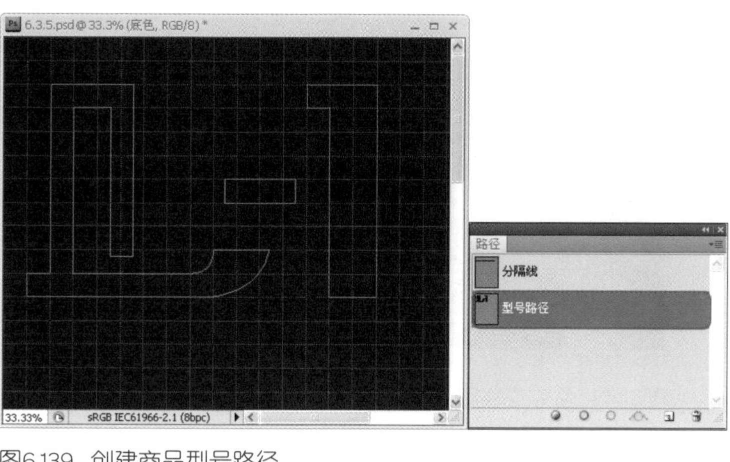

图6.139 创建商品型号路径

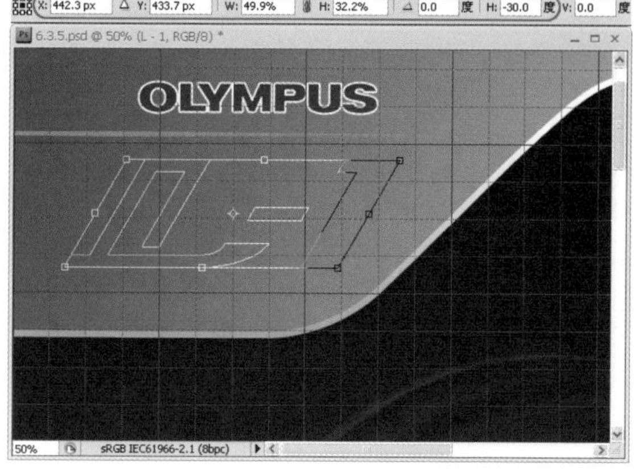

图6.140 自由变换路径

08 STEP 设置前景色为白色，在【图层】面板中创建"L-1"新图层，然后在【路径】面板中选择"型号路径"并单击【用前景色填充路径】按钮，为文字路径填充白色的前景色，如图6.141所示。

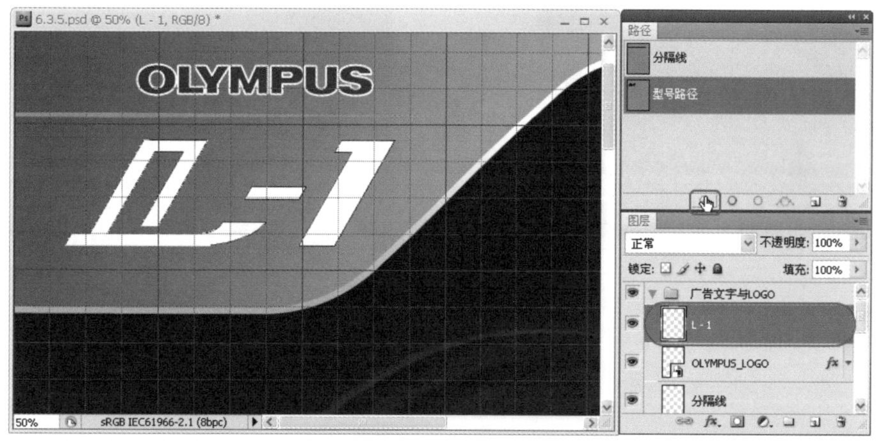

图6.141 为文字路径填充白色的前景色

09 STEP 双击"L-1"图层，打开【图层样式】对话框，分别设置【投影】、【斜面和浮雕】和【渐变叠加】3项图层样式，完成后单击【确定】按钮，如图6.142所示。

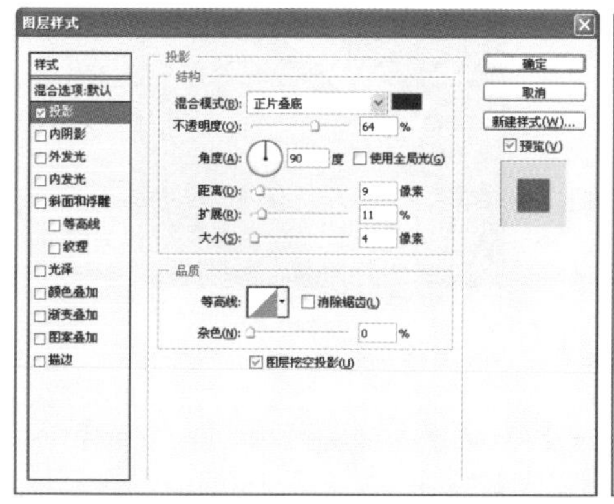

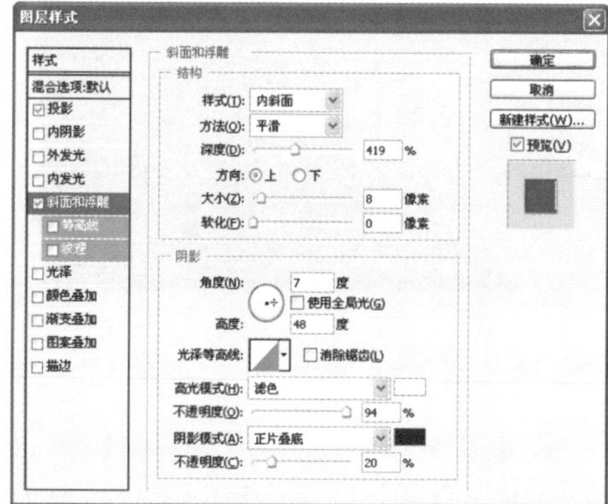

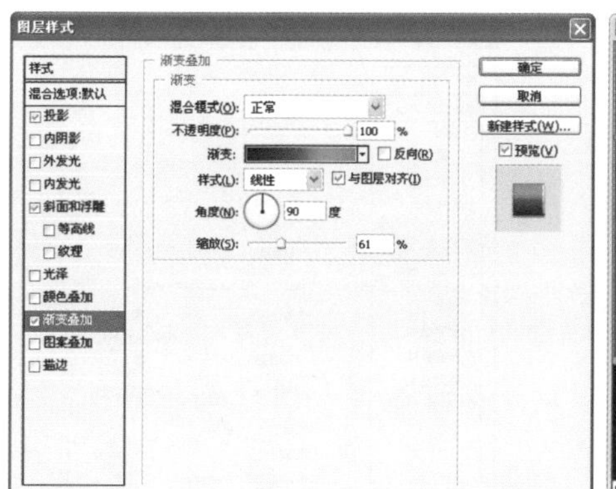

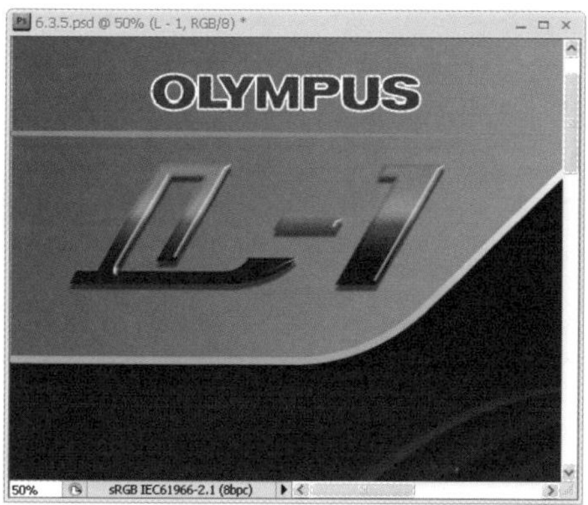

图6.142 添加【投影】、【斜面和浮雕】和【渐变叠加】样式

10 STEP 使用【钢笔工具】在倾泻的杯水上方绘制一条弯曲的波浪路径，并以"文字路径"的名称存储于【路径】面板中，如图6.143所示。

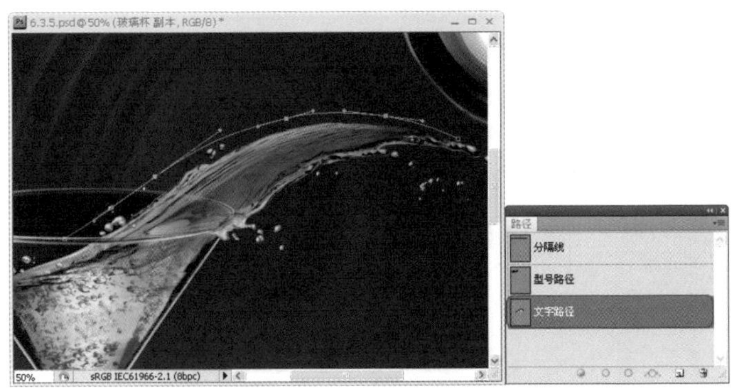

图6.143 绘制文字路径

11 STEP 选择【横排文字工具】T并将光标移至路径上，当指标变成形状后，单击并输入"Delighting you always"文字内容，作为杂志广告的广告语。由于文字路径预设的显示宽度有限，往往不能完全显示输入的文字，但是在【路径】面板中会自动新增一个"……文字路径"的工作路径显示输入的文字内容，如图6.144所示。

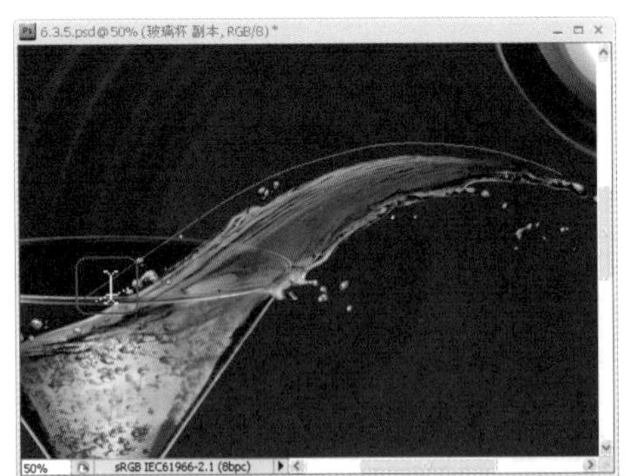

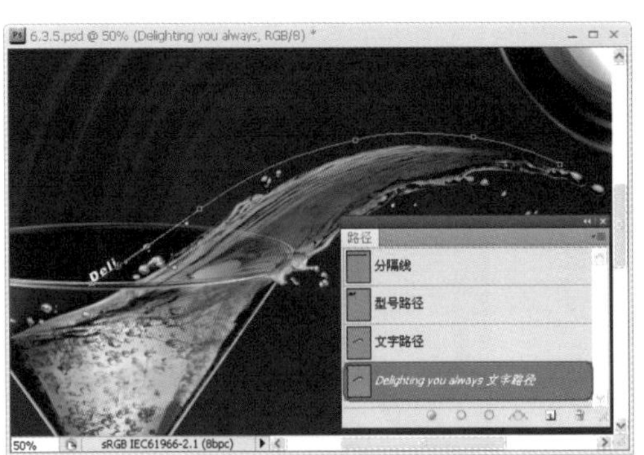

图6.144 在路径上输入广告语

12 STEP 选择【直接选择工具】并将光标移至路径上的点上，当光标变成后向路径的另一端拖动，扩大路径文字的显示范围，接着通过【字符】面板设置广告语的字符属性，如图6.145所示。

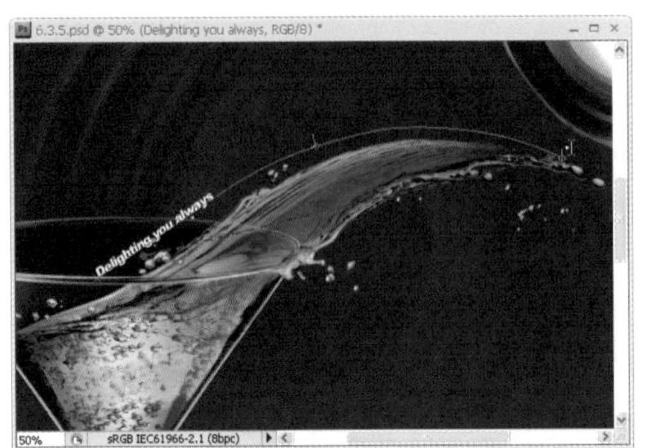

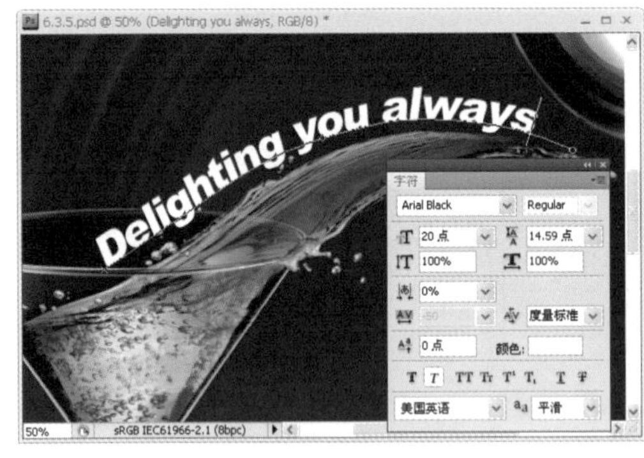

图6.145 显示并编辑路径文字

13 STEP 双击广告语文字图层，打开【图层样式】对话框，分别添加【内发光】、【斜面和浮雕】、【光泽】和【渐变叠加】图层样式，完成后单击【确定】按钮，如图6.146所示。

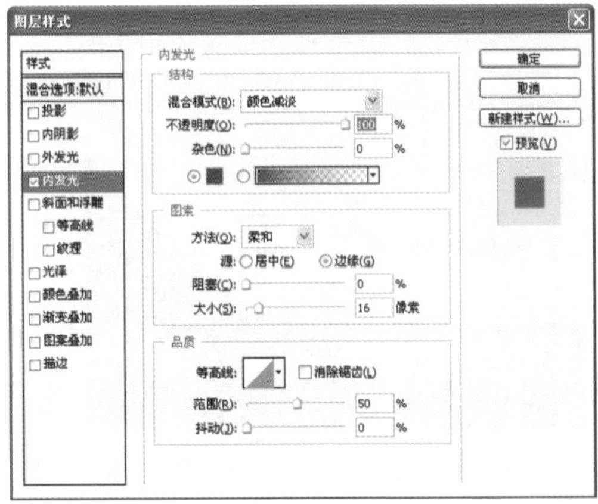

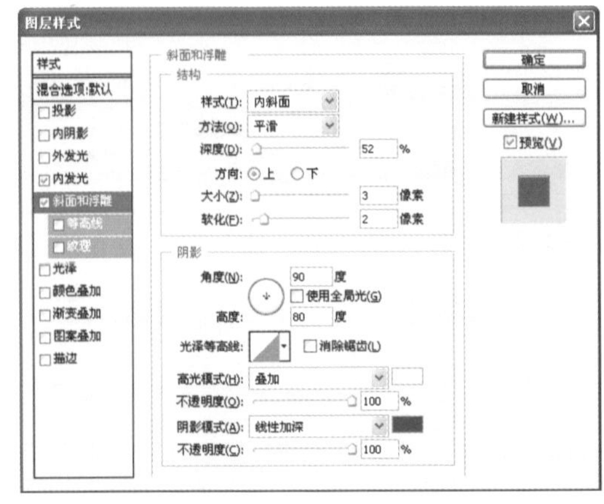

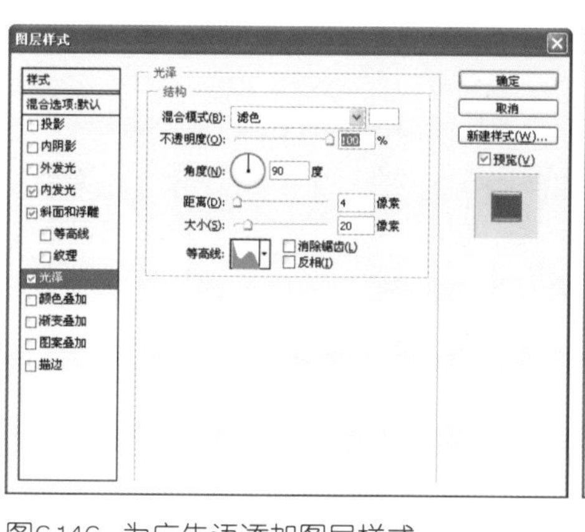
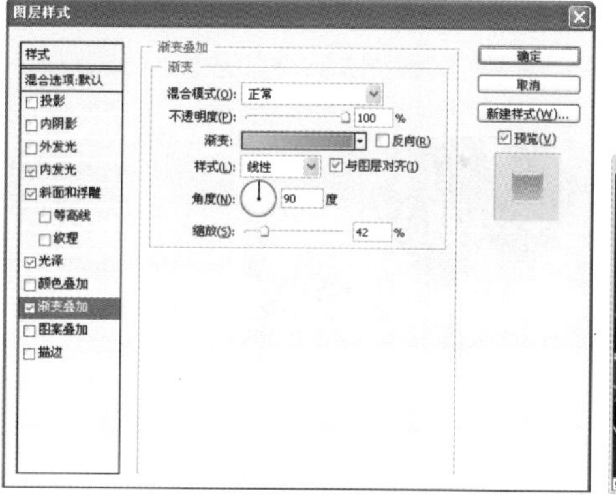

图6.146 为广告语添加图层样式

14 STEP 使用【横排文字工具】T.在“玻璃杯”右侧输入“ALL.IN.ONE.SLB”文字，作为商品介绍文字的标题，接着通过【字符】面板设置文字属性，如图6.147所示。

15 STEP 使用【横排文字工具】T.在标题的下方创建一个文本框，然后输入详细的商品介绍内容，并通过【字符】面板设置文字属性，如图6.148所示。

16 STEP 在“页脚形状”的右下角输入“12X”，此为商品数码变焦的一个参数，本例将其作为一个卖点并加以突显，如图6.149所示。

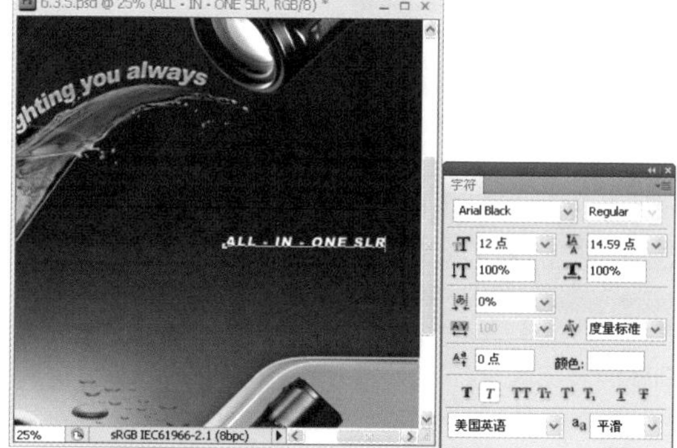

图6.147 输入商品介绍文字的标题

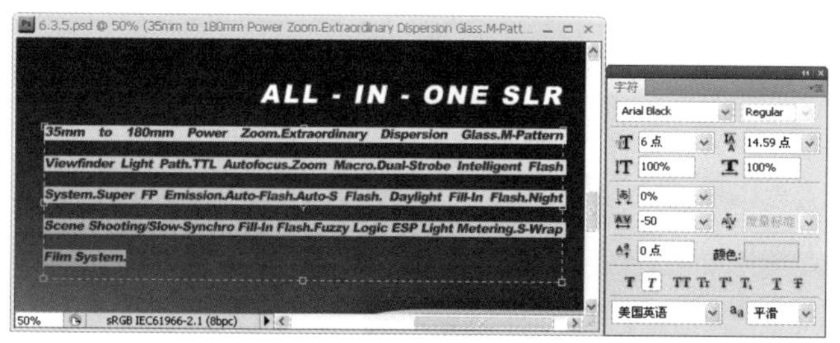

图6.148 输入详细的商品介绍内容

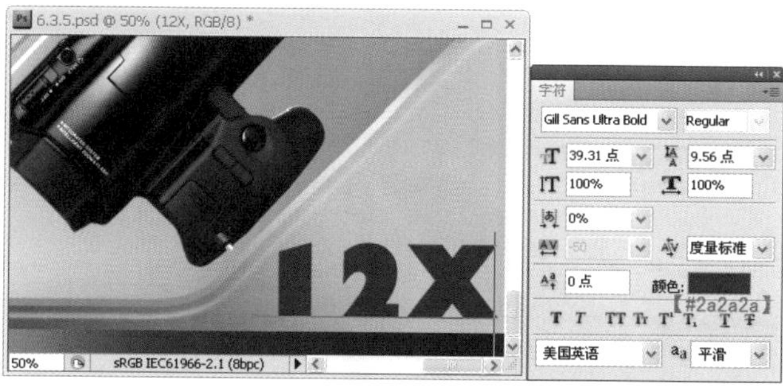

图6.149 输入商品特性文字

17 STEP 双击“12X”文字图层，打开【图层样式】对话框，添加【斜面和浮雕】图层样式，完成后单击【确定】按钮，如图6.150所示。

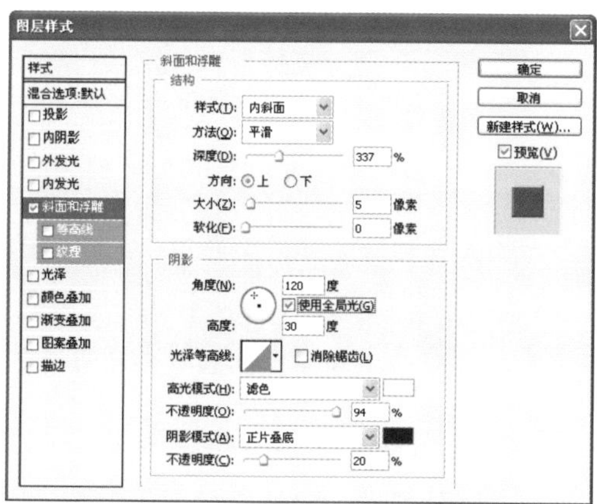

图6.150 添加【斜面和浮雕】图层样式

18 STEP 继续使用【横排文字工具】T在“页脚形状”上输入其他两项商品特性介绍，然后在渐变条右侧输入企业的版权声明，如图6.151所示。其中详细字体属性如表6.14所示。

图6.151 输入其他广告文字

表6.14 文字属性设置

文字内容	字体	大小	颜色
integrated system	Arial Black	10	白色
intelligent zoom&flash		13	黑色
Copyright 2010 OLYMPUS CORPORATION All Rights Reserved	Odessa LET	5	白色

19 STEP 使用【椭圆选框工具】在“L-1”的上方创建一个椭圆选区，按Shift+F6快捷键打开【羽化选区】对话框，设置【羽化半径】为100像素，单击【确定】按钮，如图6.152所示。

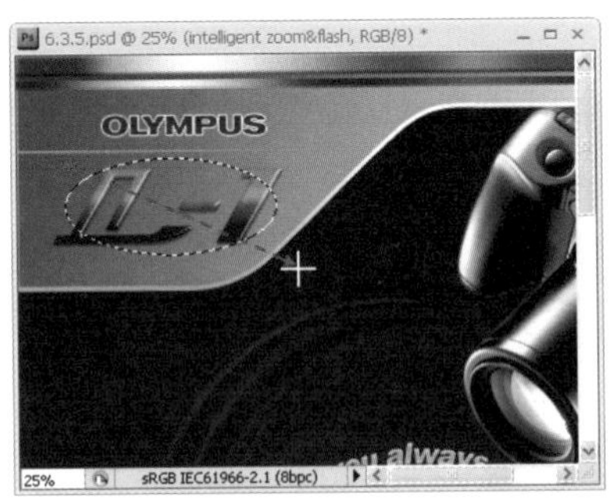

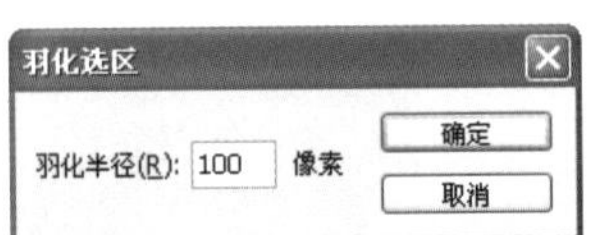

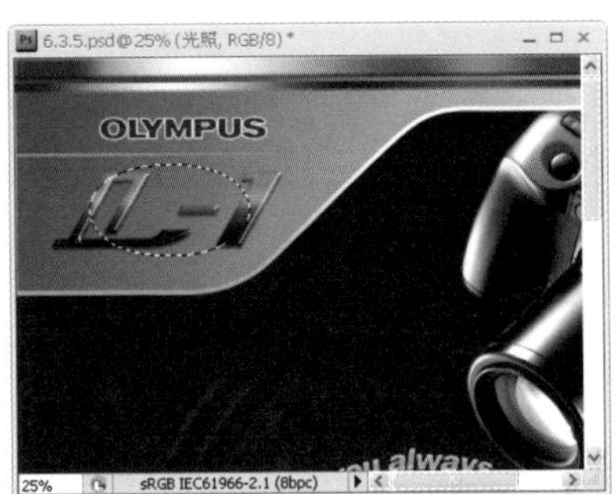

图6.152 创建椭圆选区

20 STEP 设置前景色为白色，在“分隔线”图层的下方创建出“光照”新图层，按Alt+Backspace快捷键在选区中填充白色，最后按Ctrl+D快捷键取消选区，如图6.153所示。

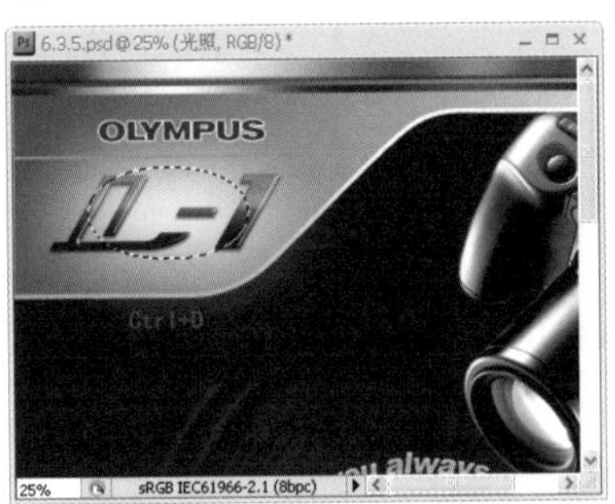

图6.153 填充光照效果

21 STEP 由于光照效果过于锐利，下面在【图层】面板中设置其图层混合模式为【叠加】，如图6.154所示。

图6.154 设置“光照”图层的混合模式

至此，数码相机杂志广告的设计已经全部完毕，最终效果如图6.72所示。

6.4 学习扩展

6.4.1 经验总结

杂志广告没有报纸的快速性、广泛性、经济性等优越性，但它有着自己的某些独特之处，下面对杂志广告的特点和优点进行总结。

- 针对性强：根据杂志类别不同，有着不同的办刊宗旨、内容和读者群。在杂志上发布广告能够有目的地针对市场目标和消费阶层，减少无目的性的浪费。
- 品质上乘：杂志广告图片印刷质量高、细密光滑、图像的还原效果好、视觉形象清晰、印刷工艺精美，可以刊登在杂志的封面、封底、封二、封三、中页版以及内文插页。杂志广告面积较大，甚至可以连登几页。其表现形式不受其他杂志内容的影响与局限，设计师可以尽情发挥，能够对商品进行详细的内容介绍。

- 多样性：由于杂志广告的设计无过多的硬性制约，所以表现形式较多元化，设计师甚至可以直接将封面形象标题、广告语、目录等元素作为杂志广告的主体；也可独占一页、跨页或者半页的篇幅刊载广告；还可以连载或者附上欣赏价值较高的明信片、贺卡、年历、插页等。当受众接受广告主这份情意后，在领略艺术魅力之余，潜移默化地接收了广告信息，并通过杂志的相互传阅、压在台板下、贴在墙上的插页经常被观摩，不断发挥广告的作用。

由于杂志广告的表现形式丰富，与读者观赏的视觉距离较近，受众可以静下心来细细阅读。正因为如此，设计师在确定作品的形式和内容时都要仔细推敲，以艺术性感觉为主，以读者最能接受的具体画面来呈现，吸引读者深入到广告中去。下面提出几个设计要点，以供读者参考。

- 主题清晰：杂志广告一般都以视觉化的形象在广告中表现出来，所以展示的主题必须清晰、明确，以高分辨率、精美印刷的实物样品为主要手段，塑造具有感染力的主体形象，以便达到准确介绍商品和促销的目的。
- 风格统一：在制定好作品风格后，无论是配色还是素材选择，都要注重整体的视觉效果，务必要层次分明、整体性强，将传递内容表达清楚，而且素材图像、标题、描述文字等设计元素要合理组织与编排，并通过关联的方式将其连接为一起，形成有机的整体。为了能衬托主题，色彩的配置应注意选择较柔的底色。当然，也要具体问题具体分析，根据实际需求恰当拿捏。
- 版面编排：杂志广告的版面设计应单纯、集中，通过背景环境的设计衬托出主题形象，还要注重标题的组合与设计，保证广告信息的层次清晰地传达。另外，杂志广告还可与其他技术结合，创新出更多的广告形式，但在设计时必须注意合理的版面分割。

6.4.2 创意延伸

自己动手实践是掌握技能最佳的方法，经过上述的学习后，读者可以根据本章相关的技巧自行设计一个类似的杂志广告。下面分别为上述两个范例作品制作创意延伸作品。

1 化妆品杂志广告

如图6.155所示的作品以一个护肤品作为产品对象，并根据产品的包装采用了粉红色作为作品的主色调。在作品的背景处理中，使用了羽化的手法，让背景看起来有一种朦胧的梦幻感觉。同时，作品两侧添加了多个有透明效果的圆作为装饰，增强了作品的这种梦幻感。

2 数码相机杂志广告

如图6.156所示为本章“数码相机杂志广告”的创意延伸作品，该作品延用了S形对称平行式的页眉和页脚版面。页面中央以5条胶卷带以45°平行排放，当中每条胶卷代表一种拍摄类型，包括动物类、风景类、人物类等。本作品的最大创意点在于相机照射到的胶卷即呈现彩色的图像效果，而照射不到的区域则仍然以黑白胶卷显示，寓意该款相机拥有让沉寂的万物回生、赋予艳丽色彩的超能力，从而给予广告受众深刻的印象。

图6.155 中页版杂志广告

图6.156 数码相机广告创意延伸

6.4.3 作品欣赏

下面介绍几种典型的杂志广告作品，以便大家设计时借鉴与参考。

1 笔记本杂志广告

如图6.157所示是一幅笔记本电脑杂志广告作品，该作品整体上使用了简约唯美的设计风格，大量使用翠绿色，配合商品本身的银白色，给人清爽的感觉，寓意了笔记本轻巧、便携的优点。另外，以绿叶边框配以朦胧的圆圈背景，主要为了突出商品屏幕能表现出艳丽的色彩效果。另外，多个透明的星星和音符元素从屏幕飘出，不仅使版面活跃起来，更寓意此商品能为购买者带来意想不到的感受，正如广告标题所语“Different feel”。

图6.157 笔记本杂志广告

2 杏花村楼盘杂志广告

如图6.158所示为杏花村楼盘杂志广告作品，在该作品中，颜色以建筑和自然环境的色调为主，其用意在于符合作品“建筑与生活的和美一依存”的宣传主题。不仅于此，作品在素材的选择上也花了一番心思，例如作品选择了建筑、马路、圆观、屋顶、花朵等素材，这些素材无不跟我们的生活息息相关，更加体现了作品主题和宣传的涵义。

图6.158 杏花村楼盘杂志广告

Chapter 07

包装广告设计

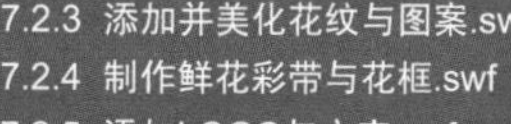

本章视频教学参见随书光盘： 视频\Chapter 07\

7.2.2 规划包装盒结构.swf
7.2.3 添加并美化花纹与图案.swf
7.2.4 制作鲜花彩带与花框.swf
7.2.5 添加LOGO与文字.swf

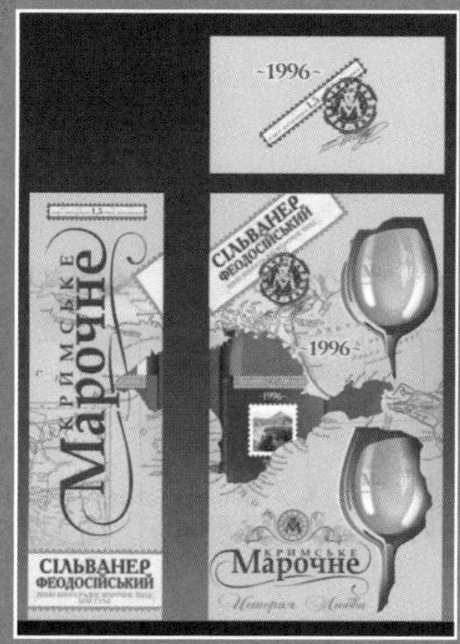

7.1 包装广告的基础知识

■ 7.1.1 包装广告的概述

俗语说：“人靠衣装，佛靠金装”，在广告之风袭卷全球的今天，商品也不甘落伍。包装是企业宣传、推荐产品的重要策略之一，精明的商家把产品的特点与介绍添加到其包装上，就称包装广告。产品包装是一门颇具特色的工业艺术，跻身于广告领域之中，有人甚至把包装广告称为“无声的推销员”。

包装广告是把商品介绍内容印在包装用的纸、盒、罐子或者标签上的广告方式，如图7.1所示，不仅具有亲切感，还可以随商品深入到消费者的家庭，而且广告费已经包含在包装的费用之中，对于商家来说，既方便又省钱。如今，大量的厂商干脆在商品的外包装，如塑料袋、提包等加印自己生产与经营的主要商品，扩大了包装的作用，此种广告形式主客两宜，获得了普遍好评。本节先来学习包装广告的一些基础知识。

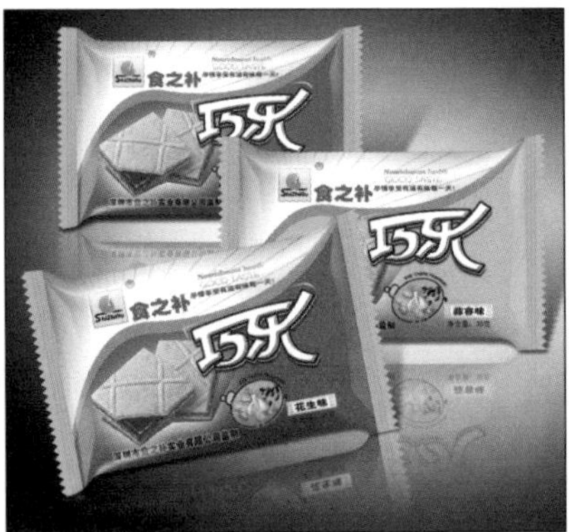

图7.1 各种各样的商品包装形式

■ 7.1.2 包装设计的功能与作用

包装是一件商品的外在感观形象，它可以代表一个商品，甚至可以代表一个品牌的形象。通过艺术观赏性强化包装视觉效应的同时，吸引消费者的注意力，引起购买商品的欲望，从而达到商家的促销目的。包装设计最重要的功能是保护商品，其次是美化宣传产品信息。不过在经济竞争日益激烈的市场中，包装设计慢慢朝广告宣传的方向发展，特别突出商品的信息与功能价值。下面通过物理、心理、生理与促销等多个方法介绍包装设计的几个主要功能。

- 物理功能——保护作用：商品的包装具有防震、防挤压、防潮、防霉、防腐蚀、防虫、防油、防紫外线、防盗等多项保护功能，如图7.2所示，在给商家带来效益的同时，也给消费者带来信赖感和安全感。
- 心理功能——启发作用：优秀的包装通过准确的定位、科学合理的结构、简明的配色、新颖的构图，可以迅速传播商品信息，如图7.3所示，从而刺激消费者的购买欲望和购买行为，而且能够经得住时间的考验。所以说好的包装作品可以潜移默化地起到宣传教育的作用。

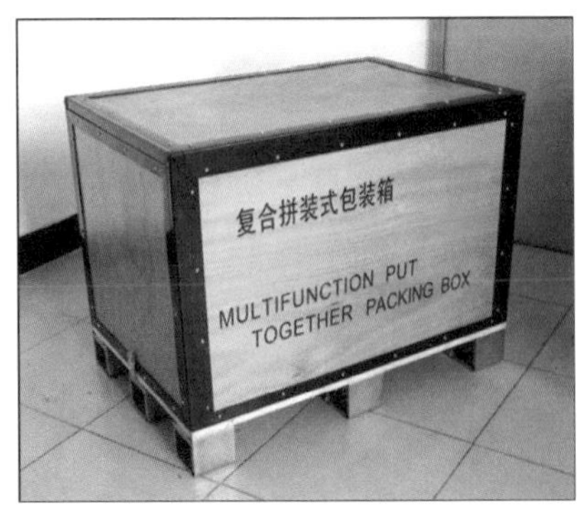

图7.2 复合拼装式包装箱

图7.3 优秀的商品包装

- 生理功能——便利作用：从消费者角度来看，包装商品应该便于携带、开启、使用、保存与回收等，如图7.4所示，并且要环保无污染。对生产商与经销商而言，包装的材料要易于成型、集装运输、方便陈列销售等，而这些都与包装材料的选择和运用、包装物的结构、容器图形的设计密切相关。
- 促销功能——传播作用：包装是生产商与消费者进行信息交流的介质，所以商品的包装通常以良好的视觉冲击来促使消费者购买，从防护作用和便利作用的前提上延伸出促销作用。商品销售量往往取决于该商品是否有较好的包装。比如在大型超市中，设计师竭力以醒目的文字、精美的造型和明快简洁的色彩等设计语言来宣传商品，如图7.5所示，以扩大包装本身的促销功能。

图7.4 包装给消费者带来的便利

图7.5 超市里精美的商品包装

7.1.3 包装设计的分类

不同的商品和商品本身不同的需求，需要各种不同的包装，所以包装设计的形式具有多样性、复杂性与交叉性。一般情况下包装设计分类不尽相同，下面针对产品包装设计的分类进行介绍，如表7.1所示。

表7.1 产品包装设计的分类

划分依据	类型
按目的分	销售包装、运输包装等
按包装形态分	箱、筒、听、罐、瓶、盒、管、袋等
按包装材料分	木质、纸质、塑料、金属、玻璃等
按包装结果分	手提式、可展开式、开窗式、折叠式、吊挂式、气结式等
按包装技术分	防潮、防锈、冲气、压缩、真空、无菌等
按包装物分	食品包装、药物包装、化妆品包装等
按包装层次分	内、中、外包装
按销售地区分	内销、外销包装等
按商品档次分	简易包装、普通包装、礼品包装等
按设计效果分	系列包装、组合包装等
按运输方式分	铁路、公路、航空、船舶运输等
按商品数量分	单件包装、姐妹包装、成组包装等
按使用单位分	军用包装、民用包装等
按使用次数分	一次性包装、复用包装等

其中销售包装又称为商业包装或小包装，以促进销售和便于使用为出发点，起着保护、美化和宣传商品的作用，是消费者挑选商品时作为认识、了解商品的首要依据。随着市场的发展，近年来出现不少兼顾销售包装与运输包装两种职能的包装设计，这类包装首先要满足运输包装的功能需求，然后扩展销售包装的功能需要。

7.1.4 包装设计的原则

成功的包装设计除了保护商品之外，还要充分体现其广告宣传价值。所以在包装设计的过程中应该遵循以下3项原则。

1 外观抢眼

促销商品的前提就是要先吸引消费者的注意，这点可以通过包装设计来实现，所以一个包装的造型、材料与颜色都非常重要。

- 包装的造型：新奇、有趣、别致的包装造型可以使消费者产生强烈的兴趣，从而产生对商品进行深入了解的冲动，增大购买的几率，如图7.6所示。
- 包装的材料：材料的选择对于包装设计而言也是举足轻重，比如选择有花边或者纹理的材料，可以提高商品的档次。
- 包装的色彩：从心理学的角度来说，色彩在销售过程中几乎起决定性作用，有市场专家提出销售的4种最佳用色为黑、白、红、蓝，它们是支配人类生活节奏的四大重要颜色，所以简明艳丽的配色可以锁住消费者的视线，引发其兴趣并产生好感，如图7.7所示。

图7.6 造型新颖的包装

图7.7 色彩艳丽的包装

- 包装的图案：把生产企业的LOGO或者专门设计的一些标志直接印到商品包装上，可较好地产生广告效应，使消费者更易记住，如图7.8所示。

2 清晰传达内容

好的包装除了通过造型、材料与色彩来吸引消费者对商品产生好感与兴趣外，还要把商品正面的、真实的信息内容传达给大众，使其准确理解该产品。这不仅要求设计者根据产品实际性质去选择设计风格，使包装与产品的档次相适应，还要求造型、色彩与图案等必须符合大众的习惯，以免误导消费者。如图7.9所示的食品包装较为直观地传达了该商品的实际内容。

图7.8 包装中的图案使用

图7.9 清晰传达商品信息的包装设计

3 争取好感

消费者之所以会对包装设计产生好感，除了包装设计实用方便外，主要是因为它能够满足其各方面的需求，这直接关系到包装的体积、容量与精美度等方面。所以设计师为商品设计包装前，必须先做好消费群体的准确定位，仔细分析使用人群的生活环境与风俗，以便最大程度地博得消费者的好感与支持。

7.2 食品包装设计

7.2.1 设计概述

本食品包装广告是为“第一轩”五星大酒店设计的一款中秋月饼包装盒，最终成果如图7.10所示。由于中秋节是中国人最重视的节日之一，在每年中秋前都会有较长的一段时间，亲朋好友之间通过赠送月饼的方式来进行问候，所以今时今日的月饼已经远远超出了食品的范畴，继而晋升为一种佳节送礼的礼品。在生活质量不断提高的今天，人们更加注重月饼的包装，有些甚至把月饼包装问题看成是身份的象征，越是富丽堂皇就越显得送礼者有气派。因此，生产商对于月饼的包装问题不容忽视，它不仅直接影响到月饼的销售量，还可以起到宣传广告的作用，比如消费者看到比较优秀的月饼包装时，首先会看看是哪里生产的，这大大有助于提升企业的形象。

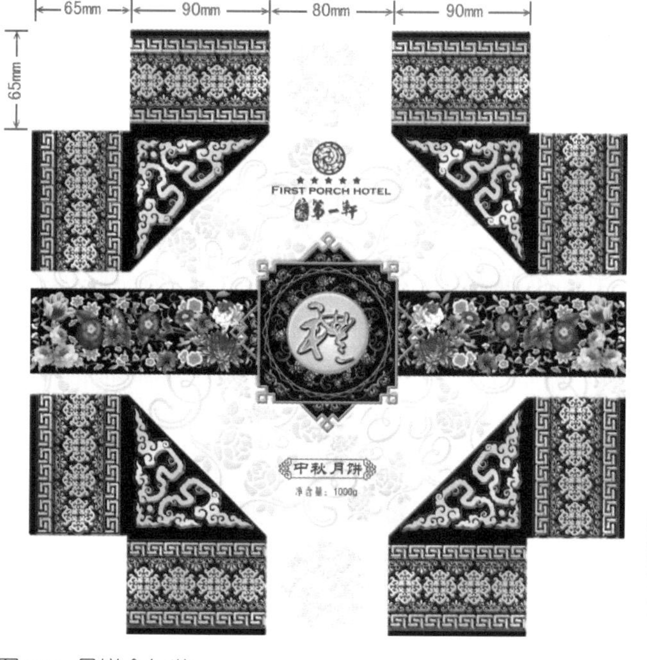

图7.10 月饼盒包装

尺　寸	豪华4粒装，成盒尺寸260mm×260mm×65mm，150像素/英寸（实际为300像素/英寸）
用　纸	157g进口铜版纸五色印刷，亚膜，印面纸裱2mm密度板
风格类型	中国风、华丽、典雅
创意点	❶以4个边角镶嵌与鲜花彩带营造礼品效果 ❷大量中国风的花纹与图案组合，营造出中秋节日气氛 ❸边角上的花纹呈浮雕铂金效果，彰显典雅华丽
配色方案	#FFFAC2　#FED722　#A7AA13　#E68900　#AD0A01　#000000
作品位置	实例文件\Ch07\creation\食品包装设计.psd 实例文件\Ch07\creation\食品包装设计.jpg 实例文件\Ch07\creation\食品包装设计_立体效果.jpg

由于中秋节是最具中国特色的节日之一，所以本包装设计以中国风为主，通过多种具备中国风格元素的图案、花纹编组出高贵典雅并饱含宫廷气派的月饼盒包装。下面通过包装盒的结构、花纹与图案、配色、LOGO与文字4个方面，详细地对本作品进行介绍。

- 包装盒的结构：本包装盒为4粒装月饼盒，其成盒尺寸为260mm×260mm×65mm的立方体，创意点在于4个边角与侧面，分别使用加厚铜版纸镶嵌于4个边角上，再配合中间的鲜花彩带与花框，犹如一个小礼品的包装效果，让收礼者倍感温馨。

- 花纹与图案元素：为了突出中国风，本例使用了较多的花纹与图案作为设计元素，包括祥云、玫瑰花纹、花框等。在正面的4个边角上分别加插了相应的祥云图案，而侧面以3种图案与花纹组合成侧面边纹，带出了常有的中秋气息。接着在浅黄背景上适当加插了淡淡的“玫瑰花球”花纹，使作品渗透着和谐之感。其最大的出彩点莫过于中间的鲜花彩带与花框图案了，由鲜花组配合多种边框图案，不仅增添了喜庆的味道，还洋溢着贵族的气派。
- 配色：本作品使用了浅黄（底色）、金黄（花纹）与黑色（边角）等色调，从色彩与情感的角度而言，黑色具有“寂静”的感情色彩，之所以用它，主要是为了高调衬托出铂金效果的花纹图案，尽显富贵、热烈、幸福、快乐之感，而且黑色的中间横条上配以鲜艳的花朵，以强烈的对比彰显富贵的情感。另外，花框中的浅黄到深黄的渐变填充，不仅产生了立体的拱面效果，还充斥着喜庆的气氛。
- LOGO与文字：为了充分表现该食品的商业价值，我们将一个书法字体的“礼”字素材加入至花框正中，然后添加多种图层样式，使其呈现浮雕状的黄金质地，大大提高商品的档次。另外，包装盒中当然少不了生产商的商标，所以将“第一轩”大酒店的LOGO放置于正面的中上方较为显眼的位置，然后在其下方绘制5颗五角星图案，以表示酒店的级别，接着加入中英文名称。其中在“第一轩”中文名称的左侧更精心设计了一个“香飘”印章，不仅符合主题，还使作品增添了古典韵味。

设计流程

本食品包装广告主要由“规划包装盒结构”→“添加并美化花纹与图案”→“制作鲜花彩带与花框”→“添加LOGO与文字”四大部分组成。其详细设计流程如图7.11所示。

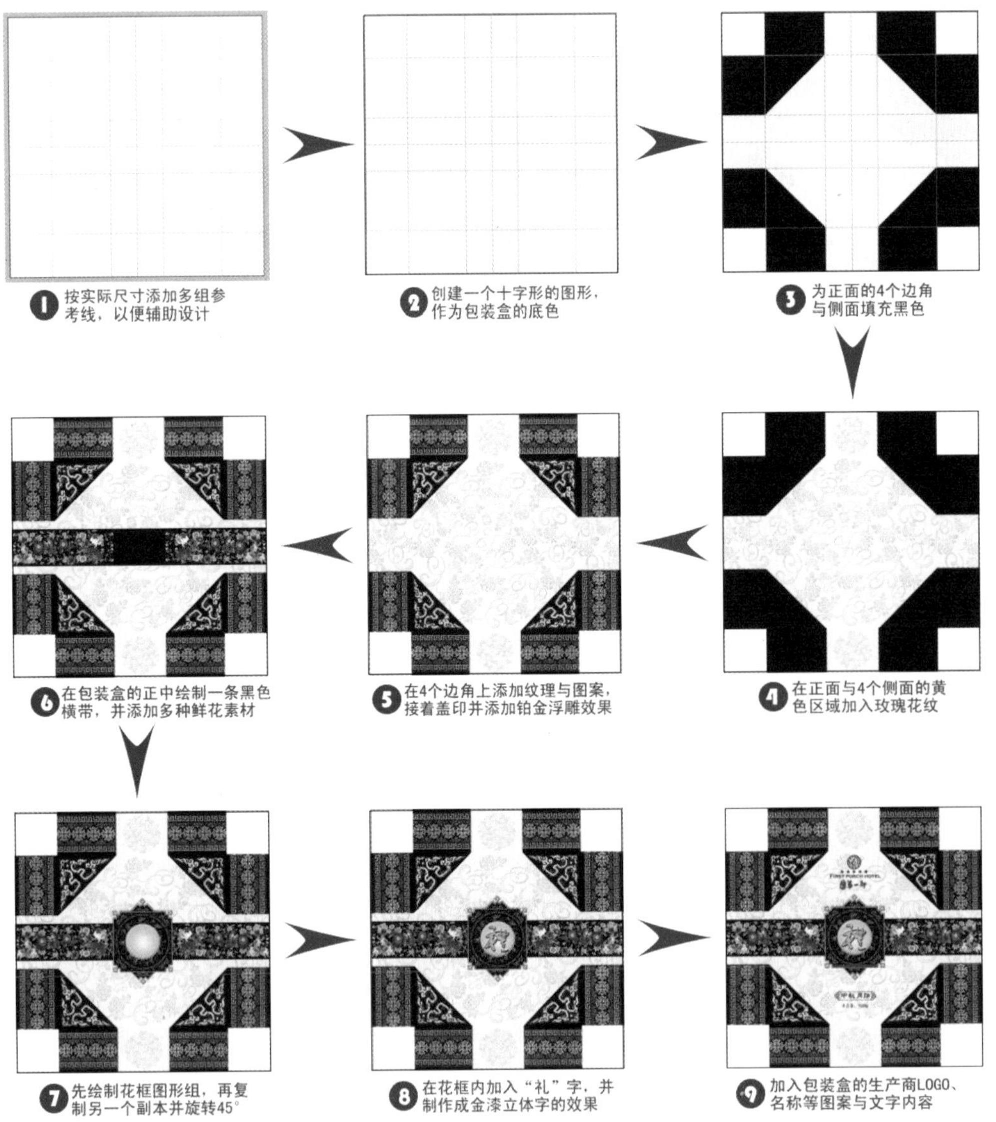

图7.11 食品包装广告设计流程

功能分析

- 参考线：划分版面结构并辅助设计。
- 【自定形状工具】：绘制侧面花纹图案与五角星。
- 【多边形工具】：绘制正八边形对象。
- 【矩形选框工具】与【矩形工具】：绘制版面中的黑色块，并绘制中间花框的形状。
- 【自由变换】命令：调整素材的大小、位置，并复制、旋转对象。
- 【钢笔工具】：绘制印章形状。
- 【图层样式】：添加各斜面和浮雕效果，并制作边角花纹的铂金效果以及花框的木质效果。
- 盖印图层：将绘制好的花纹、鲜花带、花框等元素盖印，然后复制到其他位置，保留原图层以作备用。

7.2.2 规划包装盒结构

设计分析

本小节先按照草稿中所定的尺寸添加6组水平和垂直参考线，然后以浅黄色的十字形作为包装盒底色，再添加4个黑色的形状作为边角，效果如图7.12所示。其主要设计流程为“添加参考线”→“绘制包装盒底色”→“绘制包装盒边角”，具体操作过程如表7.2所示。

图7.12 规划后的包装盒结构

表7.2 规划包装盒结构的流程

制作目的	实现过程
添加参考线	● 添加6条水平参考线 ● 添加6条垂直参考线
绘制包装盒底色	● 创建两个矩形选区并组合成十字形状 ● 在选区中填充浅黄色
绘制包装盒边角	● 创建包装盒边角的雏形 ● 编辑边角路径形状 ● 为包装盒的边角填充黑色 ● 复制另外3个边角图层，并合成一个边角图层

制作步骤

01 STEP 选择【文件】|【新建】命令，打开【新建】对话框，输入名称为“规划包装盒结构”，再自定义宽度为390mm、高度为390mm、分辨率为150像素/英寸、背景内容为【白色】，最后单击【确定】按钮，如图7.13所示。

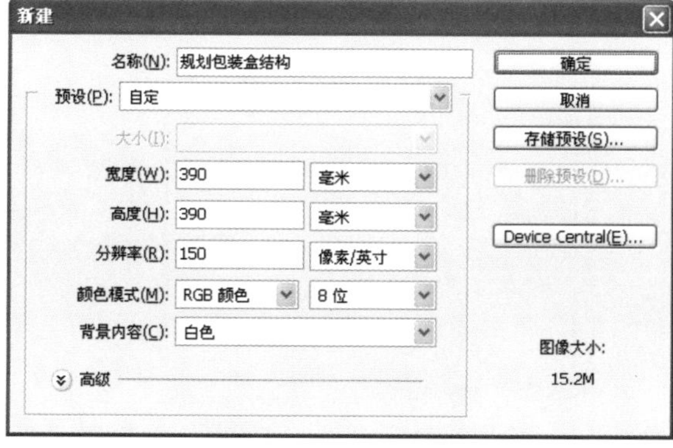

图7.13 按照包装盒的尺寸创建新文件

专家提醒

在制作印刷平面作品时，要记住预留3mm左右的出血位置，本例为了方便计算各参考线的刻度，所以忽略此重要设计惯例。另外，为了减小文件，本例将分辨率从300像素/英寸降低至150像素/英寸，以便读者练习。

按Ctrl+R快捷键显示标尺，设置显示比例为3200%，然后根据表7.3所示添加多条水平与垂直参考线，结果如图7.14所示。

表7.3 参考线刻度

水平参考线（mm）	0	65	155	235	325	390
垂直参考线（mm）	0	65	155	235	325	390

专家提醒

如果标尺显示的单位不是毫米，可以选择【编辑】|【首选项】|【单位与标尺】命令，打开【首选项】对话框，在【单位】选项组中打开【标尺】下拉列表，选择【毫米】选项。

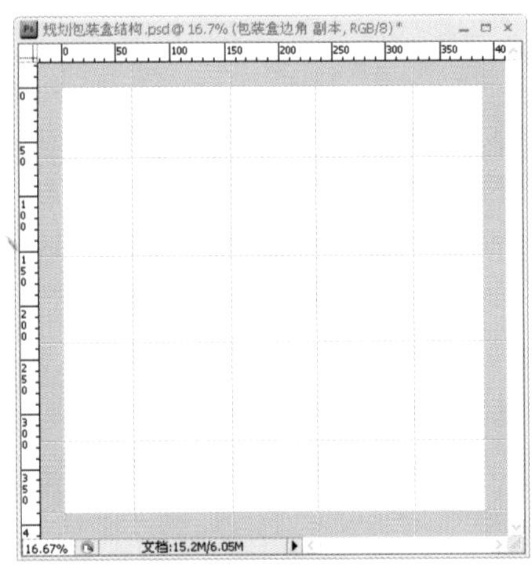
图7.14 添加参考线后的结果

03 STEP 选择【视图】|【对齐到】|【参考线】命令，然后使用【矩形选框工具】在第二条与第五条垂直参考线之间创建出竖向的矩形选区，接着按住Shift键切换至【添加到选区】模式，在第二条与第五条水平参考线之间添加一个横向的矩形选区，组成一个十字形的选区形状，最后创建“包装盒底色”新图层，填充【#fffac2】的浅黄色并取消选区，如图7.15所示。

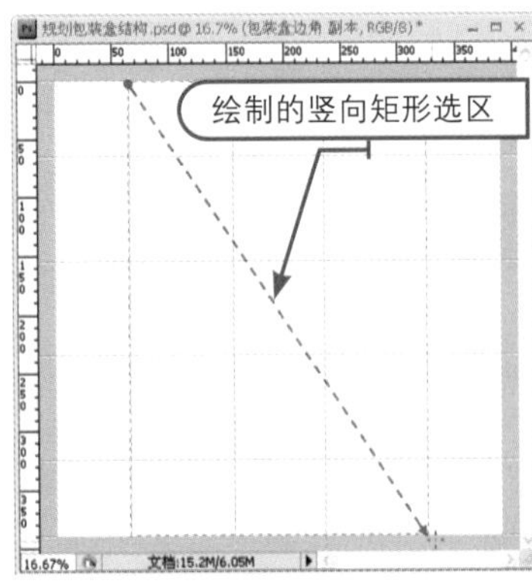

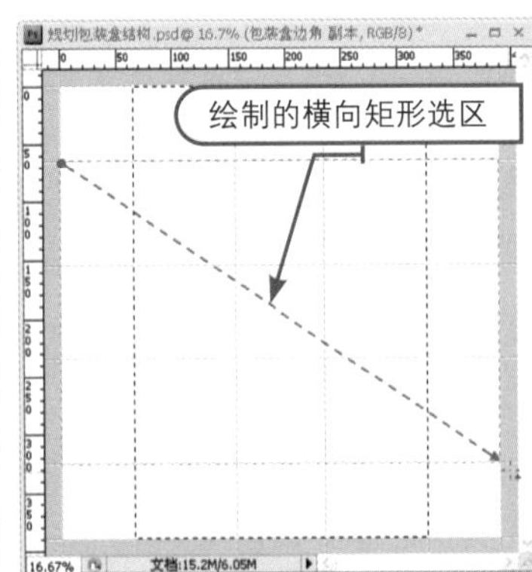

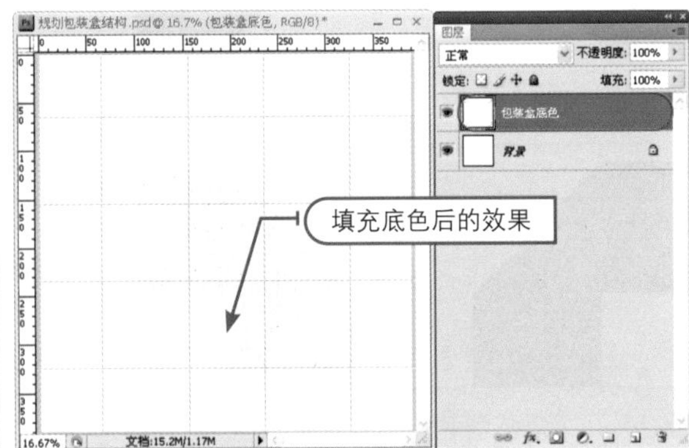

图7.15 创建并填充包装盒背景

04 STEP 选择【矩形工具】并选择【路径】绘图模式，然后在选项栏中单击【添加到路径区域】按钮，贴紧参考线创建出3个矩形路径形状，如图7.16所示。

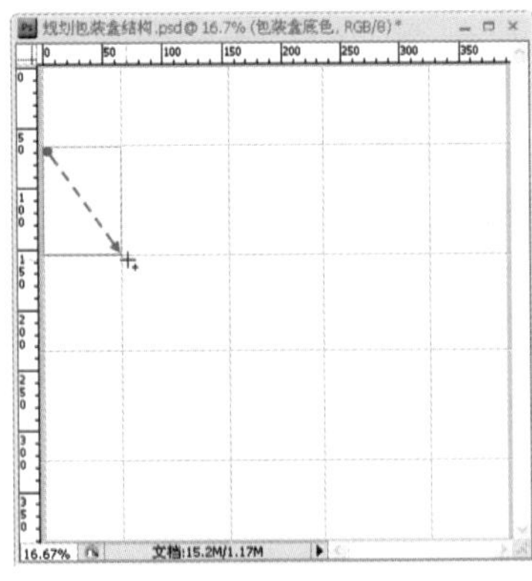
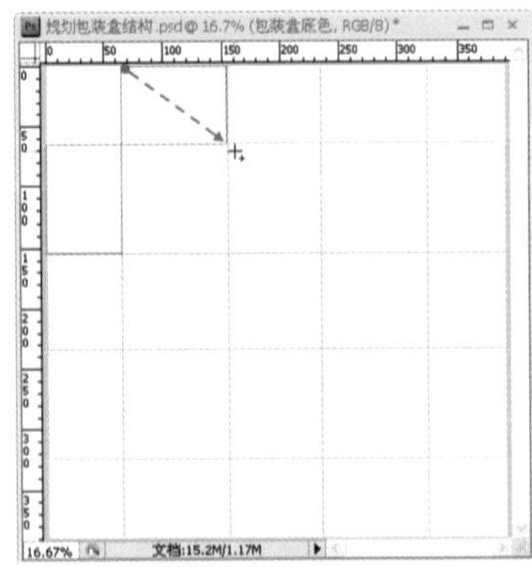
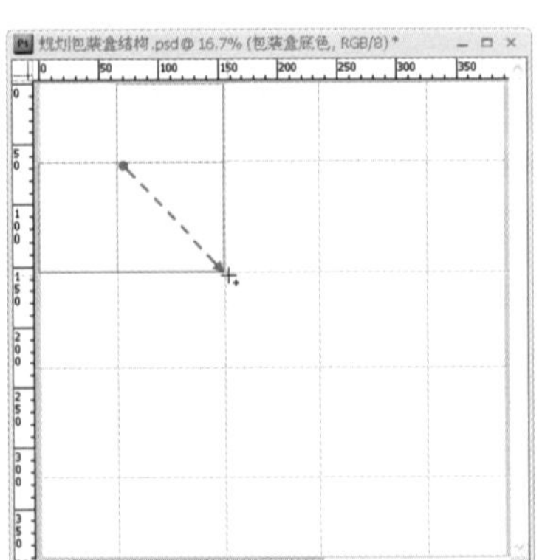
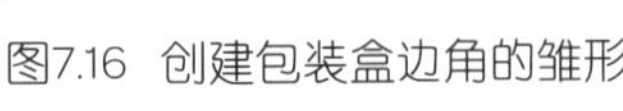
图7.16 创建包装盒边角的雏形

05 STEP 使用【路径选择工具】单击右下方的矩形路径，然后选择【删除锚点工具】单击该路径右下角的锚点，通过删除锚点的方法将原来的矩形路径变成三角形路径，如图7.17所示。

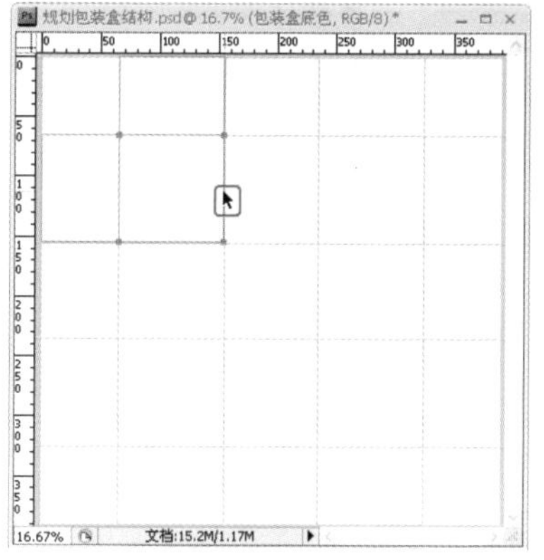
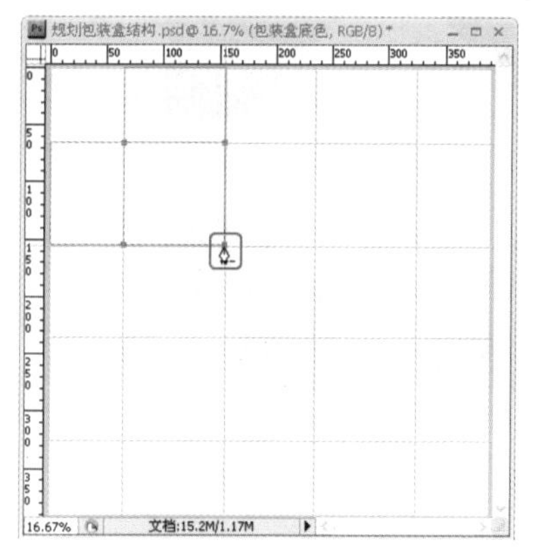
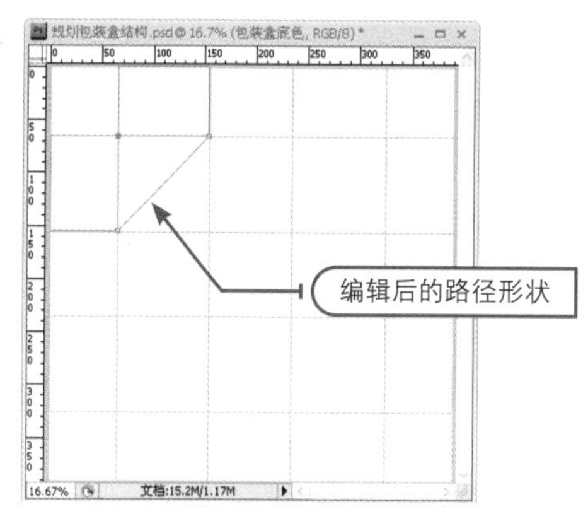

图7.17 编辑路径形状

06 STEP 在【路径】面板中双击当前的“工作路径”，在打开的【存储路径】对话框中输入名称为“包装盒边角形状”，最后单击【确定】按钮，如图7.18所示。

07 STEP 创建“包装盒边角”新图层，然后设置前景色为黑色，在【路径】面板中选择“包装盒边角形状”并单击【用前景色填充路径】按钮，如图7.19所示，最后单击【路径】面板的空白处，取消“包装盒边角形状”路径的选择状态。

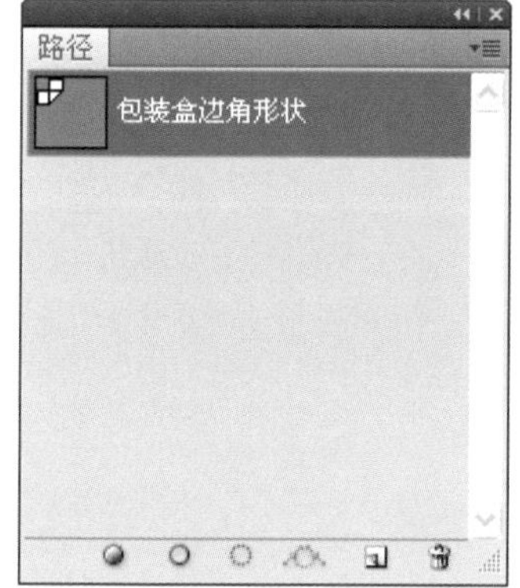

图7.18 存储包装盒边角形状路径

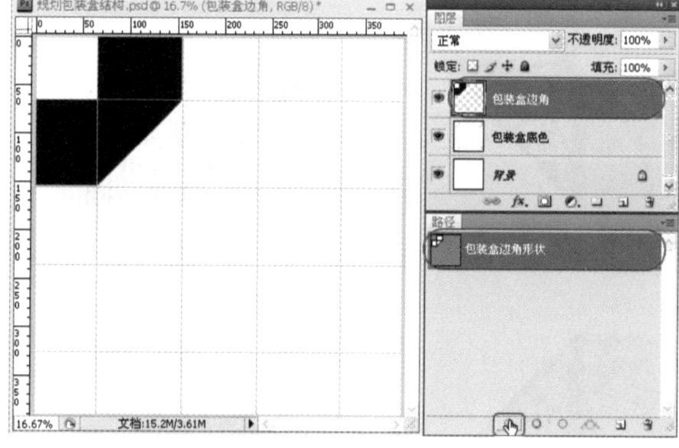

图7.19 为包装盒的边角填充黑色

08 STEP 添加水平（195mm）与垂直（195mm）两条中心参考线。将“包装盒边角”图层拖至【创建新图层】按钮上，复制出“包装盒边角 副本”新图层，再按Ctrl+T快捷键将参考点定位于两条中心参考线的交点，即包装盒的中点处（X：1151.5px；Y：1151.5px），然后设置旋转角度为90°，如图7.20所示，最后按Enter键确认旋转。

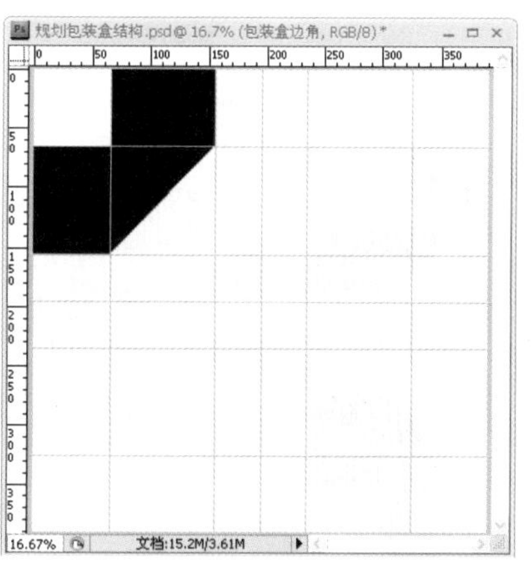
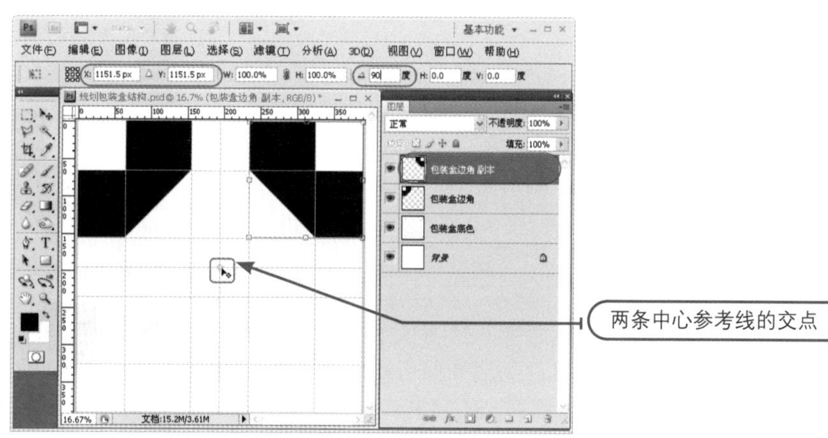

图7.20 复制并旋转“包装盒边角 副本”图层

09 STEP 连续按两次Alt+Ctrl+Shift+T快捷键，根据上一步骤指定的参考点与旋转角度，复制出“包装盒边角 副本2”与“包装盒边角 副本3”两个新图层，接着选择4个“包装盒边角”图层，按Ctrl+E快捷键将其合并，并将名称更改为“包装盒边角”，如图7.21所示。

至此，包装盒的结构已经划分好，其效果如图7.12所示。

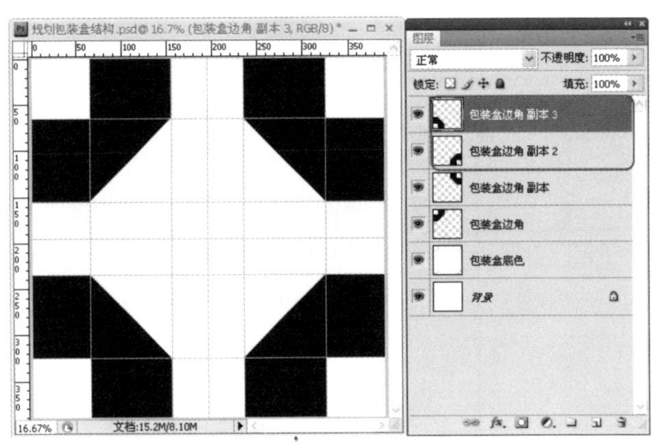

图7.21 复制并合并包装盒边角图层

7.2.3 添加并美化花纹与图案

设计分析

本例的包装盒以花纹与图案为主要特色，本小节首先添加“玫瑰花球”，再复制并自由变换于底面的各个区域上，接着绘制4个边角的花纹效果并美化处理，其效果如图7.22所示。其主要设计流程为“加入‘玫瑰花球’底纹”→“添加边角花纹”→“美化边角花纹”，具体实现过程如表7.4所示。

图7.22 添加并美化花纹与图案后的效果

表7.4 添加并美化花纹与图案的流程

制作目的	实现过程
加入“玫瑰花球”底纹	● 加入“玫瑰花球”素材 ● 复制“玫瑰花球”填充包装盒的左右侧面 ● 复制、缩小“玫瑰花球”填充包装盒的上下侧面 ● 盖印“玫瑰花球”图层并添加斜面和浮雕效果
添加边角花纹	● 加入“角花纹”素材 ● 加入、对齐与分布“侧面图案”对象 ● 绘制“侧面花纹”对象 ● 绘制“侧面边纹”对象 ● 盖印“边角花纹”图层 ● 复制其他三角的边角花纹效果 ● 合并“边角花纹盖印”图层
美化边角花纹	● 为“边角花纹盖印”图层添加【斜面和浮雕】图层样式 ● 为“边角花纹盖印”图层添加【颜色叠加】图层样式 ● 镂空“包装盒边角”图层 ● 为“包装盒边角”图层添加【斜面和浮雕】图层样式

制作步骤

01 STEP 打开“7.2.3.psd”练习文件，然后创建“玫瑰花球”图层组，接着打开“玫瑰花球.psd”素材文件，使用【移动工具】将“玫瑰花球”图层拖至练习文件的“玫瑰花球”图层组中，设置其不透明度为15%，如图7.23所示。

02 STEP 复制出“玫瑰花球 副本”图层，按Ctrl+T快捷键执行【自由变换】命令，再将其水平移至右侧，以填满包装盒右侧的浅黄底色部分，但不能与上一步骤加入的图层重叠。使用同样方法再复制“玫瑰花球 副本2”图层，水平移至左侧，其移动的数值如图7.24所示。

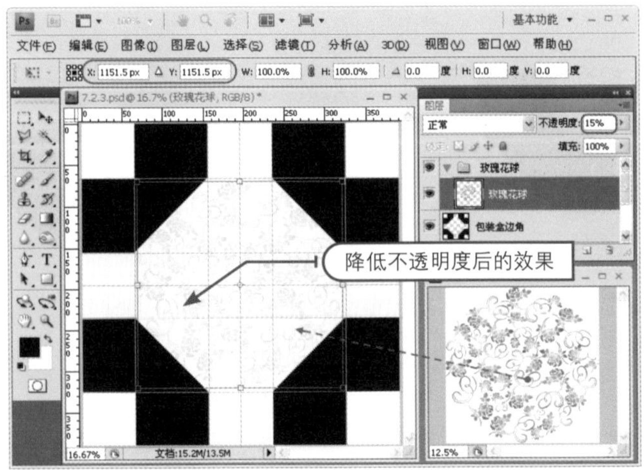

图7.23 加入“玫瑰花球”素材

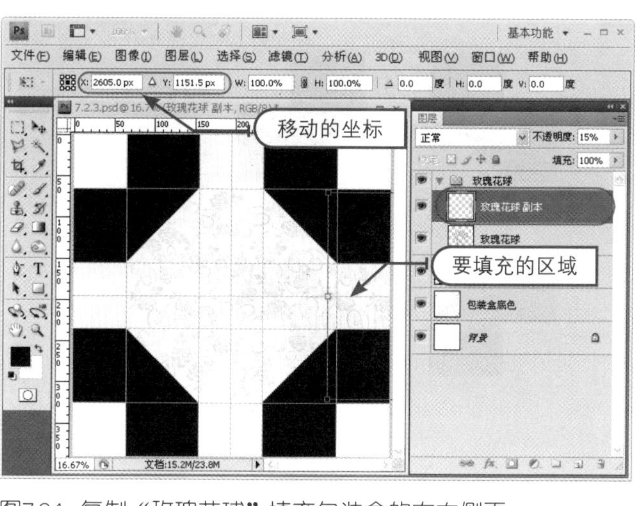

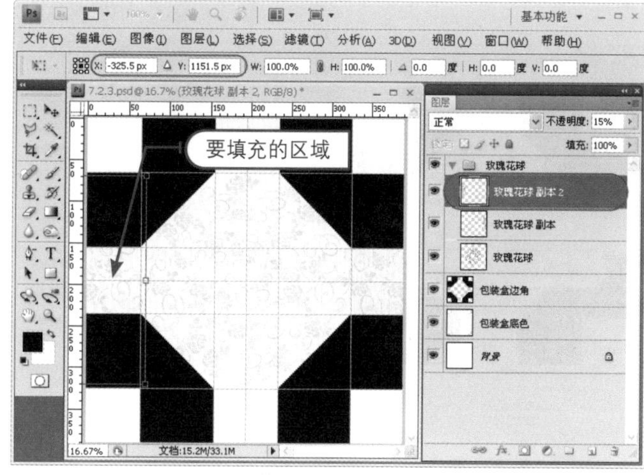

图7.24 复制“玫瑰花球”填充包装盒的左右侧面

03 STEP 将“玫瑰花球 副本2”图层拖至【创建新图层】按钮上，复制出“玫瑰花球 副本3”图层，然后按Ctrl+T快捷键缩小并移至包装盒下侧面的浅黄色区域。接着将“玫瑰花球 副本3”图层拖至【创建新图层】按钮上，复制出“玫瑰花球 副本4”图层，再按Ctrl+T快捷键将其移至包装盒上侧面的浅黄色区域并旋转180°，如图7.25所示。

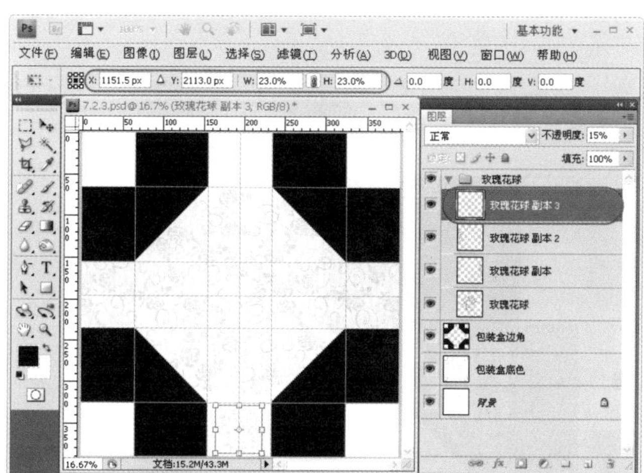

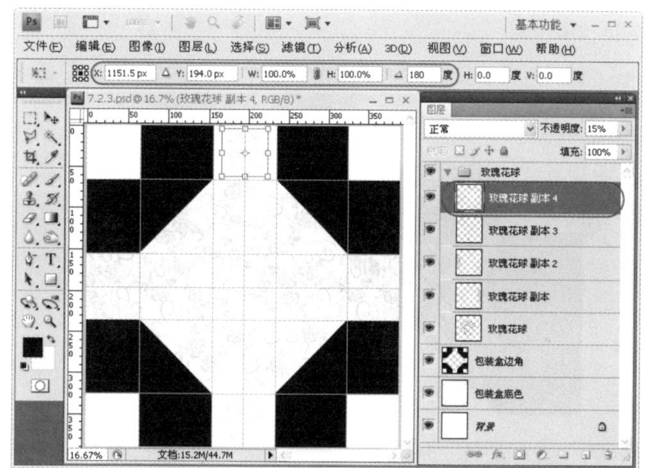

图7.25 复制、缩小“玫瑰花球”填充包装盒的上下侧面

04 STEP 暂时隐藏“包装盒边角”、“包装盒底色”与“背景”3个图层（“玫瑰花球”图层组以外的所有图层），按Alt+Ctrl+Shift+E快捷键盖印所有“玫瑰花球”图层，接着双击盖印的图层，为其添加【斜面和浮雕】图层样式，如图7.26所示。

05 STEP 先将上一步骤隐藏的图层重新显示，由于创建了盖印层，所以把5个“玫瑰花球”图层隐藏掉，最后将“玫瑰花球”图层组拖至“包装盒边角”图层之下，使包装盒的边角遮住玫瑰花球，如图7.27所示。

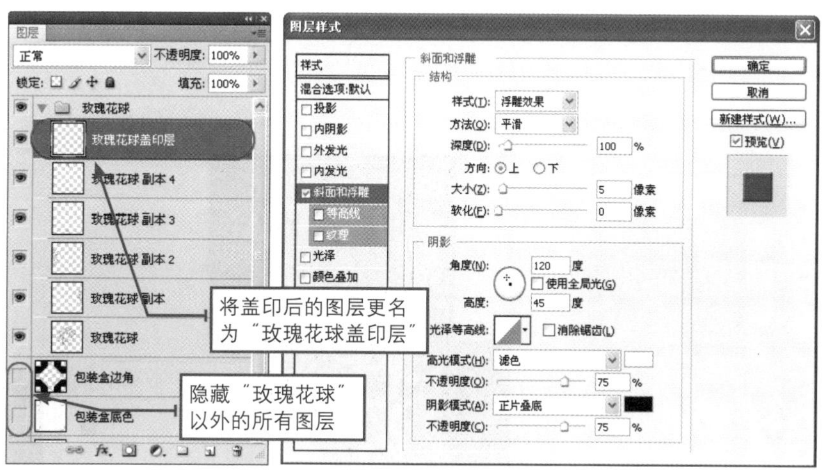

图7.26 盖印“玫瑰花球”图层并添加斜面和浮雕效果

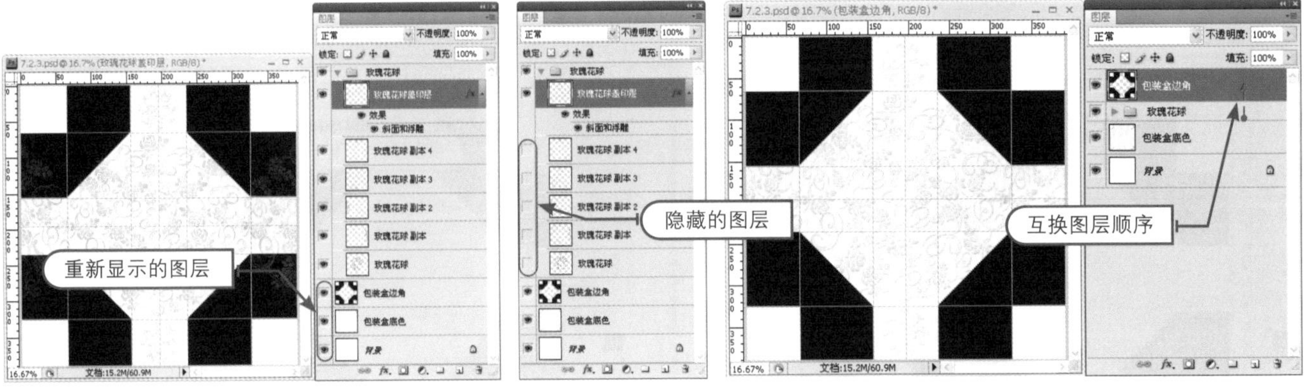

图7.27 调整图层的显示/隐藏状态与顺序

专家提醒

由于已经创建了盖印层，所以无须显示盖印前的各图层对象。如果将其合并或者删除，的确可以简化图层组的管理，但不利于后期修改作品，所以我们通常将盖印过的图层隐藏备用。

06 STEP 创建"边角花纹"图层组，然后打开"角花纹.psd"素材文件，使用【移动工具】将"角花纹"图层拖至练习文件中，最后调整大小与位置，如图7.28所示。

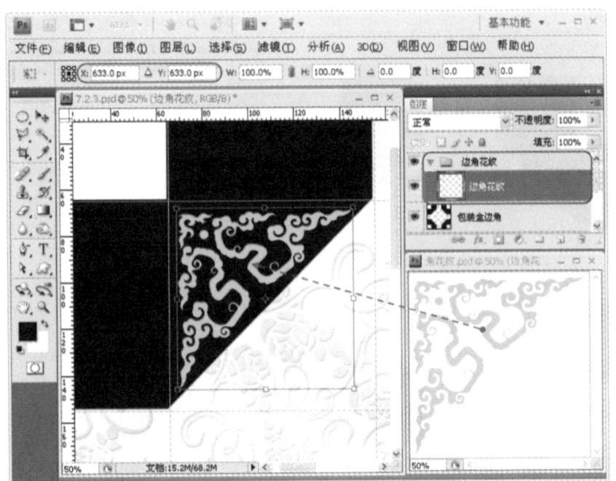

图7.28 加入"角花纹"素材

07 STEP 打开"侧面图案.psd"素材文件，并将"侧面图案"图层加至"边角花纹"图层组中，然后使用【自由变换】命令将其大小等比例缩小至48%，再调整位置，如图7.29所示。

图7.29 加入并调整"侧面图案"素材

08 STEP 复制出3个"侧面图案 副本"图层，然后使用【移动工具】配合Shift键将最上方的"侧面图案 副本3"图层水平拖至合适位置，接着按住Ctrl键选中所有"侧面图案"，在【移动工具】选项栏中单击【水平居中分布】按钮，分布复制的"侧面图案"图层，如图7.30所示。

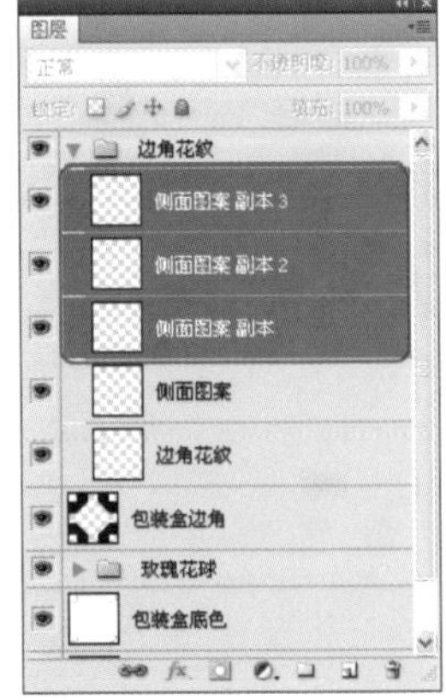

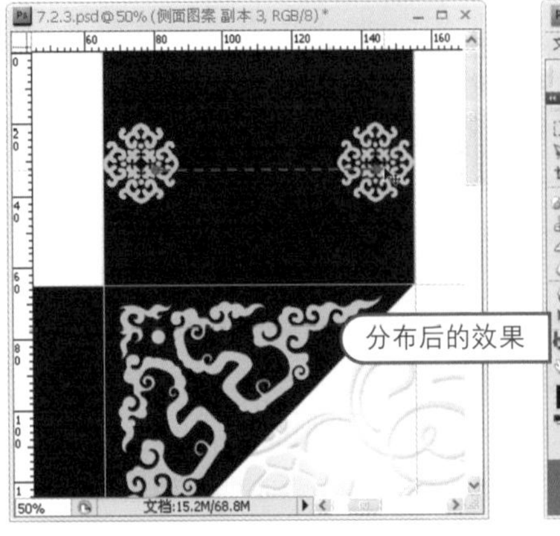

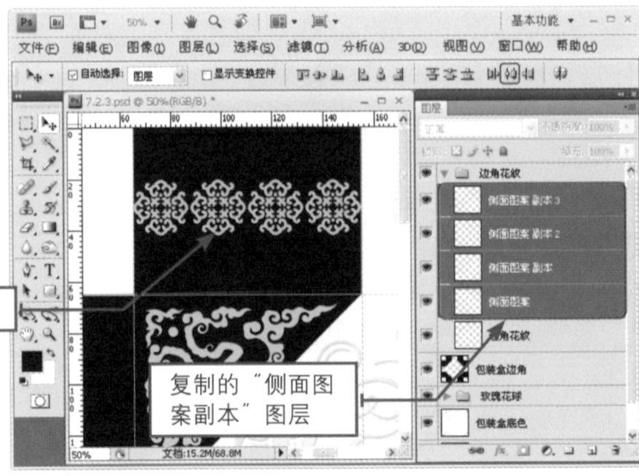

图7.30 复制、移动与分布"侧面图案"对象

09 STEP 选择【自定形状工具】，然后通过工具选项栏追加【装饰】形状组，如图7.31所示。

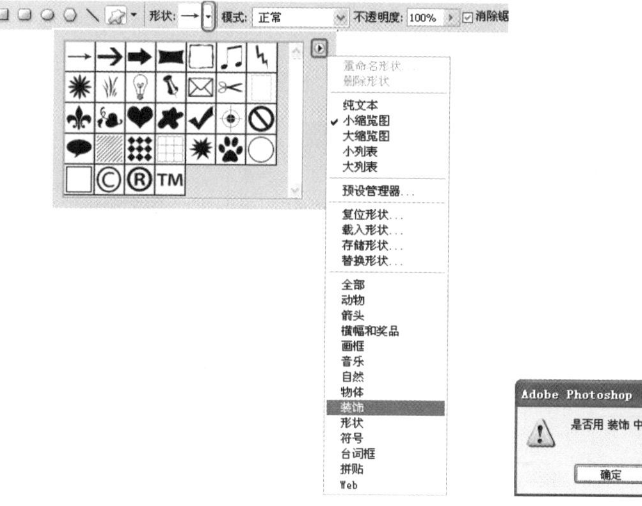

图7.31 追加【装饰】自定形状组

10 STEP 设置前景色为【#fed30a】并在选项栏中单击【填充像素】按钮，选择"饰件5"形状，再创建出"侧面花纹"新图层，然后在第一、第二个侧面图案之间的下方按住Shift键绘制出花纹形状，如图7.32所示。

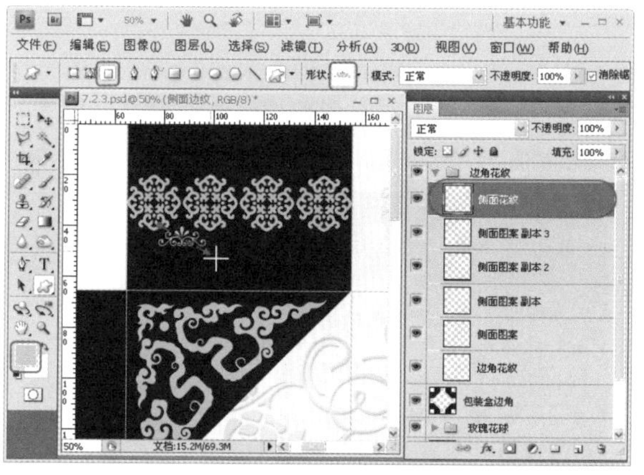

图7.32 绘制"侧面花纹"对象

11 STEP 使用步骤（8）的方法复制并分布其他3个"侧面花纹 副本"图层，如图7.33所示。

图7.33 复制并分布"侧面花纹 副本"图层

12 STEP 先选择最右侧的"侧面花纹 副本3"图层，然后使用【矩形选框工具】贴紧第三条垂直参考线创建矩形，将超出边角范围的其中一半"侧面花纹"选中。接着分别按Ctrl+X与Ctrl+V快捷键，将选区中的对象剪切并粘贴成"图层1"，最后移到对齐的另一侧，填补空缺，如图7.34所示。

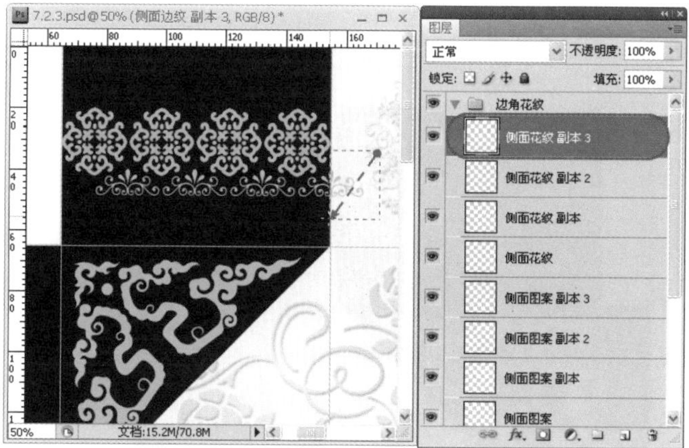

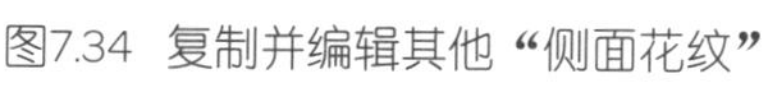

图7.34 复制并编辑其他"侧面花纹"

13 STEP 按住Ctrl键的同时选中5个"侧面花纹"图层，按Ctrl+E快捷键合并成一个新图层，并更名为"侧面花纹−内"，接着复制出"侧面花纹−内 副本"图层，选择【编辑】|【变换】|【垂直翻转】命令，并将其移到对称的另一侧，最后更名为"侧面花纹−外"，如图7.35所示。

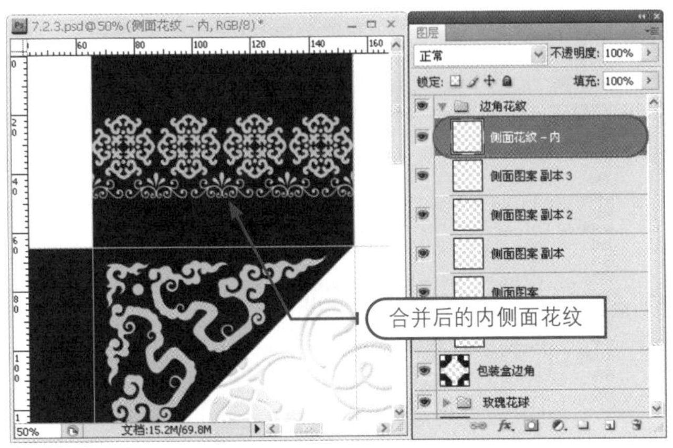

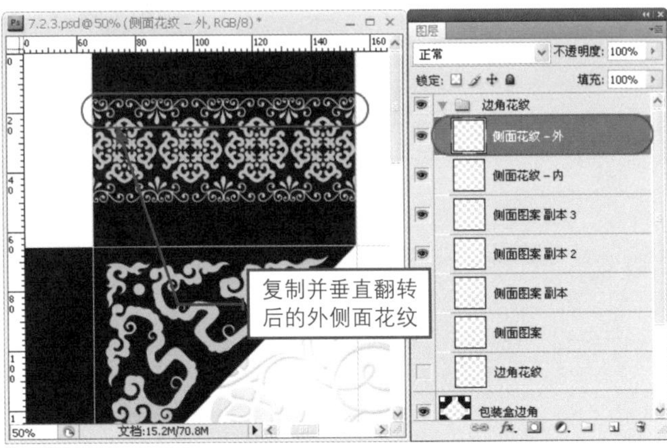

图7.35 复制外侧的"侧面花纹"对象

专家提醒

如果读者已经掌握步骤（9）～（12）的设计方法，可以从"实例文件\Ch07\images\"文件夹中打开"侧面花纹.psd"素材文件，将多个组成"侧面花纹"的图层合并，然后加至练习文件中，以便继续练习。

14 STEP 保持黄色的前景色不变，创建出"侧面边纹"新图层，选择【自定形状工具】，在选项栏中单击【填充像素】按钮，接着追加【拼贴】形状组并选择【拼贴5】形状，在外侧面花纹的上方绘制出"侧面边纹"对象，如图7.36所示。

图7.36 追加【拼贴】形状组并绘制"侧面边纹"对象

15 STEP 使用步骤（11）～（13）的方法复制3个"侧面边纹"图层，接着合并成单一图层，然后复制一栏的"侧面边纹"，不执行【垂直翻转】命令，再使用【移动工具】移到对象的一侧，如图7.37所示。

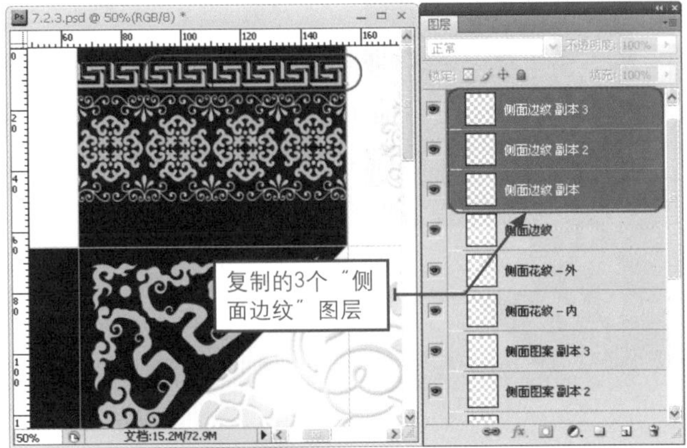

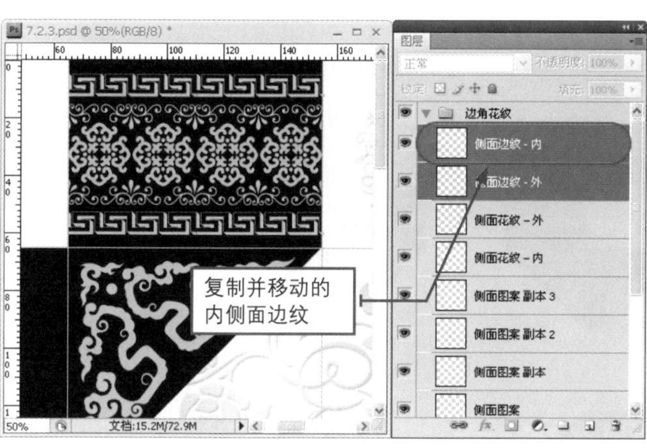

图7.37 制作“侧面边纹”栏

专家提醒

如果读者已经掌握步骤（14）～（15）的设计方法，可以从“实例文件\Ch07\images\”文件夹中打开“侧面边纹.psd”素材文件，将多个组成“侧面边纹”的图层合并，然后加至练习文件中，以便继续练习。

16 STEP 在"边角花纹"图层组中按住Ctrl键选中除"边角花纹"图层以外的所有图层，单击【链接图层】按钮，接着创建出"边纹"图层组，将链接后的图层拖至"边纹"图层组中，如图7.38所示。

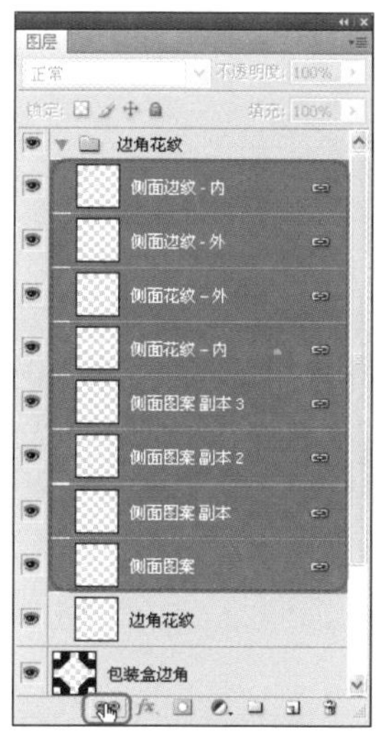

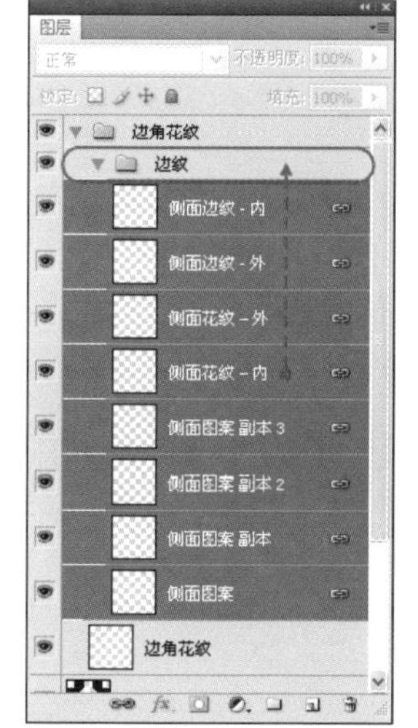

图7.38 链接图层

17 STEP 将"边纹"图层组拖至【创建新图层】按钮上，复制出"边纹 副本"图层组，然后按Ctrl+T快捷键，先将"参考点"的中心设置在（X：191.9px；Y：191.9px）的位置，然后将复制的所有对象旋转90°，竖放于左下方的侧面上，如图7.39所示。

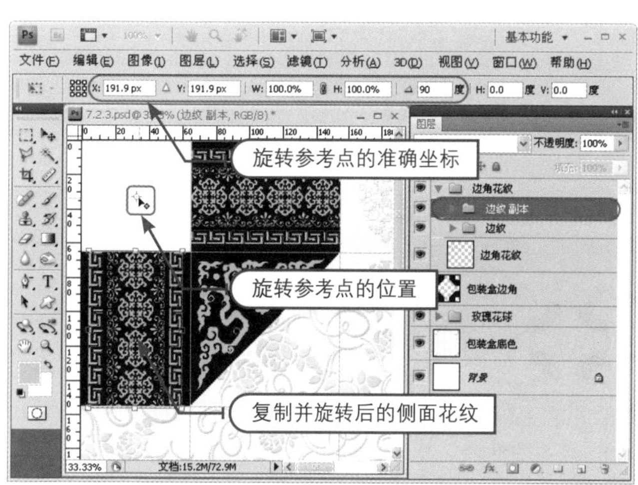

图7.39 复制并旋转另一个侧面花纹组

18 STEP 将"边角花纹"图层组以外的所有图层暂时隐藏，然后按Alt+Ctrl+Shift+E快捷键盖印出"边角花纹"图层，并重命名为"边角花纹 － 左上"，如图7.40所示。

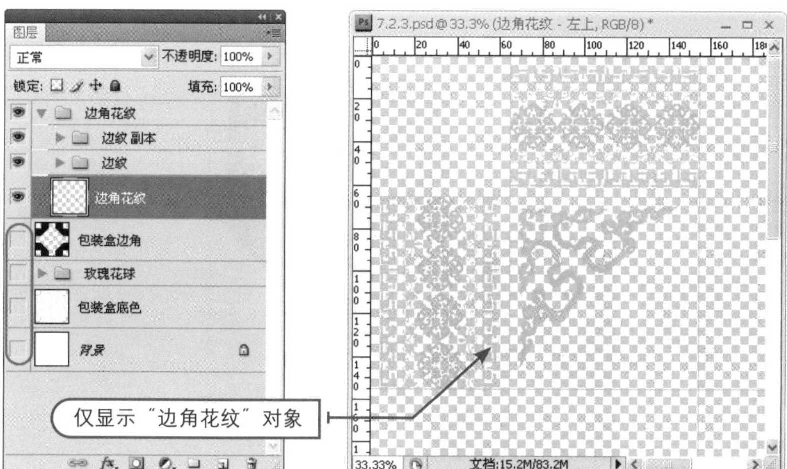

图7.40 盖印“边角花纹”图层

19 STEP 显示原来隐藏的图层，复制出“边角花纹 – 左上 副本”图层，使用【自由变换】命令先设置“参考点”于（X：1151.5px；Y：1151.5px）的位置，然后将其旋转90°，放置于右上边角上。最后按两次Alt+Ctrl+Shift+T快捷键复制下方两个边角的边角花纹并重命名图层，如图7.41所示。

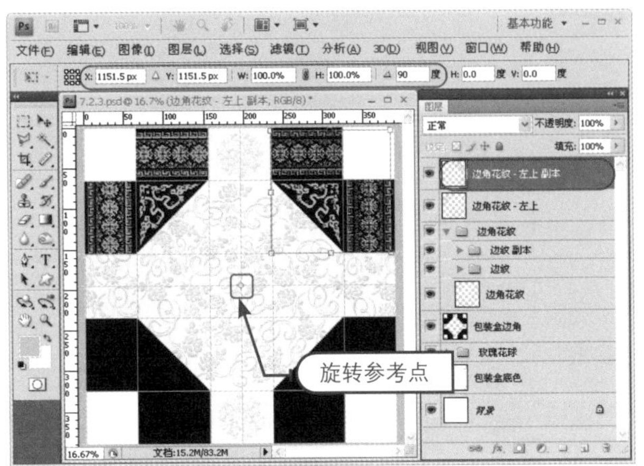

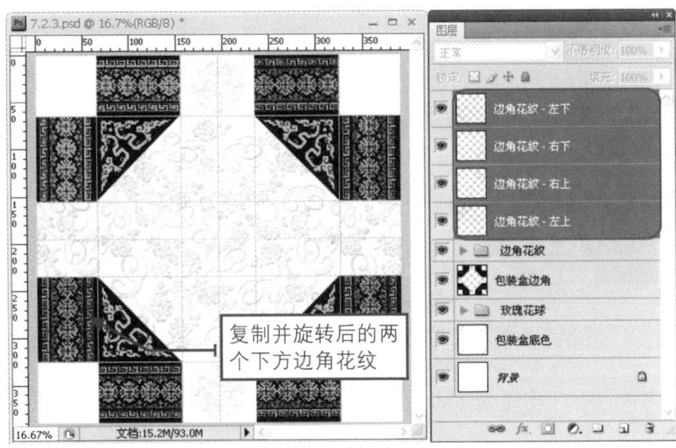

图7.41 复制其他3个边角花纹

20 STEP 按住Ctrl键选中4个“边角花纹”（左上、右上、右下、左下）图层，按Ctrl+E快捷键合并成一个图层，并重新更名为“边角花纹 – 盖印”，接着隐藏“边角花纹”图层组，如图7.42所示。

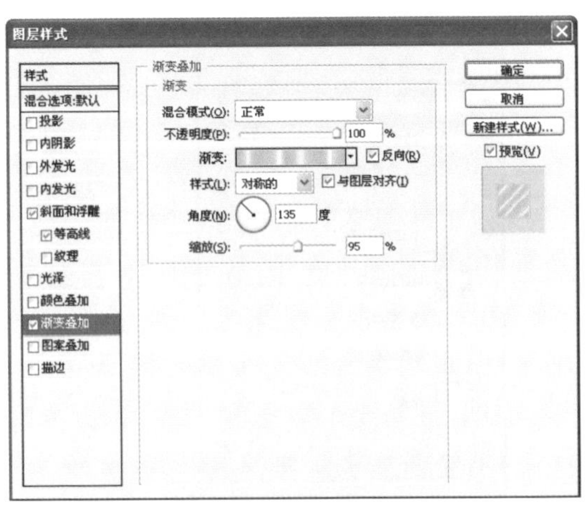

图7.42 合并“边角花纹－盖印”图层

21 STEP 双击“边角花纹－盖印”图层，打开【图层样式】对话框，然后设置【渐变叠加】图层样式如图7.43所示。其中渐变颜色的属性设置如表7.5所示。

表7.5 渐变属性设置

色标	颜色	位置
1	#fed100	0%
2	#ffffff	14%
3	#fed100	23%
4	#fff5c8	42%
5	#fed100	54%
6	#fef8de	61%
7	#fed100	82%
8	#fff5c8	90%
9	#fed100	100%

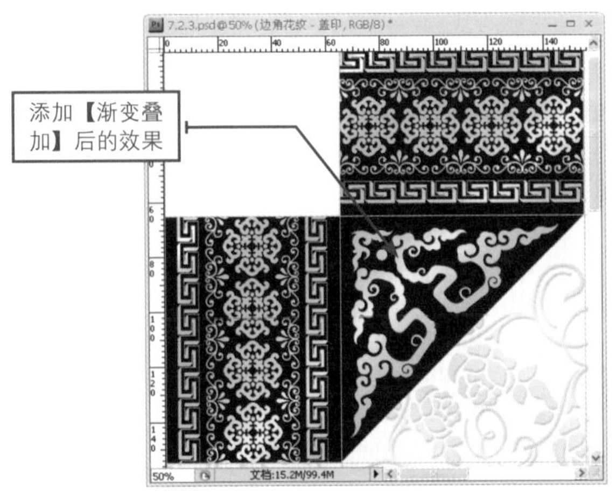

图7.43 添加【颜色叠加】图层样式

22 STEP 按住Ctrl键单击“边角花纹 － 盖印”图层，载入花纹选区，然后选择“包装盒边角”图层，按Delete键将选区内容删除，最后按Ctrl+D快捷键取消选择，如图7.44所示。

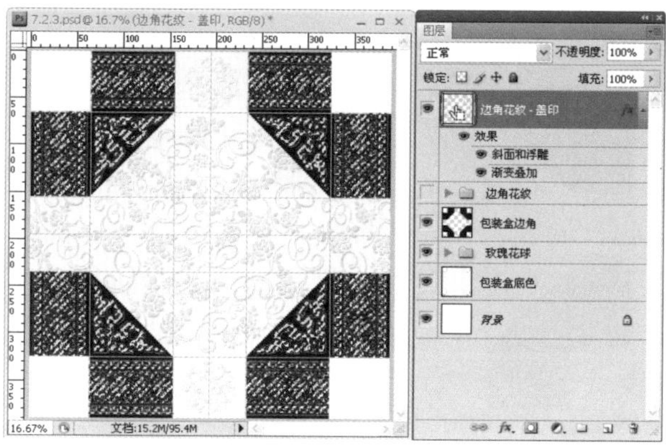

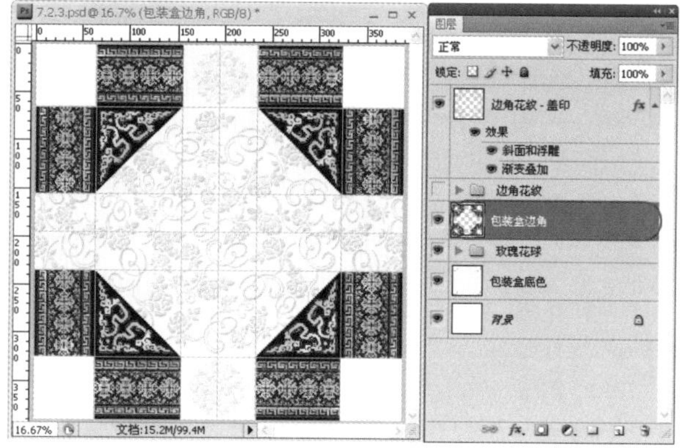

图7.44 镂空“包装盒边角”图层

23 STEP 双击“包装盒边角”图层，打开【图层样式】对话框，然后设置【斜面和浮雕】属性如图7.45所示，增强花纹的立体效果。

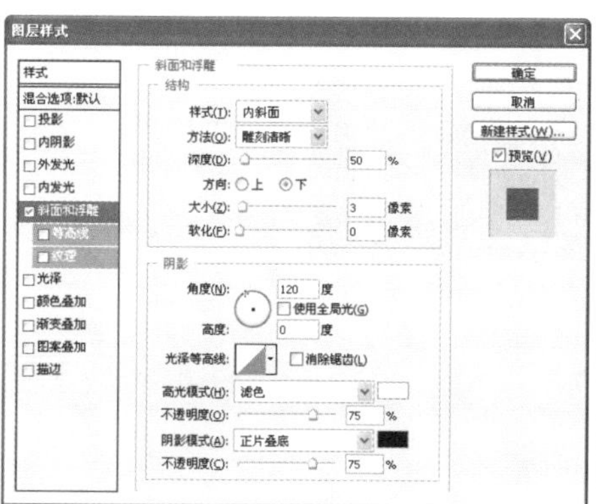

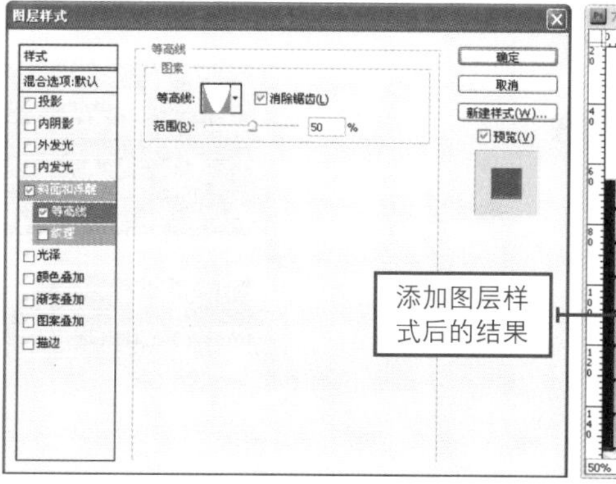

图7.45 为“包装盒边角”图层添加【斜面和浮雕】效果

至此，添加并美化花纹与图案的操作已经完成，其效果如图7.22所示。

7.2.4 制作鲜花彩带与花框

设计分析

本小节先绘制黑色横条，然后在其上面添加多个鲜花素材，接着绘制两个黑底的花框，放于鲜花彩带的中心，效果如图7.46所示。其主要设计流程为“制作鲜花彩带”→“绘制与美化花框”→“复制并旋转花框副本”，具体实现过程如表7.6所示。

图7.46 制作鲜花彩带与花框的效果

表7.6 制作鲜花彩带与花框的流程

制作目的	实现过程
制作鲜花彩带	● 绘制矩形黑色横条 ● 加入鲜花素材组 ● 盖印鲜花组并调整颜色效果 ● 复制并翻转另一侧的鲜花组
绘制与美化花框	● 添加4组参考线 ● 绘制、编辑花框外框形状并描边 ● 绘制八边形组 ● 加入“龙纹”素材 ● 绘制内圆边框 ● 在内圆中填充渐变颜色 ● 为整个花框添加浮雕效果
复制并旋转花框副本	● 盖印花框并复制副本 ● 旋转花框副本并调整位置关系

制作步骤

01 STEP 打开“7.2.4.psd”练习文件，创建“鲜花彩带”图层组，再创建“黑色横条”新图层。保持默认的黑色前景色，选择【矩形工具】并单击【填充像素】按钮，接着打开【几何选项】面板，设置固定大小W为390mm、H为55mm，最后选择【从中心】复选框，在参考线的中心交点单击绘制黑色矩形，如图7.47所示。

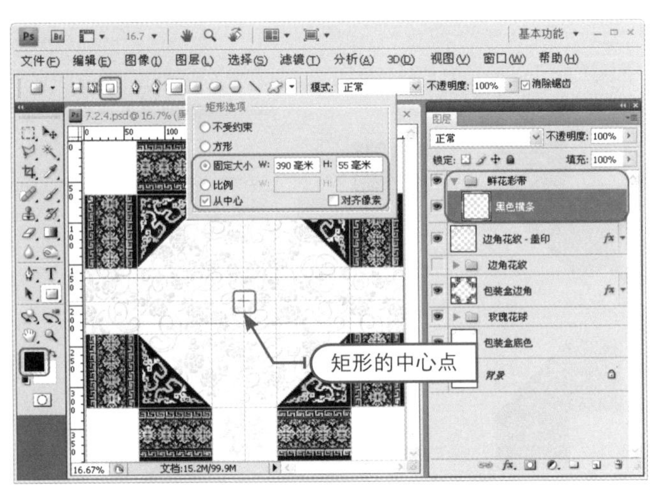

图7.47 在包装盒中心绘制矩形黑色横条

02 STEP 打开“鲜花素材组.psd”素材文件，使用【移动工具】将“花藤”图层拖至练习文件中，再调整大小与位置，使花藤的宽度等于第一与第三条垂直参考线之间的距离。接着复制出“花藤 副本”图层，执行【垂直翻转】命令后移至对称的另一侧，如图7.48所示。

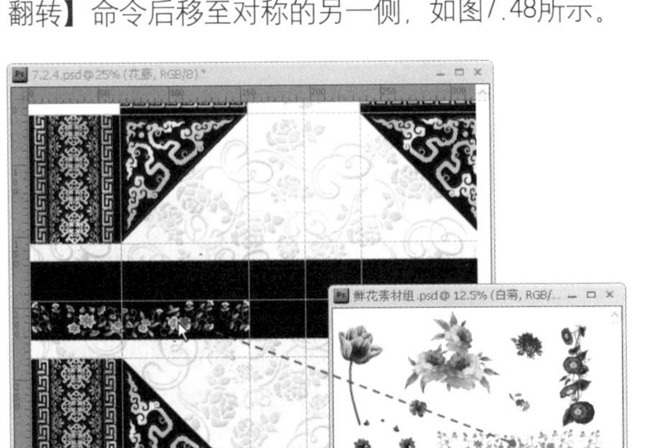

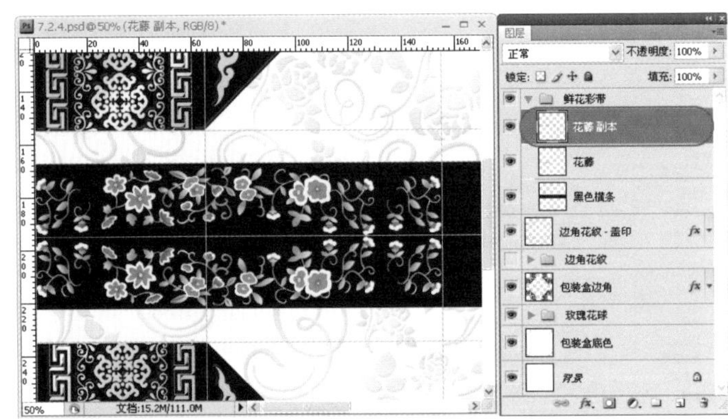

图7.48 加入两组对称的“花藤”对象

03 STEP 从“鲜花素材组.psd”素材文件中加入“牵牛花”图层，使用【自由变换】命令调其位置、大小与旋转角度，如图7.49所示。

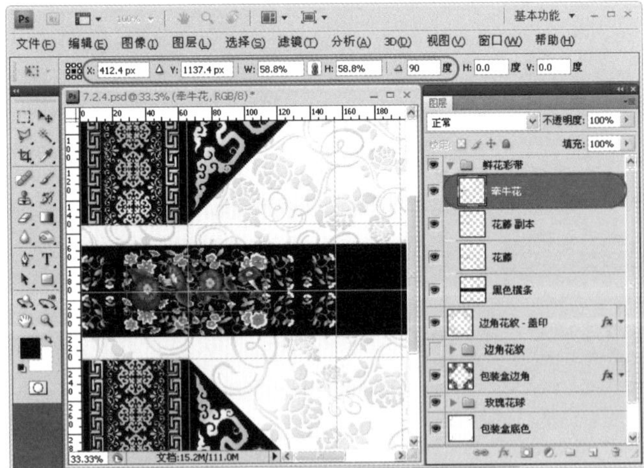

图7.49 加入并调整“牵牛花”图层

04 STEP 使用上一步骤的方法加入“黄玫瑰”、“牡丹”、“大红花”、“红菊”和“白菊”5个花朵图层，其中各图层的大小、位置关系如表7.7所示。

表7.7 加入其他花朵素材的效果

加入的图层	效果
黄玫瑰	
牡丹	
大红花	
红菊	
白菊	

05 STEP 暂时隐藏除8个鲜花图层以外的所有图层，然后按Alt+Ctrl+Shift+E快捷键盖印出鲜花组图层，并将新创建的图层更名为"鲜花盖印–左"，如图7.50所示。

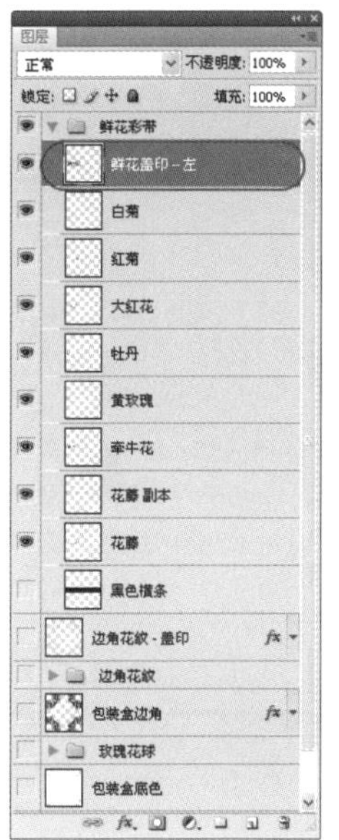

图7.50 盖印鲜花组图层

06 STEP 显示上一步骤暂时隐藏的图层，然后隐藏盖印前的8个鲜花图层，如图7.51所示。

07 STEP 由于加入的鲜花组色彩过于艳丽，与包装盒整体的金黄色调有些冲突，下面按Ctrl+B快捷键打开【色彩平衡】对话框，对【中间调】进行色彩平衡调整，使鲜花也呈金黄色，效果如图7.52所示。

08 STEP 复制出"鲜花盖印–左 副本"图层，将其更名为"鲜花盖印–右"，然后执行【水平翻转】命令，最后水平移至黑色横条的右侧，如图7.53所示。

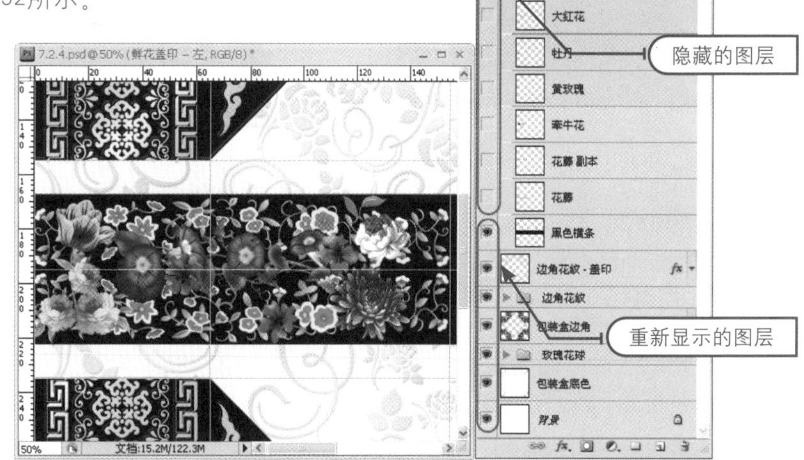

图7.51 隐藏盖印前的鲜花图层

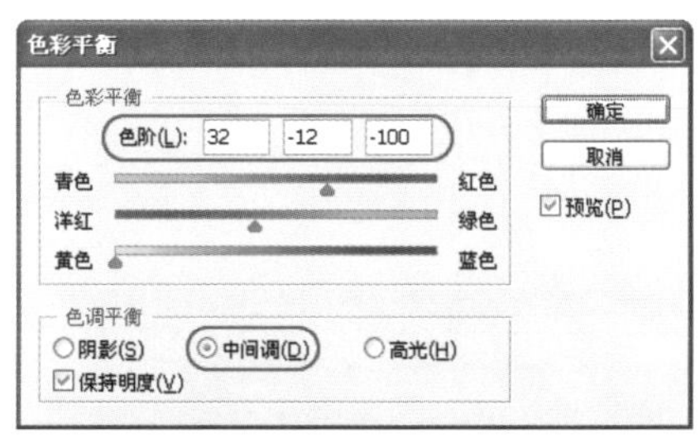

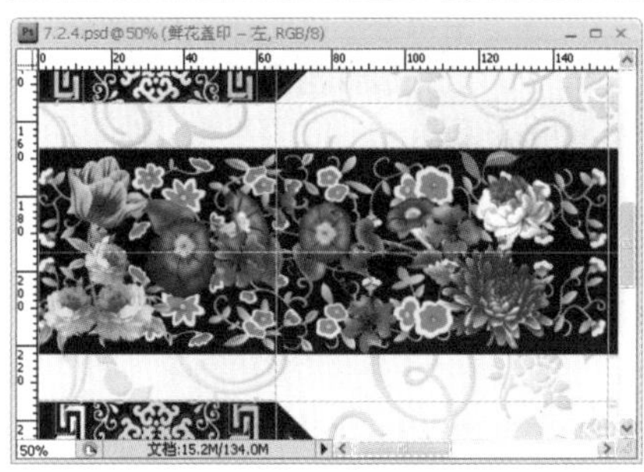

图7.52 使用色彩平衡调整后的鲜花效果

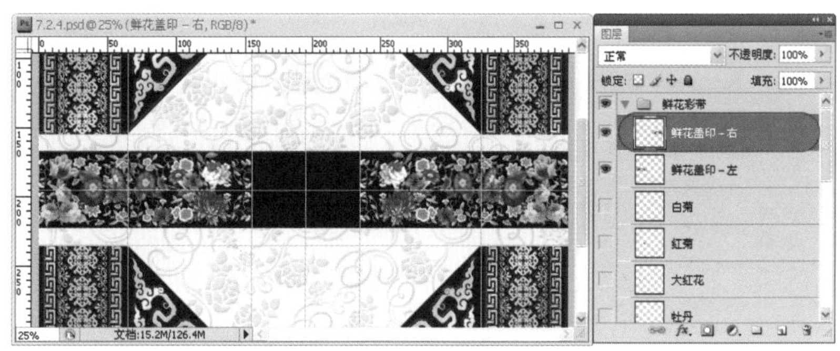

图7.53 复制并翻转右侧的鲜花盖印层

09 STEP 为了使参考线更加明显，选择【编辑】|【首选项】|【参考线、网格和切片】命令，在打开的【首选项】对话框中更改参考线的颜色为【洋红】，再单击【确定】按钮。然后根据表7.8所示添加4组水平/垂直参考线，如图7.54所示。

表7.8 参考线的刻度

水平参考线（mm）	150	160	230	240
垂直参考线（mm）	150	160	230	240

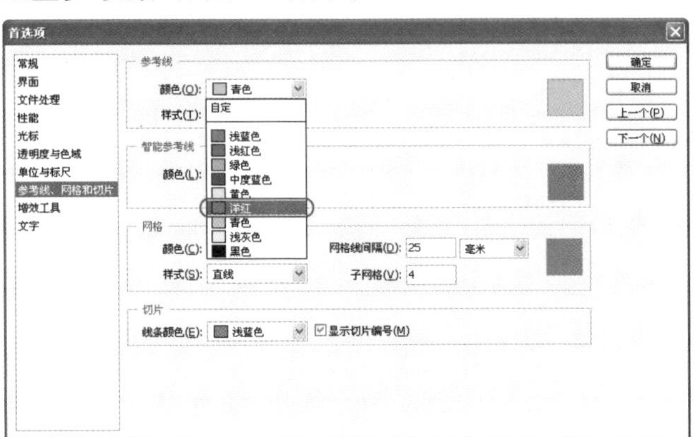

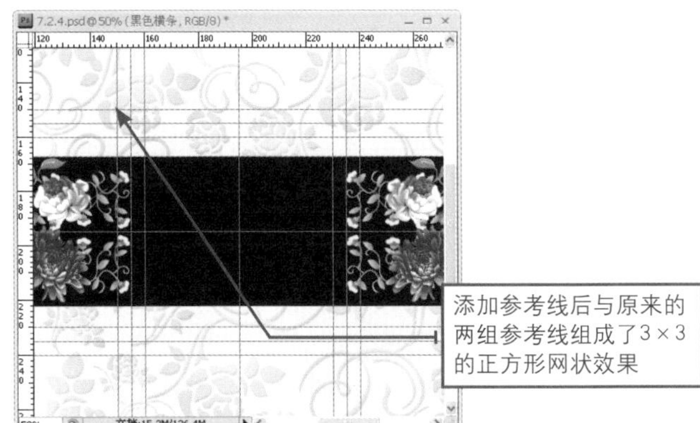

图7.54 更改参考线颜色并添加4组参考线

10 STEP 使用【矩形选框工具】以（X：150mm；Y：150mm）为左上角点、（X：240mm；Y：240mm）为右下角点，创建出正方形选区。接着单击【从选区中减去】按钮，切换到“减选”模式，贴紧参考线分别在4个边角的两侧创建出正方形选区，如图7.55所示，编辑出颇具中国特色的花框形状。

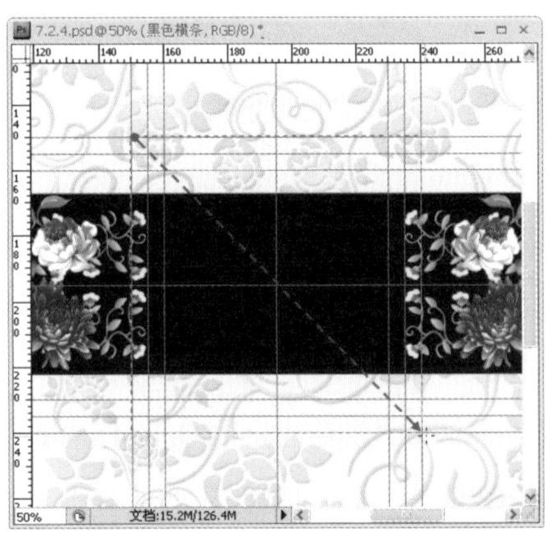

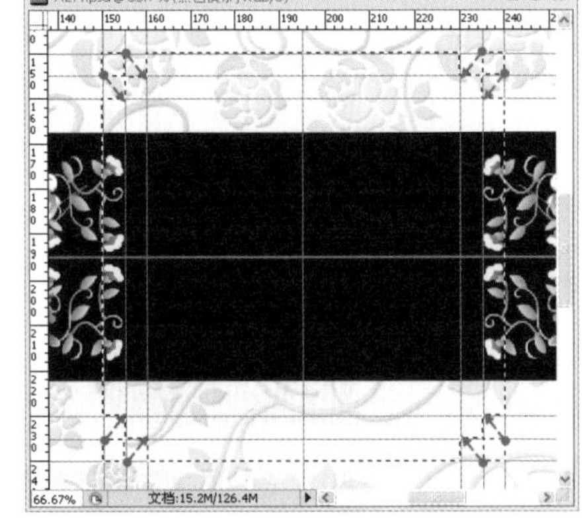

图7.55 绘制并编辑花框外框形状

11 STEP 创建“花框”图层组，再从组中创建“外框描边”新图层，然后选择【编辑】|【描边】命令，打开【描边】对话框，设置宽度为11px、颜色为【#f38f00】、位置为【居中】，单击【确定】按钮，最后按Ctrl+D快捷键取消选区，如图7.56所示。

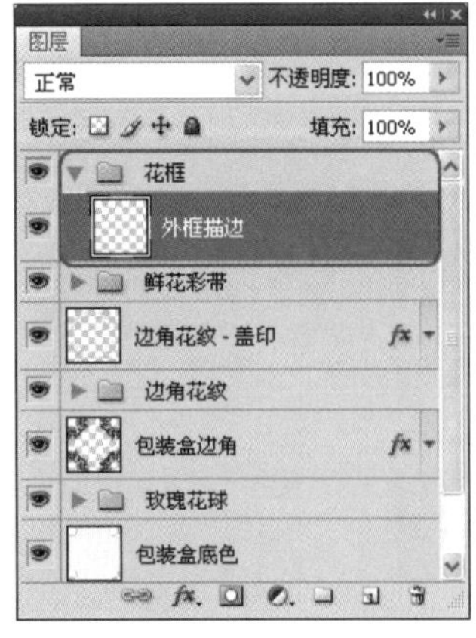

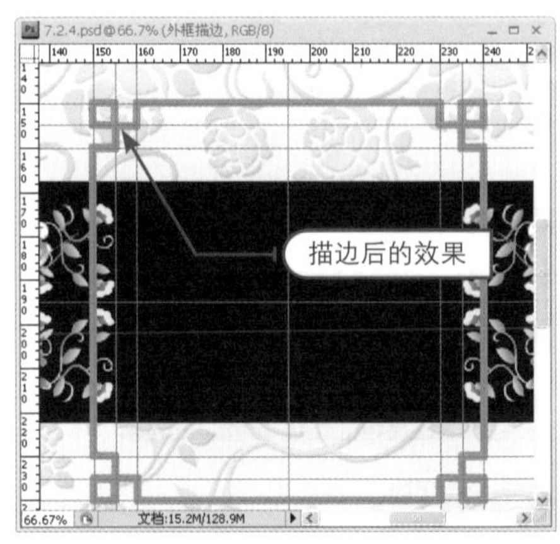

图7.56 描边花框

12 STEP 创建“底色”新图层，使用【魔棒工具】在花框里单击创建内选区，然后填充黑色的前景色，如图7.57所示，最后取消选区。

13 STEP 选择【多边形工具】，在选项栏中单击【路径】按钮并设置边数为8，然后将中心点定位在参考线的交点处，按住Shift键往外拖动，绘制出正八边形路径，如图7.58所示。

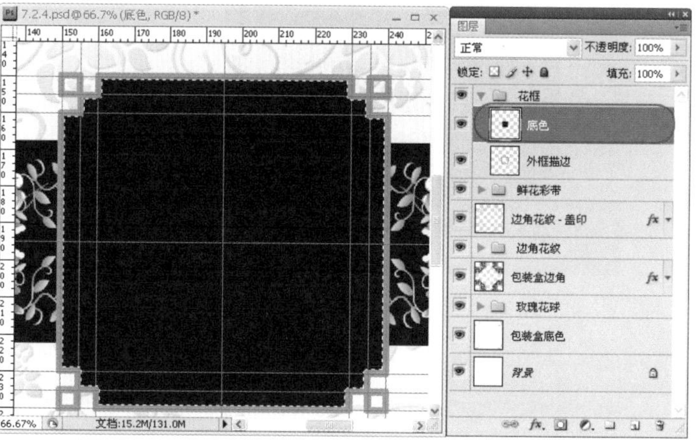

图7.57 填充花框底色

图7.58 创建正八边形路径

14 STEP 创建“8边框”新图层，将前景色设置成与边框相同的【#f38f00】，再使用尖角4像素的画笔描边路径，如图7.59所示，最后在【路径】面板中单击空白处，取消“正8边形”路径的被选状态。

15 STEP 复制出“8边框 副本”图层，执行【自由变换】命令将其旋转30°，接着按Alt+Ctrl+Shift+T快捷键再复制出“8边框 副本2”图层，如图7.60所示。

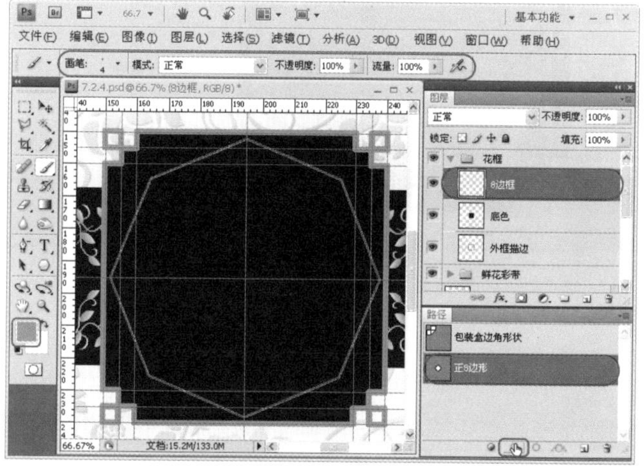

图7.59 描边八边形路径

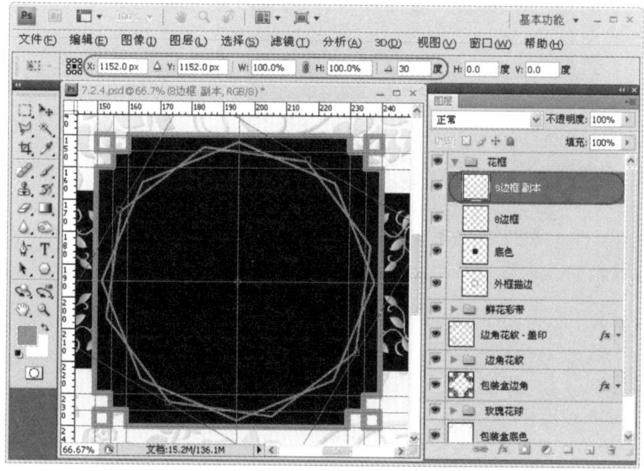

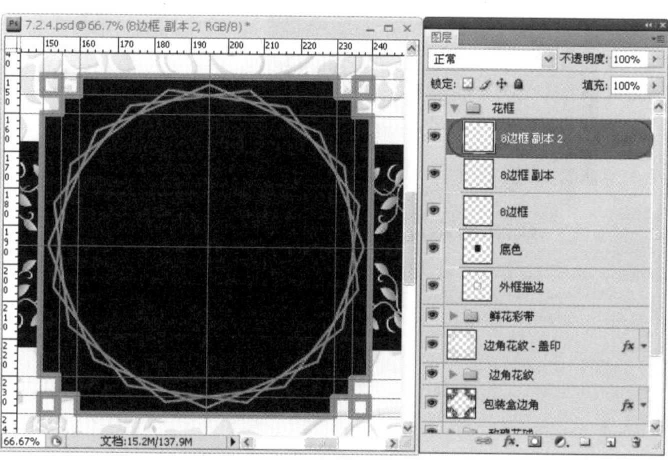

图7.60 复制并旋转另外两个“8边框”图层

16 STEP 打开“龙纹.psd”素材文件，使用【移动工具】将“龙纹”图层拖至边框与“8边框”组左上边角的空隙处，然后按Ctrl+T快捷键调整位置，如图7.61所示。

17 STEP 使用步骤（15）的方法复制并旋转其他3个“龙纹”副本图层，如图7.62所示。

18 STEP 再次打开“玫瑰花球.psd”素材，将“玫瑰花球”图层加至“8边框”组中，然后适当调整大小，如图7.63所示。

19 STEP 利用【椭圆工具】在水平/垂直中心参考线的交点处单击，绘制一个W为53mm、H为53mm的圆形路径，如图7.64所示。

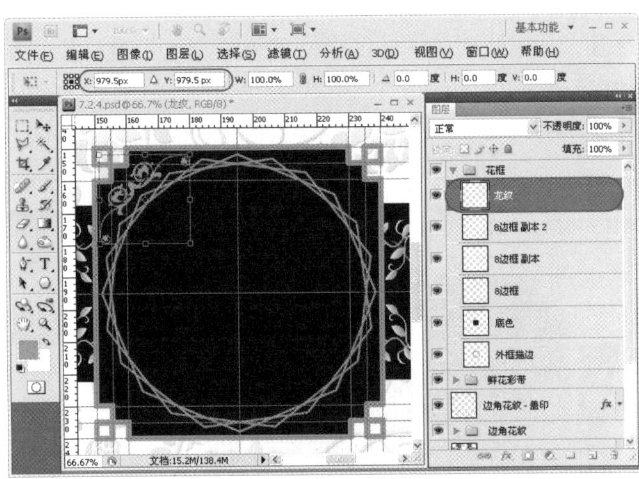
图7.61 加入并调整“龙纹”素材

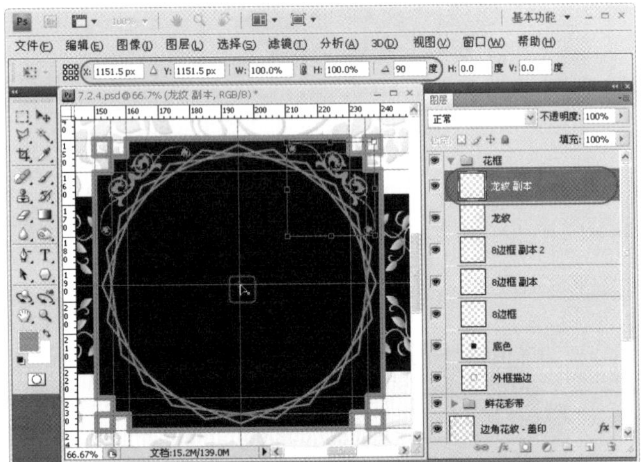

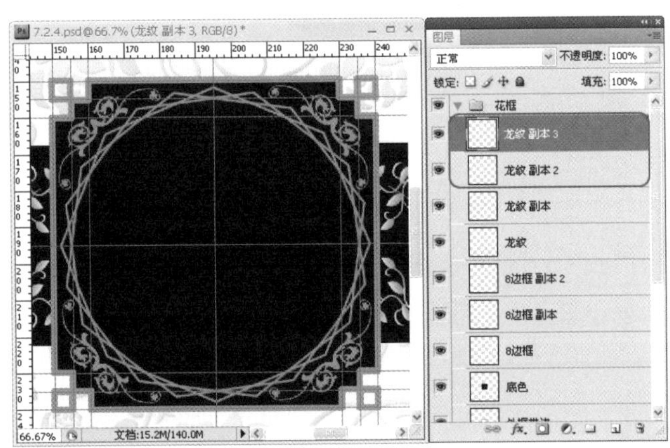
图7.62 复制并旋转其他3个“龙纹”副本图层

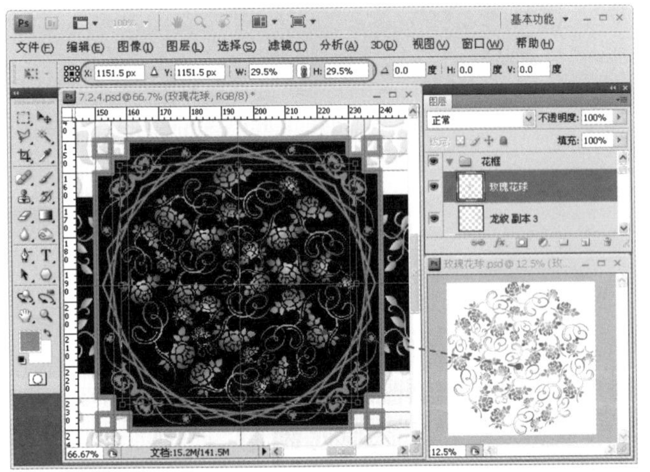
图7.63 加入“玫瑰花球”素材

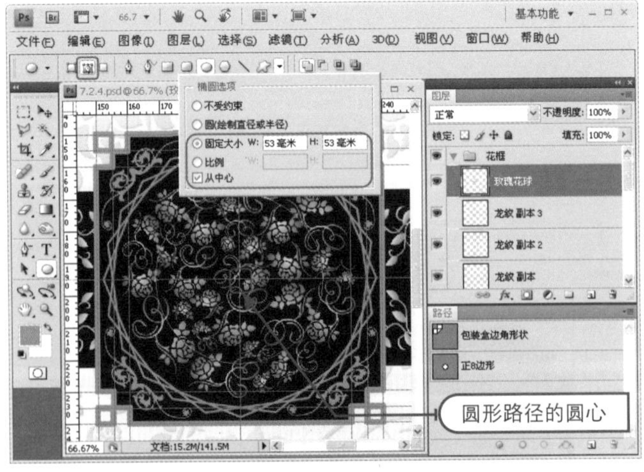

图7.64 创建“内圆”路径

20 STEP 创建“内圆描边”图层，再设置前景色为【#f38f00】，接着使用尖角6像素的画笔描边路径，如图7.65所示。

21 STEP 在“内圆描边”图层的下方创建“内圆底色”新图层，然后选择【渐变工具】并设置属性为从【#fffad7】（0%）到【#fed309】（100%）渐变颜色，再单击【径向渐变】按钮，接着按Ctrl+Enter快捷键将路径作为选区载入，然后在圆形选区内填充浅黄色到深黄色的渐变效果，如图7.66所示，最后取消选择。

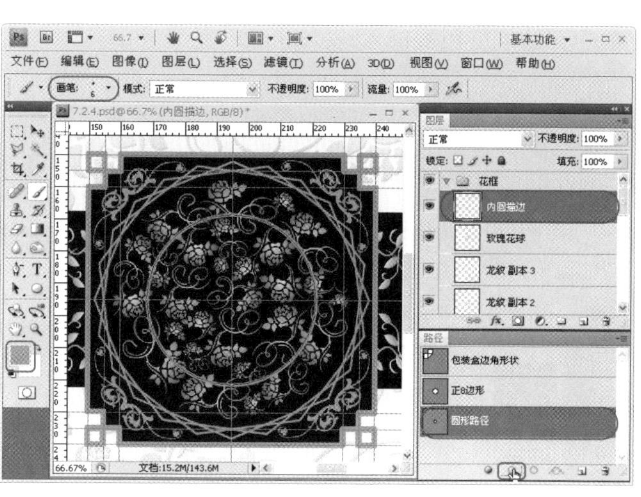
图7.65 使用画笔描绘内圆边框

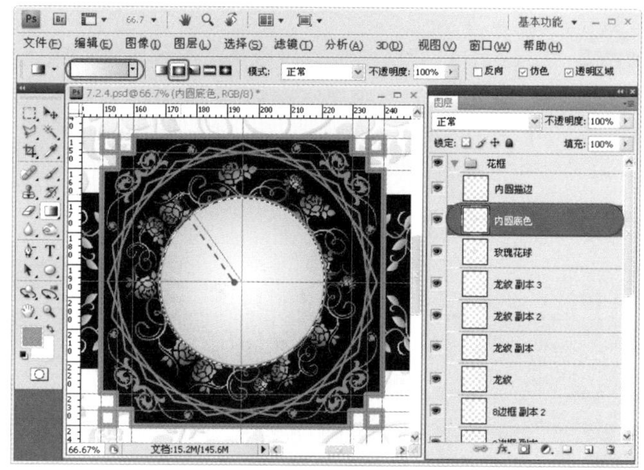
图7.66 为圆形填充渐变颜色

22 STEP 暂时隐藏参考线，仅显示“内圆描边”、“龙纹”、“8边框”与“外框描边”等图层，以便只显示花框的边框，接着按Alt+Ctrl+Shift+E快捷键盖印图层，并更名为“花框盖印”，如图7.67所示。

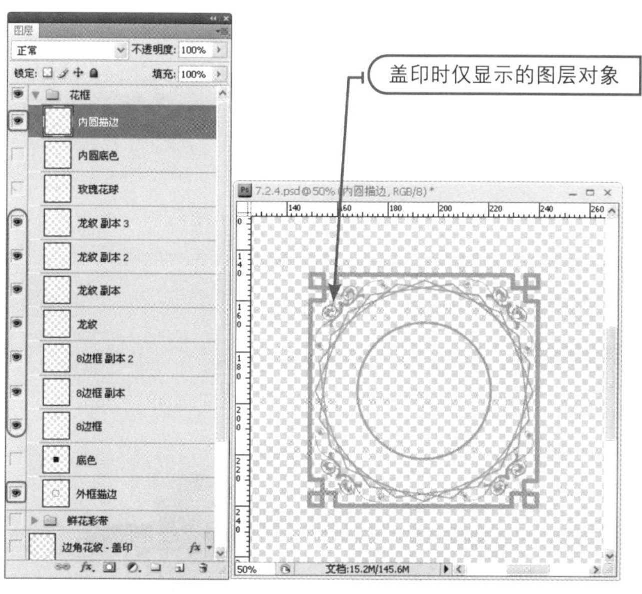

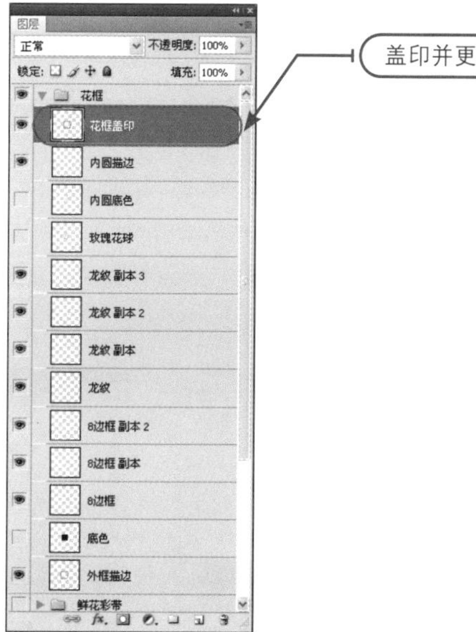

图7.67 盖印“花框”图层

23 STEP 双击“花框盖印”图层，打开【图层样式】对话框，然后设置【斜面和浮雕】与【颜色叠加】图层样式如图7.68所示。

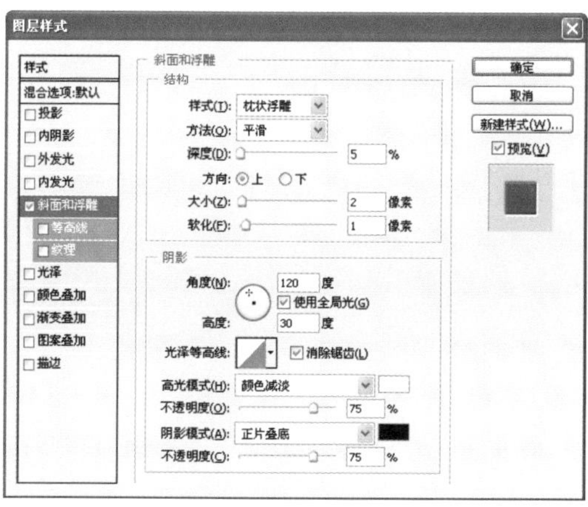

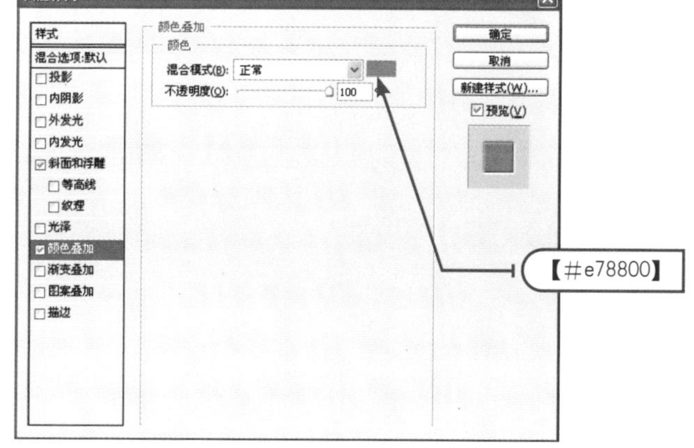

图7.68 为“花框盖印”图层添加立体效果

24 STEP 创建“龙纹组”与“8边框组”两个图层组，分别将多个“龙纹”图层与“8边框”图层放置于其中，然后在【图层】面板中将当前显示状态的图层与隐藏状态的图层互换，如图7.69所示。

25 STEP 在“花框”图层组中，按住Ctrl键同时选中“花框盖印”与“底色”两个图层，然后将其拖至【创建新图层】按钮上，接着打开“鲜花彩带”图层组，将复制出来的一组“花框盖印”与“底色”图层副本拖至“鲜花彩带”图层组内的首位，如图7.70所示。

图7.69 调整图层的显示与隐藏状态

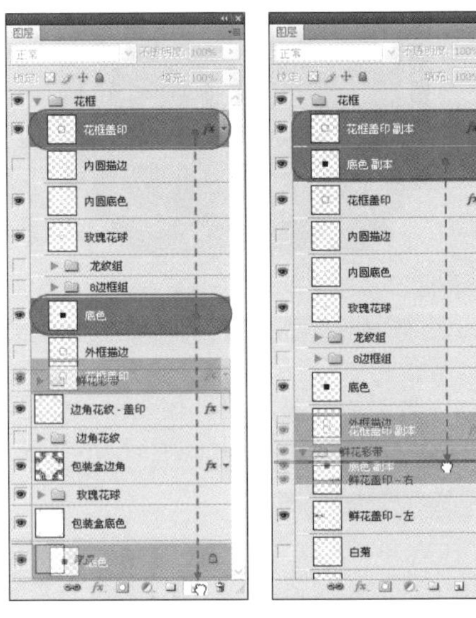

图7.70 复制“花框”与“底色”并调整顺序

26 STEP 选择“花框盖印 副本”与“底色 副本”两个图层，执行【自由变换】命令，将它们旋转45°，接着选择“底色 副本”图层，将其拖至“鲜花盖印–左”之下，如图7.71所示，使花藤上的绿叶置于旋转后的花框之上。

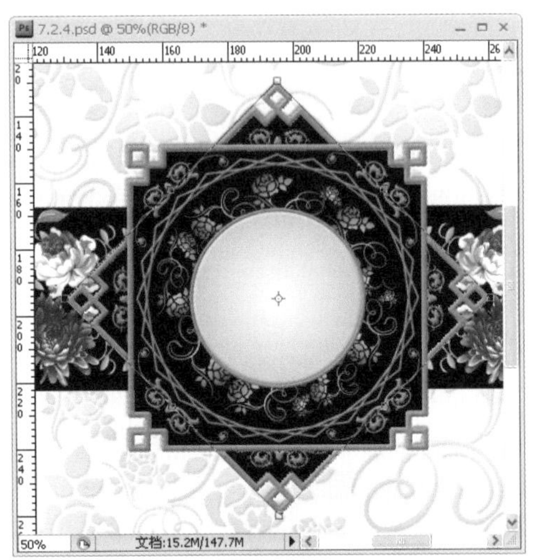

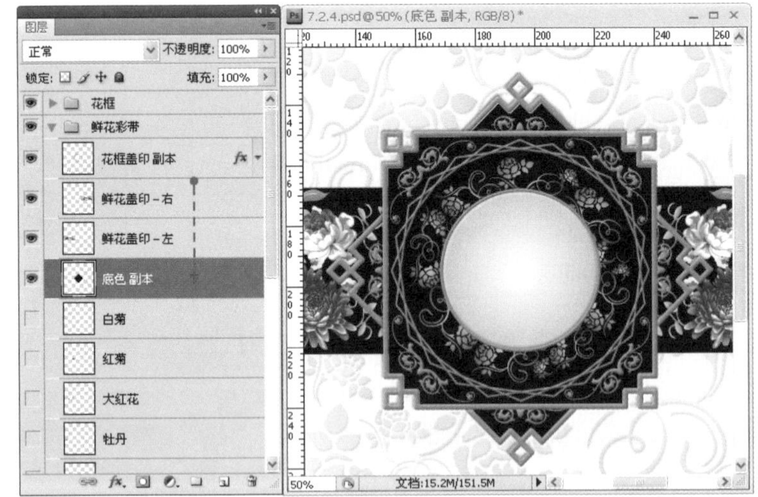

图7.71 旋转花框副本并调整顺序

至此，制作鲜花彩带与花框的操作已经完成，其效果如图7.46所示。

7.2.5 添加LOGO与文字

设计分析

本小节先将“礼”字加至花框的圆形渐变对象之上，然后添加多个图层样式，制作成金漆文字效果，接着加入生产商即酒店的LOGO、中英文名称、印章与其他文字对象，效果如图7.72所示。其主要设计流程为“加入并美化‘礼’字”→“加入LOGO与酒店名称”→“添加其他文字”，具体实现过程如表7.9所示。

图7.72 添加广告文字与LOGO后的效果

表7.9 添加LOGO与文字的流程

制作目的	实现过程
加入并美化“礼”字	● 为“礼”素材创建选区 ● 加入并调整“礼”字的大小与位置 ● 为“礼”图层添加图层样式
加入LOGO与酒店名称	● 加入并调整“Logo”素材 ● 绘制、对齐与分布5个五角星对象 ● 加入酒店中英文名称 ● 绘制印章形状 ● 加入“香飘”素材 ● 载入“香飘”文字选区并镂空印章 ● 调整印章大小并隐藏“香飘”图层
添加其他文字	● 加入“文字框”素材 ● 输入包装盒的其他文字

制作步骤

01 STEP 打开“7.2.5.psd”练习文件，创建“Logo与文字”图层组，再打开“礼.gif”素材文件，选择【魔棒工具】，在工具选项栏中取消选择【连续】复选框，接着在空白处单击，再按Ctrl+Shift+I快捷键反转选区，如图7.73所示。

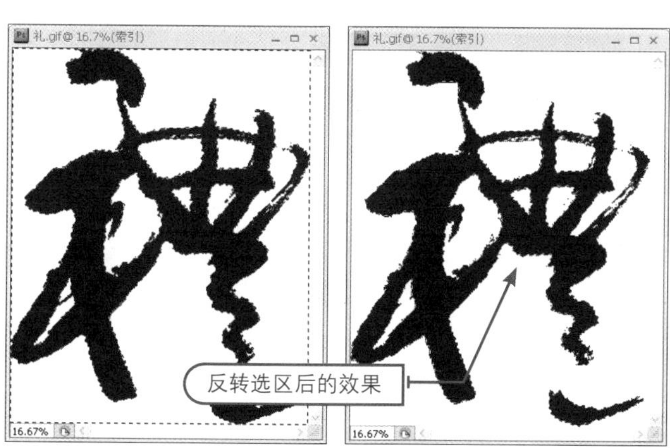

图7.73 为“礼”素材创建选区

02 STEP 使用【移动工具】将选区的内容拖至练习文件的“Logo与文字”图层组中，并为新增的图层更名为“礼”，然后执行【自由变换】命令，调整“礼”字的大小与位置，如图7.74所示。

图7.74 加入并调整“礼”字的大小与位置

03 STEP 双击“礼”图层，在打开的【图层样式】对话框中添加【投影】、【内阴影】、【内发光】、【斜面和浮雕】、【颜色叠加】、【光泽】和【描边】效果，如图7.75所示。

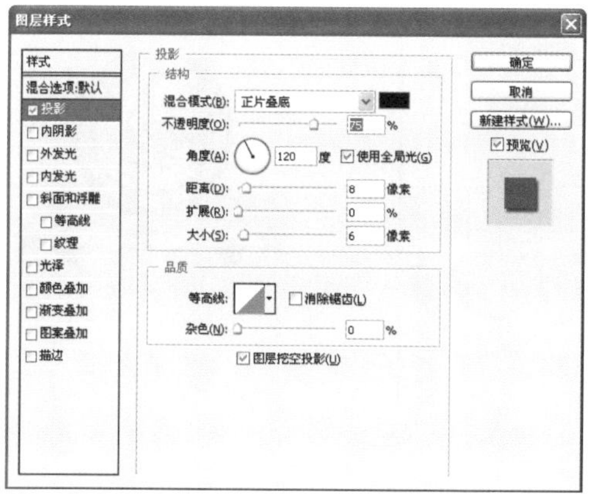

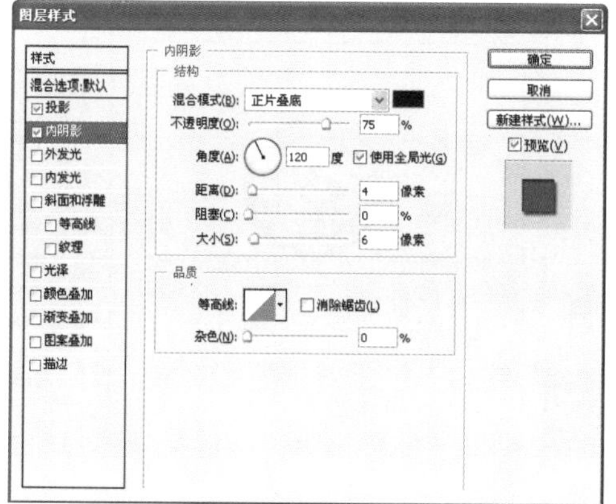

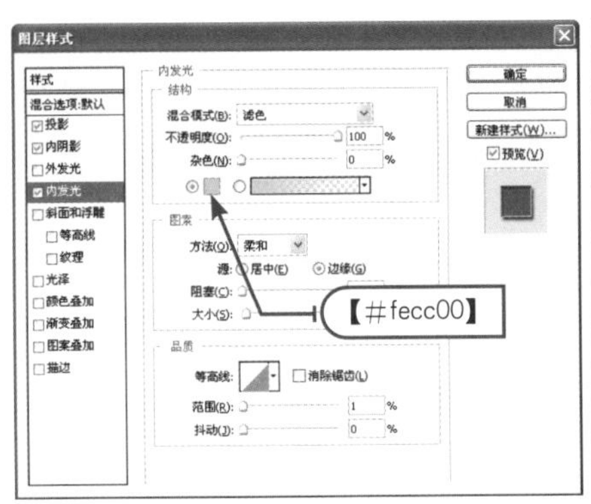

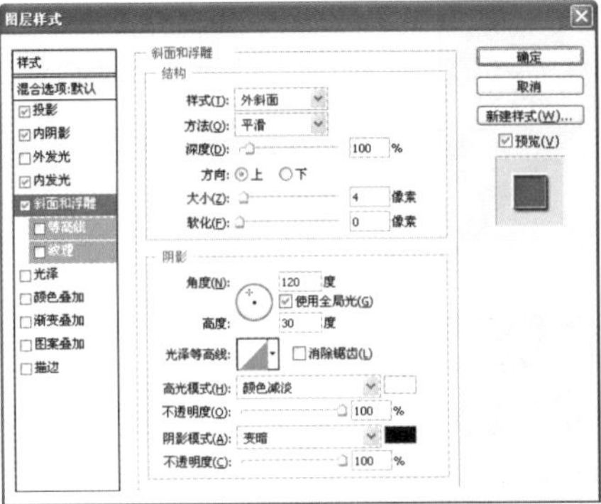
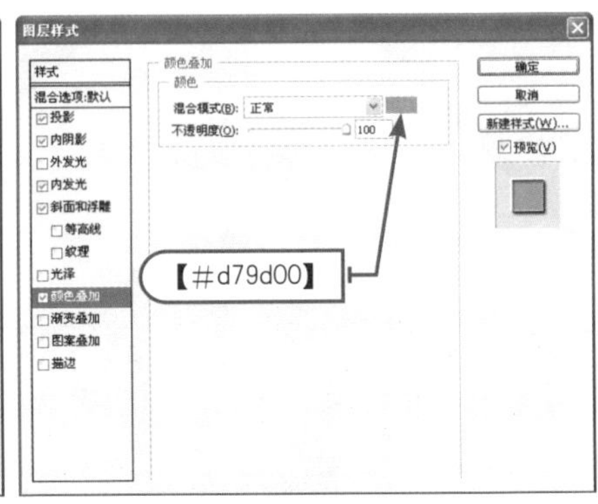

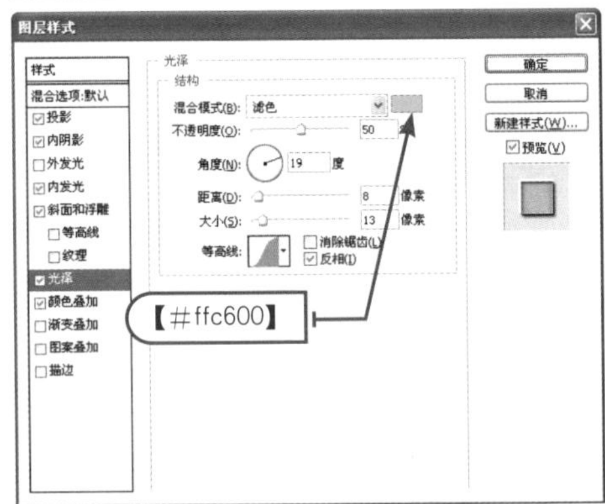

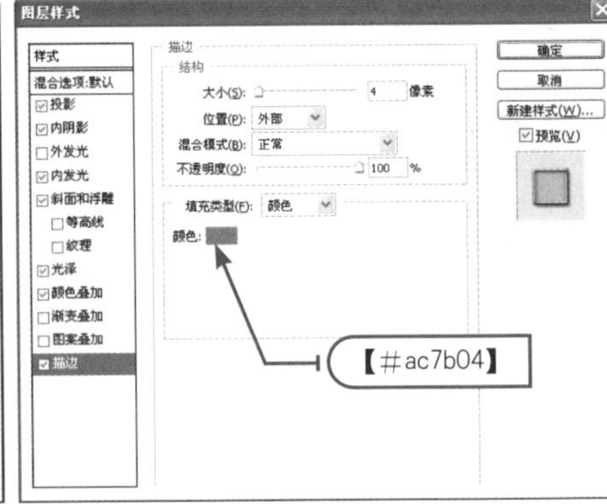

图7.75 为“礼”图层添加图层样式

04 STEP 打开“Logo.psd”素材文件，使用【移动工具】将“Logo”图层拖至练习文件中，并调整大小与位置，如图7.76所示。

05 STEP 创建“五星”新图层，设置前景色为【#ad0a00】的深红色，接着选择【自定形状工具】并单击【填充像素】按钮，追加【形状】工具组，然后选择【5角星】形状，在Logo的下方按住Shift键绘制五星对象，最后复制出4个“五星 副本”图层，用于定位酒店生产商的级别，如图7.77所示。

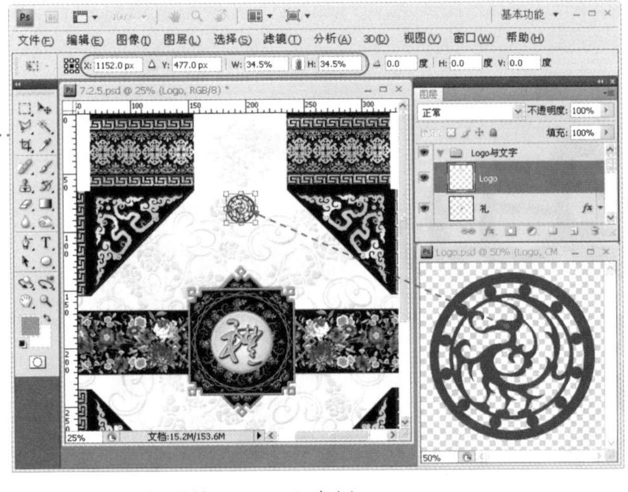

图7.76 加入并调整“Logo”素材

图7.77 绘制5个五角星对象

06 STEP 按住Ctrl键的同时选中5个“五星”图层，然后在【移动工具】选项栏中单击【垂直居中对齐】按钮，再单击【水平居中分布】按钮，如图7.78所示。

图7.78 对齐并分布五星对象

07 STEP 使用【横排文字工具】输入“FIRST PORCH HOTEL”文字内容，作为酒店的英文名称，其颜色为【#ad0a00】的深红色，如图7.79所示。

图7.79 输入酒店英文名称

08 STEP 打开“第一轩.png”素材文件，使用步骤（1）的方法创建文字选区，再填充【#ad0a00】的深红色，然后使用【移动工具】将其拖至练习文件中，并更名为“第一轩”，接着按Ctrl+T快捷键调整大小后放置于英文名称的下方，如图7.80所示。

图7.80 加入酒店中文名称

09 STEP 使用【钢笔工具】创建“印章”形状，再将路径以“印章形状”的名称存储，接着创建“印章”图层，并填充【#ad0a00】的深红色，如图7.81所示。

图7.81 绘制印章形状

10 STEP 打开“香飘.gif”素材文件，使用【椭圆选框工具】创建包围“香”字的椭圆选区，接着选择【魔棒工具】，按住Alt键在椭圆选区的空白处单击，创建出“香”字选区，如图7.82所示。

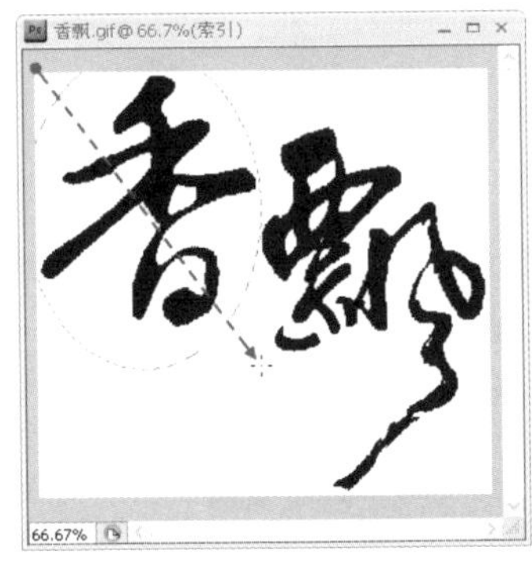

图7.82 创建“香”字选区

11 STEP 使用【移动工具】将“香”字拖至练习文件中，再使用【自由变换】命令调整大小与位置，使其适合于印章的上半部分，如图7.83所示。

图7.83 加入“香”字并调整至印章上方

专家提醒

在创建包围“香”字的椭圆选区时，可以按住空格键调整选区的位置，或者使用【多边形套索工具】、【钢笔工具】等选取工具创建出包围“香”字的选区。

12 STEP 使用步骤（10）～（11）的方法加入“飘”字，再调整大小并放置于印章的下半部分，允许部分笔画超出印章范围，以增强艺术效果。接着选择“香”与“飘”所在的图层，按Ctrl+E快捷键合并成一个图层，并更名为“香飘”，如图7.84所示。

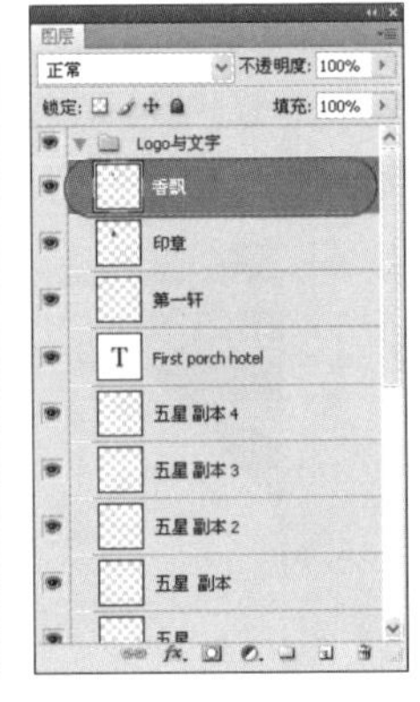

图7.84 加入“飘”字对象并合并图层

13 STEP 按住Ctrl键单击“香飘”图层，快速载入选区，然后单击“印章”图层并按Delete键删除选区内容，再隐藏“香飘”图层，如图7.85所示。

图7.85 载入“香飘”文字选区并镂空印章

14 STEP 按Ctrl+T快捷键将“印章”图层缩小并移至“第一轩”的左侧，如图7.86所示。

图7.86 调整“印章”图层的大小与位置

15 STEP 打开“文字框.psd”素材文件，使用【移动工具】将“文字框”图层拖至花框的下方，如图7.87所示。

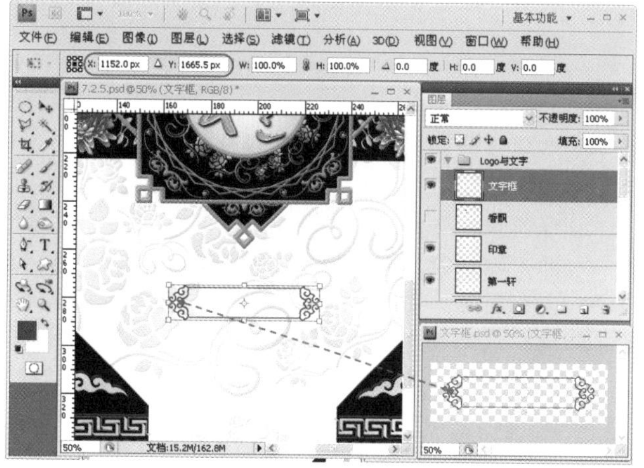

图7.87 加入“文字框”素材

16 STEP 使用【横排文字工具】T.在“文字框”内输入“中秋月饼”4个字，接着在“文字框”的下方输入“净含量：1000g”文字内容，其文字属性如图7.88所示。

图7.88 输入包装盒的其他文字

至此，本例的月饼盒包装广告已经设计完毕，最终效果如图7.10所示。

7.3 学习扩展

7.3.1 经验总结

通过本章的学习，相信大家已经对包装广告设计有了一定的认识。一个好的包装作品必须遵循以下几个要点。

- 做好资料收集与定位分析。
- 制定包装设计计划书。
- 高水平、大手笔地打造品牌。

另外，在设计过程中，重点在于图形、色彩、文字及版面编排这4个主要环节，下面就针对这4个设计环节的技巧进行总结。

- 图形：画面图形编排不宜过多、过杂，主要图形的大小与位置要重点考虑，辅助图形要简化处理。
- 色彩：色彩务求简明、艳丽，并贴近产品的颜色，基本色调要明确，根据各种不同色彩所独有的情感因素来制定配色方案。

- 文字：文字应该作为重点考虑对象，标题文字的字体、大小与位置必须放置在画面的突出位置。如果有段落介绍文字，要控制好其字间与行距，以便于阅读。当要编辑多个简短的条目信息时，可以使用小表格或者添加项目符号的形式罗列。
- 版面：注意整体构图的视觉冲击力，版面设计要新颖，并与包装物理学紧密关联，使图形、色块文字合理编排。

下面针对本例操作中几个常用的功能与要点进行总结。

- 参考线的使用：由于包装设计具有严格的尺寸要求，所以必须将视图的显示比例放大至最佳的标尺显示状态，以便准确定位参考线，而且必须确认【视图】菜单中的【对齐到】子菜单中的【参考线】命令前面已经打勾，这样才能使绘制或者移动的对象贴紧于参考线，从而起到辅助设计的作用。如果要删除参考线，只要按住Ctrl键切换至【移动工具】状态，再将要删除的对象拖至标尺上即可。
- 复制对象：在加入或者绘制包装盒侧面的花纹时，一般是通过现有的对象进行复制并组合花纹图。在非选中【移动工具】的状态下，我们可以按住Alt+Ctrl+Shift键拖动图层，以便沿水平、垂直的方向复制并移动图层副本。其中按Ctrl键是快速切换至【移动工具】，按Shift键是限制水平或者垂直的方向移动，而按Alt键则是切换至复制状态。由于复制出来的图层副本之间的间距不一定相等，所以可以通过【垂直居中对齐】按钮与【水平居中分布】按钮对选中的多个图层进行等距分布处理。
- 盖印图层：盖印图层的目的是为了保留原图层，作为备份图层，以便作品后续的编辑之用。在盖印某个局部对象时，必须先将盖印目标以外的对象暂时隐藏，待创建盖印层后再将其重新显示，而盖印过的原图层可以隐藏，以作备用。也可以创建出图层组并命名，用于放置这些盖印过的原始图层，这样有利于图层的管理操作。当然，一些确认已经没有利用价值的图层可以合并或者删除。
- 使用【自由变换】命令同时旋转、复制对象：如果某个作品要使用到多个相同的元素，比如本例的边角花纹，并不需要逐个绘制，只需先绘制一个局部，然后复制出一个副本，再执行【自由变换】命令定位好中心参考点（X、Y坐标）、旋转的角度等条件属性，接着按Alt+Ctrl+Shift+T快捷键即可根据之前副本的变换条件进行复制并变换。

7.3.2 创意延伸

对于月饼包装盒的设计，可以有无限的想象空间。不过，通常内销的月饼包装盒，其设计大多采用“中国风”的设计风格。虽然大多数月饼盒都是采用中国风的设计，但其呈现的效果千变万化，这些都值得读者去学习和借鉴。

如图7.89所示的两款月饼包装盒的设计，它们都采用了“中国风”的风格，但呈现的效果完全不同。例如第一款月饼包装盒设计，它呈现了一种很强烈的古代宫廷的神秘和高贵的气质，让整个月饼的价值提升到了一个很高的档次。第二款月饼包装盒在整体效果上呈现一种很文雅、很有书香气息的感觉，而当中的标题字使用书写的效果来制作，更能配合整个包装的效果。

图7.89 具有“中国风”风格的月饼包装盒设计

7.3.3 作品欣赏

下面介绍几种典型的包装设计作品，以便大家设计时借鉴与参考。

1 中秋礼盒包装设计

如今市场上的月饼琳琅满目，从小巧的散装月饼到精美的礼品月饼，从传统风味月饼到创新月饼，一应俱全。人们也非常重视中秋节，带上礼品走访亲友，送上祝福已成为这个节日的礼俗。因此带动了月饼的包装也越来越讲究，在佳节送上精致的月饼礼盒给亲友，以表达情谊。

图7.90提供了两款中秋礼盒包装设计的作品。因为月饼包装设计通常以民族文化风情为底蕴，针对不同的消费群体，定位明确，创意灵动，传统和现代元素相结合。

图7.90 中秋礼盒包装设计

在第一款作品中，主要采用了绿色这种体现环保的颜色，给整个作品突出一种优雅、幽静之美，这种柔和的色调在众多豪华鲜艳的包装中脱颖而出，使人们的视觉有所缓和，却丝毫不减作品的吸引力。

第二款作品则采用了冲击力较强的色彩来配合包装盒。因为色彩冲击力强，所以会使消费者产生联想，诱发各种购买心理变化。此外，作品的正面和背面使用了比较单一的颜色，并加上了月饼的标题，与两侧的颜色产生强烈的对比，同时很好地突出月饼的标题。

2 酒类包装设计

图7.91是两款酒类包装的设计作品。其中左边的作品是乌克兰设计师Evgen的酒类包装设计。该作品采用了很强烈的欧式设计风格，使用了土黄色的背景，搭配有素描效果的线条，充分体现出Evgen大师的设计功底。

右边是传统的"中国风"风格作品，该作品背景采用了很单纯的白色，其目的是突出作品的素墨画，再配合草书的酒名，使整个作品体现出一种脱俗的清新和儒雅的感觉。

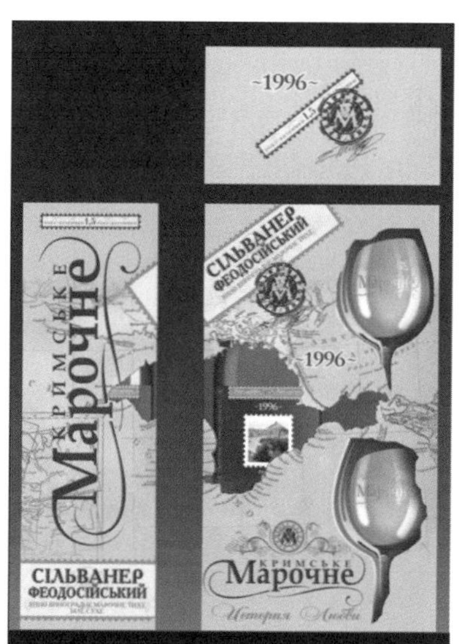

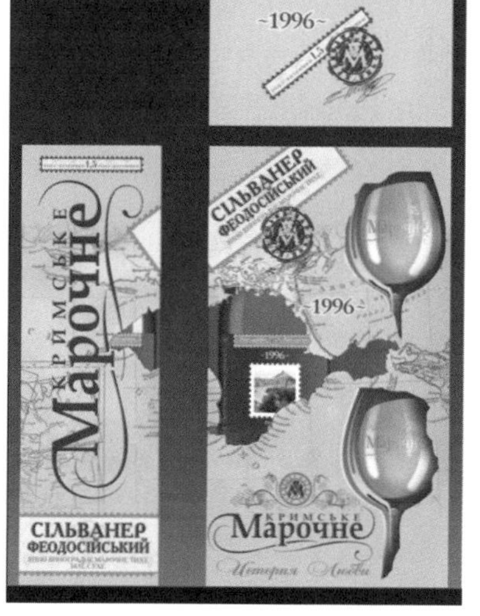

图7.91 酒类包装设计

3 时尚饮料包装设计

图7.92是两款时尚饮品包装设计的作品。这类产品的对象群多为年轻顾客，所以它们都有一个共同的特点，就是采用丰富、绚丽的色彩，以符合年轻顾客的审美眼光。

图7.92 时尚饮品包装设计

08 Chapter

Photoshop完美广告设计案例精解

书籍装帧设计

本章视频教学参见随书光盘： 视频\Chapter 08\

8.2.2 填充背景并制作封面主体元素.swf
8.2.3 制作封面标题.swf
8.2.4 添加其他封面元素.swf

8.1 书籍装帧的基础知识

8.1.1 书籍装帧概述

在人类创造文明的进程中，其智慧的积淀、流传和延续都是依靠书籍作为阶梯续步实现的，可以说书籍给人们知识与力量。书籍以文字和图形的形式存在，不能没有装帧，并且装帧要与书籍的内容紧密相连，如图8.1所示。

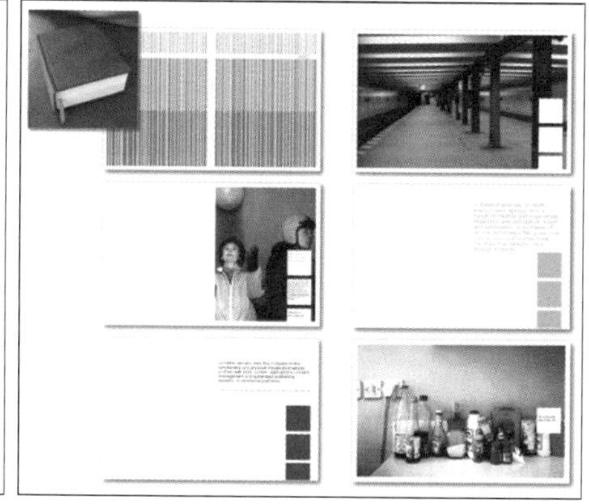

图8.1 书籍封面及版式设计

其实我们可以形象地把书籍装帧理解为是塑造书籍“体形”和“外貌”的艺术创作过程，其中“体形”是指用于盛纳内容的容器；而“外貌”则是将书籍内容传达给读者的外表。一本书的内容通过修饰和美化，将“体形”和“外貌”构成和谐的统一体，从而形成可供阅读的书籍。一般来说，书籍装帧包含以下三大部分。

- 封面设计：包括封面、封底和书脊设计，如果是精装书，还有护封设计。
- 版式设计：包括扉页、环衬、字体、开本、装订方式等。
- 插图设计：包括题头、尾花和插画设计等。

8.1.2 书籍封面的广告功能

对一名平面设计师而言，在书籍装帧的过程中，能最大限度地表现艺术水平的就是封面设计的环节，而封面设计在一本书的装帧中扮演着举足轻重的角色。当一本图书作品与读者见面时，第一个回合就得依赖于封面，它是一本书的脸面，是一位不说话的推销员。好的封面设计不仅能招徕读者，而且耐人寻味、爱不释手。封面设计的优劣对书籍的社会形象有着非常重大的意义。所以，我们完全有理由把书籍的封面设计看成是一幅广告作品来看待，因为它与出版商与著作者的利益息息相关，具有一定的商业价值，如图8.2所示。

图8.2 具有商业广告性质的书籍封面

书籍封面的原始作用是为了妥善保护书籍，这项重要功能是封面存在的理由。如今，书籍封面设计从原来的选择各种不同材料和工艺技术的基础上逐渐变成一种平面艺术品，它除了保护书籍之外，还是一本书的"广告宣专员"。从总体来看，书籍封面的广告功能主要体现在以下几个方面。

- 当今社会中，书籍主要以商品的形式出现，既然是商品，就难逃竞争激烈的市场。当读者初次接触书架上的书籍时，首先看到的是它们的外观，通过外观的吸引与标题的诠释，再触发其翻阅的行为，最后读者才能决定是否需要购买，所以，封面的设计可以促使消费者产生购买的动机。
- 封面最能引起读者广泛的重视，尤其是一些以营利为主要目的出版商，他们甚至将经费的多半用于书籍封面的设计与印制上。
- 如果把封面的设计结构延伸到封底，进行巧妙的变化，可以产生气魄宏大、一气呵成的效果，更能诱导消费者去购买。同时，设计者还要注意封面、书脊与封底的独立性，因为它们往往是以独立的一面展示给读者的。

8.1.3 书籍的分类与设计原则

在进行书籍装帧前，对书籍的类型分析非常重要。在设计前，我们必须弄清对象目标的类型，从而选择最贴切的主题风格。由于书的类型很多，读者的年龄、职业、文化程度与爱好等都不尽相同，不同类型的书就是为不同类型的人准备的，而且读者通常会根据书籍的封面去判断该书的类型。从宏观的角度看，书籍大致可分为以下五大类。

- 文学艺术类：文学艺术书籍装帧主要由插图和文字组成，如图8.3所示。文学书籍的读者范围大、层次广，所以封面上必须有介绍书籍内容和基本精神的插图，但是要经过精心的创意设计，而不能随意搬用。
- 科研类：科研类书籍是指各种专业书籍和科普读物等，如图8.4所示。这一类型书籍的对象一般是专业人员或者具备一定专业知识的读者，人数相对较少，设计时可以考虑加入一些抽象的科学图形或图例。
- 工具类：工具类书籍在封面的设计上，通常要求在符合专业原理的基础上进行处理，比如，此类书一般比较严肃，可以采用抽象的图，也可以采用简单的文字，如图8.5所示。

图8.3 艺术类图书封面

图8.4 科技类图书封面

- 计算机类：计算机类书籍也有多种不同层次，其设计定位应根据读者掌握知识水平而定，例如针对初级水平读者的书籍不能过于复杂，要量体裁衣，适当变化，如图8.6所示。
- 少儿读物类：少儿读物类书籍可分为低幼类、少儿类等。儿童书籍封面的设计常采用一些精美、漂亮、生动、有趣的童画来吸引小读者，配色方案要尽量艳丽些，如图8.7所示。

图8.5 工具类图书封面

图8.6 计算机类图书封面

图8.7 少儿读物类图书封面

总之，对于一本书的装帧设计而言，封面可算是整体设计中的主要部分，在设计构思以及印刷制作上都应当给予充分的重视。设计中要考虑的内容包括艺术、技术、材料、功能、心理、营销等多方面因素，这样才能算得上是完整的装帧设计。

8.1.4 封面设计的形式

书籍装帧主要通过文字搭配图形，根据主题的不同组合出不同的形式来突出主体形状。无论是以文字为主还是以图形为主的设计形式，从构思到表现都离不开写意美。下面通过文字与图形介绍书籍装帧的形式。

1 文字

封面上的文字包括书名（包括丛书名、副书名）、作者名和出版社名，这些简练的文字信息在设计中是举足轻重的，如图8.8所示。为了美化版面，设计时可以加上书名拼音或者外文书名，也可以加入简洁的目录和适量的广告语。有时基于设计需求，可以省略封面中的作者名与出版社名，但必须出现在书脊和扉页上，而书名是封面中必不可少的设计元素。

说明文、出版意图、丛书目录、作者简介、责任编辑、装帧设计者名、书号定价等，则可根据设计需要安排在勒口、封底和内页上。

另外，要根据书籍的体裁、风格、特点设计充满活力的字体，其排列可以根据点、线、面的构成方法来进行设计，有机地融入画面结构中，参与各种排列组合和分割，从而产生趣味新颖的形式，给人言有尽而意无穷的感觉。

2 图形

封面上的图形包括摄影、插图和图案，有写实的、抽象的和写意的，如图8.9所示。具体的写实手法应用在少儿读物、通俗读物和某些文艺、科技读物的封面设计中。由于少年儿童和文化程度低的读者可以较好地理解具体的形象，而科技、建筑、生活用品、画册之类的封面运用具象图片，就具备了科学性、准确性和感人的说明力。

当难以通过具体的形象提炼来表现某些科技、政治、教育等方面的书籍封面时，可以运用抽象的形式来表现，使读者能够领会到其中的涵义，得到精神感受。

图8.8 封面上的文字

图8.9 封面中的图形

8.1.5 封面设计的整体要求

诚然，封面设计并不只是正面，但人们关心的通常是正面。另外，书脊对放在书架上的书发挥着强大的广告与美观作用。所以，封面设计只是书籍装帧这个大整体中的一个局部，必须将封面的正反面和书脊都应纳入封面设计的范围。能否把它们架构成一个有着统一关系的整体，直接影响到书籍装帧设计的整体效果。下面总结几种类型以供参考。

1 封面与封底设计

- 正反面设计完全相同或大体相同，但文字有所变动。正面出现书名，反面采用拼音、外语或版面极小的责任编辑、装帧设计人员名字等。正反两面色彩、设计有所变化。
- 以一张完整的设计画面划分成封面、封底和书脊，分别添加文字和装饰图案，如图8.10所示。
- 封底使用封面缩小后的画面或小标志、图案，与正面相呼应，如图8.11所示。

图8.10 将完整画面划分封面区域

图8.11 封底使用封面中的标志

2 书脊设计

书脊应该是封面设计其中的一个重要体现，特别是厚厚的书籍上，其表现尤为如此，如图8.12所示。所以，书脊不应只拘泥于编排书名、作者名和出版社名。通过与正面书名相同的字体，在书脊这个狭长的区域内安排好大小与疏密关系。有些设计师会运用几何的点、线、面和图形进行分割，以与正反面形成呼应，并与之形成节奏变化。另外，书脊的设计可以独居一面，可以用文字压在跨面的设计上。

3 护封设计

在精装的书籍外部常常还有护封，它不但起到保护封面的作用，还是一种重要的宣传手段，可以看成是一则小型广告。护封设计用纸质量好、印刷精彩、表现力丰富。护封的勒口也需精心设计，使之成为封面整体的一部分，并可利用其刊登内容提要、作者简介、出版信息和丛书目录等，如图8.13所示。

图8.12 书籍放在书架上显示的书脊效果

图8.13 护封设计

护封又分为全护封和半护封。半护封的高度只占封面的一半，包在封面的腰部，故称为腰带，主要用于刊登书籍广告和有关图书的一些补充，也起到装饰的作用。

8.2 画册封面设计

8.2.1 设计概述

本作品为思博艺术出版社为艺术家"Y.yeon Yoo"出版的一本画册的封面，其名为《Colourful world—彩色的世界》，核心内容为展示该艺术家的绘画作品与赏析。该书籍装帧由封面、封底、书脊与左右勒口几部分组成，作品的最终效果如图8.14所示。

图8.14 画册封面设计

尺 寸	610mm × 285mm，72像素/英寸（实际为300像素/英寸）
用 纸	胶版纸，主要供平版（胶印）印刷机或其他印刷机印刷较高级彩色印刷品时使用，如彩色画报、画册、宣传画、彩印商标及一些高级书籍封面、插图等
风格类型	自然、即兴、艺术
创 意 点	❶ 运用缤纷的颜色彰显书籍主题 ❷ 以多处色彩艳丽的画笔墨迹组合出封面主体人物的头发 ❸ 使用不规则的线条与色块配合特殊的文字效果，充分表现艺术氛围
配色方案	#FEF11C #1DCFD9 #46DB9A #F4444E #326790 #DDDDDD
作品位置	实例文件\Ch08\creation\画册封面设计.psd 实例文件\Ch08\creation\画册封面设计.jpg 实例文件\Ch08\creation\画册封面设计_立体效果.jpg

本封面作品使用统一的浅灰色布纹作为背景，显得简洁大方，而封面主体由一幅女性肖像仰望的笑脸，配合多处色彩艳丽的画笔墨迹组成，其中有两处墨迹设计者刻意做成人物头发的效果，使整个版面显得很和谐。本作品的另外一大特色莫过于书籍的标题设计了，先用杂乱无章的线条组重叠多个矩形色块和多处随性的涂绘，创作出标题的的背景效果，接着加入部分文字填充镂空以及加粗的艺术效果，使文字与背景元素完美结合，营造一种浓厚的艺术效果。

本封底使用封面的主体元素与标题图案，使用底面承接正面，形成响应。其中书脊主要通过封面标题的字体加以稍微调整并旋转，使该书籍尽管放在书架上也同样具备吸引力。最后在封底与右侧勒口加入内容提要与本书作者介绍等内容，更把封面的广告作用推至高潮，让读者无须翻阅本书即可了解其内容与核心价值。

设计流程

本画册封面在制作时主要由“填充背景并制作封面主体元素”→“制作封面标题”→“添加其他封面元素”三大部分组成。其详细设计流程如图8.15所示。

功能分析

- 参考线：划分版面结构并辅助设计。
- 【滤镜】菜单：使用【纹理化】、【成角的线条】、【水彩】等多个滤镜对加入的“人物”素材进行美化处理。
- 添加【调整图层】：为“人物”素材添加【曲线】、【色阶】、【色相/饱和度】等调整图层，调整其亮度与颜色效果。
- 【钢笔工具】与【添加图层蒙版】：删除素材多余的部分，并刷淡边缘。
- 【画笔工具】：绘制主体元素与标题中的墨迹和线条效果。
- 【横排文字工具】T与【直排文字工具】IT：添加并编辑封面中的文字与段落内容。

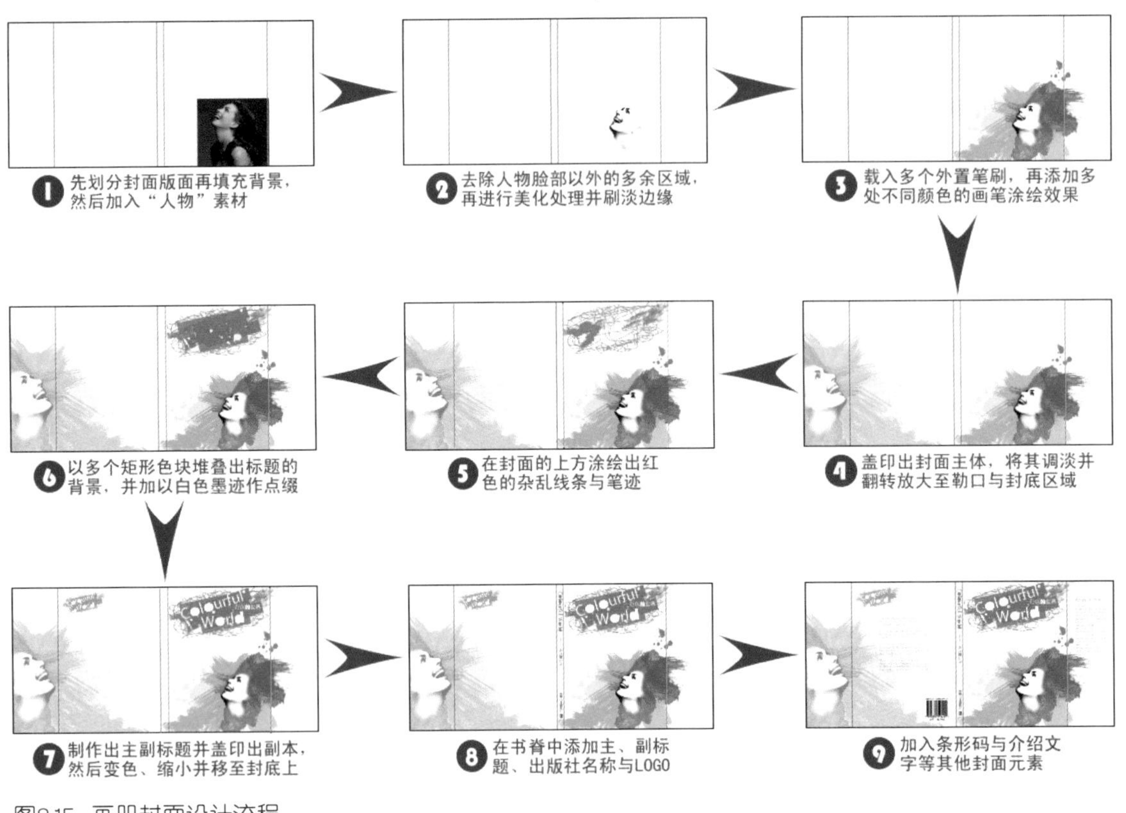

图8.15 画册封面设计流程

8.2.2 填充背景并制作封面主体元素

设计分析

本小节先按照画册规定尺寸添加6条垂直参考线，划分封面的版面，接着制作封面背景与主体元素，效果如图8.16所示。其主要设计流程为“填充封面背景”→“加入并美化人物素材”→“添加画笔涂绘效果”，具体操作过程如表8.1所示。

图8.16 填充背景并制作封面主体元素后的效果

表8.1 填充背景并制作封面主体元素的流程

制作目的	实现过程
填充封面背景	● 按照画册的尺寸创建新文件 ● 添加参考线划分封面版面 ● 添加【纹理化】滤镜
加入并美化人物素材	● 加入并编辑“人物”素材 ● 调整人物图像的光线、颜色、饱和度等属性 ● 添加【成角的线条】、【水彩】滤镜 ● 刷淡人物的边缘
添加画笔涂绘效果	● 载入外置笔刷 ● 添加画笔涂绘效果 ● 水平翻转与旋转对象 ● 添加其他画笔涂绘效果 ● 创建人物与彩绘盖印图层 ● 复制封面主体并调至封底上

制作步骤

01 STEP 选择【文件】|【新建】命令，打开【新建】对话框，输入名称为“填充背景并制作封面主体元素”，再自定义宽度为610mm、高度为285mm、分辨率为72像素/英寸、背景内容为【白色】，最后单击【确定】按钮，如图8.17所示。

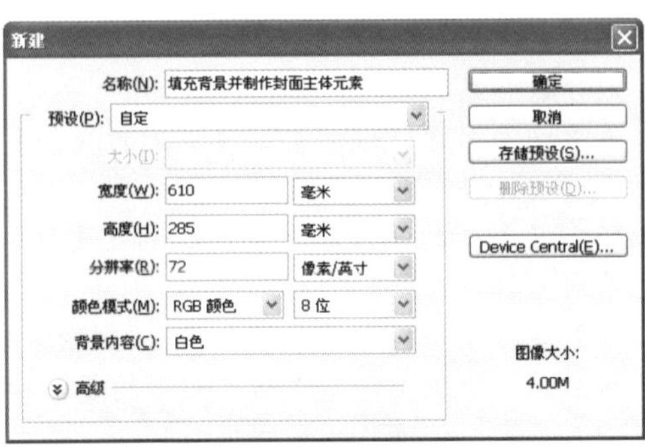

图8.17 按照画册的尺寸创建新文件

02 STEP 按Ctrl+R快捷键显示标尺，然后选择【编辑】|【首选项】|【参考线、网格和切片】命令，更改参考线的颜色为【浅红色】，接着单击【确定】按钮。添加0mm、90mm、300mm、310mm、520mm、610mm共6条垂直参考线，如图8.18所示，划分勒口、封面、封底和书脊5个区域。

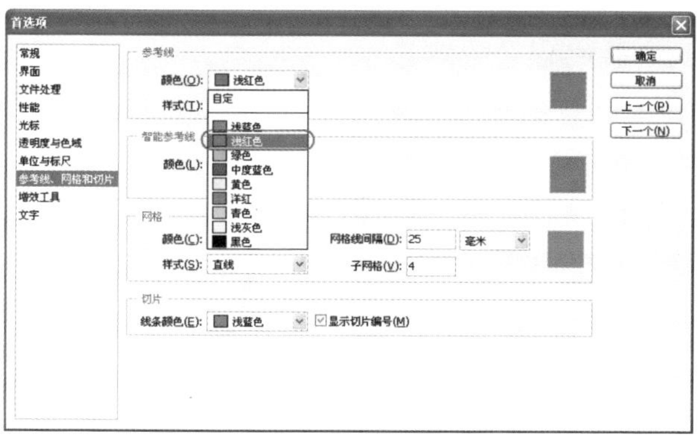

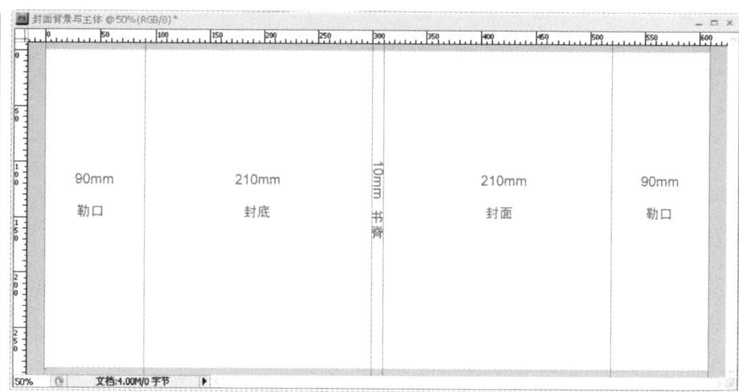

图8.18 添加参考线划分封面版面

03 STEP 新建一个名为"封面背景"的新图层并填充白色，接着选择【滤镜】|【纹理】|【纹理化】命令，在打开的【纹理化】对话框中设置滤镜属性如图8.19所示。

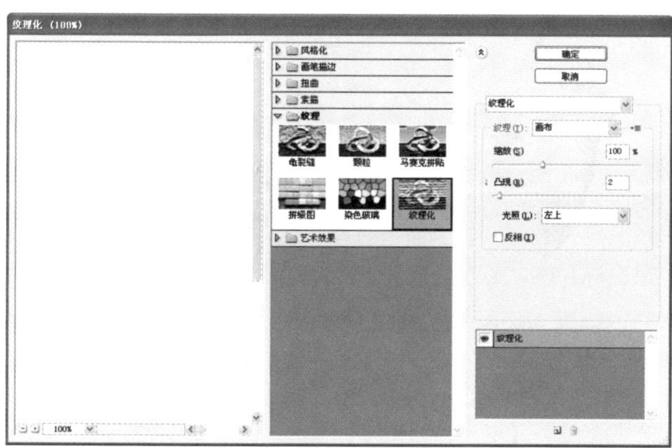

图8.19 添加【纹理化】滤镜

04 STEP 创建"人物"图层组，然后打开"人物.jpg"素材文件，全选图像并使用【移动工具】将选区内容拖至练习文件的"人物"图层组中，然后更名为"人物"，接着缩小并移至封面的右下方，如图8.20所示。

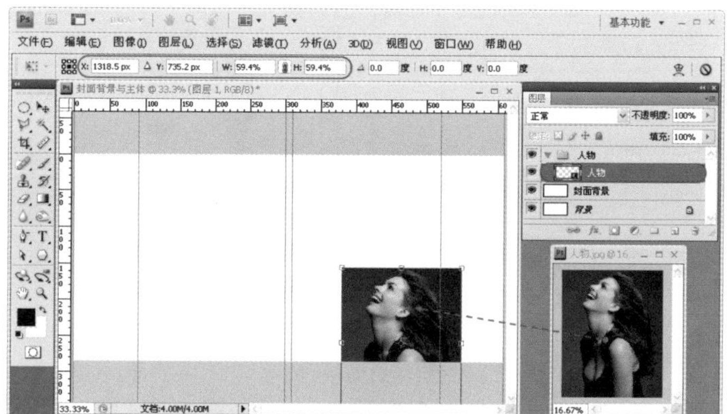

图8.20 加入并编辑"人物"素材

05 STEP 使用【钢笔工具】沿人物脸部和颈部创建并存储"人物脸部"路径，接着按Ctrl+Enter快捷键将路径作为选区载入，再按Ctrl+Shift+I快捷键反转选区，最后按Delete键删除选区内容，如图8.21所示，最后按Ctrl+D快捷键取消选择。

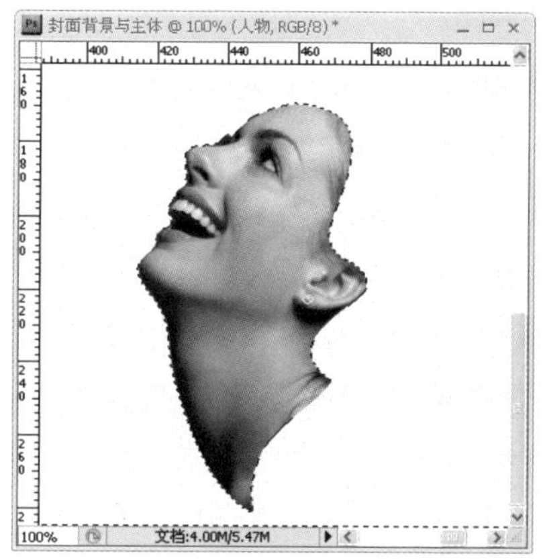

图8.21 删除人物脸部与颈部以外的区域

06 STEP 按Ctrl+M快捷键打开【曲线】对话框，接着编辑曲线数据，调亮加入的人物素材，如图8.22所示。

07 STEP 按Ctrl+L快捷键打开【色阶】对话框，再设置色阶属性如图8.23所示，调整人物图像的色彩效果。

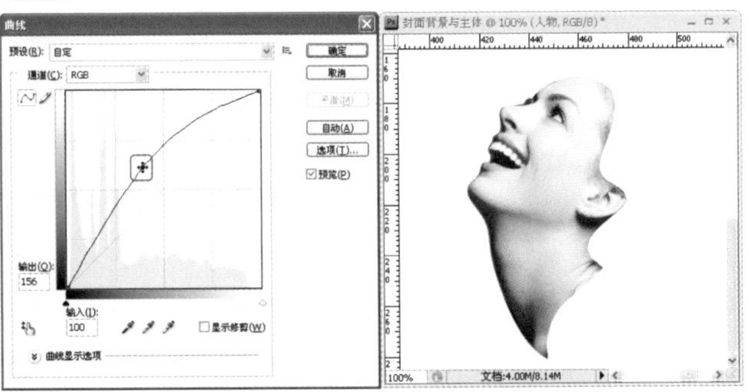

图8.22 使用【曲线】命令调整人物图像的亮度

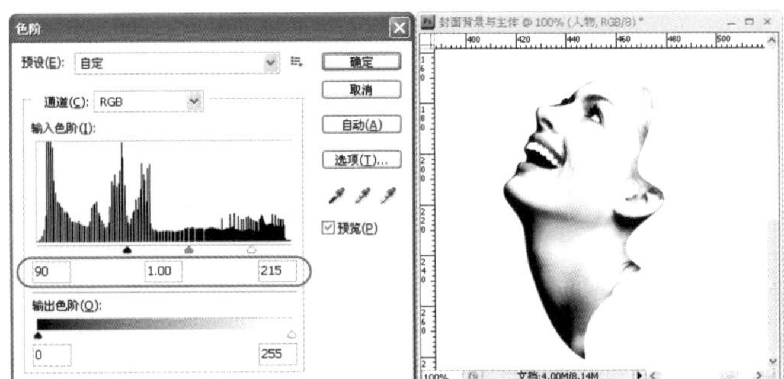

图8.23 使用【色阶】命令调整人物图像的色彩

08 STEP 按Ctrl+U快捷键打开【色相/饱和度】对话框，设置【饱和度】为−18，如图8.24所示。

09 STEP 暂时隐藏“背景”与“封面背景”图层，然后按Alt+Ctrl+Shift+E快捷键创建出人物脸部的盖印图，如图8.25所示，以便保留原素材作备用。

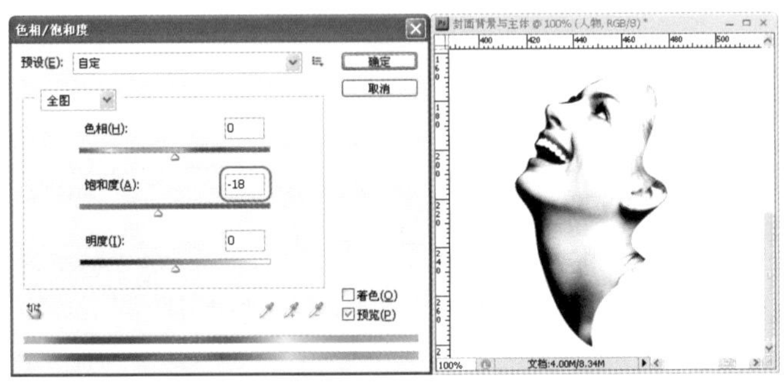

图8.24 调整人物图像的饱和度

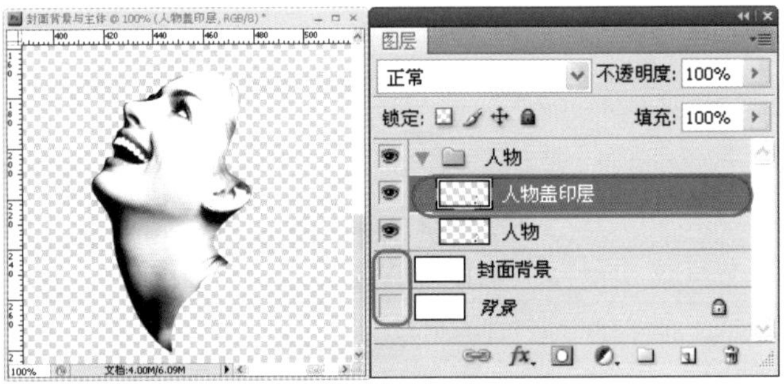

图8.25 创建人物脸部的盖印层

10 STEP 将上一步骤创建的盖印图层更名为“人物盖印层”，接着选择【滤镜】|【转换为智能滤镜】命令，在弹出的对话框中单击【确定】按钮，如图8.26所示。

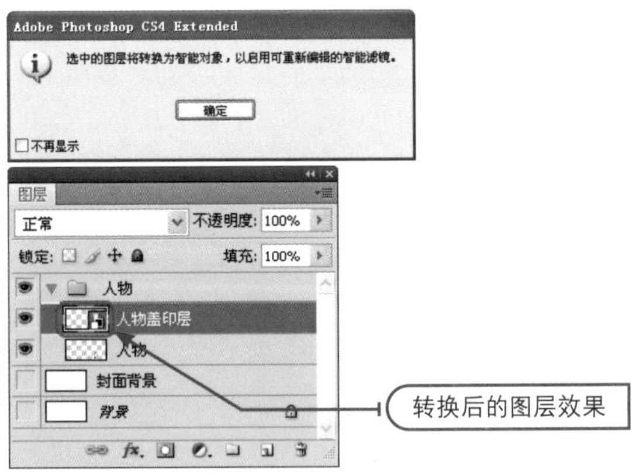

图8.26 将“人物盖印层”转换为智能滤镜图层

11 STEP 选择“人物盖印层”图层，然后选择【滤镜】|【画笔描边】|【成角的线条】命令，接着设置滤镜属性如图8.27所示，最后单击【确定】按钮。

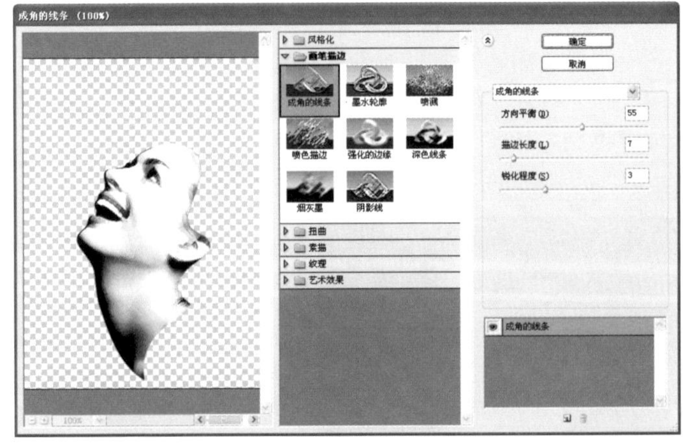

图8.27 添加【成角的线条】滤镜

专家提醒

通过【转换为智能滤镜】命令，用户可以自由地对添加后的多个滤镜效果进行调整，就好像添加图层样式一样，让图像效果更符合设计的需要。

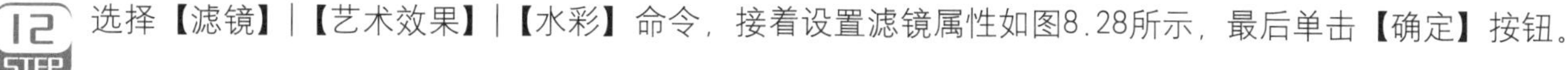

12 STEP 选择【滤镜】|【艺术效果】|【水彩】命令，接着设置滤镜属性如图8.28所示，最后单击【确定】按钮。

13 STEP 重新显示“封面背景”图层并隐藏“人物”图层，然后单击【添加图层蒙版】按钮，为“人物盖印层”添加图层蒙版，接着设置前景色为黑色，再使用【画笔工具】的柔角笔刷沿人物的边缘刷出淡出的模糊效果，但正面不做处理，如图8.29所示。

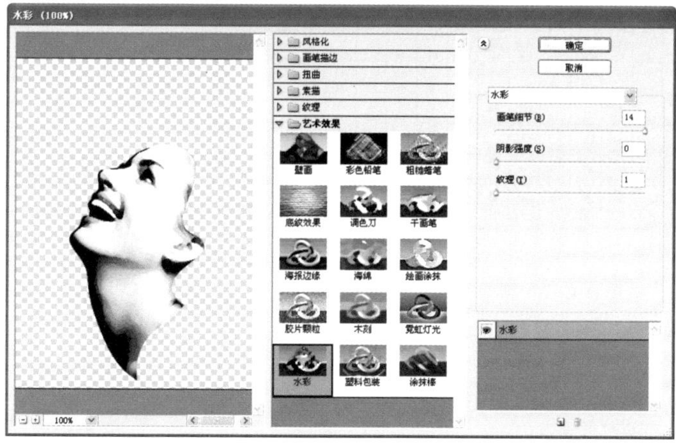

图8.28 添加【水彩】滤镜

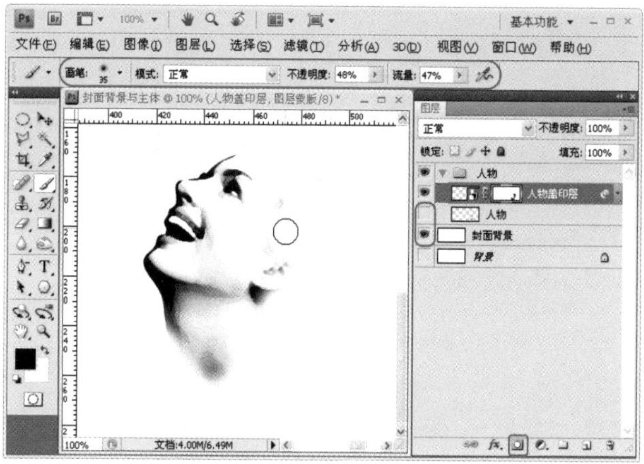

图8.29 刷淡人物的边缘

14 STEP 单击【创建新的填充或调整图层】按钮，再选择【亮度/对比度】选项，在打开的【调整】面板中设置【亮度】为77，调亮人物脸部，如图8.30所示。

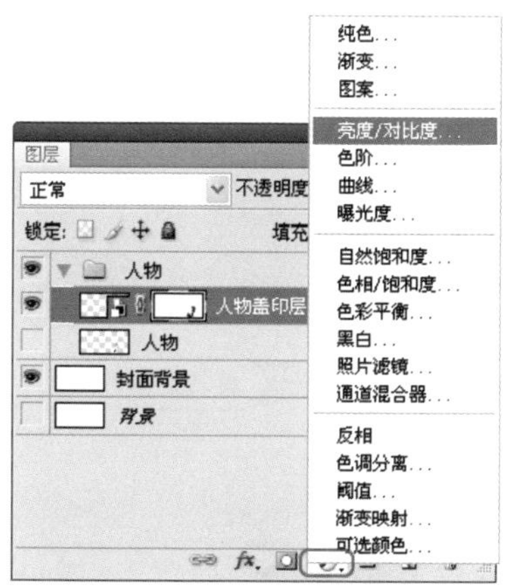

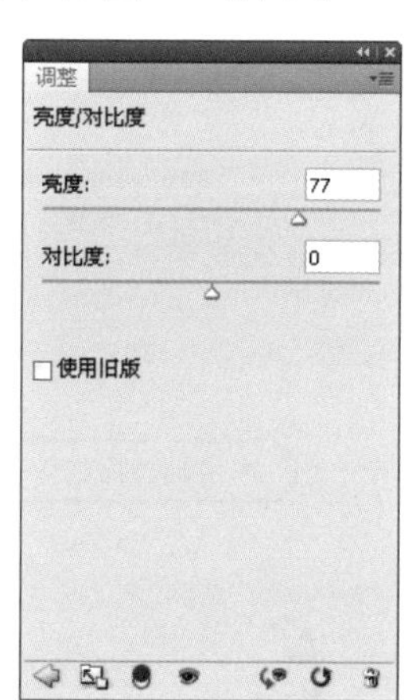

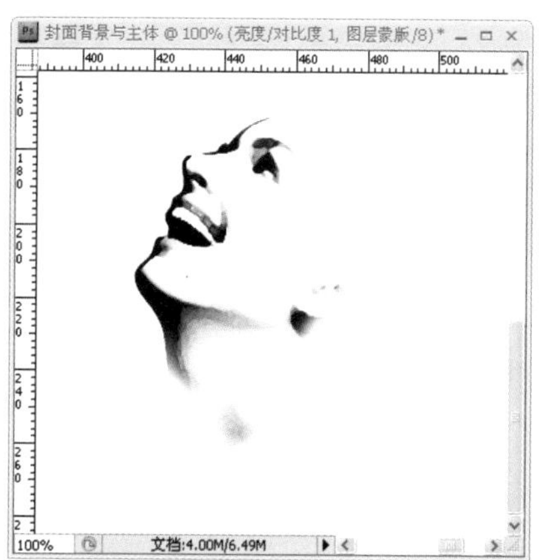

图8.30 添加【亮度/对比度】调整图层

15 STEP 选择【图层】|【创建剪贴蒙版】命令，使上一步骤添加的【亮度/对比度】调整图层仅作用于下方的“人物盖印层”，如图8.31所示。

16 STEP 在“实例文件\Ch08\images”素材文件夹中依次双击“笔刷1.abr”、“笔刷2.abr”、“笔刷3.abr”、“笔刷4.abr”4个笔刷文件，快速载入多个外置笔刷，准备制作画笔涂绘的效果，如图8.32所示。

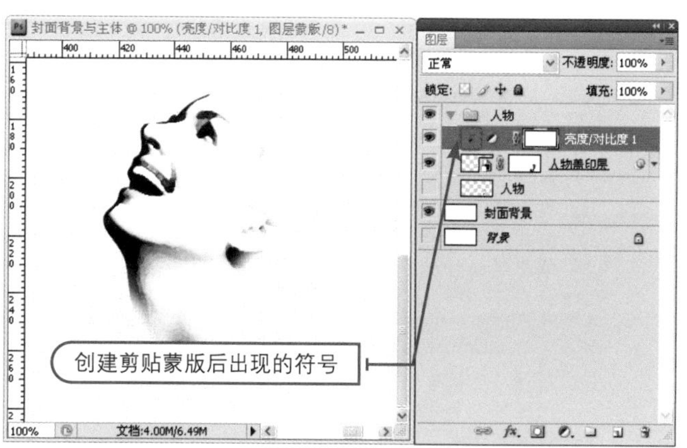

图8.31 创建剪贴蒙版

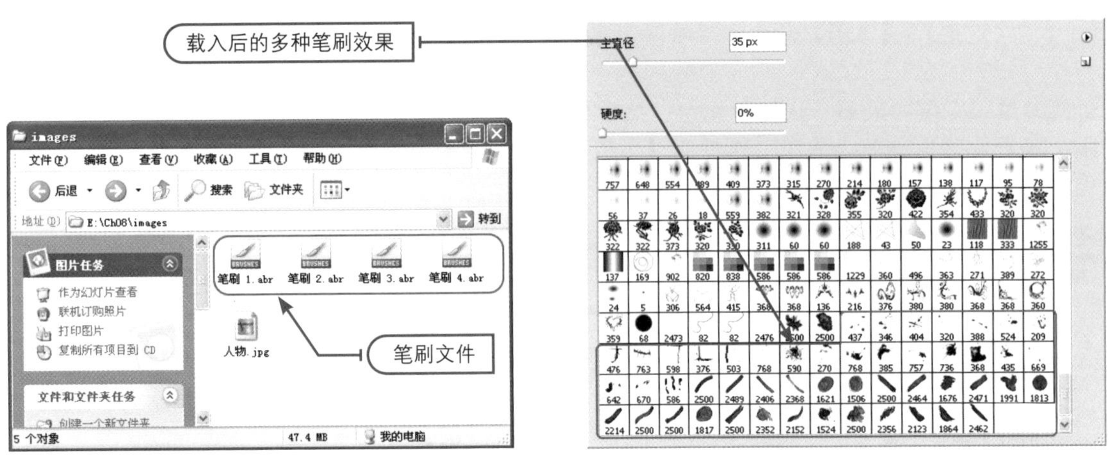

图8.32 载入外置笔刷

17 STEP 先在“人物”图层组的下方创建“水彩效果”新图层组，再创建“图层1”新图层。设置前景色为【#19d57e】的浅绿色，然后选择【画笔工具】，先选择合适的笔刷并设置主直径大小，接着在人物的左下方单击添加画笔涂绘效果，如图8.33所示。

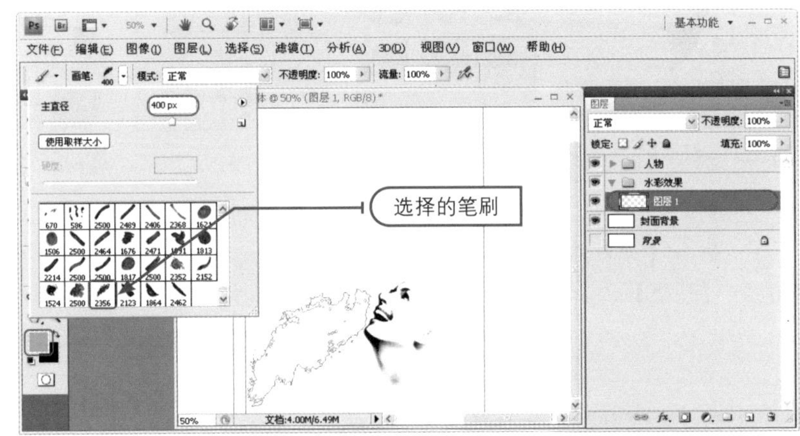

图8.33 添加画笔涂绘效果

18 STEP 选择上一步骤创建的“图层1”，为绘制的画笔涂绘效果执行【水平翻转】命令，接着执行【自由变换】命令，将其旋转119°，如图8.34所示。

19 STEP 使用步骤（17）、（18）的方法，参照表8.2所示的属性，通过不同的笔刷形状，在“人物盖印层”的下方绘制多个不同颜色的画笔涂绘效果。

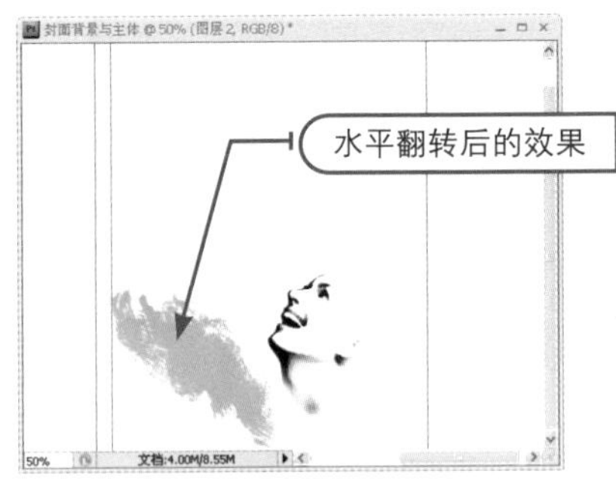

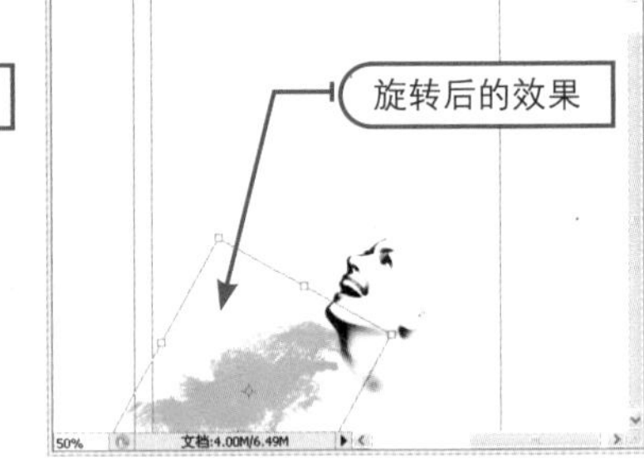

图8.34 水平翻转与旋转对象

表8.2 添加其他画笔涂绘效果的方法

操作1	结果
● 新建“图层2” ● 选择2500号笔刷，修改主直径为250px ● 设置前景色为【#f64650】 ● 单击画面绘制笔刷形状	
操作2	**结果**
● 新建“图层3” ● 选择1524号笔刷，修改主直径为400px ● 设置前景色为【#fff000】 ● 单击画面绘制笔刷形状 ● 执行【自由变换】命令并旋转−168°	

（续表）

操作3	结果
● 新建“图层4” ● 选择2500号笔刷，修改主直径为300px ● 设置前景色为【#f64650】 ● 单击画面绘制笔刷形状 ● 执行【自由变换】命令并旋转-50°	
操作4	**结果**
● 新建“图层5” ● 选择2500号笔刷，修改主直径为500px ● 设置前景色为【#33cad5】 ● 单击画面绘制笔刷形状 ● 执行【水平翻转】命令 ● 执行【自由变换】命令并旋转-127°	
操作5	**结果**
● 新建“图层6” ● 选择1676号笔刷，修改主直径为400px ● 设置前景色为【#33cad5】 ● 单击画面绘制笔刷形状 ● 执行【自由变换】命令并旋转-81°	
操作6	**结果**
● 新建“图层7” ● 选择2500号笔刷，修改主直径为300px ● 设置前景色为【#ff616a】 ● 单击画面绘制笔刷形状 ● 执行【自由变换】命令并旋转-110°	
操作7	**结果**
● 新建“图层8” ● 选择2500号笔刷，修改主直径为500px ● 设置前景色为【#006c9d】 ● 单击画面绘制笔刷形状 ● 执行【自由变换】命令旋转100°	

20 STEP 打开“黄色水彩笔迹.psd”与“红色水彩笔迹.psd”素材文件，使用【移动工具】将其分别拖至练习文件中，接着调整大小与位置，最后将图层更名为“图层9”与“图层10”，如图8.35所示。

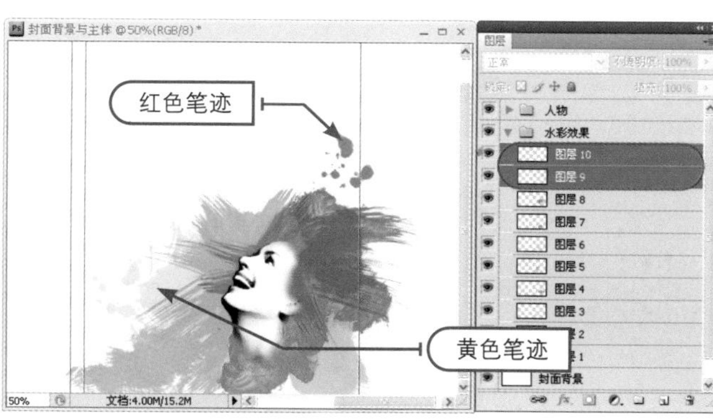

图8.35 加入另外两个水彩笔迹素材的效果

21 STEP 暂时隐藏“背景”与“封面背景”图层，仅显示人物头像与前面添加的水彩涂绘对象，然后按Alt+Ctrl+Shift+E快捷键创建出“图层11”盖印层，如图8.36所示。

图8.36 创建人物与彩绘盖印图层

22 STEP 显示“封面背景”图层，然后对上一步骤盖印的图层执行【水平翻转】命令，再设置图层不透明度为45%，接着使用【自由变换】命令将其放置交移至封底与左侧勒口上，如图8.37所示。

至此，填充背景并制作封面主体元素的操作已经完毕，其效果如图8.16所示。

图8.37 复制封面主体并调至封底上

8.2.3 制作封面标题

设计分析

本小节先绘制线条、色块与白色墨迹制作出标题的背景，然后输入并编辑出艺术性极强的封面标题，接着复制相同的标题，变色并缩小至封底上，效果如图8.38所示。其主要设计流程为“设计标题的背景”→“制作主、副标题”→“制作封底标题”，具体实现过程如表8.3所示。

图8.38 封面中的标题效果

表8.3 制作封面标题的流程

制作目的	实现过程
设计标题的背景	● 绘制杂乱的线条 ● 添加红色墨迹效果 ● 绘制其他多个矩形色块 ● 添加白色墨迹效果
制作主、副标题	● 输入并旋转文字标题 ● 更改英文单词字母的字体 ● 填充部分字母 ● 输入中文标题 ● 更改“的”字的字体属性
制作封底标题	● 创建不含中文标题的标题盖印层 ● 变换封面标题的颜色 ● 为【色相/饱和度】调整图层创建剪贴蒙版 ● 缩小并移动封底标题

制作步骤

01 STEP 打开“8.2.3.psd”练习文件，然后创建“封面标题”新图层组，再创建“线条”新图层，接着设置前景色为【#ff5962】的红色，使用【画笔工具】的尖角2像素笔刷在封面的正上方随意绘制出自然、杂乱的笔画线条，如图8.39所示。

02 STEP 选择757号笔刷，并修改主直径为700px，接着创建“墨迹1”新图层，保持前景色不变，在线条上单击添加墨迹效果，如图8.40所示。

图8.39 绘制杂乱的线条

图8.40 添加墨迹效果

03 STEP 使用上一步骤的方法更改笔刷为670号，然后创建“墨迹2”新图层，单击添加另一处墨迹效果，如图8.41所示。

04 STEP 选择【矩形工具】并单击【形状图层】按钮，接着打开【矩形选项】面板，选择【固定大小】单选按钮，设置【W】为250px，【H】为64px，颜色为【#ff5962】的红色，最后在线条上单击创建出“形状1”新图层，如图8.42所示。

图8.41 添加另一处墨迹效果

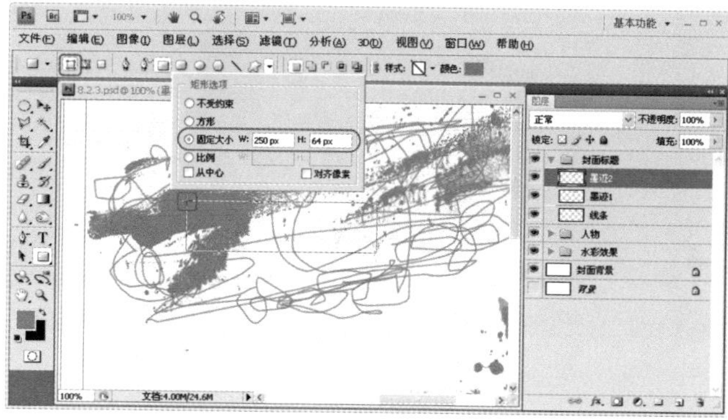

图8.42 创建矩形色块

05 STEP 在“形状1”图层上单击鼠标右键，选择【栅格化图层】命令，然后调整不透明度为80%，最后使用【自由变换】命令将其旋转，如图8.43所示。

06 STEP 使用步骤（4）、（5）的方法绘制其他4个矩形色块，其高度（H）为64px、宽度（W）为250～400px，并各自设置不透明度，堆叠成如图8.44所示的效果。

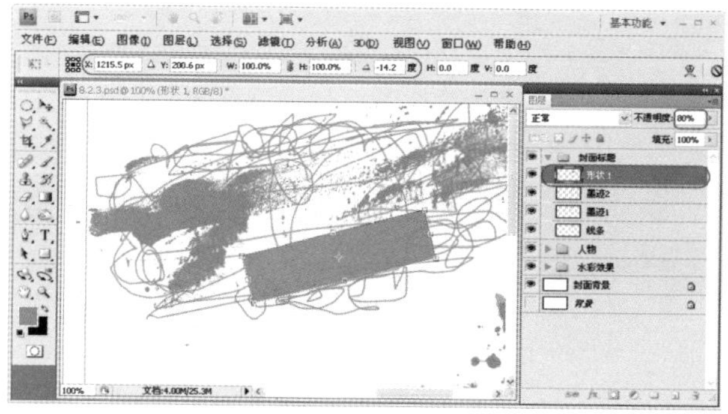

图8.43 调整矩形色块的不透明度并旋转

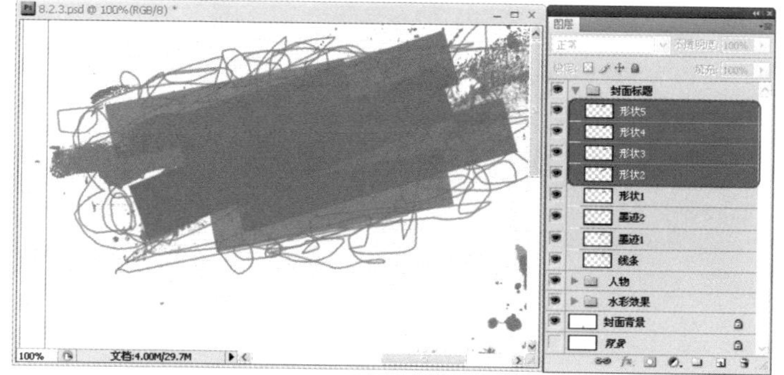

图8.44 绘制其他4个矩形色块

07 STEP 使用步骤（2）、（3）的方法，并参照表8.4所示的属性，通过不同的笔刷形状，在形状层的上方绘制3个白色的画笔涂绘效果。

表8.4 添加白色画笔涂绘效果的方法

操作1	结果
● 新建“墨迹3”图层 ● 选择524号笔刷，修改主直径为250px ● 设置前景色为白色 ● 单击画面绘制笔刷形状	
操作2	**结果**
● 新建“墨迹4”图层 ● 选择320号笔刷 ● 设置前景色为白色 ● 单击画面绘制笔刷形状	
操作3	**结果**
● 新建“墨迹5”图层 ● 选择209号笔刷 ● 设置前景色为白色 ● 单击画面绘制笔刷形状	

08 STEP 使用【横排文字工具】T.先输入"Colourful"和"World"两个文字标题，再使用【自由变换】命令分别旋转−15°与−7°，如图8.45所示。

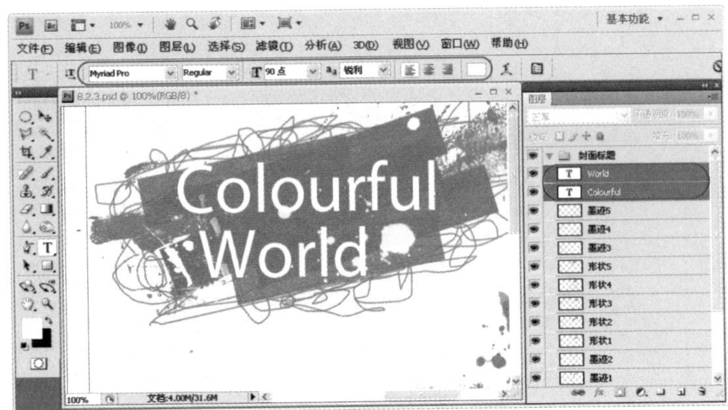

图8.45 输入并旋转文字标题

09 STEP 拖选"Colourful"字段中的首个"o"字母，然后更改字体为Arial Black，接着使用同样方法更改另一个"o"字母的字体属性，如图8.46所示。

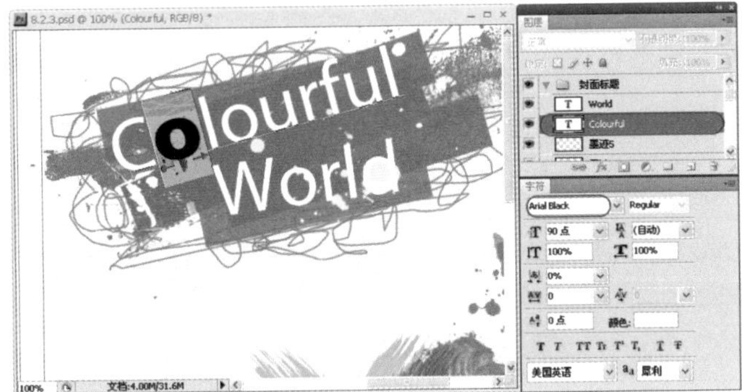

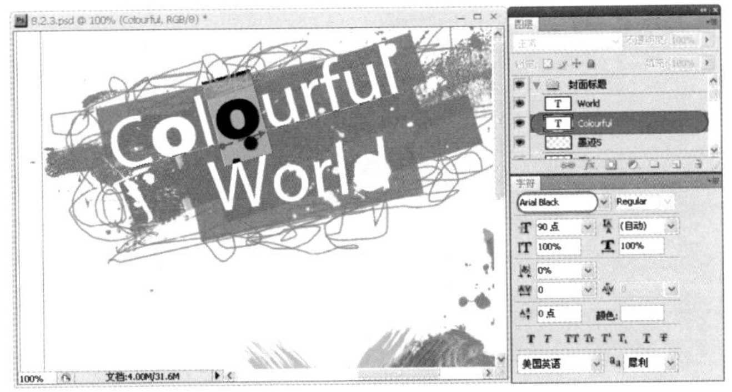

图8.46 更改英文单词字母的字体

10 STEP 在"Colourful"文字图层上单击鼠标右键，选择【栅格化文字】命令，接着使用【椭圆选框工具】○.按住Shift键分别在两个"o"字母上创建出两个椭圆选区，并填充白色，如图8.47所示，最后取消选区。

11 STEP 使用步骤（9）、（10）的方法对"World"单词的"o"与"d"字母进行相同的处理，效果如图8.48所示。

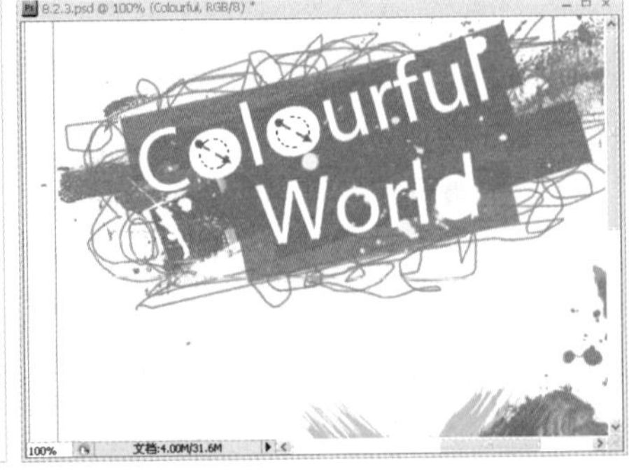

图8.47 在"o"字母上填充白色

图8.48 填充"World"单词的"o"与"d"字母

12 STEP 使用【横排文字工具】输入字体为“文鼎粗黑简”的“一彩色的世界”文字内容，如图8.49所示。

图8.49　输入中文副标题

13 STEP 拖选“的”字，并更改字体为“文鼎特粗黑简”，如图8.50所示。

图8.50　更改“的”字的字体属性

14 STEP 暂时隐藏“一彩色的世界”、“人物”、“水彩效果”、“封面背景”、“背景”等图层与图层组，如图8.51所示。

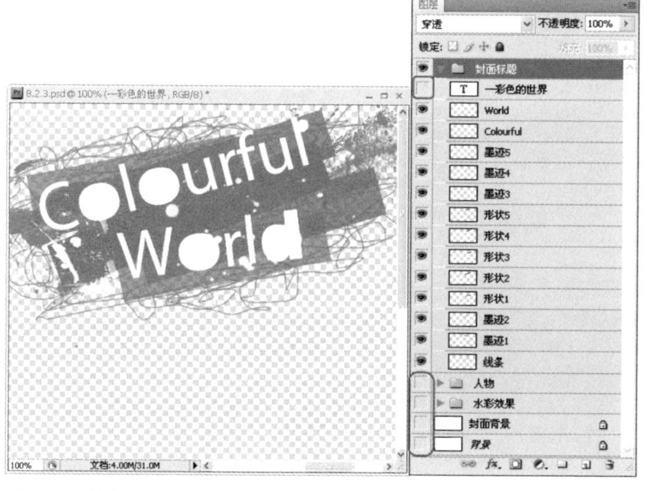

图8.51　隐藏部分图层准备盖印

15 STEP 按Alt+Ctrl+Shift+E快捷键创建出“图层12”盖印层，再将其更名为“封底标题”，最后显示上一步骤隐藏的图层与图层组如图8.52所示。

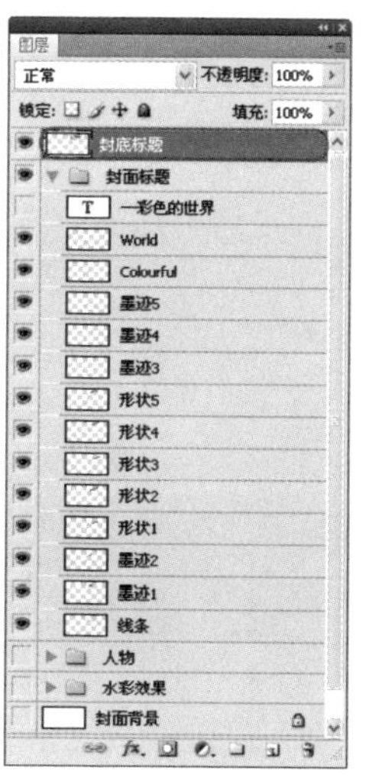

图8.52　创建出不含中文标题的标题盖印层

16 STEP 单击【创建新的填充或调整图层】按钮，再选择【色相/饱和度】选项，在打开的【调整】面板中先选择【着色】复选框，再设置色调与饱和度，最后单击【确定】按钮，将标题效果变成蓝色，如图8.53所示。

图8.53　变换封面标题的颜色

17 STEP 选择【图层】|【创建剪贴蒙版】命令，使上一步骤添加的【色相/饱和度】调整图层仅作用于下方的“封底标题”，如图8.54所示。

图8.54 为【色相/饱和度】调整图层创建剪贴蒙版

18 STEP 使用【自由变换】命令将“封底标题”缩小至43%，并移动封底的左上方，效果如图8.55所示。

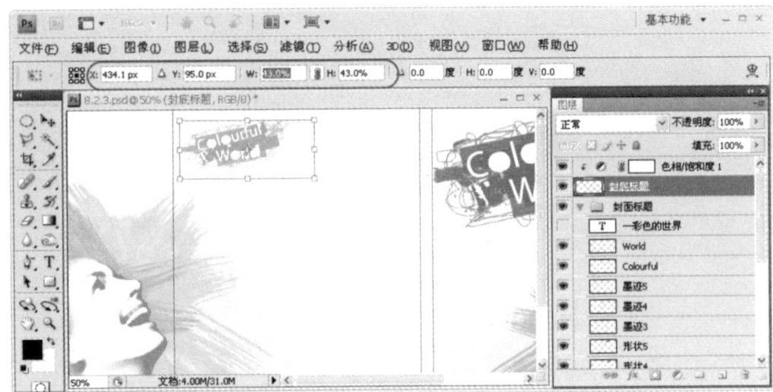

图8.55 缩小并移动封底标题

至此，制作封面标题的操作已经完毕，其效果如图8.38所示。

8.2.4 添加其他封面元素

设计分析

本小节将来制作封面的其他文字与段落内容，并加入出版社LOGO与条形码等其他封面元素，效果如图8.56所示。其主要设计流程为“设计书脊”→“加入其他封底元素”，具体实现过程如表8.5所示。

图8.56 添加其他封面元素后的效果

表8.5 添加其他封面元素的流程

制作目的	实现过程
设计书脊	● 制作书脊中的主标题 ● 在书脊中间输入中文副标题 ● 输入出版社名称 ● 加入出版社LOGO
加入其他封底元素	● 输入作者姓名 ● 在封底输入内容提要文字 ● 加入条形码 ● 输入勒口“About me”文字内容

制作步骤

01 STEP 打开“8.2.4.psd”练习文件，先创建“其他封面元素”图层组，然后使用【横排文字工具】T在封面正面标题的下方输入“Edited by Y.yeon Yoo”，如图8.57所示，其中文字颜色为【#757575】的灰色。

02 STEP 复制出“Colorful 副本”与“World 副本”图层，按住Ctrl键分别单击图层载入选区，再填充【#fc4751】的红色，接着旋转至垂直并缩小、移动至书脊的上半部分，结果如图8.58所示。

图8.57 输入作者姓名

图8.58 制作书脊中的主标题

03 STEP 先在封面正面中复制“—彩色的世界”文字内容，接着使用【横排文字工具】T.在书脊主标题的下方单击，以粘贴中文副标题，接着更改颜色为【#818181】的深灰色，再将其旋转90°，放置在书脊的中间部分，如图8.59所示。

04 STEP 使用【直排文字工具】IT.在书脊下方输入“思博艺术出版社”，其中颜色为【#084f70】的深蓝色，如图8.60所示。

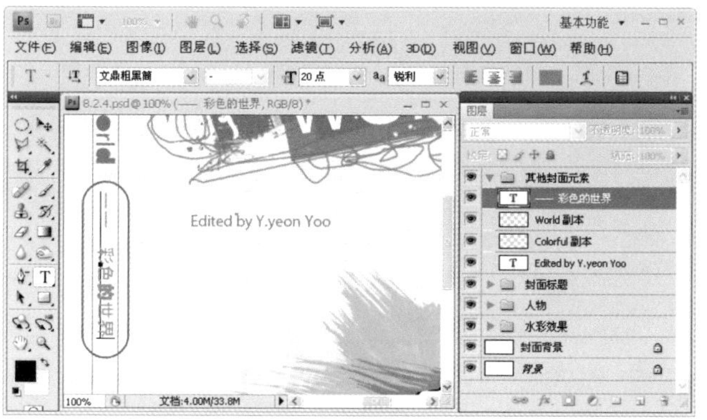

图8.59 在书脊中间输入中文副标题

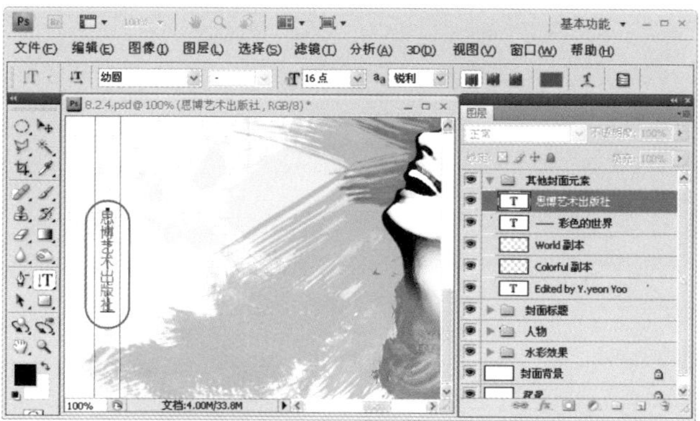

图8.60 输入出版社名称

05 STEP 打开“出版社LOGO.psd”素材文件，使用【移动工具】将LOGO拖至出版社名称的下方，如图8.61所示。

06 STEP 使用【横排文字工具】T.在封底上输入“I see trees of green, red roses too……Yes I think to myself what a colourful world.”等多段英文内容，作为本书的内容提要，其中字体颜色为【#4ed0da】的浅蓝色，如图8.62所示。

图8.61 加入出版社LOGO

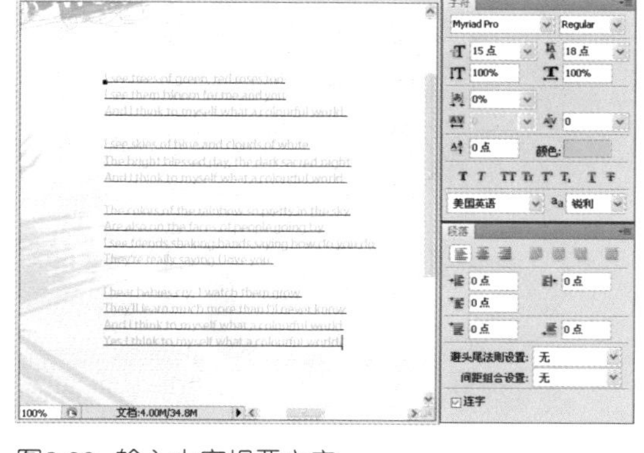

图8.62 输入内容提要文字

07 STEP 打开“条形码.psd”素材文件，使用【移动工具】将条形码拖至封底的右下方，如图8.63所示。

08 STEP 使用【横排文字工具】T.在右侧勒口上输入“About me”标题，如图8.64所示。

图8.63 加入条形码

图8.64 输入勒口内容标题

09 STEP 在“About me”标题的下方输入作者简介文字内容，如图8.65所示。

至此，本例的画册封面设计已经完毕，最终效果如图8.14所示。

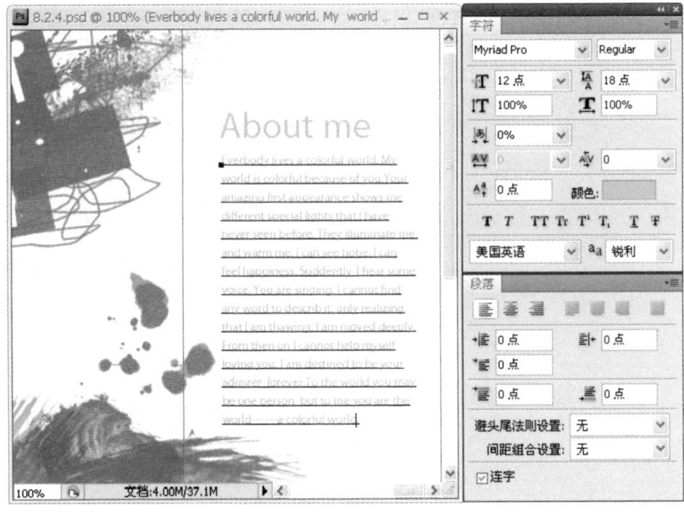

图8.65 输入作者简介文字内容

8.3 学习扩展

8.3.1 经验总结

通过本例的学习，相信大家已经对书籍封面设计有了一定的了解，下面通过封面的构思、文字、图片与色彩多个方法进行总结。

1 封面的构思设计

封面的构思十分重要，首先确立表现的形式要为书的内容服务的形式，用最感人、最形象、最易被视觉接受的表现形式。要想做到这些，就要充分理解设计对象的内涵、风格、体裁等，务求做到构思新颖、切题、有感染力。其中构思的过程与方法大致可以有以下几种。

- 想象：想象是构思的基点，它以造型的知觉为中心，能产生明确的有意味形象，也就是通常所说的灵感，是知识与想象的积累与结晶，它对设计构思是一个开窍的源泉。
- 舍弃：在构思的过程中，通常想得很多，造成堆砌也很多，对多余的细节爱不忍弃，所以应对不重要的、可有可无的形象与细节坚决忍痛割爱。
- 象征：象征性的手法是艺术表现最得力的语言，用具象形象来表达抽象的概念或意境，也可用抽象的形象来喻意表达具体的事物都能为人们所接受。
- 探索创新：流行的形式、常用的手法、俗套的语言要尽量避用。要构思新颖，就需要不落俗套、标新立异；要有创新的构思，就必须有孜孜不倦的探索精神。

2 封面的文字设计

封面文字中除了书名外，均要选用印刷字体，所以这里主要介绍书名的字体。常用的书名字体分三大类：书法体、美术体、印刷体。

- 书法体：书法体笔画间追求无穷的变化，具有强烈的艺术感染力和鲜明的民族特色以及独到的个性，且字迹多出自社会名流之手，具有名人效应，受到广泛的喜爱。
- 美术体：美术体又可分为规则美术体和不规则美术体两种。前者作为美术体的主流，强调外型的规整，点划变化统一，具有便于阅读、便于设计的特点，但较呆板。不规则美术体则在这方面有所不同，它强调自由变形，无论从点划处理还是字体外形均追求不规则的变化，具有变化丰富、个性突出、设计空间充分、适应性强、富有装饰性的特点。不规则美术体与规则美术体及书法体比较，它既具有个性，又具有适应性，所以许多书刊均选用这类字体。
- 印刷体：印刷体沿用了规则美术体的特点。早期的印刷体较呆板、僵硬，现在的印刷体在这方面有所突破，吸纳了不规则美术体的变化规则，大大丰富了印刷体的表现力，而且借助计算机，使印刷体处理方法上既便捷又丰富，弥补了其个性上的不足。

3 封面的图片设计

封面的图片以其直观、明确、视觉冲击力强、易与读者产生共鸣的特点，成为设计要素中的重要部分。图片的内容丰富多彩，最常见的是人物、动物、植物、自然风光以及一切人类活动的产物。

图片是书籍封面设计的重要环节，它往往在画面中占很大面积，成为视觉中心，所以图片设计尤为重要。比如一般青年杂志、女性杂志均为休闲类书刊，它的标准是大众审美，通常选择当红影视歌星、模特的图片作为封面；科普类读物选图的标准是知识性，常选用与大自然有关的、先进科技成果的图片；而摄影、美术类书籍，其封面应该选择优秀摄影和艺术作品，它的标准是艺术价值。

4 封面的色彩设计

封面的色彩处理是设计中的重要一关。得体的色彩表现和艺术处理能在读者的视觉中产生夺目的效果。色彩的运用要考虑内容的需要，用不同色彩对比的效果来表达不同的内容和思想。在对比中求统一协调，以中间色互相搭配为宜，使对比色统一于协调之中。书名的色彩运用在封面上要有一定的分量，纯度如不够，就不能产生显著夺目的效果。另外，除了绘画色彩用于封面外，还可用装饰性的色彩表现。文艺书封面的色彩不一定适用教科书，教科书、理论著作的封面色彩就不适合儿童读物。要辩证地看待色彩的含义，不能形而上学地使用。

一般来说，设计幼儿刊物的色彩，要针对幼儿娇嫩、单纯、天真、可爱的特点，色调往往处理成高调，减弱各种对比的力度，强调柔和的感觉；女性书刊的色调可以根据女性的特征，选择温柔、妩媚、典雅的色彩系列；而艺术类书籍的色彩就要求具有丰富的内涵，要有深度，切忌轻浮、媚俗；科普书籍的色彩可以强调神秘感；时装类刊物的色彩要新潮，富有个性；专业性类书籍的色彩要端庄、严肃、高雅，体现权威感，不宜强调高纯度的色相对比。

色彩配置上除了协调外，还要注意色彩的对比关系，包括色相、纯度、明度对比。封面上没有色相冷暖对比，就会缺乏生气；封面上没有明度深浅对比，就会让人感到沉闷而透不过气来；封面上没有纯度鲜明对比，就会古旧和平俗。我们要在封面色彩设计中掌握住明度、纯度、色相的关系，同时用这三者之间的关系去认识和寻找封面上产生弊端的缘由，以便提高色彩修养。

8.3.2 创意延伸

上例的作品有一个很突出的亮点，就是用很多色彩艳丽的画笔墨迹来衬托封面主体的一幅女性肖像的效果，这个效果可谓是整个封面的灵魂。通过上例的学习，读者也可以使用相同的方式去设计类似的作品，如图8.66所示。

在作品中，色彩艳丽的画笔墨迹来自Photoshop的画笔功能，这个功能在设计上非常实用，可以制作出各种各样的图案，例如笔墨效果、涂鸦效果、杂色效果等，读者可以利用画笔设计出各种效果的作品，如图8.67所示就是使用画笔绘制出的涂色效果。

图8.66 与本例相似的作品

图8.67 使用画笔来设计效果的封面

8.3.3 作品欣赏

下面介绍几种典型的书籍装帧作品，以便大家设计时借鉴与参考。

1 盛世邮展画册

如图8.68所示是"盛世邮展"的画册装帧设计，这个设计中并没有使用很复杂的效果处理作品，而使用树和鹤作为主要的素材，并使用相似色相作为这些素材的颜色，维持整个设计的统一。

图8.68 盛世邮展画册设计

2 《一梦千寻》封面设计

如图8.69所示是《一梦千寻》爱情童话小说的封面作品。这个作品在设计上有两个出彩点：其中一个就是封面右下方的主题图案设计，它使用了很多花纹的素材，并设计出一种完美的色彩搭配效果，配合花纹中的女孩头像，呈现出一种很强烈的梦幻色彩，与小说的主题非常贴切；另外一个出彩点就是封面上方的背景设计，这个设计并不使用很多复杂的图案装饰，而是使用简单的花纹图案作为衬托，并配合书名的效果，让整个封面看上去有一种淡淡的梦幻感觉。

3 《众神涅槃》封面设计

如图8.70所示是《众神涅槃》小说的封面，这本小书的内容以玄幻迷情为主。为了贴合该书的内容风格，封面使用了具有强烈迷幻色彩的插画为主体，呈现出一种神秘和迷情的效果。另外，书名的处理上也别具风格，用了一种书法的形式表现，突出一种空灵超脱的感觉。

图8.69 《一梦千寻》封面设计作品

图8.70 《众神涅槃》封面设计

交通广告设计

本章视频教学参见随书光盘： 视频\Chapter 09\

9.2.2 制作车身广告背景.swf
9.2.3 加入并美化广告主体.swf
9.2.4 添加车身广告设计元素.swf
9.2.5 制作车前与车后广告.swf

9.1 交通广告的基础知识

9.1.1 交通广告的概念与作用

1 交通广告的概念

交通广告是利用交通工具及其有关场所来传播商品信息的一种极为常见的广告媒体形式。由于乘客、旅客在乘坐汽车、火车、飞机和船舶等交通工具时，为了消磨时间，会仔细、耐心地阅读观赏广告，所以，交通广告的效果相当明显，通过它可以把广告内容传播于任何两点之间移动的消费者，不失为一种重要的商品信息传播形式。

2 交通广告的作用

首先，交通广告是一种瞬时广告，主要用于提醒消费者记住和回忆在电视、广播、报纸、杂志上接触到的信息，重温内容并加深认识。其次，交通广告的受众来自五湖四海和各行各业，范围比较广，宣传比较普及，可以填补报刊、广播、电视等广告主流媒体宣传不易达到的空白，并且可以加强其他广告媒介所宣传的印象。最后，交通广告可以根据车船、飞机上的乘客制定广告的方向，从而引起他们有意识的注意。另外，还可以结合交通的时刻表、施行服务事项等进行广告宣传，大大增强广告效果。

9.1.2 交通广告的分类

交通广告大致可分为“车内（舱内）广告”、“车身广告”与“站台广告”三大类。

- 车内（舱内）广告：包括悬挂于车（舱）壁上的广告以及窗帘广告、椅套广告、清洁袋广告等，如图9.1所示。

图9.1 车内广告

- 车身广告：包括车身两侧广告、车前广告、车后广告、车顶广告等，如图9.2所示。
- 站台广告：包括设置于公共汽车总站和停车站，以及码头、机场、地铁站等公共场所的固定性广告等，如图9.3所示。

图9.2 车身广告

图9.3 站台广告

9.1.3 交通广告的特征

交通广告具有以下“3R”特征。

- 真实性(Real)：相比于电视、广播等心理感觉的传播媒体而言，交通广告更具有心理上的亲近感。不管是车身广告还是车厢内的座椅广告，都具有看得见、摸得着的特征。就因为这种真实性和亲和性，交通广告更具备直接的冲击力。
- 重复性(Repeat)：交通广告与目标受众的沟通方式是全方位全空间性的，并有较高的接触频率，目标受众在每天上下班或外出公务时可以反复接触到广告信息。
- 最近性(Recently)：由于交通广告能到达移动人群中，所以它是在销售服务和商品上最有影响力的市场工具。也就是说，交通广告是与人们生活较为亲近，最容易诱发购买行为的广告。美国消费协会研究表明，有70%的购买行为是在店内决定的，而超市手推车上的商品广告可以将销售额提高116%。

9.1.4 车身广告的优势

- 易于接受：车身广告信息简明、直观、受众量大、流动性强、传播频次高、辐射面广，形成网络，自然平和，给人一种亲和感，能让受众群自然接受广告传播。
- 传播周期长：车身广告传播周期为一年四季，永不停歇，而电视广告、报纸、电台等媒体则相对较短。车身广告覆盖面之广是任何媒体无法与之相比的。
- 传播范围广：车身广告传播层次广，不同阶层人士均可接触，可信度高。广告传播渠道畅通认可度高，宣传效果自然好。
- 成本适宜：车身广告成本不高，价格适当。广告主可以根据城市公交线路来支付广告费，比如线路热门、停靠站点密度大、地段旺、人流密集，其广告费用相对高一些。选择公交车作为广告媒体形式或恰当的计划支出，使广告主少花钱多办事，是提升品牌形象最为迅速、有效的广告媒体。
- 规模大：车身广告规模大，对于公交车来说，还有一个最大的优势就是集团规模化的效应，一个车队的车次通常在50辆左右，每5～10分钟就有一班，形成不间断的效果，能够给客户提供全接触式广告宣传服务。

■ 9.1.5 车身广告的表现形式

- 全车广告：全车广告就是指全车喷涂，其广告的有效面积大，整体感强，画面色彩艳丽，从前、后、左、右不同的方向，立体向消费者传送信息，有着强烈的现代感和视觉冲击力，如图9.4所示。

图9.4 全车广告

- 车身挂牌：通过图文并茂、制作精美的车身挂牌广告，如图9.5所示，信息简明、直观，受众率大，阶层分布广泛，流动性强，拥有传播频次高、辐射面广的特点，且投资小、见效快，是提高产品社会知名度、提升品牌形象最为快捷有效的区域化、城市化的广告形式。
- 其他媒体：包括车厢内两侧的把手广告，车厢内挂旗广告，如图9.6所示；投币箱招贴广告等，对长期树立品牌形象，提高产品的知名度当为最佳选择。

图9.5 车身挂牌广告

图9.6 车厢其他媒体广告

■ 9.1.6 车身广告受众数据调查

在众多交通广告之中，公交车的车身广告影响力最大。作为城市交通的主力承载者，公交车一天行驶的时间平均达18小时，其时间贯穿了整个社会活动，能够最大限度地达到强势宣传的目的。下面是一组车身广告受众的调查数据。

- 直接受众：每辆1600人/次（公交车）。
- 间接受众：每辆3700人/次（公交车）。
- 每辆每天有效受众：11000人/次（公交车）。
- 每辆每月有效受众：340000人/次（公交车）。

从上面的数据可知，公交车身广告的受众面积非常广，同时曝光次数频高，平均达5.2/小时次以上，且针对性强，从不同的角度、方向接触数以万计的消费者。据有关数据显示，在北京、上海、广州、南京等大中城市，最受人们注意的户外媒体排名中，车身广告总是名列第一、第二位。

9.1.7 公交车的常见车型与尺寸

为了便于大家进行公交车身广告设计，下面介绍几种较为常见的公交车型与尺寸，如表9.1所示。

表9.1 常见公交车型与尺寸

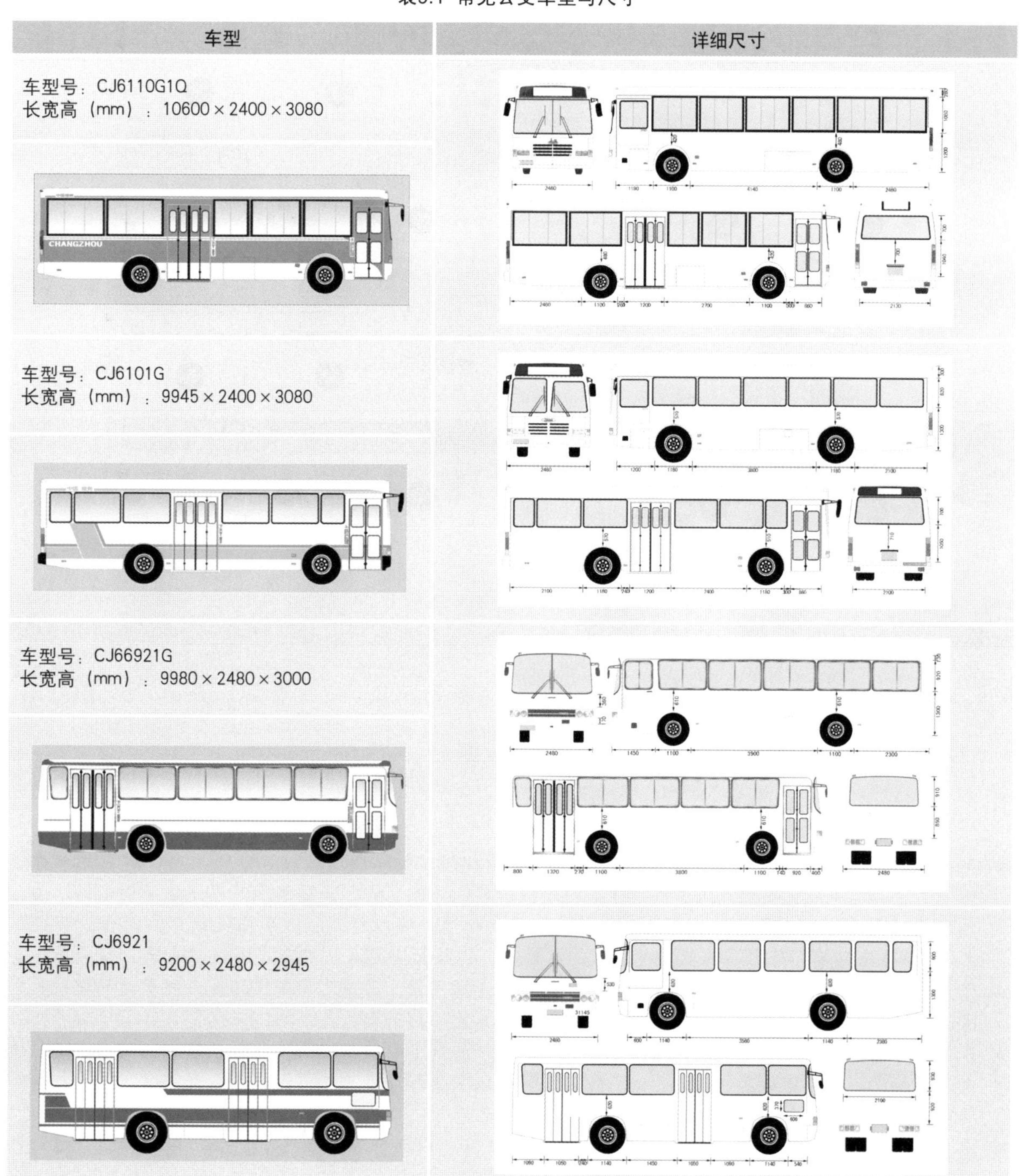

车型	详细尺寸
车型号：CJ6110G1Q 长宽高（mm）：10600 × 2400 × 3080	
车型号：CJ6101G 长宽高（mm）：9945 × 2400 × 3080	
车型号：CJ66921G 长宽高（mm）：9980 × 2480 × 3000	
车型号：CJ6921 长宽高（mm）：9200 × 2480 × 2945	

（续表）

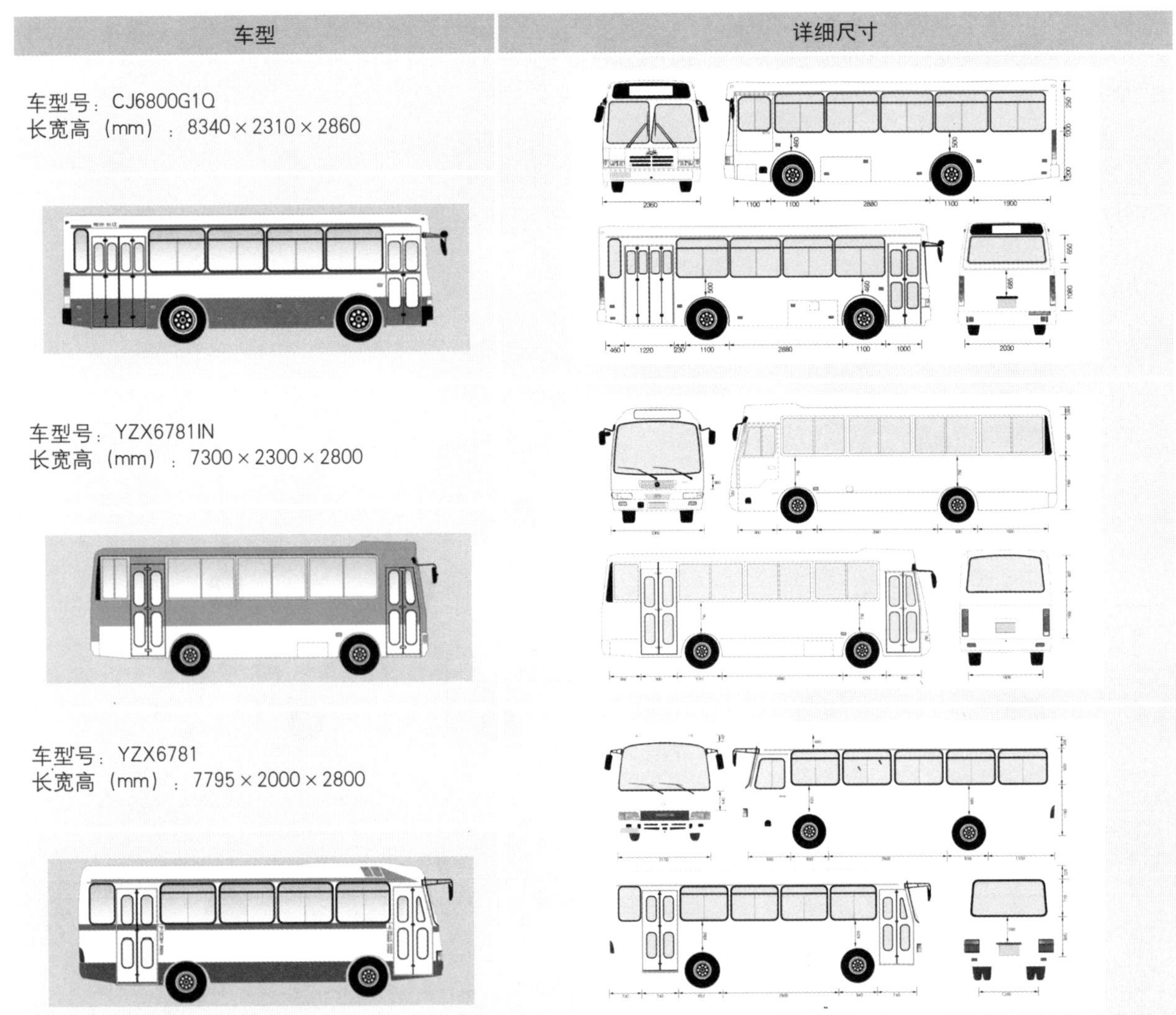

车型	详细尺寸
车型号：CJ6800G1Q 长宽高（mm）：8340×2310×2860	
车型号：YZX6781IN 长宽高（mm）：7300×2300×2800	
车型号：YZX6781 长宽高（mm）：7795×2000×2800	

9.2 饮料车身广告设计

9.2.1 设计概述

本交通广告是为可口可乐公司的新产品——樱桃品味可乐专门设计的一款公交车全车广告，其中包括车身两侧广告、车前广告与车后广告等几大部分，最终成果如图9.7所示。本例主要融入了前卫时尚的热力节拍以及动感的音乐元素，以赢得年轻一代消费者的青睐。下面逐一介绍全车广告的各组成部分。

- 车身广告：车身广告分为左右两侧，但其设计基本相同，所以在设计过程中将主要针对左侧车身进行介绍。由于本饮料的主要卖点为樱桃口味，因此使用紫色为主色调，而过渡至黄色是彰显青春的活力。在设计元素方面，先将产品的外观图放于车身最显眼的位置，再以喷溅状放射出五线谱，结合“樱桃”的英文、3个音乐符号和剪影人物在五线谱上翩翩起舞，使版面高度活跃起来。通过将音乐、舞蹈等元素嫁接于新口味的饮料上，完全抓住了年轻一代所喜爱的生活元素。其中不得不提的是，将普通的樱桃素材编辑成音符的形状，把音乐的元素再次放大，可以说是本作品的一大亮点。
- 车前广告：限制于公交车前的挡风玻璃以及车灯等一些汽车配件，可设计的篇幅较少，所以本例仅填充车身渐变颜色，而不添加其他设计元素。但为了使其效果更加逼真，能得到广告主的满意，特意把车灯与车牌等一些主要配件勾画出来。
- 车后广告：车后广告的设计风格主要与全车广告统一，以车身渐变颜色填充后，再添加线条组、可乐素材、泡泡、樱桃音符及广告标题等设计元素。

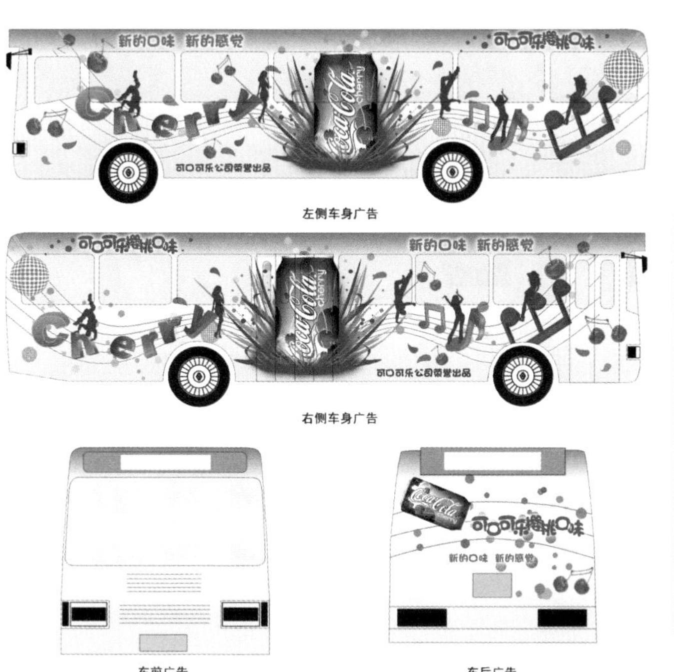

尺 寸	车身：960cm×245cm；车前：240cm×254cm；车后：240cm×247cm
用 纸	通过喷绘机直接打印在PVC车身贴上
风格类型	时尚、活力
创 意 点	❶ 通过可乐瓶喷溅出音乐、舞蹈元素作为主要创意点，夸张地表达品尝该产品后身心愉悦的感觉 ❷ 将音乐与文字制作成七彩缤纷的立体效果 ❸ 人物在五线谱上翩翩起舞 ❹ 将樱桃素材编辑成音符形状
配色方案	#FFFFC9 #F8F359 #FF6F86 #E23145 #C97FBA #AE117C
作品位置	实例文件\Ch09\creation\车身广告_左.psd 实例文件\Ch09\creation\车身广告_左.jpg 实例文件\Ch09\creation\车身广告_右.psd 实例文件\Ch09\creation\车身广告_右.jpg 实例文件\Ch09\creation\车前与车后广告.psd 实例文件\Ch09\creation\车前与车后广告.jpg

图9.7 公车广告

设计流程

- 车身广告设计流程：本例将车身广告的重点放在左侧车身，完成左侧车身广告后，再将一些设计元素逐个添加到右侧车身中，其详细设计流程如图9.8所示。
- 车前与车后广告设计流程：本例将车前广告与车后广告放于一起设计，由于车前的可用设计面积有限，所以仅填充与车身颜色相同的渐变色，而且设计重点放于车后广告上，其详细设计流程如图9.9所示。

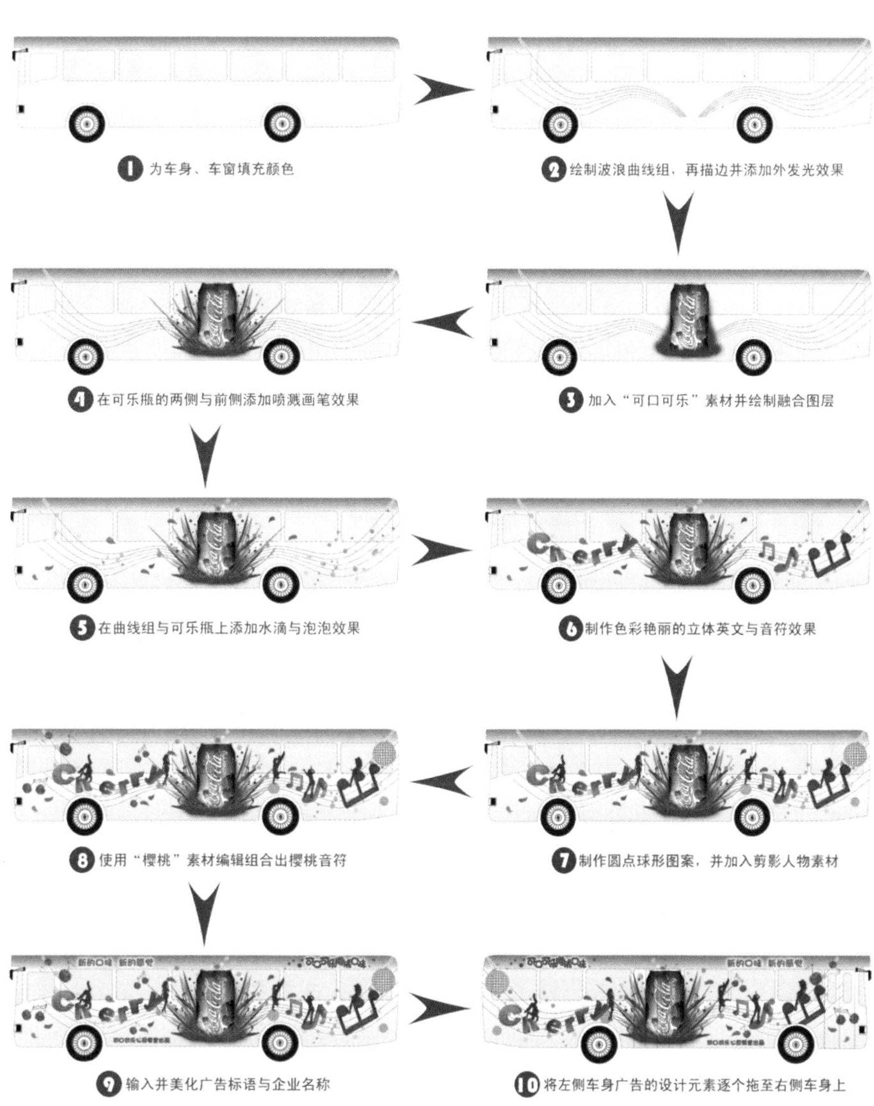

图9.8 车身广告设计流程

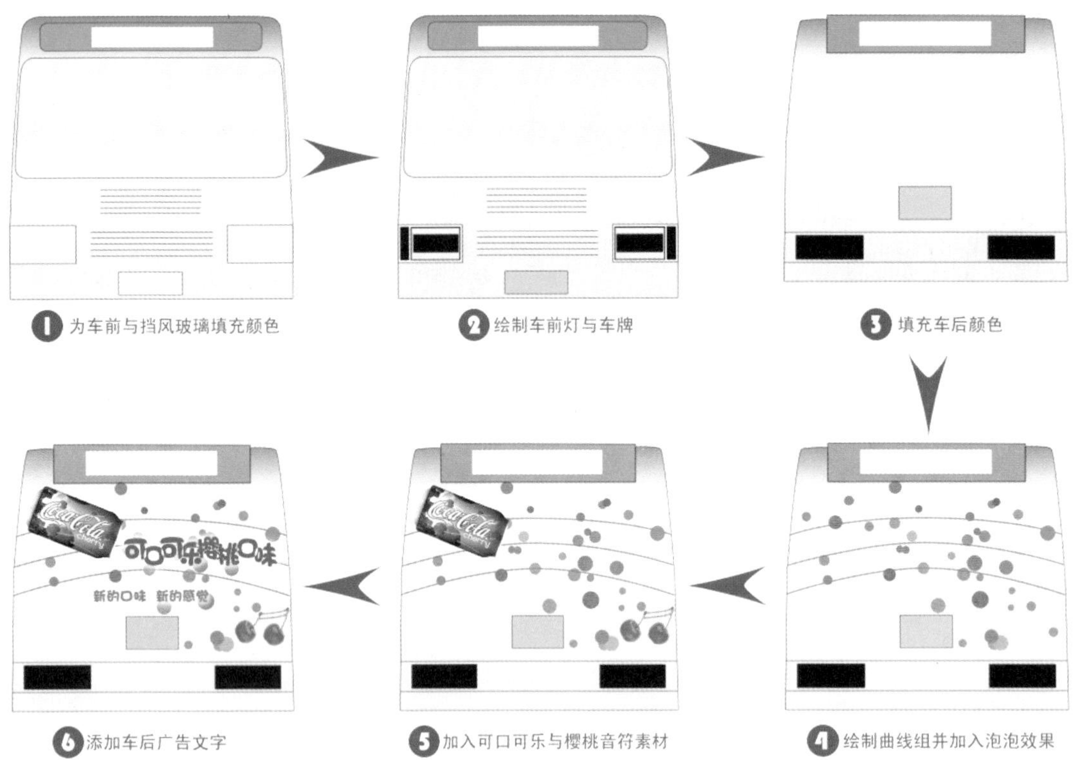

图9.9 车前与前后广告设计流程

功能分析

- 【路径】面板：对已有的公车框架路径进行填充与描边。
- 【钢笔工具】：绘制“五线谱”线条组与“水滴”形状。
- 【减淡工具】：增强可乐瓶与立体字的立体效果：
- 【画笔工具】：绘制泡泡、喷溅效果、融合层并描边路径。
- 【自由变换】命令：对各素材元素进行移动、缩小与旋转等编辑处理，并编辑出“樱桃”音符。
- 【球面化】、【锐化】、【高斯模糊】等滤镜：制作圆点球形对象。
- 【横排文字蒙版工具】：制作广告文字选区。

本例公车广告的尺寸如图9.10所示。

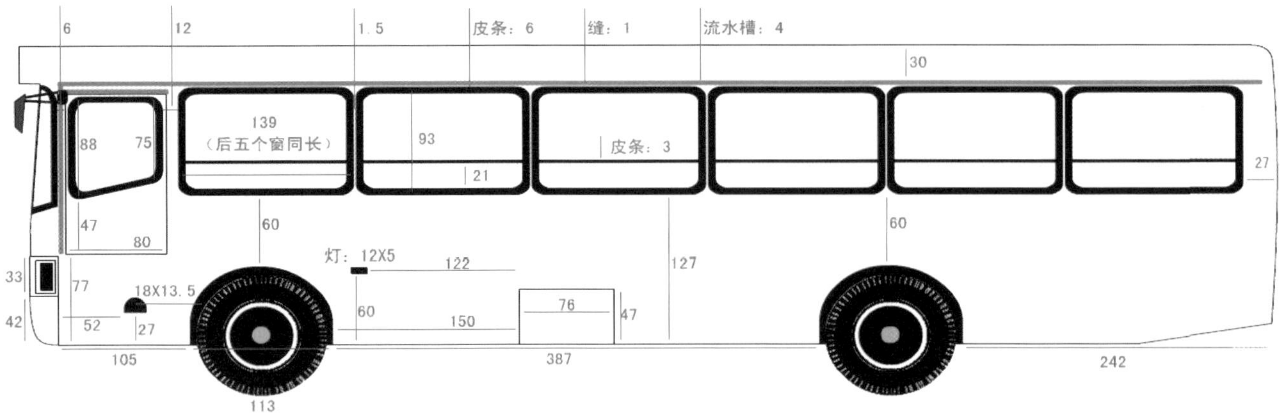

车身左侧面

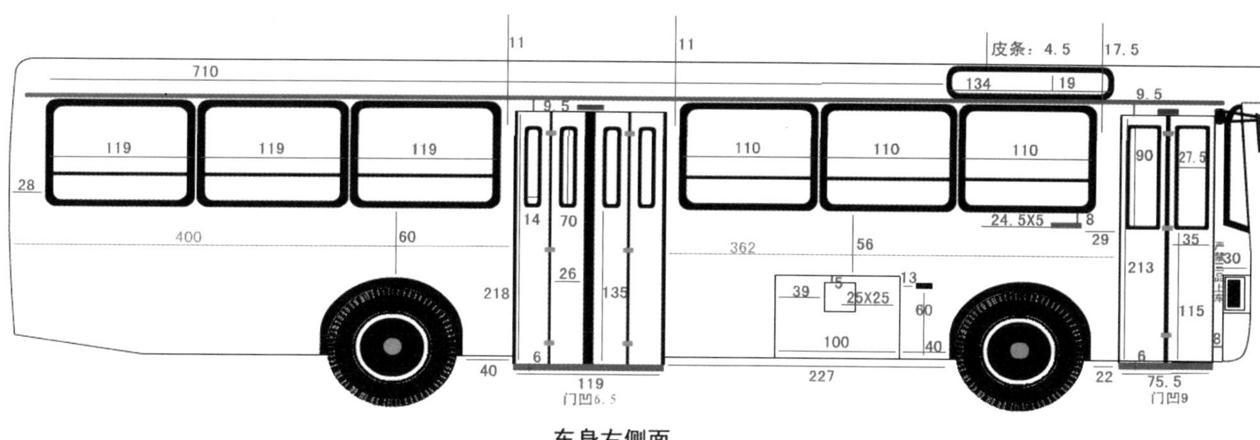

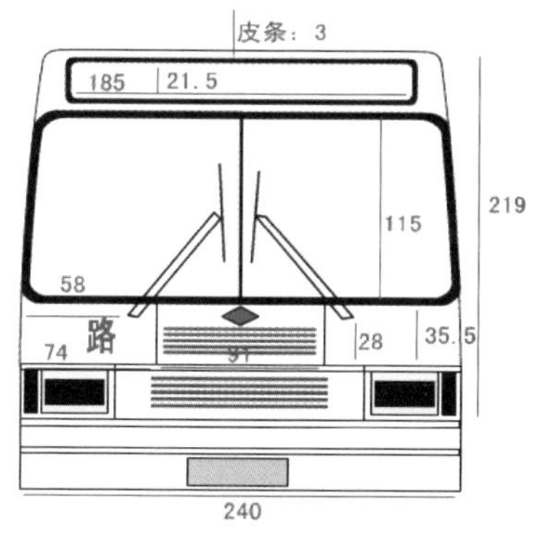

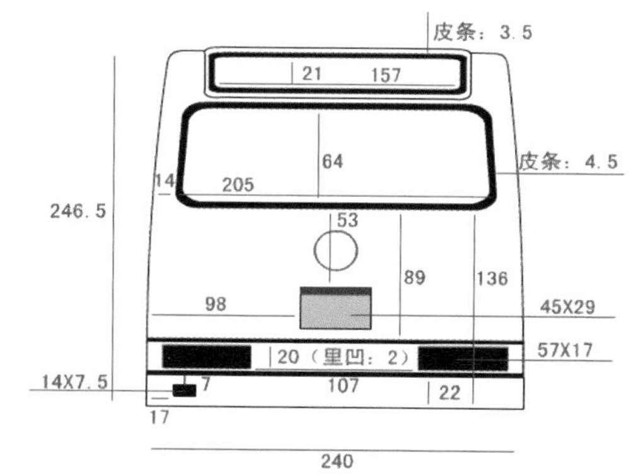

图9.10 本例公交车的详细尺寸

9.2.2 制作车身广告背景

设计分析

本小节先按照练习文件中的路径轮廓，为车身、车窗填充渐变色与纯色，接着在车身上绘制两组相互对称的波浪线条组作为五线谱，效果如图9.11所示。其主要设计流程为“填充车身渐变”→“填充车窗”→“制作波浪线条组”，具体操作过程如表9.2所示。

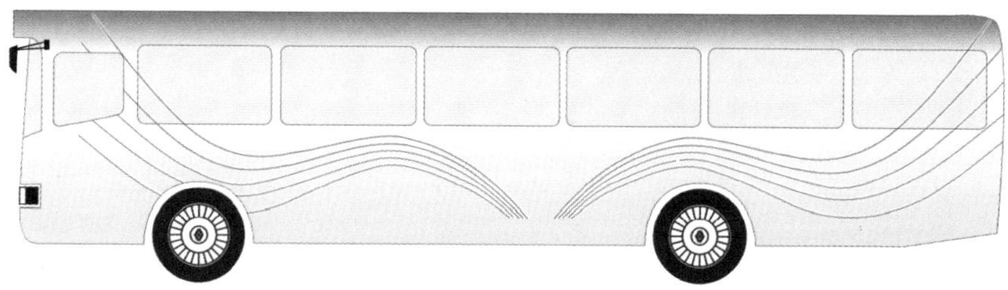

图9.11 车身广告背景

表9.2 制作车身广告背景的流程

制作目的	实现过程
填充车身渐变	● 将车身外轮廓转换为选区 ● 设置车身渐变属性 ● 填充车身渐变颜色
填充车窗	● 载入“车窗”选区 ● 填充车窗颜色
制作波浪线条组	● 绘制波浪曲线形状路径 ● 复制并微调路径形状 ● 使用画笔描边线条组 ● 复制出另一侧的线条组 ● 添加外发光图层样式 ● 删除部分多余的线条组

制作步骤

01 STEP 打开“9.2.2.psd”练习文件，在【路径】面板中选择“左侧车身轮廓”路径，接着使用【路径选择工具】选择车身外轮廓，再单击【将路径作为选区载入】按钮，最后取消“左侧车身轮廓”路径的选择状态，如图9.12所示。

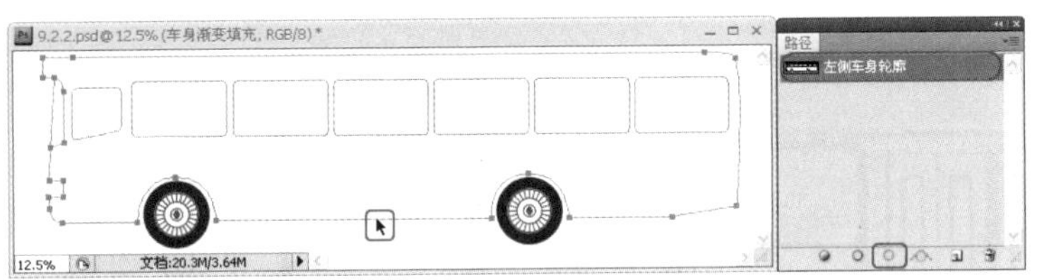
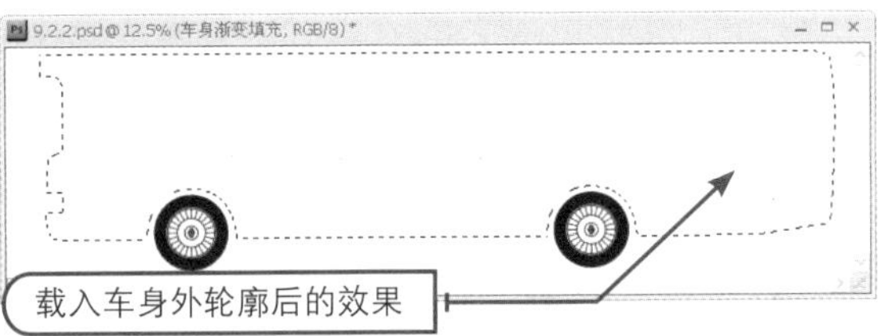

图9.12 将车身外轮廓转换为选区

02 STEP 选择【渐变工具】并打开【渐变编辑器】对话框，设置从紫色到白色再到黄色的渐变属性，接着在【名称】文本框中输入"车身渐变"，单击【新建】按钮，最后单击【确定】按钮，将当前的渐变属性保存，以备后面的车前与车后广告所用，如图9.13所示。

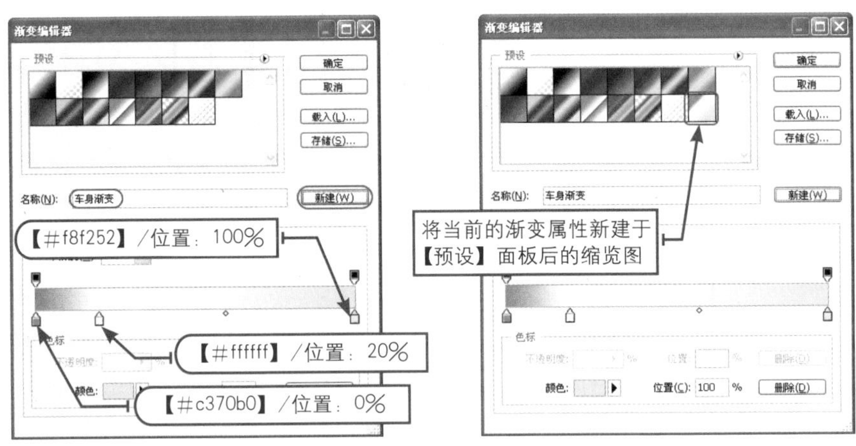

图9.13 设置车身渐变属性并保存

03 STEP 在【图层】面板中新建"车身背景"图层组，接着创建"车身渐变填充"新图层，按住Shift键从上至下填充垂直线性渐变颜色，如图9.14所示，最后按Ctrl+D快捷键取消选区。

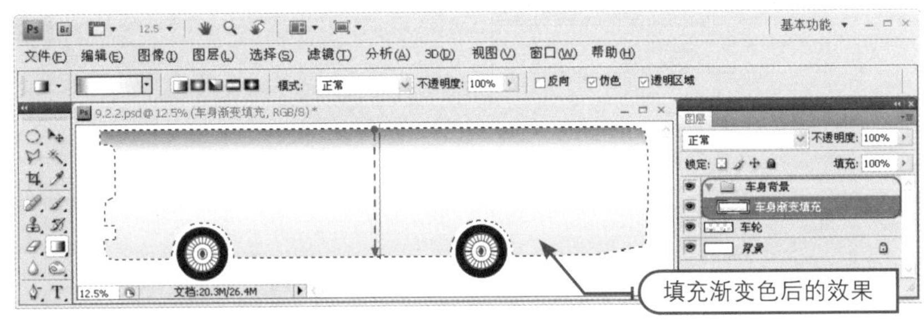

图9.14 填充车身渐变颜色

04 STEP 再次选择"左侧车身轮廓"路径，使用【直接选择工具】拖选多个"车窗"形状，接着单击【将路径作为选区载入】按钮，如图9.15所示。

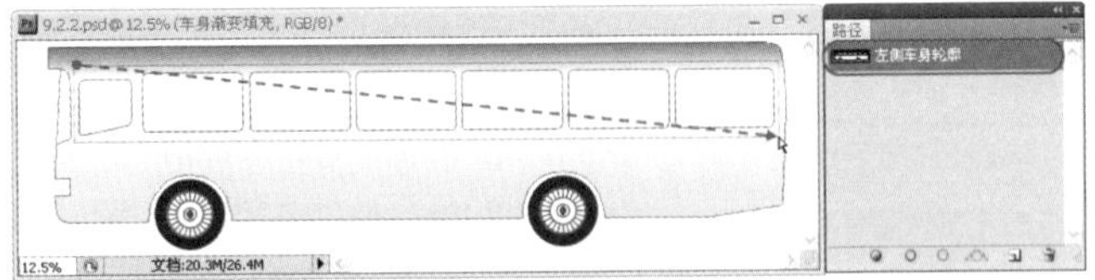
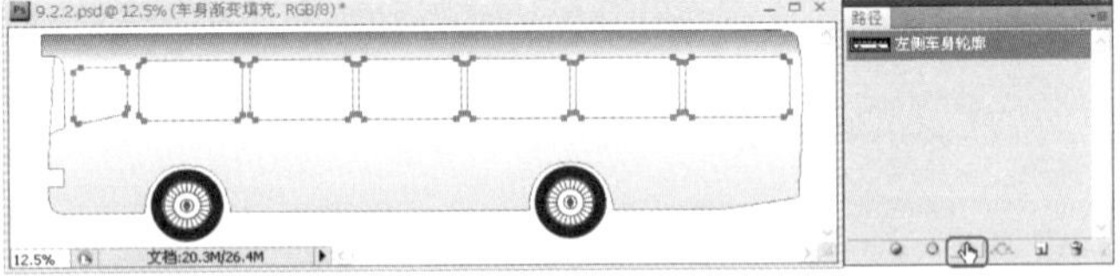

图9.15 载入车窗选区

05 STEP 设置前景色为【#e6e6e6】的浅灰色，然后创建"车窗填充"新图层，再按Alt+Backspace快捷键填充车窗颜色，如图9.16所示，最后按Ctrl+D快捷键取消选区。

06 STEP 使用【钢笔工具】配合【直接选择工具】，在车身的后半部分绘制出如图9.17所示的波浪曲线路径。

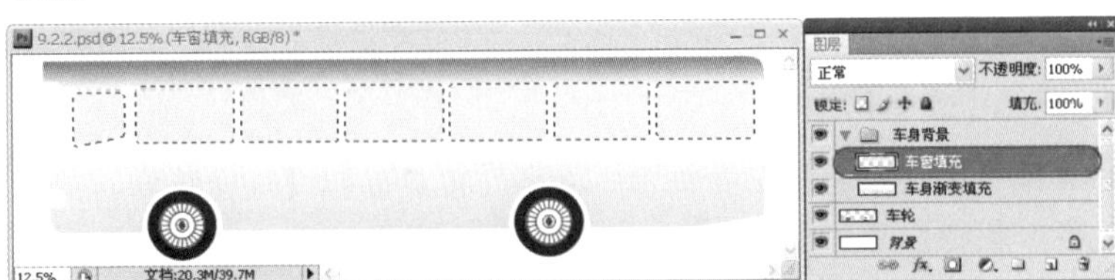

图9.16 填充车窗颜色

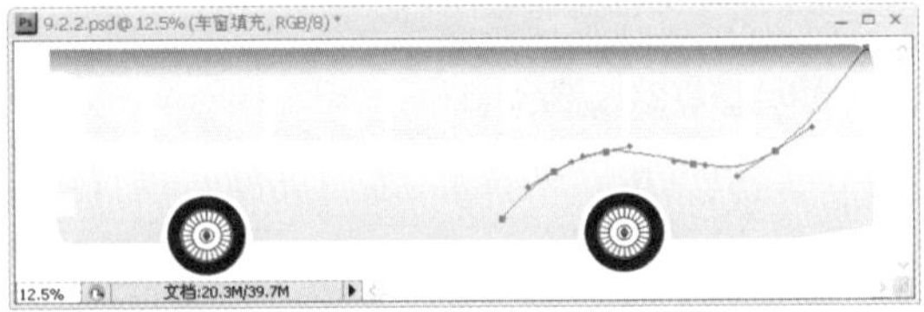

图9.17 绘制波浪曲线路径

07 STEP 按住Ctrl+Alt键并将鼠标移至波浪曲线之上，当鼠标箭头旁边出现"+"后，将路径往下拖动，复制另一条相同的波浪曲线。接着使用【直接选择工具】对锚点的位置与控制手柄进行调整，微调其曲线形状，如图9.18所示。

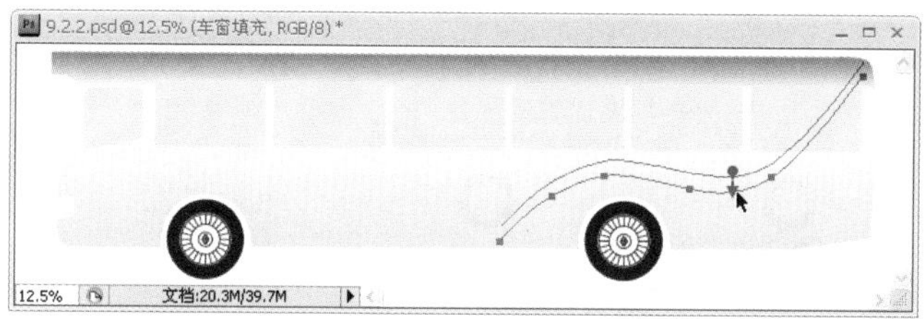

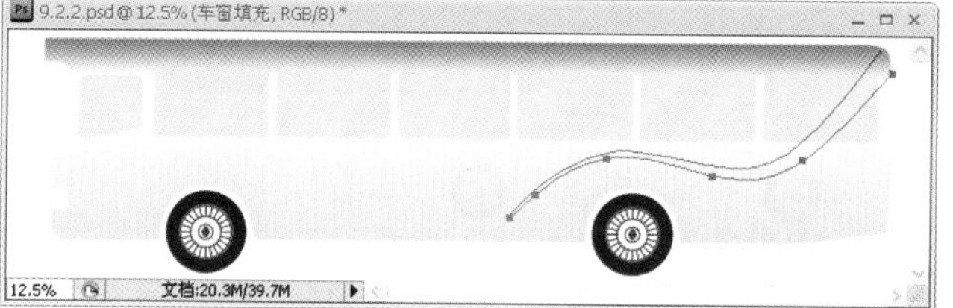

图9.18 复制并微调路径形状

08 STEP 使用上一步骤的方法向下复制3条波浪曲线，再以"线条组"的名称存储路径，如图9.19所示。

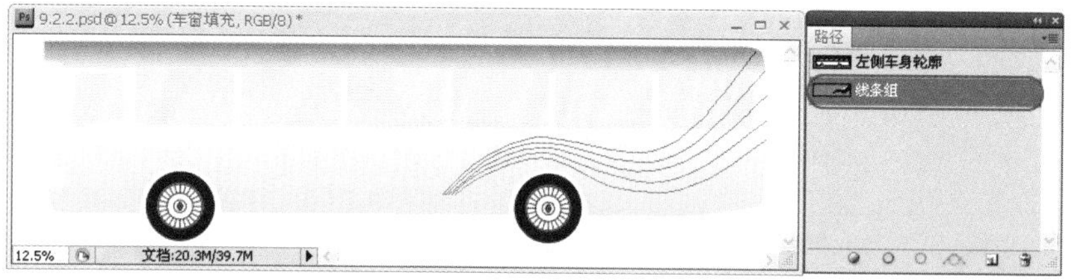

图9.19 复制其他线条并存储路径

09 STEP 设置前景色为【#ff6ba6】并创建"线条组"新图层，选择【画笔工具】并使用尖角5像素的笔刷对"线条组"路径进行描边处理，如图9.20所示。

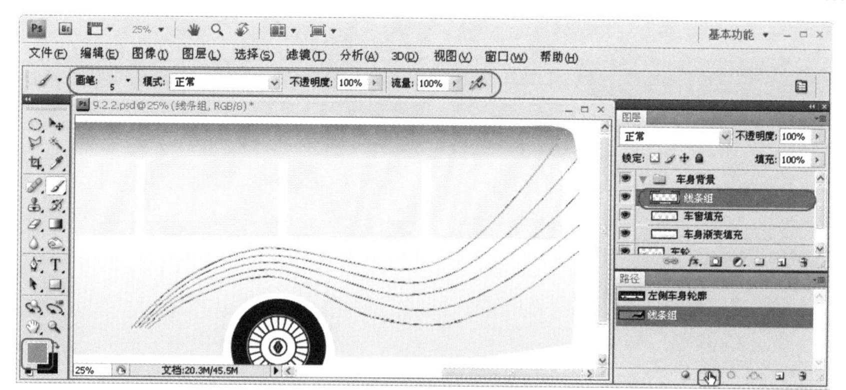

图9.20 使用画笔描边线条组

10 STEP 复制出"线条组 副本"新图层，再选择【编辑】|【变换】|【水平翻转】命令，接着使用【移动工具】将其水平移至对称的另一侧，如图9.21所示。

图9.21 复制出另一侧的线条组

11 STEP 按住Ctrl键同时选择"线条组"与"线条组 副本"两个图层，然后按Ctrl+E快捷键合并成单一图层，并更名为"线条组"，接着单击【添加图层样式】按钮，选择【外发光】选项，在打开的【图层样式】对话框中设置【外发光】属性，最后单击【确定】按钮，如图9.22所示。

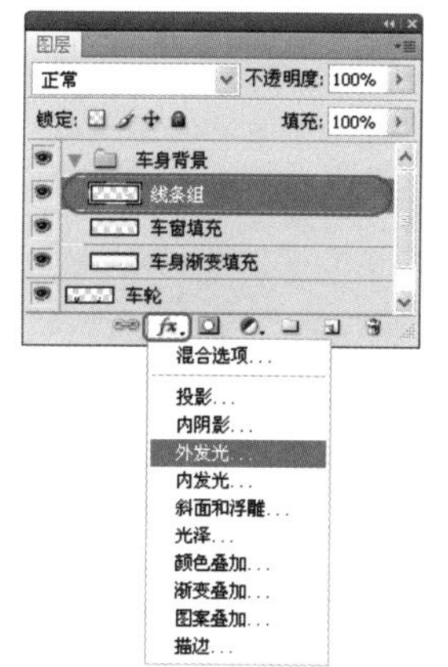

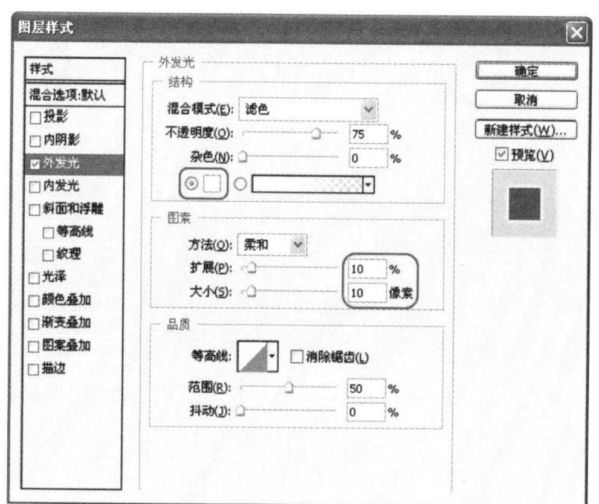

图9.22 合并"线条组"图层并添加外发光图层样式

12 STEP 选择“左侧车身轮廓”路径，使用【路径选择工具】选择车身外轮廓，单击【将路径作为选区载入】按钮，再次将车身外轮廓转换为选区，接着按Ctrl+Shift+I快捷键，再按Delete键，将前轮上方超出车身范围的线条组删除，如图9.23所示。

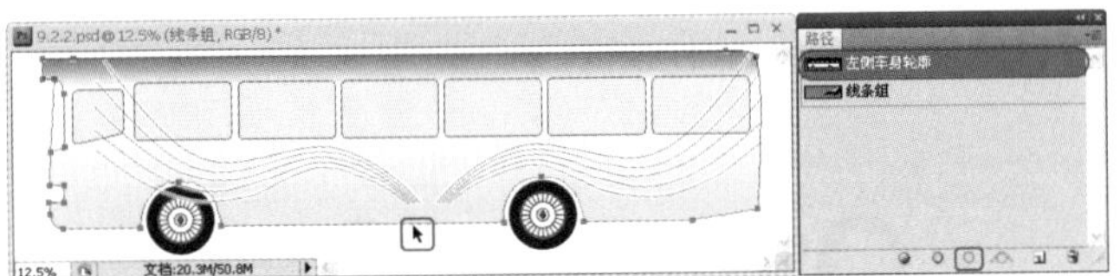

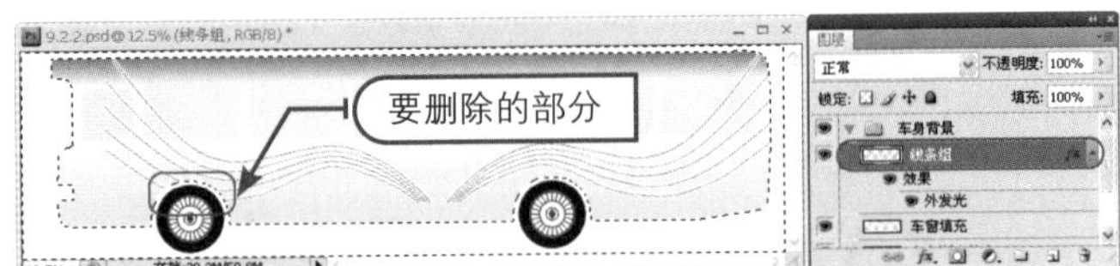

图9.23 删除超出车身范围的线条组

13 STEP 由于司机要通过第一个车窗来观察左侧倒后镜与路面情况，所以此车窗不能作任何的广告处理，以免影响行车安全。所以下面使用上一步骤的方法先载入第一个车窗的选区，然后删除线条组处于该区域的部分，如图9.24所示。

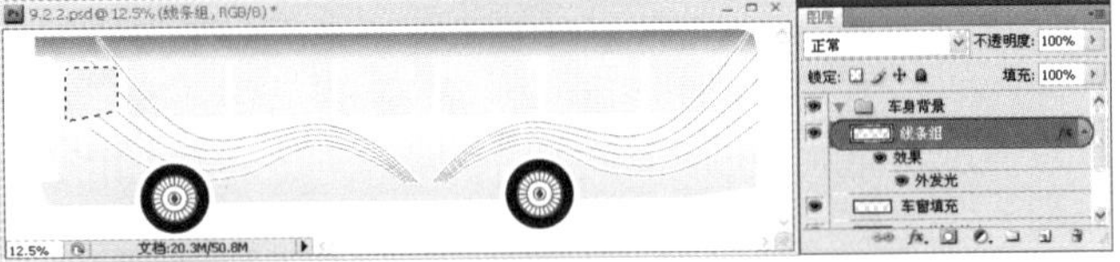

图9.24 删除线条组处于第一车窗上的部分

当心陷阱

在制作车身广告时要特别注意，司机必须通过车前玻璃与车身两侧的首个车窗观察路面情况，所以这些位置绝对不能添加任何广告元素，如果背景或者其他设计部分延伸至这些区域，也必须删除掉。

至此，车身广告的背景已经制作完毕，其效果如图9.11所示。

9.2.3 加入并美化广告主体

设计分析

本小节先加入“可口可乐”主体素材，然后调整其高光与阴影效果，增强其立体感；接着在可乐瓶的左、右、前侧添加随机的喷溅效果，并以紫色的涂抹融合，效果如图9.25所示。其主要设计流程为“加入并调整可乐瓶”→“绘制两侧喷溅效果”→“绘制前侧喷溅效果”，具体实现过程如表9.3所示。

图9.25 加入并美化广告主体的效果

表9.3 加入并美化广告主体的流程

制作目的	实现过程
加入并调整可乐瓶	● 加入“可口可乐”素材 ● 调整可乐瓶的高光区域 ● 调整可乐瓶的阴影区域 ● 在可乐瓶的下方创建紫色融合层
绘制两侧喷溅效果	● 载入“溅出笔刷” ● 绘制并编辑喷溅画笔形状对象 ● 绘制其喷溅形状 ● 制作另一侧喷溅效果
绘制前侧喷溅效果	● 制作前侧喷溅效果 ● 将前侧喷溅调至可乐瓶的上方 ● 涂绘深紫色调和色

制作步骤

01 STEP 打开“9.2.3.psd”练习文件，创建“广告主体”图层组，然后打开“可口可乐.psd”素材文件，使用【移动工具】将“可口可乐”图层拖至练习文件中的“广告主体”图层组内，如图9.26所示。

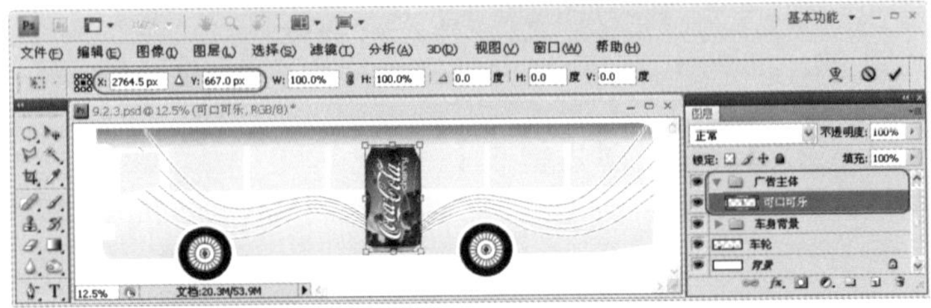

图9.26 加入“可口可乐”素材

02 STEP 单击【添加图层蒙版】按钮，选择【画笔工具】并设置前景色为黑色，然后使用柔角200像素的笔刷在可乐瓶的下方水平拖动，将瓶底遮盖住，如图9.27所示。

图9.27 添加图层蒙版把可乐瓶的底部隐藏掉

03 STEP 复制出“可口可乐 副本”图层，原图以作备用，然后按住Ctrl键单击该图层，载入可乐瓶的选区，如图9.28所示。

图9.28 复制副本图层并载入选区

04 STEP 由于瓶身过暗，下面选择【减淡工具】并设置笔刷直径为柔角400像素、范围为【高光】，先从瓶顶往瓶底拖动，刷亮瓶身，接着从瓶身的中间位置开始往瓶底再拖动一次，增强瓶底的高光效果，如图9.29所示。

图9.29 调整可乐瓶的高光区域

05 STEP 选择【加深工具】，设置笔刷直径为柔角200像素、范围为【阴影】，分别从上至下在可乐瓶的两侧拖动，增强两侧的阴影效果，如图9.30所示。

06 STEP 创建“紫色融合层”新图层，然后设置前景色为【#a70e76】，再选择【画笔工具】，设置笔刷直径为柔角200像素，接着在画面中涂绘出融合层，最后将其拖至“可口可乐 副本”图层的下方，如图9.31所示。

图9.30 调整可乐瓶的阴影区域

图9.31 在可乐瓶的下方创建紫色融合层

07 STEP 在“实例文件\Ch09\images”文件夹中分别导入6个“溅出笔刷”素材文件，然后选择【画笔工具】并打开【画笔预设】选取器，即可显示如图9.32所示的6种“溅出笔刷”。

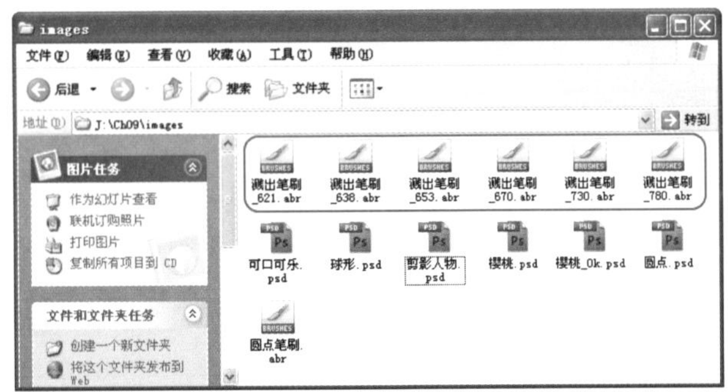

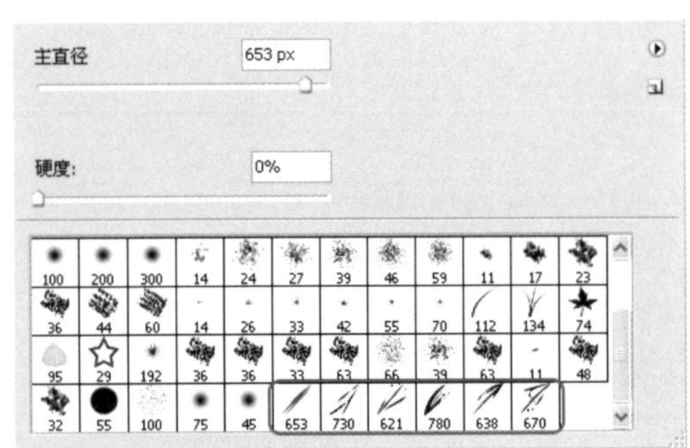

图9.32 载入“溅出笔刷”

08 STEP 创建“右侧喷溅”图层组并在组内创建出“喷溅1”新图层，设置前景色为【#ff6ab0】，接着使用【画笔工具】的638号笔触在可乐瓶的右侧单击，绘制笔刷形状的对象，然后分别执行【水平翻转】与【垂直翻转】命令调整画笔形状，如图9.33所示。

图9.33 绘制并编辑喷溅画笔形状对象

09 STEP 使用上一步骤的方法，参照表9.4的属性，通过不同的笔刷形状，在可乐瓶的右侧绘制多个不同颜色的笔刷形状对象，组合成喷溅的效果。

表9.4 制作其他喷溅的方法

操作1	结果
● 新建“喷溅2”图层 ● 选择780号笔刷 ● 设置前景色为【#fa00c8】 ● 单击画面绘制笔刷形状 ● 执行【自由变换】命令缩小至65%	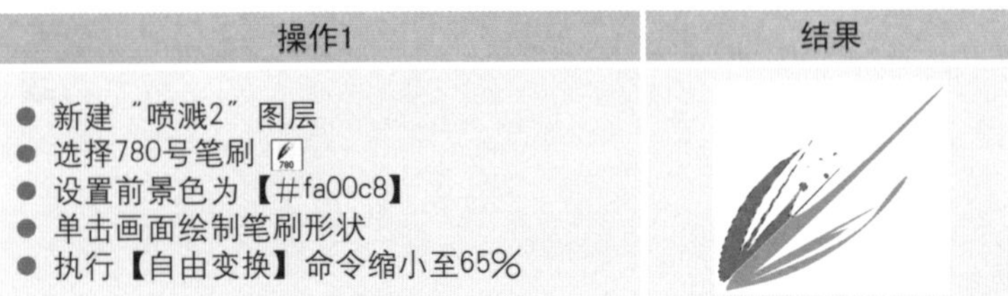

（续表）

操作2	结果	操作3	结果
● 新建“喷溅3”图层 ● 选择670号笔刷 ● 设置前景色为【#a70e76】 ● 单击画面绘制笔刷形状 ● 执行【垂直翻转】与【水平翻转】命令 ● 执行【自由变换】命令缩小至73%		● 新建“喷溅4” 图层 ● 选择730号笔刷 ● 设置前景色为【#ff7087】 ● 单击画面绘制笔刷形状 ● 执行【垂直翻转】命令 ● 执行【自由变换】命令旋转90°	
操作4	**结果**	**操作5**	**结果**
● 新建“喷溅5” 图层 ● 选择621号笔刷 ● 设置前景色为【#f955ab】 ● 单击画面绘制笔刷形状 ● 执行【水平翻转】命令 ● 执行【自由变换】命令旋转90°		● 复制“喷溅3 副本” 图层 ● 执行【自由变换】命令缩小至90% ● 执行【自由变换】命令旋转−30°	

10 STEP 使用【移动工具】将“右侧喷溅”图层组调至“可口可乐”图层的下方，效果如图9.34所示。

图9.34 绘制其喷溅形状后的效果

11 STEP 将“右侧喷溅”图层组拖至【创建新图层】按钮上，复制出“右侧喷溅 副本”图层组，接着选择【编辑】|【变换】|【水平翻转】命令，然后按住Ctrl+←键不放，将复制的喷溅副本水平移至对称的另一侧，如图9.35所示。

图9.35 制作另一侧喷溅效果

12 STEP 使用步骤（8）～（10）的方法，在可乐瓶的底部制作出如图9.36所示的前侧喷溅效果。

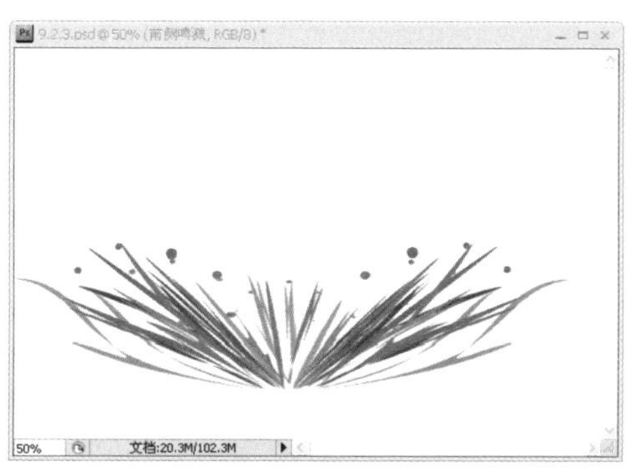

图9.36 制作前侧喷溅效果

13 STEP 接着将“前侧喷溅”图层移至可乐瓶广告主体的上方，如图9.37所示。

图9.37 将前侧喷溅调至可乐瓶的上方

专家提醒

如果读者已经掌握绘制喷溅效果的方法，可以从“实例文件\Ch09\images\”文件夹中打开“前侧喷溅.psd”素材文件，将“前侧喷溅”图层加至练习文件中，以便继续练习。

14 STEP 创建“紫色调整层”新图层，再设置前景色为【#a70e76】的深紫色，接着使用【画笔工具】的柔角笔刷在可乐瓶的底部来回涂绘出一层紫色的调和色，用于遮挡住“前侧喷溅”的局部，使整体效果更加和谐，如图9.38所示。

至此，加入并美化广告主体的操作已经完毕，其效果如图9.25所示。

图9.38 涂绘深紫色调和色

9.2.4 添加车身广告设计元素

设计分析

本小节将依次添加水滴、泡泡、立体文字与音符、圆点球形等设计元素，然后加以编辑美化；接着添加广告标题和公司名称等文字内容；最后将左侧车身已经制作好的设计元素逐个添加到“9.2.4 b.psd”练习文件中，效果如图9.39所示。其主要设计流程为“添加水滴与泡泡”→“制作立体文字与音符”→“绘制圆点球形”→“编辑并加入樱桃音符”→“输入并美化广告文字”→“制作右侧车身广告”，具体实现过程如表9.5所示。

表9.5 添加车身广告设计元素的流程

制作目的	实现过程
添加水滴与泡泡	● 载入“圆点笔刷”绘制泡泡效果 ● 绘制并填充“水滴”对象
制作立体文字与音符	● 输入“C”文字并栅格化 ● 透视变换文字 ● 为文字填充渐变颜色 ● 制作立体效果 ● 为“C”添加描边效果 ● 制作其他立体文字与音符
绘制圆点球形	● 创建新文件并绘制圆点 ● 将“圆点”对象定义为图案 ● 创建新文件并填充“圆点”图案 ● 创建圆形选区并添加【球面化】滤镜 ● 锐化“圆球”对象 ● 加入、复制并分布“球形”对象 ● 加入剪影人物
编辑并加入樱桃音符	● 使用“樱桃”素材编辑音符形状 ● 调整“樱桃音符”的色相 ● 模糊并调整“樱桃音符”的混合模式 ● 加入并复制“樱桃音符”对象
输入并美化广告文字	● 输入并美化广告标语 ● 制作出文字路径 ● 编辑文字形状并填色 ● 添加外发光效果并绘制小圆点 ● 输入公司名称
制作右侧车身广告	● 添加设计元素并逐个盖印 ● 将盖印后的设计元素加至右侧车身广告中

左侧车身广告

右侧车身广告

图9.39 添加车身广告设计元素后的效果

制作步骤

01 STEP 打开“9.2.4a.psd”练习文件，然后在“广告主体”图层组的下方创建“泡泡与水滴”新图层组，并在该组内创建出“泡泡”新图层，接着双击“圆点笔刷.abr”素材文件载入，设置前景色为【#fe5490】、背景色为【#ff9bbc】，接着使用默认的圆点笔刷沿线条组与可乐瓶单击多次，添加泡泡效果，如图9.40所示。

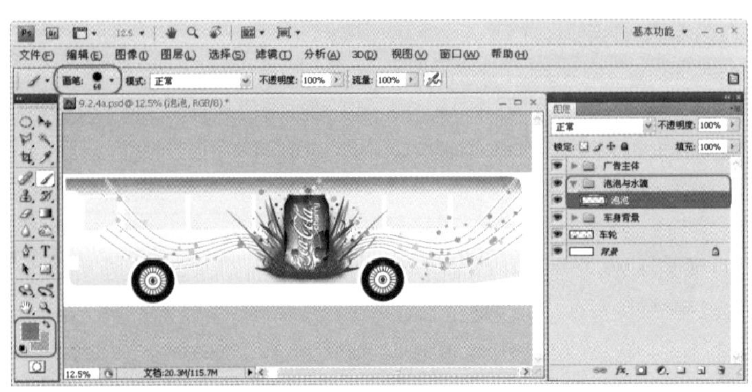

图9.40 载入“圆点画笔”绘制泡泡效果

02 STEP 使用【钢笔工具】在前车轮附近勾画出水滴形状，以“水滴”为名称存储于【路径】面板中，按着创建“水滴”新图层，再按Ctrl+Enter快捷键将路径作为选区载入，最后填充【#fe6189】的红色，如图9.41所示。

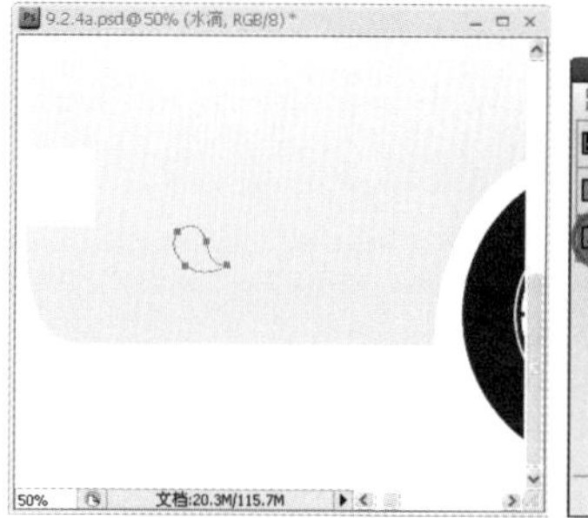
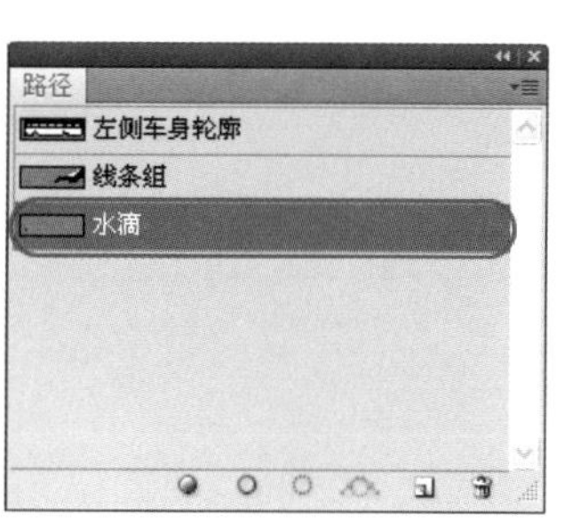

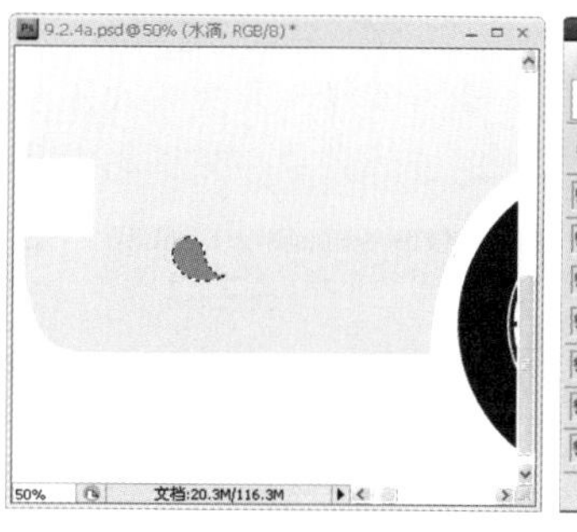
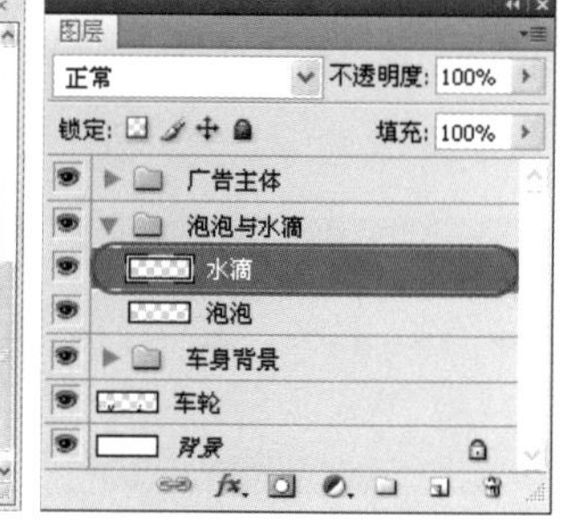

图9.41 绘制并填充水滴对象

03 STEP 使用上一步骤的方法在“水滴”图层中绘制其他水滴对象，并填充不同的颜色，如图9.42所示。

图9.42 绘制其他水滴对象

04 STEP 先创建“Cherry”与“C”图层组，然后使用【横排文字工具】输入大写的“C”，如图9.43所示。

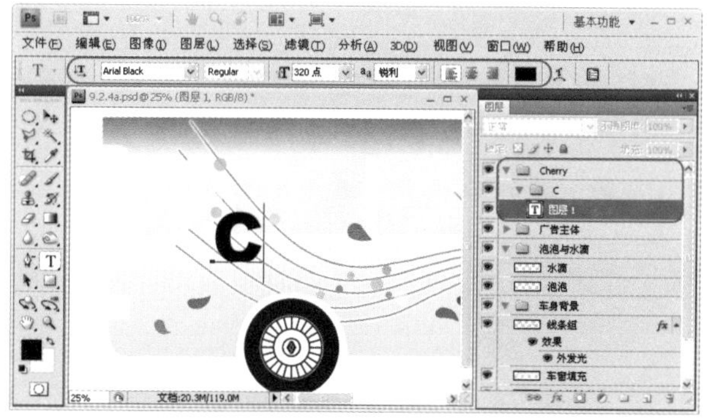

图9.43 输入“C”文字

05 STEP 选择【图层】|【栅格化】|【文字】命令，将文字图层转换为一般图层，然后选择【编辑】|【变换】|【透视】命令，再将鼠标移至右上方的变换点上，将其水平向右拖动，对“C”字母进行两侧透视变换处理，如图9.44所示。

06 STEP 选择【渐变工具】并打开【渐变编辑器】对话框，设置起始色标的颜色属性为【#fc6590】（位置：0%）、结果色标为【#ce023c】（位置：100%），接着单击【确定】按钮。返回【图层】面板中，单击【锁定透明像素】按钮，最后按住Shift键从上往下为“C”字填充线性渐变颜色，如图9.45所示。

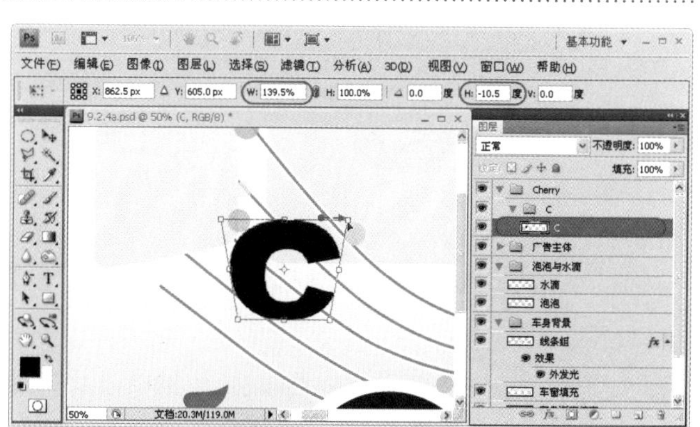

图9.44 对“C”进行栅格化与两侧透视变换处理

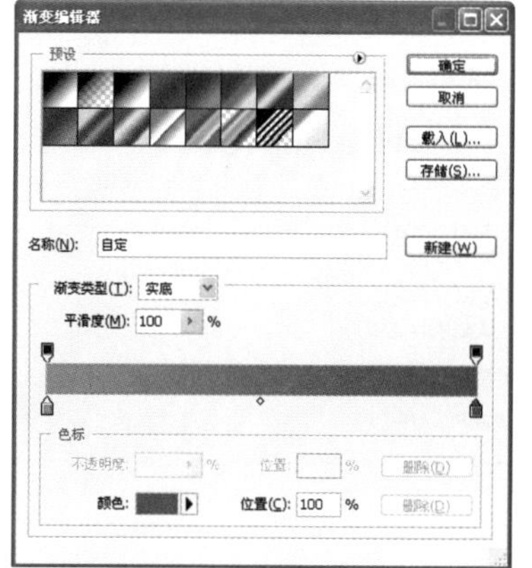

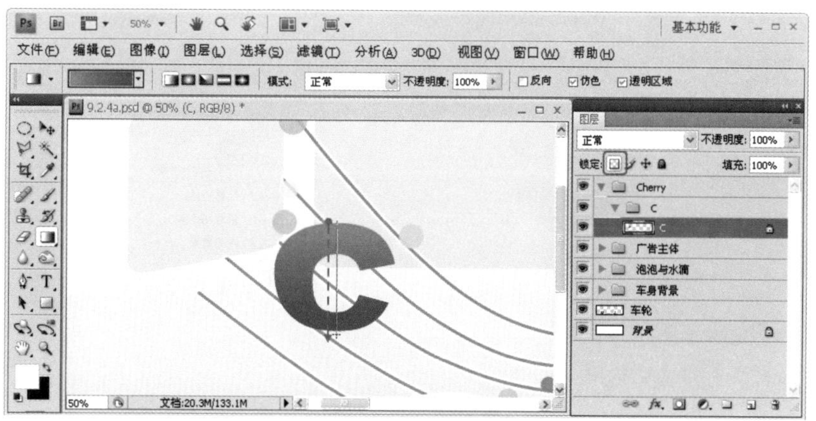

图9.45 为“C”填充浅红到深红的渐变颜色

07 STEP 将"C"图层拖至【创建新图层】按钮上，复制出"C 副本"图层，接着互换两个"C"图层的顺序，如图9.46所示。

08 STEP 使用【移动工具】单击"C 副本"图层，然后按住Alt键按↑键复制出"C 副本2"图层，再按→键复制出"C 副本3"图层。使用同样的方法依次不断按13次↑和→键，复制出多个"C 副本"图层，并向指定的右上方偏移，以制作出"C"的立体效果，如图9.47所示。

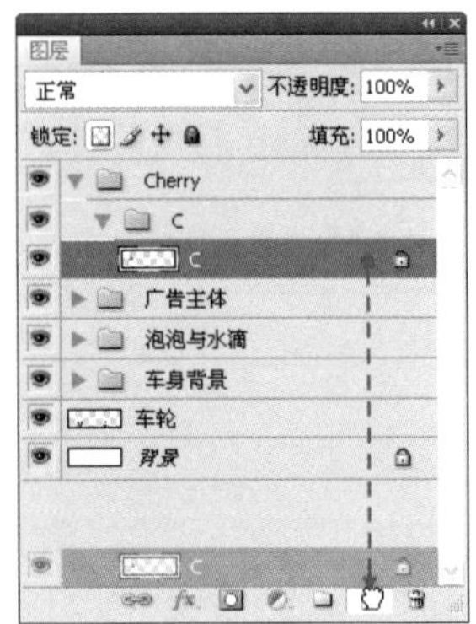

图9.46 复制出"C 副本"图层并调整顺序

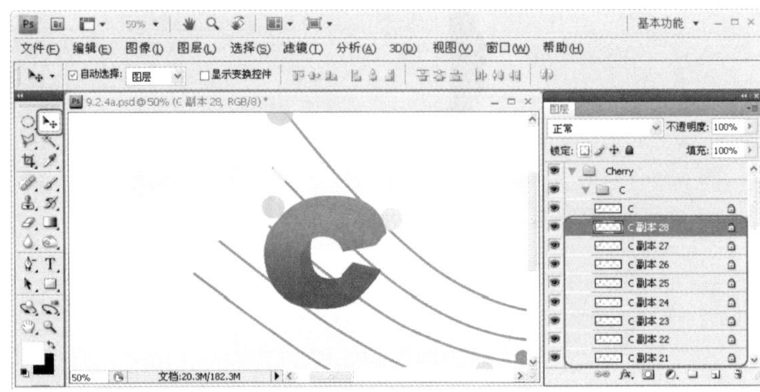

图9.47 复制多个"C副本 "制作立体效果

09 STEP 按住Ctrl键把所有"C 副本"图层合并起来，并更名为"C立体效果"，接着选择原来的"C"图层，使用【减淡工具】对其进行局部刷淡处理，以制作出高光效果，如图9.48所示。

10 STEP 更改笔刷大小、范围和曝光度等属性，对"C立体效果"图层进行阴影刷淡处理，使其立体感更强烈，如图9.49所示。

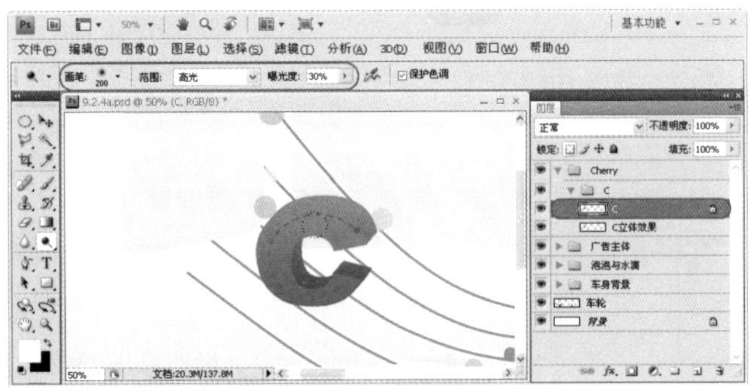

图9.48 对"C"图层进行【高光】刷淡处理

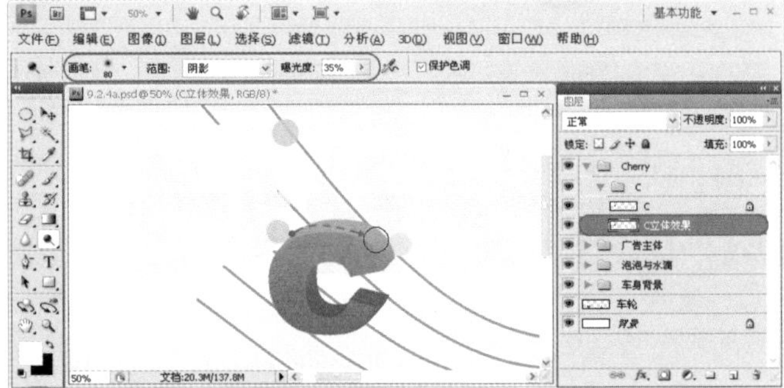

图9.49 对"C 立体效果"图层进行【阴影】刷淡处理

11 STEP 创建"描边"新图层，再按住Ctrl键单击"C"图层载入该选区，接着选择【编辑】|【描边】命令，打开【描边】对话框，设置描边属性如图9.50所示，最后单击【确定】按钮，其中颜色属性为【#fb95b6】。

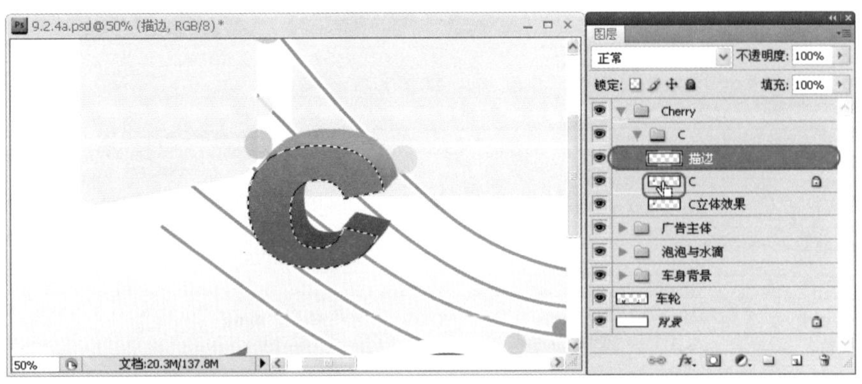

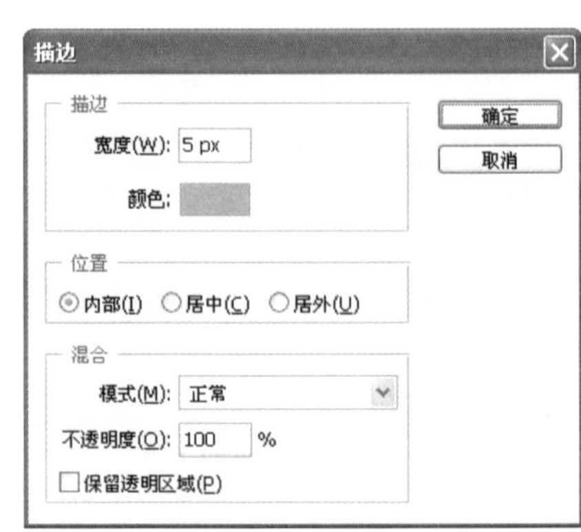

图9.50 为"C"添加描边效果

12 STEP 使用步骤（4）～（10）的方法，在左侧线条组上制作出“h”、“e”、“r”、“r”、“y”多个立体文字，如图9.51所示。

图9.51 制作其他立体文字

> **专家提醒**
>
> 如果读者已经掌握制作立体文字的方法，可以从“实例文件\Ch09\images\”文件夹中打开“herry.psd”素材文件，将“h”、“e”、“r”、“r”、“y”多个图层组加至练习文件中，以便继续练习。

13 STEP 选择【自定形状工具】，并载入【音乐】形状，通过如图9.52所示的两个形状，按照步骤（4）～（11）的方法，在右侧线条组上制作出3个立体的音符对象，其中最右侧的音符由两个组合而成。

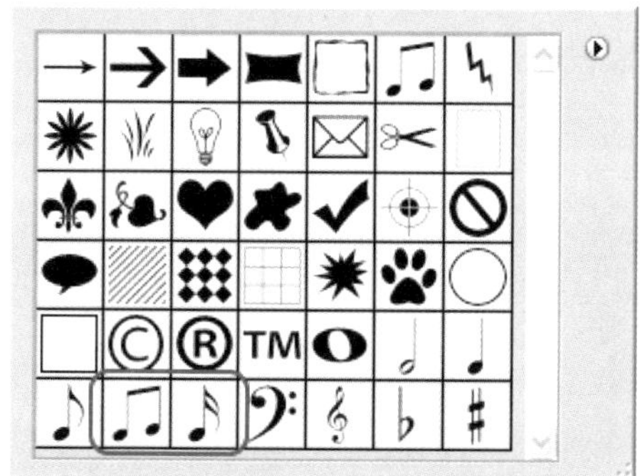

图9.52 载入的【音乐】形状并制作的立体音符对象

14 STEP 按Ctrl+N快捷键打开【新建】对话框，设置如图9.53所示，创建出一个新文件。

15 STEP 选择【椭圆选框工具】，在选项栏中设置样式为【固定大小】，【宽度】与【高度】为18px，然后在文件的左上方单击创建圆形选区，接着创建一个新图层并填充【#fe6189】的红色，最后取消选区，如图9.54所示。

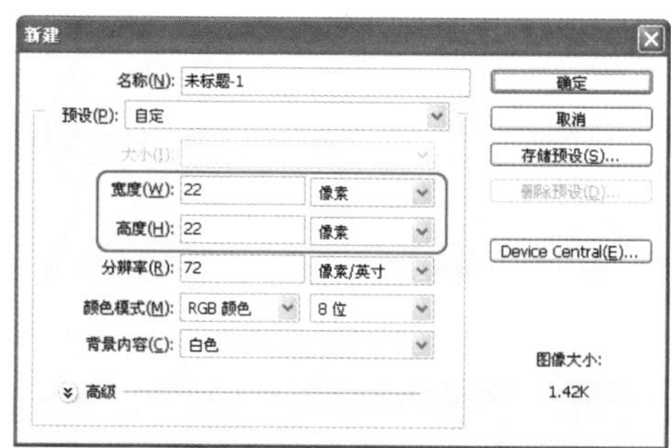

图9.53 创建新文件

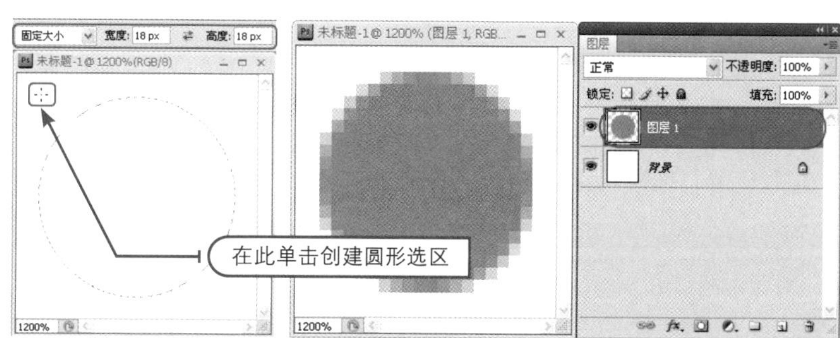

图9.54 创建红色的圆点

16 STEP 选择【编辑】|【定义图案】命令，将前面制作的红色圆点以“圆点”的名称定义为图案，如图9.55所示。

图9.55 将“圆点”对象定义为图案

17 STEP 创建一个500px × 500px的新文件，并创建一个新图层，然后选择【编辑】|【填充】命令，打开【填充】对话框，选择上一步骤定义的"圆点"图案，单击【确定】按钮填充"圆点"图案，如图9.56所示。

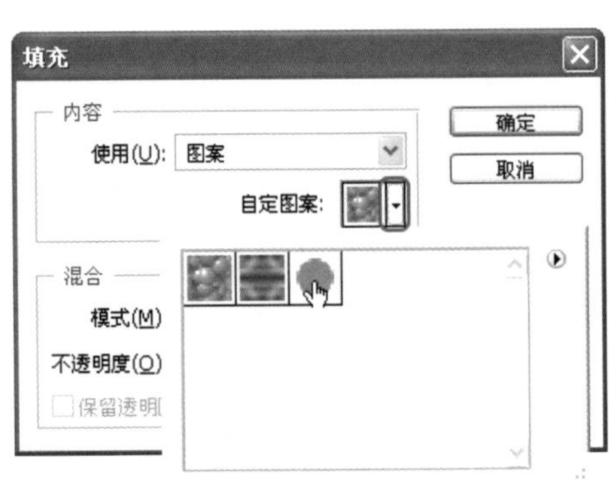

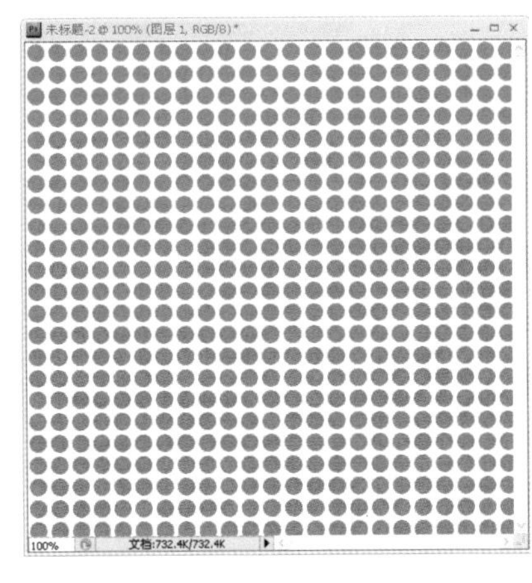
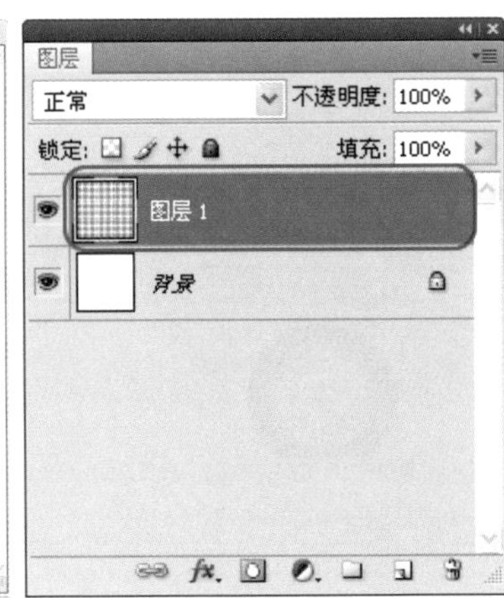

图9.56 创建新文件并填充"圆点"图案

18 STEP 使用【椭圆选框工具】在画面的中间创建一个300px × 300px的圆形选区，再选择【滤镜】|【扭曲】|【球面化】命令，打开【球面化】对话框，设置数量为100%，再单击【确定】按钮，如图9.57所示。

19 STEP 选择【滤镜】|【锐化】|【USM锐化】命令，对【球面化】处理后变换模糊的对象进行锐化处理，如图9.58所示。

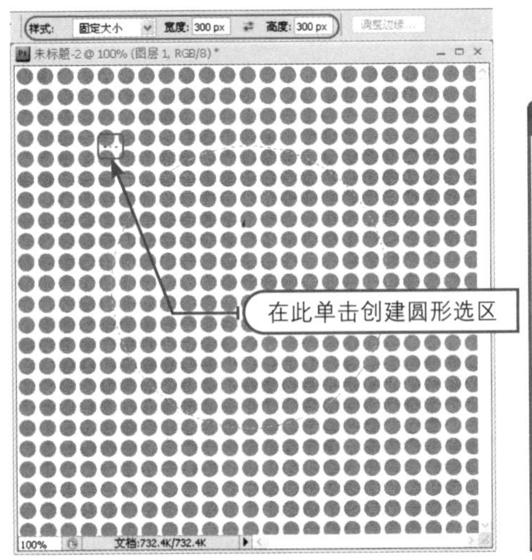

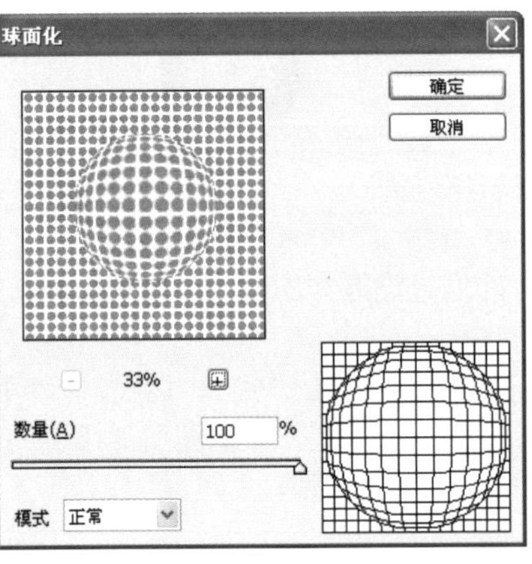

图9.57 创建圆形选区并添加【球面化】滤镜

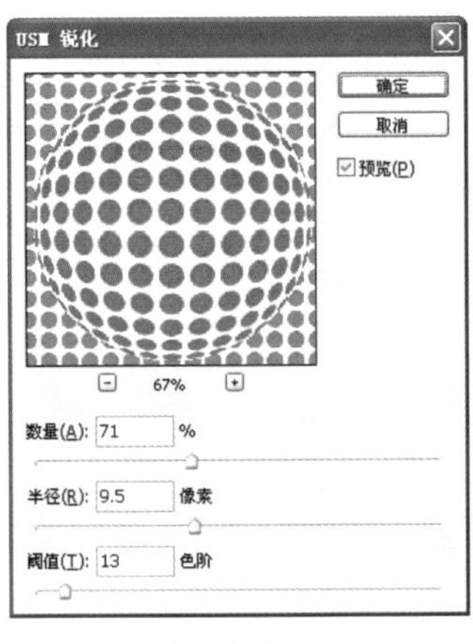

图9.58 锐化"圆球"对象

20 STEP 使用【移动工具】将处理好的"圆点球形"对象拖至练习文件中车尾的右上方，接着复制出两个"球形副本"图层，缩小后移至合适的位置，最后将各"球形"图层放置于"球形"图层组内，如图9.59所示。

图9.59 加入、复制并分布"球形"对象

专家提醒

如果读者已经掌握制作立体球形的方法，可以从"实例文件\Ch09\images\"文件夹中打开"球形.psd"素材文件，将"球形"图层加至练习文件中，以便继续练习。

21 STEP 打开如图9.60所示的“剪影人物.psd”素材文件，使用【移动工具】将“人物1”～“人物5”共5个图层拖至练习文件中，并调整位置与角度，最终效果如图9.61所示。

图9.60 打开“剪影人物”素材文件

图9.61 加入剪影人物后的效果

22 STEP 打开如图9.62所示的“樱桃.psd”素材文件，接着使用【钢笔工具】创建出“樱桃2”图层的“樱桃梗”区域，按Ctrl+Enter快捷键将路径作为选区载入，然后按Ctrl+C与Ctrl+V快捷键复制并粘贴出“梗”图层，如图9.63所示。

图9.62 “樱桃”素材文件

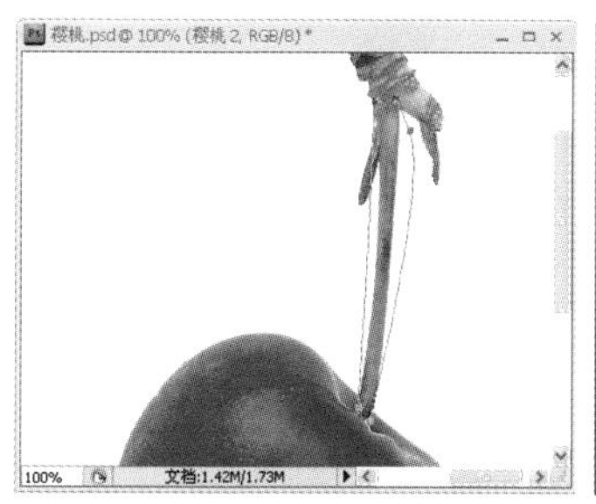

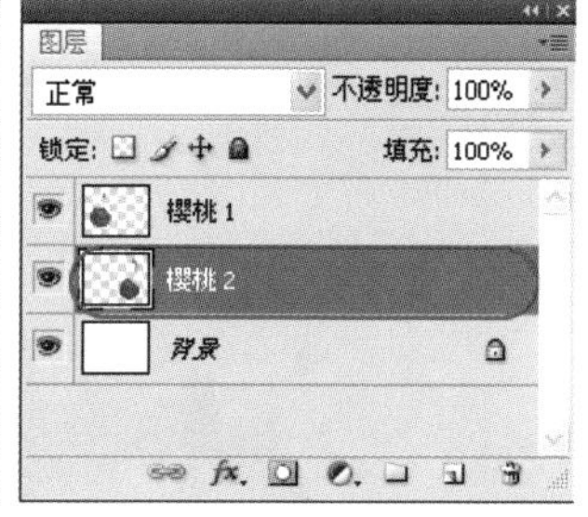

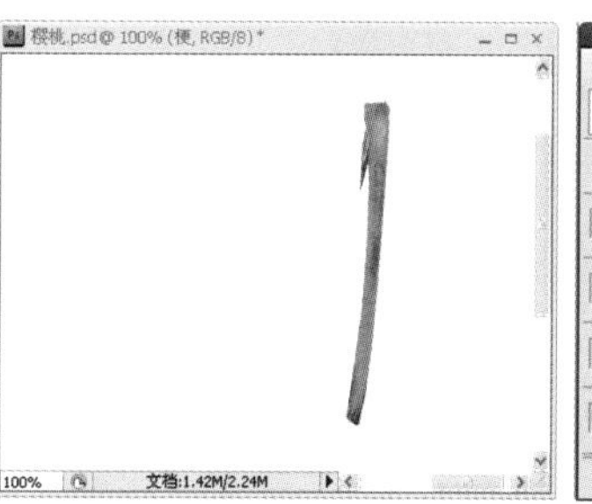

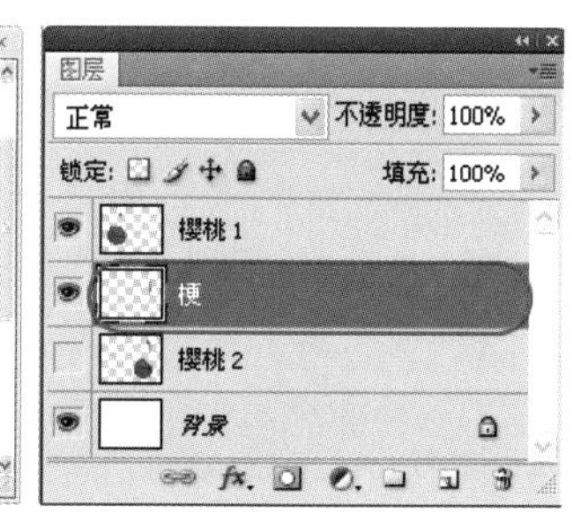

图9.63 创建出“梗”图层

23 STEP 复制出“梗 副本”图层，然后使用【自由变换】命令，通过移动、旋转、缩放等变换操作，将“樱桃 1”、“樱桃 2”与“梗”等4个图层组合出如图9.64所示的音符形状。

24 STEP 先隐藏“背景”图层，再按Alt+Ctrl+Shift+E快捷键盖印出“图层1”，如图9.65所示。

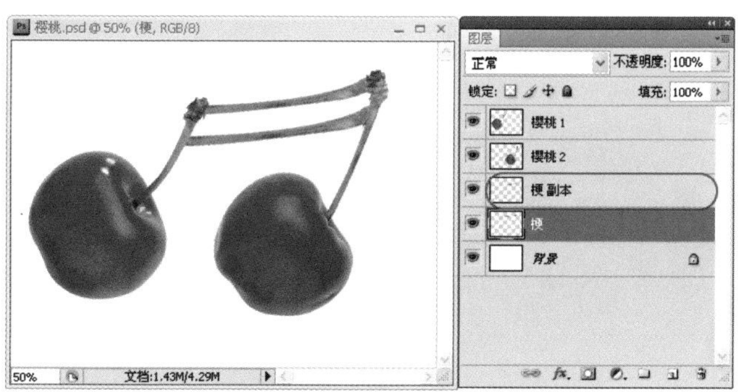

图9.64 使用“樱桃”与“樱桃梗”编辑出音符形状

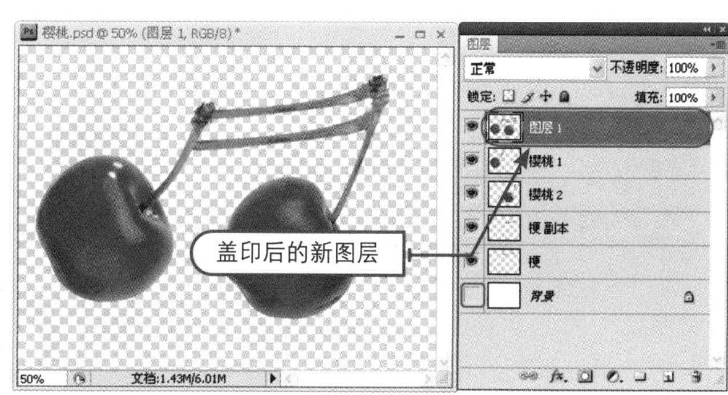

图9.65 盖印“图层1”

25 STEP 按Ctrl+U快捷键打开【色相/饱和度】对话框，将【饱和度】的数值设置为55，然后单击【确定】按钮，如图9.66所示，使樱桃音符的色相效果更加艳丽。

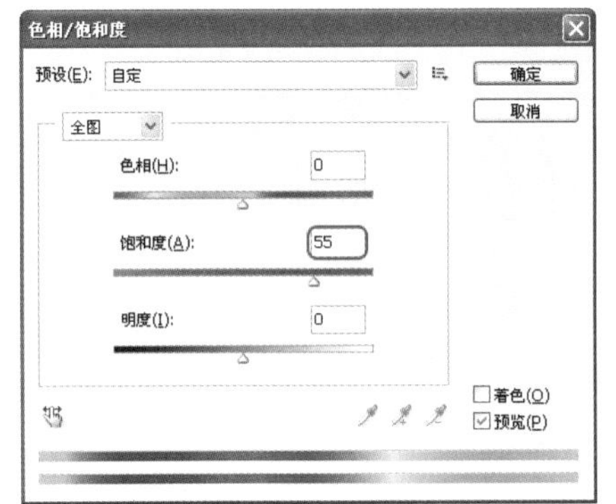

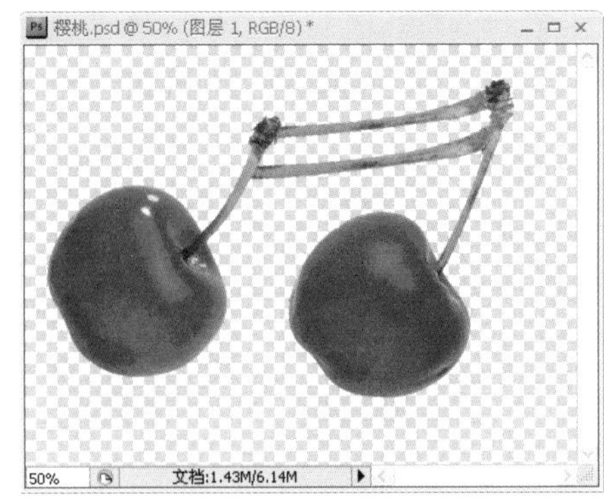

图9.66 调整樱桃音符的色相

26 STEP 选择【滤镜】|【模糊】|【高斯模糊】命令，设置高斯模糊的半径为3像素，再单击【确定】按钮，接着将图层的混合模式设置为【变亮】，如图9.67所示，最后按Alt+Ctrl+Shift+E快捷键盖印出调整混合模式后的“图层2”樱桃图层。

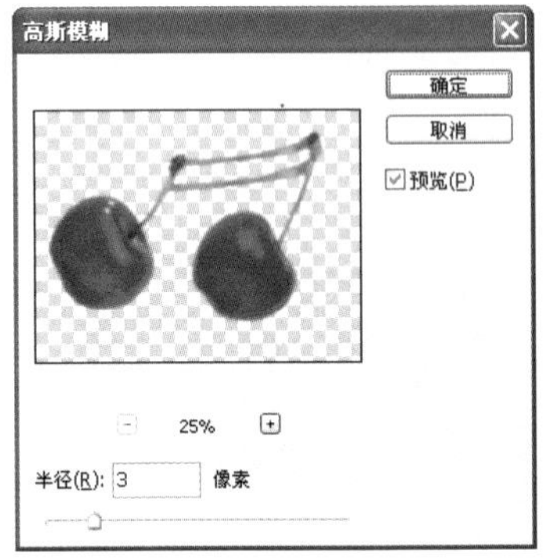

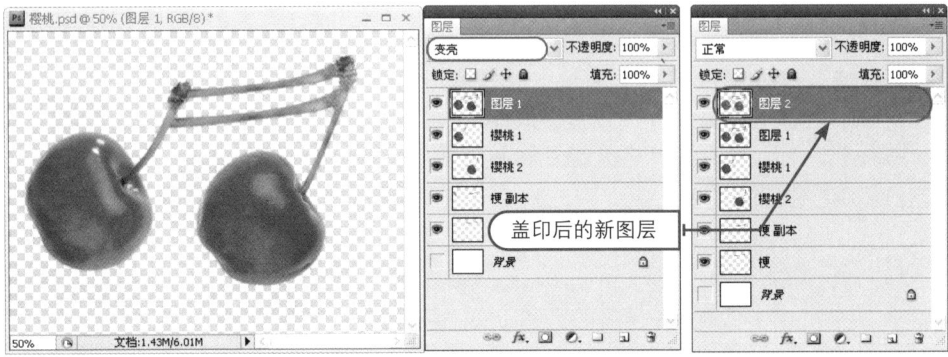

图9.67 模糊并调整“樱桃音符”的混合模式

27 STEP 返回练习文件中，创建出“樱桃”图层组，然后使用【移动工具】将上一步骤盖印好的“图层2”拖至该组中，再复制出一个副本图层，并使用【自由变换】命令调整大小、位置与旋转角度，如图9.68所示。

图9.68 加入并复制“樱桃音符”对象

28 STEP 使用前面制作樱桃音符的方法，或者对上一步骤加入的对象加以编辑，制作出如图9.69所示的3个音符效果。

图9.69 制作其他樱桃音符

29 STEP 创建“文字”图层组，然后使用【横排文字工具】T.在“Cherry”立体文字的上方输入“新的口味 新的感觉”文字内容，接着为文字添加白色的【外发光】图层样式，具体属性如图9.70所示，其中颜色属性为【#e5424a】。

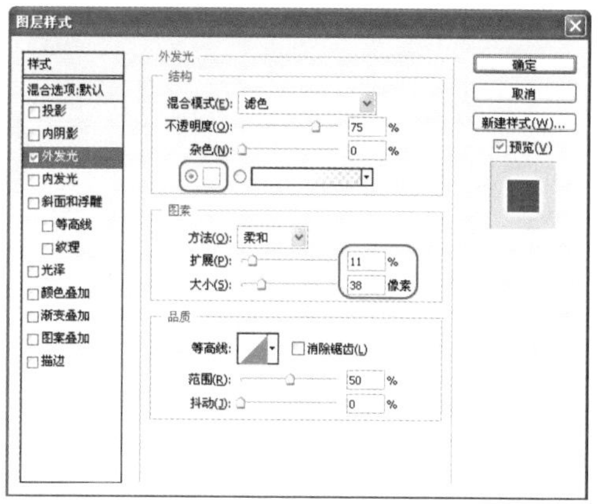

图9.70 输入并美化广告标语

30 STEP 使用【横排文字蒙版工具】T.在对称的另一侧输入“可口可乐樱桃口味”文字内容，再按Enter键将输入的文字作为选区载入，接着在【路径】面板中单击【将选区生成工作路径】按钮，如图9.71所示。

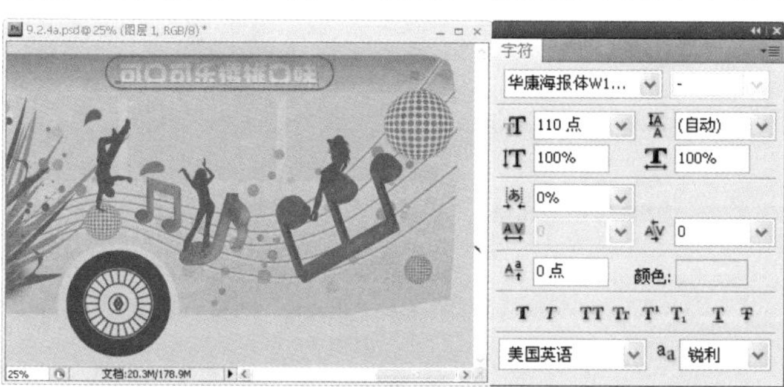

图9.71 制作文字路径

31 STEP 使用【直接选择工具】通过调整锚点与控制手柄的方式编辑文字的形状与相互位置，接着创建“可口可乐樱桃口味”新图层，并填充【#e30000】，如图9.72所示，最后按Ctrl+D快捷键取消选区。

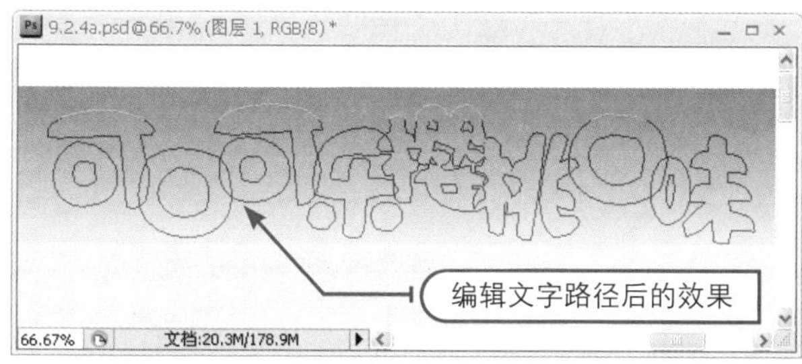

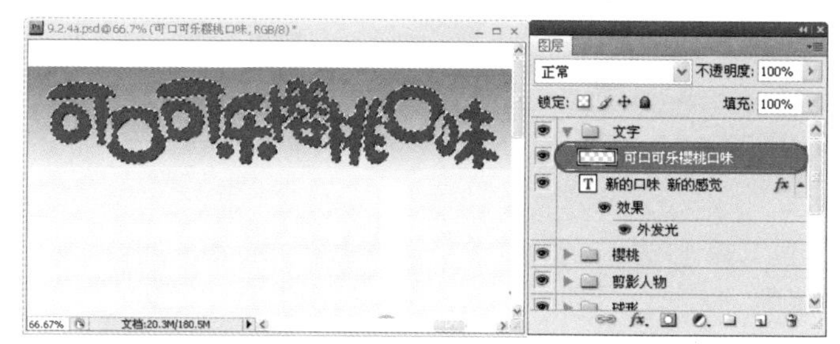

图9.72 编辑文字形状并填色

32 STEP 为上一步骤的文字添加步骤（29）所示的外发光效果，然后创建出“红色圆点”新图层，使用【椭圆选框工具】创建多个大小不一的红色圆点，如图9.73所示。

图9.73 添加外发光并绘制小圆点

33 STEP 再次使用【横排文字工具】T.在前轮的右侧输入"可口可乐公司荣誉出品"文字内容，作为企业的署名，如图9.74所示，其颜色属性为【#a01c5a】。

图9.74 输入公司名称

至此，左侧的车身广告已经制作完毕，我们先将其保存为"9.2.4a_ok.psd"，作为左侧车身广告的成果文件。下面将左侧车身广告的设计元素复制到右侧车身广告内，并加入调整，其操作步骤如下。

01 STEP 打开如图9.75所示的"9.2.4b.psd"练习文件，在"左侧车身广告"文件中只显示"泡泡与水滴"、"樱桃"和"球形"3个图层组，接着按Alt+Ctrl+Shift+E快捷键盖印当前显示的图层，然后使用【移动工具】将盖印后的图层拖至"9.2.4b.psd"练习文件中，再执行【水平翻转】命令并调整位置，如图9.76所示。

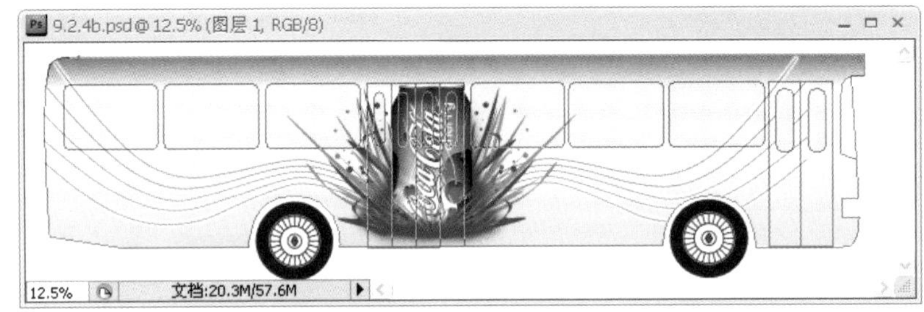

图9.75 "9.2.4b.psd"（右侧车身广告）练习文件

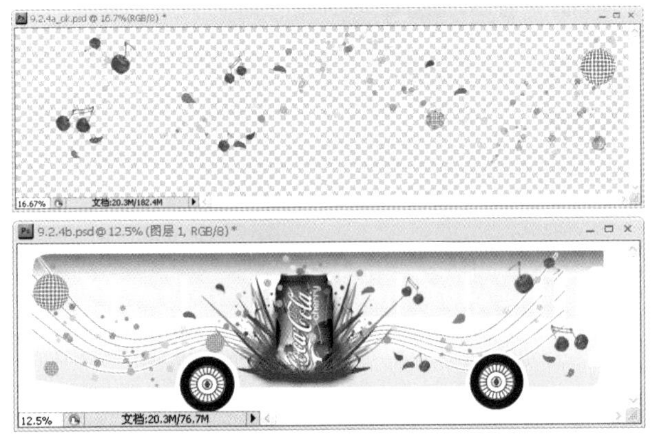

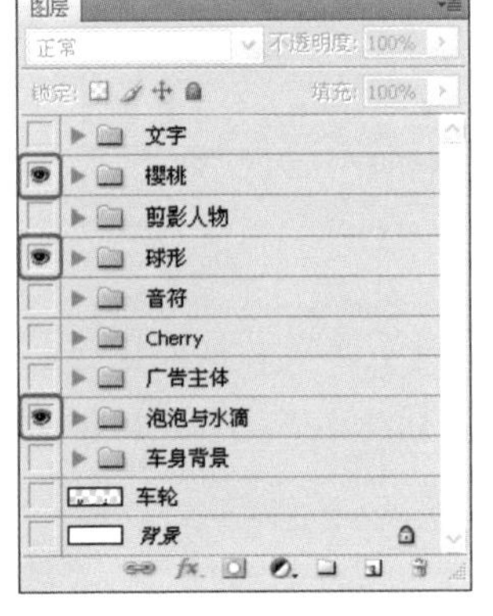

图9.76 加入"泡泡与水滴"、"樱桃"和"球形"等设计元素

专家提醒

当进行盖印图层操作前，必须先选择处理显示状态的图层，如果当前选择的图层为隐藏状态，将无法创建出盖印图层。

02 STEP 只显示"剪影人物"、"音符"与"Cherry"图层组，再使用上一步骤的方法盖印并加入"9.2.4b.psd"练习文件中，接着通过【自由变换】命令调整其旋转角度与位置，如图9.77所示。

图9.77 加入"剪影人物"、"音符"与"Cherry"等设计元素

03 STEP 通过【路径】面板先载入右侧车身的外轮廓选区，然后将超出此范例的音符对象删除，如图9.78所示。

图9.78 删除超出右侧车身的设计元素

04 STEP 最后使用【移动工具】将3个文字对象拖至“9.2.4b.psd”练习文件中，效果如图9.79所示。

图9.79 加入文字对象

至此，添加车身广告设计元素的操作已经完成，其效果如图9.39所示。

9.2.5 制作车前与车后广告

设计分析

本小节将先为车前与车后填充“车身渐变”颜色，然后绘制一些车辆固定配件，最后制作车后广告，效果如图9.80所示。其主要设计流程为“填充背景前绘制配件”→“美化车后广告”→“加入车后广告主体与文字”，具体实现过程如表9.6所示。

车前广告 车后广告

图9.80 车前广告与车后广告的效果

表9.6 制作车前与车后广告的流程

制作目的	实现过程
填充背景前绘制配件	● 载入车头选区并填充“车身渐变”颜色 ● 填充车前挡风玻璃 ● 填充路线窗口与底色 ● 绘制车头大灯与车牌对象 ● 添加车前轮廓描边
美化车后广告	● 绘制3条曲线路径 ● 为曲线描边并添加外发光效果 ● 在车后添加泡泡效果
加入车后广告主体与文字	● 加入并变换“可口可乐”素材 ● 删除蒙版层 ● 加入樱桃与广告标语

专家提醒

由于公车的车头部分很大区域为挡风玻璃，其次是车前大灯与雨刮等配件，所以本例只对车前广告进行渐变填充，不添加任何设计元素。本小节的重点在于设计车后广告。

制作步骤

01 STEP 打开“9.2.5.psd”练习文件，在【路径】面板中单击“车前轮廓”路径，然后使用【路径选择工具】单击车头的外框，并单击【将路径作为选区载入】按钮，如图9.81所示。

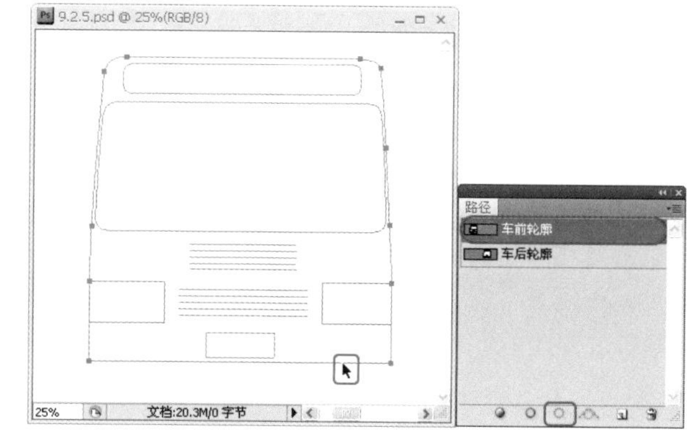

图9.81 载入车头选区

02 STEP 选择【渐变工具】并打开【渐变编辑器】对话框，在【预设】列表中选择前面新建的“车身渐变”渐变颜色，接着创建出“车身广告”图层组与“车前渐变填充”新图层，按住Shift键从上至下垂直填充渐变颜色，如图9.82所示，最后取消选区。

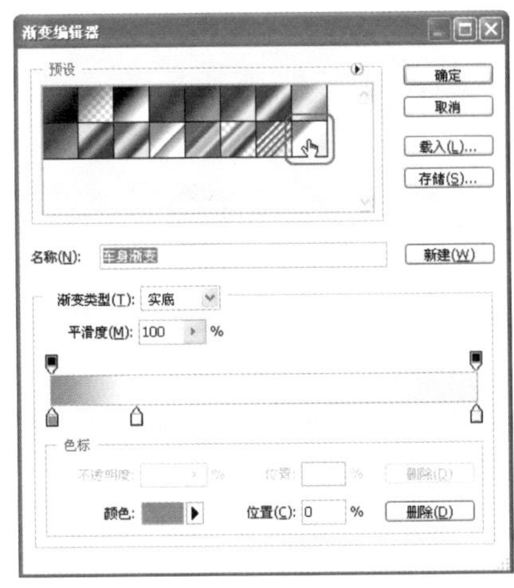

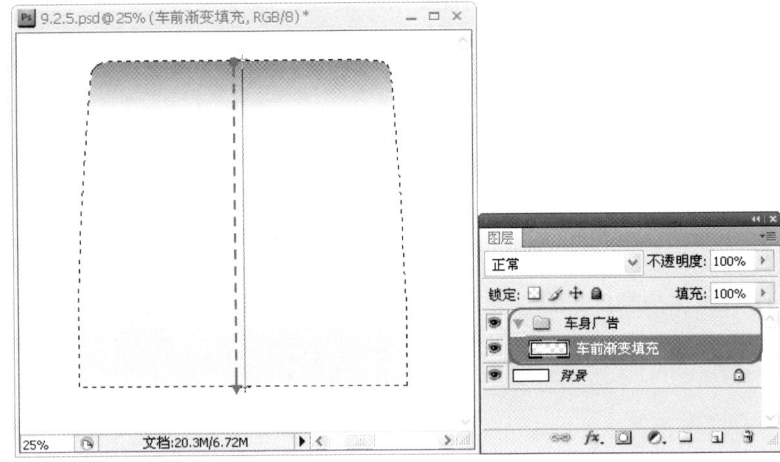

图9.82 为车头填充“车身渐变”颜色

03 STEP 创建“车前玻璃”新图层，设置前景色为【#e6e6e6】的浅灰色，然后使用【路径选择工具】单击“车前轮廓”的车前挡风玻璃路径，最后单击【用前景色填充路径】按钮，如图9.83所示。

04 STEP 使用上一步骤的方法，先创建“路线窗口”新图层，并更改前景色为【#919191】，接着填充路线窗口，如图9.84所示。

图9.83 填充车前挡风玻璃

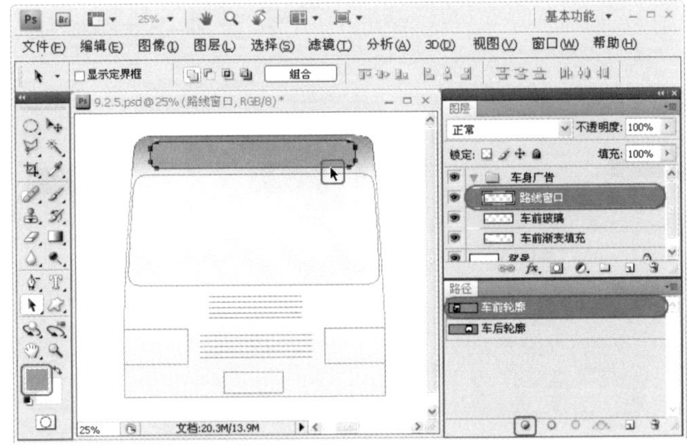

图9.84 填充路线窗口

05 STEP 使用【矩形工具】在“路线窗口”的中间创建一个白色的矩形对象，作为显示路线内容的窗口的底色，如图9.85所示。

06 STEP 再次选择“车前轮廓”路径，然后按住Shift键使用【路径选择工具】单击车头大灯与车牌轮廓，单击【将路径作为选区载入】按钮，接着选择“车前渐变填充”图层，按Delete键删除该部分的车前渐变颜色，如图9.86所示。

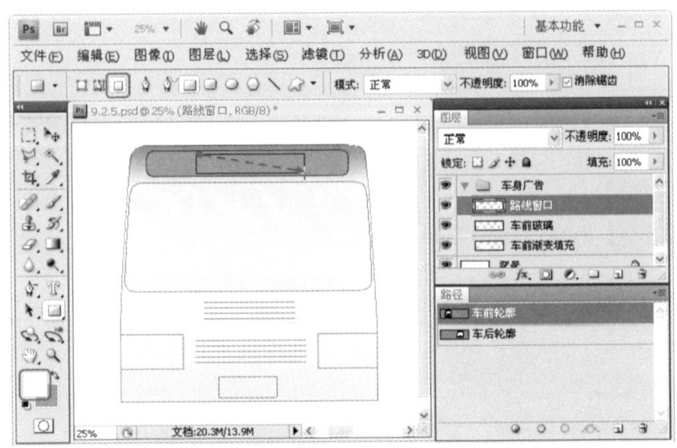

图9.85 填充路线窗口底色

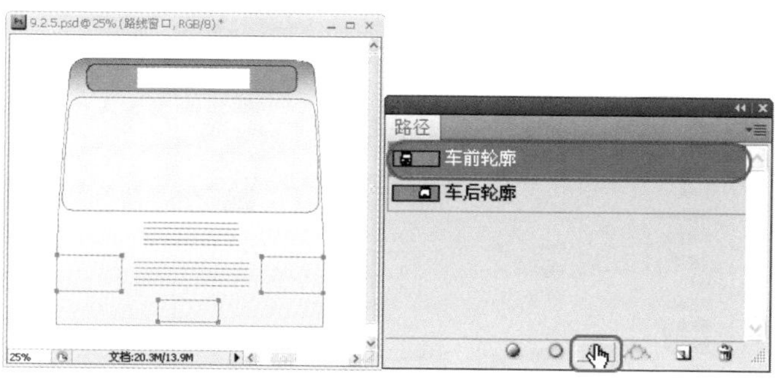

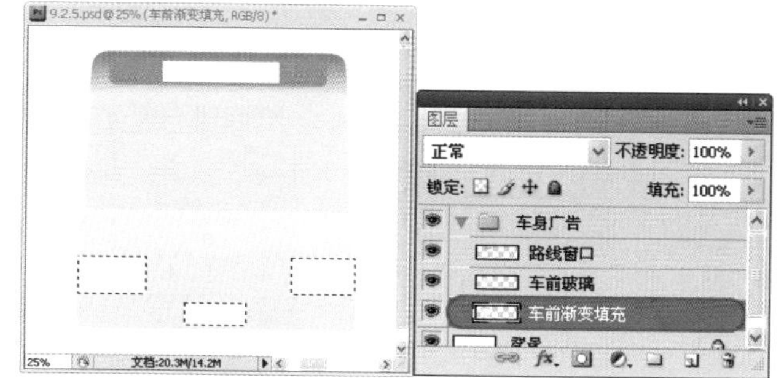

图9.86 删除车头大灯与车牌所在的车前填充

07 STEP 创建出“车前灯与车牌”新图层，再使用【矩形工具】绘制出车灯与车牌对象，如图9.87所示。

08 STEP 创建出“车前轮廓描边”新图层，选择“车前轮廓”路径，设置前景色为黑色，然后使用尖角3像素的笔触描边车前轮廓，如图9.88所示。

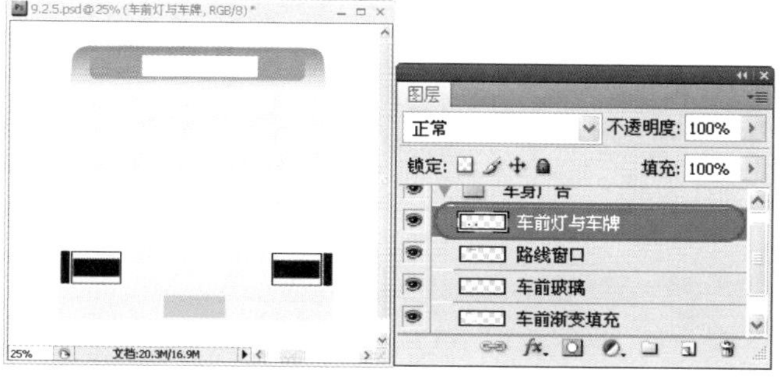

图9.87 绘制车头大灯与车牌对象

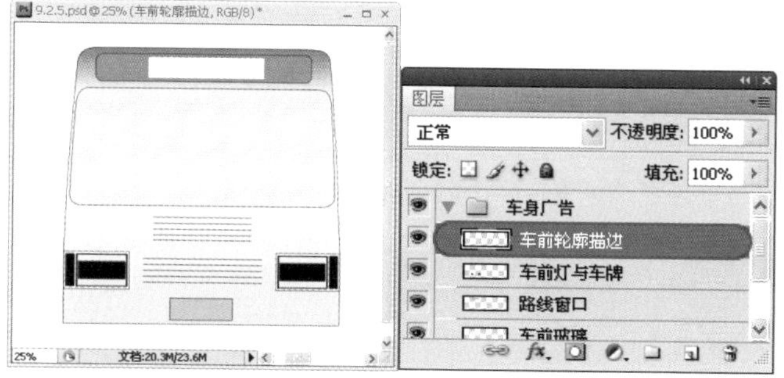

图9.88 添加车前轮廓描边

至此，车前广告已经设计完毕，接下来将制作车后广告。

01 STEP 在【路径】面板中选择“车后轮廓”路径，然后使用前面的方法填充车后背景，并添加路线窗口、车后灯与车牌等固定配件，如图9.89所示。

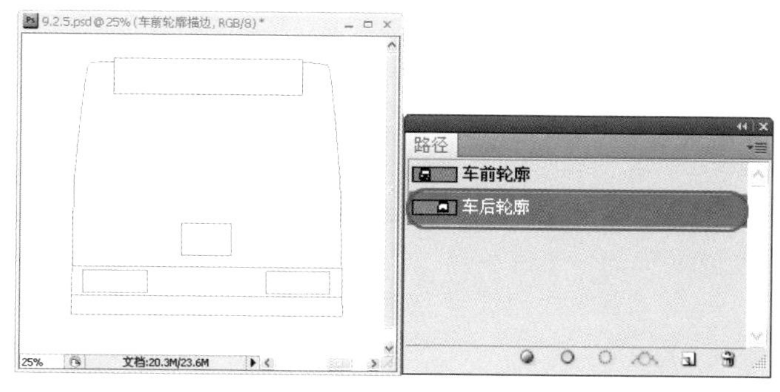

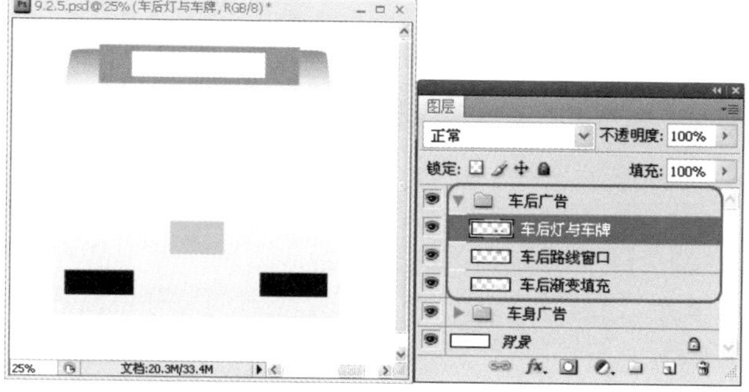

图9.89 填充车后背景并添加车后配件

02 STEP 使用【钢笔工具】在车后的中部区域绘制3条弯曲形状的路径，并以“波浪线条组”的名称存储，如图9.90所示。

03 STEP 创建“波浪线条组”新图层，设置前景色为【#ff6ba6】，再使用【画笔工具】的尖角5像素笔刷对“波浪线条组”进行描边处理，接着添加【外光发】图层样式，如图9.91所示。

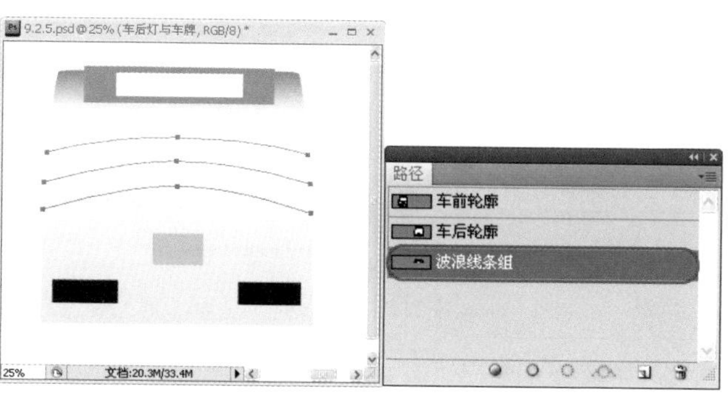

图9.90 绘制3条曲线路径

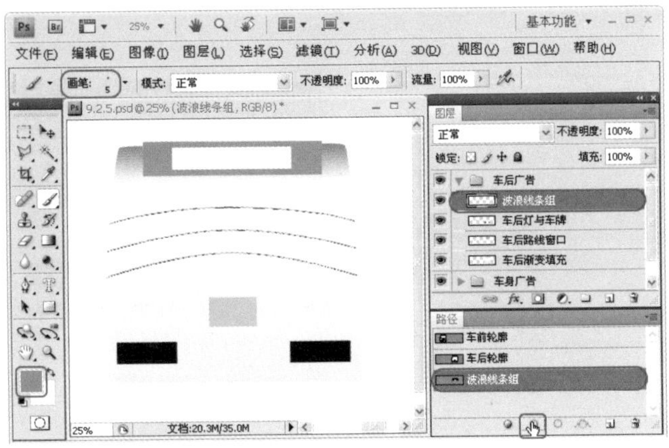

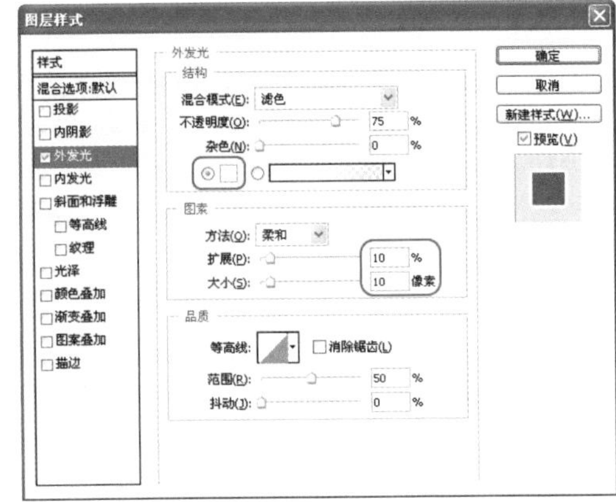

图9.91 为曲线描边并添加外发光效果

04 STEP 创建"泡泡"新图层，然后设置前景色为【#fe5490】、背景色为【#ff9bbc】，接着使用默认的"圆点笔刷"在车后单击多次，添加泡泡效果，如图9.92所示。

05 STEP 打开"9.2.4a_ok.psd"成果文件，在"广告主体"图层组中选择"可口可乐 副本"图层，并使用【移动工具】将其拖至练习文件中，接着使用【自由变换】命令调整其大小、位置与旋转角度，营造出泡泡从瓶口倒出来的效果，如图9.93所示。

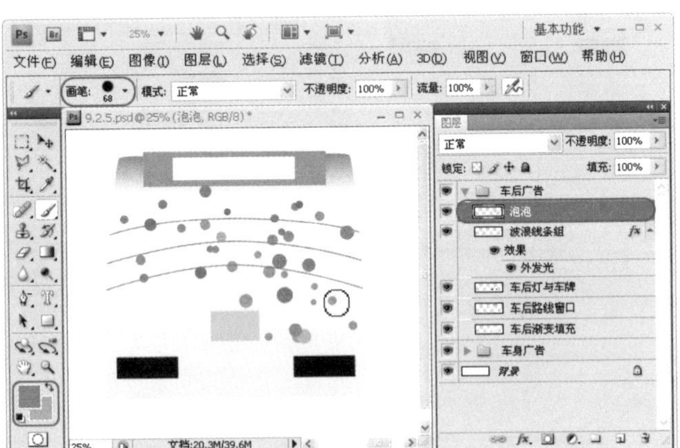

图9.92 在车后添加泡泡效果

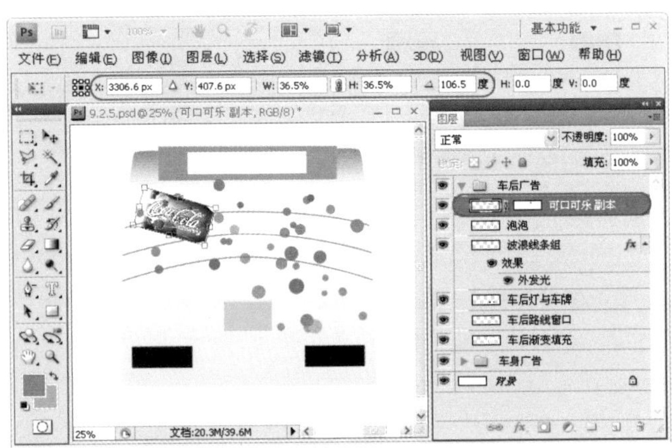

图9.93 加入并变换"可口可乐"素材

06 STEP 将"可口可乐 副本"图层右边的蒙版层拖至【删除图层】按钮上，然后在弹出的对话框中单击【删除】按钮，将其底部隐藏的部分重新显示，如图9.94所示。

07 STEP 使用【移动工具】将"9.2.4a_ok.psd"文件中的"樱桃音符"图层与广告标语加至车后广告上，并调整大小与位置，如图9.95所示。

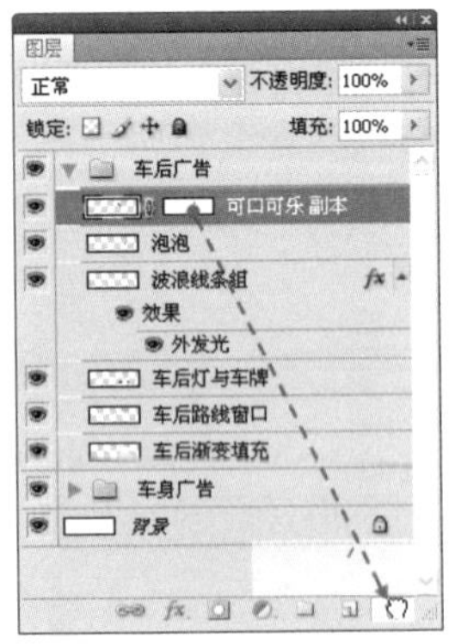

图9.94 删除蒙版层

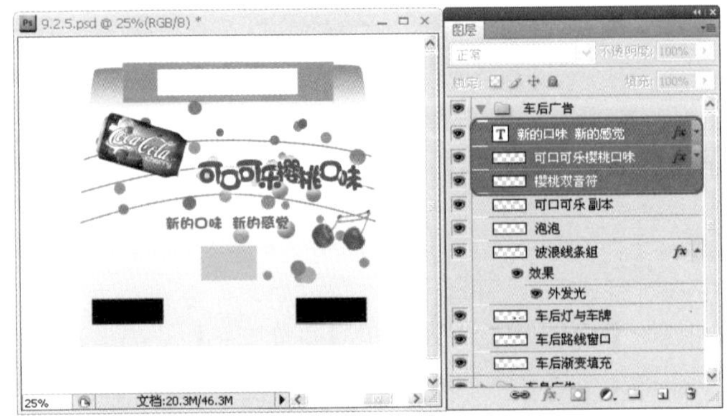

图9.95 加入樱桃与广告标语

08 STEP 创建“车后轮廓描边”新图层，再选择“车后轮廓”路径，使用尖角3像素的画笔描边路径，效果如图9.96所示。

至此，车前与车后广告已经设计完毕，最终效果如图9.80所示。

图9.96 使用画笔描边车后轮廓

9.3 学习扩展

9.3.1 经验总结

本章首先介绍了交通广告的相关基础知识，然后以公车全车广告为例，介绍公交广告的具体设计方法。在制作交通广告时要注意两个基本要求：一是醒目，二是美观。由于交通广告媒体通常是活动性的，即使是固定的站台广告，其受众对象也是来去匆匆，因此广告作品的字体种类不宜太多，传达的信息内容也不应过于繁杂，以一目了然为佳。另外，要求字迹、图像等设计元素要鲜明，以便获得良好的信息传播效果。

交通广告媒体面对的主要受众对象是行人和乘客，在设置广告前，应事先考虑选择与受众接触面广的媒体展示，比如可以选择闹市区中的公交车及其车站、轮渡、码头等。这些交通工具或者相关场所的人流较为密集，信息的传播范围广、频次多，广告随着交通工具日复一日地往返于各线路、站场，受众的数量也不断增加，从而使广告信息的传播效率日益提高。

此外，广告的设置还要视目标消费群体的实际情况而定。在规模较大的城市里，应根据广告商品自身的具体性能和目标消费群体的类型，选择在他们经常乘搭的交通工具及出入的相关站场上设置广告。

由于公共交通工具及有关场所大多为一般旅客所聚集，因此，交通广告最适用于全国性、大众化商品的宣传。同时，由于交通路线具有一定的地域性，也可以用于地区性商品信息的传播。

总之，交通广告形式灵活多样，可供广告主根据自身经济状况和实际需要选择使用，或利用某种固定的形式设置于公共汽车的始发站、终点站或地铁车站；或利用往来穿梭的公共汽车作为载体，尽可能地扩大广告信息的传播范围。

9.3.2 创意延伸

饮料类型的车身广告在设计上常常采用色彩丰富的配色方案，有些饮料车身广告还会加入代言明星的素材，让广告更具有号召力，如图9.97所示。读者可以针对这些方面在车身广告上多做变化，以适应不同风格的车身广告设计。

图9.97 饮料类型的车身广告

9.3.3 作品欣赏

下面将介绍两种交通广告的设计作品，以便大家设计时借鉴与参考。

1 车内拉手广告

公共汽车是城市群众的主要交通工具之一，它每天都面对大量的人群，所以车内是一个宣传商品的好地方，其中车内的拉手更是与乘客近距离接触的物体，因此车内拉手广告也日益流行起来。

车内的拉手一般是套状的物体，因此拉手广告可以根据形状做构思，图9.98是将拉手做成一个手表的广告，当乘客将手伸进套内，就好像带上手表一样，创意十足，同时达到最佳的宣传效果。

图9.98 车内拉手广告

2 车身广告

车身广告具有流动性强、覆盖面广、视觉效果好等特点，与广大消费者更贴近，接触频率更高，在诸多的户外广告媒体中独树一帜，素有"城市流动广告"之称，而更以其价格低、刊期长的优点，倍受广告客户青睐。

车身广告设计上的难点是需要根据实际车辆的尺寸来定版面的大小，同时需要考虑车窗、车轮以及车门的位置，在有限的空间内发挥最大的设计创意。至于设计的风格，则主要根据产品定位而定，不过建议设计时尽量利用车轮和车门的特性，例如将车轮或车门作为设计的一部分，使之配合车身广告的设计效果，如图9.99所示。

图9.99 车身广告设计效果

Chapter 10 路牌广告设计

本章视频教学参见随书光盘： 视频\Chapter 10\

10.2.2 制作路牌广告背景.swf
10.2.3 添加广告元素.swf
10.2.4 添加文字并美化广告.swf
10.3.2 模拟夜色场景.swf
10.3.3 设计运动鞋飞撞爆炸效果.swf
10.3.4 绘制烟雾和火焰彩带.swf
10.3.5 制作火焰足球.swf
10.3.6 加入广告文字并设计LOGO.swf

10.1 路牌广告的基础知识

10.1.1 路牌广告概述

路牌广告（billboard advertising）是指张贴或直接描绘在固定路牌上的广告，一般用喷绘或油漆手动绘制在路牌上，如图10.1所示。

图10.1 路牌广告

路牌广告作为一种重要的传播方式，始终存在于人们周围，与我们的日常生活息息相关，它是最主要的户外广告。随着社会的繁荣，路牌广告蓬勃发展，其广告内容简明扼要，表现单纯，能及时传递最新信息，是一种简单、可行而极有成效的广告形式。另外，它不但与消费者直接沟通，而且与社会和市容环境紧密相连，已成为现代城市的亮丽风景线。五彩缤纷的路牌广告美化了现代城市，带给人们一种美的境界，给人一种美的享受，如图10.2所示。

图10.2 路牌广告对城市的点缀效果

10.1.2 路牌广告的性能特点

路牌广告是专设在行人较多的马路边的大型广告，它以图画为主要形式，向受众进行告知性广告宣传，以扩大企业与产品品牌的知名度。

路牌广告在20世纪20年代就已盛行，当时最大的广告是美国费城男子服装店的广告。该店在宾法尼亚到费城的铁路线上悬挂了一个长达100英尺的大路牌。我国早期的路牌广告多用于香烟和电影广告。

路牌广告具有醒目、美观、渗透等优点，还有以下性能特点。

- 受众层的分散性、流动性。所谓分散性是指男女老幼各阶层，凡过往者均随时可见；所谓流动性即受众不像电视、报刊那么固定如一。一幅广告牌的受众是众多的。
- 受众的运动性。受众总是在运动之中，极少停步注目广告牌，往往是边走边看，因而注视广告牌的时间十分有限。
- 受众的偶然性和无意性。人们在马路上行走时，往往都是偶然和无一定目的地阅读广告牌的。

10.1.3 路牌广告的特征

路牌广告的上述特性决定了路牌设计必须具有以下特征。

1 内容

广告内容要力求具体、准确，并精简到没有一个多余字的地步。当受众视线一闪而过时，能将品牌、商品类别、企业特色映入眼帘，打进记忆，如图10.3所示。

2 形式

既要将最重要的广告内容一目了然地安排在画面的视觉中心，又要有跳出环境的视觉效果，如图10.4所示。

图10.3 简洁的“酒鬼”路牌广告内容

图10.4 “威牌”粘胶的路牌广告

此外，要在小稿上预见到复制放大之后的现场实际效果。

10.1.4 路牌广告的设置与制作

1 路牌广告的设置

路牌广告设置的位置一般为人、车来往较集中的地方，如路旁、车站、车场、码头附近或公园门口等。其尺寸根据具体位置不同而各不相同：交通道路旁树立的路牌，如图10.5所示，一般高为2.5m，有方形与矩形两种；如牌子靠贴高层建筑物的顶部或侧面，则可高至十几层楼，如图10.6所示。

图10.5 设置在交通道路旁的路牌广告

图10.6 设置在高层建筑物顶部的路牌广告

2 路牌广告的制作

路牌广告画面的制作方法可分为绘制、印制与电脑喷画3种。绘制就是普遍采用颜料进行绘画，印制则一般通过印刷工艺在塑性纸张上分别印制画面的各个局部，然后用拼接的方法将4张或6张拼为一个完整的大画面，张贴在路牌上。这种方法快捷省工，但必须大批印制和大量张贴才合算。电脑喷画由光盘数据输出喷制，这种方法快捷经济，而且画面精美。另外，为了突出画面效果，使用闪耀的各色金属铝片、浮雕手法或饰以霓虹灯等办法也日渐流行，如图10.7所示即为时下流行的霓虹灯招牌广告。

图10.7 霓虹灯招牌广告

10.2 主题游乐园广告设计

10.2.1 设计概述

本作品是为“常隆夜间动物世界”主题游乐园而设计的一款路牌广告，作品名称为“常隆夜间马戏表演”。为了突出夜间的欢乐气氛，设计者刻意沿用了星空与灯光效果，再以舞台的形式让马戏表演的精彩实况来吸引观赏者，最终成果如图10.8所示。本路牌广告主要由背景、广告主体元素、广告文字三大部分组成。

1 广告背景

本作品先将两幅“星空”与一幅“云朵”的图像通过蒙版处理与设置图层混合模式，融合出星空效果，接着加亮了星星的闪烁效果，最后再制作了3颗不同颜色的流星，使背景呈现星光璀璨的效果。

2 广告主体元素

此部分先加入两侧对称的“彩带”，不仅可以美化版面，在设计上更是充当素材护栏的作用，接着加入“城堡”图像素材，使其悬挂于星空中，再配以彩色飘带，衬托出神秘感觉。为了营造出马戏团特有的欢乐氛围，特意挑选了各种动物、小丑、热汽球等素材。

最后，本例加入“幕布”与“观众剪影”，把实际中的马戏团巧妙地模拟在广告牌上，使观赏者看到此路牌广告后，产生想观看此次表演的冲动。

3 广告文字

在文字方面，本例使用了中、英文标题各一个以及“订票电话”，共3个文字元素。由于“城堡”下面的红飘带较空，我们把英文标题放置在该位置，并相应地对英文内容添加了水平扇形变形，以使红色字体与红色背景产生强烈对比。

中文标题为“常隆夜间马戏表演”，输入文字内容后，通过进行多次透视处理，使其适应版面规划，产生强烈的视觉冲击效果。由于路牌广告的观赏时间较短，本作品并无多余的广告文字。为了让观赏者能够瞬间记忆，对“订票电话”与中文标题都使用了白底与彩色描边的设计手法。

为了点缀画面，最后绘制了左右两束射灯效果，直射“舞台”，并在版面的下方添加了闪烁的星光效果。

图10.8 主题游乐园路牌广告

尺　寸	横向，300像素/英寸，350mm×150mm （该尺寸是按实际路牌广告等比例缩小后的结果）
材　料	户外灯布，输出分辨率可达720dpi，并具有抗紫外线、防风雨等特点，在户外能够持久使用
风格类型	欢乐、奇幻、祥和
创意点	❶ 通过璀璨的星空与灯光效果，突出“夜间马戏”的广告主题 ❷ 3颗色彩艳丽的“流星”，对整个版面起到“画龙点睛”之效 ❸ 以“舞台”、“观众”与“灯光”的组合，营造出一个仿真的广告版面 ❹ 在繁杂的各广告元素之下，广告文字的色彩、边框与形状设计让人耳目一新
配色方案	#FFFFFF #FCEC45 #FBA909 #FF009A #E60000 #9FBBFF #09143E
作品位置	实例文件\Ch10\creation\主题游乐园路牌广告.psd 实例文件\Ch10\creation\主题游乐园路牌广告.jpg 实例文件\Ch10\creation\主题游乐园路牌广告_立体效果a.jpg 实例文件\Ch10\creation\主题游乐园路牌广告_立体效果b.jpg

设计流程

本路牌广告主要由“制作路牌广告背景”→“添加广告元素”→“添加文字并美化广告”三大部分组成，详细设计流程如图10.9所示。

功能分析

- 【图层蒙版】与【图层混合模式】：将“星空”与“云”等素材图像完美融合在一起。
- 【锐化】滤镜命令：使“星空”与动物素材更加清晰。
- 【镜头光晕】、【极坐标】滤镜命令：制作出“流星”效果的雏形。
- 【自由变换】命令：加入各种素材后，调整其大小、位置、旋转角度与透视等属性。
- 【快速选择工具】：创建“城堡”素材选区。
- 【通道】面板与【色阶】命令：抠选毛发蓬松的动物素材。
- 【多边形套索工具】：创建出“光束”的形状选区。

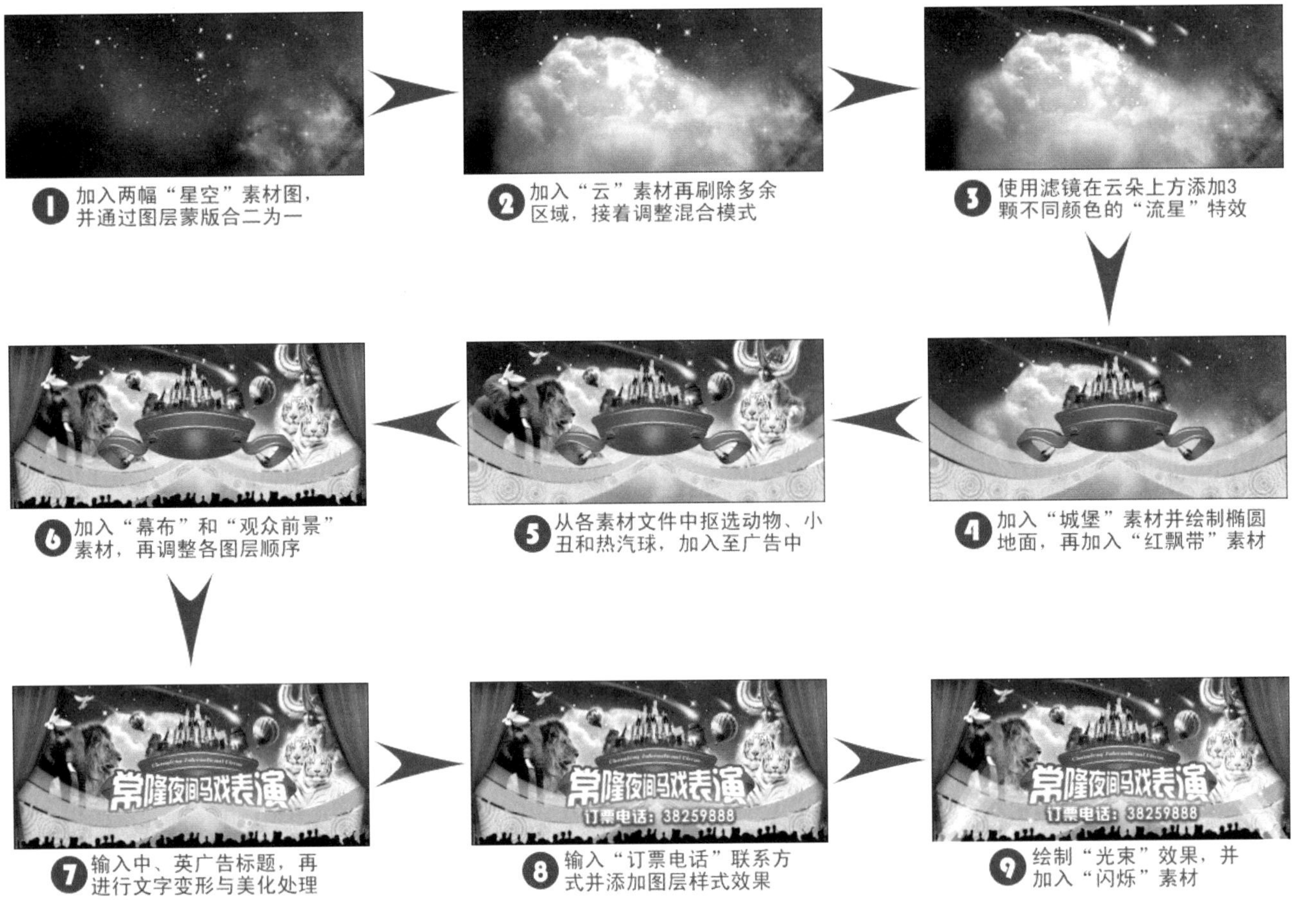

1 加入两幅“星空”素材图，并通过图层蒙版合二为一
2 加入“云”素材再刷除多余区域，接着调整混合模式
3 使用滤镜在云朵上方添加3颗不同颜色的“流星”特效
4 加入“城堡”素材并绘制椭圆地面，再加入“红飘带”素材
5 从各素材文件中抠选动物、小丑和热汽球，加入至广告中
6 加入“幕布”和“观众前景”素材，再调整各图层顺序
常隆夜间马戏表演
7 输入中、英广告标题，再进行文字变形与美化处理
订票电话：38259888
8 输入“订票电话”联系方式并添加图层样式效果
9 绘制“光束”效果，并加入“闪烁”素材

图10.9 主题游乐园路牌广告设计流程

10.2.2 制作路牌广告背景

设计分析

本小节先通过两幅“星空”图像素材合并出星空背景效果，然后加入云朵并制作流星特效，效果如图10.10所示。其主要设计流程为“制作‘星空’背景”→“加入云朵素材”→“制作流星效果”，具体操作过程如表10.1所示。

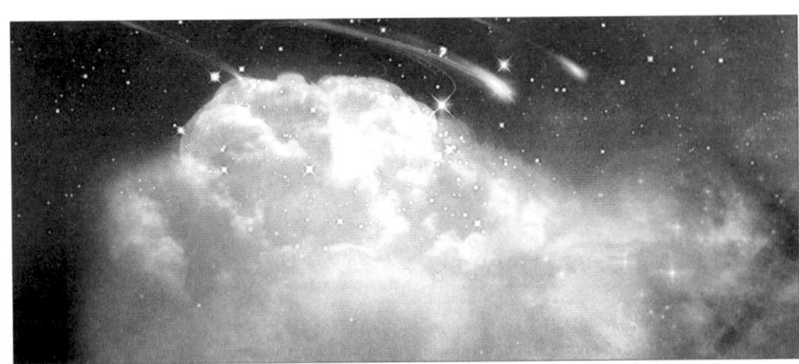

图10.10 路牌广告背景

表10.1 制作路牌广告背景的流程

制作目的	实现过程
制作“星空”背景	● 加入并放大“星空1”与“星空2”素材图像 ● 为“星空 － 2”图层添加蒙版并调整图层混合模式 ● 为“星空 － 2”图层添加USM锐化滤镜
加入云朵素材	● 加入并调整“云”素材图像 ● 为“云”图层添加蒙版并擦除多余区域 ● 调整“云”图层的顺序与混合模式
制作流星效果	● 创建“流星”辅助新文件 ● 添加3点镜头光晕效果 ● 为镜头光晕添加【极坐标】滤镜 ● 填充预设渐变颜色并更改混合模式 ● 加入“流星”图像并进行变换处理 ● 复制出另外两颗“流星”图像，并进行变色处理

制作步骤

01 STEP 选择【文件】|【新建】命令，打开【新建】对话框，输入名称为“路牌广告背景”，再自定义宽度为350mm、高度为150mm、分辨率为300像素/英寸、背景内容为【白色】，最后单击【确定】按钮，如图10.11所示，创建一个新文件作为练习文件。

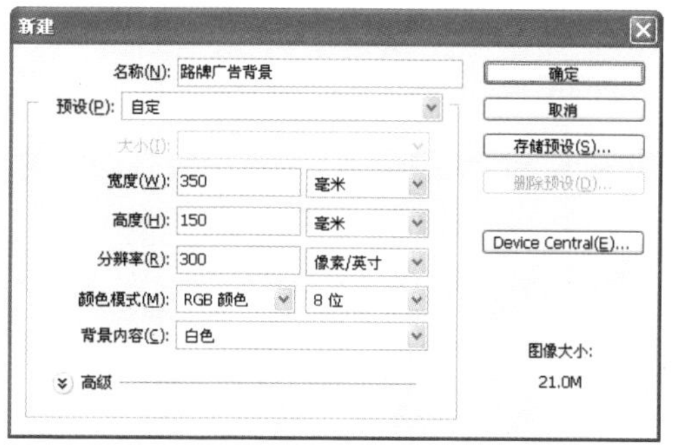

图10.11 创建练习文件

专家提醒

路牌广告没有严格的尺寸要求，通常会根据设置环境而定。由于本例为高速公路旁的路牌广告，如果使用Photoshop创建该大小的文件，其容量将达到数百数千兆，从而阻碍了软件的运行速度，所以编者特意将其大小缩小至350mm×150mm进行设计。

另外，由于路牌广告的素材精度要求较高，素材图片长宽像素都应超过1000ppi，否则有可能会造成画面模糊，直接影响广告的视觉传达效果，所以编者在此提供两点建议：

- 搜集设计可能需要用到的高清素材图片；
- 在制作大图之前先画出草稿，详细明确构图和素材的排列，以避免许多无谓的操作，同时节省大量的时间。

02 STEP 打开“星空 1.jpg”素材文件，全选图像并使用【移动工具】将其拖至上一步骤创建的新文件中，接着按Ctrl+T快捷键等比例放大文件，把“星空1”素材图像的宽度调至能填充版面为止，如图10.12所示。

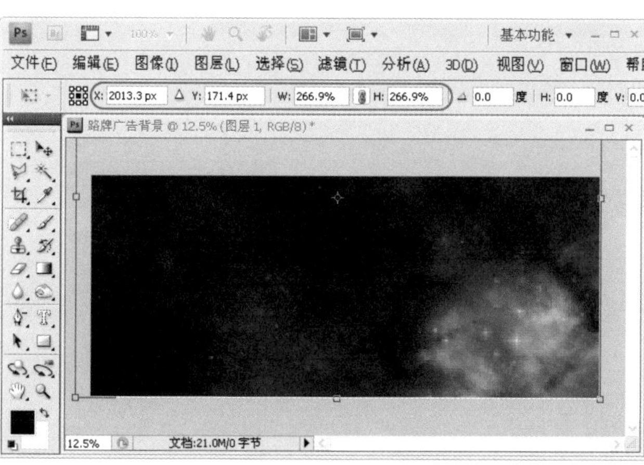

图10.12 加入并放大“星空1”素材图像

03 STEP 打开“星空 2.jpg”素材文件，再使用上一步骤的方法加入并调整素材图像的大小与位置，如图10.13所示。

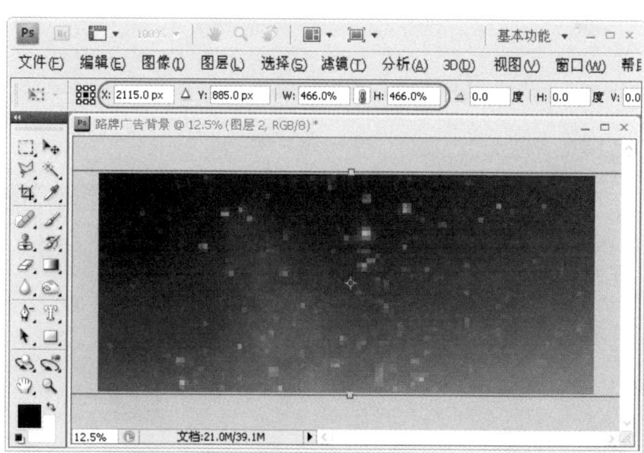

图10.13 加入并放大“星空2”素材图像

04 STEP 选择上一步骤加入的“星空 - 2”图层，再单击【添加图层蒙版】按钮，设置前景色为黑色，然后在【画笔工具】中选择较大的柔角笔刷，对选中的图层进行如图10.14所示的涂绘操作，使两个“星空”素材图像较好地合二为一。

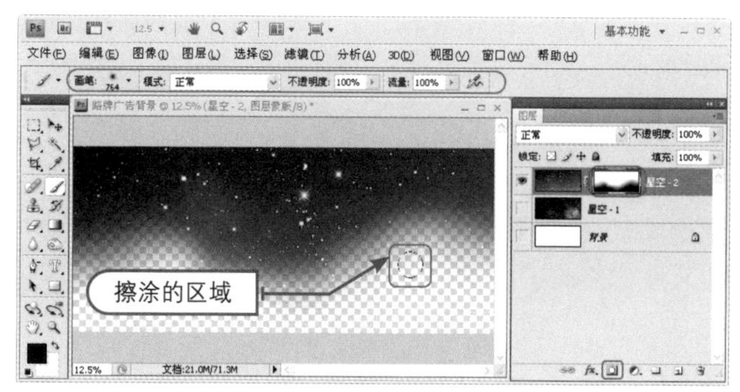

图10.14 为“星空 - 2”图层添加蒙版

05 STEP 将“星空 – 2”图层的混合模式设置为【线性减淡（添加）】，如图10.15所示。

06 STEP 选择【滤镜】|【锐化】|【USM锐化】命令，设置锐化属性如图10.16所示，使图像中的星星更加闪亮，最后单击【确定】按钮。

图10.15 设置“星空 - 2”图层的混合模式

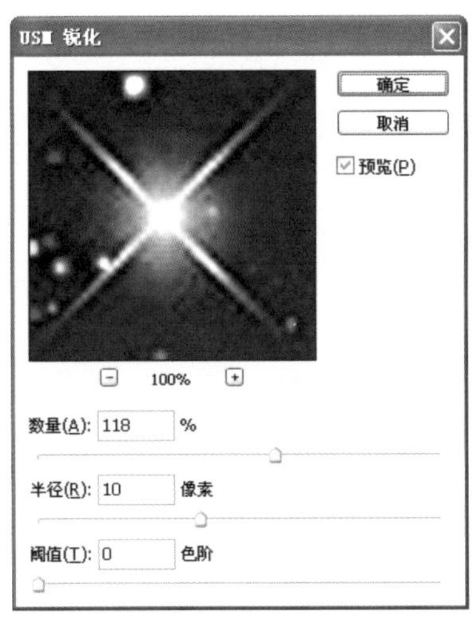

图10.16 为“星空 - 2”图层添加USM锐化滤镜

07 STEP 打开“云.jpg”素材文件，再将该图像内容添加至练习文件中，接着使用【自由变换】命令设置图像的位置与大小如图10.17所示。

08 STEP 为“云”图层添加图层蒙版，再使用前景色为黑色的柔角【画笔工具】涂抹，以擦除多余的区域，如图10.18所示。

图10.17 加入并调整“云”素材图像

图10.18 擦除多余区域

09 STEP 将“云”图层拖至“星空 – 2”图层的下方，然后设置其图层混合模式为【滤色】，如图10.19所示。

图10.19 调整“云”图层的顺序与混合模式

10 STEP 至此，广告背景的星空、云朵效果基本处理完毕，下面将在星空中加入流星效果。先设置背景色为黑色，再按Ctrl+N快捷键打开【新建】对话框，然后创建一个宽度和高度均为500像素、名称为“流星”的新文件，如图10.20所示。

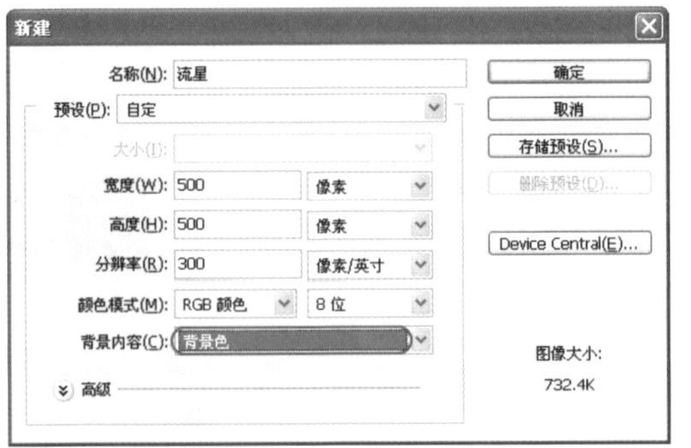

图10.20 创建辅助新文件

11 STEP 选择【滤镜】|【渲染】|【镜头光晕】命令，设置【亮度】与【镜头类型】如图10.21所示，然后在【光晕中心】区域中单击确定光晕的位置，最后单击【确定】按钮。

12 STEP 使用上一步骤的方法连续两次打开【镜头光晕】对话框，通过相同的滤镜属性再添加两点镜头光晕效果，如图10.22所示。

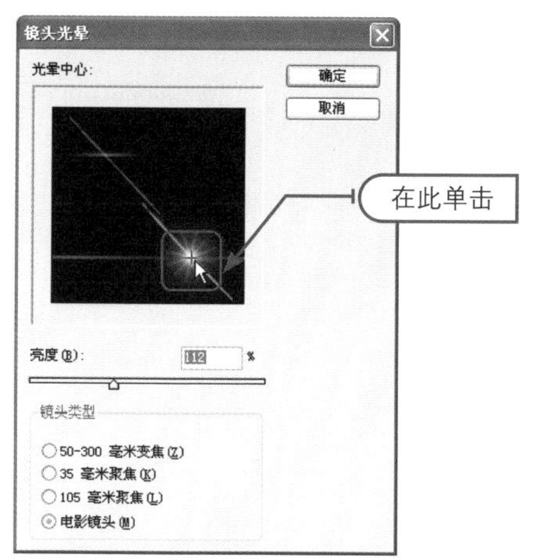

图10.21 添加镜头光晕效果

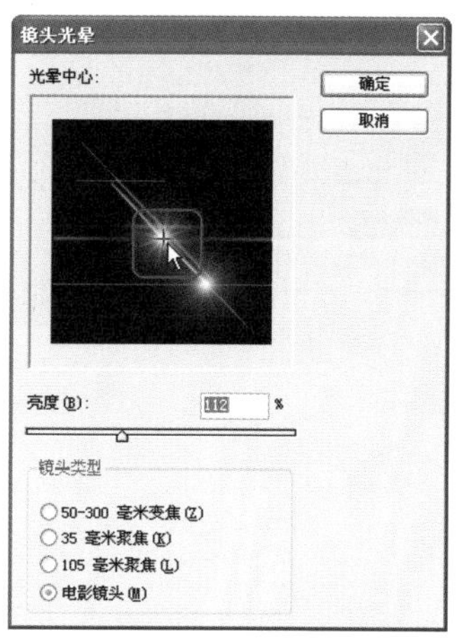

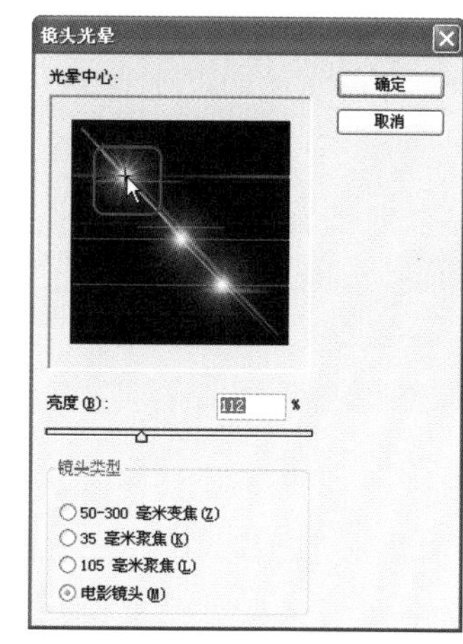

图10.22 添加第二、第三点镜头光晕效果

13 STEP 选择【滤镜】|【扭曲】|【极坐标】命令，打开【极坐标】对话框，选择【平面坐标到极坐标】单选按钮，再单击【确定】按钮，如图10.23所示。

14 STEP 创建一个新图层，然后选择【渐变工具】并打开【渐变编辑器】对话框，在预设列表中选择预设渐变效果，单击【确定】按钮后返回“流星”文件中，从左下角往右上角拖动鼠标，填充线性渐变颜色，如图10.24所示。

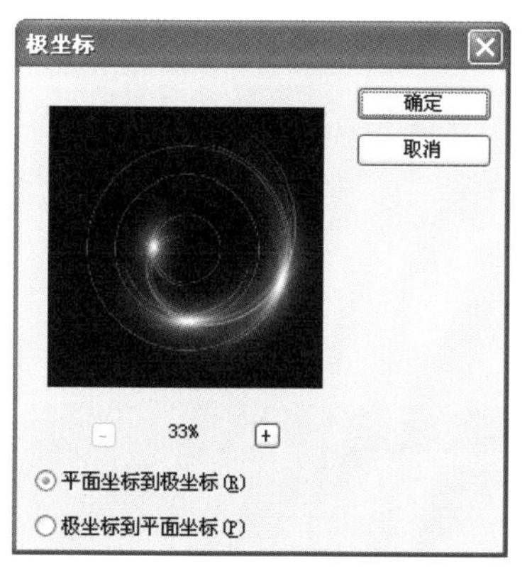

图10.23 添加【极坐标】滤镜

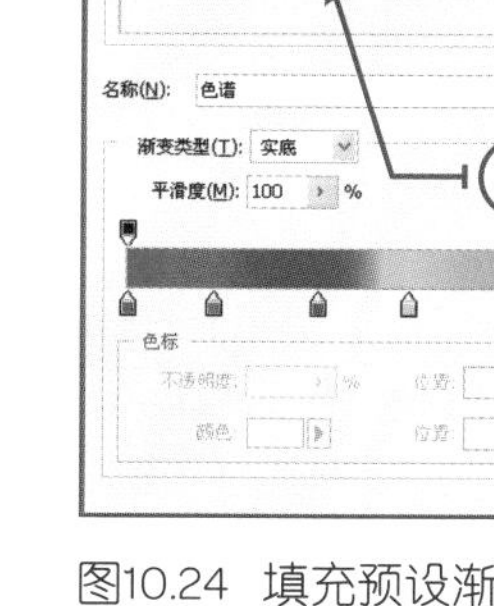

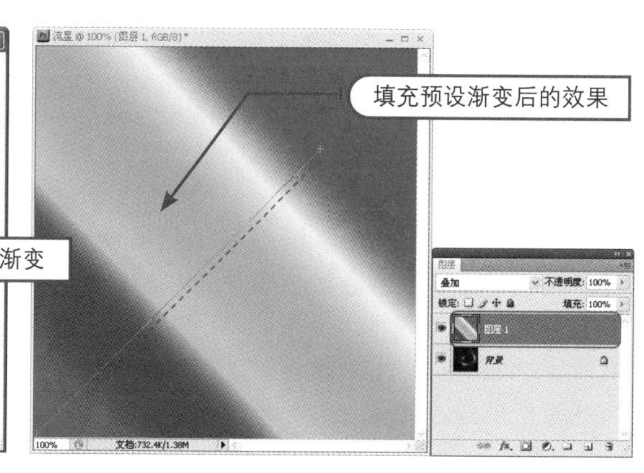

图10.24 填充预设渐变颜色

15 STEP 选择上一步骤填充渐变颜色的“图层1”，然后更改其图层混合模式为【叠加】，如图10.25所示，最后按Ctrl+E快捷键，将渐变层与黑色的背景层合并。

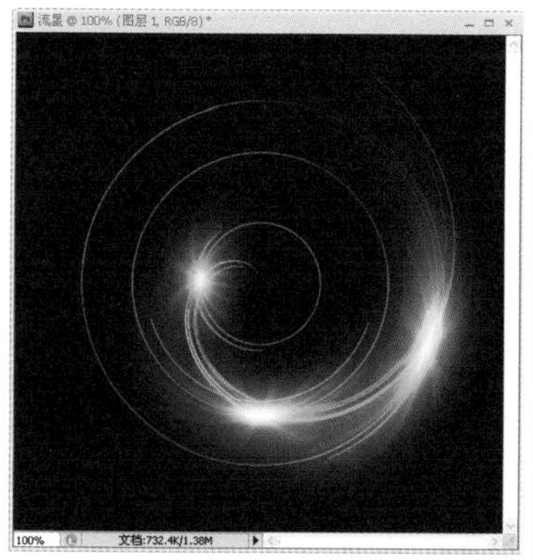

图10.25 更改渐变图层的混合模式

专家提醒

如果已经掌握步骤（10）～（15）操作的读者，可以从“实例文件\Ch10\images”素材文件夹中打开“流星.psd”文件，将“流星”图层拖动练习文件中再进行下面的练习。

16 STEP 按Ctrl+A快捷键全选“流星”图像，再使用【移动工具】将其拖至练习文件中，更改图层名称为“流星”，最后调整图层混合模式为【变亮】，快速去除原来的黑色背景，如图10.26所示。

17 STEP 选择“流星”图层，再选择【编辑】|【变换】|【垂直翻转】命令，然后按Ctrl+T快捷键对“流星”进行拉宽与旋转处理，使其形状接近真实的流星，如图10.27所示。

图10.26 加入“流星”图像

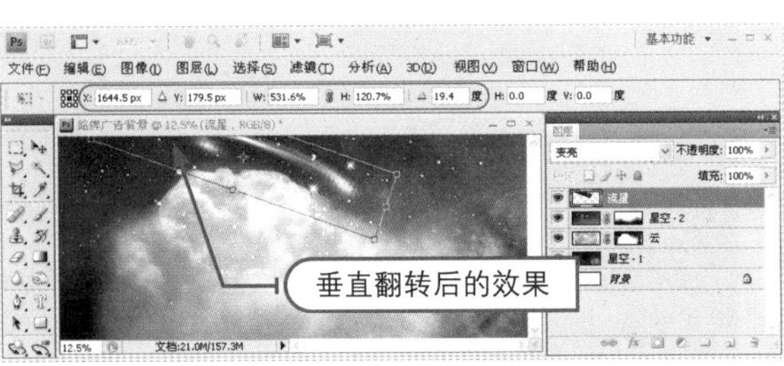

图10.27 变换“流星”图像

18 STEP 单击【添加图层蒙版】按钮，为“流星”图层添加蒙版，接着选择【画笔工具】，设置前景色为黑色，使用直径为柔角175像素的笔刷将流星多余的尾部擦除，如图10.28所示。

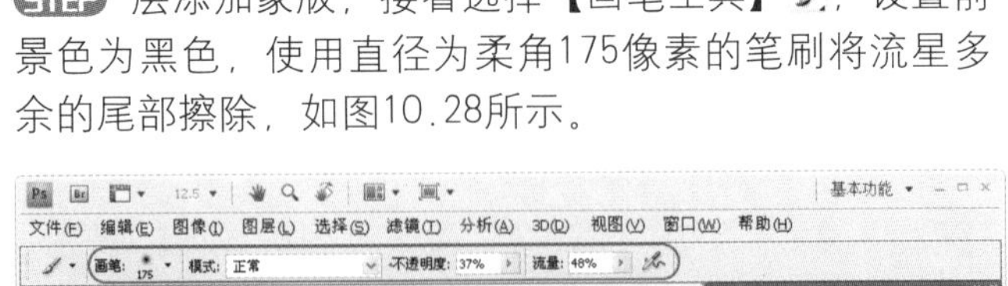

图10.28 添加图层蒙版并擦除流星的多余区域

19 STEP 复制出“流星 副本”图层，再按Ctrl+T快捷键，通过【自由变换】命令将其缩小、旋转并移至左上方，如图10.29所示。

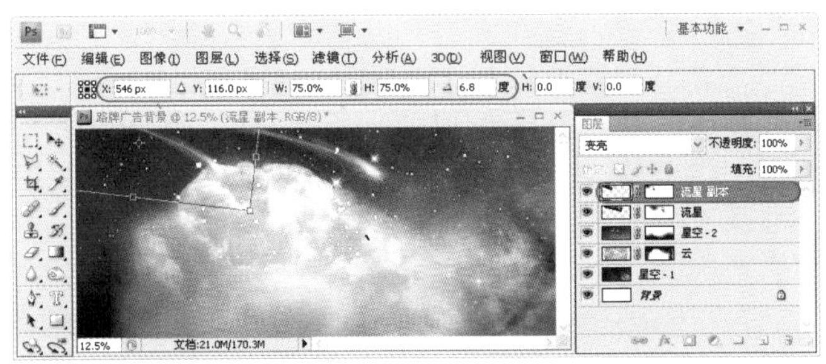

图10.29 复制出“流星 副本”并调整位置与大小

20 STEP 按Enter键确定变换后，按Ctrl+U快捷键打开【色相/饱和度】对话框，设置色相和饱和度值如图10.30所示。大家也可以设置一种自己喜欢的颜色效果。

图10.30 对“流星 副本”图层进行变色处理

21 STEP 使用步骤（19）的方法复制出“流星 副本2”图层，再变换调整到画面的右上方，然后进行如图10.31所示的颜色调整。

至此，路牌广告的背景已经制作好了，其效果如图10.10所示。

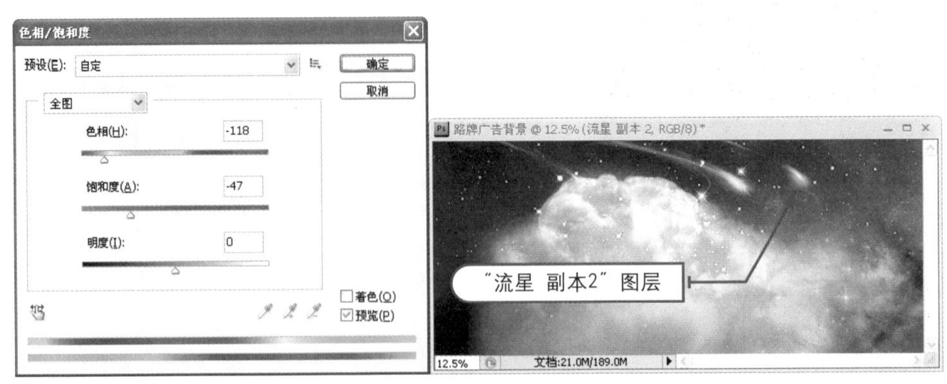

图10.31 复制出“流星 副本2”图层并编辑处理

10.2.3 添加广告元素

设计分析

本小节将从多个素材文件中选取主要的部分加插到路牌广告中，作为设计元素，其中包括彩带、城堡、多种动物、小丑和热汽球等，组合成如图10.32所示的舞台效果。其主要设计流程为“加入彩带与城堡”→“加入动物与小丑”→“加入幕布与观众剪影”，具体实现过程如表10.2所示。

图10.32 添加广告元素后的效果

表10.2 添加广告元素的流程

制作目的	实现过程
加入彩带与城堡	● 加入“彩带”素材图像 ● 创建“城堡”选区范例 ● 加入并调整“城堡”素材图像 ● 绘制“城堡”的地面色块 ● 加入“红飘带”图像并添加外发光效果
加入动物与小丑	● 使用通道配合【色阶】命令抠选“狮子”素材 ● 加入“狮子”素材并添加外发光效果 ● 使用同样的方法加入其他动物、小丑与热汽球素材
加入幕布与观众剪影	● 加入“幕布”素材图像并添加投影效果 ● 加入“观众剪影”素材图像 ● 为“观众剪影”图层添加【内发光】与【颜色叠加】样式

制作步骤

01 STEP 打开“10.2.3.psd”练习文件，创建出“广告元素”图层组，然后打开“彩带.psd”素材文件，使用【移动工具】将“彩带”图像拖至练习文件中，并调整好位置，如图10.33所示。

图10.33 加入“彩带”素材图像

02 STEP 复制出“彩带 副本”图层，再选择【编辑】|【变换】|【水平翻转】命令，然后将其移至对称的另一侧，最后按住Ctrl键选择两个“彩带”图层，并单击【链接图层】按钮，如图10.34所示。

图10.34 复制“彩带 副本”图层

03 STEP 打开“城堡.jpg”素材文件，选择【快速选择工具】，设置画笔直径为90px、硬度为100%，接着在夜空中拖动，快速创建出夜空选区，然后在选项栏中单击【从选区减去】按钮，在选区以外的城堡两侧的底角往上拖动，减去部分选区的范例，如图10.35所示。

在此往上拖动

图10.35 创建“城堡”夜空的选区范例

04 STEP 按多次Ctrl++快捷键，将视图显示比例调整至500%或者更大，再按住空格键在画面中拖动，显示“城堡”中一些多选了的部分，然后以减选的方式在这些部位（比如屋顶）拖动，以同样的方法减去城堡中多选的部分，如图10.36所示。

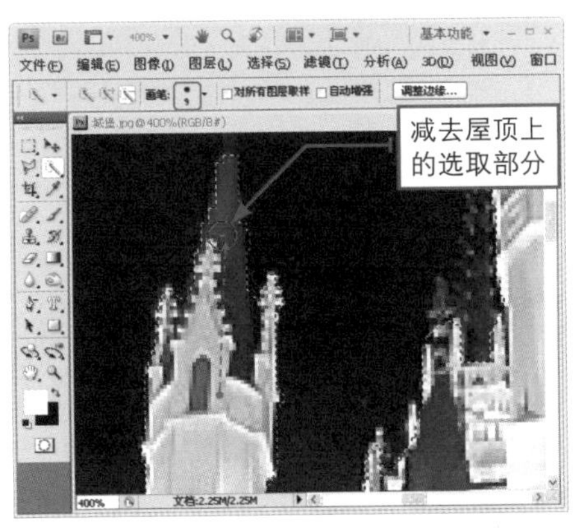

图10.36 放大视图并仔细编辑选区范围

专家提醒

由于“城堡”素材的夜空背景颜色与素材主体的某些区域过于相似，难以一次就得到最佳的选区效果，所以必须先创建大概的选区雏形，再通过放大视图进行细致的加选或减选操作。

另外，与选框工具和绘图工具相同，在使用【快速选择工具】编辑选区时，按住Shift键可以切换至【添加到选区】模式；而按住Alt键可以切换至【从选区减去】模式。

05 STEP 按Shift+Ctrl+I快捷键反转选区选中“城堡”，使用【移动工具】将“城堡”拖至练习文件中，接着按Ctrl+T快捷键对加入的图像进行变换处理，使其放置于两条彩带的交点之上，如图10.37所示。

图10.37 加入并调整“城堡”素材图像

06 STEP 使用【椭圆选框工具】在“城堡”的下方创建一个椭圆选区，再创建“地面”新图层，接着选择【渐变工具】并打开【渐变编辑器】对话框，设置起点色标为【#ec7f79】、结束色标为【#a50504】，在选项栏中单击【径向渐变】按钮，从椭圆选区的中心往外拖动填充渐变色，作为“城堡”的地面，如图10.38所示，最后取消选择。

图10.38 在“城堡”下方创建椭圆渐变色块

07 STEP 打开“红飘带.psd”素材文件，使用【移动工具】将“红飘带”拖至练习文件中，然后设置其大小与位置，接着双击图层，打开【图层样式】对话框，为“红飘带”添加红色的外发光效果，如图10.39所示。

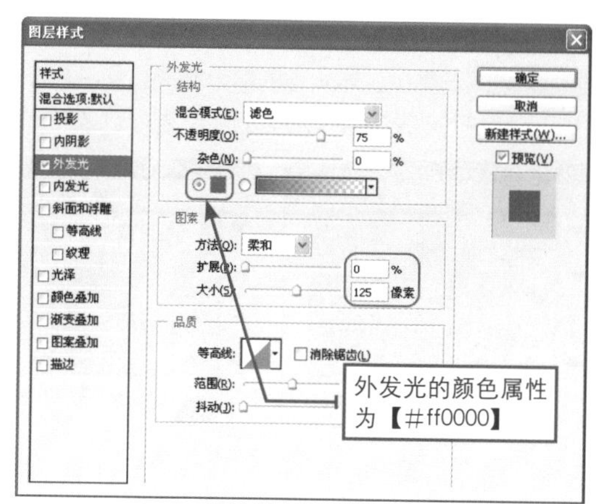

图10.39 加入“红飘带”图像并添加外发光效果

专家提醒

接下来将要打开“狮子.jpg”素材文件，使狮子与背景分离，并将其加入到广告作品中。对于狮子这一类有着均匀毛发的动物而言，使用【魔棒工具】这些选取工具都不能很好地抠选毛发，所以接下来将使用通道来进行抠图。

08 STEP 打开“狮子.jpg”素材文件，在【通道】面板中单击“蓝”通道，这时其余3个通道将会自动隐藏起来，接着将“蓝”通道拖至【创建新通道】按钮上，复制出“蓝 副本”通道，再将“蓝”通道隐藏，如图10.40所示。

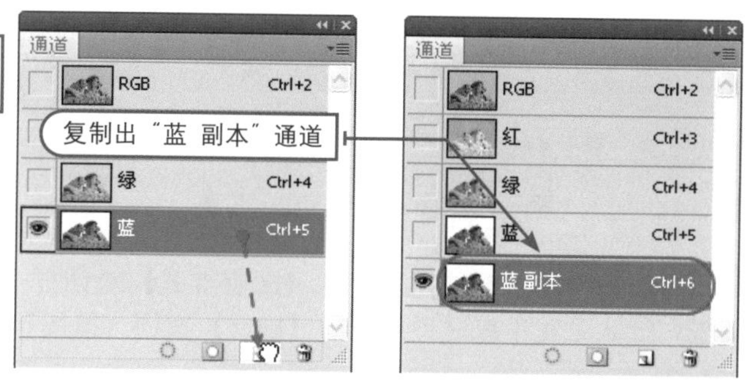

图10.40 复制“蓝”通道

09 STEP 按Ctrl+L快捷键打开【色阶】对话框，设置色阶属性如图10.41所示，使狮子与背景产生明显的黑白对比效果。

10 STEP 设置前景色为黑色，然后使用【画笔工具】在狮子的身上涂抹，务求将一些白色的区域涂成黑色，如图10.42所示，因为接下来白色的区域将会转换为选区。

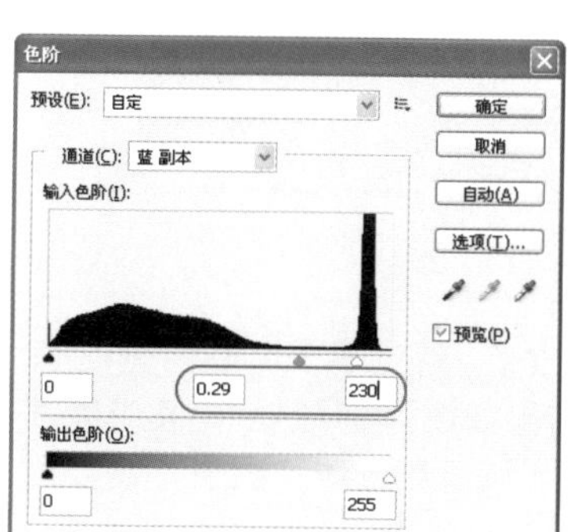

图10.41 通过【色阶】调整出明暗对比效果

图10.42 在狮子身上涂上均匀的黑色

11 STEP 单击“RGB”通道，使图像恢复正常的显示状态，此时“蓝 副本”通道会自动隐藏，下面按住Ctrl键单击“蓝 副本”通道，将图10.42所示的白色区域以选区的形式载入，创建出蓝色天空的选区，最后按Ctrl+Shift+I快捷键反转选区选择狮子，如图10.43所示。

图10.43 载入选区并反转

12 STEP 返回练习文件中，在“彩带”图层的下方创建出“动物与小丑”图层组，再使用【移动工具】将狮子图像拖至练习文件中，然后使用【自动变换】命令调整其大小与位置，如图10.44所示。

13 STEP 由于狮子的亮度过低，下面选择【滤镜】|【锐化】|【USM锐化】命令，设置锐化属性如图10.45所示，最后单击【确定】按钮。

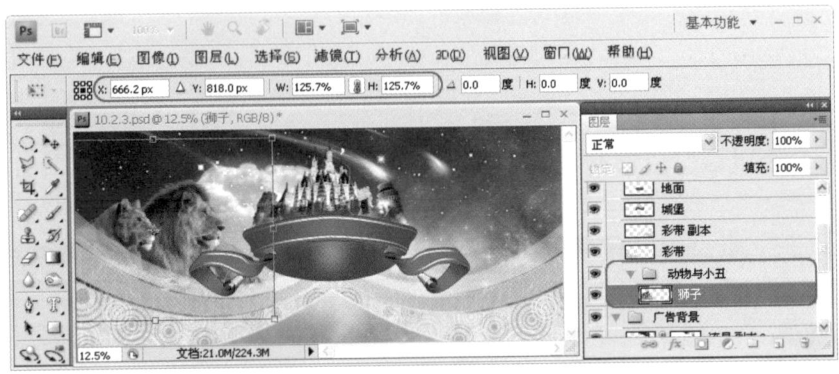

图10.44 加入“狮子”图像并调整大小与位置

图10.45 为“狮子”图像添加锐化滤镜

14 STEP 双击【狮子】图层，打开【图层样式】对话框，选择【外发光】选项，设置【大小】为87像素，保持其他默认设置不变，最后单击【确定】按钮，如图10.46所示。

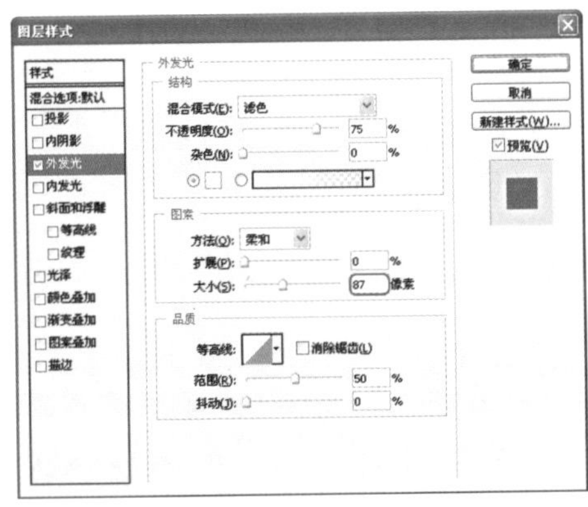

图10.46 为“狮子”图像添加外发光效果

15 STEP 使用前面的方法打开“白虎.jpg”、“小丑.jpg”、“大象.jpg”、“鸽子1.jpg”、“鸽子2.jpg”和“热汽球.jpg”等素材文件，逐一将其加入到练习文件中，并调整位置与大小，结果如图10.47所示。其中除了“白虎”以外，素材图像可以使用一般的选取方法得到。另外，“大象”、“鸽子”和“热汽球”图像不需要添加外发光效果。

16 STEP 打开“幕布.psd”素材文件，再使用【移动工具】将“幕布”拖至练习文件中，如图10.48所示。

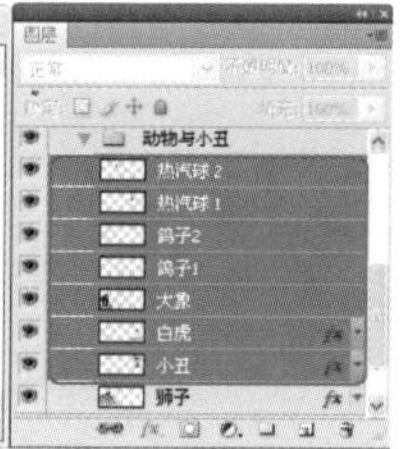

图10.47 加入其他素材图像

图10.48 加入“幕布”素材图像

17 STEP 双击“幕布”图层，打开【图层样式】对话框，选择【投影】选项，再设置投影属性如图10.49所示，最后单击【确定】按钮。

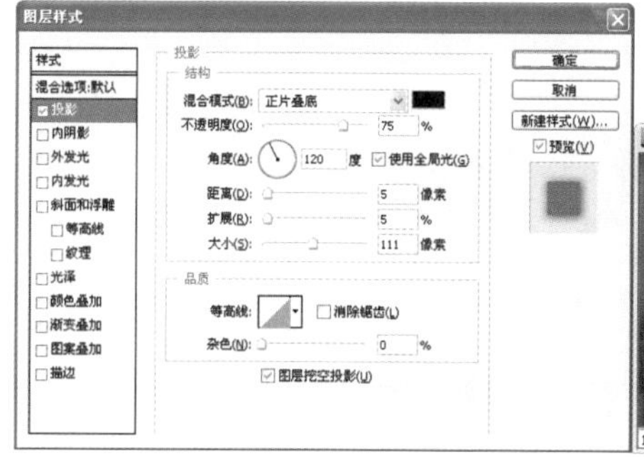

图10.49 为“幕布”添加黑色的投影效果

18 STEP 由于“鸽子1”图层被左侧的幕布遮住了，下面将“鸽子1”图层拖至“幕布”图层之上，如图10.50所示。

19 STEP 打开“观众剪影.psd”素材文件，使用【移动工具】将其拖至练习文件的下方，如图10.51所示。

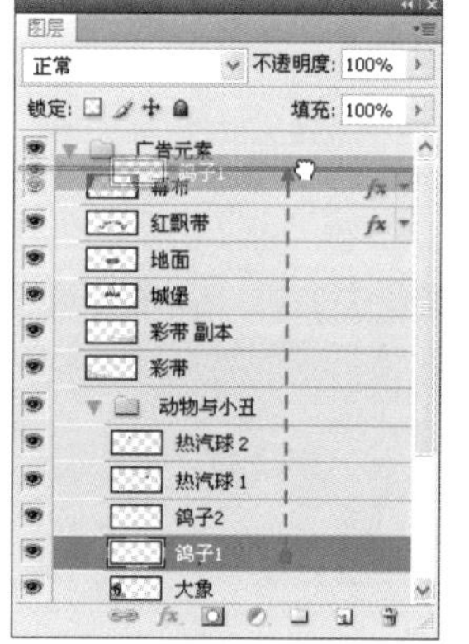

图10.50 调整“鸽子1”图层的顺序

20 STEP 双击“观众剪影”图层，打开【图层样式】对话框，分别添加【内发光】与【颜色叠加】样式，如图10.52所示。

图10.51 加入“观众剪影”素材图像

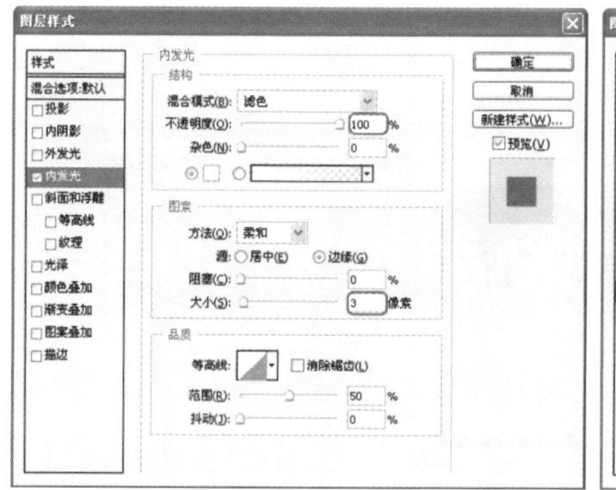
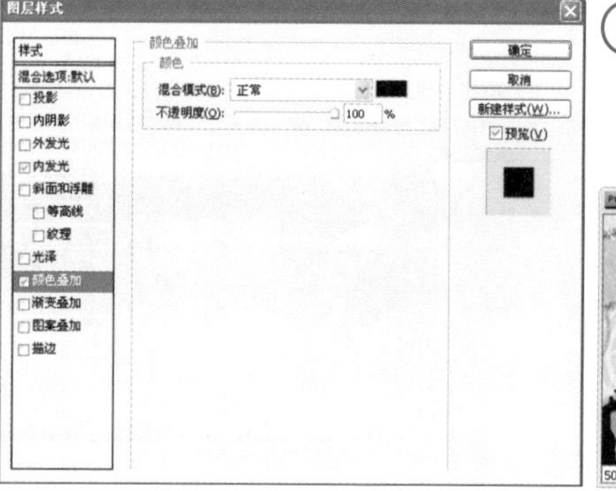

图10.52 为“观众剪影”添加图层样式

至此，添加广告元素的操作已经完毕，其效果如图10.32所示。

10.2.4 添加文字并美化广告

设计分析

本小节先输入中英文广告标题与联系方式等文字内容，接着逐一进行变换与美化处理，最后在画面的左、右下角添加光束与闪烁效果，最终效果如图10.53所示。其主要设计流程为“加入中英文标题”→“加入‘订票电话’”→“添加光束效果”→“添加闪烁效果”，具体实现过程如表10.3所示。

图10.53 添加文字并美化广告的效果

表10.3 添加文字并美化广告的流程

制作目的	实现过程
加入中英文标题	● 输入英文标题并进行扇形弯曲变形 ● 输入中文标题并进行透视变换 ● 为中文标题添加渐变描边图层样式
加入“订票电话”	● 输入“订票电话”广告文字 ● 添加投影与描边图层样式
添加光束效果	● 创建“光束”辅助文件 ● 绘制“光束”形状并添加淡出效果 ● 复制出“光束”副本组成光束组 ● 加入“光束”并刷淡处理
添加闪烁效果	● 加入“闪烁”素材 ● 复制两个“闪烁”副本图层并添加外发光效果 ● 调整“闪烁”图层的顺序

制作步骤

01 STEP 打开“10.2.4.psd”练习文件，然后创建“广告文字”图层组，接着使用【横排文字工具】T在红飘带上输入“Changlong jnternational Circus”文字内容，文字属性如图10.54所示，其中颜色为【#ffff25】。

图10.54 输入英文标题

02 STEP 保持文字的编辑状态，在选项栏中单击【创建文字变形】按钮，打开【变形文字】对话框，接着设置样式为【扇形】，再选择【水平】单选按钮，设置【弯曲】值为16%，最后单击【确定】按钮，如图10.55所示。

图10.55 为文字添加水平扇形变形效果

03 STEP 继续使用【横排文字工具】T输入“常隆夜间”与“马戏表演”两个属性相同的中文标题，如图10.56所示。

图10.56 输入中文标题

04 STEP 在“常隆夜间”文字图层的上方单击鼠标右键，选择【栅格化图层】命令，将其转换为一般图层，然后选择【编辑】|【变换】|【透视】命令，接着往上拖动左上角的变换点，使文字产生透视效果，如图10.57所示。其中透视属性可以在【自由变换】命令的选项栏中查看。

05 STEP 使用上一步骤的方法对“马戏表演”进行相同的处理，使“常隆夜间马戏表演”文字产生对称的透视效果，如图10.58所示。

图10.57 透视变换文字

图10.58 对“马戏表演”图层进行透视变换处理

专家提醒

由于文字图层不能进行【透视】变换处理，所以必须先将文字图层栅格化成普通图层。

06 STEP 将“常隆夜间”与“马戏表演”两个图层合并为“常隆夜间马戏表演”图层，然后双击图层打开【图层样式】对话框，选择【描边】选项并添加渐变描边效果，详细的图层样式与渐变属性如图10.59所示。

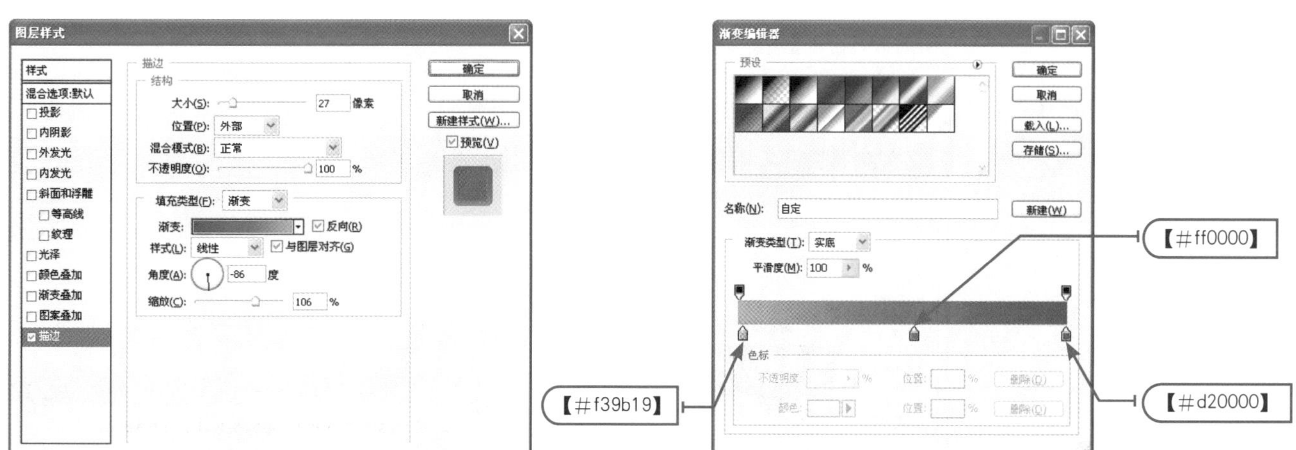

图10.59 添加【描边】图层样式

07 STEP 选择“常隆夜间马戏表演”图层，再选择【编辑】|【变换】|【透视】命令，往左拖动右上方的变换点，如图10.60所示，使其呈梯形的透视效果，配合整个版面产生视觉冲击力。

08 STEP 在【自由变换】命令的选项栏中设置大小比例为75%，将文字缩小，如图10.61所示。

图10.60 再次对文字标题进行透视变换

图10.61 缩小标题文字

09 STEP 使用【横排文字工具】T 在中文标题的下方输入“订票电话：38259888”文字内容，其属性如图10.62所示，颜色为白色。

图10.62 输入“订票电话”广告文字

10 STEP 双击文字图层打开【图层样式】对话框，为上一步骤添加的文字添加【投影】图层样式，其详细属性如图10.63所示。

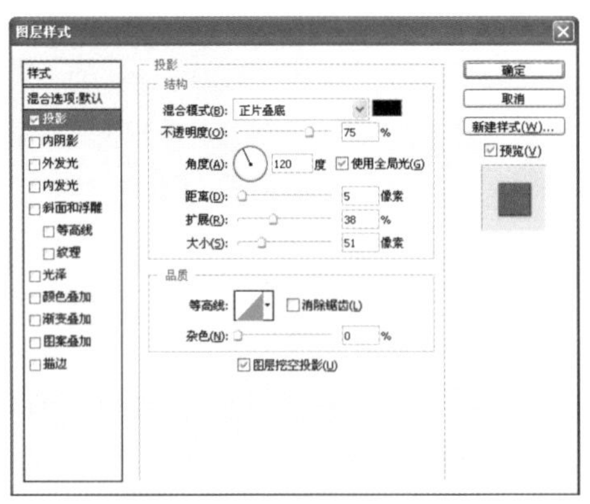

图10.63 添加【投影】图层样式

11 STEP 选择【描边】选项，设置填充类型为【渐变】，然后打开【预设】面板并单击按钮，选择【杂色样本】选项，接着在弹出的询问框中单击【追加】按钮，如图10.64所示。

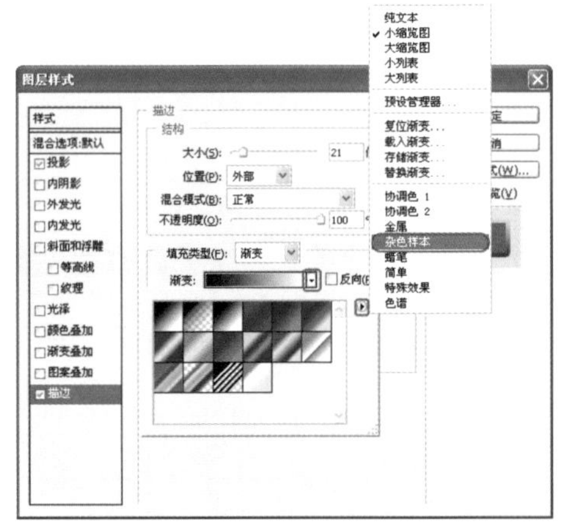

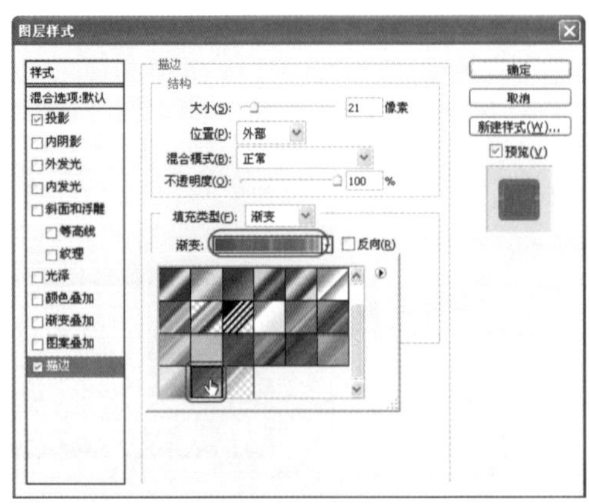

图10.64 追加【杂色样本】预设渐变样式

12 STEP 选择倒数第二个的【亮丽色谱】，单击渐变色块打开【渐变编辑器】对话框，修改【粗糙度】为34%，最后单击【确定】按钮返回【图层样式】对话框，如图10.65所示。

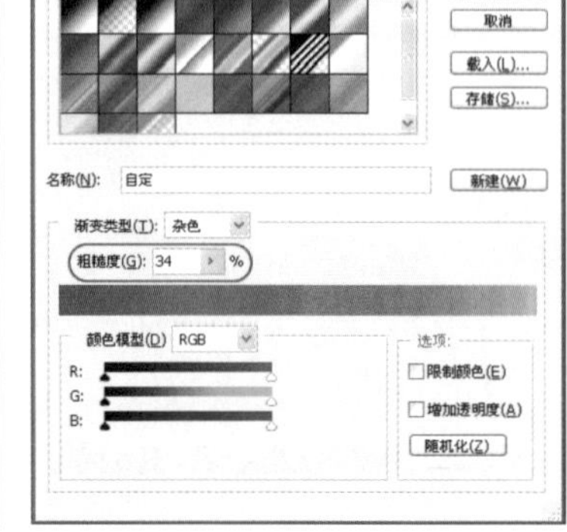

图10.65 选择预设渐变颜色并修改属性

13 STEP 设置【描边】选项的其他属性如图10.66所示，最后单击【确定】按钮。

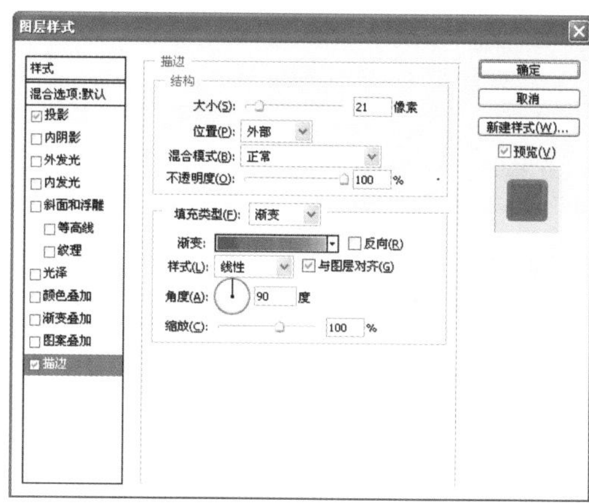

图10.66 设置其他描边属性

14 STEP 设置背景色为黑色，然后按Ctrl+N快捷键打开【新建】对话框，创建一个名称为“光束”的黑色背景新文件，详细属性如图10.67所示。

15 STEP 使用【多边形套索工具】创建出不规则的形状，接着创建出“光束1”新图层并填充白色，并调整不透明度为70%，如图10.68所示，最后按Ctrl+D快捷键取消选择。

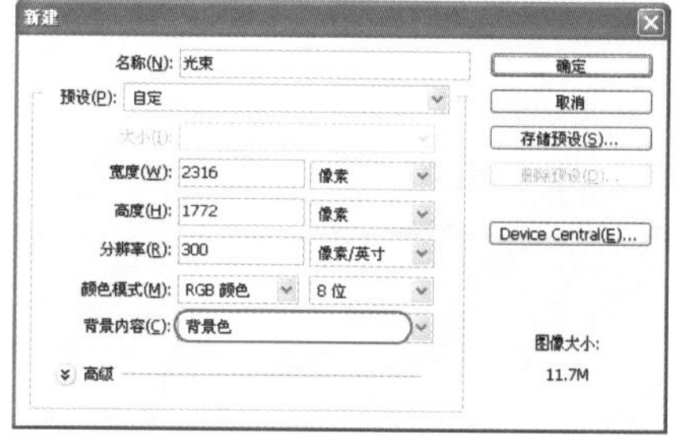

图10.67 创建“光束”辅助文件

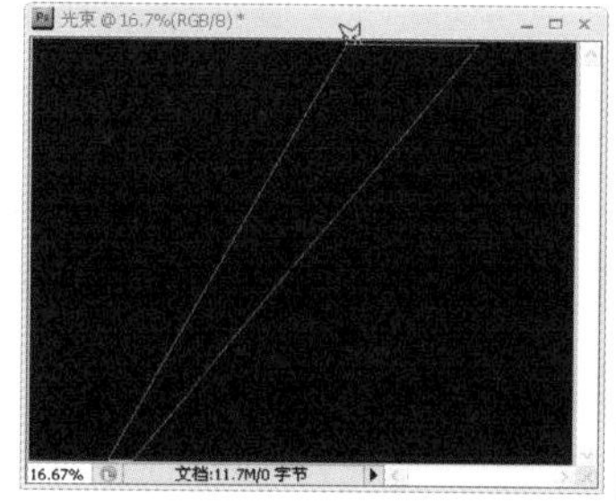

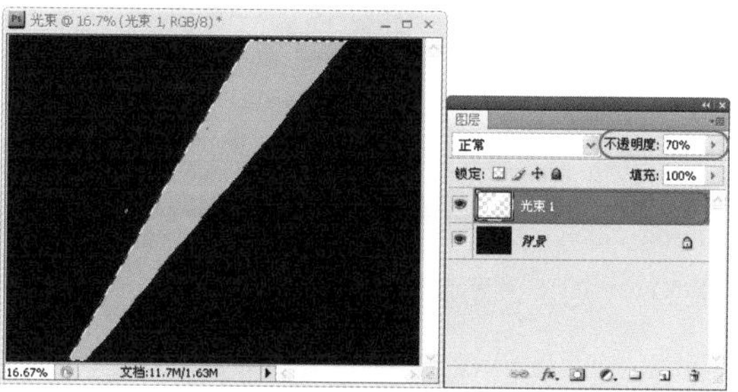

图10.68 绘制“光束”形状

16 STEP 选择【渐变工具】并打开【渐变编辑器】对话框，选择【黑，白渐变】预设样式并单击【确定】按钮，接着单击【添加图层蒙版】按钮创建图层蒙版，在上一步骤绘制的“光束1”形状上拖动出水平渐变填充，使“光束1”产生淡出效果，如图10.69所示。

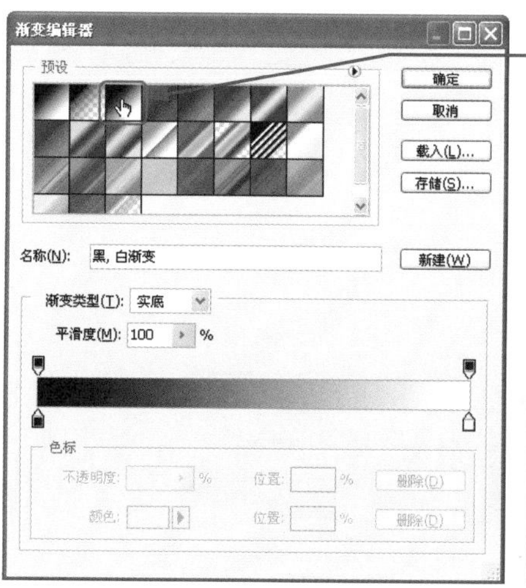

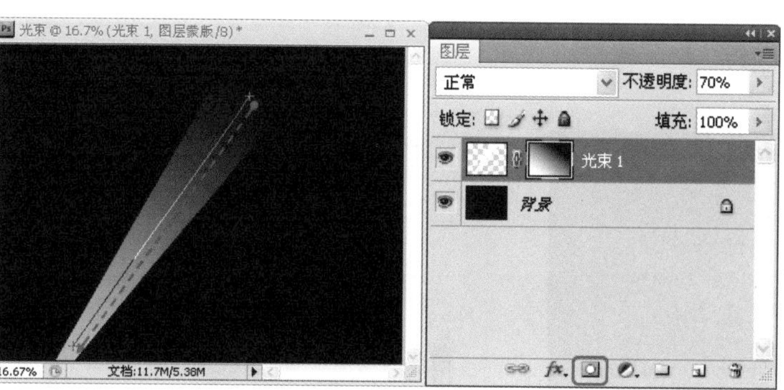

图10.69 使用蒙版制作出淡出效果

17 STEP 复制出"光束1 副本"图层，按Ctrl+T快速键放大图层并调整位置，组合出光束组，如图10.70所示。

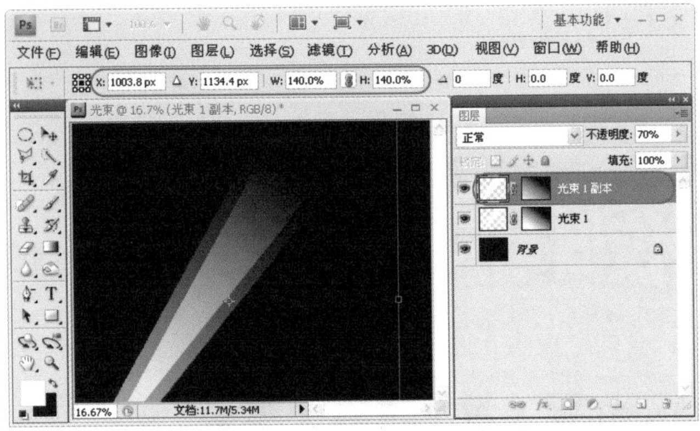

图10.70 复制出"光束1 副本"并编辑

专家提醒

如果读者已经掌握步骤（14）～（17）的操作，可以从"实例文件\Ch10\images"素材文件夹中打开"光束.psd"文件，再进行下面的练习。

18 STEP 将"光束1"与"光束1 副本"图层合并成"光束"图层，然后使用【移动工具】将其拖至练习文件中，接着为"光束"图层添加图层蒙版，并使用【画笔工具】刷淡光束的右侧部分，使其更加自然，如图10.71所示。

图10.71 加入"光束"并刷淡处理

19 STEP 复制出"光束 副本"图层，再选择【编辑】|【变换】|【水平翻转】命令，接着将翻转后的副本拖至对称的另一侧，如图10.72所示。

图10.72 复制出"光束 副本"图层并水平翻转

20 STEP 打开"闪烁.psd"素材文件，使用【移动工具】将闪烁效果拖至练习文件的右下方，并调整大小，如图10.73所示。

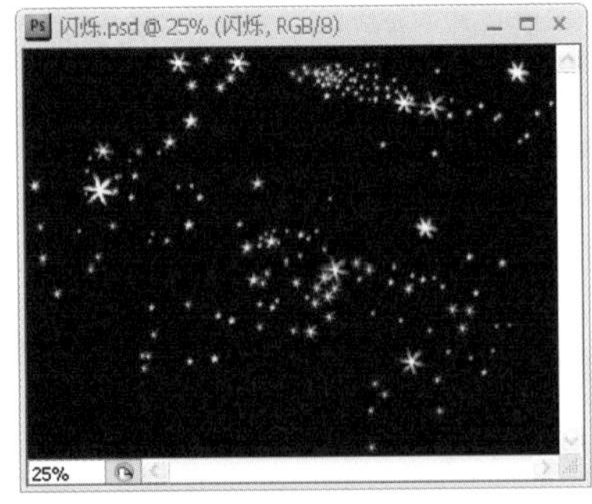

图10.73 加入"闪烁"素材

21 STEP 复制出“闪烁 副本”与“闪烁 副本2”图层，然后分别调整其大小与位置，并添加大小为46像素的【外发光】图层样式，如图10.74所示。

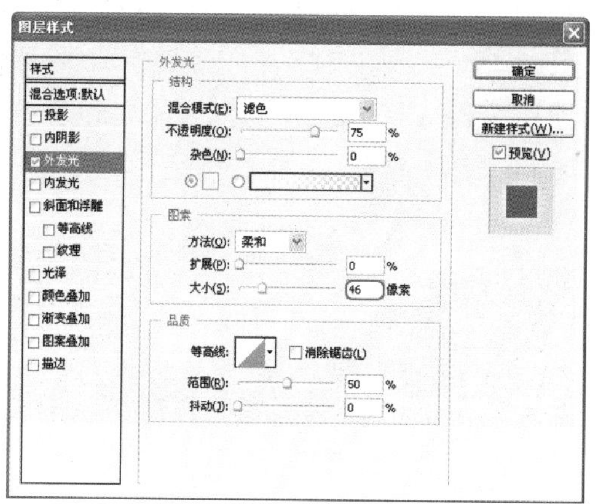

图10.74 复制两个“闪烁 副本”图层并添加【外发光】效果

22 STEP 由于“闪烁”效果遮住“观众剪影”，下面选择3个“闪烁”图层放进新建的“闪烁”图层组中，然后再将其拖至“广告元素”图层组中的“观众剪影”图层下面，如图10.75所示。

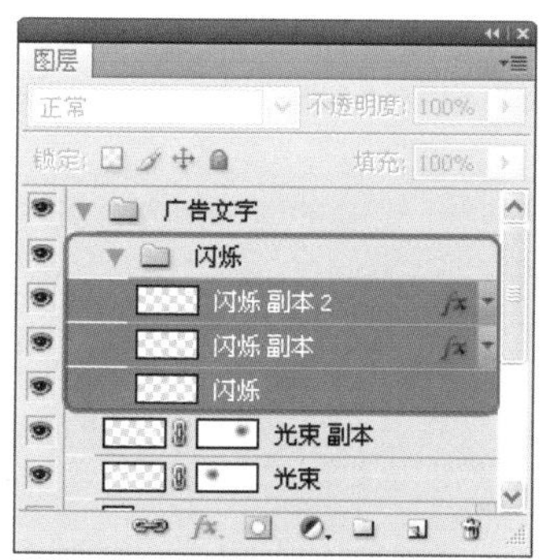

图10.75 调整“闪烁”图层的顺序

至此，本例的游乐园路牌广告已经设计完毕，最终效果如图10.8所示。

10.3 运动鞋路牌广告设计

10.3.1 设计概述

本例作品是为耐克公司“MERCURIAL VAPOR R9”系列足球鞋设计的一款路牌广告，效果如图10.76所示。下面先介绍本作品的创意点与设计构思。

- 模拟外星陨石飞撞足球：为了突出商品在足球赛场上的“杀伤力”，把足球鞋夸张地模拟成一颗从外星冲向地球的陨石，混身火焰俯冲飞撞在草地上，并踢撞足球飞往龙门的方向，在冲撞的过程中，与草地接触的区域发生爆炸并弥漫着烟雾，而被踢飞的整个足球也连带着火弧与零星的火焰效果，使整个作品产生强烈的视觉冲击。
- 模拟夜色场景：本例专门使用了一幅可以隐约看见外星球的虚拟图像，然后通过分割再合并的方法置入画面中，接着使用添加调整图层与照片滤镜的方式，将原本色彩艳丽的天空草地图像修改为冷清的夜色场景，以突出足球鞋飞撞时产生的火焰与爆炸效果。另外，合理利用素材图像和外星球，设计出足球鞋从外星球的位置飞向地球的效果。
- 刚强有力的标题与LOGO：本例的广告标题使用了笔画粗硬的字体，然后添加多种图层样式将其修饰为刚强的金属质感。此外，LOGO也沿袭了这一风格，添加了金属电镀效果的边框与钢铁效果。另外，白色的广告语“JUST DO IT”特意添加了【风】滤镜特效，为商品增添了几分速度感。

图10.76 运动鞋路牌广告

尺　寸	横向，150像素/英寸，33cm×15cm （该尺寸为按实际路牌广告等比例缩小）
材　料	户外灯布，输出分辨率可达720dpi，并具有抗紫外线、防风雨等特点，在户外能够持久使用
风格类型	刚强、粗犷、梦幻、唯美
创意点	❶ 模拟外星陨石飞撞足球，寓意商品具备较强的对抗能力 ❷ 模拟夜色场景，以较暗的背景突出广告主题 ❸ 被踢飞的“火球”动感十足 ❹ 金属般的标题与LOGO刚强有力
配色方案	#FFFFFF #6F7B87 #172B34 #EEC15A #C6450B #B51B1D #000000
作品位置	实例文件\Ch10\creation\运动鞋路牌广告.psd 实例文件\Ch10\creation\运动鞋路牌广告.jpg 实例文件\Ch10\creation\运动鞋路牌广告_立体效果.jpg

设计流程

本运动鞋路牌广告主要由“模拟夜色场景”→“设计运动鞋飞撞爆炸效果”→“绘制烟雾和火焰彩带”→“制作火焰足球”→“加入广告文字并设计LOGO”五大部分组成，详细设计流程如图10.77所示。

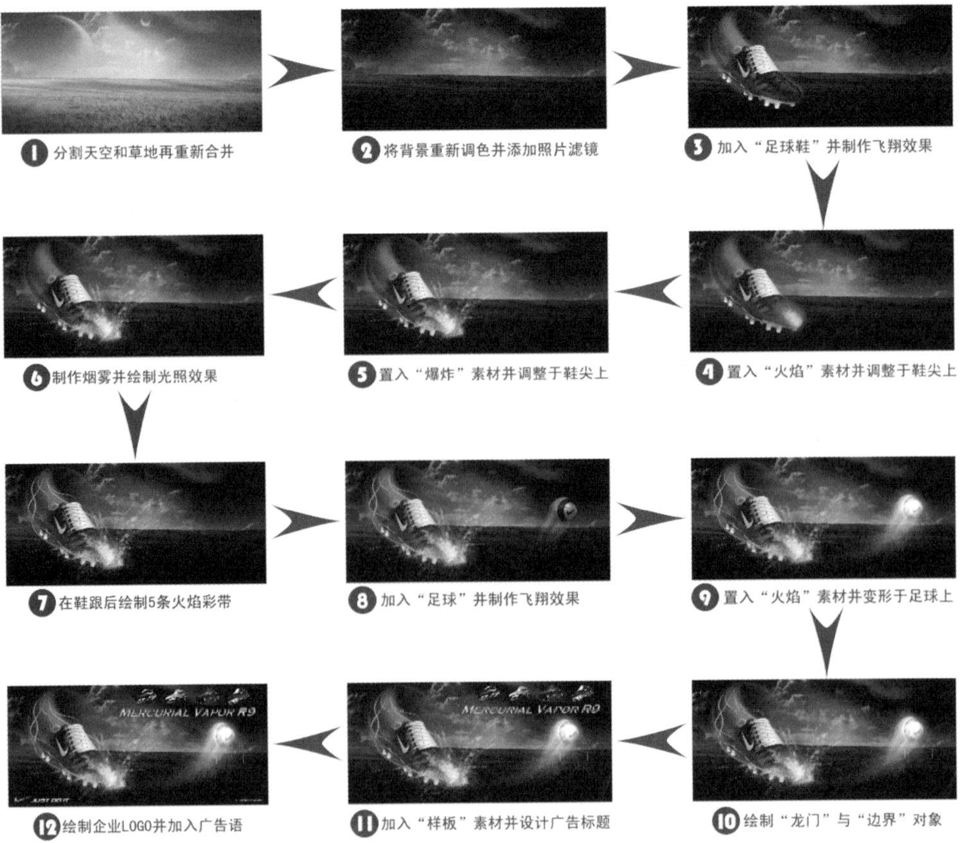

图10.77 运动鞋路牌广告设计流程

功能分析

- 【快速选择工具】：快速创建“天空”和“足球鞋”选区，从而抽取素材。
- 【调整图层】：对背景和素材图像进行亮度、对比度和色彩调整。
- 【自由变换】命令：将动感模糊后的抖动对象编辑成弧形效果。
- 【图层蒙版】：加入各素材图像后，对需要隐藏的部分进行擦除。
- 【钢笔工具】和【直接选择工具】：绘制火焰彩带形状。
- 【用路径描边路径】：填充火焰彩带。
- 【多边形套索工具】：绘制出边界选区。
- 【风】滤镜：为广告语添加风特效。
- 【波浪】滤镜：制作烟雾特效。
- 【动感模糊】滤镜：为足球鞋和足球添加飞翔般的模糊抖动效果。
- 【图层样式】：为火焰彩带、龙门、广告标题和LOGO添加图层样式。

10.3.2 模拟夜色场景

设计分析

本小节先置入“草地”背景素材，但由于素材文件的尺寸与广告尺寸不一致，故此需要先将“天空”与“草地”分割成两个图层，再进行合并、调色处理，效果如图10.78所示。其主要设计流程为“分割素材”→“调整高光部分”→“调整色彩”，具体操作过程如表10.4所示。

图10.78 模拟夜色场景

表10.4 模拟夜色场景的流程

制作目的	实现过程
分割素材	● 置入“草地”素材，自由变换成与画面尺寸一致 ● 将“天空”部分抽出并粘贴成一个单独图层 ● 添加渐变填充图层与模糊处理，使过渡和谐协调
调整高光部分	● 创建“天空”中间的高光部分并羽化处理 ● 创建“色阶”调整图层与灰色填充图层降低亮度
调整色彩	● 盖印背景素材并去除指定的色素 ● 添加“蓝”色的照片滤镜

制作步骤

01 STEP 选择【文件】|【新建】命令，打开【新建】对话框，输入名称为“广告背景”，再自定义宽度为33cm、高度为15cm、分辨率为150像素/英寸，最后单击【确定】按钮，创建一个新文件作为练习文件，如图10.79所示。

专家提醒

本例路牌广告的实际尺寸为330cm×150cm，为了提高软件的运行速度，编者特意将此按比例缩小尺寸。

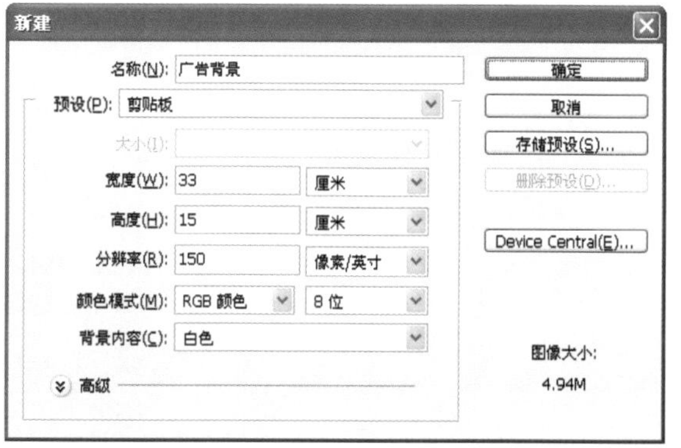

图10.79 创建练习文件

02 STEP 使用【文件】|【置入】命令，从“实例文件\Ch10\images”文件夹置入“草地.jpg”素材文件，按住Alt键拉宽素材，使其布满整个画面。完成后按Enter键确定置入操作，如图10.80所示。

图10.80 置入“草地”素材文件

03 STEP 选择【图层】|【栅格化】|【图层】命令，将上一步骤置入的智能对象转换为普通图层，然后选择【快速选择工具】并设置画笔的主直径为13px，在天空区域中拖动，根据色素的分布快速创建出天空选区，如图10.81所示。

04 STEP 按Ctrl+X快捷键剪切选区中的“天空”区域，接着按Ctrl+V快捷键粘贴剪贴板的内容，同时创建出一个新图层。在【图层】面板中重命名图层名称为“天空”，以将“天空”和“草地”分割成两个图层，如图10.82所示。

图10.81 创建天空选区

图10.82 分割“天空”和“草地”

05 STEP 拖动“天空”图层至“草地”图层的下方，然后选择“天空”图层并按Ctrl+T快捷键执行【自由变换】命令，移动光标至变换框中上方的变换点上，往上拖动变换点调整图层的高度，使“天空”图层填满原来的白色区域。用户也可以在选项栏中的【H】数值框中输入缩放比例，完成后按Enter键确认变换操作，如图10.83所示。

图10.83 调整“天空”图层的高度

06 STEP 保持“天空”图层的被选状态，在【图层】面板中单击【创建新的填充或调整图层】按钮，在展开的菜单中选择【渐变】命令，打开【渐变填充】对话框，单击渐变条打开【渐变编辑器】对话框，在【预设】选项中选择【从前景色到透明渐变】选项，接着设置第一个渐变色标为【#d8fdc1】的浅绿色、第二个色标为【#2c6e03】的深绿色，单击【确定】按钮后返回【渐变填充】对话框，设置【缩放】值为60%，再单击【确定】按钮，如图10.84所示。

07 STEP 按Alt+Ctrl+G快捷键执行【创建剪贴蒙版】命令，此时在“天空”和“草地”之间产生了一层浅绿色的过渡层，使合并效果更加自然，如图10.85所示。

图10.84　添加并设置【渐变】填充图层

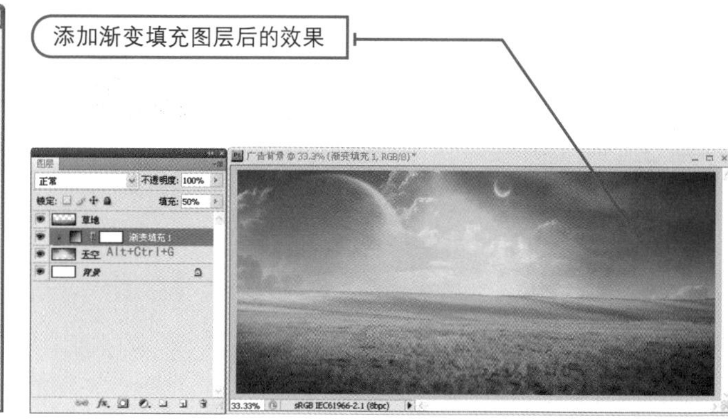

图10.85　创建剪贴蒙版

08 STEP 选中“草地”图层，再选择【模糊工具】，并设置主直径为45px的画笔大小，在草地与天空的交界处拖动，模糊锐利的草地边缘，如图10.86所示。

图10.86　模糊“草地”图层边缘

09 STEP 按Alt+Shift+Ctrl+E快捷键创建出盖印图层，再重命名为“背景盖印”，接着选择【选择】|【色彩范围】命令，打开【色彩范围】对话框，指定【高光】为选择条件，提取高光部分并创建选区，然后单击【确定】按钮，如图10.87所示。

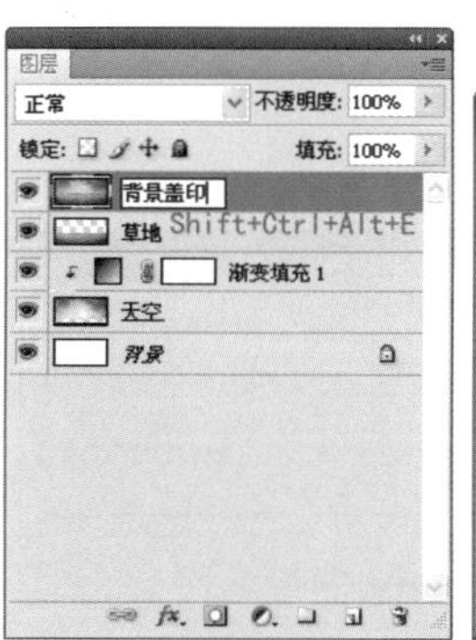

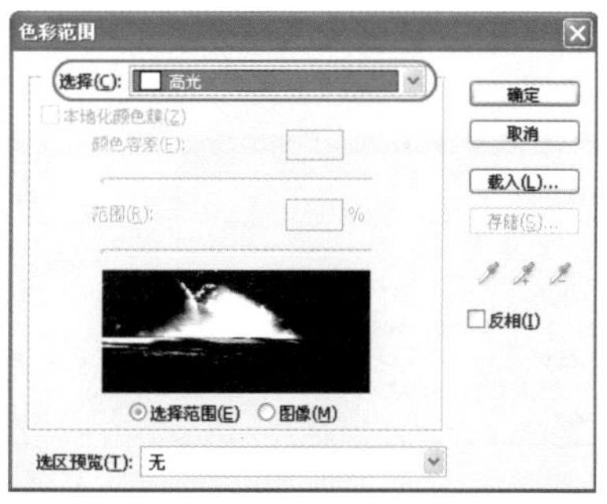

图10.87　盖印图层并创建高光选区

10 STEP 按Shift+F6快捷键打开【羽化选区】对话框，输入【羽化半径】为10像素，单击【确定】按钮，如图10.88所示。

图10.88　羽化选区

11 STEP 在【图层】面板中，为“背景盖印”图层中的选区创建【色阶】调整图层，然后在【调整】面板中设置色阶属性，调整高光部分的亮度，如图10.89所示。

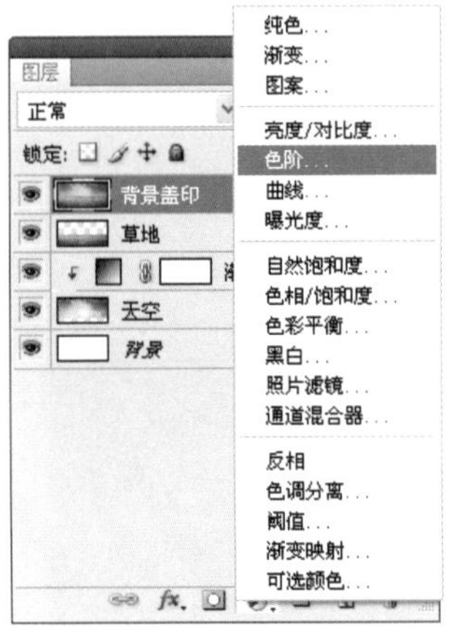

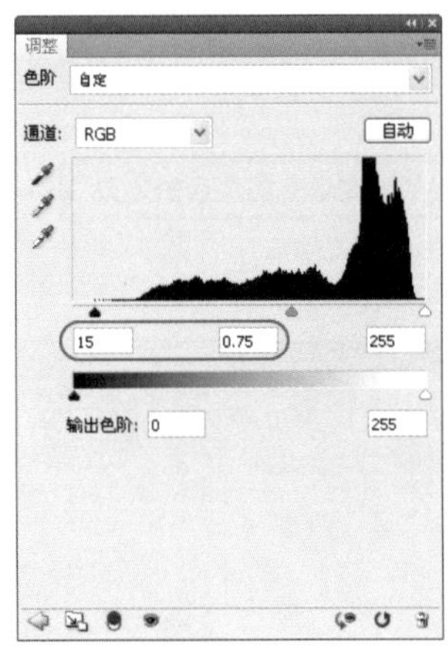

图10.89 调整高光部分的亮度

12 STEP 在"色阶 1"调整图层的上方创建出"图层1"新图层，设置前景色为【#adadad】的灰色，接着按Alt+Backspace快捷键填充前景色，如图10.90所示。

13 STEP 按住Ctrl键单击"色阶 1"调整图层的缩览图，载入前面羽化过的高光选区，如图10.91所示。

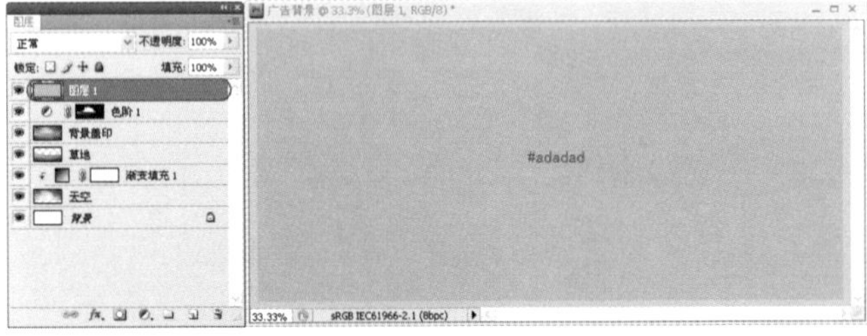

图10.90 创建新图层并填充灰色调

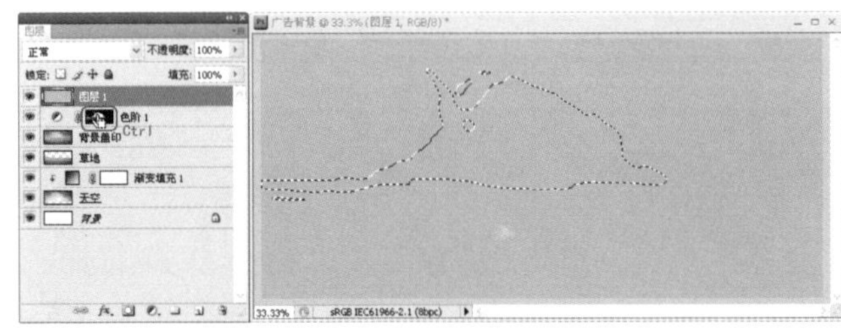

图10.91 载入高光选区

14 STEP 在【图层】面板中单击【创建图层蒙版】按钮，为上一步骤的选区创建出图层蒙版，将选区以外的灰色部分隐藏掉，结果如图10.92所示。

15 STEP 将"图层 1"的混合模式设置为【色相】，再调整【填充】值为50%，效果如图10.93所示。

图10.92 创建图层蒙版

图10.93 调整图层的混合模式

16 STEP 通过图层蒙版创建出"色相/饱和度 1"调整图层，然后在【调整】面板中分别设置【黄色】、【绿色】、【青色】和【蓝色】4种色调的明度，隐藏上述4种色素，如图10.94所示。

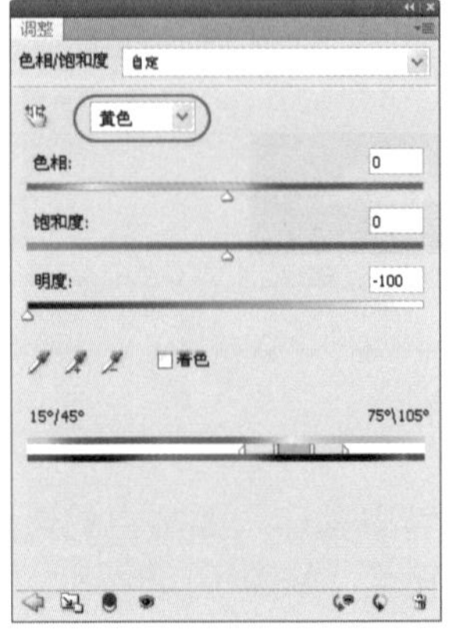

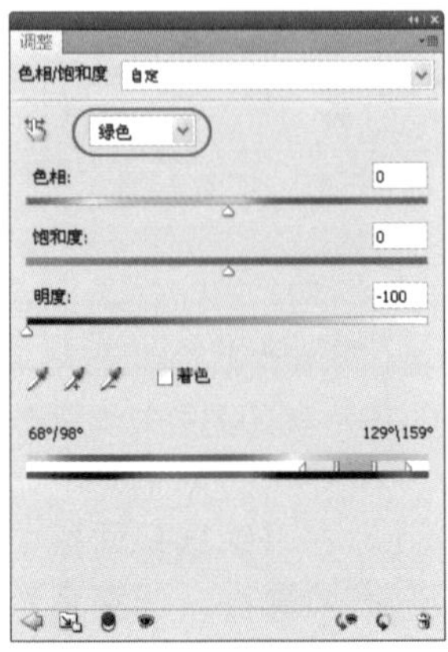

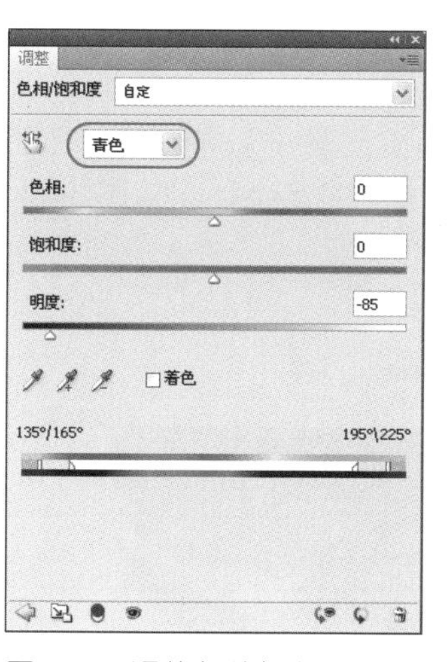
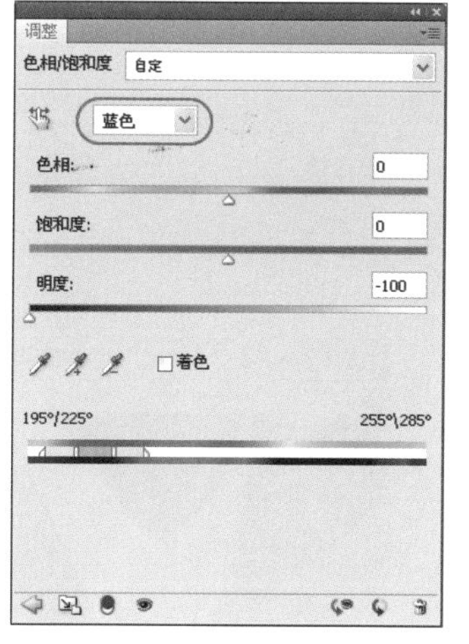

图10.94 调整各种颜色的明度

17 STEP 由于画面色调偏暗，下面通过【图层】面板创建出“照片滤镜”调整图层，选择【滤镜】单选按钮并选择【蓝】选项，再调整【浓度】值为20%，将画面调整为偏蓝的冷色调，效果如图10.95所示。

18 STEP 由于降低画面颜色的指定色调后高光部分显得不够协调，下面选择“图层 1”灰色调整图层，更改其图层混合模式为【点光】，如图10.96所示。

图10.95 将画面调整为偏蓝的冷色调

图10.96 修改图层混合模式

至此，模拟夜色场景的操作已经完毕，下一小节将介绍设计运动鞋飞撞爆炸效果的方法。

10.3.3 设计运动鞋飞撞爆炸效果

设计分析

本小节将设计运动鞋从天空往下俯冲碰撞草地后产生爆炸的效果，效果如图10.97所示。其主要设计流程为“置入‘运动鞋’素材”→“制作俯冲轨迹”→“合并‘爆炸’效果”，具体操作过程如表10.5所示。

图10.97 运动鞋飞撞爆炸效果

表10.5 设计运动鞋飞撞爆炸效果的流程

制作目的	实现过程
置入“运动鞋”素材	● 打开“足球鞋”素材文件并创建主体对象的选区 ● 加入“足球鞋”并调整大小与位置 ● 调整“足球鞋”的亮度与对比度
制作俯冲轨迹	● 复制出“足球鞋”副本并添加倾斜的动感模糊 ● 使用自由变换功能将模糊抖动调成弯曲的弧形状 ● 复制一层弯曲形状，并调整位置与颜色
合并“爆炸”效果	● 置入“火焰”素材于鞋尖上 ● 置入“爆炸”素材于鞋尖上 ● 通过添加图层蒙版对各素材进行调整

制作步骤

01 STEP 打开“10.3.3.psd”练习文件，然后在“实例文件\Ch10\images”文件夹打开“足球鞋.jpg”素材文件，使用【快速选择工具】在足球鞋的周边拖动，创建出运动鞋选区的雏形，如图10.98所示。

02 STEP 在选项栏中单击【从选区减去】按钮，然后局部放大细节部分，拖动减去选区，如图10.99所示。

图10.98 快速创建选区

图10.99 减选选区

专家提醒

在减去鞋带和鞋舌等白色区域时，注意不能使用拖动的方式，否则会反向大片的区域，建议在目标对象的边缘单击，这样会有较好的选择效果。

03 STEP 按Ctrl+Shift+I快捷键反选选区，创建出足球鞋选区。由于选区的边缘并不光滑，下面选择【选择】|【调整边缘】命令，打开【调整边缘】对话框，输入【平滑】值为3，预览效果满意后单击【确定】按钮，如图10.100所示。

图10.100 平滑选区边缘

04 STEP 使用【移动工具】将“足球鞋.jpg”文件中的选区内容拖至练习文件中，如图10.101所示。

05 STEP 选择【编辑】|【变换】|【水平翻转】命令，将加入的素材进行水平翻转操作，接着在【图层】面板中更名为“鞋”，如图10.102所示。

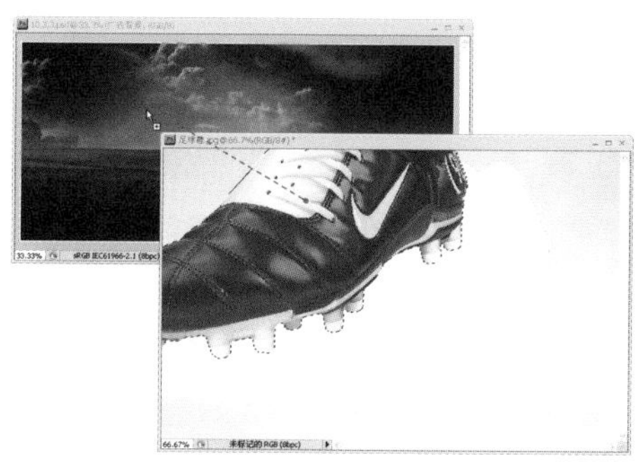

图10.101　加入“足球鞋”素材

图10.102　水平翻转足球鞋素材

06 STEP 按Ctrl+T快捷键执行【自由变换】命令，对足球鞋的位置、大小、角度和垂直斜切进行设置，使足球鞋呈现出从天空往下俯冲的形状效果，如图10.103所示，完成后按Enter键确认变换操作。

图10.103　自由变换足球鞋素材

07 STEP 通过【图层】面板为“鞋”图层创建一个“色彩平衡 1”调整图层，并按Alt+Ctrl+G快捷键创建剪贴蒙版，接着在【调整】面板中设置【中间调】的色彩属性，如图10.104所示。

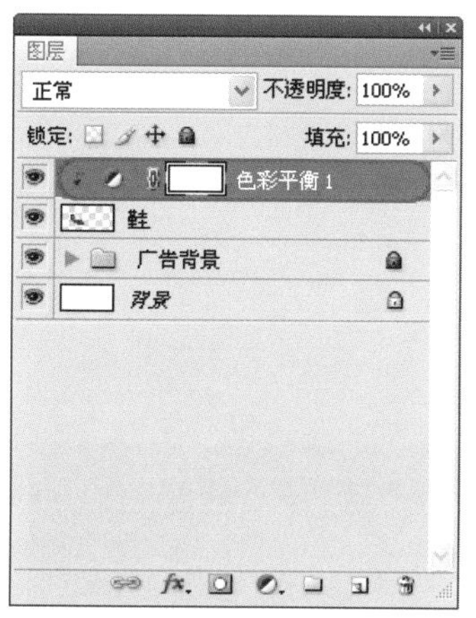

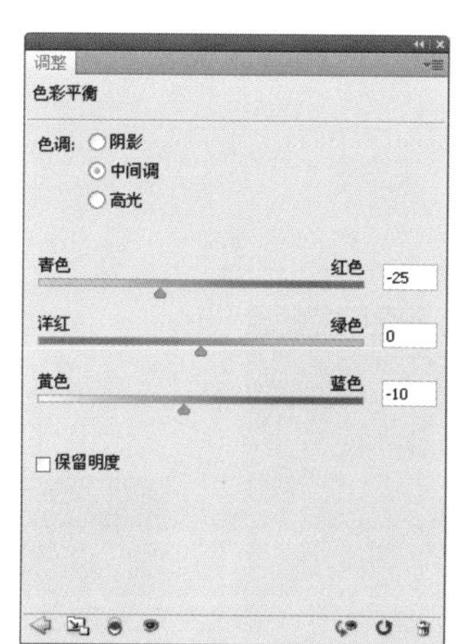

图10.104　调整色彩平衡

08 STEP 再创建一个“曲线1”调整图层，并建立剪贴蒙版，然后通过【调整】面板的曲线设置运动鞋的亮度与对比度，如图10.105所示。

09 STEP 拖动“鞋”图层至【创建新图层】按钮上，复制出“鞋 副本”图层，再将复制的副本图层拖至“鞋”图层的下方，接着选择【滤镜】|【模糊】|【动感模糊】命令，打开【动感模糊】对话框，设置【角度】值为−47°、【距离】为999像素，单击【确定】按钮，如图10.106所示。

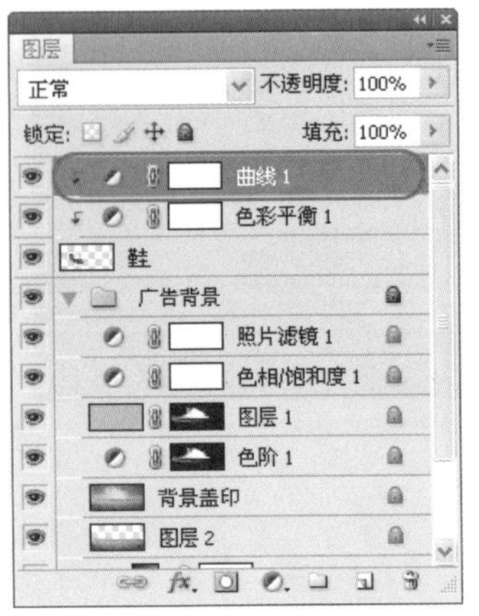
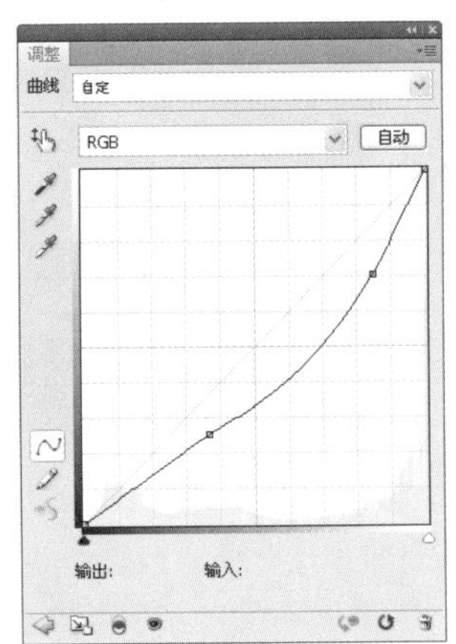

图10.105 调整运动鞋的亮度与对比度

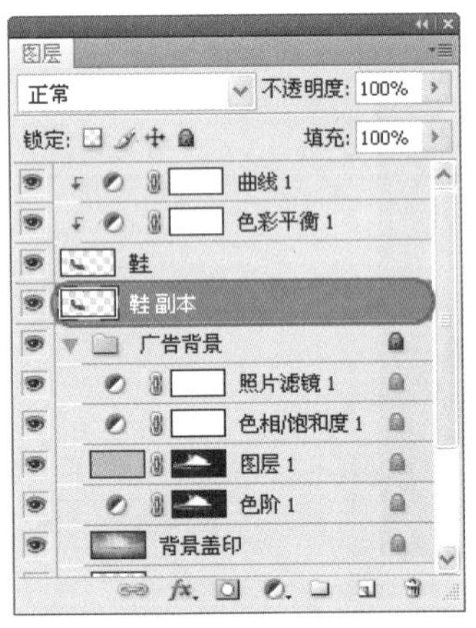
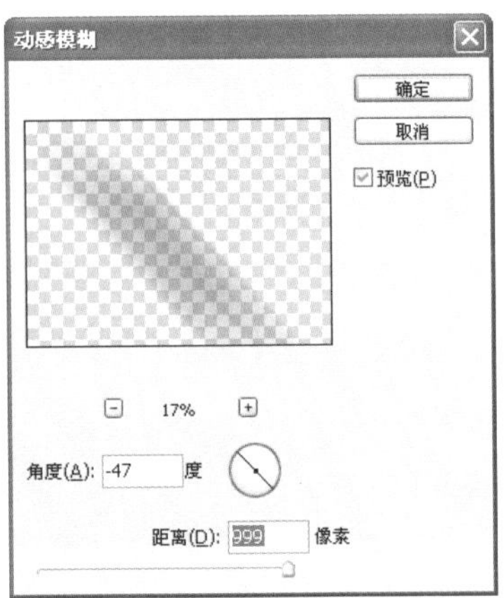

图10.106 复制“鞋 副本”图层并添加动感模糊效果

10 STEP 为“鞋 副本”图层添加图层蒙版，使用【画笔工具】将鞋尖前面的模糊抖动擦除，如图10.107所示。

11 STEP 按Ctrl+T快捷键对“鞋 副本”图层执行【自由变换】命令，在选项栏中单击按钮切换至自由变形模式，然后通过拖动锚点、控制手柄或者拖动网格的方法，将鞋跟后面的模糊抖动编辑成有一定弧度的弯曲形状，制作出鞋子飞翔的效果，如图10.108所示。

图10.107 擦除多余的模糊部分

图10.108 自由变形模糊抖动

12 STEP 单击“鞋 副本”图层右侧的蒙版缩览图，使用【画笔工具】擦出一个小缺口，使俯冲轨迹产生由远至近的效果，如图10.109所示。

图10.109 修改“鞋 副本”图层蒙版

13 STEP 拖动“鞋 副本”图层至【创建新图层】按钮上，复制出“鞋 副本 2”图层，再将复制的图层拖至所有图层的最上方，如图10.110所示。

图10.110 复制出“鞋 副本 2”图层

14 STEP 使用步骤（11）的方法将“鞋 副本 2”图层进行自由变形操作，使其俯冲轨迹的起始端与下方的“鞋 副本”图层统一，效果如图10.111所示。

15 STEP 单击“鞋 副本 2”图层右侧的蒙版缩览图，使用【画笔工具】适当擦除鞋面上的模糊效果，让俯冲轨迹的效果延伸至鞋面上，使俯冲效果更具冲击力，如图10.112所示。

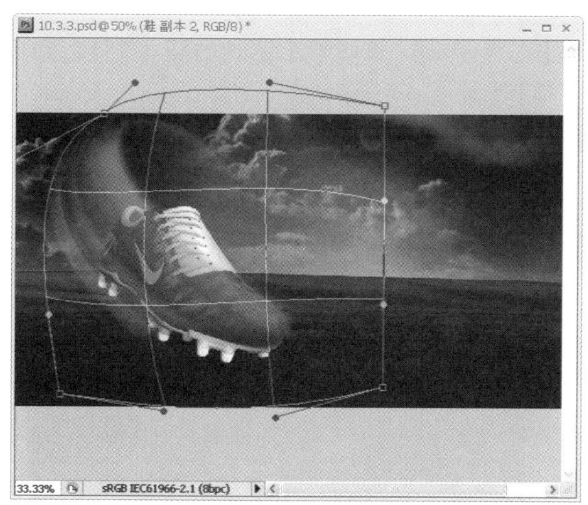

图10.111 自由变形“鞋 副本 2”图层

图10.112 修改“鞋 副本 2”图层蒙版

16 STEP 按Ctrl+T快捷键为“鞋 副本 2”图层执行【自由变换】命令，将图层往右上方稍微移动，使俯冲轨迹更加饱满，如图10.113所示，完成后按Enter键确认变换操作。

17 STEP 为“鞋”图层添加图层蒙版，选择【渐变工具】并打开【渐变编辑器】对话框，选择【前景色到背景色渐变】预设选项，单击【确定】按钮，然后在鞋跟处拖动填充渐变颜色，使鞋跟产生淡入的透明效果，从而融入到俯冲轨迹中，如图10.114所示。

图10.113 移动“鞋 副本 2”图层

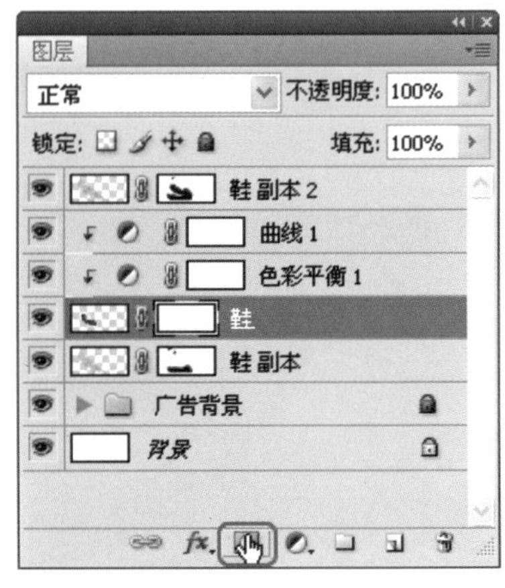
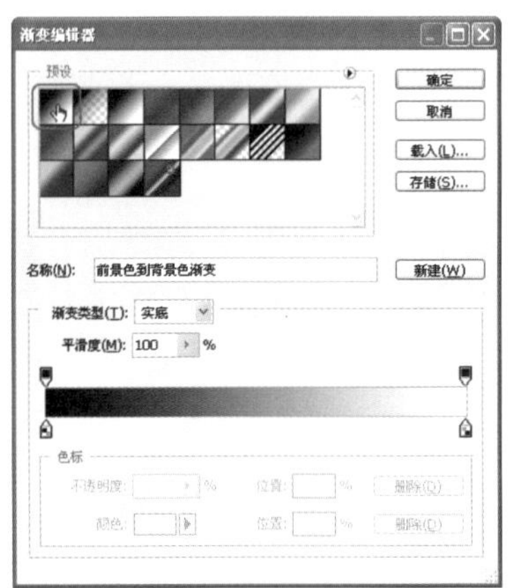

图10.114 为“鞋跟”添加淡入渐变蒙版

专家提醒

在创建渐变图层蒙版时，通常不能一次就达到预期的效果，用户需要耐心多做几次尝试。另外，也可以使用【画笔工具】并设置较低的【不透明度】和【流量】值，然后在鞋跟处涂抹，以擦除边缘的实体部分，使俯冲轨迹更加真实。

18 STEP 为“鞋 副本 2”图层添加“亮度/对比度 1”调整图层，并按Alt+Ctrl+G快捷键创建剪贴蒙版，接着在【调整】面板中设置亮度和对比度的数值，如图10.115所示，使俯冲的轨迹更加艳丽。

19 STEP 为使足球鞋更加清晰，下面将其上方的“鞋 副本2”图层的【不透明度】调整为70%，效果如图10.116所示。

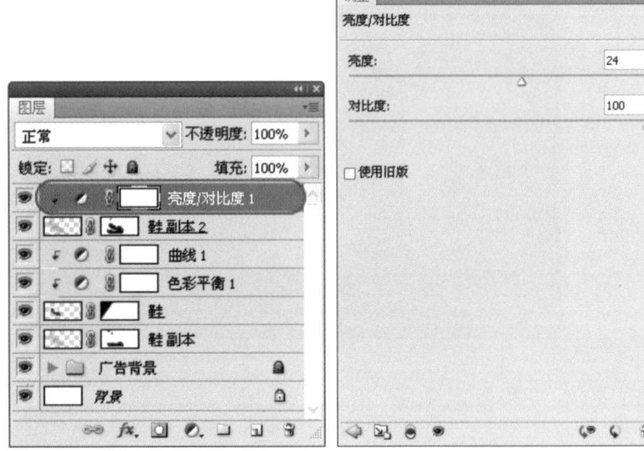

图10.115 提高“鞋 副本 2”的亮度和对比度

图10.116 调整“鞋 副本 2”的不透明度

20 STEP 使用【文件】|【置入】命令，从“实例文件\Ch10\images”文件夹置入“火焰.png”素材文件，通过移动、缩放和旋转等操作，将置入的“火焰”调整至鞋尖上，如图10.117所示，完成后按Enter键确认置入操作。

图10.117 置入“火焰”素材

21 STEP 为"火焰"图层添加图层蒙版，再使用【画笔工具】擦除鞋尖以外的火焰部分，如图10.118所示。

图10.118 为"火焰"添加图层蒙版

22 STEP 使用步骤（20）的方法置入"爆炸.png"素材文件，再将其调整至鞋尖上，制作出足球鞋飞撞到草地上产生的爆炸效果，如图10.119所示。

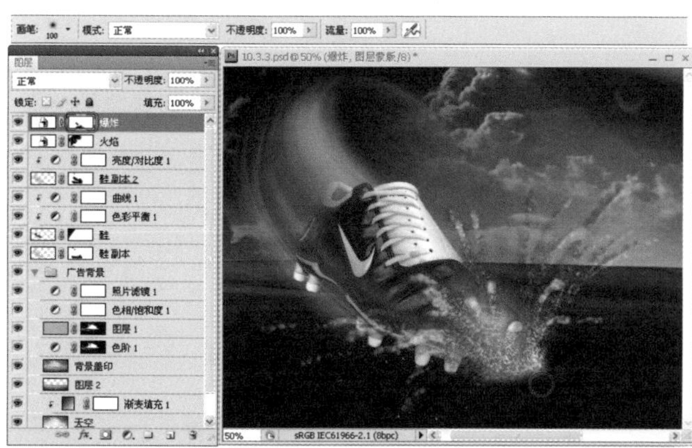

图10.119 置入"爆炸"素材

23 STEP 为"爆炸"图层添加图层蒙版，再使用【画笔工具】适当擦除多余的部分，如图10.120所示。

图10.120 为"爆炸"图层添加图层蒙版

24 STEP 由于爆炸的效果过暗，下面将其图层混合模式设置为【线性减淡（添加）】，将不透明度设置为90%，效果如图10.121所示。

图10.121 调亮"爆炸"的效果

25 STEP 使用【椭圆选框工具】在火焰和爆炸处创建一个椭圆选区，选择【选择】|【变换选区】命令，对选区进行旋转变换处理，完成后按Enter键确定变换操作，如图10.122所示。

26 STEP 按Shift+F6快捷键打开【羽化选区】对话框，输入【羽化半径】为20像素并单击【确定】按钮，接着在"鞋副本"图层上创建一个新图层，再设置前景色为白色，按Alt+Backspace快捷键填充前景色，如图10.123所示，最后按Ctrl+D快捷键取消选区。

图10.122 创建并旋转椭圆选区

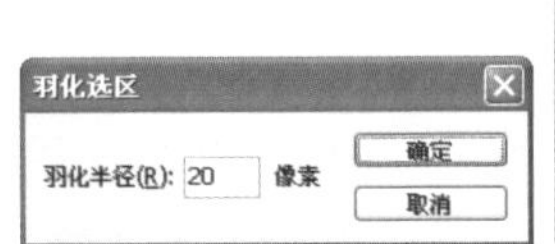

图10.123 羽化选区并填充白色

27 STEP 将新图层更名为“光照”，再更改其图层混合模式为【柔光】，接着按Ctrl+T快捷键执行【自由变换】命令，按住Shift键拖动“光照”图层将其放大，如图10.124所示，最后按Enter键确认变换操作。

至此，设计运动鞋飞撞爆炸效果的操作已经完毕，下一小节将介绍绘制烟雾和火焰彩带的方法。

图10.124 调整“光照”的混合模式与大小

10.3.4 绘制烟雾和火焰彩带

设计分析

本小节将在爆炸区域的周围添加烟雾效果，使爆炸更加震撼；接着在鞋子周边添加5条金黄色的火焰彩带，使足球鞋下飞俯冲的效果更加潇洒飘逸，效果如图10.125所示。其主要设计流程为“制作烟雾”→“绘制彩带”→“盖印彩带并刷淡‘尾巴’”，具体操作过程如表10.6所示。

图10.125 绘制烟雾和火焰彩带后的效果

表10.6 绘制烟雾和火焰彩带的流程

制作目的	实现过程
制作烟雾	● 创建并存储“烟”路径 ● 复制另外两个“烟”副本路径并使其分布在火焰周边 ● 使用画笔工具的模拟压力描边路径 ● 添加多次【波浪】滤镜特效并调整不透明度
绘制彩带	● 创建并存储“彩带”路径，再使用画笔描边路径 ● 添加多项图层样式 ● 绘制第二条“彩带”并复制第一条“彩带”的图层样式 ● 绘制其他3条“彩带”
盖印彩带并刷淡“尾巴”	● 将5条“彩带”编成一组 ● 制作出盖印图层后隐藏原来的图层组备用 ● 为盖印层添加图层蒙版以刷淡“彩带”的尾巴部分

制作步骤

01 STEP 打开“10.3.4.psd”练习文件，使用【钢笔工具】在足球“火焰”的上方绘制一段弯曲的路径，然后在【路径】面板中将临时“工作路径”存储为“烟”路径，如图10.126所示。

图10.126 创建并存储“烟”路径

02 STEP 在【路径】面板中拖动“烟”路径至【创建新路径】按钮上，复制出“烟 副本”路径，选择【编辑】|【变换路径】命令，将“烟 副本”路径水平翻转后再旋转、移动至火焰的左侧，如图10.127所示，最后按Enter键确定变换操作。

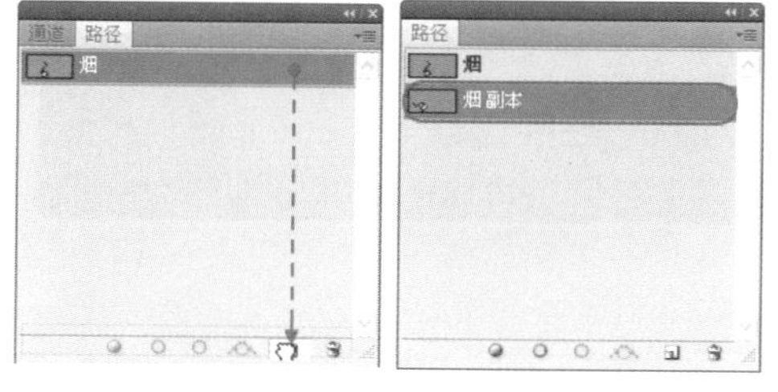

图10.127 复制并变换“烟 副本”路径

专家提醒

在步骤（2）的变换路径操作中，选项栏的【H】数值框为-100%，即为水平翻转后的效果。用户也可以先执行【编辑】|【变换】|【水平翻转】命令再进行【变换路径】操作。

03 STEP 使用步骤（2）的方法先复制出“烟 副本 2”路径，然后使用【变换路径】命令将其变换至火焰的右侧，如图10.128所示。

图10.128 复制并变换“烟 副本 2”路径

04 STEP 设置前景色为白色，再创建出“烟”新图层，选择【画笔工具】并设置画笔主直径为5px、硬度为100%，然后在【路径】面板中选择“烟”路径，按住Alt键单击【用画笔描边路径】按钮，如图10.129所示。

图10.129 以画笔描边路径

05 STEP 在打开的【描边路径】对话框中选择【画笔】选项，并选择【模拟压力】复选框，最后单击【确定】按钮，模拟画笔的压力并使用当前设置的画笔属性描边“烟”路径，如图10.130所示。

06 STEP 使用步骤（4）～（5）的方法分别对“烟 副本”和“烟 副本 2”路径进行画笔描边，效果如图10.131所示。

描边路径

画笔 确定

☑模拟压力 取消

图10.130 以模拟压力描边路径

图10.131 为其他两条“烟”路径描边

07 STEP 保持“烟”图层的被选状态，选择【滤镜】|【扭曲】|【波浪】命令，打开【波浪】对话框，设置滤镜属性如图10.132所示，接着连续按6次Ctrl+F快捷键，使当前波浪效果加强6倍。

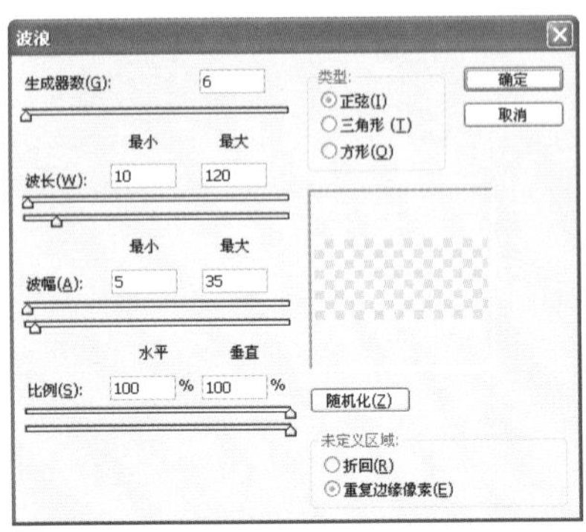

图10.132 添加多次【波浪】滤镜

08 STEP 在【图层】面板中修改“烟”图层的不透明度为40%，再为该图层添加图层蒙版，使用【画笔工具】适合擦除多余的烟雾效果，如图10.133所示。

图10.133 调整“烟”的不透明度并添加图层蒙版

小小秘籍

如果要为对象添加多个滤镜，可以先将图层转换为智能对象，这样添加的滤镜即会以“智能滤镜”的形式保留于【图层】面板中，就好比添加图层样式一样，只要双击滤镜名称即可打开对话框进行编辑处理，如图10.134所示即为智能对象添加滤镜后的【图层】面板。

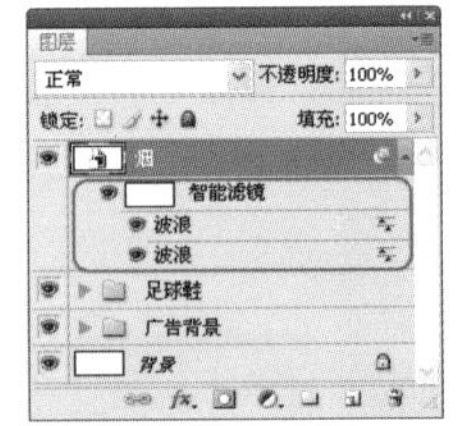

图10.134 为智能对象添加滤镜的【图层】面板

09 STEP 使用【钢笔工具】在足球鞋的左侧绘制一段波浪路径，在【路径】面板中将其存储为“彩带”，如图10.135所示。

图10.135 创建并存储“彩带”路径

10 STEP 选择【画笔工具】并设置画笔主直径为6px、硬度为100%，设置前景色为白色，接着在【图层】面板中创建出“彩带”图层，在【路径】面板中选择“彩带”路径，再按住Alt键单击【用画笔描边路径】按钮，如图10.136所示。

图10.136 使用画笔描边路径

11 STEP 在打开的【描边路径】对话框中选择【画笔】选项，并选择【模拟压力】复选框，单击【确定】按钮，模拟画笔的压力并使用当前设置的画笔属性描边“彩带”路径，如图10.137所示。

12 STEP 双击“彩带”图层打开【图层样式】对话框，分别设置【外发光】、【斜面和浮雕】和【光泽】图层样式，如图10.138所示。

图10.137 以模拟压力描边路径

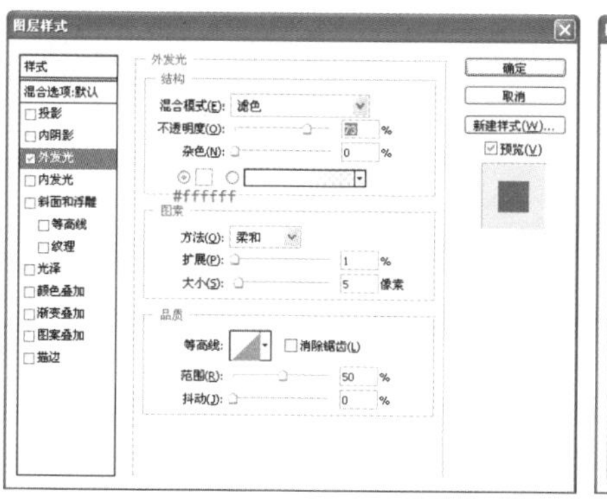

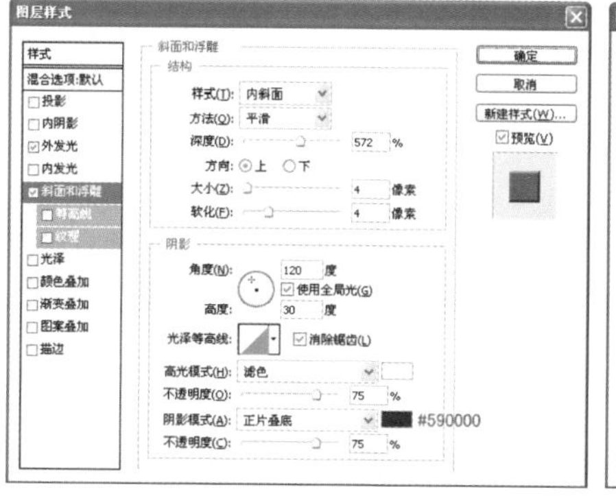

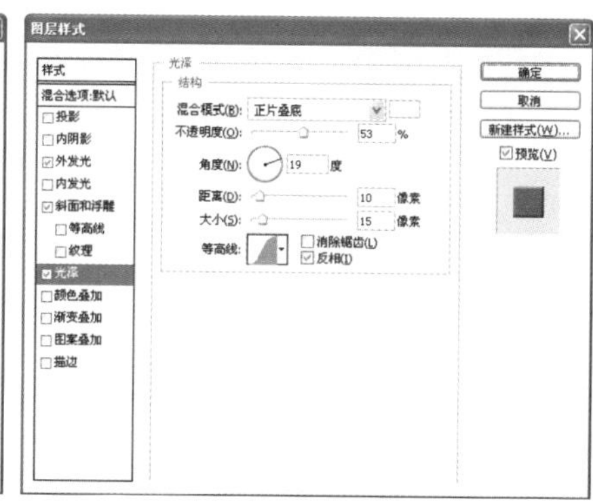

图10.138 设置【外发光】、【斜面和浮雕】和【光泽】图层样式

13 STEP 选择【渐变叠加】选项，追加【协调色 2】至预设的渐变选项中，接着选择【橙色、黄色】渐变色，如图10.139所示。

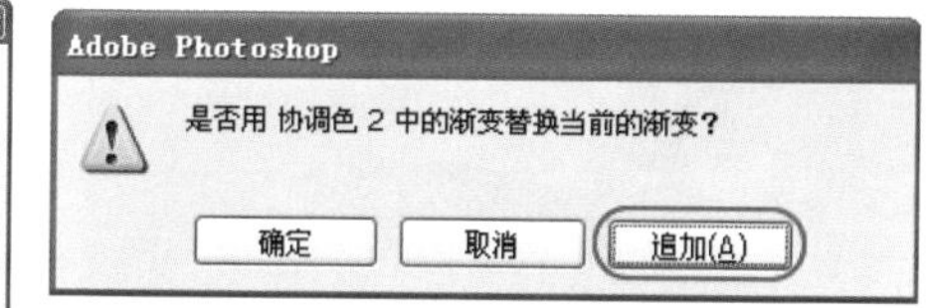

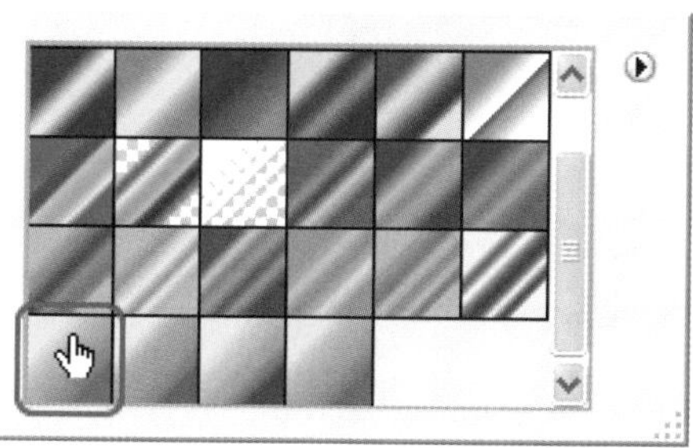

图10.139 追加【协调色 2】预设渐变选项

14 STEP 设置【渐变叠加】样式的其他选项属性，完成后单击【确定】按钮，添加多项图层样式后的“彩带”效果如图10.140所示。

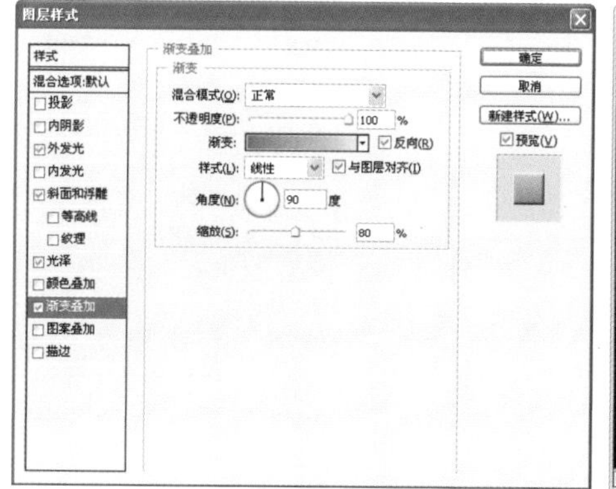

添加多项图层样式后“彩带”效果

图10.140 添加【渐变叠加】图层样式

15 STEP 使用步骤（9）～（11）的方法创建出“彩带2”图层，并在足球鞋另一侧绘制另一条白色的“彩带”线条，接着按住Alt键将“彩带”图层的效果拖动复制到“彩带 2”图层上，如图10.141所示。

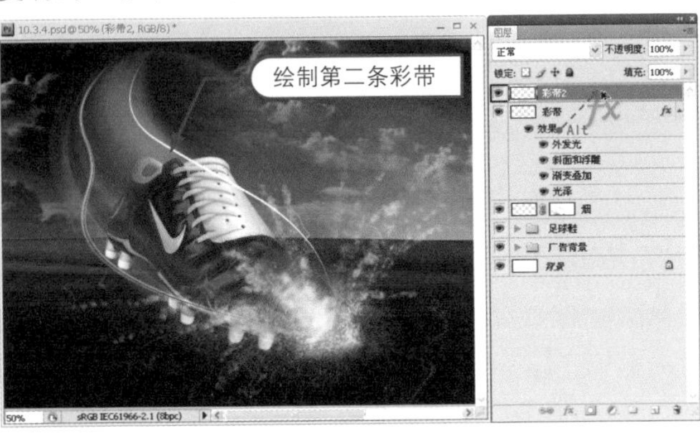

图10.141 绘制出“彩带2”并复制图层样式

16 STEP 由于“彩带 2”有一部分挡住了足球鞋，下面先使用【钢笔工具】创建出该区域的路径，按Ctrl+Enter快捷键将路径作为选区载入，再按Shift+Ctrl+I快捷键反向选区，如图10.142所示。

图10.142 创建选区

17 STEP 通过【图层】面板为“彩带 2”图层添加图层蒙版，此时选区以外的区域将被隐藏起来，感觉“彩带 2”隐藏于足球鞋的后面，如图10.143所示。

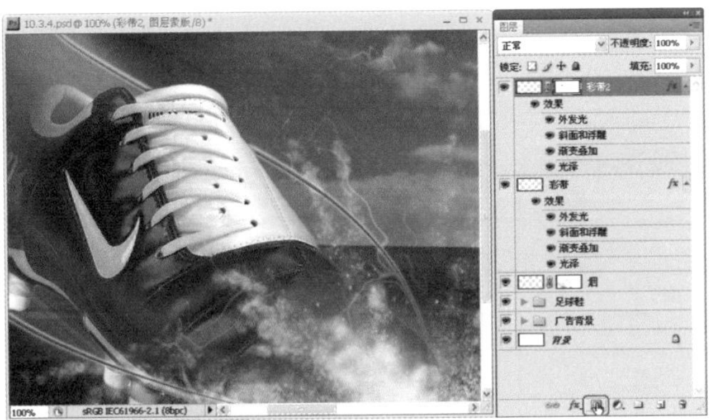

图10.143 隐藏部分彩带区域

18 STEP 使用步骤（9）～（15）的方法绘制其他3条彩带对象，接着创建出“彩带”图层组，再将5个彩带对象放置于该组中，如图10.144所示。

图10.144 绘制其他3条彩带并编组处理

专家提醒

在绘制其他3条“彩带”时，可以适当对图层样式中的【渐变叠加】和【外发光】样式进行修改，比如在不同位置的彩带可以相应地变更填充颜色，而较细的彩带其外发光不宜过大。

19 STEP 拖动“彩带”图层组至【创建新图层】按钮上，复制出“彩带 副本”图层组，按Ctrl+E快捷键将复制出来的图层组合并成一个单独的图层，最后隐藏“彩带”图层组，如图10.145所示。

专家提醒

步骤（19）的操作目的是为了创建出5条“彩带”对象的盖印层，但是碍于使用盖印的方法要隐藏多个图层，所以这里使用“复制组→合并→隐藏原组”的方法更加便捷、准确。

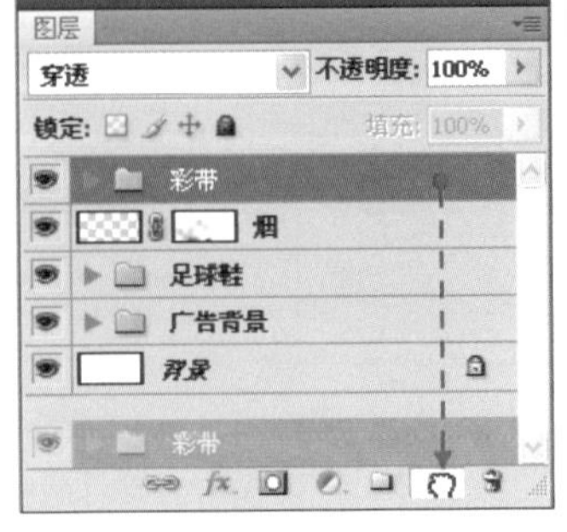

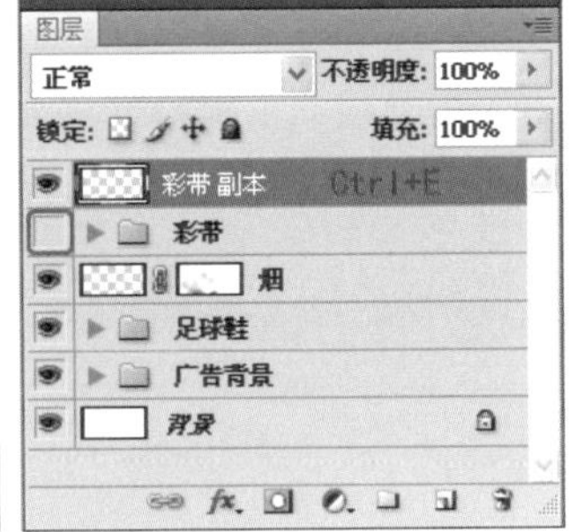

图10.145 复制出“彩带 副本 2”图层并合并

20 STEP 为“彩带 副本”图层添加图层蒙版，选择【画笔工具】并设置较小的【不透明度】和【流量】值，在“彩带”的尾部轻轻拖动减淡色彩浓度，如图10.146所示。

图10.146 减淡“彩带”尾部的色彩浓度

至此，绘制烟雾和火焰彩带的操作已经完毕，接下来将介绍制作火焰足球的方法。

10.3.5 制作火焰足球

设计分析

本小节将承接前面设计运动鞋飞撞效果，在画面的右上方加入一个运动的足球，然后在足球与鞋之前添加一道火弧，制作出足球被鞋子踢撞之后直飞龙门的效果，如图10.147所示。其主要设计流程为“置入‘足球’素材”→“添加‘火焰’效果”→“绘制龙门”→“绘制边界”，具体操作过程如表10.7所示。

图10.147 制作火焰足球后的效果

表10.7 制作火焰足球的流程

制作目的	实现过程
置入“足球”素材	● 先加入“足球”素材并调整亮度与对比度 ● 复制副本并添加动感模糊，制作足球飞动效果 ● 添加图层蒙版融合足球与飞动效果
添加“火焰”效果	● 置入“火焰”素材并调整位置与大小 ● 自由变形“火焰”，使其呈圆弧状 ● 调整“火焰”的颜色
绘制龙门	● 绘制一个白色矩形框并适当删减 ● 添加多个图层样式，使其呈现金属钢管效果 ● 等比例缩小至“草地”的右上方
绘制边界	● 在画面右下角创建一个透视状的四边形 ● 填充白色后设置图层混合模式为【柔光】

制作步骤

01 STEP 打开“10.3.5.psd”练习文件，使用【文件】|【置入】命令从“实例文件\Ch10\images”文件夹置入“足球.png”素材文件，将“足球”对象缩小并调整至画面的右上方，如图10.148所示，按Enter键确认置入对象。

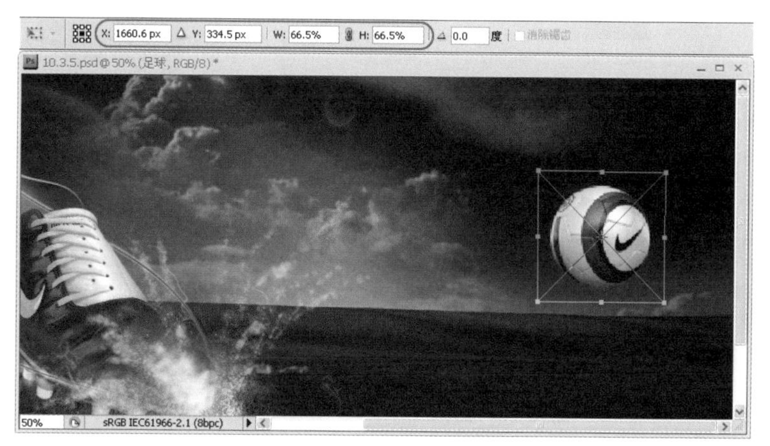

图10.148 置入“足球”素材

02 STEP 为“足球”图层添加“曲线 2”调整图层，通过【调整】面板降低其亮度，如图10.149所示。

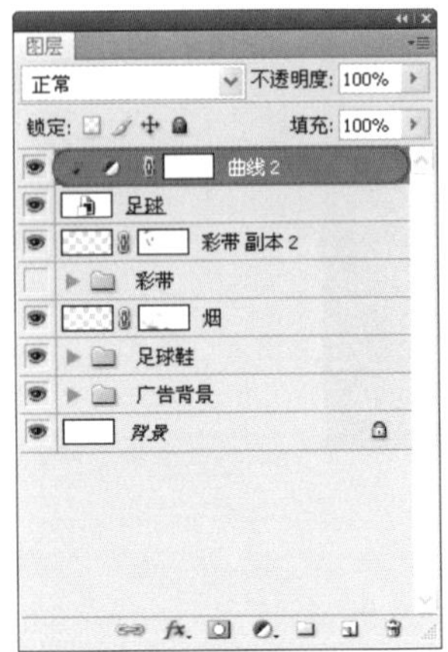
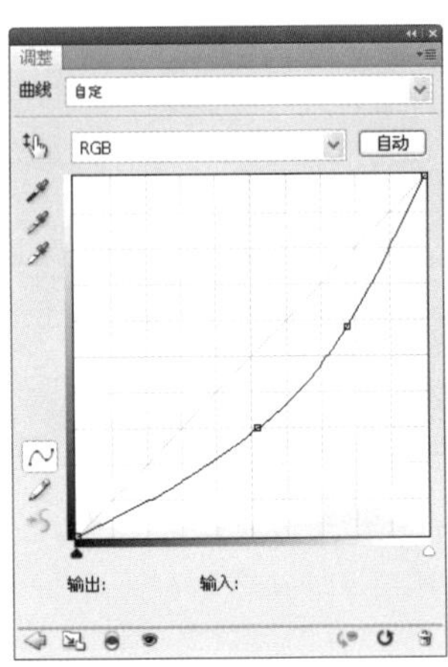

图10.149 添加“曲线 2”调整图层

03 STEP 继续为“足球”图层添加“亮度/对比度 2”调整图层，通过【调整】面板进一步降低其亮度和对比度，如图10.150所示。

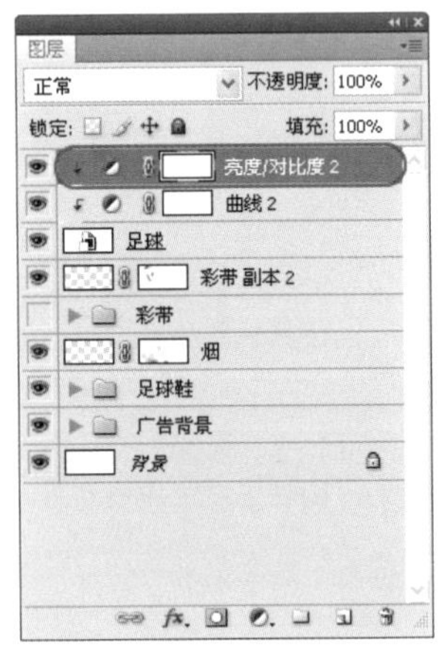
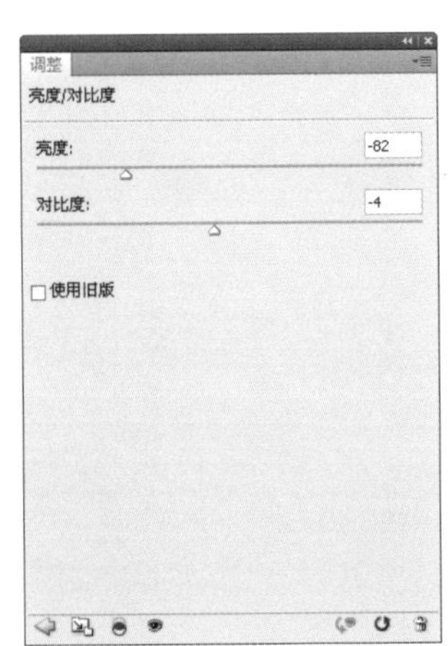

图10.150 添加“亮度/对比度 2”调整图层

04 STEP 使用步骤（1）的方法置入“火焰.png”素材图像，然后将其缩小并变换至“足球”上方，如图10.151所示。

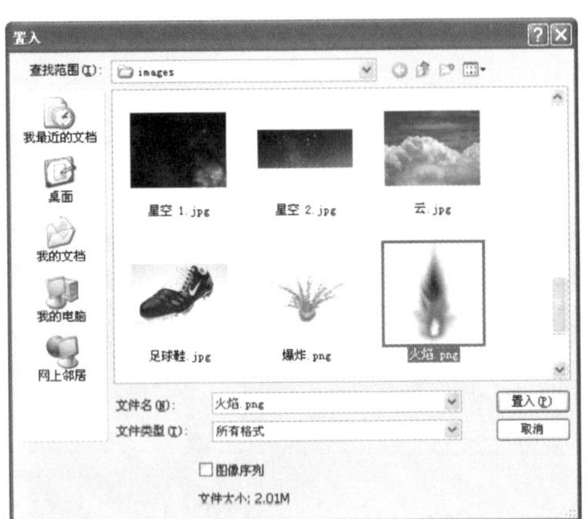
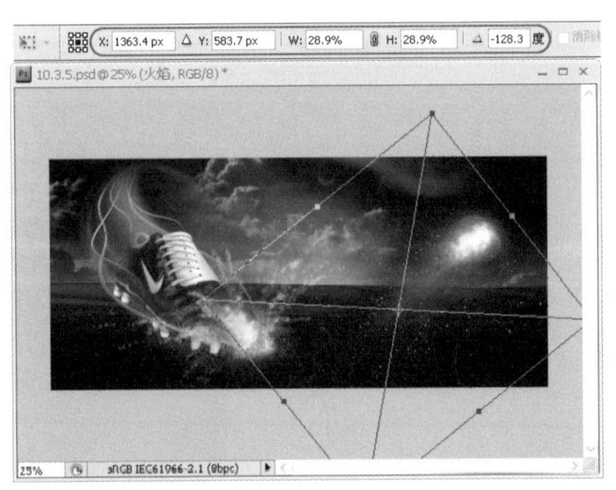

图10.151 置入“火焰”素材

05 STEP 通过自由变形操作将“火焰”编辑成发角球时产生的弧形状，其中“火焰”的尾部要尽量靠近足球鞋的火焰部分，呈现出足球被球鞋撞飞的效果，如图10.152所示。

06 STEP 设置"火焰"图层的混合模式为【线性减淡（添加）】，将"火焰"与"足球"融合成"火球"效果，如图10.153所示。

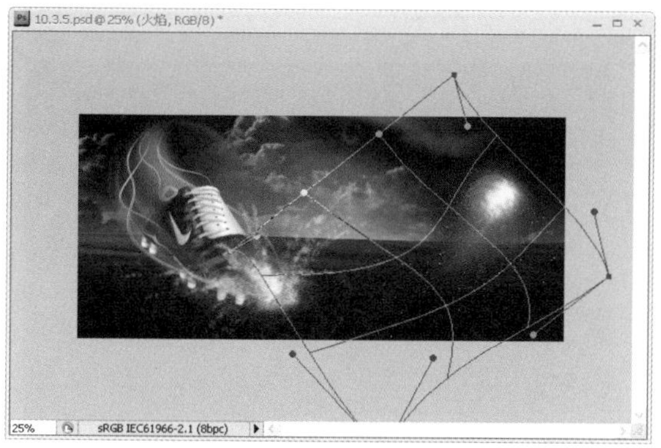

图10.152 自由变形"火焰"对象

图10.153 设置【线性减淡（添加）】混合模式

07 STEP 为"火焰"图层添加"色相/饱和度 2"调整图层，在【调整】面板中选择【着色】复选框，然后分别调整【色相】、【饱和度】和【明度】，更改"火焰"的颜色，使其与足球鞋尖的火焰颜色一致，如图10.154所示。

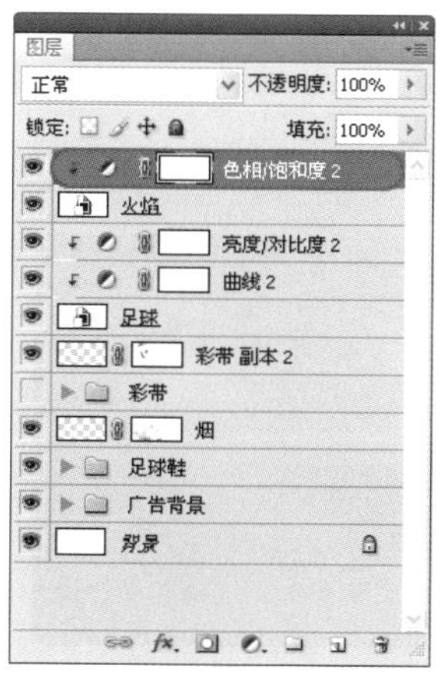

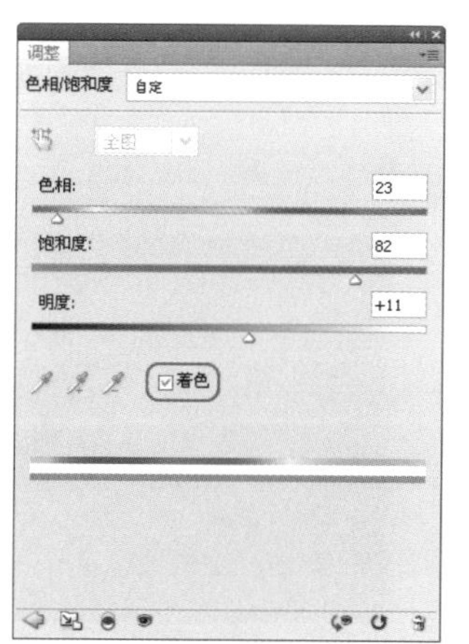

图10.154 调整"火焰"的颜色

08 STEP 拖动"足球"图层至【创建新图层】按钮上，复制出"足球 副本"图层，并将其调至"足球"图层的下方。接着选择【滤镜】|【模糊】|【动感模糊】命令，打开【动感模糊】对话框，设置【角度】为68°、【距离】为452像素，单击【确定】按钮，如图10.155所示。

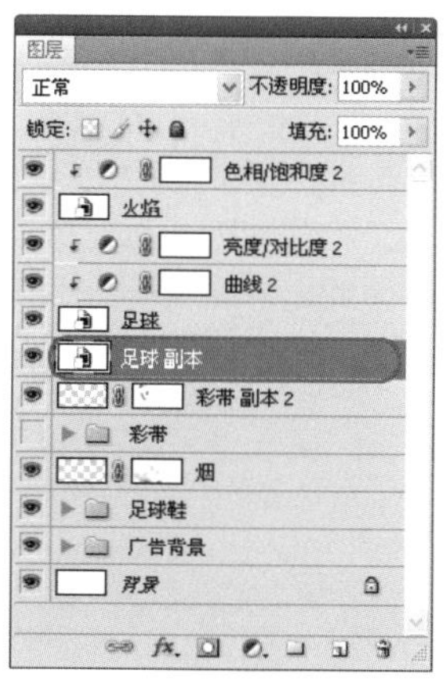

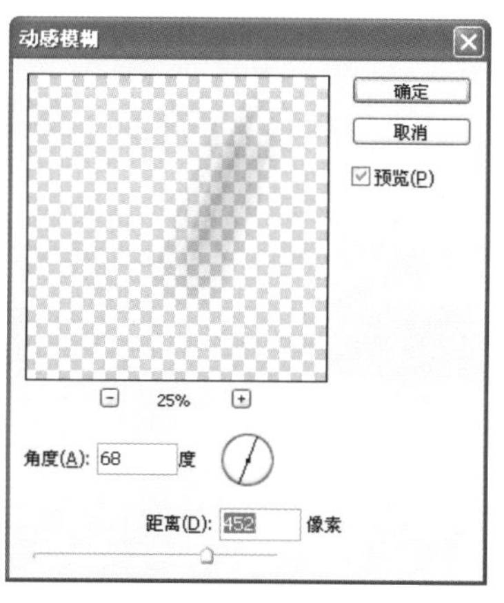

图10.155 复制"足球 副本"图层并添加动感模糊效果

09 STEP 为"足球 副本"图层添加图层蒙版，使用【画笔工具】擦除"足球"右上方的模糊抖动，使"足球"产生飞动的效果，如图10.156所示。

10 STEP 栅格化"足球 副本"图层，再使用步骤(5)的方法，通过自由变形操作将"模糊抖动"编辑成弧形状，尽量与"火焰"的形状、方向一致，进一步渲染出足球被球鞋撞飞的效果，如图10.157所示。

图10.156 为"足球 副本"添加图层蒙版

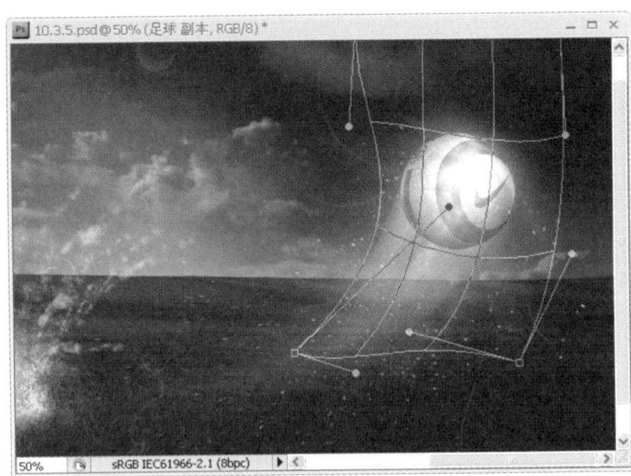

图10.157 自由变换"足球 副本"

11 STEP 为"足球"图层添加图层蒙版，再使用【画笔工具】在足球底部拖动，将该处的足球实体擦除，使其与"足球 副本"融为一体，如图10.158所示。

12 STEP 选择【矩形工具】并在选项栏中单击【路径】按钮，在练习文件中创建一个矩形路径，准备用于制作"龙门"，如图10.159所示。

图10.158 为"足球"图层添加图层蒙版

图10.159 绘制矩形路径

13 STEP 设置前景色为白色，在【图层】面板中创建"龙门"新图层，然后选择【画笔工具】并设置画笔主直径为9px，接着在【路径】面板中选中上一步骤创建的矩形路径，再单击【用画笔描边路径】按钮，如图10.160所示。

图10.160 描边矩形方框

当心陷阱

由于在前面小节的操作中使用画笔描边路径时选择了【模拟压力】复选框，所以在步骤(13)为"龙门"路径描边时或许会自动套用这些特性，建议用户先按Alt键单击【用画笔描边路径】按钮打开【描边路径】对话框，取消【模拟压力】复选框的选择状态，再为"龙门"路径进行描边操作。

14 STEP 使用【矩形选框工具】在矩形框的下方创建一个选区，接着按Delete键删除选区内容，如图10.161所示，再按Ctrl+D快捷键取消选区，制作出“龙门”的雏形。

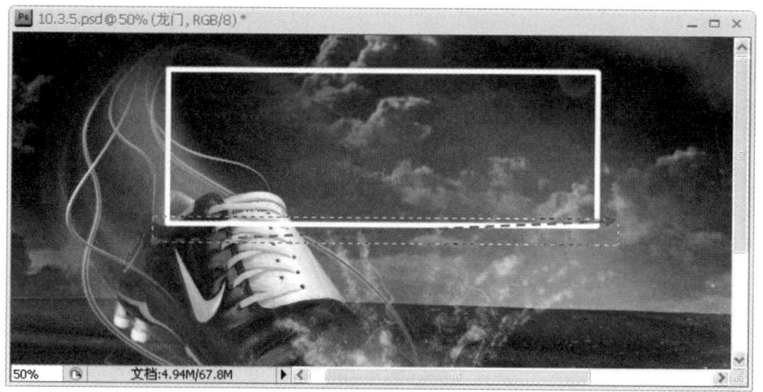

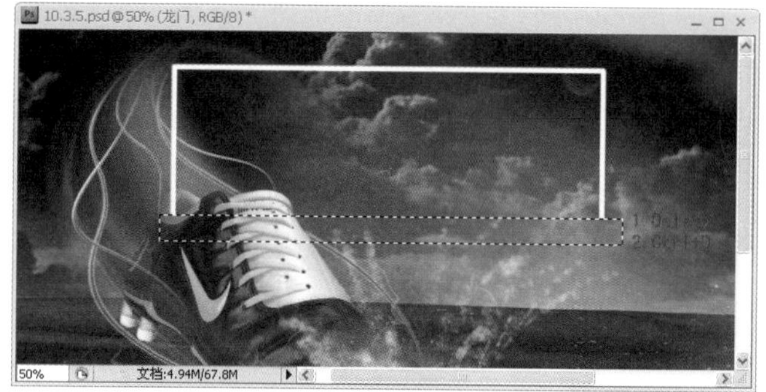

图10.161 制作出“龙门”的雏形

15 STEP 双击“龙门”图层打开【图层样式】对话框，分别添加【投影】和【斜面和浮雕】图层样式，如图10.162所示。

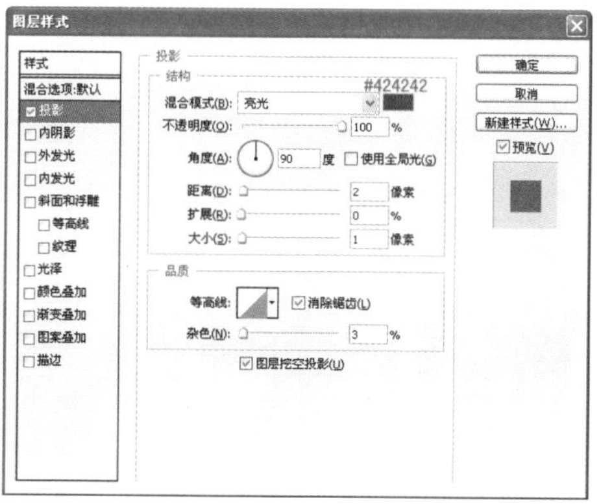

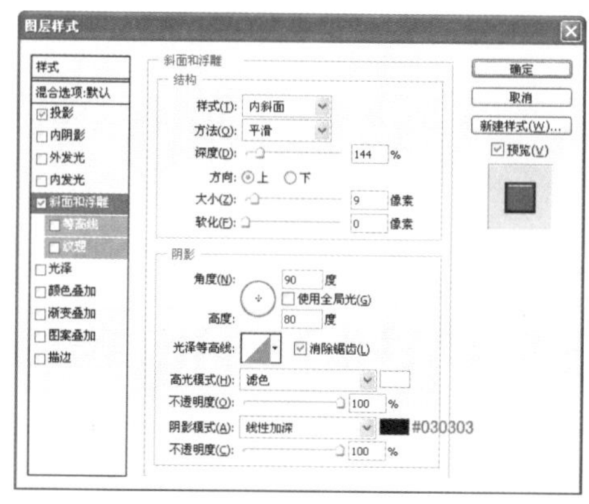

图10.162 添加【投影】和【斜面和浮雕】样式

16 STEP 添加【等高线】和【光泽】图层样式，如图10.163所示。

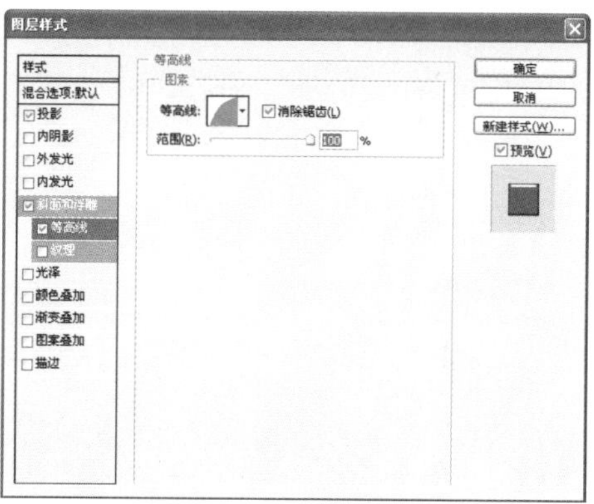

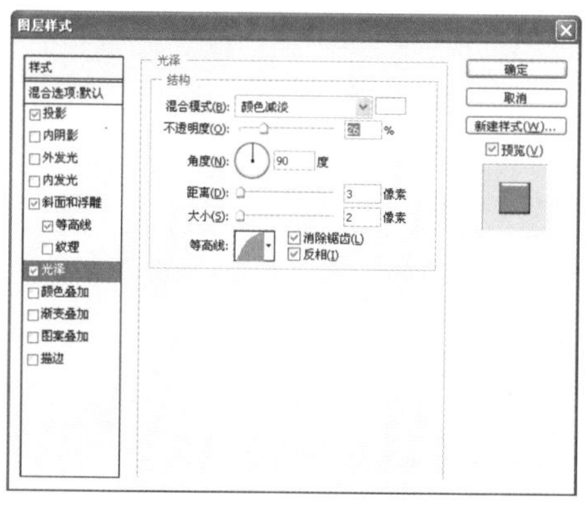

图10.163 添加【等高线】和【光泽】样式

17 STEP 添加【渐变叠加】图层样式，完成后单击【确定】按钮，此时“龙门”即呈现立体的金属钢管效果，如图10.164所示。

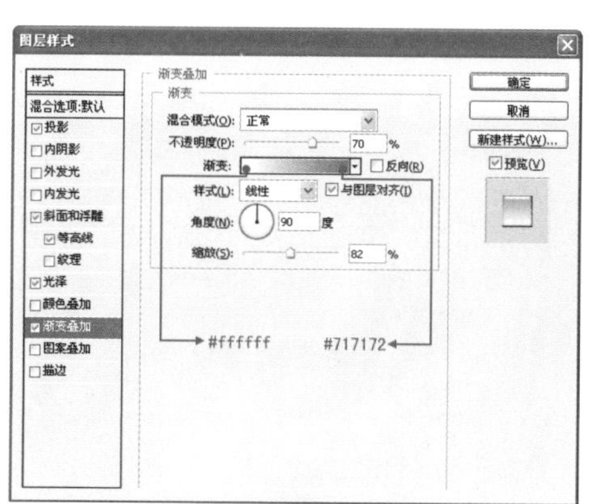

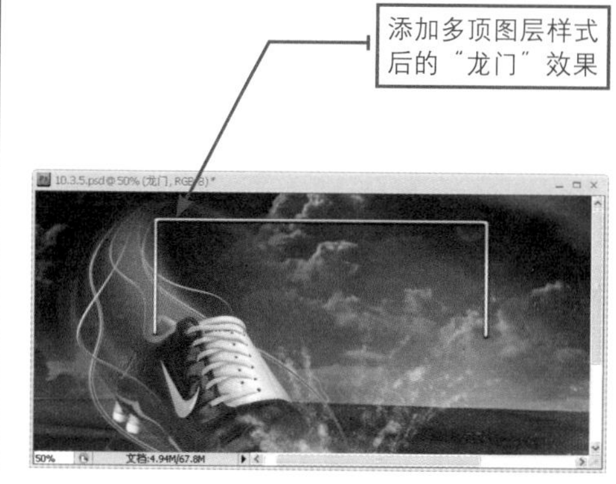

图10.164 添加【渐变叠加】样式

18 STEP 按Ctrl+T快捷键执行【自由变换】命令，将“龙门”缩小并移至“草地”的右上方处，完成后按Enter键确定变换操作，如图10.165所示。

19 STEP 由于“龙门”位于画面的远处，下面选择【滤镜】|【模糊】|【高斯模糊】命令，为“龙门”添加【半径】为1.5像素的高斯模糊滤镜效果，如图10.166所示。

图10.165 调整“龙门”的大小与位置

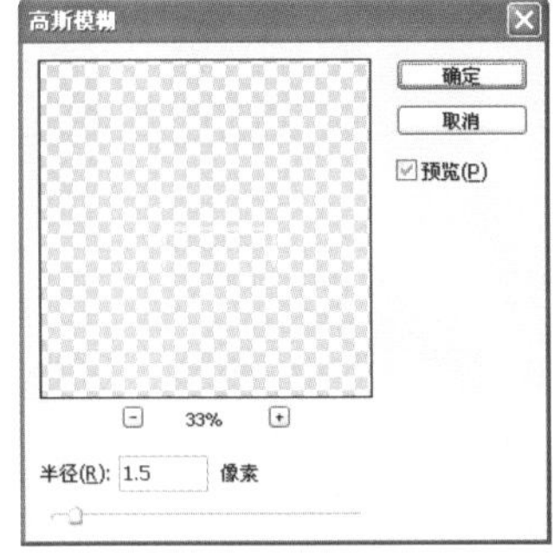

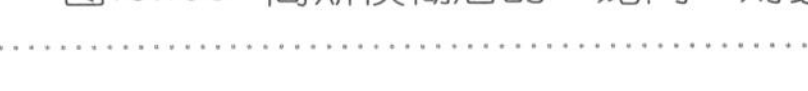

图10.166 高斯模糊后的“龙门”对象

20 STEP 使用【多边形套索工具】在画面的右下角处创建一个呈透视状的四边形选区，然后创建出“边界”新图层并填充白色，如图10.167所示，最后按Ctrl+D快捷键取消选区。

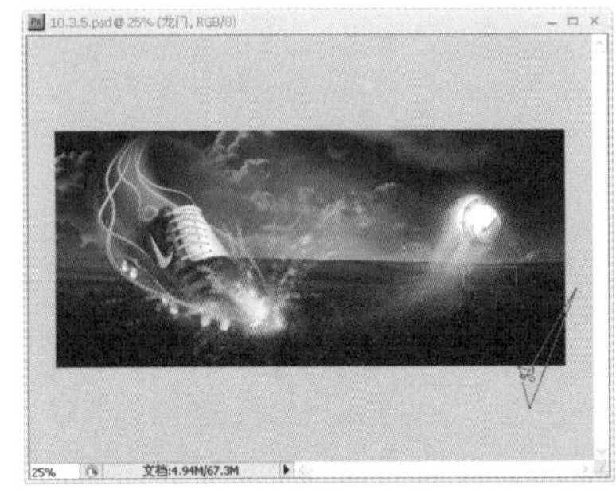

图10.167 绘制球场边界

21 STEP 在【图层】面板中，将“边界”图层的混合模式设置为【柔光】，效果如图10.168所示。

至此，制作火焰足球的操作已经完毕，接下来将介绍加入广告文字并设计LOGO的方法。

图10.168 设置“边界”的图层混合模式

10.3.6 加入广告文字并设计LOGO

设计分析

本小节将先加入同一系列但不同款式的4个商品，然后加入广告语和LOGO等广告元素，效果如图10.169所示。其主要设计流程为“制作‘样板’展示图”→“输入广告标题”→“绘制LOGO”，具体操作过程如表10.8所示。

图10.169 加入广告文字并设计LOGO后的效果

表10.8 加入广告文字并设计LOGO的流程

制作目的	实现过程
制作“样板”展示图	● 置入4个样板图像文件并编组 ● 选中4个图并进行水平/垂直居中对齐 ● 添加调整图层改善图像的亮度和对比度
输入广告标题	● 输入广告标题并设置属性 ● 添加多项图层样式 ● 输入查询商品详细信息的网址
绘制LOGO	● 创建Nike LOGO的路径 ● 添加多项图层样式 ● 输入广告语并添加【风】滤镜特效

制作步骤

01 STEP 打开“10.3.6.psd”练习文件，在【图层】面板中同时选中组成“火焰足球”的多个图层，并将其链接起来，接着按Ctrl+G快捷键执行【图层编组】命令，再更改图层组名为“足球与火焰”，如图10.170所示。

02 STEP 选择“足球与火焰”图层组中的任一图层，按Ctrl+T快捷键执行【自由变换】命令，将整个组缩小至95%，然后往左下方拖动，如图10.171所示，以便在画面的右上方腾出更多的位置来加入广告标题和商品样板素材，完成后按Enter键确认变换操作。

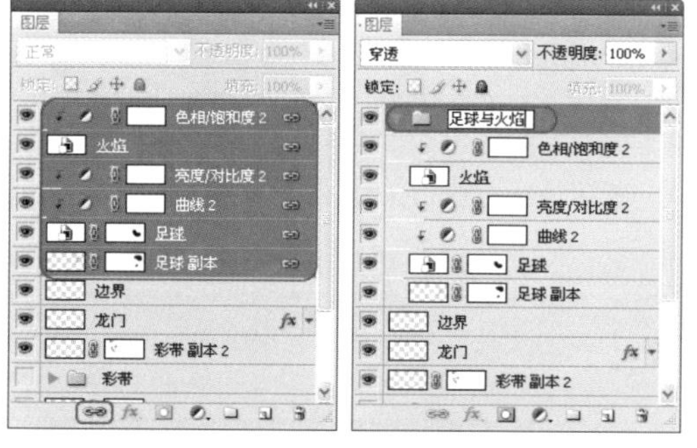

图10.170 编组“足球与火焰”图层

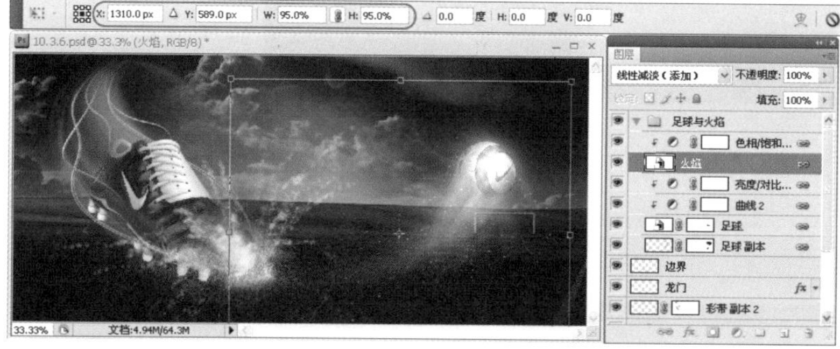

图10.171 调整“火焰足球”的大小与位置

03 STEP 选择【文件】|【置入】命令，置入“样板a.png”素材文件，将其缩小并移至画面右上方处，如图10.172所示，完成后按Enter键。

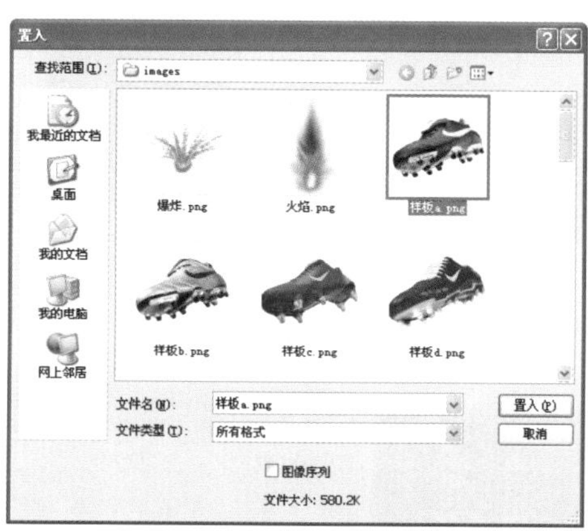

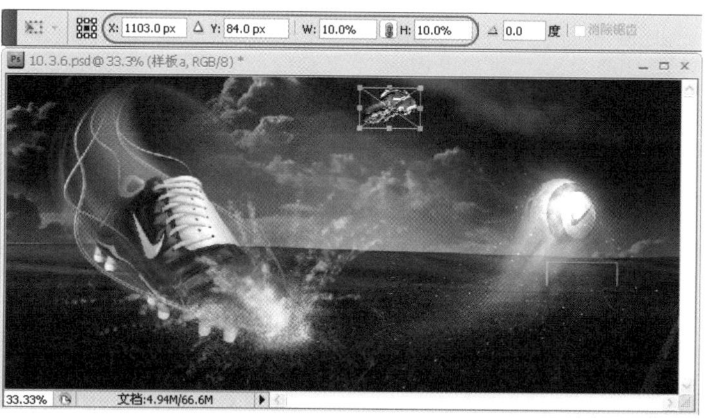

图10.172 置入“样板a.png”素材文件

04 STEP 使用上一步骤的方法依次置入“样板b.png”、“样板c.png”和“样板d.png”3个素材文件，接着将这4个样板素材放置在“足球鞋样板”图层组中，如图10.173所示。

05 STEP 同时选中4个样板图层，在【移动工具】选项栏中单击【垂直居中对齐】按钮，如图10.174所示。

图10.173 置入其他3个素材文件并编组处理

图10.174 垂直居中对齐样板图层

06 STEP 保持图层的被选状态，继续在【移动工具】选项栏中单击【水平居中分布】按钮，如图10.175所示。

07 STEP 拖动“足球鞋样板”图层组至【创建新图层】按钮上，复制出“足球鞋样板 副本”图层组，按Ctrl+E快捷键将复制出来的图层组合并成一个单独的图层，最后隐藏“足球鞋样板”图层组，如图10.176所示。

图10.175 水平居中分布样板图层

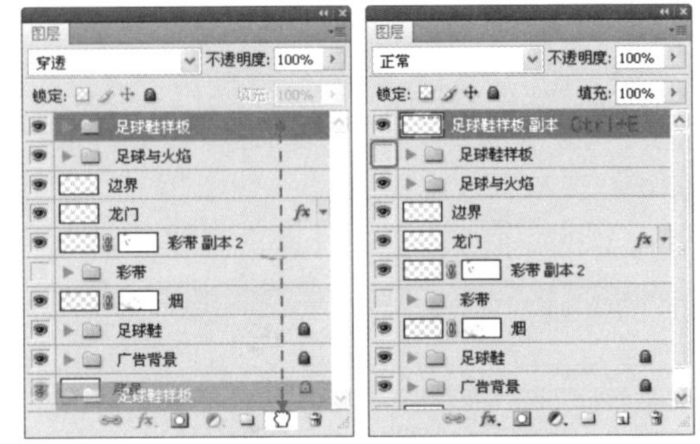

图10.176 复制并合并“足球鞋样板 副本”图层

08 STEP 为“足球鞋样板 副本”图层添加“色阶”调整图层，并创建剪贴蒙版，接着在【调整】面板中提高“样板”的亮度与对比度，如图10.177所示。

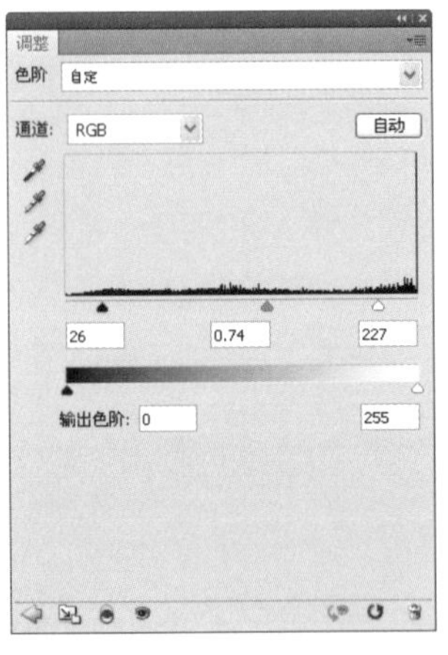

图10.177 提高“样板”的亮度与对比度

09 STEP 使用【横排文字工具】在样板的下方输入“MERCURIAL VAPOR R9”广告商品名称，接着在【字符】面板中设置字符属性，如图10.178所示。

图10.178 输入广告商品名称并设置字符属性

10 STEP 双击文字图层打开【图层样式】对话框，分别设置【投影】和【内阴影】图层样式，如图10.179所示。

11 STEP 设置【内发光】、【斜面和浮雕】和【等高线】图层样式，如图10.180所示。

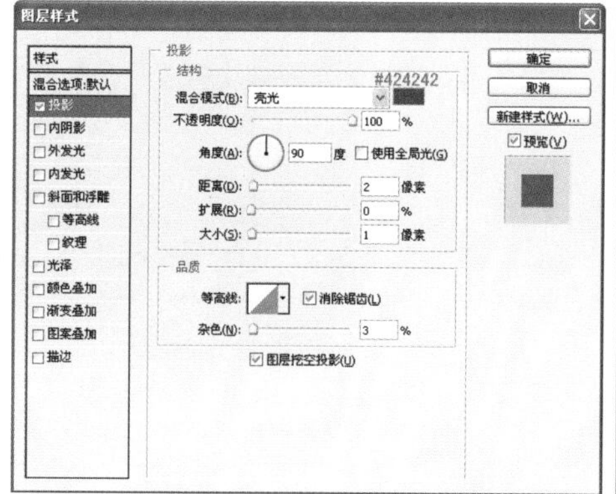

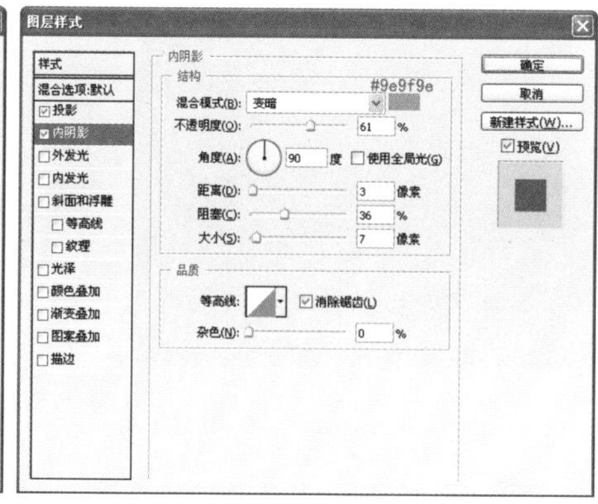

图10.179 设置【投影】和【内阴影】样式

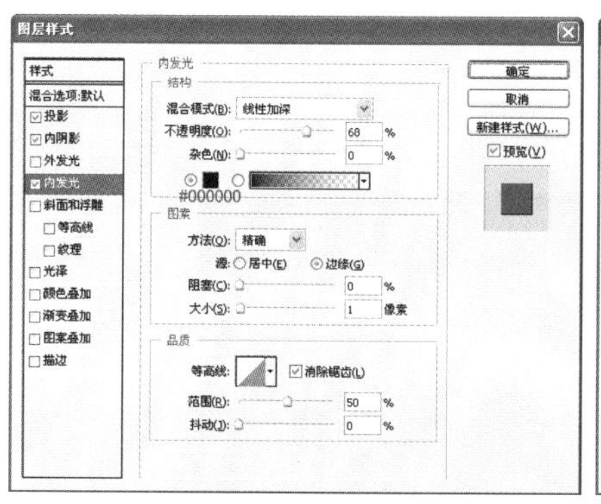

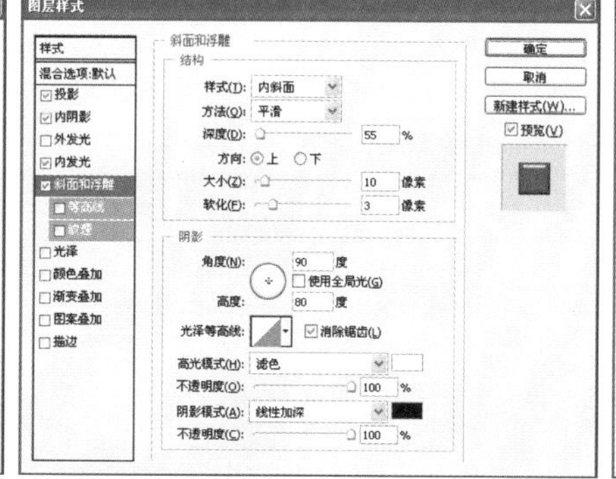
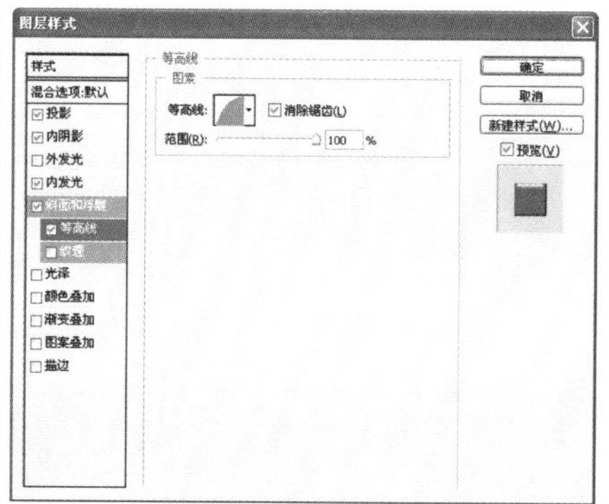

图10.180 设置【内发光】、【斜面和浮雕】和【等高线】样式

12 STEP 设置【颜色叠加】和【渐变叠加】图层样式，如图10.181所示。

13 STEP 设置【光泽】图层样式，完成后单击【确定】按钮，如图10.182所示。

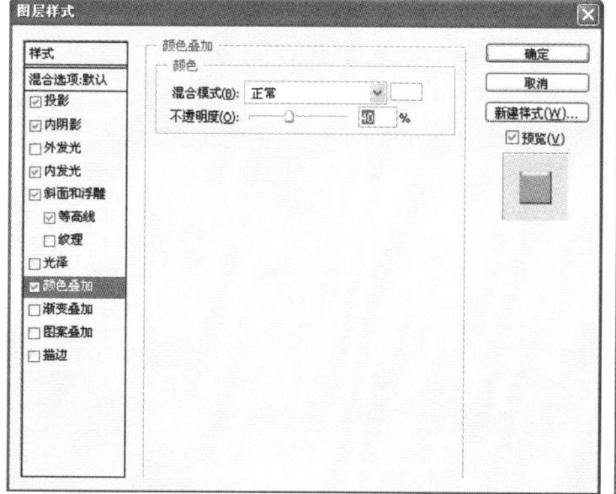
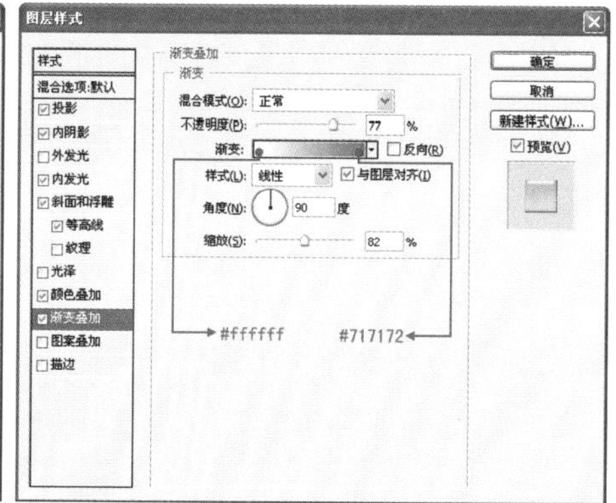

图10.181 设置【颜色叠加】和【渐变叠加】样式

14 STEP 使用【横排文字工具】T.在画面的右下角输入网址“nikefootball.com”，接着在【字符】面板中设置字符属性，为广告提供商品联系的介绍信息链接，如图10.183所示。

15 STEP 使用【钢笔工具】在文件的左下角绘制出耐克公司的LOGO路径，在【路径】面板中将其以“Nike logo”的名称存储，如图10.184所示。

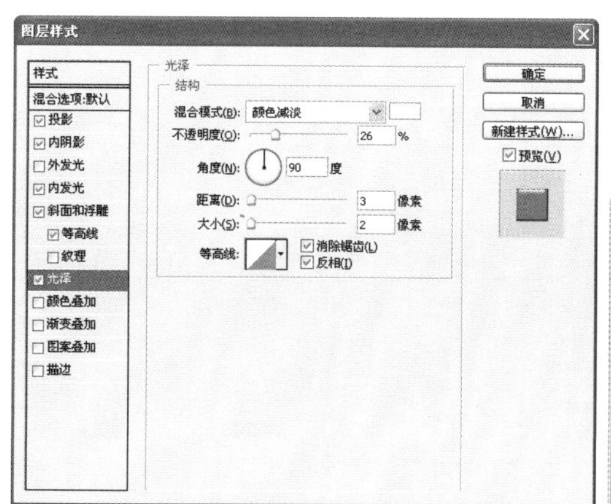
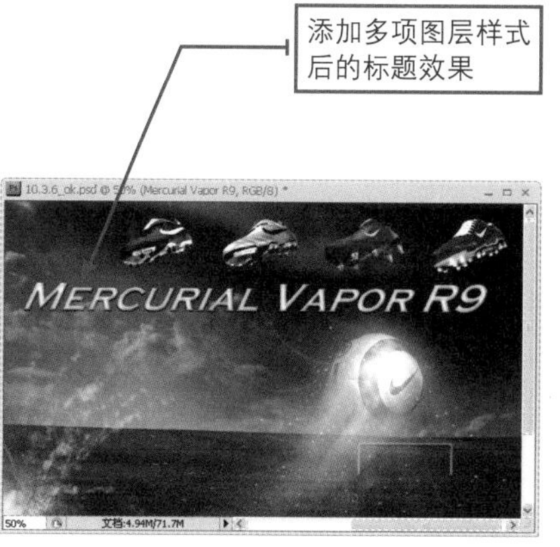

图10.182 设置【光泽】样式

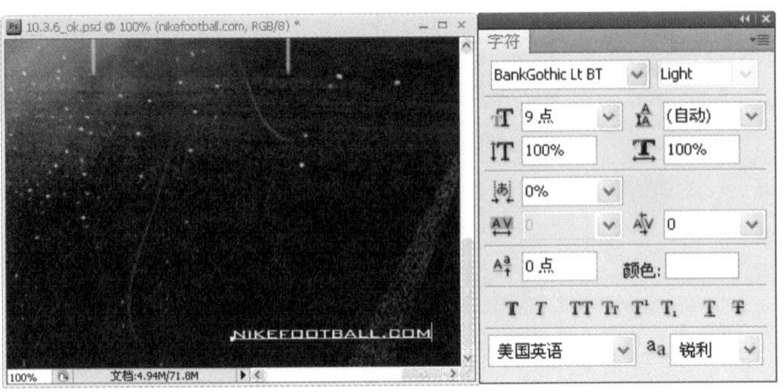

图10.183 输入产品网址

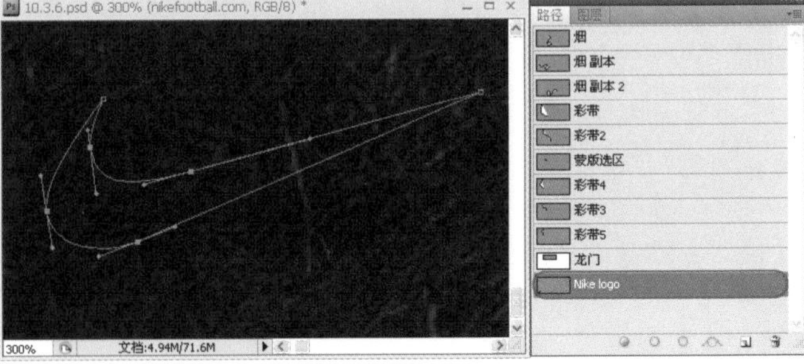

图10.184 绘制耐克LOGO路径

专家提醒

在绘制LOGO形状时，可以在互联网上找一幅含有Nike LOGO的图像素材，将其置入练习文件中，再使用【钢笔工具】根据轮廓临摹，这样会有更好的效果。

16 STEP 设置前景色为白色，在【图层】面板中创建出“Nike logo”新图层，然后在【路径】面板选中“Nike logo”路径，再单击【用前景色填充路径】按钮，如图10.185所示。

图10.185 为“Nike logo”路径填充白色

17 STEP 双击“Nike logo”图层打开【图层样式】对话框，分别设置【投影】和【内阴影】图层样式，如图10.186所示。

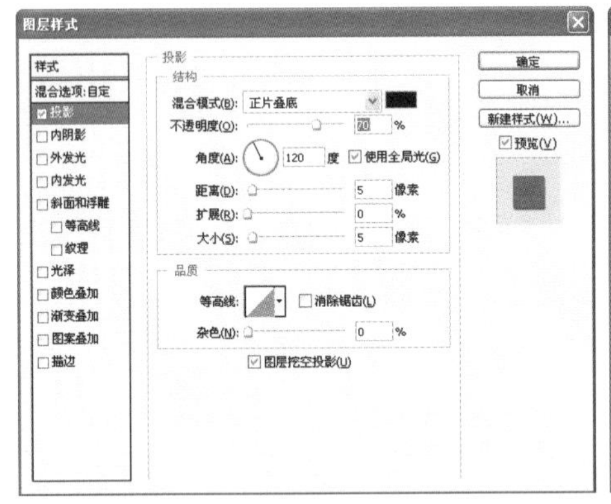

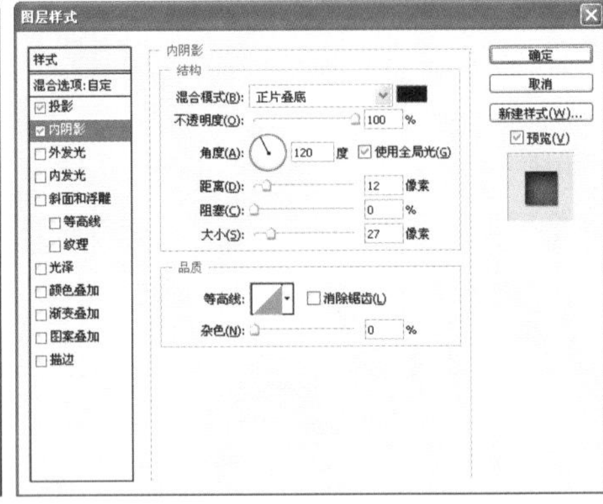

图10.186 添加【投影】和【内阴影】样式

18 STEP 设置【斜面和浮雕】和【渐变叠加】图层样式，如图10.187所示。

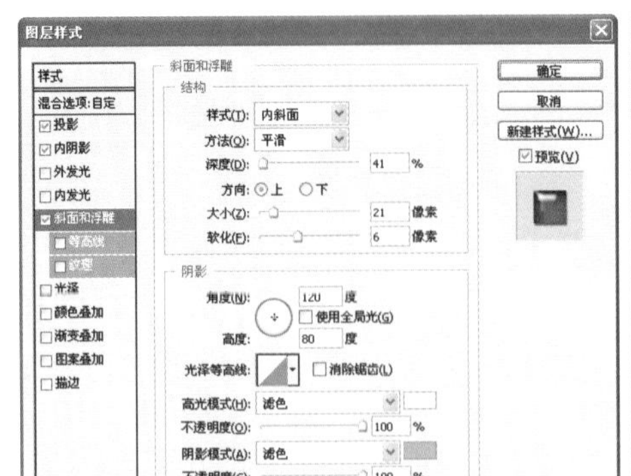

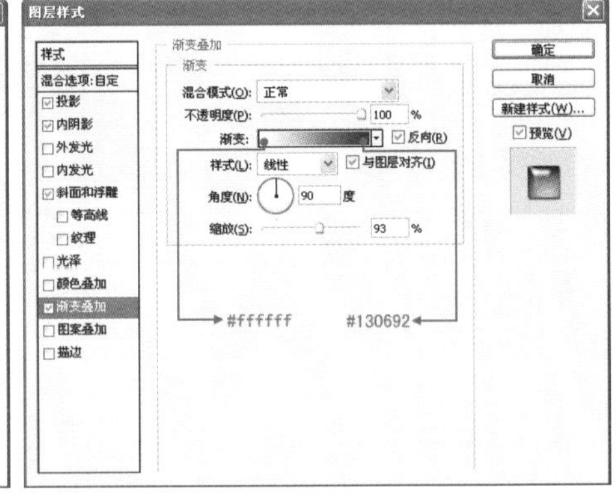

图10.187 添加【斜面和浮雕】和【渐变叠加】样式

19 STEP 设置【描边】图层样式，完成后单击【确定】按钮，如图10.188所示。

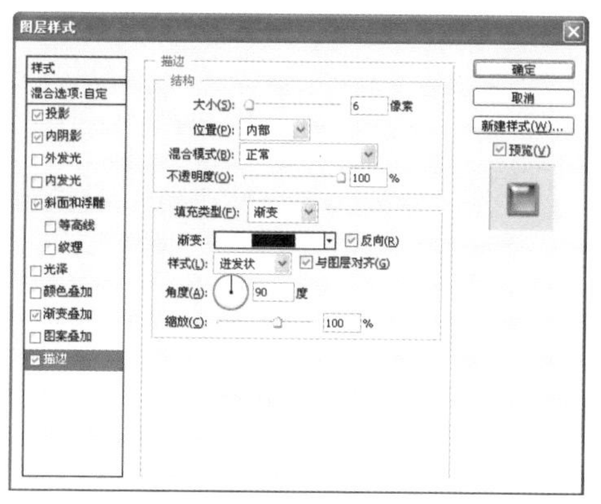

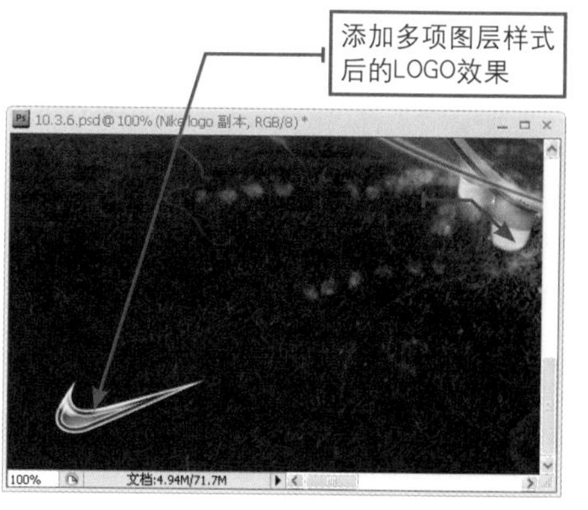

图10.188 设置【描边】样式

20 STEP 使用【横排文字工具】T.在LOGO的右侧输入"JUST DO IT"文字内容，此为耐克公司的著名广告语，然后通过【字符】面板设置文字属性，如图10.189所示。

21 STEP 为了使广告语更加动感，选择【滤镜】|【风格化】|【风】命令，打开【风】对话框，选择【方法】为【风】、【方向】为【从左】，最后单击【确定】按钮，如图10.190所示。

图10.189 输入广告语并设置文字属性

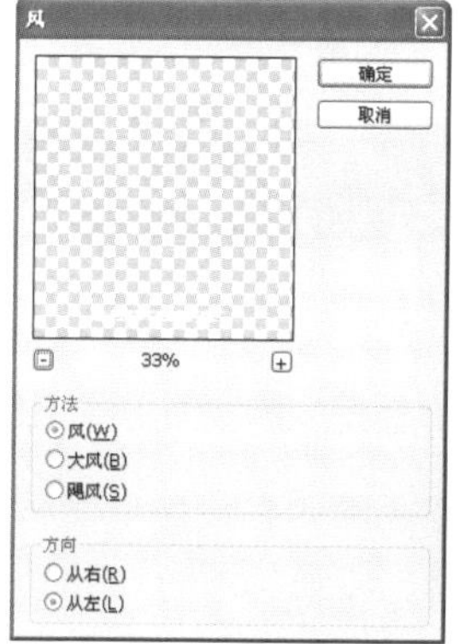

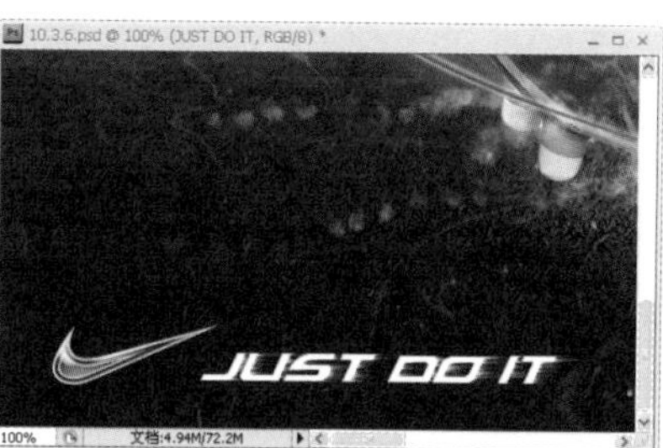

图10.190 为广告语添加风吹效果

至此，本例的运动鞋路牌广告已经设计完毕，最终效果如图10.76所示。

10.4 学习扩展

10.4.1 经验总结

通过本章两个范例的学习，相信大家已经对路牌广告设计有了一定的了解。下面针对路牌广告的设计特征，从文字和版面两方面的构成因素进行总结。

- 文字内容：在行人的视线一闪而过的情况下，要将广告最重要的部分——什么牌子、何类商品或企业名称加以突出，使其映入行人眼帘并存在记忆之中，这就要求广告的文字精简、具体、准确。如果路牌上详细地写上一篇关于这个企业或产品的说明性文章，那将是无效和多余的，反而影响广告传达的效果。
- 版面安排：要力求做到两点，第一，必须做到在瞬间的视觉接触下，能够具有强有力而纯粹的诉求魅力；第二，要具有跳出环境的视觉效果。这里所说的环境，一指邻接的广告牌，二指广告牌后面的建筑物和天空或者树丛。如果广告画面的色调与邻接的广告、后面的树木或建筑物相类似，以至于融为一体，那就失去了被行人一眼认知的机会。这就要求在表现主题的同时，做到与环境求得某种对比，以取得烘云托月的理想效果。

最后，路牌广告设计不同于其他广告设计，它要求在小稿上能预见到放大后的实际效果，因为小稿效果同放大后的实际效果往往有一定的差距。

10.4.2 创意延伸

1 主题游乐园广告

在本章的主体游乐园广告设计中，出彩点在于游乐园的素材处理和大标题设计，读者可以在这两个出彩点上做一些变化，即可有不同的设计效果，例如将游乐园的小丑和动物素材以及大标题的布局进行变化，并在背景上做一些变化处理，即可产生另一个出色的游乐园广告作品，如图10.191所示。

2 运动鞋广告

如图10.192所示的路牌广告沿用了暗冷夜色下的足球场背景，目的同样在于突出广告主体，但是该作品对黑夜添加了风雨特效，并在草地上添加了积水，然后将球鞋寓意为在海上航行的舰艇，乘风破浪、勇往直前，从而突显出商品的设计意图。另外，本作品的广告标题和文字不多，经过巧妙编排，组合成船只侧面的形状，把广告理念提升至新的层次。

图10.191 经过变化得到的游乐园广告作品

图10.192 Nike足球鞋广告创意延伸

10.4.3 作品欣赏

在路牌广告的设计中，具体的设计风格可以根据宣传的主题而定，接着在配色上花一些工夫，就可以做出很好的效果。不过需要提点一下，路牌广告通常放置在路边，所以在设计上可以利用这个特点，将路牌广告根据载物（例如广告支架、路架、建筑物）来做一个构思上的考虑，做出一些特殊的创意效果，例如将路牌广告上的汽车放置在路灯的位置，可以假设有汽车发出灯光的效果。如图10.193所示都是一些出色的路牌广告设计作品。

图10.193 一些出色的路牌广告设计作品